阳光心态

Sunshine

汕頭大學出版社

图书在版编目(CIP)数据

阳光心态 / 秦泉主编. —汕头:汕头大学出版社,
2014.3(2015.4 重印)
ISBN 978-7-5658-1254-5

Ⅰ.①阳… Ⅱ.①秦… Ⅲ.①成功心理-通俗读物
Ⅳ.①B848.4-49

中国版本图书馆 CIP 数据核字(2014)第 053608 号

阳光心态　　YANGGUANG XINTAI

总 策 划:杨建峰
主　　编:秦　泉
责任编辑:宋倩倩
责任技编:黄东生
装帧设计:松雪图文　王　进
印刷监制:高　峰　苏画眉
出版发行:汕头大学出版社
广东省汕头市大学路 243 号汕头大学校园内　邮政编码:515063
电　　话:0754-82904613
印　　刷:北京德富泰印务有限公司
开　　本:787mm×1092mm　1/16
印　　张:26.25
字　　数:655 千字
版　　次:2014 年 3 月第 1 版
印　　次:2015 年 4 月第 2 次印刷
定　　价:59.00 元
ISBN 978-7-5658-1254-5

发行/广州发行中心　通讯邮购地址/广州市越秀区水荫路 56 号 3 栋 9A 室　邮政编码/510075
电话/020-37613848　传真/020-37637050

敬启

本书在编写过程中,参阅和使用了一些报刊、著述和图片。由于联系上的困难,我们未能和部分作品的作者(或译者)取得联系,对此谨致深深的歉意。敬请原作者(或译者)见到本书后,及时与我们联系相关事宜。联系电话:010-84853028 联系人:松雪

前言

preface

在我们的日常生活中，经常会遇到各种麻烦和困扰：工作环境不称心、事情处理不公平、经济条件不宽裕、没有能力自己购买住房、长期超负荷工作导致健康欠佳、期望中的事情落空、好心未得好报、自己工作最辛苦却没有得到领导的认可、受冤枉挨批评等等。对这类事情，如果总是想不开，越想越气，自控能力减退，情绪失去控制，言行也就会出现反常现象。甚至为了一点小事，出言不逊，开口伤人，使你的人品大为降格，人际关系受损，甚至还会导致自己的身体健康亮起红灯。对此，我们不禁要问：究竟哪里出了问题？

是心态出了问题。

生命需要阳光，其实心态更需要阳光。它能驱散内心的乌云，它能荡涤无边的阴霾，拥有快乐心情才能欣赏美丽风光，拥有阳光心态才能感受幸福生活。你的内心如果是一团火，就能释放出光和热；你的内心如果是一块冰，就是融化了也还是零度。要想温暖别人，你的内心要有热；要想照亮别人，请先照亮自己；要想照亮自己，首先要照亮自己的内心。

上帝给谁的都不会太多，上帝对谁都不会不公平。新加坡前总理李光耀曾给旅游局的一份报告上做过批示，报告的大意是：新加坡不像埃及有金字塔，不像中国有长城，不像日本有富士山，也不像夏威夷有十几米高的海浪，新加坡除了一年四季直射的阳光，什么名胜古迹都没有，要发展旅游业，实在是巧妇难为无米之炊。然而，李光耀却在报告上批了8个字：拥有阳光就足够了！后来，新加坡就利用一年四季直射的阳光，种花种草，在较短的时间里，发展成为世界上著名的“花园城市”，连续多年旅游收入居亚洲第三位。

人生也是如此，拥有一个阳光心态就足够了。

如果你心情阳光，你会发现沙漠为你唱歌，小草为你起舞；如果你心情糟糕，你会发现开放的玫瑰在流泪，奔腾的小溪在哭泣，这叫境由心造、相由心生。因为积极的心态会像一缕温暖的阳光驱散心中的阴云，让你的生活充满阳光。

阳光心态，是一种积极、乐观、进取的心智模式，它能让你深刻而不浮躁，自信而不自大。

阳光心态，是一种宽容、豁达、平和的处世态度，它能让你达观而不自弃，谦和而不孤傲。

阳光心态，是一种自信、自强、坚韧的成功密码，它能让你坚强而不脆弱，勇敢而不莽撞。

本书运用轻松简练的笔调、富有哲理的故事，结合古今中外名人的经验与教训，帮助读者从积极、乐观、自信、坚强、宽容、达观、感恩等方面来塑造阳光心态，成就美丽人生。

目录

contents

第一章　拥抱阳光，驱散心头的乌云

第二章　懂得感恩,有爱就有阳光

第三章　光明磊落,拥有坦荡的心态

第四章　自信自强,建立必胜的信念

第五章　积极乐观,凡事要往好处想

第六章　勇敢坚强,坦然面对困境

第七章　不断前进,拥有进取的心态

第八章 敞开胸怀,让阳光扫除怨恨

第九章 淡泊豁达,保持一颗平常心

第十章 遏制贪欲，培养知足的心态

第十一章 放下包袱，卸掉心头的重负

第十二章 学会放松,享受阳光的生活

第十三章 控制情绪,做自己的心理医生

第十四章 愉快工作,做最阳光的职业人

第十五章　快乐生活，天天都有好心情

第一章

拥抱阳光，驱散心头的乌云

生命需要阳光，其实心态更需要阳光。它能驱散内心的乌云，它能荡涤无边的阴霾。抑郁、消沉、空虚、焦虑……这些负面心态就是笼罩在你心头的乌云，只有驱散它们，你才能找回自己快乐、幸福的生活。

走出抑郁,让心灵沐浴阳光

方晴是某机关女职员。今年27岁的她生在农村,父母均无文化。她自小勤奋好学,家中对她寄予的希望很大,她也想依靠自身的努力使父母生活得更好一些。因此,她从小就埋头苦读,从小学到高中,再到大学,她学习成绩都很好。但由于一心读书,方晴没有时间交朋友,自然也没有什么知心伙伴,因此,她常感到孤单和寂寞。

参加工作后,方晴还是独来独往。其实,她也很想与人交往,但是又不敢,也不知道怎样去结交朋友。

四年前,她和同事结婚,但两人感情不好,常为一些小事吵架。近来,她有一种难以言状的苦闷与忧虑感,但又说不出原因,总是感到前途渺茫,一切都不顺心,老是想哭,但又哭不出来,即使遇到喜事,方晴也丝毫快乐不起来。

她深知这样下去,忧虑和愁苦会伤害到自己的身体——睡眠不佳、噩梦缠身、胃口不好。但又苦于无法解脱,她很绝望,甚至想一死了之。

抑郁让方晴徘徊在生死边缘。她的痛苦是每一个抑郁症患者都有过的体验。

抑郁是一种让人感到无力应付外界压力而产生的消极心态,常常伴有厌恶、痛苦、羞愧、自卑等情绪。它不分性别、年龄,对大多数人来说,抑郁只是偶尔出现,而且很快就会消失。但对有些人来说,则会经常地、迅速地陷入抑郁状态而不能自拔。如果抑郁一直持续下去,会愈来愈严重,以致无法过正常的生活,就会变成抑郁症。

抑郁症是一种常见的精神疾病,很多人对抑郁症不陌生,还浪漫地把它称为"心理感冒"。也就是说,抑郁症像感冒一样常见,也像感冒一样容易好转。在心理学中,抑郁症属于心境(情感)障碍的一种,主要表现为显著而持久地呈现情感低落,轻者表现为心境不佳,兴趣缺乏;重者则表现为痛不欲生,悲观绝望,整天忧心忡忡,郁郁寡欢,度日如年。

人们常把抑郁症的原因归咎于社会压力的增大、工作节奏的加快和人际关系的紧张等。但事实上,即使同处一种社会压力下,工作节奏相同,人际关系紧张,却不会导致所有的人都出现抑郁症。一个人是否患有抑郁症,并不取决于生活中的不愉快之事,而是取决于能否用阳光的心态来面对这些事。

一位对生活极度厌倦的绝望少女,感觉到自己生活的环境糟透了:到处是垃圾和没有多少人烟的荒凉,她每天的心情都很郁闷。她的邻居是个画家,每天去湖边作画。

一天,她在湖边遇到了这位正在写生的画家,便在闲聊中说起了她的烦闷。

画家似乎注意到了少女的存在和情绪,他依然专心致志地作着画。过了一会儿他说:"姑娘,来看看画吧。"少女心想:住在那样糟糕的环境里,还有心情画出美丽的画?她走过去,满不在乎地看了一眼画家和画家手里的画。

少女被吸引了。她真没发现世界上还有这么美丽的画面——他将垃圾场画成了美丽的公园,将荒凉的秃山画成了依山而建的别墅。最妙的是,建筑工人们一手拿6个馒头,蹲在墙角,憨厚地笑着;湖边还有个雕塑,是那个建筑工人的孩子在妈妈的怀里微笑。良久,画家突然挥笔在这幅美丽的画上点了一些黑点,少女惊喜地说:"啊,这星辰和花瓣!"

画家最后将这幅画命名为《生活》。少女感到心里像放下一块大石头一样轻松,心灵也随那袅袅婀娜的云升上天空……她问画家:"你是怎么画出来的?"

画家笑着说：“我每天只记住生活中美好的。你难道没发现身边的美丽？这里是即将建成的大型生态园。身边的建筑工人们今天填土，明天绿化，不就是美好生活的建设者吗？用心记这些美好的，生活不就是充满希望和快乐了吗？”

人生不如意事十之八九。决定幸与不幸、快乐与痛苦的，不是我们的处境，而是我们的心态。不管发生了多么令人不愉快的事情，都要保持阳光心态，勇敢面对。可以说，生活中的忧愁和快乐在于自己的选择，只在心里记住生活中美好的部分，日子就是温暖和快乐的，自己就会永远生活在春天里。即使有一万条苦闷的理由，也要有一颗快乐的心，接受事实、享受事实，同时善待自己、善待别人。

因此，当你感到抑郁、感到苦闷的时候，要学会调整自己的心态，把心中的乌云驱赶出去，让阳光照射进来。那时，你会感到所有的郁闷都会一扫而光。下面介绍一些实用的面对抑郁时的调整方法，相信会对大家有所帮助：

1. 听音乐，解抑郁

音乐能直接进入潜意识领域，所以它是驱除心理疾病的最佳医疗手段。大量的研究表明，音乐的旋律、节奏和音色通过大脑的感应，可以引发情绪反应，松弛神经，从而对心理状态产生影响。

当你感到孤独无助，得不到别人的理解，缺乏主动性，对任何事、任何人均提不起兴趣时，最好的宽心方法是：每天听三遍贝多芬的音乐。如贝多芬的《第二交响曲》，其他作曲家如拉赫玛尼诺夫、柴可夫斯基的作品也能使你重振信心，而且音乐疗法没有任何副作用。

2. 把你的抑郁喊出来

目前正流行的喊叫疗法能从我国的传统气功疗法中找到源头，中医里有个功法是属于喊叫疗法的，叫哼哈吐纳法。其步骤是：

(1)找一个空旷处，放松站立，深深吸一口气。在吸气的同时，左、右手握拳，右拳抬起，高过头顶，虎口向自己。

(2)呼气，瞪眼发出“哼”的声音，尽量延长，同时紧握拳。待气出尽以后，再用最后的力发出“哈”音，同时两手尽量张开。

(3)第二次呼吸。在吸气的同时，手势同上；呼气时，瞪眼，两手尽量张开，同时发“哈”音。气出尽时，再用最后的力发“哼”音，同时紧握拳。在做“哼哈”吐纳的同时，想象那些曾经让你感到不愉快的人和事，对其发泄怨恨、不满的情绪。

3. 放松地生活

抑郁的人摆脱躯体和精神所处的警戒状态而使自己安静下来的能力十分缺乏。下列几个简单的步骤能使你身心放松：

(1)选择一句话、一句祷告词，作为入静的口诀。

(2)选择舒服的姿势安静地坐下或躺下。

(3)闭上眼睛。

(4)肌肉放松。

(5)缓慢而自然地呼吸，呼气时默念你选择的口诀。

(6)坚持练习 10~20 分钟。

4. 沐浴阳光

多接受阳光对于抑郁的人非常有利。多活动活动身体，可使心情得到意想不到的放松，阳光中的紫外线可或多或少地改善一个人的心情。

5. 不要受制于小事

人生在世,生命短暂,却偏偏有些人浪费很多时间,为一些本来可以很快忘记的小事而抑郁。很多人可以经受住生死的考验和重大的打击,却往往为这些小事所忧虑。如为一些鸡毛蒜皮的小事争吵、讲话侮辱他人、措辞不当、行为粗鲁等。他们浪费了很多不可能再补回来的时间,去忧虑一些很快就会被所有人忘记的小事。其实,我们应该去想一些应该想的东西。去经历自己真正的感情,去做必须做的事情。因为生命太短促了,不该再顾及那些小事。

6. 保持身体的健康

这也是矫正抑郁这种心理危机的重要因素。良好的胃口、充足的睡眠、清爽的神智,都是可能减少抑郁的妙方。体力强健的人,抑郁偷袭的机会比较少。而在活力低微、体质衰弱的人的生命中,抑郁最易侵入与滋长。

战胜消沉,拥有强大的内心

23岁的赵袁从某名牌大学毕业后,被分配到某外资公司,与公司女职员小艺一见钟情。但是,同居两月后,小艺毅然离去,留给赵袁的是一腔惆怅和烦恼。

从此,平素爱说笑的赵袁变得沉默寡言,他开始失眠,一天到晚昏昏沉沉,人变得越来越消瘦。他渐渐地开始怀疑生活的意义,觉得自己是这个世界上多余的人。他终日唉声叹气,口口声声"活得没意思,还不如死了好"。

赵袁是由于恋爱遇到挫折而产生了消沉心态。

消沉是指心灰意冷、沮丧颓唐的消极情绪。通常在以下几种情景中产生:一种是追求的目标脱离实际,看不到现实生活的复杂,由于力不从心而导致失败,消沉心理油然而生;一种是意志薄弱,遇到挫折就灰心失望,感叹命运跟自己作对,以致处处不顺心、事事不如意;一种是受错误人生观、价值观的影响,认为人生不过如此,看破红尘,把信念、抱负抛在一边,整天浑浑噩噩、消极混世,异常颓废。

消沉与躯体疲劳无关,而是对生活失去信心和希望造成的。长此以往,不仅会演变为各种心理疾病,而且也会因厌世而出现自杀倾向,酿成悲剧。

因此,你必须要战胜消沉,让自己变得积极起来,这样才能拥有强大的内心,从而创造出非凡的成就。

著名发明家贝尔费尽大半生的精力,建立了一个庞大的实验室。但不幸的是,因为一场大火,他一生的研究心血几乎付之一炬。

当他的儿子在火场附近焦急地找到父亲时,他看到已经67岁的父亲居然坐在一个小斜坡上,静静地看着熊熊大火烧尽一切。

贝尔见儿子来找他,便叫儿子去叫妈妈来:"快把她找来,让她看看这场难得一见的大火。"

大家都以为大火可能对贝尔造成了重大打击,但是他说:"大火烧去了所有的错误。感谢上帝,我们又可以重新开始了。"

没多久,新的实验室建起来了。时至今日,贝尔实验室已成为科学家的摇篮。

生活中，经常有人像贝尔这样遭受意想不到的挫折，然而大多数人都绝望了、消沉了。其实，心态消沉的人的命运只能是被大火吞没，一旦走出消沉情绪的困扰，成功就在不远处等你了。

某人做生意失败后，便一直待在家里，意志消沉，不愿再从事什么工作，家人和朋友都劝他，他却总是叹气说："外面竞争太激烈了，我智商低，怎么竞争得过别人呢？还是待在家里吧。"

他的失败真的是因为智商低吗？答案是否定的。下面这个故事就是一个例证。

有一家纺织厂，经济效益不好，工厂决定让一批人下岗。在这一批下岗人员里有两位女性，她们都是40岁左右，一位是大学毕业生、工厂的工程师，另一位则是普通女工。毫无疑问，就智商而论，这位工程师的智商应该超过那位普通工人。

女工程师下岗了！这成为全厂的一个热门话题，人们纷纷议论着、嘀咕着。女工程师对人生的这一变化深怀怨恨。她愤怒过、她骂过、她也吵过，但都无济于事。因为下岗人员的数目还在不断增加，别的工程师也开始下岗了。然而，尽管如此，她的心里却仍不平衡，她始终觉得下岗是一件丢人的事。她的心态渐渐地由愤怒转化成了抱怨，又由抱怨转化成了消沉。她整天都闷闷不乐地待在家里，不愿出门见人，更没想到要重新开始自己的人生，孤独而消沉的心态控制了她的一切。她本来就血压高，身体弱，消沉的心态又总是把自己的注意力集中到下岗这件事上。她内心一直都在拒绝这一变化，但这一变化又实实在在地摆在了面前，她无法解脱。没过多久，她就孤寂地离开了人世。

普通女工的心态却大不一样，她很快就从下岗的阴影里解脱了出来。她想：别人既然没有工作能生活下去，自己也肯定能生活下去。她还萌生了一个信念——一定要比以前活得更好！从此以后，她平心静气地接受了现实。说来也怪，平心静气的心态让她变得聪明起来，她发现了自己以前从来没有认真注意过的长处，这就是她对烹调非常内行。

就这样，在亲戚朋友的支持下，她开起了一家小小的火锅店。由于发挥了自己的长处，她经营的火锅店生意十分红火，仅用了一年多的时间，她就还清了借款。现在她的火锅店的规模已扩大了几倍，成了当地小有名气的餐馆，她自己也确实过上了比在工厂上班时更好的生活。

一个是智商高的工程师，一个是智商一般的普通女工，她们都曾面临着同样一个困境——下岗。但为什么她们的命运却迥然不同呢？原因就在于她们各自的心态不同。

女工程师的心态始终处在消沉之中，这样的心态使得她对自己的人生不可能做出一个公正的评价，更不可能重新扬起生活的风帆，她完完全全沉溺在自己孤独的内心之中。一个人一旦处于这样的心态，其智商就犹如明亮的镜子被蒙上了一层厚厚的灰土，根本就不可能清明光亮。所以，尽管女工程师的智商高，但在面对生活的变化之时，她的心态却阻碍了其智商的发挥。不仅如此，她的心态还把她的智商引向了负面，使她的智商在埋怨和消沉的方向上发挥出了威力。换句话说，她的智商越高，她的抱怨就越深，她的抑郁就越沉重。而与之相反，普通女工的智商虽然一般，但她良好的心态不仅使自己的智商得到了淋漓尽致的发挥，而且还决定了其性质是正面的、积极的，所以她获得了成功，过上了比以前更好的生活。

人人都可能遇到挫折，而面对挫折的心态是积极或消极，决定了你人生的成功或失败。要想取得成功，我们就必须战胜挫折。只有历经挫折的洗礼，我们才能迎来成功的辉煌。

琼斯一家人生活在威斯康星州，生活的来源主要靠琼斯经营农场，他的身体强壮，工作认真勤勉。在一次意外的事故中，琼斯瘫痪了，躺在床上动弹不得。亲友都认为他这辈子完了,事实却不然。

琼斯的意志没有受身体瘫痪的影响,他依然在思考和计划着。他决定让自己活得充满希望、乐观、开朗,做一个有用的人,继续养家糊口,不要成为家人的负担。

他把自己的构想告诉家人:“我的双手不能工作了,我要开始用大脑工作,由你们代替我的双手,我们的农场全部改种玉米,用收成的玉米养猪,趁着乳猪肉质鲜嫩的时候灌成香肠出售,一定会很畅销!”

“琼斯乳猪香肠”真的如琼斯所想,成为家喻户晓的美食。

天无绝人之路。生活丢给我们一个难题,同时也给了我们解决难题的能力。

人生不总是一帆风顺的,各种各样的挫折都会不期而遇。幸运和厄运,各有令人难忘之处,不管我们得到了什么,都没有必要张狂或消沉。

琼斯的身体瘫痪了,可他的意志却丝毫没受影响,并能乐观地对待残酷的现实。他利用自己的大脑,然后借用别人的手,依然干出了自己的一番事业。

琼斯之所以取得成功,是因为他没被挫折吓住,没有在挫折面前低头,而是另辟蹊径,走向了事业的成功。

的确,每个人都不必总乞求阳光明媚、暖风习习,要知道,随时都会狂风大作、乱石横飞,无论是哪块石头砸到了你,你都应有迎接厄运的气度和胸怀,在打击和挫折面前做个坚强的勇者,跌倒了再重新爬起来,用强大的内心迎接生活的挑战。

那么,如何对已经出现的消沉心态进行调适呢?下面几种方法可能会对你有所帮助:

1. **参加锻炼**

体育锻炼能使人体产生一系列的化学变化和心理变化,很适合用来调节消极情绪。较适宜的运动项目有慢跑、跳舞、游泳、瑜伽、拳击等有氧运动。

2. **改善营养**

维生素 B 有助于改善情绪,这类食品有全麦面包、蔬菜、鸡蛋等。

3. **走亲访友**

找知心的、明白事理的亲朋好友,向其倾吐心里话。

4. **乐观幻想**

做乐观的幻想,不做消极的猜想。

5. **奋发工作**

把精力集中到工作上,便能使人忘记忧伤和愁苦。

6. **外出旅游**

看看青山绿水,袅袅炊烟。

拒绝浮躁,打造务实的心态

有两兄弟,一个是画家,另一个是医生。那位画家自以为是个天才,骄傲而且暴躁,浮夸自负。他瞧不起自己的哥哥,认为他是个市侩和感情用事的人。不过他自己却一点钱也赚不到,要是没有哥哥周济他,他早饿死了。

奇怪的是，尽管他外表笨拙粗野，却画了很多的画，每次举办个人画展，都只能卖掉两幅画，从未超过此数。

后来，医生去世了，他把自己的一切留下来给他弟弟。那位画家在医生的家里发现了25年来被无名主顾买去的全部油画。最初他无法理解，经过一番考虑之后，他做出了如此解释：那个狡猾的家伙想做一本万利的投资呢！

再看看另外一个画家的故事，却是截然相反的。

有一个青年画家，画出来的画总是很难卖出去。他看到大画家阿道夫·门采尔的画很受欢迎，便登门求教。

他问门采尔："我画一幅画往往只用一天不到的时间，可为什么卖掉它却要等上整整一年？"门采尔沉思了一下，对他说："请倒过来试试。"青年人不解地问："倒过来？"门采尔说："对，倒过来！要是你花一年的工夫去画，那么，只要一天工夫就能卖掉它。"

"一年才画一幅，这有多慢啊！"年轻人惊讶地叫出声来。门采尔严肃地说："对！创作是艰巨的劳动，没有捷径可走的，试试吧，年轻人！"

青年画家接受了门采尔的忠告，回去以后，苦练基本功，深入搜集素材，周密构思，用了近一年的工夫画了一幅画，果然，不到一天就卖掉了。

请倒过来试试。当付出与得到不如预想的那么好时，我们是否也应该听听门采尔的忠告？

一年夏天，一位来自马萨诸塞州的乡下小伙子登门拜访年事已高的爱默生。小伙子自称是一个诗歌爱好者，从7岁起就开始进行诗歌创作，但由于地处偏僻，一直得不到名师的指点，因仰慕爱默生的大名，故千里迢迢前来寻求文学上的指导。

这位青年诗人虽然出身贫寒，但谈吐优雅，气度不凡。老少两位诗人谈得非常融洽，爱默生对他非常欣赏。

临走时，青年诗人留下了薄薄的几页诗稿。爱默生读了这几页诗稿后，认定这位乡下小伙子在文学上将会前途无量，决定凭借自己在文学界的影响大力提携他。

爱默生将那些诗稿推荐给文学刊物发表，但反响不大。他希望这位青年诗人继续将自己的作品寄给他。于是，老少两位诗人开始了频繁的书信来往。

青年诗人的信每次都长达几页，大谈特谈文学问题，激情洋溢，才思敏捷，表明他的确是个天才诗人。爱默生对他的才华大为赞赏，在与友人的交谈中经常提起他。

于是，青年诗人很快就在文坛有了一点小小的名气。

不过，这位青年诗人以后再也没有给爱默生寄诗稿来，信却越写越长，奇思异想层出不穷，言语中开始以著名诗人自居，语气越来越傲慢。

爱默生开始感到了不安。凭着对人性的深刻洞察，他发现这位年轻人身上出现了一种危险的倾向。

通信一直在继续，爱默生的态度逐渐变得冷淡，成了一个倾听者。

很快，秋天到了。

爱默生去信邀请这位青年诗人前来参加一个文学聚会，他如期而至。

在这位老作家的书房里，两人有一番对话：

"后来为什么不给我寄稿子了？"

"我在写一部长篇史诗。"

“你的抒情诗写得很出色,为什么要中断呢?”

“要成为一个大诗人就必须写长篇史诗,小打小闹是毫无意义的。”

“你认为你以前的那些作品都是小打小闹吗?”

“是的,我是个大诗人,我必须写大作品。”

“也许你是对的。你是个很有才华的人,我希望能尽早读到你的大作品。”

“谢谢,我已经完成了一部,很快就会公之于世。”

文学聚会上,这位被爱默生欣赏的青年诗人大出风头。他逢人便谈他的伟大作品,表现得才华横溢,锋芒咄咄逼人。虽然谁也没有拜读过他的大作品,即便是他那几首由爱默生推荐发表的小诗也很少有人拜读过。但几乎每个人都认为这位年轻人必将成大器,否则,大作家爱默生能如此欣赏他吗?

转眼间,冬天到了。

青年诗人继续给爱默生写信,但从不提起他的大作品,信越写越短,语气也越来越沮丧。直到有一天,他终于在信中承认,长时间以来他什么都没写,以前所谓的大作品根本就是子虚乌有之事,完全是他的空想。

他在信中写道:“很久以来我就渴望成为一个大作家,周围所有的人都认为我是个有才华有前途的人,我自己也这么认为。我曾经写过一些诗,并有幸获得了阁下您的赞赏,我深感荣幸。

“使我深感苦恼的是,自此以后,我再也写不出任何东西了。不知为什么,每当面对稿纸时,我的脑海中便一片空白。我认为自己是个大诗人,必须写出大作品。在想象中,我感觉自己和历史上的大诗人是并驾齐驱的,包括和尊贵的阁下您。

“在现实中,我对自己深感鄙弃,因为我浪费了自己的才华,再也写不出作品了。而在想象中,我是个大诗人,我已经写出了传世之作,已经登上了诗歌的王位。

“尊贵的阁下,请您原谅我这个狂妄无知的乡下小子。”

从此以后,爱默生再也没有收到这位青年诗人的来信。

浮躁,急功近利,毁了无数人的梦想,也造成了无数平庸的“天才”。

一个人如果有轻浮急躁的心态,是什么事情也干不成的。在现实生活中,常有人犯浮躁的毛病,他们做事情往往既无准备,又无计划,只凭脑子一热,兴头一来就动手去干。他们不是循序渐进地稳步向前,而是恨不得一锹挖成一眼井,一口吃成胖子。结果呢?必然是事与愿违,欲速不达。

在现代社会常有这样的人,他们看到一部文学作品在社会上引起强烈反响,就想学习文学创作;看到电脑专业在科研中应用广泛,就想学习电脑技术;看到外语在对外交往中起重要作用,又想学习外语……由于他们对学习的长期性、艰苦性缺乏应有的认识和思想准备,只想“速成”,一旦遇到困难,便失去信心,打退堂鼓,最后哪一门也没学成。这种情况与明代边贡《赠尚子》一诗里的描述非常相似:“少年学书复学剑,老大蹉跎双鬓白。”这是讲有的年轻人刚要坐下学习书本知识,又要去学习击剑,如此浮躁,时光匆匆溜掉,到头来只落得个一事无成。

浮躁的人自我控制力差,容易发火,不但影响学习和事业,还影响人际关系和身心健康,其害处可谓很大,所以应该力戒浮躁。

可是,说起来容易做起来难,我们怎样才能戒除浮躁呢?大家都知道,轻浮急躁和稳重冷静是相对的。因此,要戒掉浮躁之心就必须首先培养稳重的气质和精神。

稳重冷静是一个人思想修养、精神状态好的标记。一个人只有保持冷静的心态才能很好地思考问题，才能在纷繁复杂的大千世界中站得高、看得远，才能使自己的思维闪烁出智慧的光辉。诸葛亮讲的"非宁静无以致远"就是这个意思。我们如能把"宁静以致远"作为自己的座右铭，就会有助于克服浮躁的缺点。

另外，稳重冷静，还是事业上成功的一个重要条件。据《左传》记载，鲁庄公十年，弱小的鲁国在长勺打败了强大的齐国。两军对阵时，齐军战鼓刚响，鲁庄公就要迎战，被曹刿阻止。直到齐军擂第三通战鼓，曹刿才同意出击。齐败退后，鲁庄公急忙要率军追击，又被曹刿阻止，曹刿在战场做了一番观察，才说："可矣。"事后，曹刿对鲁庄公说："夫战，勇气也。一鼓作气，再而衰，三而竭。彼竭我盈，故克之。夫大国，难测也，惧有伏焉。吾视其辙乱，望其旗靡，故逐之。"由于曹刿稳重冷静，善于思考，鲁军才能在齐军士气丧失而自己士气正旺的情况下发起攻击，才能在齐军确是溃逃而没有埋伏的情况下乘胜追歼，从而创造了历史上以弱胜强的一个典型战例。

在《荀子·劝学》中有一段发人深省的话："蚓无爪牙之利，筋骨之强。上食埃土，下饮黄泉，用心一也。蟹六跪而二螯，非蛇鳝之穴无可寄托者。用心躁也。"蟹有六条腿（实际上是八条腿）和两蟹钳，自身条件比蚯蚓强得多，但由于浮躁，如果没有蛇和鳝的洞穴就无处寄身。可见，只要心恒志专，即使自身条件差，也能有所成就；反之，自身条件再好，性情浮躁，也将一事无成。

"涓流积至沧溟水，拳石崇成泰华岑。"这一出自宋代陆九渊《鹅湖和教授兄韵》的诗句劝喻人们：涓涓细流汇聚起来，就能形成苍茫大海；拳头大的石头累积起来，就能形成泰山和华山那样的巍巍高山。只要我们勤勉努力，脚踏实地，持之以恒，不论自身条件与客观条件如何，都能走上成才建业之路。

要想远离浮躁，还要学会挡住诱惑。现代社会，成功的比例明显增大。这本是好事，可以鼓舞许多人不甘落后的进取心，但同时也会使人们产生盲目的攀比心理，眼红心动，沦于浮躁，再也坐不住了。他们不问别人成功背后的艰辛，只图别人令人羡慕的结果，于是自己也做起了"心想事成"的美梦，陷入了"这山望着那山高"的误区。在他们看来，自己的能力不比别人差，吃的苦不比别人少，而待遇、荣誉、地位却样样不如人，实在冤枉。实际上，别人能够做到的，当然不是说这些人就一定不行，但要赶上别人甚或超过别人，有一个前提条件，那就是首先必须远离浮躁。人贵有自知之明。只有冷静地分析自己的长处和短处，劣势和优势，有利条件和不利条件，然后立足现实，确定目标，制定措施，付诸实践，才有成功的可能。

中国近代学者王国维在他的《人间词话》一书中谈到，古往今来，凡能成就大事业、大学问的人，无不经过读书的三种境界：第一种境界，"昨夜西风凋碧树，独上高楼，望尽天涯路"。是说必须站得高，看得远，选定自己的奋斗目标。第二种境界，"衣带渐宽终不悔，为伊消得人憔悴"，是说一个人在认定自己的目标之后，就要刻苦学习，为实现自己的目标奋力拼搏，即使衣带宽松了，人渐消瘦了，也始终不悔。第三种境界，"众里寻他千百度，蓦然回首，那人却在灯火阑珊处"，是说经过千百次寻求知识后，回头一看，忽然发现自己为之奋斗的目标就在眼前，成功正在向你招手微笑。有了这三种境界，浮躁之心自然会远离我们而去。

自我调整，祛除嫉妒的毒瘤

嫉妒，从某种意义上来说，是人类的一种普遍的心态。现代社会是一个崇尚成功的社会，然而在激烈的竞争当中,有人成功,就必然有人失败。失败之后所产生的由羞愧、愤怒和怨恨等组成的复杂情感就是嫉妒。

嫉妒有两方面的意义:一方面,嫉妒具有积极的意义。莎士比亚把嫉妒比作爱情的卫道士。确实,你的恋人如果反对你同别的异性接触和交往,正是反映了他(她)对你的爱的程度;反之,如果他(她)从不“吃醋”,那么你们之间的爱情恐怕还处在很低的水平,或者已经到了危险的地步。因此,嫉妒在爱情里面还是有一定的积极意义的。如果嫉妒能够转化成为前进的动力,则是积极的。

另一方面,嫉妒在更多的时候表现为消极的意义。嫉妒常常会导致中伤别人、怨恨别人、诋毁别人等消极的行为。嫉妒往往是和心胸狭隘、缺乏修养联系在一起的。心胸狭隘的人会因一些微不足道的小事而产生嫉妒心理,别人任何比他强的方面都成了他嫉妒的缘起。缺乏修养的人会将嫉妒心理转化成消极的嫉妒行为,严重地破坏人际关系。

心存嫉妒的人,常常为了一些非原则性的、不值得的小事,斤斤计较,采用极端的报复手段,使得报复这把双刃剑既伤害了对方,也伤害了自己。

心存嫉妒的人缺乏友善、宽容之心,他们容不得别人的进步或获利,容不得别人超过自己,因此面对别人的成功,他就生气眼红,嫉恨对方,更容不得别人对自己的批评,只注重个人的利益。

嫉妒心强的人,往往虚荣好胜,一旦达不到目的便怨天尤人,长此以往,这些人在生活、工作和学习中就会患得患失,顺利时兴高采烈,得意忘形;失意时便垂头丧气,萎靡不振,使自己的一生碌碌无为,一事无成。有嫉妒心的人总是抱着自己不好,别人也别想好的心态。鲁迅先生曾说过:“这种人就像很矮的人,总是瞪着不示弱的眼睛,千方百计地想把别人也变矮,同他们穿一个号码的裤子。”

嫉妒,不仅给他人带来痛苦,而且对自己也会造成伤害。所以,古希腊一位哲学家曾说过:“嫉妒的人常自寻烦恼,嫉妒是他自己的敌人。”嫉妒心强的人,一般自卑感较强,他们缺乏能力,没有信心赶超先进者,但却有着极强的虚荣心,不甘心落后,不满足现状。

嫉妒心强的人,时时刻刻绷紧心上的每一根弦,整日处于紧张、焦虑和烦恼之中,他们不能平静地对待客观事物,也不能理智地对待自己和他人,他们对比自己优秀的人总是怀着不满和怨恨之情,对比自己差的人又总是怀着唯恐他们超过自己的恐惧之心。

嫉妒的受害者,首先是嫉妒者自己。莎士比亚说得很确切:“嫉妒是绿眼的妖魔,谁做了他的俘虏,谁就要受到愚弄。”嫉妒者经常处于愤怒嫉恨的情绪中,势必影响自己的学业、工作和生活。生气是用别人的错误来惩罚自己,嫉妒却是用别人的优点和成就折磨自己,因而它就能更加残酷无情地毁掉自己的前途。自己不上进,嫉妒别人的上进;自己无才能,嫉妒别人有才能;自己无成就,恨别人获得成就。嫉妒者的光阴和生命就在对他人的怨恨中毫无价值地消磨掉,到头来两手空空,一事无成。俗话说:“世上本无事,庸人自扰之。”嫉妒者都是庸人,他们给自己制造烦恼、痛苦和思想包袱;他们给自己制造“敌人”,树立对立面;他们给自己制造不平静。

嫉妒心理是一种被扭曲的心态,使人难以进行正常思维,对人对事往往持否定和排斥的态度,以偏概全,怀疑一切。对他人往往极尽贬低,吹毛求疵,一旦别人在某些方面超过了自己,就会妒火中烧,嫉恨难忍,使自己陷人一种难以自拔的境地。这些人不靠自己的努力获得大家的尊敬,而是想方设法贬低或控制成功的人来抬高自己。他们喜欢批评别人,希望能因为贬损别人而使自己名气大增。

黑格尔曾经说过这样的话："有嫉妒心的人自己完不成伟大的事业，便尽量去低估他人的伟大，贬抑他人的伟大使之与他本人相齐。"

嫉妒心在人际关系方面的危害极大，因为嫉妒者不会无缘无故、漫无目的地产生嫉妒，他们所嫉妒的对象一般是能力超过自己的人，或是看起来比自己"幸运"的人。而这些人大多是自己的同事、同学、领导、亲戚朋友等和自己有一定关系的人，因此，嫉妒伤害的往往是相对亲近的人，甚至有时即使是兄弟姐妹，也会因为嫉妒，一夜之间变为仇敌。所以，嫉妒会对自己的社会交往产生巨大影响，不仅能破坏人们的友谊，影响团结，而且嫉妒者常常在嫉妒他人的过程中，被人发现自己丑恶的真面目，这样势必失掉朋友，失掉友谊，失掉亲人，成为被众人鄙视、讨厌的卑劣小人，终日生活在众叛亲离的孤独中，处于无援的境地，以至在需要帮助时，没人肯伸出援助之手。

有一个人遇见上帝，上帝对他说：从现在起我可以满足你任何一个愿望，但前提是你的邻居会同时得到双份的回报。那人高兴不已，但他细心一想：如果我要得到一份田产，邻居就会得到两份田产；如果我要得到一箱金子，邻居就会得到两箱金子，更要命的是如果我得到一个绝色美女，那个看来一辈子要打光棍的家伙就会同时得到两个绝色美女了。他想来想去，不知提出什么要求才好，他实在不甘心被邻居占尽便宜。最后他一咬牙：哎，你挖掉我一只眼睛吧！

这是一个流传在东南亚一带的故事。如果让嫉妒行为恶性循环，会将所有美好的一切东西都变成嫉妒的陪葬品。

在日常生活中，嫉妒的存在是很普遍的，它往往深藏于人的潜意识中，不易觉察。嫉妒是由于别人胜过自己而引起抵触的消极的情绪体验。嫉妒会直接影响人的情绪，而不良的情绪会大大降低人们的生活质量。另外，嫉妒心可能使我们结交不到知心朋友。嫉妒心强的人往往事事好胜，常想方设法阻止别人的发展，总想压倒别人，这可能使周围的人以及朋友想躲开你，不愿与你交往，从而给自己造成一个不良的人际关系氛围，你会感到孤独、寂寞。

研究结果表明，嫉妒还会影响到人的身心健康，它能造成人体内分泌紊乱，肠胃功能失调，经常腰酸背痛和胃痛腹胀，夜间失眠，血压升高，脾气暴躁古怪，性格多疑，情绪低沉，久而久之，高血压、冠心病、神经衰弱、抑郁、胃及十二指肠溃疡等身心疾病就和嫉妒者如影相随了。现代身心医学研究还揭示，大脑和人体免疫系统有密切联系，嫉妒可使大脑皮层功能紊乱，引起人体免疫系统的胸腺、脾、淋巴腺和骨髓的功能下降，造成人体内免疫细胞和免疫球蛋白生成减少，使机体抗感染的抵抗力下降。由此可见，嫉妒不仅使精神受到折磨，对身体也是一种摧残。

那么，面对自己的嫉妒心理该怎样去克服呢？不妨试试以下方法：

1. 自我宣泄

有时面对生活和事业上的巨大落差，或社会的种种不公正现象，人都难免会产生一时的心理失衡和嫉妒。这时，要是实在无法化解的话，也可以适当地宣泄一下。可以找一个知心的亲友痛痛快快地说个够，出气解恨，暂求心理的平衡，然后由亲友适时地进行一番开导。发泄完以后你可能就会觉得好受许多。当然，这种方式并不能最终解决嫉妒心理的问题，还需要辅以其他方面的调整。

2. 树立正确的人生观

要大度，宽厚待人。和我们自己一样，每个人都有成功的渴望，我们在自己获得成功时，一定也要承认别人的成绩和才华。

3. 正确评价竞争

如今社会上的竞争无处不在,当看到别人在某些方面超过自己的时候,不要盯着别人的成绩怨恨,更不要企图把别人拉下马,而应采取正当的策略和手段,在"干"字上狠下功夫。

4. 正确评价成功

有了关于成功的正确价值观就能在别人取得成绩时,肯定别人的成绩,并且虚心向对方学习,以靠自己努力得来的成功为荣。采取正确的比较方法,以他人之长比己之短,而不是以己之长比他人之短。发现不足,迎头赶上。

5. 正确评价他人的成绩

嫉妒心往往是由于误解引起的,即人家取得了成就,便误以为是对自己的否定。其实,一个人的成功是付出了许多的艰辛和巨大的代价的,人们给予他赞美、荣誉,并没有损害你,也没有妨碍你去获取成功。

6. 能客观评价自己

嫉妒是一种突出自我的表现。无论什么事,首先考虑到的是自身的得失,因而引起一系列的不良后果。所以当嫉妒心理萌发时,或是有一定表现时,要能够积极主动地调整自己的意识和行动,从而控制自己的动机和情绪。这就需要冷静地分析自己的想法和行为,同时客观地评价一下自己,找出差距和问题。当认清了自己后,再重新看别人,自然也就能够有所觉悟了。

7. 寻找真正的快乐

我们要善于从生活中寻找真正的快乐。如果一个人总是想:比起别人可能得到的欢乐,我的那一点快乐算得了什么呢?那么他就会永远陷于痛苦之中,陷于嫉妒之中。快乐是一种情绪心理,嫉妒也是一种情绪心理。何种情绪心理占据主导地位,主要靠自己来调整。如果我们能从帮助别人中找到快乐的话,就不会把伤害别人所得到的那点暂时的满足看得那么重要了。

8. 帮助别人成功

帮助别人成功是一个比较高的要求,并非所有人都能做到这一点。但我们都希望自己的心灵能获得升华,这也是人的一种需要。历史上有很多伟人和许多虽然平凡却十分高尚的人为我们做出了榜样。

19世纪初,肖邦从波兰流亡到巴黎。当时匈牙利钢琴家李斯特已蜚声乐坛,而肖邦还是一个默默无闻的小人物。然而李斯特对肖邦的才华深为赞赏,怎样才能使肖邦在观众面前赢得声誉呢?李斯特想了条妙法:那时候在钢琴演奏时,往往要把剧场的灯熄灭,一片黑暗,以便使观众能够聚精会神地听演奏。李斯特坐在钢琴前面,当灯一灭,就悄悄地让肖邦过来代替自己演奏。观众被美妙的钢琴演奏征服了,演奏完毕,灯亮了。人们既为出现了这位钢琴演奏的新星而高兴,又对李斯特推荐新秀深表钦佩。

9. 学会欣赏别人的长处

有时候,别人的成功是基于其特色或长处的,而我们在这方面又不擅长,这时,我们要学会欣赏别人的长处,而不是非要跟别人一样。如我们看联欢会时,看到光彩耀眼的歌星,听别人说他们一晚上的收入几十万，这时如果我们因此寝食难安，老是想他们的收入，因此感到万分不平衡，影响了正常的生活就不值得了。

巴鲁克说："不要嫉妒，最好的办法是假定别人能做的事情，自己也能做，甚至做得更好。"一旦你有了嫉妒心，也就是承认自己不如别人，那么你将被嫉妒吞噬了灵魂。你要超越别人，首先你得超越自身。波普曾经说过："对心胸卑鄙的人来说，他是嫉妒的奴隶；对有学问、有气质的人来说，嫉妒却化为竞争心。"坚信别人的优秀并不妨碍自己的前进，相反，却给自己提供了一个竞争对手、一个榜样，那么嫉妒就能给你前所未有的动力。事实上，每一个真正埋头于自己事业的人，是没有工夫去嫉妒别人的。

所以，不要嫉妒，不要在自己纯洁的心灵上随意挖坑。

远离焦虑，修炼平静的心态

哈姆雷特的故事我们都很熟悉：他本是丹麦王子，父亲去世后不到两个月，母亲乔特鲁德王后就和他的叔叔、新国王克劳狄斯结了婚。这让一向把父亲当作偶像崇拜的哈姆雷特难以接受。在随后的日子里，年轻的王子反复思量着父亲的死因。虽然克劳狄斯宣称国王是被一条蛇咬死的，但敏锐的哈姆雷特怀疑克劳狄斯就是那条蛇，而且，他猜测母亲乔特鲁德也有可能参与了谋杀。这些怀疑和猜测令哈姆雷特无比焦虑，他不断地试探，直到证实了自己的想法。然而，这让他陷入了更大的焦虑中……

很多人喜欢把哈姆雷特称为"忧郁王子"，其实这个称呼并不恰当。他实际上是一个"焦虑王子"，他每天都在徘徊、都在犹疑，他的内心是焦躁的、不安的，而这些正是焦虑的特征。可以说，哈姆雷特之所以让我们感觉那样痛苦，正是因为他处于深深的焦虑之中。

不过，并不是所有的焦虑者都像哈姆雷特一样痛苦得难以自拔，甚至有时焦虑也并不一定是件坏事。这就要求我们对焦虑有一个正确的认识。

其实，每一个身心健康的人在生活中随时都有可能与焦虑打交道。

小时候，你做错了事，不敢回家，怕回去被爸爸打屁股。后来不得已，还是回到了家里，这时，听到爸爸下班进门时的咳嗽声，你当时的心情就是典型的焦虑。

到了青春期，你和异性第一次约会，怀里像揣了二十五只兔子——百爪挠心的滋味，心慌，心跳加快，心神不定，坐立不宁，说话也是结结巴巴，前言不搭后语……种种类似的表现，也是焦虑。

当然，这些都是焦虑的现象，但它究竟是一种什么样的情绪呢？科学地说，焦虑是一种缺乏明显客观原因的内心不安或无根据的恐惧，其特点是焦躁、忧虑、恐惧，为预感凶事而紧张不安。焦虑迫使人们萌生逃避或摆脱不良环境的愿望，因此可以说是一种"保护性反应"。但是，我们这里所强调的焦虑是一种"过激反应"，它超过了人体所能承受的范围，从而对身心造成伤害，我们把它称为"焦虑症"。

焦虑症，又称焦虑障碍，是以广泛和持续焦虑或反复发作的惶恐不安为主要特征的神经症，除焦虑心情之外，还常伴有头晕、胸闷、心悸、呼吸急促、口干、尿频尿急、出汗、震颤等植物神经症状和运动性紧张。

近几年，由于抑郁症患者自杀率的升高，引起了人们对抑郁症的重视，但焦虑症对社会的影响却仍然没有得到人们的重视。殊不知，焦虑症和抑郁症一样，是一种严重影响人们生活质量的精神性疾病，甚至它的危害比抑郁症更大、更广。如果焦虑长期得不到处理，40% ~50% 的人会出现抑郁症状，严重时也会导致自杀。因此，我们必须增加对焦虑症患者的重视。

在现代社会，越来越多的人为焦虑所困扰，买东西排长队焦虑，火车晚点焦虑，完不成工作焦虑，甚至什么事情也不干闲坐在家里也焦虑……于是，人们开始羡慕那些趿拉着拖鞋在太阳底下下棋的北京爷们儿，羡慕那些一有积蓄就云游四方的人，羡慕那些在落日余晖里弹马头琴的草原牧人……然而，羡慕归羡慕，却没有几个人能够放下身边的一切，做一个逍遥自在的人。焦虑的人还在焦虑，从容的人依然从容。

于是，很多人都发出这样的疑问：为什么？为什么焦虑的人总是焦虑，从容的人总是从容？关于这个问题，我们可以从前两年热播的一部电视剧——《士兵突击》中找到一些线索。

在电视剧《士兵突击》中，两个主要人物——许三多和成才，形成了鲜明的对比，而焦虑与否是他们之间最大的区别。许三多与成才就像一把尺子的两端，许三多不知焦虑为何物，他判断一件事情的标准简单得可怕："有意义""没意义"。而成才则不同，他从一开始就把军旅生涯的每一天看成一场比赛，在他周围几乎没有战友，只有竞争对手。他和许三多一样都有改变命运的强烈渴望，不同的是他一直在想的是我需要什么，而许三多想的是我缺少什么。

在剧中，A 大队的袁郎曾对许三多说："有很多人每天都在焦虑，怕失去，怕得不到。我不喜欢焦虑的人。"不错，与许三多相比，成才的目标非常明确，也非常努力，但是他的求胜心太强，以致在目标暂时不能顺利实现的时候产生"焦虑"，于是又选择新的开始，新的努力，新的困难，新的放弃……而许三多呢，入伍当兵、从红三连到钢七连、从钢七连到老 A……他基本上没有主动选择什么道路，一些看起来的主动选择也大都水到渠成。这与他的成长经历以及由此形成的性格有关。他的想法很简单，就是要像他爸爸说的那样"好好活，做有意义的事"。

在现实生活中，很多人都像成才一样头脑灵活，做事目标明确，却也往往带有"成才式"的焦虑，这种焦虑正是对生活的强烈欲望造成的。

诚然，无论哪一个时代，渴望成功都是人的天然欲望，但在当下，这种欲望却浓烈得让人喘不过气来。毫无疑问，三十多年来的改革开放，不仅给我们带来了物质生活的进步，也使得社会严重地物质化。当我们还沉溺在信息高速发展所带来的便利生活方式中，并对快节奏的生活方式津津乐道时，一种窒息性的时代产物——焦虑，正在肆无忌惮地泛滥开来。

焦虑太多，是因为欲望太多。现代人的欲望根源并不是为了生存、为了舒适，而是为了所谓的"自我价值的实现"，为了自我炫耀，为了别人的认可。

精神科医生罗伊·格林克曾经进行过一项有趣的研究，显示了焦虑与成功之间的微妙关系。焦虑较少的人，中学多以平均成绩毕业，毕业后干体力劳动的工作居多，并比较安于现状，也会花些时间陪伴妻子及儿女。他们大都喜欢过简单的生活，衣食住行不太计较，他们爱做平凡的人。

反之，那些"成功人士"则大不相同，他们经常没有安全感，因为他们是在"有条件的爱"的环境中长大的："如果你……我们就爱你……"他们得不到父母无条件的爱，必须用各种手段赚取他们的关怀。父母会对他们说："如果你拿来 100 分，我们就会很爱你……""如果你考上大学，便光宗耀祖了……"总之，爱对他们来说是"表现好"的奖品，是用成功的程度来衡量的，是与成败得失挂钩的。

要拼！要赢！要出人头地！不久，竞争便成为一种生活方式。这种思考模式一旦形成，性格也随之被塑造起来。表面看来，我们可以称他们为“胜利者”，但他们的内心往往在焦虑中挣扎。

事实上，平凡与成功是两种不同的思维，它们会带来截然不同的结果——快乐与焦虑。有一个墨西哥渔夫的故事，很生动地说明了这个问题。

有个美国商人，在墨西哥海边看到一个渔夫划着小船靠岸，小船上有几尾大黄鳍鲔鱼。美国商人对墨西哥渔夫能抓这么高档的鱼恭维了一番，并问需要多少时间才能抓这么多。

墨西哥渔夫说：“一会儿工夫就抓到了。”

美国人又问：“你为什么不多抓一些鱼呢？”

墨西哥渔夫觉得不以为然：“这些已经足够我一家人生活所需了！”

美国人接着问：“那么，你一天剩下的时间都干什么呢？”

墨西哥渔夫解释说：“我每天睡到自然醒，然后到海里抓几条鱼，回来后跟孩子们玩一玩。黄昏时，晃到村子里喝点小酒，跟哥儿们玩玩吉他。我的日子过得可充实呢！”

美国人不以为然，帮他出主意，说：“我是美国哈佛大学的企管硕士，我倒是可以帮你忙。你应该每天多花一些时间抓鱼，攒钱买条大一点儿的船，抓更多的鱼，然后再买更多的渔船，最终拥有一个船队。这时，你就不必把鱼卖给鱼贩子了，而是直接卖给加工厂。然后，你可以自己开一家罐头工厂，控制整个生产、加工处理和营销。再然后，你可以离开这个小渔村，搬到墨西哥城，再搬到洛杉矶，最后到纽约，在那里经营你不断扩大的企业……”

墨西哥渔夫问：“这需要花多少时间呢？”

美国人回答道：“十五年到二十年。”

墨西哥渔夫问：“然后呢？”

美国人说：“然后你就可以在家当国王啦！时机一到，你就可以宣布股票上市，把你的公司股份卖给投资者。到时候你就发财啦！就可以几亿几亿地赚！”

墨西哥渔夫问：“再然后呢？”

美国人说：“到那个时候你就可以退休啦！你可以搬到海边的小渔村去住。每天睡到自然醒，出海随便抓几条鱼，跟孩子们玩一玩。黄昏时，晃到村子里喝点小酒，跟哥儿们玩玩吉他！”

墨西哥渔夫疑惑地说：“我现在不就是这样了吗？”

从这个故事中，我们可以看出，美国商人与墨西哥渔夫对人生的态度是截然相反的。美国商人在追逐成功的同时，也在追逐焦虑；墨西哥渔夫在甘愿平凡的同时，也在享受快乐。究竟哪一种态度更好，这很难说，因为每个人都有不同的价值观，也都有选择自己生活方式的权力。但是，如果过于追名逐利，以至于焦虑到影响自己身心健康，那就得不偿失了。

总之，焦虑带来竞争，而竞争反过来也会加剧人们的焦虑。在人类文明的发展过程中，焦虑已经成为一种严重影响人们身心健康的心理疾病。有很多非常有才干的人在人生的战场上左冲右杀，取得了不错的成就，本想再登高一步，不料却在内心的战争中吃了败仗，倒在了焦虑的刀下。

1. 为什么会焦虑

人们为什么面临如此众多的焦虑，我们必须从自然界、社会、人的心理及认识活动以及人格特征来分析,这些因素可以概括为以下几种。

(1)在工作、生活健康方面均追求完美化

稍不如意,就十分遗憾,心烦意乱,长吁短叹,老担心出问题,惶惶不可终日。须知,世间只有相对完美,决无绝对完美。应该“知足常乐”“随遇而安”,决不做追名逐利的奴隶,为自己设置太多精神枷锁,过得太累,把生命之弦绷得太紧。

(2)没有迎接人生苦难的思想准备,总希望一帆风顺、平安一世

如宇宙的自然规律一样,人生自始至终都充满了矛盾,绝无世外桃源。人一降临人间,就会面临生老病死苦的磨难。没有迎接苦难思想准备的人,一遇到矛盾,就会惊慌失措,怨天尤人,大有活不下去之感。其实,“吃得苦中苦,才能甜上甜”,要学会解决矛盾并善于适应困境。

假如碰到意外和不幸时,建议你正视现实不低头,不信邪,昂起头,挣扎着前进,灾难是有尽头的,忍耐下去,一定会走出暂时的困境。人们常说“山重水复疑无路,柳暗花明又一村”,有时乍看起来是件祸事,过后说不定又是一件好事。人生就是这样包含着“祸兮福所倚,福兮祸所伏”,好与坏,幸福与不幸的辩证关系。

2. 如何缓解焦虑

焦虑是每个人都有的情绪体验,要防止它成为病态,就要寻找各种能舒缓压力的方式。面对焦虑,面对真实的自己,是化解焦虑的最佳良药。下面几种方法就可以让你化解焦虑:

(1)肌肉放松法

在生理上,焦虑是与肌肉紧张相关联的。如果你使自己的肌肉得以放松,那么躯体的放松也会令精神有所放松,焦虑就无处立足了。

肌肉放松法共分以下四步:

第一步:要使肌肉放松,须先让肌肉处于过度紧张状态。先是躯干:头部下缩,双眼微合,双肩上耸,感到很紧张后,放松头及双肩,然后将头慢慢做逆时针转动八圈,再按顺时针转八圈。做完这些动作以后,需静静地躺在床上。

第二步:将右脚绷直抬高,脚尖绷紧直到不能坚持,然后完全放松地让脚落在床上。接着抬起左脚进行与右脚相同的练习。切记要把全部注意力都集中在绷紧的那条腿上,想象从足尖到髋部都非常紧张,这样才有可能达到肌肉放松。

第三步:右手上举,握紧拳头,绷紧手臂肌肉,同时集中注意力想象手臂非常紧张,当感觉很累的时候,让手完全放松地落在床上。然后左手也做同样的练习。

第四步:在左臂放下后,双眼仍保持微合,想象头顶的天花板上有个圆圈,直径大约四米。想象着视线按顺时针方向绕圆圈转八圈,然后按逆时针方向转八圈,要慢慢地转动。完成以后,再想象一个边长大约为四米的正方形,同样顺着它的边做一遍。

完成以上步骤后,你什么也不要想,只是静静地躺着,体会运动过后的那种松弛、宁静的感觉。这种放松的方法是很有效的,但需在安静场合进行。

(2)暗示放松方法

这是一种应急的方法。一旦你感到焦虑,可按以下三步去做:

第一步:深深地吸一口气,然后迅速吐出。这个过程能使肌肉很快地放松。

第二步:不断暗示自己“放松、放松”。

第三步:把注意力集中在有趣的事物上。

完成这三步之后,可返回引起焦虑的问题。如果仍然感到焦虑,再重复这三个放松步骤,

直到焦虑缓解。这个方法十分简单，无论是在假想情景还是实际情景中，都可以多次重复练习。

(3)认知重构法

认知重构法实际上是一种综合疗法，分以下三个步骤：

第一步：改变态度。焦虑者往往不敢直面人生，把世界想象得过分危险可怕。因此，首先应该做到的就是改变生活的态度。焦虑者惯常的态度可能是这样的：

时光飞逝如电，我离死亡越来越近。

命运决定一切，我放弃自由选择的权利。

世上人心险恶，我注定是孤立无援的。

这些态度都过分消极悲观，如果不从根本上加以改变，焦虑便无法根治。你应将原有的消极态度变为积极态度。例如：

时光飞逝如电，我要珍惜现在的一分一秒。

命运无法知晓，我有权自由选择我的生活。

世上人心不易沟通，只要心诚定会得到帮助。

你把这些改变后的积极态度记下来，作为座右铭，经常读一读，进行自我强化。

第二步：挖掘病因。采用前述自我精神分析法挖掘焦虑的病因。认识到病因后，你必须正视它，然后努力用言语表达出来。这个小小的技巧实际上是使焦虑的潜意识冲动上升到意识的层次上，然后进行有意识的控制。

第三步：矫正行为。采用模仿、强化、幽默、自我建设性暗示等方法对焦虑进行行为矫正。

模仿的主要对象是你生活中的强者。你如果很容易焦虑，那么和一个幽默、潇洒的人在一起，无形中你会受他言行的感染。你还可以模仿强者的为人处世方式，甚至可以向他们取经，了解他们战胜焦虑的诀窍。其实，世上人人都有焦虑的体验，只是有人战胜了焦虑，有人却成了焦虑的奴隶。

强化则是对你的积极性行为进行自我鼓励，或寻求他人的鼓励。自我强化主要应从自我建设性暗示入手。过去焦虑时，你不正确的行为反应使焦虑得到了强化。例如：

我太痛苦了，我要死了。

这个工作我一定会失败的，毫无希望。

现在你应采用建设性暗示有效地抑制焦虑：

我现在确实很痛苦，但解决困难都得有这么一个过程，应努力调整自己，战胜困难。

这个工作可能失败，但失败是成功之母，何况并非没有一丝成功的希望。

原来的不良自我暗示往往是无意识的，而现在的良性暗示则是有意识的，富有建设性的。这样的建设性暗示还有许多，你应将它们写出来、记住并不时提醒自己。它们能非常有效地提醒你采用有效措施，减弱焦虑。

(4)音乐放松法

一个人，不管他的心情多么不好，只要能听到与自己心境完全合拍的音乐，就会感到无比舒畅。以音乐来摆脱心理困扰时，要注意选择能配合当时心情的音乐，然后逐步将音乐转换到有利于将自己的心情调整到希望获得的方面来。

(5)冥想放松法

在宁静处坐或站，闭眼，肌肉和意念放松，集中想象力于一束鲜花、一处自然美景或回忆愉快的往事，你会慢慢心旷神怡，消除焦虑。

(6)运动放松法

焦虑者可通过强耗氧运动,振奋自己的精神,如快步小跑、快速骑自行车、快走、游泳等等。通过这些耗氧量很大的运动,加速心搏,促进血液循环,改善身体对氧的利用,并在加大氧的利用量中,让不良情绪与体内的滞留浊气一起排出,从而使自己精力充沛,进而振作起来,心理困扰由此自然就得到了很大排解。

压制虚荣,做最真实的自己

有一只老鼠生了一个漂亮的女儿,老鼠总想把女儿嫁给一个有权势的人。它看到太阳魅力非凡,就巴结太阳说:“太阳啊!你多么伟大、能干,万物没有你简直就无法生存,你娶我的漂亮女儿做妻子吧!”太阳客气地回答:“我不行,因为乌云能遮住我,把你的女儿嫁给乌云吧。”老鼠又去找乌云,老鼠对它说:“你娶了我的女儿吧,你有这样神通广大的本领,我真敬慕你。”乌云说:“不行,我没什么本领,我比不上风,风一吹,我就被吹跑了。”老鼠一听,原来风比乌云更有本领,于是找到风,对它说:“风啊!我可找到你了,听说你很有本领、有权威,我愿将我美丽的女儿嫁给你。”风一听这无头无尾的话,紧锁双眉说:“谁稀罕你的女儿,你去找墙吧,他比我行!”老鼠一听,又决定去找墙。墙偷偷地说:“我倒是怕你们这些老鼠,你们一打洞,我可就危险了。我不配做你的女婿。”老鼠一想:墙怕老鼠,老鼠又怕谁呢?它忽然想起了祖宗的古训,猫是老鼠的天敌,每一个老鼠生来都会本能地害怕猫。

于是就赶紧去找猫,点头哈腰地说:“猫大哥,我总算找到你了,你聪明、能干,有本事、有权威,做我的女婿吧!”猫一听,倒是爽快地答应了:“太好了,就把你女儿嫁给我吧!最好今晚就成亲。”

老鼠一听这么豪爽的话,开心极了,猫大哥真不愧是有魄力、有作为的男子汉,这下总算给女儿找到如意郎君了。于是喜滋滋地跑回家去,大声对女儿说道:“我终于给你找到好靠山了,猫大哥最显赫、最有权势,你能享福了!”当晚就把女儿打扮起来,请来了一群老鼠仪仗队,打着灯笼、凉伞、旗子,敲着锣鼓,一路上吹吹打打,把女儿用花轿送到了新郎的住地。猫一看,老鼠新娘来了,等轿子刚进门,还未等新娘下轿就扑了上去,一口将可爱的新娘吞进肚里去了。

其实,在我们的现实生活中这种情况并不是没有的,许多人因追求华而不实的东西变得虚荣,也因此为日后的悲剧埋下了祸根。我们的社会一直以来似乎并不严重谴责虚荣,仿佛人人爱慕虚荣,无须谴责,好像这是理所应当的事情。甚至有人觉得,如果一个人不虚荣,那他就一定很虚伪。事实上,许多悲剧的问题皆源于此。

很早以前,村里有一个女孩叫苏菲亚。她是一个非常爱美,非常会打扮自己的孩子,这在村里可不多见。

每当春天降临人间的时候,苏菲亚总会从田野里采来好多鲜花,装点在自己的房间里,土坯做的墙壁在她的装扮下,显得比皇宫都要华丽;夏天来了,她会在花丛中捕捉许多花蝴蝶,夹在笔记本里做成标本,闲暇时翻开来笑嘻嘻地看;秋天,她还会到自家后面的园子里捡拾枫树上凋零的落叶,那些枫叶火红一片,像一个个写满梦想的青春请柬;冬天如约而至,她会和弟弟一起,在自家篱笆围成的院子里堆一个雪人,还会用菜窖里的胡萝卜给雪人装上一个漂亮的鼻子。

等到苏菲亚长大后上了中学，家里人开始发现她变了，以前那个天真无邪的“小苏菲亚”不见了，取而代之的是一个淑女一般文静而且多愁善感的女孩。可能是青春期的缘故吧，爸妈只好无奈地这样想。

到了城里上学之后，她和同学们逛了几次街，然后，苏菲亚就再也没有去过任何一条街道，除了不得已路过之外，她也会尽量强迫自己目视前方，从不左顾右盼。其实，她并不是害羞，而是怕街道两旁橱窗里的时尚服装伤了自己的自尊。

每当周末回家休息，回到她的家乡，这个小小的、安静的村庄。苏菲亚向父母索要生活费时，逐渐加大了“力度”。由一开始的5美元，变成了现在的10美元，这已经让父母很难承担了，但她甚至还嫌不够。父母问她，怎么了，孩子？学校里的伙食涨价了吗？

每当听到父母关心的询问，苏菲亚竟然会莫名地对着父母大发雷霆。

苏菲亚像那个年纪的大部分女孩子一样，她开始学着打扮自己，但是她把自己打扮得过于成熟，打扮的方式也过于繁复，时常会在镜子前花掉一上午的时间，再用半个晚上的时间卸妆。她把自己弄得像一个交际花。几个室友私下里也谈到她，总说她变了。别的室友围了一条苏格兰格子的围巾，她也会买一条；别的室友新添了一双长筒的靴子，她也会给自己添一双；别的同学定做了一条连衣裙，为了买到相同的款式，她会跑遍好几条街。

她最恐惧的就是别人喊她“土包子”，如果有人敢这么叫她，她一定会不惜一切代价地和那个人拼命的。不过幸运的是，其实她身边并没有那种不善良的人，她也一点都不像来自农村的人。可是她却不知道，她从一个“土包子”蜕变成一个“水晶包”，她的父母在背后付出了多少心血和汗水。父亲在镇上的建筑工地做瓦工，磕磕碰碰的，身上的伤长年不断，母亲在饮料厂给人洗药材，遇见一些过敏的药材，往往两只眼睛都肿得眯成一条线……可以说，她是在用父母的心血和苦累来编织自己虚荣的面具。

然而这还不是最重要的，身为学生的她，连学习成绩也一落千丈，由当初进班时的第一名，滑落到中等偏下。甚至出现过不及格。

在一次放学后，席拉老师特意把苏菲亚喊到了自己家里，给她讲了这样一则古老的寓言：

在古时候，有一匹小马立下志愿，要做一匹驰骋天下的千里马。做千里马的第一条就是要比速度，然而，这匹小马始终落在别的马后面。几次失败以后，小马泪流满面跑到妈妈那里，把自己的苦衷说给妈妈听。

小马的妈妈让小马按照比赛时候的样子跑一遍给自己看，小马准备了一个漂亮的起跑姿势，然后每一步都很有规律地奔跑着。

小马的妈妈笑得前仰后合，然后说：“孩子，一匹太在乎自己奔跑姿势的马是跑不快的。如果想成为千里马，你必须抛弃那些无用的姿势，你的心里只有奔跑，不停地奔跑，你的眼里只有你前方的目标，我们的意义在于奔跑，而不是表演！”

后来，小马按照妈妈的吩咐，刻苦练习，摒弃恶习，日后终于成为一匹迅如疾风的千里马。

这个简单的寓言很快就讲完了，随后，席拉老师从兜里掏出一大沓零钱给苏菲亚说，这是你的父亲给你送来的生活费，你不在寝室，我替你代收了，我闻了一下，上面充满了扑鼻的砖瓦的味道和药材的香味……

苏菲亚控制不住自己了，一下扑在了父亲送来的那些零钱上，第一次哭得这么伤心，这么懊悔。

后来,苏菲亚谨记席拉老师的故事,一改往常的陋习,考上了一所著名的大学,经过10年的奋斗和积淀之后,她成了文学院最年轻的博士生导师。

苏菲亚是幸运的,她遇到了一个好老师,帮助自己抛掉了虚荣心态,避免在虚荣心的诱惑下越陷越深。苏菲亚的这种虚荣心态,就是追求表面上的光彩,是一种极力掩盖自己不足的心理表现和夸张行为。在现实生活中,没有一个人不渴望满足自尊,也没有一个人不希望获得荣誉,但这种获得不是自我夸耀。为了满足虚荣,有些人可能对他人造成伤害和冒犯,常常会为一些微不足道的事,津津乐道,自卖自夸。因此,懂得生命尊严的人,真正懂得荣誉的人,必须从虚荣中超然而出。

对虚荣的人来说,受到他人的注意、赞同、赞扬,是最有价值、最光彩的事。一旦虚荣心得不到满足,就会形成自卑情结。

1. 虚荣心的表现形式

虚荣心强的人喜欢高声喧哗,喜欢哗众取宠,喜欢有人追随在他们身边,喜欢参加各种集体性活动。从根本上说,虚荣是一种源于自卑感的、极力想得到别人承认的愿望,是极力想得到荣誉或别人尊重的一种心理表现。一般来说,具有虚荣心态的人有以下表现形式:

(1)不择手段追逐功名利禄

中国有句俗话叫作:“雁过留声,人过留名。”谁都不想默默无闻地活一辈子。自古以来,大多数人都把求名、求官、求利当作终生奋斗的三大目标。但是在追求功名利禄的过程中,应该量力而行,超过自己能力之外的追求,常常达不到目的,而达不到目的,又不甘心平凡生活的人,就势必会由于追求的太过迫切,从而产生邪念,甚至走上歪门邪道。

(2)特别爱面子

面子,是中国人心目中一个十分重要的概念,它象征着一个人的尊严、身份,甚至是名誉等等。在一些情况下,面子甚至比名利更加重要,有没有面子,常常是一个人考虑问题时的首要标准和尺度,也是一个人在进行各种判断和选择时的重要出发点和原则。人们活着,有时就是为了要一个面子,各种冲突和矛盾的出现,有时无非也是为了一个面子。总之,面子在人们的生活、工作以及各种交往过程中,占有举足轻重的地位。但是如何保全自己的面子,在丢了面子之后,如何去挽救自己的面子,这是一个非常需要技巧的问题。其实保全或挽救自己的面子,最好的方法就是不卑不亢,真诚面对一切,用自己的诚心去打动对方,用自己的人格魅力去感染对方。可是有的人为了满足自己的虚荣心理,却选择大肆吹嘘、炫耀自己,以至弄到最后,落到无法收场的地步。

(3)靠外表赢得别人的仰慕

虚荣的人往往刻意注重穿着打扮,希望借漂亮的服装修饰赢得别人的羡慕。有的人明明经济不宽裕,却把大量的开支花费在服饰打扮上。他们倾慕名流与时尚,是时尚的追随者和时髦的追逐者,是高档生活、高档消费的支持者,往往浑身上下都是名牌,被名牌和流行牵着鼻子走。

(4)处处挑剔别人

经常挑剔别人错误的人,多半是一些一事无成的人。他们没有什么值得别人称道的建树,于是竭力想通过这种挑剔别人的方式,试图给别人留下深刻印象,同时掩饰自己的无能。批评当然比实际行动要容易多了。对于他们来说,处处挑剔他人的毛病,能够显示自己的鉴别力。当然,不切实际地过分赞扬某人某事,也有类似的动机,都是虚荣心在作怪。通过对某人某事的过分赞扬，他就可以摆出一副满腹经纶的样子，或者显出高人一筹的鉴别力、判断力。对这些人来说，事情不是一无是处，就是完美无缺。

（5）谄上傲下

虚荣心重的人还喜欢与他人保持距离，这样做的目的可能不仅仅是要给人以深刻印象，而是避免被他人超过自己或避免他人发现自己的错误和弱点。因为他意识到，别人与他有了更深的交往时，就会发现自己的一切缺点，他们害怕他人对自己的仔细观察和了解。

（6）制造优越感

虚荣的人是一些竭力想改造他人的人，他们之所以这样做，是为了通过这样的活动表明他比别人要高一等，是为了提高自我地位。规劝他人改过很容易提高自己的自重感，并使他能够以某种恩赐般的优越态度来看待别人。

他们和你有约会时，总是希望你能准时赴约，而他们自己却常常迟到。他们喜欢让别人等候他，以显示自己多么与众不同。因此，经常迟到的人，往往是虚荣心比较重的人。一个男人在赴约时迟到，可能是想让别人觉得他是个大忙人，或是个很重要的人；一个女人在出席一个宴会时迟到，是想引起众人注目。

（7）以自我为中心

虚荣的人喜欢对别人提出过高的不合理要求，喜欢苛求别人。他们不是严于律己，宽以待人，而是严于律人，宽以待己。他们一天到晚，总是摆出一副愤世嫉俗的样子，不是抱怨这不好，那不行，就是指责别人有这缺点，有那缺点。吃饭或买东西时，更是喋喋不休，抱怨服务态度不好或者价格太贵。总之，当他们有求于别人时，总希望别人立刻放下手中的一切工作来为他服务，满足他的一切需要。在他们的家庭生活中，他们也经常提出不合理的要求，一个虚荣的丈夫总希望妻子把他当成客人；一个虚荣的妻子则希望时时受到奉承。

（8）拨弄是非

虚荣的人不仅是对他人隐私有浓厚兴趣的人，还是爱出风头的人。他们总是唠唠叨叨，说个不停，以便引起他人的注意，而谈论传播最多的就是有关他人私生活的流言蜚语。他们认为这样喋喋不休的饶舌是赢得听众的一个既快又稳的方法，因此如果不能用别的方法来引起众人的注意，他们就可能出卖信誉和诚实来这样做。

（9）喜欢冒险

冒险，尤其是冒不必要的险，也是虚荣的人试图引起他人注意的常用的手段。如一个人以惊人的速度驾车，或招摇过市，大呼小叫，其目的就是通过尽力显示自己的技术和大无畏的精神，来引人注目。

虚荣的人往往自己欺骗自己，不想认识自己的本来面目。他们故意摆出一副聪明睿智、城府很深的样子，并且希望别人也这样认为。他们喜欢自夸，爱炫耀，当然这样做的目的，无非是为了掩盖内心的自卑。他们靠着微不足道的小事上的优越而沾沾自喜，就因为他从内心深处深知自己不如人，所以抓住一件小事来炫耀。

（10）夸夸其谈

虚荣的人喜欢高谈阔论，夸夸其谈，以显示自己学识渊博。虚荣的人为了显示出自己与众不同的思想，喜欢用些庄重、正式的词汇。他们还常常使用华丽的、多音节的词，目的无非是给别人留下深刻的印象，以掩盖自己十分贫乏的见解。他们惯用的伎俩就是把简单的、明白的事情变成复杂的问题，有时还故意玩弄字眼，把本来没有区别的事物，说成有区别。这些竭力炫耀自己的知识的人，与别人谈话时往往迅速地从一个话题转移到另一个话题，满口的时髦话，一嘴的新名词。正如法国的一位思想家所说:“当虚荣心不作声时,我们的话也很少。”言行不一,徒有其表,名不副实,正是他们的写照。

(11)处处想引起别人的注意和羡慕

虚荣的人往往对现实采取回避的态度,知道事情真相,也不敢承认,而是有意欺骗自己。他们对待不如意,会表现得很敏感,想方设法抹去自己在别人心目中的不完美印象。过于强烈的虚荣心,使他们缺乏承认现实的宽广胸怀,更不愿意让别人知道自己脆弱和无奈的一面。其实太在意自己的一举一动,太在乎别人对自己的看法,那就不是你自己。

2. 如何摆脱虚荣心态

那么,如何来摆脱虚荣心态呢?这就需要我们能正确地认识虚荣,合理地加以改造和利用,把不利的转化为有利的。控制了虚荣这种人性缺陷的人,是不会被表面上的赞美和奉承所蒙蔽的,因而在生活中,他也不会轻易上当。他不会动辄接受贿赂,以致成为一个贪官污吏。他不会因为别人的赞美而失去自我,他不会因自我吹嘘、自我包装而招人耻笑。他会成为一个成功的、获得真正荣誉的人。

(1)正确认识自我

只要你正确认识了自己,并严格对自己做出客观、实在的评价,就不会因别人的赞美、恭维而迷失了方向,不知自己到底是谁了。事实上,每个人都对自己有一定的认识,并在这个认识的基础上产生一种自我评价,而清醒地看到自己的成绩和缺陷,发现自身的不足,并加以理性地克制和改正,却不是那么容易。我们要勇于接受现实,忍耐自然条件带来的不便和压力,趋利避害,扬长避短。人生的道路千万条,不必去钻牛角尖,要善于化腐朽为神奇,把自己的人生绘制成一幅绚丽的图画。

如果把几块长短不齐的木板箍成一只水桶,结果就会发现,木桶的储水量多少并不取决于最长的那块木板,而是取决于最短的那块。如果要使这只木桶能装更多的水,只有将最短的那块木板加长。做人也如此,既要善于发现自身的短处,又要勇于承认短处,更要善于补短。如何补短,不仅需要勤奋学习,还要注意两点:一是如黑格尔所说的“知道限制自己”;二是善于吸取别人的长处。如果想有效吸取到别人的长处,一定要低姿态,一个谦虚的人必然能博采众长,不断地提高自己的修养,从而得到别人的尊重。

(2)正确地接受自我

一个人认识自我固然不易,接受自我则更难。接受自我就是对自己的本来面目抱认可、肯定的态度。一些不能接受自我的人,由于对本身的某个方面不满意,而可能拒绝承认自己本来的面目,不能如实地表现自己,竭力想把自己装扮成另外一个形象,把真正的自我隐藏在伪装的后面。这可能并非是完全有意识的,却使自己不能自然地表现自己,而必然带来沉重的心理负担。

在这个世界上,真正的强者是那种能够战胜自己的人。世界上最难克服的困难,就是自己的愿望,世界上最大、最顽固的敌人,也是自己。能够战胜自己的人,是没有什么困难能够难住他的。还是以你真实的面孔去面对每一个人,那样得来的赞誉才能终身受益。

(3)正确面对周围的人

爱慕虚荣的人往往为他人的意见而活着,特别是他周围的人,其实,这完全没有必要。只要一个人有真才实学,即使他不刻意表现自己,总有一天也会赢得别人的尊重。

实际上周围的人的兴趣、爱好各不相同,生活习惯、语言表达方式也不同,他们的判断标准并不一定正确。如果能清醒地认识周围的人，就不会为他们所认可的各种各样的价值标准、审美标准所迷惑。对于一个人来说，不要怕被周围的人看低，可怕的恰恰是被别人看高了。看低了，你可以寻找机会全面地展现自己的才华，让别人一次又一次地对你刮目相看，你的形象会慢慢高大起来；如果被人看高了，刚开始让人觉得你很了不起，对你寄予种种厚望，可你随后的表现让人一次又一次地失望，结果会被人越来越看不起。

人们在失意时，容易遭到讽刺打击，在进取时也常常会受到讥讽和嘲笑，要生活得充实、安稳、潇洒，就要有充分的心理准备，不怕嘲笑讽刺，不怕挖苦打击。当受到别人的嘲讽时，不要用虚荣来挽救自己的面子，而要客观地分析一下，别人的嘲讽是否有道理，还应检查一下自己的行为是否有不当之处。如果觉得自己没错，就坚持到底，用实际行动来感化和影响讽刺你的人。对于恶意的嘲讽，最好的办法就是不屑一顾，在别人的嘲讽中发愤图强，在别人的嘲讽中活得有滋有味，这才是真正强者的人生。

(4)正确找准自己的位置

人生一世，谁都不甘平庸，谁都想成就一番大业，不虚此生。可是由于社会背景、机遇、智商、文化、修养等等的不同，一个人的理想或愿望，并不一定就能一一实现。在自己的目标没有达到时，要学会承认和接受现实，要自己寻找心理平衡。人们大都渴望追求荣誉、地位、面子，谁都不愿受辱，但虚荣心重的人，往往对客观外在的出身、家世、钱财、容貌都看得很重。其实，一个人一生的道路是很宽阔的，每个人都有各自的活法，要以个人的条件为依据，努力去追求。要站得高，看得远，不为眼前的小是小非缚住手脚，从而排除各种干扰，奔向大目标。这样才能在滚滚的社会大潮中，坚守住自我。

(5)正确把握与人对比的尺度、方向、范围和程度

从现实角度上来说，我们应该较多放眼于人的社会价值而不是人的自我价值。例如，你可以比较一下，一个人在学校里或者在工作中的作用与贡献，而不是只看到他个人工资、福利待遇的高低以及所付出的辛苦之类。从覆盖的方向上说，我们要立足于健康的比较而抛弃病态的比较。例如，我们可以比较实际的业绩，比较我们的干劲，比较我们精神专注的程度，而不是贪图那些虚名。你要明白，那些虚名就好像天边的浮云一样。从比较的程度上来说，我们应该在个人的实力上把握好比较的分寸，能力一般的最好就不要和能力比你强得太多的人相比较。这是我们必须承认的客观的现实。这就像拳击比赛和举重比赛一样，都是要按照体重分别进行的。并不是说明你不够优秀，而是我们的先天条件就是如此。

(6)为自己树立一个正面的榜样人物，并且学会完善自我

我们可以从名人传记、名人名言中，也可以在现实生活中以那些脚踏实地、不图虚名、努力进取的革命领袖以及英雄人物、社会名流、学术专家为榜样，努力完善人格，做一个解放思想的人、一个实事求是的人、一个有道德的人、一个脱离了低级趣味的人、一个有益于人民的人。

总之，在我们充满诱惑也充满压力的现实生活中，摆脱虚荣心的方法有很多，在现实中我们要善于学习和把握克服虚荣心的各种方法，成为一个身心健康的人。

(7)正确面对自我缺点，对自我进行约束

假如你已经出现了例如自夸自大、吹牛说谎、嫉妒他人等消极的心态与行为，应该立即采用各种心理训练的方法对自己的行为和心态进行彻底的纠正，对这些不良的虚荣行为进行自我心理辅导。其实这就像我们生病的时候要吃药一样，也就是说当这些病态的心态与行为将要出现或已经出现时，你应该保持警觉，立即给自己施加一定的心理暗示。

避免猜疑，打开自己的心门

所谓“猜疑”，便是无根无据地猜测怀疑。仅凭自己的主观想象，或是听信别人的飞短流长，捕风捉影，由此去猜测对方如何如何。然后产生戒心，造成自己对他人的不信任，由此产生心理上的隔阂。

猜疑与不信任的原因主要与沟通有关。由于缺乏与人沟通，就不了解别人的想法，只好靠猜测来推断和分析，这样误会也就乘虚而入了。喜欢猜疑的人通常是那些对他人抱有强烈的敌意、戒备、不愿相信别人的人，归根到底则是个人对自己信心不足，由潜意识的自卑倾向造成的。因为自卑而特别敏感，因为敏感而特别多疑。

无端猜疑是人生中的大敌，既易伤害别人，又易作茧自缚，令自己苦恼不堪。就像下面这个故事中的人物一样：

> 王平不爱言语，平时很少与同学交往，即便是同寝室的同学也很少接触。有一次，王平偶尔经过寝室，恰好听到室友们正在以一种讥讽的口气在议论她，当时她很伤心，却没有勇气走进门捍卫自己，只是悄悄地走开了，但从此在心里却留下了抹不去的阴影。渐渐地，她变得越来越不爱与人交往，而且也越来越多疑了。平时，只要看到同学们聚在一起说话，便觉得她们在说自己的不是；看到同学朝自己微笑，则觉得她们是在不怀好意地讥笑自己，有意在孤立自己。王平自己也意识到这些想法大多数是空穴来风，毫无根据的，但那些奇怪的念头常会莫名其妙地从脑海中冒出来，弄得她心神不宁、寝食不安，学习也没心思。为此，王平苦恼极了。

王平同学被不安情绪笼罩的原因缘于“猜疑”这一不良心态。在猜疑心态的作用下，人常会作茧自缚，陷入一种自圆其说的封闭性思路中，即从某一假设目标出发最后又回到假设中去，得出一些荒唐、可笑的结论。

英国哲学家培根这样告诫人们：“心思中的猜疑犹如鸟中的蝙蝠，它们永远是在黄昏里飞的……这种心理使人精神迷惘，疏远朋友，而且也扰乱事物，使之不能顺利有恒。”古诗云：“长相知，不相疑。”意思是说，彼此要深切了解，才不会彼此猜疑。与人交往要不相疑，就必须“长相知”，“让一个灵魂孕育在两个躯体里”，努力改变有碍于与人交流的脾性。

猜疑是一种十分不负责任的心态，也是一种不信任他人的心理，更是和睦人际关系的一大祸害。

> 古时候，有这样一个猜疑心很重的人。有一天，他家里少了一把斧头，他怀疑是邻居偷的，但苦于没有证据。于是，那天他仔细地观察他的邻居，越看越觉得邻人有偷斧子的迹象，言谈举止透露出做贼心虚的情形。他看到邻居跟往常一样从自己家门口走过，觉得邻居没走得太靠近他是因为偷了东西后不敢面对他；看到邻居和往常一样对他点头笑笑打招呼，则认为是由于心里愧疚而讨好他。总之，邻居的一举一动都像是个贼。第二天，他在自己家的角落里找到了那把斧头，才发觉自己是冤枉了邻居。这时他再看邻居，真奇怪，怎么又和平时一样，一举一动再正常不过了，一点也不像是偷别人东西的人了。

故事中怀疑邻居偷斧头的人没找到斧头时，为什么会觉得邻居的言行举止都像个贼？想象一下，如果那人始终没找到斧头，会发生什么事情？也许猜疑将成为他与邻里间永远解不开的症结。

多一分猜疑，人与人之间就少一分诚意，多一分庸俗的烦恼和无聊的忧愁，给了别有用心的人多一分可乘之机。互相猜疑，会使集体涣散、人心各异，影响学习、影响生活。无端地互相猜疑，会使人与人之间产生隔阂与矛盾，难免伤感情，结芥蒂，好朋友之间也可能因此反目，产生怨恨。

一个人，如果过分猜疑，而又不知醒悟，很可能就会酿成大祸。因猜疑这一人性弱点酿成的悲剧，古往今来，举不胜举。如奥赛罗错杀贞洁的妻子，吴王赐死忠诚的伍子胥等等。中国古代三十六计中的反间计，便是抓住人性中好猜疑的弱点而设计的，其结果是加速自身的毁灭。对现代人而言，猜疑不仅会导致人际关系紧张，无端伤害他人的感情，而且还会使猜疑者本人加重心理负担。严重的猜疑心还会导致心因性狂想症，那就是一种病态心理了。

1. 产生猜疑的原因

一般来说，产生猜疑主要由于以下几个原因：

(1)缺乏安全感

一个人如果老是担心自己在人际关系中处于不安全的境地，他就难免对周围环境疑虑多端、忧心忡忡。当一个人对他人的信任不够时，就会在心理上对他人产生不放心的感觉，而且总是把对方的思想和行为往坏的方面想，唯恐别人对自己形成威胁，对他人有种下意识的抵触情绪，总是莫名其妙地觉得自己生活在某种危险之中，担心别人危害到自己的利益和安全。之所以如此，很大程度上是因为人们没有彼此敞开心扉。只有敞开自己的心扉，发挥自己的智慧和力量，彼此才能互相信赖，共同前进。

(2)受过沉重的打击

一个人如果受过打击，尤其是这种打击是来自自己比较信任的人，那么给他的伤害是最重的，他会因此引以为戒，从一个极端走向另一个极端，从毫不怀疑地信任别人转化为毫无根据地猜疑所有的人，因为他生怕自己会重蹈覆辙，会再次受到欺骗和伤害。他们原本心地善良、胸襟开阔，只因受到了打击，心灵上留有深深的伤痕，从而变得疑心重重、心胸狭窄，对任何人和事都不放心，不相信人间还有真诚和友谊，认为每个人都是虚伪的，人和人之间只有欺骗和伤害，以致性格变得孤僻、固执。

2. 猜疑心态的类型

猜疑心态有很多种类型，有正常的猜疑、过于敏感的猜疑、不计后果的猜疑等。不管是何种类型的猜疑，都会给你的生活和工作带来严重的负面影响。

(1)正常的猜疑

在日常生活中，我们遇到意料之外的事时，常常表现出猜疑、坐立不安等，一旦事情的原因搞清楚了，这种猜疑也就自行消失了。这属于正常范围内的猜疑。比如，如果孩子到了放学回家的时间，还没回来，妈妈和爸爸就会猜想出各种各样的坏的可能：被绑架了、遇上了交通事故等等。一旦孩子回来了，并解释清楚了回来晚的原因，那么父母的猜疑也就烟消云散了。

(2)对特殊情况的猜疑

有的人受过骗以后，就变得疑心重重，对所有的人，都不再相信，总觉得别人都是在骗他。有的人跟别人闹矛盾了，总觉得别人平时跟他人的交谈都是在诋毁自己，别人所做的每一件事都是在准备报复自己，于是整天处于戒备状态。再比如，犯了罪的人总是胆战心惊，听见救护车的声音也以为是警察开着警车来抓捕自己。

(3)过于敏感的猜疑

这种人往往是处处小心翼翼,遇事总要千思万虑的人。他们平时总是心神不定,怀疑人家看不起自己,无论什么事,总是喜欢从坏的方面去无端猜测,别人无意中的一言一行,他都以为是对自己的不满或有意见,别人偶尔没跟自己打招呼,也以为是自己得罪了别人,整天东想西想,听风就是雨,无事生非,弄得人际关系紧张。很多时候他们都在担忧,但他们的担忧又找不到任何充分的事实根据,完全是自己的凭空想象,甚至有时候他们自己也不能确定自己在怀疑什么。只是固执地认为别人肯定会危害到自己,而使他们痛苦的是,他们不知道这种危害什么时候、用什么方法强加在自己身上,他们只是坚信自己一定会受到很大程度的伤害。因此他们时刻提防着别人,心中充满沉重的心理压力,心情一刻也得不到放松,同时还不知道事情一旦发生后,该如何应付。

(4)不计后果的猜疑

有的人多疑会发展到捕风捉影、无中生有的地步,也不计行为后果。他们总觉得时时在受迫害,觉得人人都在和自己过不去,在排挤他、轻视他、欺骗他,觉得人心险恶、不得不防。其实,这些"敌人"都是自己想象出来的,一定要纠正自己意识中的这种偏差。要知道,世界上虽然有恶人,但好人毕竟占多数。

3. **如何避免猜疑**

猜疑心态在生活中往往给人很大的危机感,如何解决和处理掉这种危机,则成为人们共同应付的问题。为此,我们给出了以下几条建议:

(1)别让感情战胜理智

要采取用事实说话的方法,逐步消除自己的猜疑心。当你疑心别人在讽刺你、轻视你的时候,不要马上采取行动,先观察一下你的猜疑是否正确。设身处地地去为对方设想一下,看他的言行是否合乎情理。这样一来,也许你会发现,事情常常和你猜想的不一样。多疑的人常常是根据自己的一点印象就下结论,对多疑的事又不做深入的调查了解,尽管他们的看法与事实不符,又不合乎理智的判断,但还是感情用事地看问题。

(2)用事实说话

产生了猜疑心,势必会妨碍自己去观察事实真相。因而,对于周围的人和事,必须善于观察、善于调查研究,一定要保持冷静客观的态度,观察、分析、思考问题。可以请自己信得过的人帮助参谋分析,消除一切荒唐可笑的想法。另外,遇事可多往好处想。通常,人在高兴和感激的时候,不大会多疑。许多事情,别人本来无心,你往坏处想,却会想出问题来。

(3)加强自身修养

对于多疑者,最重要的是加强自我意识修养。一个思想修养和道德水平很高的人,遇事不会斤斤计较,患得患失。他们目标远大,超脱自我,能够排除一切私心杂念,多疑心态也就无处安身。相反,如果一个人心胸狭窄,处处猜疑、戒备他人,那么就常常会做出一些损人利己的事情来。

(4)建立自信

一个人有充分的自信,就不会时时为疑心所困,对别人的态度甚至闲言碎语,也不会斤斤计较。"谁人背后无人说,哪个人前不说人"?几句议论又算得了什么?在许多情况下,不是别人对你有成见,而是多疑使你产生了别人对你有成见的错觉,而这又会反过来影响你对别人的情绪和看法，从而真的使别人对你产生不好的看法。如果自己确有不够完美的地方，又怕别人背后议论自己，以致疑心重重的话，那就要敢于承认自己的缺点和错误，并坚决改正。这样，别人也就无可非议了。要相信自己是个有才能的人，一定可以得到别人的承认。

(5)信任别人

通常，人们对自己信得过的人，不大会产生猜疑；反之，越是自己不信任的人，越容易疑神疑鬼，总以为别人在同自己作对。因此，多疑的人应特别注意同别人直言相告，坦诚相处，有了彼此间的信任，猜疑的基础就不存在了。如果对某人一旦产生了猜疑，则更应如此，可以主动与对方接触，开诚布公地谈一谈。这样不但可以消除误会，驱散疑云，还能增进彼此间的友谊。因此，与别人真诚相处是改变多疑心理的好办法。同时还需注意抛弃成见和自我暗示，一般情况下，多疑的人往往是在主观上先假定别人对自己不满，然后把生活中许多无关的事扯在一起，来证明这个成见。有些还是无中生有地制造出来的，甚至把别人的善意曲解为恶意。因此，猜疑也是一种自我暗示的心理，它预先主观地设定一个框框，然后按图索骥，按框框取舍材料，进行自我论证，结果，疑心越来越重。因此，消除猜疑还必须抛弃成见和自我暗示。

其实，这个世界上大多数人都是心地善良的，他们是乐于助人的，不要总以为别人都是幸灾乐祸者，要相信别人和自己一样，都有一颗善于同情的心。正如法国著名思想家卢梭所说："当你真正感到对方的话是肺腑之言的时候，自己的心灵也一定会敞开来接受一个陌生的心灵的真情流露。"人心换人心，心诚则灵，真诚地与他人交往就会赢得友谊，就会活得快乐。

(6)用幽默化解猜疑

拿破仑·希尔说："适当的幽默感，有助于保持弹性，以及适应变化多端的生活环境，幽默感可以使你在压力中放松自己，并使自己一直保持有人情味，而不会变得冷酷、疏离、生气或苦恼；它可以使你的生活不至于太严肃。"

猜疑心重的人活得过分认真、执着，活得很累。他们不懂得幽默，也不大喜欢幽默的东西。其实幽默中包含有太多灵活和机智，它可以使你避免受伤害，还可以使你成为真正的强者。幽默是一种人生的态度，是一种生存的技巧，幽默能产生一股力量，以对抗周围不如意的境况。幽默能使人放松心情，减少压力。通常凡是具有幽默感的人，工作的效率、创造力都比较高。

不再自卑，避免自我怀疑

所谓的自卑心理，其实是有一个前提的，那就是人的自尊，人类大部分的自我认知心理实际上都是自尊的变形。当一个人的自尊需要得不到满足，又不能正确、恰当、真实地分析自己时，就非常容易产生自卑心理。因为种种原因，一个人的自卑心理形成之后，往往就会从怀疑自己的能力到发展成为不能表现自己的能力，从心理上认为自己不行发展成为真的不行，从怯于与人交往到孤独地自我封闭。本来经过努力可以达到的目标，也会认为"我不行"而放弃追求。

人类的心理是非常玄妙的东西，很多时候，一个简单的念头，却可以改变你的一生。那些自卑的人就是很好的例子，他们看不到人生的光华和希望，也领略不到生活的乐趣，更没想过去憧憬那美好的明天。他们把自己想得一无是处，还没开战，就急着认输。这样的心态绝对是不成熟、不理智，也不健康的。所以说人们要对自己自信，自信往往是战胜人生困难的最好武器。只要人有了自信，就好像轮船有了动力，会乘风破浪向前进。

很多人都无法想象，中央电视台著名主持人、特约评论员白岩松先生，在年轻的时候就曾非常自卑。他从他的家乡，一个北方小镇，考进了首都北京的大学。上学的第一天，邻桌的女同学好意问他："你从哪里来？"而这个问题却正是他最忌讳的，因为在他不成熟的逻辑里，出生于小城镇，就意味着没见过世面。就因为这个女同学的问话，他竟然一个学期都不敢和女同学说话！很长一段时间，自卑的阴影占据着他的心灵，每次照相，他都要下意识地戴上一个大墨镜，用以掩饰自己的自卑，让自己觉得舒服一些。

同样是中央电视台著名主持人张越，当年也曾为自己的肥胖而自卑。当然她现在更胖了，但是这胖也成了自己的特色。大约20年前，她刚上大学时，总是疑心同学们暗地里嘲笑她胖。她因此不敢穿裙子，不敢上体育课。大学毕业时，她差点领不到毕业证，不是因为功课，而是因为她不敢参加体育长跑测试！老师说："只要你跑了，不管多慢，都算你及格。"可她就是不跑，因为害怕别人看到自己肥胖的身体跑步时的样子，她甚至连向老师解释的勇气都没有。

已经宣布退出歌坛的亚洲娱乐天后，以特立独行和自信著称的王菲也说过，其实她也曾非常自卑，因为她觉得自己不聪明，18岁时勉强考上一个不出名的大学，而且没有去读，到现在也没有一个正经学历。她觉得自己没有毅力，减肥通常不超过一周就打退堂鼓，明知抽烟不好，却总也戒不掉。她觉得自己不擅长交际，尤其不会讲话，不善于和媒体沟通，因此总给人耍大牌的感觉。但是也正是因为她如此地与众不同，反而增添了她的个人魅力。

德国著名哲学家尼采出生在一个牧师之家，自幼性情孤僻，多愁善感，纤弱的身体使他总是有一种自卑感。他曾狂热地追求过一个美丽的姑娘，但因为表达感情时太笨拙，最终没有成功，这使他更加自卑。因此，他一生都是在追寻一种强有力的人生哲学，来弥补自己内心深处的自卑。

但是，我们都知道，就是这些自卑的人，这些和你我一样备受自卑折磨的人，他们后来都大获成功了。白岩松、张越成了中央电视台著名主持人，经常对着全国几亿电视观众侃侃而谈。王菲如今被称为亚洲天后，拥有无数"粉丝"，不管是唱歌、演戏都很成功，所到之处万人追捧。尼采成了著名哲学家，他打破了以往哲学演变的逻辑秩序，凭自己的灵感和独到的理解，写出许多文笔优美、寓意隽永的著作。

可以这样说，我们每个人都曾自卑过，一点都不自卑的人很可能会是另一种不正常的心理。所以，不要对我们自己的"自卑"而感到自卑。但是，我们真的了解自卑心理吗？心理学中的自卑到底是怎样的呢？下面我们就对自卑心理及其调适方法进行全面而详细的讲述。

德国哲学家黑格尔说："自卑往往伴随着懈怠。"通俗说来，自卑就是一个人对自己的能力、品质等做出不恰当的偏低的评价。与骄傲的心理相对，自卑者经常会感觉自己处处不如别人，对生活丧失信心，对任何事情都会感到悲观失望等等。自卑无疑是消极心理状态中比较严重的一种，但同时也是一种比较普遍的负面心态，是阻碍你实现理想或完成某种愿望的巨大心灵障碍。

在现实生活的人际交往中，拥有自卑心理的人其实非常想得到别人对他的肯定，但与此同时，他又害怕别人的轻视和拒绝，所以他就会很敏感地把别人正常的冷淡态度归咎为自己的错误。自卑的根本原因并不是他对自己的看轻，反而正是因为他过分的自尊，对自己的要求过高，而且为了保护其脆弱的尊严表现出来一种非常强硬的态度，让人无法接近，自己也更不会去主动接近别人。

1. 自卑形成的原因

在我们的现实生活中，造成自卑心理的原因比较宽泛，又都因人而异，但是大体上可以简单地分为以下两种情况：

一种是由于当事人客观存在的某种缺陷以及所遇到的长期性的挫折而引起自卑。比如说五官畸形、天生残疾、长得难看、身体超重、口吃等很难改变的生理缺陷，也有农村户口、家庭贫穷、没有学历等社会环境方面的缺陷，内向、偏执、羞涩、孤僻等个性上的缺陷，还有感情失败、工作不顺心、当众出丑、被人戏耍等等生活上的挫折等。

还有一种自卑就是比较严重的心理疾病了，自卑者存在一种强烈的自己处处不如别人的主观感觉，而且这种主观感觉与真实的情况根本不相符合。

2. 自卑的类型

从理论上说，天下无人不自卑，自卑的情绪在任何人身上都可能产生，几乎所有的人都存在自卑感，只是表现的方式和程度不同罢了。拿破仑·希尔认为，一般情况下，人们的自卑感的表现形式和行为模式大致有如下几种：

(1)孤僻怯懦型

深感自己处处不如别人，“谨小慎微”成了这类人的座右铭。他们不参与任何竞争，不肯冒半点风险。即便是遭到侵犯也听之任之、逆来顺受、随遇而安，或在绝望中过着离群索居的生活。

(2)咄咄逼人型

当一个人的自卑感在最强烈的时候，采用屈从的方式不能减轻其自卑之苦时，则转为争强好斗的行为方式：脾气暴躁，动辄发怒，即便为一件微不足道的小事也会寻求各种借口挑衅闹事。

(3)滑稽幽默型

扮演滑稽幽默的角色，用笑声来掩饰自己内心的自卑，这也是自卑的一种常见的表现形式。美国著名的喜剧演员费丽丝·蒂勒相貌丑陋，她为此而羞怯、孤独、自卑，于是她运用笑声，尤其是开怀大笑，以掩饰内心的自卑。

(4)否认现实型

这种行为模式是自己不想看到，也不愿意思考自卑情绪产生的根源，而采取否认现实的行为来摆脱自卑。如借酒消愁，以求得精神的暂时解脱。

(5)随波逐流型

由于自卑而丧失信心，因此竭尽全力使自己和他人保持一致，唯恐有与众不同之处。害怕表明自己的观点，放弃自己的见解和信念，努力寻求他人的认可，始终表现出一种随大流的状态。

(6)高度敏感型

自卑感常常使人感到可怜，其中最主要的表现形式就是高度敏感，只要求别人对他人照顾较多，一旦对自己稍有怠慢，自己就觉得这是一种蔑视，别人只是要求改变一下约会，或约会迟到了一会儿，他就觉得在别人的心目中自己是无足轻重的。别人的一个毫无恶意的玩笑，他也会觉得深深地刺痛了他，于是很长时间闷闷不乐。

这种自尊心过强正是源自他内心深处的强烈自卑，他的过敏是由于他内心的脆弱。他们好胜心强，总是试图胜人一筹，不服从权威，希望被每一个人所接受和喜欢，因此经常嫉妒他人。心理学家认为这是他们为减轻因自卑产生的心理压力而设计的宣泄渠道。人的一些缺点很容易遮掩，能很好地藏而不露，但是另一些缺点，却只有靠不断的、高度的警觉才能遮掩，力图遮掩这些不容易隐瞒的缺点，就更会使自己常常意识到它们，反而引起别人的注意，而且常常还因过分强调它们的严重性，引起本人的某些异常行为，这样就会使自己更加难堪。

(7)怨天尤人型

有些人为了掩饰自己的自卑，把对自己的不满投射到外界，投射到他人身上，变责己为责人，习惯地埋怨和责备他人的人自感无能，于是设法贬低他人来抬高自己。贪心和自私的人深感自卑，他们沉迷在自己的要求和欲望之中，不惜任何代价达到目的，以弥补自卑。他们很少有时间和兴趣去关心别人，甚至不关心那些爱自己的人，只沉迷于自己的问题。表面上看似乎有些自傲，其实是自卑的另一种表现形式。

自卑是一种消极的自我评价或自我意识。一个自卑的人往往过低评价自己的形象、能力和品质，总是拿自己的弱点和别人的长处比，觉得自己事事不如人，在人前自惭形秽，从而丧失自信，悲观失望，不思进取，甚至沉沦。一个人一旦被自卑情绪所俘虏，他的才智和创造力便会被扼杀，最后变成一个平庸的人。

(8)吹毛求疵型

一个自卑的人有时候故意挑别人的错，觉得别人不接受或不符合自己的标准，于是试图通过说自己正确，别人错误来弥补自卑感；或者迁怒于人，认为别人都欺负自己，厌恶周围的人，甚至有时会发展成嫉妒、仇恨、苛求别人，不肯认错。

他可以用一种优越性来炫耀自己内在感受的不足；也可以用一种显示自己强壮有力的生活方式来欺骗心中的自卑；还可以用对别人的统治，甚至施暴来补偿心灵的空虚。

3. 如何纠正自卑心理

自卑心理或许很多人都有，但是如果是上述那种觉得自己处处不如别人的非常强烈的主观感觉，那么这种情况是最需要纠正的，其实也是比较容易得到纠正的。

(1)正确认识自己，努力培养自信

“金无足赤，人无完人”，每个人都有他所擅长的地方，也有他所不及的地方。比如说，我们都知道“小巨人”姚明打篮球非常厉害，但是如果让他做针线活儿，那他肯定是不如一个普通的老奶奶了。一定要善于从自己身上发现长处，肯定自己做出来的成绩，也不要把别人看得都是那么完美，反倒把自己看得一无是处。没有人是完美的，你要明白他人也会有他人的不足，只是你们的不足不一样，而且很可能他的不足比你的要严重得多。或者你可以试着这样做一下：经常回忆那些经过你自己的努力奋斗，最终获得成功的事情；然后对另外那些做得不是很好的事情，则需要对自己不断进行积极的自我暗示。这一点可以参考催眠治疗方面的权威书籍。另外还应该注意的是，要处处留心，及时发现他人对自己好的、正面的、积极的评价。

其实在我们东方文化中，只要你不是一个万夫所指的千古罪人，是不会有人对你做出低于你真实情况的评价的。了解、赏识甚至是对你感到折服的人总是会有的，关键在于你要自己用心地寻找、发现，并且及时把你发现的好评价作为自我评价的基础，这样就可以增强你正面的自信心理。但是对于天生的、自身的一些生理上的缺陷，比如说高矮胖瘦、相貌丑等等没有办法的事情，就算你自卑，你痛苦，你羡慕嫉妒恨，那也是完全没用的，你还不如充分发展和发挥自己在其他方面的优点来弥补这些无法改变的缺陷。改变我们所能改变的，接受我们所不能改变的。

以一颗平常的心去面对生活。

要知道，在生物学领域里有个叫作“生理补偿”的概念，具体定义是说如果一个人失明之后，他的耳朵就会特别灵敏；如果腿残废了，手臂就会变得特别强壮。人们好像不论在什么状态下，都可以将自己的能力从一种方式转化成另一种方式。所以，你完全可以这样暗示自己：“虽然我的眼睛不如你们，但是我的耳朵听得更远、更清晰，我对音乐敏感到你们根本无法理解的高度。我并不比你差，反而在听觉上或者说在音乐上，你们远远不如我。”即使是一个身体非常健康的人，假如他的头脑空虚，没有自己的思考，并且偏执成性，始终坚持自己幼稚的世界观，那他虽然表现得和我们常人一样，但他实质上只不过是一具行尸走肉而不自知。一个身体即使不健全的人，只要你的内心世界丰富而善良，充满了理性的光辉，那你就像是阴暗背景下的一道阳光，会更加夺目耀眼，更能得到人们的爱戴与尊敬。

在美国有一个很特别的人，他的名字叫肯尼，他生下来就是一个下肢畸形的婴儿，不得不做两次手术。两次手术之后小肯尼成了高位截肢的残疾人。这时候他才一岁半，摆在他面前的将是怎样艰难的人生道路！

但是，让人根本没想到的是，过了许多年以后，出现在人们面前的肯尼，竟是一个性格活泼、精神乐观、顽强进取的英俊少年。肯尼从不把自己看成是残疾人，也从不会感到自卑，更不会陷入到自哀自怜的怪圈里。他习惯以手代足，不仅生活上努力做到自理，而且和健全的孩子一样，上学、逛公园、攀高梯、溜滑板。对未来，肯尼有许多美丽的幻想，想当总统，想当摄影师，也想当汽车司机。总之，他总是使自己和健全的孩子一样，没有丝毫的自卑、怯懦。

(2)锻炼自己的心理承受能力

你最好可以加强一下心理素质上的培养，锻炼自己的心理承受能力。打个比方来说，比如说为情报部门做间谍的特工人员，最重要的素质应该是什么呢？并不是他的技术能力，而是他的心理承受能力。这非常重要，如果心理承受能力不行，就算技术水平再高，承受不了压力，也是完全没用的。我们普通人的心理承受能力都是有限度的，也是很容易就崩溃的。每年的自杀统计报表就显示了这一点。当然，我们都听说过有一些人，从出生到死去都是那么坚强，甚至一生都没有掉过一滴泪水。但是那只是他表现出来的外部模样而已，事实上，他和你一样，会感到同样的痛苦，伪装并不会使他的痛苦减轻一分，但是因为长期的接受磨难，可能他已经对痛苦感到麻木。这实际上是一种对自己心理承受能力的过分培养了，我们一般人只要做到正常范围内的承受能力就可以了。不要因为偶尔的一次失败，或者某些必然的失败而感到一蹶不振，或者因自己在某一个方面的过失或者不擅长而全盘否定自己。这不仅是不理智的行为，而且也是不健康的态度。

(3)努力形成正面、积极的良好性格

想要彻底改变内向、沉默、孤僻、恐惧交流等性格方面的严重缺陷，并且逐渐培养出正面、积极的良好性格并不是一件容易的事情，然而这也是我们必须做的事情。你可以试着一点点来，不要着急。首先你不能凡事只会想到自己的优点和长处，以及自己在这方面所付出的努力，也要看见别人的付出，并且你不能对别人要求过于严格，并不是所有人都必须按照同一个标准去生活，那是不现实的，而且也是非常病态的。就算你在自己所熟悉的某一个方面有独到的见解，有明显的过人之处，也不应该、更不能够因此而看不起别人。

那些有一些不良怪癖的人更要努力改变自己的生活习惯，要明白自己的很多看法其实是不对的，也是不理智的行为。要尽力使自己成为一个可以受到别人欢迎的人。不过千万要记住，正如性格本身并不是在一两天之内就能形成的，而是需要相当漫长的一段时间才能塑造而成，如风吹流沙、水滴石穿一般。改变性格缺陷也永远都不会是一朝一夕就能有所成的。假如你真的想彻底改变自己的性格，那你一定要有一种近乎顽固的决心、一份坚韧不拔的毅力、一项持之以恒的行动。这样你才能真正地成功！

(4)在把自己和他人进行对比的时候要摆正自己的心态

拥有严重自卑心理的人总是会用别人的长处和自己的短处比，而这样的结果当然只能会导致你越比越泄气，贬低、否定自己，陷入到无限的失落感与挫败感的炼狱之中。尺有所短，寸有所长，"光年"是最大的长度单位，但是如果用这个单位来度量人类的身高却是完全不适合的，甚至可以说，在测量身高的时候，这么长的长度单位是没有用武之地的，是废物。但是到了天文学领域里，它就可以大展宏图。每个人都不可能在每件事上面都强过别人。打个简单的比方，奥运会从来没有，也永远不会发生一个人独揽整个奥运会所有金牌的情况。那根本就是违反逻辑的事情，是完全没有一点可能的事情。何况，就算你在某些方面强过了一部分人，你也不可能是全世界最强的人，你大可不必因此而陷入悲观。与此同时，我们还应该明白另一个道理，那就是我们不会事事都比别人强，所以，我们也不会事事不如别人。

(5)不要施加给自己过多的压力，凡事要量力而行

人之所以痛苦，在于追求错误的东西。想要从根本上防止和战胜使人丧失斗志、备受折磨的自卑心理，应该留意的是，不要对自己提出太高的、过分的要求。在选定奋斗目标时，除了要考虑其价值和考量你自身愿望的迫切程度外，还要考虑让那个目标得以实现的可能性。如果什么都不管不顾，一味追求那些不切实际的东西，只会使自己越来越深地陷入自卑的陷阱里，永远承受着这种痛苦的折磨。

只要我们能全面地看待他人和自己，就会感觉自己没那么差。自卑往往是因为自己感觉状态不是最佳或太在乎他人的看法或想法，实际上，他人的看法或想法往往存在片面性，有时候，他人的话语也许只是不过脑子的废话，不用太往心里去。只要将做不好的事，反复多做几次，你就会慢慢熟悉，事情就能完成得很好，多给自己鼓励，相信自己有这个能力。

> 1900年7月，林德曼独自驾着一叶小舟驶进了波涛汹涌的大西洋，他在进行一项历史上从未有过的心理学实验，预备付出的代价是自己的生命。林德曼认为，一个人要对自己抱有信心，就能保持精神和肌体的健康。当时，德国举国上下都关注林德曼独舟横渡大西洋的悲壮冒险，因为之前已经有一百多名勇士相继失败，无人生还。林德曼推断，这些遭遇者不是从肉体上败下来的，主要是死于精神崩溃、恐慌与绝望。为了验证自己的观点，他不顾亲友的反对，亲自进行了实验。在航行中，林德曼遇到难以想象的困难，多次濒临死亡，他眼前甚至出现了幻觉，运动感觉也处于麻痹状态，有时真有绝望之感，但是只要这个念头一出现，他马上就大声自责：懦夫！你想重蹈覆辙，葬身此地吗？不，我一定能成功！终于，他胜利渡过了大西洋。

一个人的成败和他的自信心是息息相关的。如果一个人时刻对自己有自信，能够坚定不移地去做自己心中认定的事情，那么即使他才能平平，也可以取得一些成就。人永远不要一遇到困难就退缩，那样的话迎接你的只能是一个又一个没完没了的失败。人的一生中要遇到很多很多难以想象的困难，我们自己必须想尽办法去克服这些困难，一次一次地战斗，一次一次地努力，这样才能获得一次一次的胜利。

克服怯懦，让自己勇敢起来

美国心理学家麦迪逊在他的名著《心理疾病》中说："病态心理中，最隐秘而又最严重的是怯懦心理。"然后他又用科学的语言描述说："怯懦有许多层次，自下至上，越来越严重。它的层次依次是：失望、恐怖、震惊等活跃情态，到惶恐、不安等沉静情态。"

一般来说，怯懦心态的表现形式大致可以分为以下几个方面：

怯懦者胸无大志，目光短浅，凡事唯唯诺诺，见难就退，见危就避，凡事都过分小心。具有怯懦情绪的人，他们无论说话、做事，还是待人接物都显得谨小慎微、缩头缩脑、卑躬屈膝，总是怕做错什么，生怕树叶掉下来打到自己的头，不敢越雷池半步。由于过分担心害怕，所以做起事来犹犹豫豫，效率特别低。对他们来说最好的选择就是尽量少做事，或者不做事。

再者，他们还意志薄弱，缺乏敢作敢当的勇气，遇到突发事件就会惊慌失措。他们信不过自己，也信不过别人。他们不敢冒风险，不敢去和一切艰难困苦作斗争，不仅做事缺乏勇气，而且毫无决断力，只会一味承认自己低劣、错误、过失或失败，并忏悔、自责、贬低，甚至摧残自己。

怯懦者对熟悉的事物和环境比较得心应手，但对于不熟悉的、未知的环境，显得过分慎重，不愿抛头露面。怯懦的人缺乏创造力和冒险精神，凡是遇到新计划、新挑战，总会搬出各种理由来推迟实行，觉得这样会减少风险，其实无形中就失去了很多成功的机会，因此，事业上往往无所作为，平平庸庸。

实际上人生就是挑战，社会就是一个大运动场。在这里，强者胜，劣者汰。人人面临着挑战，同时也体验着挑战。只有不畏强手，勇敢地迎上去，接受新的挑战，才能出奇制胜。

有的人善于隐藏怯懦心态，他们虽然内心怯懦，但他们很会掩饰自己的胆小怕事，他们善于自吹自擂，借虚荣来标榜自己的大胆无畏。他们说起话来，振振有词，似乎什么人和事都不放在眼里，并常常炫耀自己的成功和权势，希望以此取得别人的信任。表面看来他们很自信，实际上却是怯懦至极。他们是语言的巨人、行动的矮子。当需要鼓起勇气，勇敢去做时，往往就立刻退避三舍。不仅害怕做不好事，更害怕招惹麻烦，即便是不得不做的事，在做的过程中也是唯唯诺诺、战战兢兢，随时担心意外情况的出现。

怯懦者被动地屈从于外部势力，接受伤害、责备、批评与惩罚。怯懦的人往往畏惧权势、畏惧邪恶，不敢反抗、不敢得罪权贵，而勇敢与怯懦的分界线，也就表现在这里。勇敢者有一种泰山压顶不弯腰的气势，敢于同权贵作斗争，就像李白所说："安能摧眉折腰事权贵，使我不得开心颜。"

怯懦者善于忍耐，顺从于命运。中国的传统文化一直提倡忍耐，人们认为人际交往中的矛盾冲突是难免的，只有互相忍耐才能相安无事，能忍耐的人才能宽容别人，忍耐被用来衡量人的意志，能忍耐的人会被认为是强者。但是，忍是有限度的，过分的忍耐对人极为有害，"心"字头上一把刀，这是人们对"忍"字的形象注解，这把刀是会戳伤人的心灵的。因为忍耐使人的情绪得不到宣泄，大量消极情绪会郁结于心，人们误以为时间久了这种情绪会渐渐消失，但实际上并不是这样。未宣泄的情绪会埋在心里，历时几十年也未必会自行消失，这些郁结的情绪严重损害着人的身心健康。长期忍耐，会使一些人变得越来越怯懦，于是开始屈服退让，这样会被人欺负，不能捍卫自己应得的权益。长此以往，他们就会失去人本该有的喜怒哀乐，失去了享受生活的能力，会觉得无望，开始变得顺从，崇尚宿命论，凡事皆认为是命中注定，无力面对自己所面临的一切。

那么,如何才能避免怯懦这种不良心态呢?最有效的办法就是你应该对自己的能力充满信心,并坚信自己可能战胜生活中的一切艰难困苦。对任何事情都兢兢业业、无所畏惧、永不退缩地去做,永远富有勇气和决断力。只有自信的人才能顽强地去克服种种困难,发挥出自己的聪明才智,在事业上取得成功。有时凭一点点勇气就能够把事情做好,但人们之所以不去做,是因为他们认为不可能,其实有许多不可能,只存在于人们的想象中。所以,要做好以下四个方面:

1. **消除畏惧心理**

怯懦心理较重的人,除了要努力培养自己坚强的意志、丰富的想象和激荡的热情之外,还必须培养战胜胆怯的勇气和决不向困难妥协的冒险精神。消除畏惧,是一个人成功的前提。毫无畏惧的人,在一切社会环境、自然环境当中,有着按自己的意图行事的坚韧力,他们可以抛弃一切,无所顾忌地向着奋斗目标英勇前进,具有敢于挑战、反对现存秩序的气魄。他们不断从事着改造社会、改造自己的工作,并力图寻找自己的对手,打垮敌人,以此来激发斗志,发挥出自己的能量。

正如西方一位哲人所说:"迎头搏击才能前进,勇气减轻了命运的打击。"中国也有一句古话叫"狭路相逢勇者胜",人的勇气和胆识是在屡战屡败中锻炼出来的,也是自己给自己灌输的。鼓足勇气,直视困难,你会发掘出自己抵抗逆境的强大力量。

所以,无论你的一生是平淡或辉煌,无论你是杰出还是平庸,这一切都取决于一个意念,取决于你心中的愿望。你应该相信自己的潜在优势,增强自信心,解除怯懦感。胆小的人真正的敌人是自己,一个进取的人,必须具备勇敢和创造力,在人类的历史上,只有那些相信自己、勇敢而富有创造力的人,以及那些具有冒险精神的人,才能成就伟大的事业。

2. **磨砺坚强的意志**

一个怯懦的人,必须培养和树立信心,才有可能勇敢地去做自己想做的事,否则会畏首畏尾,永远走不出黑暗。我们不论遇到什么问题,哪怕是面临失败,也不要灰心丧气,要勇敢地正视它,以积极的态度寻找应变的方法。一旦问题解决了,自信心也会随之增强。

如果你觉得自己性格中有怯懦的一面时,就应该不断地跟自己说:"我是坚强的,我比任何人都勇敢,没什么东西可以击垮我。"经常反复地跟自己这样说,就等于你在不断地把正确的观念输入到你的潜意识之中,时间长了,这些正确的观念就可以改变你的人生态度,使你变得坚强、果敢。卡耐基说:"我们每个人的生活面貌都是由自己塑造而成的,如果我们能学会接受自己,看清自己的长处,明白自己的短处,便能踏稳脚步,达到目标。"其实,我们每个人都差不多,别人能做到的事情,你也能做到。要鼓起勇气,下定决心,与一切怯懦的思想作斗争,生活中许多恐惧不安,其实都是因为你的信心不足,一旦获得了信心,许多问题就迎刃而解了。

没有任何一种生活是十全十美的,但只要有坚强的意志,就没有改造不了的自我,就没有超越不了的屏障,就没有抵达不了的彼岸。树立远大的目标,发掘自我的潜能,那么,所有瞻前顾后的疑虑、驻足不前的怯懦和逆来顺受的消极统统都会被我们置于脑后,我们将获得无坚不摧的信心和勇气。

3. **培养勇敢精神**

"生当作人杰,死亦为鬼雄"这样一类鼓励人英勇无畏的格言,往往能够潜移默化地渗入人们的心灵,激起世人心底的几丝冲动。

要培养这种大无畏的英雄气概,就要多与具有积极心态的朋友交往,多接触成功的人。俗话说得好，“近朱者赤，近墨者黑。”多与这些人交往，你就会受到他们乐观、勇敢精神的感染，使自己在潜移默化中变得开朗豁达，逐渐培养出正确的思维方式和良好的生活、工作习惯。通过社会交往，发展友谊，联络感情，结识知己，交流思想，用强烈的社交欲望解除怯懦的症结。但是要注意不要与有消极心态的人多交往，因为两个具有消极心态的人在一起，会彼此给予对方更加消极的暗示。

另外，对自己要有清醒的认识，尤其是要把注意力集中在自己的优点上，坚持发扬自己的这些优点，让自己每天有意识地做些自己最擅长的事，即使是不足挂齿的小事也要坚持不懈。这样，只要发挥出了自己的特长，那么，在工作、生活中自然就会有出色的表现，而自己所取得的这成绩不论大小，都能增强、支撑起自己的自信心和勇气，从而逐步减轻直至消除自己的怯懦。战胜怯懦的最好办法就是在伤口还在滴血的时候，就勇敢地、坚强地站起来，然后在泪水里微笑，否则，一旦倒下，再想爬起来，就需要付出更大的代价。

4. 勇于接受挑战

如果由于怯懦，使你不敢做一件事，那么在做这件事之前，先预测一下如果做了这件事，它最坏的结果会是什么。有时候做出最坏的打算，可能唤起一个人心中最大的勇气，去冲破第一次精神上的束缚。在人生的道路上，我们在很多时候都需要这种挑战的勇气和精神：挑战传统、挑战权威、挑战大自然、挑战自我，没有挑战的人生，就没有什么乐趣，更不用说什么成功了。

莎士比亚说：“我们知道我们现在是什么样的人，但不知道我们可能成为什么样的人。”人生中失败是不可避免的。对人对事已尽了全力之后的失败，对这样的结果应该坦然接受。不要承认“我失败了”，而应说“我这次失败了”或“我做这件事失败了”。有时我们总是缺乏勇气，在困难面前退缩，在机遇面前犹豫，在压力面前屈服。所以，有许多理由令我们失去信心，那么我们不妨把自己“置之死地而后生”。

直面孤独，走出封闭的世界

小周是一名大二的学生，她对人际交往总觉得没什么信心。平时在宿舍里的时候总觉得别人是在针对自己，走在路上也觉得别人对她怀有敌意。她从小在家里常常是一个人，孤独惯了，当然也独立惯了。她认为这个习惯在高中也给她带来了很多方面的影响，但总的来说是利大于弊，排除了别人的干扰，使得她学习心无旁骛，成绩也十分优秀。但到了大学后她觉得自己开始不适应了，在各个方面学校都要求一种团队精神，而不只是学习成绩好。她自己觉得很难与他人沟通，总是与他人格格不入，总对他人怀有敌意，对自己的事情总是有太多的不平衡感，精神上一直压力很大，自己很痛苦，身边的人也感觉到很不舒服。

像小周一样，现在有许多年轻人抱怨身边没有多少真正的朋友。对这些人来说，与人进行坦诚交往的需要不能满足时，将产生强烈的孤独感。从这个意义讲，孤独是一种个人体验，每个人都会感到孤独，而且孤独感的来去随着环境的变化而变化。

多数人都体验过孤独的痛苦。有关统计资料表明，孤独感已成为现代人的通病，心理学家估计随着社会的发展，人们对孤独感和人与人之间关系的关注将更加强烈。

孤独和独处的含义是不同的。孤独是个体对自己社会交往数量的多少和质量好坏的感受。

对孤独感的这种界定，能帮助我们理解为什么有些人虽然远离人群，生活却感到非常快乐，而一些人尽管被人群所包围，而且经常与他人交往，却体验着孤独。

毫无疑问，有的人天生就需要独处的时间比别人长一些。在跟上时代的匆匆脚步的同时，我们会发现自己在各种各样的热潮中迷失。出国热、买房热……我们拼命地赚钱，消费，再赚钱……弄得身心疲惫。什么才是我们所追求的？这时候我们更要能经常保持一份置身事外的旁观者的冷静，才会知道自己真正的方向。

其实放眼整个人生，孤独本身无所谓好坏，它只是一个无法轻易回避的人生问题和哲学命题。安东尼·斯托尔说："仓促的世界使我们逐渐感到厌倦，相对的孤独是多么从容，多么温和。"在他看来，孤独并不是坏事，因为这样可以使他个人的精神世界不被世俗侵犯，他可以用他愿意的节奏和方式去生活。

孤独并不可怕，可怕的是对什么都没有兴趣。能够对一件事物热衷并愿意去钻研，而不愿把时间浪费在其他任何一件事情上的人，他不但不怕孤独，有时反而喜欢孤独。

1. 孤独产生的原因

许多有孤独感的人缺乏一些基本的社交技能，倾向于在社交时对他人和自己给予严厉的、苛刻的评价，从而使他们无法与他人建立持久的关系。

(1)对他人和自我进行消极评价

孤独的人可能更内向、焦虑，对拒绝反应更敏感，并且更容易抑郁。孤独的人在朋友身上花费更少的时间，不经常约会，也很少参加聚会，没有什么亲密的朋友。在人际交往时，他们对自己和对方的评价极端消极。

(2)基本社交技能的缺乏

有的人乐意与别人交往，但一旦进行比较重要的而且时间较长的交谈就会出现困难，缺乏基本的社交技能，更没有机会去训练社交技能。所以，难以有持久的朋友。他们对自己的伙伴不太感兴趣，也较少向对方提供有关自己的信息。相反，这些孤独者更多的是倾向扮演一个"被动消极的社交角色"，也就是说，在交谈中不愿付出太多努力。所以，我们常常感到与孤独者交往很乏味，他们不知道这种交往方式赶跑了潜在的朋友。

孤独者因为采取消极的交往方式，并缺乏必要的社交技能，而难以与他人建立亲密的友谊。与这些人交往常常让人感到不愉快，这些人也很难建立有助于他们发展社交技能的人际关系，因而难以摆脱孤独。心理学家认为，通过基本社交技能的训练，可以使孤独者走出孤独的恶性循环，并已广泛应用于心理咨询与治疗的实践中。

2. 如何战胜孤独

虽然孤独是每个人都常有的心理体验，但并不是每个人都能成功地战胜自己的孤独感。有人用喝酒排遣孤独，有人把时间排得满满当当，让孤独的感觉无处插足。但用这样的方式驱走的是寂寞而不是孤独。孤独是一种思想上、情感上无以沟通、无依无傍、无人理解与认同的感觉。这种感觉会让我们心情抑郁，情绪低沉；另一方面，对孤独的体验和玩味也会使我们富有个性、善于思索，走向心理成熟。这就需要我们战胜孤独，超越孤独。

(1)对孤独的认同和接纳

孤独是每个人心理成长过程中不时光顾的朋友。从未感受到孤独的人是不健全的。人感受到孤独时一般心情都是低调的，此时，如能静下心来，细细梳理自己的情感，审视自己的内心世界，在走出孤独的同时，也会伴随着人生的思索和升华。

(2)调整心态

人的心灵尤为敏感、细腻、丰富，它渴望被承认、被鼓励、被重视，孤独感往往意味着这些要求没有被满足，这种缺憾终究带来对年轻心灵的伤害。所以青少年必须尽快克服孤独，或尽量减少孤独感带来的伤害。做到这一点不能一味等待他人的帮助，而应该自我调整心态。

自信、自立、自强是战胜孤独的三件法宝。因为自信，你就不一定非从他人那里寻求对自己的肯定；因为自立，你将渐渐具备独立决断的能力，这将使你从柔弱变得坚强；因为自强，你将把更多的精力用在刻苦学习、努力拼搏上，而不是总在考虑孤独这个问题。

一旦你走向自信、自立、自强，你的心灵将从浮躁多变转为冷静和积极，你将更善于控制情绪和思想。你会发现，父母将欣喜于你的成长，对你的"操心"将渐渐变为"放心"；周围的同学会以佩服的眼光看着你，在许多方面征求你的意见，愿意做你的朋友。这样，孤独感还会存在吗？

(3)改变认知方式

许多人的孤独感是与自卑联系在一起的。因为害怕不被人理解，害怕与别人不一样，害怕难以融入周围的世界，所以感到孤独。这是自卑心理造成的孤独状态，克服自卑心理是走出此类孤独的关键。自卑心理大多源于歪曲和片面的自我认识，其实，大可不必为自己与别人不同而难过，我们每个人都是这世界上的唯一。当我们怀着一种自信和平等之心与人相处时，就会在交往中少一些疲惫和牵强，多一些轻松和愉快。

(4)要战胜孤独，就要学会为别人着想，为别人做一些事情

全心全意照顾孩子的母亲不会感受到孤独，热恋中的情人即使天各一方也不会孤独，因为他们的心思都不在自身。只要花一些时间和精力关心、关注别人，就会在互动的良性人际关系中体验到一种自我价值感而不是孤独。温暖别人的火，也会温暖自己。

(5)要从根本上超越孤独，还要确立正确的人生目标

一个有所追求、有所爱的人是不惧怕孤独的。有了明确的人生目标，就会多一些宽容与豁达，就会慢慢培养出淡化得失的心情，就会战胜孤独、超越孤独。

放松心弦，克服紧张心态

紧张是一种有效的反应方式，是应付外界刺激和困难的一种准备。有了这种准备，便可产生应付瞬息万变的力量。然而，过分紧张会产生压力感、紧迫感以及焦虑感，引起心理应激反应。而如果持续的劣性应激难于解脱，则可能会引起身心疾病，严重地影响身心健康。研究发现，持续的劣性应激，可导致体内的免疫活性物质的生物活性水平降低，机体的生化代谢、神经调节、内分泌功能也随之发生紊乱，同时也对很多心身疾病的发生发展起着推波助澜的作用。因此，缓解心理上的紧张状态是人们自我保护的一项重要内容。

慕容雨秋今年30岁，参加工作已经七年多了。最近，慕容雨秋跳槽到了北京的一家高科技信息技术企业，工作还比较满意，收入也很丰厚，只是他们这家公司工作任务繁重，老是加班加点，领导督促很严格。慕容雨秋感觉心情老是紧张得很，好像心中有根弦始终紧绷着，他担心有朝一日这根弦会断裂。

慕容雨秋所在的这家高科技公司竞争相当激烈。刚进这家公司时，他经历了层层的考

试选拔,最后过关斩将,才以十里挑一的比例,争取到了现在的这个职位,他非常珍惜这个职位。

不过,慕容雨秋在办公室里和领导与同事相处时,感觉非常紧张,好像自己成了这个办公室的局外人,很是孤立。有一次部门要提拔一个副经理,实行竞选制,慕容雨秋通过了笔试,成为四个竞争者之一。慕容雨秋很希望能够竞选上,不过,因为与领导的关系并不融洽,所以慕容雨秋一考虑到这个问题心里就紧张。

在竞选演讲的前几天,慕容雨秋做了很多准备,演讲内容已烂熟于心。不过,到了竞选那天上讲台演讲时,最后几句话突然就卡了壳,慕容雨秋立即紧张起来,而后脑子里一片空白,什么都记不清楚了,一句话也说不出来,特别是看着领导对自己挑剔的目光,他的心跳得更厉害了,他的头脑里闪过一个念头:"这下真是完了。"由于长期处于这种紧张的心理状态,慕容雨秋变得非常忧郁,他经常失眠,后来还引发了心脏病。

的确,长期的紧张状态对人的身心健康会产生严重的负面影响,竞争激烈、快节奏、高效率的社会不可避免地会给人带来许多紧张与压力。从生理心理学的角度来看,人若长期、反复地处于超生理强度的紧张状态中,就容易激动、急躁、恼怒,严重者甚至会导致大脑神经功能紊乱,有损于身体健康。因此,现实中,我们要克服紧张的心理,设法让自己从紧张的情绪中解脱出来。

那么,现实中我们应该如何对紧张心理进行调适呢?心理专家提出了几种观点。

1. 自我心理调节

当你遇事紧张的时候,你要坦然面对和接受自己的紧张。你应该想到自己的紧张是正常的,很多人在某种情境下可能比你更紧张,不要与这种不安的情绪对抗,而是体验它、接受它。要训练自己像局外人一样观察你害怕、紧张的心理,注意不要陷入到这种心理中去,不要让这种情绪完全控制住你。"如果我感到紧张,那我确实就是紧张,但是我不能因为紧张而无所作为。"此刻你甚至可以选择和你的紧张心理对话,问自己为什么这样紧张,自己所担心的可能最坏的结果是怎样的,这样你就做到了正视并接受这种紧张的情绪,坦然从容地应对,有条不紊地做自己该做的事情。

2. 提出合理的期望水平

俗话说:"人贵有自知之明。"每一个人都应对自我有一个客观的评价,正确地分析自己的优势与不足,据此提出适合自己的合理期望,不要事事想成,也不要每一件事都要求完美。你的一生可能不很伟大,但却活得有价值,各行各业的能手之所以能成功就是因为他们认识到了自我的优势,并根据优势提出合理期望。其实我们每个人都可以做到这一点。

3. 当机立断

死守着一个毫无希望的目标,不论对你自己,还是对你周围的人,都会增加心理压力和精神负担。一个聪明人一旦打算完成某项任务时,就应马上做出决断并付诸行动,当发现已做的决定是错误的,就应立即另谋办法,优柔寡断会加剧精神负担。

4. 养成宽容的习惯

古人说得好:"宰相肚里能撑船。"只有心胸似海的人,才能有效地控制自己,特别是在挫折面前表现出大度。我们不应一遇挫折就自怨自艾,或在别人身上泄愤。应学会宽容和宽恕,这样你就能忘却那些不愉快的事,消除产生精神紧张的根源。大事不应糊涂,但小事不妨糊涂些,做个“难得糊涂”的人，这样，你会生活得比以前更轻松、愉快。

5. 建立支持系统

人生之路并非全是坦途，生活中每个人都会遇到这样那样的麻烦，每个在困境中的人都希望得到别人的帮助，因而这就要求我们必须建立相互支持系统。它可为你在挫折时提供良好的情感支持，令你减少孤独或紧张，你的亲友、同学、同事、邻居都可成为你的支持者。在这个人际圈当中，你要得到别人的帮助就要先多去关心别人，我们都是同样的人，别人碰上的事情你有一天也可能会碰上。与周围的人建立友谊，可以增加来自外界的支持和帮助，从而减轻精神压力。不要害怕扩大你的社会影响，这样有助于你寻找应付紧急事件的新渠道。据美国科研人员在对2700多人进行为期14年的跟踪研究后指出，帮助别人有助于免除精神紧张，就很能说明这个问题。

6. 走出封闭的自我

自我封闭有两种：一是以自己为圆心，多有自卑心理或曾受到大的挫折。二是以别人为圆心的自我封闭。我们中国人最能忍辱负重，有些人是为别人而活着，有的为父母，有的为儿女，有的为家庭等等，但我们不能因此把自己封闭起来，这样的活法哪能不累。走出去，做你喜欢的事，你将发现外面的世界的确很精彩，你的紧张、烦恼也将随风消散。

7. 宣泄、抒发

经常处于精神紧张状态，累加起来，可能会吞噬掉我们健康的肌体。我们需要对人诉说自己的感受，哪怕这样做改变不了多少事情。向谁诉说，取决于想要说的内容，必须选择合适的诉说对象。记住，绝对不要将不愉快的事情隐藏在自己的心里。

8. 发展广泛的业余爱好

业余爱好可以作为转移人脑“兴奋灶”的一种积极的休息方式，它能有效地调节、改善大脑的兴奋与抑制过程，进而消除疲劳，调节情绪，使人从乏味、紧张以及无聊的小圈子中走出来，进入一个兴趣盎然的境界。业余爱好的内容应当是广泛的，诸如书法绘画、音乐舞蹈、棋类、写作、垂钓、旅游等等，可根据自己的兴趣选择，适当“投资”以调节情趣，缓解紧张感。

9. 积极参加体育锻炼

适当的锻炼有利于缓解紧张的情绪。积极参加体育运动，能够有效地增强肌体各器官、系统的功能。因此，我们应该坚持体育锻炼，根据自己的具体情况，每天可安排一小时或更多时间进行锻炼。这样既可放松心理，又能增强体质。

只要你走出精神紧张的阴影，你将会拥有一片灿烂的新天地，也将获得一个完全崭新的自我！

打败恐惧，获得战斗的勇气

恐惧的心态是人与生俱来的东西。刚刚从母体中分离出来的婴儿，第一个反应就是啼哭。脱离了母体的保护，面对一个陌生未知的世界，一个软弱无力的孩子出现恐惧的心态本是一件再正常不过的事情，可重要的是，我们可以让这种恐惧一直延续下去吗？如果恐惧一直贯穿于我们的生活，将会造成怎样的影响？

恐惧使许多人无法履行自己的义务,因为恐惧消耗他们的精力,损害和破坏他们的创造力。心存恐惧的人是无法充分发挥其应有才能的,如果处境困难,他就会束手无策。

恐惧能毁灭人的自信,使人变得优柔寡断。恐惧还会让人动摇,不敢做任何事情,并使人们怀疑犹豫。

事实上,每个人都有他所惧怕的事物或情景,而且不少事物或情景是人们普遍惧怕的。但是,在现实生活中我们可以看到有的人的恐惧心理异于正常人,比如一般人不怕的事物或情景,他怕。一般人稍微害怕的事物或情景他特别怕。这种无缘无故的与事物或情景极不相容的异常状态,就是恐惧情绪。它是一种不健康的心理,严重的即是恐惧症。

正常的恐惧和病态的恐惧之间有一定的区别,弗洛伊德给出了绝妙的解释:一个人置身于非洲丛林,看见蛇会感到恐惧,这是很正常的事,这种恐惧感有利于保护自己。但如果一个人居住在房间里也感到恐惧,以为在他的房间里有一条蛇正藏在地毯下面,那么,我们可以说这种恐惧就是病态的、不正常的。弗洛伊德的理论对理解人类的心理是极有帮助的,这种理论可以用来考察我们一般人的恐惧心态。如果一个非洲贫穷国家的母亲害怕自己的孩子会因饥饿而死,这种恐惧感是正常的,但在美国,如果一个富有的母亲告诉别人,说她的孩子将会因为营养不良而饿死,这种恐惧就是病态的、不正常的。其实,这种恐慌心理可能根源于她平时的愧疚。

其实,如果我们仔细研究一下我们对自身状况的许多焦虑,就会发现它们就像弗洛伊德所说的地毯下的蛇一样,是幻想出来的。有时候我们会担心自己的健康,怀疑自己患上了什么重病,为此深感焦虑和不安。我们担心自己的心脏、血压、肺部是不是出了什么问题,如果有一点很轻微的症状,我们就开始摸自己的脉搏,力图寻找证据来证明自己生了什么大病。我们常常不是为自己的身体健康焦虑,就是为自己的性格担心。我们缺乏自信,犹豫不决,因为失败而唉声叹气。我们觉得自己低人一等,认为别人的见解远比自己高明,自己只不过是他们嘲笑的对象罢了。如果总是这样,我们的精神世界就会变得黑暗,没有光明,没有温暖。我们感觉不到别人对我们的赏识,感觉不到友情和爱情的美丽,感觉不到家庭生活的欢乐。

有时候,恐惧感会引起肉体上的痛苦,我们便会用肉体上的痛苦来掩藏内心的恐惧。这一点,常人难以察觉。研究身心关系的医学表明:全部疾病从普通的感冒到关节炎,通常是由人们深层的恐惧心理造成的。事实上,艺术家和小说家早就看出了这一点。托马斯·曼在他的巨著《魔山》里描写了很多这样的例子。他们过于敏感、非常恐惧,借着与肺结核病作斗争来逃避现实中的奋斗。当然,与现实生活中需要勇气的战斗、抗争和挣扎相比,生病自然要容易得多。我们现在明白了,某些慢性病患者实际上是害怕现实中的抗争和奋斗,潜意识中想让自己生病,在疾病中可以寻求到安慰和舒适。疾病对于他们来说,只不过是个巧妙的借口罢了。

其实,恐惧只是一种心理想象,是一个幻想中的怪物,一旦你认识到这一点,你的恐惧感就会消失。如果你都被正确地告知,没有任何臆想的东西能伤害到你;如果你的见识广博到足以明了没有任何臆想的东西能伤害到你,那你就不会再感到恐惧了。

勇敢的思想和坚定的信心是治疗恐惧的天然药物,能够中和恐惧思想,如同化学实验中,通过在酸溶液里加一点碱,就可以破坏酸的腐蚀力一样。当人们心神不安时,当忧虑正消耗着他们的活力和精力时,他们是不可能事半功倍地将事情办好的。事实上,有很多非常有成就的人也像一般人那样,一遇到某些情况就会感到恐惧和害怕,不同的是,他们能够想出一套有效的办法来克服它。

所有的恐惧在某种程度上都是与恐惧者自己的软弱感和力不从心有关,因为,此时他的思想意识和他体内的巨大力量是分离的。一旦他重新找到了让自己感到满意和大彻大悟的那种平和感，他将真正体味到做人的荣耀。一旦不再有各种形式的恐惧，人的美好信念和自信将达到极高的境界，就不会像以前那样只是梦想着安全和自由，他们的力量和效率将提高100倍。

不过，值得欣慰的是，恐惧虽然阻碍着人们力量的发挥和生活质量的提高，但它并非是不可战胜的。只要能够积极地行动起来，在行动中有意识地纠正自己的恐惧心理，那它就不会再成为你前进的障碍。可以从以下几点入手：

1. 要努力增长自己的科学知识

一位心理学家说得好："愚昧是产生恐惧的源泉，知识是医治恐惧的良药。"的确，人们对异常现象的惧怕，大都是由于对恐惧对象缺乏了解和认识，愚昧无知引起的。只要通过学习，了解其知识和规律，揭去其神秘的面纱，就会很快消除对某些事物或情景的无端恐惧。

2. 要勇于实践

就是经常主动地接触自己所惧怕的对象，在实践中去了解它、认识它、适应它、习惯它，就会逐渐消除对它的恐惧。例如，有的人惧怕游泳、惧怕猫、惧怕毛毛虫等，只要经常实践，多观察、多锻炼、多接触，就会增长胆识，消除不正常的恐惧感。

3. 学会转移注意力

就是把注意力从恐惧对象上转移到其他方面，以减轻或消除内心的恐惧。例如，对付在众人面前讲话的恐惧心理，除了多实践多锻炼外，还可在每次讲话时把自己的注意力从听众的目光、表情转移到讲话的内容上，再配合"怕什么！"等积极的心理暗示，心情就会变得比较平静，说话也比较轻松自如了。

英国神学家詹姆士·李德说："为了实现完满的人生，需要我们做的第一件事情就是去获得控制恐惧的力量。"一个恐惧的人，他在面对事情时更加不自信，不再相信自己的力量，也不再相信未来在自己手中真的可以有所改变。其实，虽然恐惧的力量很真实，但唯有当我们臣服于它，自动将自己交予它手中时，它才能控制我们。如果我们勇敢面对，到头来就会发现我们需要的不过是多一点坚持，多一点承认自己缺点的勇气，多一点愿意锻炼得更勇健的意志而已。

停止牢骚，不再怨天尤人

街头巷尾、茶余饭后的聊天中，常常可以听见一些人牢骚满腹。他们往往都认为自己是世界上最委屈的那一个，总是抱怨工作职位低、赚钱少、老板苛刻……总之，生活中一切不如意的地方都要发一通牢骚，以泄私愤。

人总会有灰心气馁、不满意的时候，此时发点牢骚倒也未尝不可，但如果整天牢骚满腹，不论大事小事、好事坏事，只要不合其意就怨天尤人，就未免有点不正常了。

有这样一个故事：

相传，有个寺院的住持，给寺院里立下了一个特别的规矩：每到年底，寺院里的和尚都要面对住持说两个字。第一年年底，住持问新和尚心里最想说什么，新和尚说："床硬。"第二年年底，住持又问他心里最想说什么，他回答说："食劣。"第三年年底，他没等住持问便说："告辞。"住持望着新和尚的背影自言自语地说："心中有魔，难成正果，可惜！可惜！"

新和尚对待世事都持一种消极的心态，所以才不能安于现状，一味抱怨，而他的抱怨，也让他失去了修成正果的机会。

一般来说，发牢骚者大都是由于受到冷落或某事没有达到目的而整日愁肠百结，给自己披上悲情外衣的人。面对这种人喋喋不休的抱怨，你起初可能会同情，时间长了，无休无止，像祥林嫂一样天天絮絮叨叨，你可能就会厌恶了。

其实，发牢骚是一种非常正常的情绪，怨气是不能长期积压的，从心理学的角度来讲，适度宣泄能够减轻或消除心理或精神上的疲劳，把怨气通过抱怨发泄出来比让它积郁在心里要好得多，这样做能够使你变得轻松愉快。

但是，你可以抱怨一时，却不能抱怨一世。

朋友之间产生了矛盾，则抱怨朋友不够意思，对自己不体谅；做事不顺心，则抱怨上苍对自己不公平……凡事皆有怨气，越诉越怨，越怨越诉，以一种“别人对不起我”的感觉来达到异常的满足，从而把自己困在了一个无限的恶性循环之中。

与此同时，这也养成了发牢骚者推卸责任的习惯——所有的问题都出在别人身上，自己只是一个可怜的受害者而已。于是，天天以一种受害者的心态来面对一切，久而久之，就给自己营造了一个虚幻的“悲情世界”，这也看不惯，那也看不顺。终日在其中长吁短叹，暗生忧愁。

从这个意义上来说，发牢骚者是对已发生之事的一种心理反抗或排斥，其结果是塑造了劣等的自我形象。就算抱怨是因为真正的不公正与错误，它也不是解决问题的好方法，因为它很快就会转变成一种习惯情绪。一个人习惯于自己是不公平的受害者，就会定位于受害者的角色上，并可能随时寻找外在的借口。

这种埋怨和自怜的习惯，会把自己想象成一个不快乐的可怜虫或者牺牲者。这个习惯已根深蒂固，如果离开了这个习惯，就会觉得不对劲、不自然，而必须去寻找新的不公正的证据，这类人只有在苦恼中才会感到适应。

其实，牢骚也好，报怨也罢，都是因为抱有的心态不对，看问题的角度不对，如果能够以积极的心态，换个角度，相信人的心情会一下子好起来。事物在一个人心中的好坏，决定于此人的心态，而不是事物本身，正所谓“以我观外物，外物皆着我色”。牢骚满腹者，不妨转换一下心情，让乐观主宰自己，心情肯定会一下子好起来。下面这个故事讲的正是这样的道理：

> 著名的国画家俞仲林擅长画牡丹。
>
> 有一次，某人慕名要了一幅他亲手所绘的牡丹，回去以后，高兴地挂在客厅里。
>
> 此人的一位朋友看到了，大呼不吉利，因为这朵牡丹没有画完整，缺了一部分，而牡丹代表富贵，缺了一角，岂不是“富贵不全”吗？
>
> 此人一看也大为吃惊，认为牡丹缺了一边总是不妥，拿回去预备请俞仲林重画一幅。俞仲林听了他的理由，灵机一动，告诉买主，既然牡丹代表富贵，那么缺一边，不就是富贵无边吗？
>
> 那人听了他的解释，觉得有理，高高兴兴地捧着画回去了。

同一幅画，因为心态不同，便产生了不同的看法。所以，凡事都应持一种积极的心态，往好处想，不要看什么都不顺眼，这样就会少些烦恼、苦痛、牢骚，多些欢乐、平安。

在人生的路上，有很多人无论走得多么顺利，只要稍微遇上一些不顺的事，就会习惯性地抱怨上天亏待我们，进而祈求老天赐给我们更多的力量，帮助我们渡过难关。

一个经常失败而又不知道从哪里爬起来的人，在寻找失败的借口和原因时，也往往习惯于责备社会、制度，也常常会抱怨运气太背。对于别人的成功与幸福，总是愤愤不平。因为他认为这些都足以说明他受到不公平的待遇。

愤愤不平是企图用所谓不公平的待遇、不公正的现象来为自己的失败辩护，使自己感到好过一些。可实际上，作为对失败者的安慰，怨天尤人是非常不可取的办法，甚至比生病还糟。怨天尤人是精神的烈性毒药，它使快乐不能产生，并且使成功的力量逐渐消耗殆尽，最后形成恶性循环，自己并没有多大本领而又习惯怨天尤人的人，几乎不可能和同事相处得好。对于由此而来的同事对他的不够尊重或者领导对他工作不当的指责，都会使他加倍地感到愤愤不平。

产生怨天尤人的真正原因是自己的情绪反应。因此，只有自己才有力量克服它，如果你能理解并且深信：怨天尤人与自怜不是使人快乐与幸福的方法，你便可以控制住这种习惯。一个人如果总是愤愤不平，他就不可能把自己想象成自立、自强的人，他就不可能成为自己灵魂的船长、命运的主人。怨天尤人的人把自己的命运交给别人，把自己的感受和行动交给别人支配，他像乞丐一样依赖别人。若是有人给他快乐他也会抱怨，因为对方不是照他希望的方式给的；若是有人永远感激他，而且这种感激是出于欣赏他或承认他的价值，他还会抱怨，因为别人欠他的这些感激的债并没有完全偿还；若是生活不如意，他更会怨天尤人，因为他觉得生活欠他的太多。

下面，让我们来看看一位女士的遭遇，她的人生态度足以使那些动不动就怨天尤人的人汗颜。

她站在台上，不时不规律地挥舞着她的双手：仰着头，脖子伸得好长好长，与她尖尖的下巴扯成一条直线。她的嘴张着，眼睛眯成一条线，看着台下的学生，偶尔她口中也会自言自语，但不知在说些什么。基本上她是一个不会说话的人，但是，她的听力很好，只要对方猜中或说出她的意思，她就会乐得大叫一声，伸出右手，用两个指头指着你或者拍着手，歪歪斜斜地向你走来，送给你一张用她的画制作的明信片。

她就是黄美廉，一位自小就患脑性麻痹的病人。脑性麻痹夺去了她肢体的平衡感，也夺走了她发声讲话的能力。从小她就活在诸多肢体不便及众多异样的眼光中，她的成长充满了血泪。然而她没有让这些外在的痛苦击败她内在奋斗的精神，她昂首面对一切的不可能。她获得了加州大学艺术博士学位，她用她的手当画笔，以色彩告诉人“寰宇之力与美”，并且灿烂地“活出生命的色彩”。全场的学生都被她不能控制自如的肢体动作震慑住了，这是一场与生命相遇的演讲会。

“请问黄博士”，一个学生小声地问，“你从小就长成这个样子，请问你怎么看你自己？你从来都没有怨恨吗？”许多人的心头一紧，真是太不成熟了，怎么可以在大庭广众面前问这个问题呢？很担心黄美廉会受不了。

“我怎么看自己？”黄美廉用粉笔在黑板上重重地写下这几个字。她写字时用力极猛，有力透纸背的气势。写完这个问题，她停下笔来，歪着头，回头看着发问的同学，然后嫣然一笑，回过头来，在黑板上龙飞凤舞地写了起来：

一、我好可爱！

二、我的腿很长很美！

三、爸爸妈妈这么爱我！

四、上帝这么喜欢我！

五、我会画画！我会写稿！

六、我有只可爱的猫！

七、还有……

忽然，教室内鸦雀无声，没有人讲话。她回过头来定定地看着大家，再回过头去，在黑板上写下了她的结论："我只看我所有的，不看我所没有的。"掌声由学生中响起，黄美廉倾斜着身子站在台上，满足的笑容，从她的嘴角荡漾开来，眼睛眯得更小了，有一种永远也不被击败的傲然写在她脸上。

看到这个故事，或许你的脑海中会出现这样的画面：我有一个幸福的家庭，我的爸妈很爱我，我的老婆非常爱我，我与兄弟们相处和睦，有很多认识或不认识的朋友支持我，我可以做我喜欢的工作，可以自由地表达我的看法，有一台电脑，可以上网……我真的没有理由抱怨什么。

有一对婆媳相处得十分不愉快，彼此总是看对方不顺眼，婆婆觉得媳妇懒惰、不孝敬她、对丈夫也不够尽心尽力；媳妇则认为婆婆唠叨，老是嫌弃她做的每一件事情，没有把她当成一家人。直到婆婆生了一场大病，媳妇不眠不休地加以细心照顾后，婆婆这才领悟到媳妇是因为将自己视为母亲，才没有刻意讨好或者巴结她。媳妇也感觉婆婆其实对自己十分在意，才会经常提醒她很多事情，后来婆媳两人开始欣赏对方的优点，渐渐地，也就如同一对母女般愉快相处了。

在生活中，你是否也经常会为了某些小事情抱怨不休呢？当你遭遇到问题时，你是否会在第一时间就先注意到别人有没有犯同样的错误呢？你是否觉得他人都不够了解你，甚至都亏欠你什么呢？你是不是过度保护自己，忘记别人也有正确的时候呢？

人们在不如意的时候，总会想要宣泄内心的抑郁或者不平，但是我们也必须明白，"人生不如意事十之八九"。所以，要是不小心养成了凡事抱怨的习惯，不仅仅是让我们自己活得不快乐，别人也会因此远离我们。

事实上，抱怨并不会给我们带来任何益处，它只会导致你自怨自艾。更重要的是，它是所有负面情绪的最大来源，换而言之，在大多数时候，我们的负面情绪都是来自于对他人的抱怨，以及对所有事情的不满，可是当我们只关注生活中的不愉快时，我们要如何才能够得到快乐呢？

我们时常会以为自己是这个世界上最命苦的人，我们也经常会问，为什么发生在我们身上的事情，永远那么悲苦不幸？甚至还会问，为什么我们的生命就像一幕一幕的悲剧？

其实在这个世界上，有许多人比我们生活得更加痛苦，他们每天都生活在战争的恐惧中，随时都要面临遭受杀戮和死亡的威胁。还有许多人天天生活在贫困与饥饿里，小孩子没有衣服穿，没有食物吃，他们的每一天都只能等待着别人的施舍。还有一些地方，因为天灾人祸，致使人们濒临饿死的边缘，这些人甚至连想得到最基本的食物填饱肚子都不可能。

如果你想到这些，应该会觉得自己其实真的很幸福。我们有什么不知足的？难道希望从天上掉下一大堆的金钱，甚至掉下幸福来吗？如果自己不肯努力，只是畏缩逃避、自怨自艾，难道就会得到贵人的帮助吗？

抱怨或者指责他人总是容易的，但是检讨、反思自己，却常常为人忽略。不过，当你懂得凡事先反省自己，并从欣赏的角度来看待世界上的人、事、物时，你将会发现别人身上也有很多的优点，别人平日待你也不坏，所有事情也都有它美好的一面。倘若你只是用挑剔的眼光来看待事情，即使是一点点的不完美，也会在你的心中不停地放大，成为难以忍受的过失！

在某个社区中，有一位太太时常逢人就抱怨她家对面的邻居十分懒惰。她常常对别人说："住在我家对面的那个女人真的很懒，她的衣服永远都像一块抹布，不但洗得不够干净，还老是布满黑色的污渍!我真是无法想象,一个人如何可以懒得像她这个样子!"

有一天,这位太太的朋友登门拜访,她又开始抱怨。起初,她的朋友还耐心聆听,最后终于忍受不住了,只见这位朋友走到厨房里,拿了一块抹布,随即擦起了窗户:"你没有发现你邻居衣服上的污渍,其实就在你家的玻璃窗上吗?"

在《圣经》中有一段话:"为何你只见弟兄眼中有刺,却不见自己的眼中有梁木?"

有一些人总是习惯抱怨他人,只要生活中遭遇到困难或者挫折,他们总认为那是因为别人的不当行为,才导致了自己身陷逆境,时间一久,他们便觉得自己是这个世界上最悲惨、最不幸的人,进而也会用一种愤恨不平的眼光去看待人、事、物,终其一生都郁郁寡欢,却不知扼杀快乐的人,其实就是他自己!

因此,当我们遭遇到生活中不如意的事情时,我们不应该一味地找理由谩骂、声讨他人,或是口出埋怨的话语,反而应该先让自己冷静下来,检讨整件事情的始末。如果你发现问题是出在了自己的身上,就应该要求自己立即改进,避免日后重蹈覆辙,避免事情继续恶化;要是你发现过错不在自己的身上,你也无须指责他人,因为每个人都会有犯错误的时候,建议你此时不妨用宽容的态度让对方了解你的感受,并且希望彼此之间能够共同让事件向好的方向转变,如此一来,你将能够化解彼此心中的芥蒂与不快,从而拥有良好的人际关系。

也许你会说,不是每个人都能够宽容待人,但是,我们要是不能够先从自身做起,又如何要求他人呢?因此,从此刻开始,请停止抱怨,学习如何用欣赏的眼光看待这个世界,你将会发现,当你懂得欣赏人、事、物美好的一面时,生活中的欢乐也会随之不断增加!

在日常生活中,喜欢抱怨的人常常会陷入人生的低谷。抱怨对工作和生活都会产生严重的影响,由此,需要从以下方面着手进行自我调适:

1. 从另一个角度感受你的生活

你总是排在最慢的一队中,还是仅仅有时候这样?你在电影院从未坐过好座位,还是只有你坐在头发高耸的女人后面时才注意到位置不好?

开始把你的注意力转向事物好的方面,而且每当事情很顺利时要特别提醒自己。例如,今天天气这么好,我真是太有运气了!我住在一个空气清新的地方,真是运气太好了,迟早,你会感觉自己更幸运,从而不再觉得有什么可以抱怨的。

2. 期望好事会发生

你的期望决定了你如何看待现实。生活本身并没有太多的麻烦,制造麻烦的是人自己。生活可能不公平,而且有时甚至很残酷,但是这并不意味着你永远不会有好运。如果你能摆脱掉自己真不走运的想法,开始期待生活赋予你的最美好的东西,那么好事情就会发生了。

3. 保持一颗平常心,不被生活中的琐事困扰

有些人的抱怨常常来自生活中的琐碎之事,凡事斤斤计较,常常弄得自己疲惫不堪。对于这些琐事,我们还是置之不理为好,一位哲人说得好:如果你被疯狗咬了,难道非要对咬你的疯狗也反咬一口吗?所以,遇事要有一种平和的心态,这样才能生活得更好。

切勿悲观,让生活充满希望

小圆是一个年轻的女孩,但悲观情绪总是萦绕在她心里,她时常觉得生活没有目标。

最近这种情绪越来越强烈，好像做什么都提不起劲，很孤独，周围的环境又让她觉得很无趣。她也想改变，但又觉得自己能力不够，开始变得消极，越来越自卑，不爱说话，于是也就显得有些孤僻。小圆是个爱思考的人，曾用很长一段时间来思考活着的意义，但她发现自己找不到答案，她觉得很迷惘，眼看就要大学毕业了，她不知道以后的路该怎么走。

小圆从小就很不幸，可以说是在同学和邻居的指指点点下长大的。因此，她从小心里就充满了自卑，很封闭、很悲观，这导致她从来交不到朋友，别人看她外表冷漠，便不敢和她交流。现在长大了，出众的外表使她有不少追求者，也减少了很多自卑，她还爱上了一个男孩，可她总是悲观，认为他们早晚会分开。她的男友开始还忍着，可现在经常因为这个和她吵，她也知道自己过分了，可仍旧很悲观。

小圆所烦恼的正是一种常见的心理问题——悲观，这是一种非常有害的心理状态。

心理学上认为，悲观是人对自己言行不满而产生的一种不安心理，它是一种心理上的自我指责、自我的不安全感和对未来害怕的几种心理活动的混合物。它由精神引起，但还会影响到组织器官，导致相关的一些心理及生理疾病产生，如焦虑、神经衰弱、气喘等。

一般而言，容易悲观的人是与世无争的好人。他们心地善良，洁身自好，习惯在处理事务中忍让、退缩、息事宁人，常常是生活中的弱者，生性胆小、怯懦。

极端悲观的人常用反常的方法保护自己。越是怕出错，越是将眼睛盯在过错上。一句话会后悔半天，人家并未介意的事他也神经过敏，对人际冲突也极为恐惧。

在战国时期，有两个战败的士兵被敌人追得落荒而逃，好不容易，他们摆脱了敌人的搜捕，躲到了一座深山里。忽然，饥肠辘辘的他们在不远的地上看到了一只苹果，两人好兴奋！赶忙冲上去，却发现那苹果早已被山猴给咬去了一半！

甲士兵说："唉！真是的，好端端的一只苹果，怎么就这样被猴子给咬去了一半呢？真可谓祸不单行啊！"

乙士兵却说："啊！太好了！不管怎样，这苹果至少还有一半，可以让我们两个人充饥，不至于饿死啊！"

几天之后，两人终于回到了自己的军营里，分别被派到了不同的队伍里去……几年后，乙士兵升到了参将！而甲士兵呢？却仍然只是一个默默无闻的马前卒。相信吗？一个乐观的人，绝对比一个悲观的人更有机会成功！因为乐观的人，在每一个困境中都可以看到一个希望；悲观的人，却在每个顺境中都看见一个烦恼！

同样是一件事，具有乐观心态的人总是能够看到事情的正面，而对于有悲观心态的人却总是看到事情的反面。

如果你一直有一个悲观的心态，那么你的注意力可能永远不会转移到对你有利的一面。正确地控制和调适悲观心态，可以从下面几点入手：

1. 不要仇恨世界

不要总认为整个世界都是和你作对，或者你不应该来到这个世界上。如果你这么认为，那是不合逻辑的，也太自我了。不要认为你已经看透了整个世界，否极泰来，你永远无法预知未来。所以，你也永远不要认为事情总是你想的那么糟糕。

2. 寻找你悲观的根源

很多已经根深蒂固的悲观情绪，它的源头可以追溯到你的孩童时期。因为那个时候，你的思想正在形成，而你的所见所闻会影响你做出的推定。如果你的成长过程中看到的大部分是失望、背叛和失败，那么现在的你作为一个成年人，对世界有这样的看法，是一点都不奇怪的。有的时候，我们也会受到父母悲观情绪的影响。不管哪种原因，你的悲观情绪的根源是你周围的环境，而悲观情绪也会因为环境很容易改变。

3. 要明白过去不等于未来

即使你之前经历了痛苦和失望，但并不能说明这些就是你今后的全部。在你的过去，有很多事情是你无法控制的。从某种角度来说，每个人都会遇到自己生活中不幸的环境和经历，你也不例外。但是在我们的生命中，也有很多东西是可以一点一点去控制、去改变的。一天或者一周的开始比较糟糕，并不意味着你有一个悲惨的结局。不要因为开始不顺，就不自觉地自我去设定更糟糕的结局。

4. 空想还是实干

你没必要太过于看重结果，害怕不好的结果。不要不停地去想发生了什么，你应该想想你可以做什么。如果你觉得现在的生活方式不快乐，你可以给自己设定一个目标，然后实现它，而不是停留在对不快乐的抱怨上。自己努力去赢得胜利远好于努力去避免失败。

5. 认识到痛苦、失败只是生活的一部分，并不是生活的全部

生活本来就充满了风险和挑战，并不是每件事情都会有好的结局。痛苦、失败在所难免，你没有必要认为自己总会痛苦、失败，因为你大部分时候，好的方面会比坏的方面多。

6. 学会感激

把在你身上发生的好的事情列一个清单，在你觉得消极的时候，拿出来看看，并提醒自己并不是什么事情都那么糟糕。所以，要学会感恩。

7. 用正面的、积极的信条

用积极、肯定、正面的陈述，把你想改变的或者认为能够鼓舞自己的话写下来。贴到你每天都会看到的地方，提醒、激励自己。例如："凡事皆有可能！""我唯一可以控制的就是我的人生态度！""凡事总是有选择的！"

8. 记住：生命是短暂的

如果你觉得悲观情绪左右着你的判断，你开始觉得对未来失去信心的时候，不要忘了提醒自己时间正在一分一秒流逝。悲观本质上是不切实际的，因为它让你在还没有发生，并且也不一定会发生的事情上浪费时间，它阻碍了你完成应该完成的事情。

9. 做一个平衡的乐观主义者

乐观过头就成为了极端乐观。如果你认为任何事情都会成功，坏的事情永远不可能会发生，那么你很有可能会做出错误的决定，而且别人也会很容易利用你的这一点。一个理性的乐观主义者，不管事情的好坏，他都会接受。"做最坏的打算，做最好的期望"——前者能让你更理性，后者会让你更乐观。

学会给予，杜绝自私心态

哈利和朋友被困在沙漠，后来哈利发现了满满一杯水，是先给朋友，还是留给自己慢慢

救命？

哈利没有把水分给朋友，他竭尽全力向沙漠深处跑去，想独享比黄金还要贵重的水，哈利踉踉跄跄，慌不择路，又要护住杯中的水，累得够呛，追在后面的朋友也气喘吁吁。跑了很久，最后哈利一不小心，一杯水全泼到了黄沙里。结果两人一滴水也没喝进嘴，很快两人都被黄沙埋葬。

也许，很多人会自觉或不自觉地选择哈利的做法。其实把半杯水分给别人，同时也救了自己。

在我们的日常生活中，经常可以看见一些自私的人，实际上，自私是一种较为普遍的非常态的心理现象。

从造词法的角度上来看，“自”指的是自我，“私”指的是利己，“自私”指的就是一个人在只以自己为中心的前提下，过分考虑自己的利益。不管在什么事面前，第一时间想到的都是他自己，完全只顾及他自己个人的利益，一点也不顾及他人、集体和国家的公益。我国古代有一句话来形容这种人，叫作“拔一毛利天下而不为”。

私欲是一切生物的共性，所不同的是其他生物的私欲是有限的，人的私欲是无限的。正因为如此，人的不合理的私欲必须要受到社会公理、道义、法律的制约，否则这个社会就不属正常的社会。任何一个人内心存在着道德、法律意识和保持自己的私心杂念是不矛盾的。如果人性中全是崇高的道德理念，人就不再是人而是神；如果人性中全是私心杂念，无崇高的道德理念，人就不再是人而和动物没什么区别。

下面讲一个耐人寻味的故事。

越南战争中，一个美国士兵打完仗后回到国内，在旧金山旅馆里辗转反侧，夜不能寐。午夜，他给家中的父母打了一个电话。

“爸爸，妈妈，我要回家了。但是我要你们帮一个忙，我要带一个朋友一起回来。”

“当然可以。”父母亲回答说，“我们见到他会很高兴的。”

“但是，有件事一定要告诉你们，他在那可恶的战争中踩响了一个地雷，受了重伤，他成了残疾人，少了一条腿和一只手。他已无处可去，我希望他能和我们住在一起。”

“我们为他感到遗憾。孩子，我们帮他另找一个地方住下，好吗？”

“不，他只能和我们住在一起。”

“孩子，你不知道，这样他会给我们造成多大的拖累，我们有我们的生活。孩子，你自己一个人回家来吧，他会有活路的。”话没说完，儿子的电话就断了。

父母在家等了许多天，未见儿子回来。一个星期后，他们接到警察局打来的电话，被告知他们的儿子坠楼自杀了。悲痛欲绝的父母飞到旧金山，在停尸房内，他们认出了他们的儿子，他们的儿子少了一条腿、一只手……

美国士兵的死亡就是源于父母的自私之心。

从前，有个男孩叫菲比，他一个人住在一间小屋子里，并且拥有一座村庄里最美丽的花园。小菲比有很多的朋友，其中有一个磨坊主叫罗恩。罗恩是个很富有的人，他总自称是小菲比最忠实的朋友，因此他每次到小菲比的花园来时，都以好朋友的身份拎走一大篮子美丽的鲜花，在水果成熟的季节还拿走许多水果。

罗恩经常说：“真正的朋友就该分享一切。”但是，他从来没有给过小菲比什么。冬天的时候，小菲比的花园枯萎了。“忠实的”磨坊主朋友却没去看望过孤独、寒冷、饥饿的菲比。

罗恩在家里的时候，又摆出一副诚恳的表情对他的家人说：“冬天去看小菲比是不恰当的，人们经受困难的时候心情烦躁，这时候必须让他们拥有一份宁静，去打扰他们是不好的。而春天来到的时候就不一样了，小菲比花园里的花都开放了，我去他那采回一大篮子鲜花，我会让他多么高兴啊。”

然而孩子总是能一语道破天机，磨坊主天真无邪的儿子问他：“爸爸，为什么不让小菲比到咱们家来呢？我会把我的好吃的、好玩的分给他一半。”谁想到磨坊主却被儿子的话气坏了，他怒斥这个什么都不懂的孩子，说：“如果小菲比来到我们家，看到了我们烧得暖烘烘的火炉、丰盛的晚饭，以及我们甜美的红葡萄酒，他就会心生妒意，而忌妒则是友谊的大敌。你还小，怎么会懂得这些道理！”

磨坊主的论调无疑是自私者自己的堂皇之词。

自私之心是所有邪恶的源头，贪婪、报复、忌妒、吝啬、虚荣等等一系列病态社会心理从根本上讲都是自私心理的一些外在表现形式。

自私最突出的外在表现就是吝啬。吝啬之人都非常计较，遇事总怕自己吃亏。他可以大慷公家之慨，对个人利益却丝毫不能让步，永不知足，因而也具有贪婪之心。吝啬之人非常看重自己的财富与利益，为了既得利益，可以六亲不认，甚至“鸡犬之声相闻，老死不相往来”。对别人的苦楚显得冷漠无情，毫无怜悯之心，甚至落井下石。吝啬之人很少参与社会活动，也不关心周围的事物，“事不关己，高高挂起，明知不对，少说为佳”。他们不愿帮助别人，因此很少有知心朋友，有了困难也就很难得到他人的帮助。

从前有两个十分吝啬的人，巧合的是，他们一个叫吝先生，一个叫啬先生。有一天，吝先生到县城办事，恰好在路上遇到了啬先生，两个人互相打招呼有说有笑，并结为了好朋友。在分手时，相约在中秋节到子虚亭饮酒赏月，互叙友情，并约定吝先生备酒，啬先生备菜。

中秋节很快就到了，两人按约定的时辰准时来到子虚亭。见面时双方都是两手空空的，在石桌两旁相视而坐，大家不禁哈哈大笑起来。为了打破尴尬的局面，吝先生首先站起来，用手做酒杯状，遥指天空，大声说道：“月光如水水如酒，请啬先生开怀畅饮。”啬先生也不甘示弱，伸出两只手指做筷子状，指着荷塘里的水深情地说：“池中有鱼鱼是菜，请吝先生大饱口福。”

两人“酒”来“菜”往，互敬互让，风雅非凡，好不热闹。啬先生手起嘴动，咂得啧啧作响，并连声说：“真是好酒，杜康也得逊色几分。”吝先生也把两个指头往嘴里送，自夸起来：“确实是好菜，山珍海味也难相比。”

这对小气鬼在亭子里的荒唐举动，引来不少过路的人驻足观看。其中有人认识这两个有名的小气鬼，便风趣地挖苦说：“今天两位仁兄赏月，喝的是吝啬酒，吃的是吝啬菜，你们活着是吝啬汉，死了就是吝啬鬼。”

除了一些例外的情况，做人还是不要太过吝啬为好，尤其是对待你的朋友，如果真的是经济上有困难，你可以直接和朋友说，这样并不会遭到别人的轻视，反而会得到人们热情的帮助。只有以诚相待的人才能赢得大家的尊重。吝啬实际上也不能给我们带来更多的财富，财富是要靠努力去争取才能得来的，一个人不去努力奋斗，就算为人再吝啬、再节省，早晚也会坐吃山空。

所有一毛不拔的人在最后都将会一无所有，这是无数的历史经验所证明的事实，只有那些心地善良、勤劳肯干的人才会最终得到财富。做人要厚道，最好在自己能力允许范围内大方一点，很多事其实不必计较那么多，你在计较上面所花费的精力可能已经超过了它本身的价值，这就是一种很不理智的得不偿失的做法了。而且一个大方的人，自然也会结识很多朋友，有了人脉，有了别人的帮助，再加上自己的努力，当然也就会有着源源不断的财富。

1. **自私心理的特点**

那么，生活中的自私心理有哪些基本特点呢？

(1)深层次性

所谓的自私，是一种几乎算是人类本能的与生俱来的深层次欲望，这是一种深层次的心理活动。也就是说，你可能根本就无法发现自己正在进行自私的行为，因为你已经被你潜意识里的自私所操纵了。它就像一只邪恶的野兽，蛰伏在我们每一个人的心灵深处，随时准备择人而噬。人类生来就有各种方面的诉求，比如说生理方面的诉求、物质方面的诉求、精神方面的诉求、社交方面的诉求等等不一而足。这些诉求之间也是有一个递进的、有层次的关系。每满足一层，人类就会自动追求下一层。在诉求不能得到满足时，人就必然感到痛苦不堪。但是，事物都是有着互为辩证的两个方面，诉求同时也是人类各种行为的原始性的第一推动力，几乎可以这样说，人类的所有行为都是为了满足其行为所相对应的诉求。但是，人的欲望是没有疆域的，如果这个世界上会有什么东西能比宇宙更加无限，那就只能是人类那永不满足的心。正是因为这个原因，人的欲望和需要，都必须得到控制，不能任其无限发展。人类所有的诉求，都必须要受到社会规范、道德伦理、法律法规的严格制约，假如完全不顾及社会条件和时代条件，完全不顾及千百年来人类为了更好的未来而自我约束的道德评价体系和社会法制，不顾及与你同时代千千万万其他和你一模一样的个人，而只是一味地想要满足自己的各种低级的私欲、无尽的贪念、肮脏的企图的人，就是具有严重自私心理的人。但是通常来说，自私的心理实际上一般是隐藏在个人的需求结构之中的，你可以唤醒它，也可以为了他人，也为了自己，让它继续昏睡下去。

(2)下意识性

自私心理有几个非常顽固的地方，那就是我们每个人都有，它就好像是我们人类身体的一部分，而且是与生俱来的。而这一点也就正好造成了自私心理的隐蔽性，自私心理往往隐藏得非常深，它的存在与表现便常常不会被个人所意识到。也就是说，很多有自私行为的人甚至根本意识不到他实际上是在做一件自私的事，还以为这一切都是理所当然的，相反的是，在他侵占了别人的利益时往往竟然是心安理得的。其实，我们生活中经常会遇见这种人，有的时候会产生一种和他们无法交流的感觉。

(3)隐秘性

不知道大家有没有这样的经历：有一种自私的人往往是这样的，他们因其自私自利的行为而引起身边人的公愤，但他们就好像已经养成了习惯似的，完全不当回事。但是与此同时，他们为了逃避舆论谴责和进一步可能发生的社会惩罚，他们常常口唱高调，故作一种姿态，将其内心本来那自私的本性，隐藏在别人、也隐藏在自己的视线里。这样的例子在工作和生活中实在是太多太多，不胜枚举，比如明明是多吃多占、吃拿卡要、占地卖房、公款吃喝、利用职务谋取巨大私利，却把这一切根本都是法律所不允许的犯罪说成是他的工作需要。还展现出一副不胜其烦，深恶痛绝的欺骗性的丑恶嘴脸，“我也不想做这样的事，我也非常讨厌这些不公正，可是我又有什么办法呢？规矩就是这个样子的，我也不喜欢每天都在饭店吃大鱼大肉啊！我是多么怀念在家吃清淡蔬菜的日子啊！”分明是损害他人的利益来满足自己的需求，却说自己其实是在替别人着想才这么做的，自己这么做也很为难云云。自私心理属于一种不能见光的病态行为，很少会有人会主动承认自己有自私之心，而自私之人更是要常常以各种花样百出的手段掩饰自己的丑陋面目，所以自私就更加具有隐秘性。这种隐秘性是针对他自己，也是针对他人来说的。

2. 自私心理产生的原因

分析自私行为的病因必须从客观方面与主观方面这两大方面同时着手。

首先，从客观方面来讲，我国是一个人口超限、自然资源与社会资源又都十分有限的国家（自然资源包括耕地、物产、山林、淡水、消费物资等；社会资源包括财富、权力、信息与社会关系等等）。两种极端情况同时发生，就更加加深了两种情况各自的严重程度。从理论上来讲，如果是在正常的社会秩序中，任何个人或群落、集团都需要有与之相匹配的资源。但在现实环境中，由于各种复杂的原因，比如历史原因、国际原因、经济原因、政治原因等等，我们不得不承认的是，就目前来说，我国各项资源的数量、类型、方式在占有和配置方面确实都存在非常多、非常严重的不平衡与不合理之处，而资源分配的垄断性仍然非常顽固。没有资源，就无法生存，资源是每个人都必须获取的，而对于一个集体就更加重要，这样的结果就是，缺乏资源的一方不得不以某种非常态的、非正当的，或者干脆说就是违法的方式去换取资源。

其次，从主观方面来说，一个人的各类诉求若是脱离了社会规范及传统制度成为不合理的诉求，在这种情况下，可能人就会倾向于自私。国外有关专家的最新研究已经表明，一个人的自我敏感性、价值观趋向等等都与社会行为有着非常紧密的内在联系。而学术界所常说的社会行为，实际上就是指包括帮助他人、爱护他人、捐款、献血、做义工等等在内的一切有益于社会的自发性的、主动的个体行为。所谓的自我敏感性，它的定义是指一个人不仅时刻关心他自己的问题，时常都会觉得需要他人的协助，以及真的得到了来自他人的协助后，自体所产生的心理感受。这种自我敏感性一旦达到了一定的高度，就可以进一步地外化为对他人的敏感性。但是，这种情况下，自我敏感性也非常可能成为一种只顾自己，不管他人死活的倾向。而自私自利之人往往都是自我敏感性极高，以自我为中心，对社会对他人极度依赖与索取，但同时并不重视那些热情帮助他的人，认为别人为他做什么都是正常的，如果别人不为他做什么，那才是咄咄怪事。希望大家都不要成为这种不具备社会价值取向，对他人与社会缺乏责任感的人。

3. 自私心理的调适

自私心理是需要我们重视的心理状态，所以应该采取一定的方法进行调适。一个想要改正自私心态的人，其实有一个非常简单易行的办法，那就是利他行为。例如关心和帮助他人、给希望工程捐款、为他人排忧解难等。还有一些自私心特别重的人，可以从让座、借东西给他人这些小事情做起，循序渐进，这样以后才能做大一点的好事。多做好事，可在行为中纠正过去那些不正常的心态，从他人的赞许中得到利他的乐趣，通过做好事，让自己得到教育和升华，使自己的灵魂得到净化。我们还可以使用内省法，这是构造心理学派主张的方法，是指通过内省，即用自我观察的陈述方法来研究自身的心理现象。研究明白了自己的想法，才会更好地控制它。

自私常常表现为一种下意识的心理倾向，如果准备克服自己的自私心理，就必须要经常对自己的心态与行为进行自我观察。在进行自我观察时要有一定的客观标准，就是一定要遵守社会公德与社会规范。而要反省自己的过错，就必须加强学习，更新自己的世界观，强化社会价值取向，向毫不利己、专门利人的模范学习，对照社会榜样与模范寻找差距，并从自己自私行为的不良后果中看危害找问题，总结改正错误的方式方法，最后得以完全攻克。

我们如果想真正地快乐，获取更大的成功，拥有美好的人生，守护忠诚的友谊，就必须要先打破自私的樊篱，走出自私的灰暗，寻找生命中那一片与人分享的蓝天。赠人玫瑰，手有余香。请放心，敞开你的胸怀，包括你自己在内，没有任何人会吃亏的。

洛雷斯是一个有名的大富翁。他有美丽的洋房和大片的花园。但他也有一个令自己头痛的问题：这么多的财富肯定有好多人在打自己的主意。怎么办呢？于是洛雷斯让仆人在房子四周围建了很高的围墙，洛雷斯认为有了围墙就等于有了部分保障，至少可以对那些不法人士起到威慑作用，可是围墙建成不久就出了事。

春天一到，花园里鲜花怒放，阵阵花香飘过围墙，令全镇的人都很神往。几个好奇的孩子想院子肯定种着奇花异草，听说有一种长着大眼睛的花还会给孩子唱歌呢。于是孩子们打起主意，决心探个究竟。

朦胧的夜晚，孩子们搭起人梯跳到院子里，他们在花丛中寻找着，踏坏了许多鲜花和嫩草。

后来，他们被仆人发现，赶出了院子。洛雷斯大为恼火，他把这事讲给朋友听。朋友笑着说："为何不把围墙拆了呢？"洛雷斯说："那样我会丢失好多的财产！"朋友笑了，说："有围墙又怎样？连一群孩子都拦不住，何况身手不凡的大盗呢！"

洛雷斯终于听从了朋友的劝告，彻底拆掉了围墙。于是，孩子们首先冲入花园。他们仔细寻找那些神花，结果，根本没有什么奇花异草。洛雷斯的朋友把孩子们请到客厅，并让他们美餐了一顿后给了孩子们一包种子，他对孩子们说："在花园中种下你们心中的神花吧！"孩子们高兴得跳起来，然后跑到花园里。

因为洛雷斯拆掉了围墙，全镇的人都可以欣赏到花园的美丽。洛雷斯得到了全镇人的爱戴和敬仰。

一天，一伙大盗闯入洛雷斯的家，准备将他家洗劫一空，刚闯入花园不远就被守护神花的孩子们发现了。小杰克跑到房子里报告情况，詹森跑去镇上通知大人们，结果大盗们被及时赶到的居民和洛雷斯的佣人们捆绑了起来。

庆功宴上，洛雷斯对所有人说："我要感谢你们，你们使我懂得了一个伟大的道理——这个世上只有敞开的花园最安全最美丽。"洛雷斯的话博得了所有人最热烈的掌声。

分享并不意味着失去，独占也不意味着拥有，懂得分享的人生，可以让我们收获更多。

雪花纷纷扬扬，像飘洒到人间的精灵。在一个寒冷的冬日，一对老夫妇互相搀扶着走进了快餐店，像是从岁月的长长久久中走出来，在这个到处都是年轻人的地方，他们看起来有点格格不入。餐厅里的客人羡慕地望着他们，甚至一些人在窃窃私语："看，那对老人一定在一起生活了好多年，也许60年，或者都已经过了钻石婚了。"

瘦小的老头径直走到点餐台点餐，他点了一个汉堡、一包薯条还有一份饮料，都是一人份。老人拿着托盘走回他们的座位，他撕下汉堡包装纸，然后很认真地把汉堡切成了大小相等的两份，一份放在自己面前，一份放在妻子面前。之后他又把薯条分成了两份，一份留给自己，一份给了妻子。最后老头把吸管插进杯子里，吸了一口饮料，然后看了老妇人一眼，老妇人没有吃桌上的东西，只是抿了一口饮料。

老头拿起汉堡咬了一口，这时餐厅里的人忍不住悄悄议论起来。他们在说："他们一定很穷，只能买得起一份套餐。”

就在老头拿起一根薯条要往嘴里放的时候，一个小伙子站了起来，他径直走到老夫妇的餐桌前。然后很有礼貌地说，他愿意为他们再买一份套餐。老头委婉地拒绝了，说他们这样很好，他们已经习惯一起分享任何东西。

餐厅里的人注意到，桌子上的东西老妇人一口都没吃，她只是静静地坐在那里看着丈夫吃，偶尔喝一口饮料。那个小伙子实在看不下去了，忍不住又走了过去，说他愿意给他们买点其他什么吃的东西。这次是老妇人拒绝的，她也说他们习惯了一起分享任何东西。

老头吃完了，利落地擦了擦嘴。那个小伙子简直无法忍受了，他再次走到他们的餐桌前提出帮他们买点吃的，结果又遭到了拒绝。最后他问老妇人：“为什么你不吃东西呢？你不是说你们总是一起分享任何东西吗？可为什么他在吃，而你却看着呢？难道你是在等什么东西吗？”老妇人笑了一下说：“我在等假牙。我们共用一副。”

小伙子怔住了，餐厅此时都弥漫着无言的感动。

摒除自私的心理，学会分享，这样就可以破除人与人之间的冷漠，把自己的胸怀打开，主动与人分享，你就能够体会到更多的快乐、温情和成功。

放下仇恨，让心里充满阳光

仇恨是带有毁灭性的心态，只会激化矛盾，让彼此都陷入痛苦的深渊。仇恨的心态如同充足气的皮球，你用多大的力气踢它，它就用多大的力量回赠你。

一位画家在集市上卖画，不远处，前呼后拥地走来一位大臣的孩子，这位大臣在年轻时曾经把画家的父亲给逼死了。这孩子在画家的作品前流连忘返，并且选中了一幅，画家却匆匆地用一块布把它遮盖住，并声称这幅画不卖。

从此以后，这孩子因为心病而变得憔悴，最后，他父亲出面了，表示愿意出一笔钱高价购买。可是，画家宁愿把这幅画挂在自己画室的墙上，也不愿意出售，他阴沉着脸坐在画前，自言自语地说：“这就是我的报复！”

每天早晨，画家都要画一幅他信奉的神像，这是他表示信仰的唯一方式。

可是现在，他觉得这些神像与他以前画的神像日渐相异。

这使他苦恼不已，他不停地找原因。然而有一天，他惊恐地丢下手中的画，跳了起来，他刚画好的神像的眼睛，竟然是那大臣的眼睛，而嘴唇也是那么的酷似。

他把画撕碎，并且高喊：“我的报复已经回报到我的头上来了！”

这是印度大文豪泰戈尔的一篇名为《画家的报复》中的故事。这种仇恨的种子一旦萌芽，就会像洪水猛兽一般可怕。我们在心中怀恨、心存报复的同时，我们的身心也同样被这恶毒所折磨。一个心中常想报复的人，其实自己活得也并不快乐。因为他的精力几乎全用在想怎样报复这种不愉快的事上了，而且就算成功他也会有种失落感。

古希腊神话中有一位大英雄叫海格里斯。一天他走在坎坷不平的山路上，发现脚边有个袋子似的东西很碍脚，海格里斯踩了那东西一脚，谁知那东西不但没有被踩破，反而膨胀起来，并加倍地扩大。海格里斯恼羞成怒，抄起一根碗口粗的木棒砸它，那东西竟然长大到把路堵死了。

正在这时，山中走出一位圣人，对海格里斯说："朋友，快别动它，忘了它，离它远去吧！它叫仇恨袋，你不犯它，它便小如当初，你侵犯它，它就会膨胀起来，挡住你的路，与你敌对到底！"

我们生活在茫茫人世间，难免会与别人产生误会、摩擦，如果不注意，在我们引发仇恨之时，仇恨袋便会悄悄成长，最终会堵塞了你的心智，并逐渐成长为一个折磨你身心的毒瘤。

潜留在我们内心的侮辱，永难平复的创伤，都能损坏我们生活中许多可爱的事物，憎恨就像毒害我们的血液、细胞的毒素一样，影响、侵蚀着我们的生命。

头痛、消化不良、失眠和严重的疲倦等，是憎恨的人常有的生理症状。一所医学院曾做过一次调查，报告中说，与心情较为愉快的人相比，心存仇恨的人更经常进医院。医务人员所做的试验显示，患心脏病的人常常不是工作辛劳的人，而是抱怨工作辛劳的人，最足以引起高血压的原因，莫过于外表好像很安静，内心里却被强烈的仇恨所煎熬。

仇恨甚至会造成意外事件。交通问题专家说："发怒的时候永远不要开车。"心里总是惦记着丈夫如何不懂体贴的妇女，比起那些毫无杂念的妇女，更容易在家里发生意外事件。

那么，怎样才能摆脱自己的仇恨心态呢？

1. 确定仇恨心态的来源

如果我们能反省，十次之中有九次就会发现其来源是自己。忽略自己的缺陷与弱点，乃是人之常情，在任何可能的时候，我们总会把自己的短处变成别人的错处，而后加以无以名状的憎恨。例如，在每一个离婚案件中，几乎很明显的，所谓无辜的一方往往并不如其所描述的那般无辜。

"这是很奇怪的现象，"心理学家说，"我们自己的过错好像比别人的过错要轻微得多。我想，这是由于我们完全了解有关犯下错误的一切情形，于是对自己多少会心存原谅，而对别人的错误则不可能如此。"

2. 忘记仇恨的事情

有理智的人经常用新的梦想和热诚填进他们生活中的洼地，据心理学家说，我们不能同时拥有两种强烈的情感，既要爱又要恨，那是不可能的。大部分怨恨是以自我为中心的，要排除怨恨，就要忘记曾经不愉快的事情。

3. 学会帮助别人

在帮助别人之后，我们会发现在这个世界上，善意总是多于恶意的。一所大学的研究结果显示，一种真正以友谊待人的态度，65% ~90% 的高比率是可以引起对方友谊的反应的。因此，领导此项研究的博士说："爱产生爱，恨产生恨，这句老话绝对是不会错的。"那么，我们就没有必要让憎恨耗尽自己的精力。

法国19 世纪的文学大师雨果曾说过这样的一句话："世界上最宽阔的是海洋，比海洋宽阔的是天空，比天空更宽阔的是人的胸怀。"

人与人之间避免不了因互相误解而导致仇恨。最好的方式是以宽容的心态将这种仇恨栽培成一盆鲜花，让自己心里开花才能让周围遍地开花。时间带走一切也考验一切，值得珍惜的是无限春光和快乐的果实，真正的友谊并不因误解、仇恨而变淡，反而因海纳百川的胸怀和气度而更加深厚。

让仇恨长成鲜花是一种智者大彻大悟的境界，也是人生快乐的源泉。

直面挑战，消除逃避心态

许多研究心理健康的专家一致认为，适应能力良好的人或心理健康的人，能以“解决问题”的心态面对挑战，而不是逃避问题，怨天尤人。

然而，在现实生活中，能够以正确的态度面对挫折与挑战其实并非易事。我们可以看到，周围的不少人或因工作、事业中的挫折而苦恼抱怨，或因家庭、婚姻关系不和而心灰意冷，甚至有的因遭受重大打击而产生轻生念头，生命似乎是那么脆弱。

阿军有着令人羡慕的职业，有一天他竟然对朋友说他曾经有过轻生的念头。他是一个因循守旧的人，不习惯面对变化与改革。当他得知自己可能被指派去干他既不熟悉也不喜欢的工作时，潜在的焦虑、恐惧与厌世情绪随即涌上心头。他本来可以去竞争另外一个更适合自己的职位，可是他由于胆怯自卑而失去了竞争的勇气。正是这种逃避竞争、习惯于退缩的心态，使他陷入绝望的深渊之中。这种扭曲的心态和错误的认知观念使他放弃了所有的努力。

其实，人的一生，或多或少都会遇到一些意外和不如意的事情，我们能否以健康的心态来面对是至关重要的。

由此，我们可以得到什么启示呢？等着挨打的心情是消极的，那种等待的过程与被打的结果都是令人沮丧的。一个人在心理状况最糟糕的状态下，不是走向崩溃就是走向希望和光明。有些人之所以有着不如意的遭遇，很大程度上是由于他们个人主观意识在起着决定性作用，他们选择了逃避，而事实上逃避根本解决不了任何问题。

1. **直面责任，不要逃避**

你是否经常听到有人在问，“这是谁的错呢?”即便这种话不是每天都能听到，你也会看到许多人在抵赖狡辩，或者为了推卸责任而指责别人。也许你会发现自己也有这种习惯呢。

但是，指责往往会引起不快和惩罚。为了避免这些不快与惩罚，许多人想尽办法逃避责任，比如转移批评、推卸责任、文过饰非等。“免罪”理论可以帮助我们理解常见的逃避责任的行为的深层原因。免罪理论的内容如下：

避免或逃脱责罚是人类的一种强烈本能。

多数人在“有利”与“不利”两种形势的抉择中，都会选择趋吉避凶。

通过各种“免罪”行为，人们可以暂时逃脱责罚，保持自身良好的形象。

现在，让我们看一些逃避责任的伎俩，并分析其内在含义：

“这不是我的错。”

“我不是故意的。”

“没有人不让我这样做。”

“这不是我干的。”

“本来不会这样的，都怪……”

这些辞令是什么意思呢?

“这不是我的错”是一种全盘否认。否认是人们在逃避责任时的常用手段。当人们乞求宽恕时，这种精心编造的借口经常会脱口而出。

“我不是故意的”是一种请求宽恕的说法。通过表白自己并无恶意而推卸掉部分责任。

“没有人不让我这样做。”表明此人想借装傻蒙混过关。

“这不是我干的。”是最直接的否认。

“本来不会这样的，都怪……”是凭借扩大责任范围推卸自身责任。

找借口逃避责任的人往往都能侥幸逃脱。他们因逃避或拖延了由于自身错误而导致的社会后果而自鸣得意，这种心理强化使得这些借口得到了广泛使用。这类“免罪”的借口经常能够获得部分或完全的成功，否则，人们就不会使用这种手段了。

为了免受谴责，多数人都会选择欺骗手段，尤其当他们是明知故犯的时候。这就是所谓“罪与罚两面性理论”的中心内容，而这个论断又揭示了这一理论的另一方面。当你明知故犯时，除了编造一个敷衍他人的借口之外，有时你会给自己找出另外一个理由。

人们在逃避指责时，经常会含糊其辞，或者故意隐瞒关键问题，或者干脆靠撒谎来逃脱批评与惩罚。比如说，工作拖拉的人多半不会轻易承认：“我的报告交得迟是因为我不喜欢干烦人的工作，我才不在乎我的延误会不会对别人造成影响呢，我偷懒的时候，从来是只图自己舒服的。”相反，他们常常会说：“我家里出了一些事情。”或是其他一些夸大其词的谎言。

编造借口可以博取同情，一旦赢得了同情，那些工作拖拉的人就能免受惩罚并因此自鸣得意。但是，随着逐渐习惯编造借口，撒谎的技巧渐趋熟练，也就积习难改了，养成为逃避公正的谴责而撒谎的习惯，等于选择了一条危险的路，踏上这条不归路，你就很难再有其他的选择了。如果你对事态的发展真的无能为力，大多数明白事理的人是不会苛责你的，只有当一个人明知故犯并造成恶果时，人们才会对他进行谴责。

人生在世，孰能无过。从你出生时起，你就在与周围的世界产生积极的互动。环境对你产生影响，但是你往往更会对周围的事物产生影响。你能够在众多选择中做出自己的决定，这就是所谓“自由意志”。这说明你拥有主宰自身行为的能力，因而完全能够对周围环境产生影响。

如果是这样，你就应该为自己的行为负责。你做出的决定，就理应承受相应的责备与赞扬。但是有时，人们在做决定时确实会受到种种客观情况的干扰，如信息不畅、缺乏常识、时间紧迫或者思想不够集中等。

如果你辜负了同事的信任，继而若无其事地对他们撒谎，你们之间的关系就会遭到毁灭性的破坏。为了免受应得的责备，有些人会掩盖真相、敷衍搪塞、编造借口、无中生有、言不对题或者闪烁其词。这些欺骗伎俩并非总能奏效，但是其目的却已昭然若揭：不过是想方设法逃避谴责与惩罚罢了。承认“我错了”的意义非常重大。因为人人都难免犯错，所以大多数人都能原谅别人的过失。勇于承认自己的错误，可以提高一个人的信誉，并有助于自我完善。

2. 直面挑战，战胜自我

近年来，媒体上不断传出自杀新闻。大家在震惊之余，不免会感到疑惑，为什么这些人有这么大的勇气自杀，而不愿意将这股勇气拿来挑战人生！

事实上，人对于未来会感到不安与恐惧，害怕面对死亡，也因此知道珍惜生命。但是为什么还有人自杀呢？这和人的潜在意识有非常密切的关系，当人对于某些事情感到痛苦时，这个痛苦就会不断传输给潜在意识，而潜在意识就会忠实地依照信息在情境来临时去实现。

潜在意识是什么，它为什么能掌控我们的意识？如果我们将人比喻成一艘船，潜在意识就像船长，引领船只驶向心所向往的地方。换言之，潜在意识就是我们意识里的“相信”，这种相信使潜在意识认同，而使相信变为真实。例如，我们心中一直惧怕某件事的发生，心中一直挂念着,这件我们极不愿意发生的事,果真就会发生。所以有人往往在事后会认为自己早有预感,其实预感就是来自我们长期给予潜在意识的信息。

世界著名的走钢索专家卡尔·华伦达曾经说过:"走钢索才是我真正的人生,其他都只是等待。"他就是以这样的态度来面对走钢索的生涯,所以每次表演都非常成功。但是在1978年,他在波多黎各的一场重要表演中,竟然意外地从75英尺(约23米)高的钢索上坠下而死。

事后他太太的回想道出了原因。她说,在表演的前三个月,华伦达开始怀疑自己在这次的表演中可能失败,所以他不时忧虑着,万一失败掉下去怎么办?在表演的当天,他因为不放心还一反常态地特别去检查钢索是否牢固,但是却没有因此更为小心,导致了这场悲剧。

人的行为有90%是受潜在意识所控制,而潜在意识是从我们出生开始,经过每日意识沉积所形成。所以它不仅会反映在我们的心理上,更会反映在我们的生理上。因为人的身体是由自律神经所掌控,而自律神经是由交感神经和副交感神经两者作用而形成。如果交感神经和副交感神经两者作用平衡,自律神经就会正常,我们身体各方面的运作也会因此顺畅。

而我们是无法用意志去控制自律神经的,例如当我们感到生气、焦虑、恐惧时,交感神经是处于极度紧绷的状态,使心跳及血压跟着起伏,整个身体就会不听使唤,处于极度兴奋的状态,就连肌肉都会紧绷起来。长时间下来,我们的心理都是处于低潮,或情绪的紧绷,身体就会产生极大的警讯,最后也会因为我们不能承受这样的压力,而使我们崩溃,理智(显在意识)完全被潜在意识掌控。

自杀的动机绝不是临时起意,而是因为人感到痛苦,所以不断告诉自己,死去总比活着好,潜在意识就产生"活着干什么"的意念,最后终于带领人走上死亡。所以人应该时时刻刻朝正面思考,而不要让负面的痛苦沉淀。例如,我们信仰宗教、求神拜佛,无非是祈求痛苦能获得解决,这个过程就是不断在告诉潜在意识,我们要远离痛苦,重复的告知,潜在意识确实就会带领我们远离痛苦。

有人为了远离痛苦,而选择逃避问题。其实人的成长,就是因为人生中经历过无数挫折与失败,如果我们能体认痛苦的价值,愿意面对现实,有勇气承担痛苦,我们就能活得更坚强、更有价值。

在我们漫长的人生道路上,不论是谁,痛苦和挫折都是不可避免的,是一定会发生的,是人生的一部分。完全享乐,没有任何痛苦的人生,是不现实的,只能出现在传说之中罢了。既然无法避免,那么我们是消极地继续想方设法去逃避还是转过身来,不做命运的逃兵,勇敢地面对痛苦、迎接苦难,看着它,然后战胜它?这个看似不用思考的选择对你整个人生是黯淡还是辉煌起着决定性的作用。

谁能数清楚人生中一共有多少错误呢?当我们面对错误的时候又该怎么办呢?有很多人第一时间就想到了逃避。这个答案可以说是非常可笑的,要知道,逃避本身就已经是人生中的重大错误之一,在通往成功的路上,如果你总是遇到事情就选择逃避的方式来保护自己,或许只能说明一个问题:你还没有勇气面对和挑战现实生活中所遇到的种种灾难和不幸。

不妨试着冒点风险,勇于面对那些灾难和不幸,使你解脱日复一日的单调与痛苦的生活。不一定是要你做出多么惊人的举动,只需要小小的改变就会给你带来巨大的惊喜,比如上班时不一定非得要乘坐同一种方式的交通工具,每天早餐不一定总是要吃同样的东西等。你运用自己的创意，充分发挥自己的想象力，这时，你就会发现，你原来设想的计划几乎都是可以实现的。这个世界上没有做不成的事。

1944 年是一个风雨飘摇的年份，第二次世界大战进入到了最关键的转折点。艾森豪威尔将军正指挥他麾下的英美联合部队准备横渡英吉利海峡，强行登陆法国诺曼底，展开和德国法西斯战争的新阶段。

此次的抢滩登陆事关重大，是整个战局的关键性动作。英美两国之间精诚合作，不分你我，几乎为这场战役投入了举国上下的人力物力。然而人算不如天算，就在一切准备就绪、蓄势待发的时候，英吉利海峡却突然风云变色、巨浪滔天，数千艘船舰只好退回海湾，等待海上恢复平静。

这么一等，结果坏了，整个部队足足等了四天，天空像是被闪电劈开了一道裂缝，倾盆大雨连绵不绝，数十万名军人被困在船上，进退两难，每日所消耗的经费、物资，实在不容小觑。

正当以优秀军人气质著称的艾森豪威尔总司令苦思对策时，气象专家送来最新的报告，资料中显示天气即将出现好转，狂风暴雨将在三个小时之后停止。艾森豪威尔明白这是千载难逢的好机会，可以攻敌人于不备。只是这当中也暗藏危机，万一气候不如预期中这么快好转，很可能就全军覆没了。

艾森豪威尔将军经过长时间而慎重的考虑之后，在日志中写下："我决定在此时此地发动进攻，是根据所得到的最好的情报做出的决定……如果事后有人谴责这次的行动或追究责任，那么，一切责任应该由我一个人承担。"然后，他斩钉截铁地向陆、海、空三军下达了横渡英吉利海峡的命令。

艾森豪威尔仿佛受到了幸运女神的眷顾，上帝也仿佛在帮助执行正义的人。倾盆大雨竟然真的在三个小时后停止了，海上恢复一片风平浪静，英美联军终于顺利地登陆诺曼底，掌握了这场战争获胜的关键。

真正的英雄其实并不一定在于他的功绩有多么伟大，而在于他有没有面对的勇气。面对困难，面对失败，只要勇敢地去面对，你也可以成为自己的英雄。生活中的很多人，可以面对困难，却不敢面对失败，这是非常普遍的情况。你应该明白一件事，失败只是可惜而已，一点也不可耻，况且只要你不被失败所打倒，那么失败永远都只是一时的。

因为家境贫寒，他年仅 20 岁就辍学踏入社会。那时正逢经济萧条时期，要想找份工作非常艰难。一家知名医药企业刚刚贴出招聘科员的告示，就引来了数十名应聘者，他也在求职大军之列。

招聘者被一一编了号，他排在 50 多号。求职者相继沮丧地从招聘室走出来，说："条件很苛刻，没有大学文凭，没有两年以上的从业经验，一概不收！"门外的应聘者一听，呼啦一下走了不少人。他也不符合应聘条件，可他没走。

不久，又有几名应聘者走出办公室："年龄要 25 周岁以上！"

应聘者又散去了不少，但他继续耐心地排队等待。后面的应聘者问："看你 25 岁不到吧？"他点头。那人又说："肯定也会被淘汰的，不如走掉算了！"他笑着说："机会难得，即便是不符合条件，也应该试一试！"

结果，他的人生就因"试一试"的勇气而改观。各方面都不符合条件的他，虽然未被招聘为科员，但招聘主管因他形象不错、口齿伶俐，破格录用他做了一名药品推销员。参加工作以后，这位没有社会背景和学历的青年，凭借着这份敢于尝试的勇气，一边卖药一边考公务员，短短10年，就从普通的卖药仔，一路飙升为香港政要。

1998年亚洲金融危机中，他敢于动用外汇储备干预股市，以过人的胆识、智慧及谋略捍卫了香港的金融体系。他就是香港特区前任行政长官曾荫权。

后来，在很多场合，他都被问到：成功是不是靠运气？曾荫权说："从前人们都说从尖沙咀坐船到中环几乎是不可能的，因为水流湍急，会把你带向大海。我不相信，试过一次，意外地发现，虽然坐船到不了中环，但却可以到湾仔或西环，同样是很好的落脚点啊。凡事不要先断定结果，不要逃避，只要你有心尝试，只要你充满勇气，不管是否如你所愿，生活总会给你惊喜！"

的确，逃避心理所带给我们的只能是故步自封，停滞不前，勇敢面对，迎难而上，接受挑战，才是正确的选择。

独立自主，告别依赖心态

有一个家喻户晓的民间故事：讲的是一对夫妇晚年得子，十分高兴，把儿子视为掌上明珠，捧在手上怕飞了，含在口里怕化了，什么事都不让他干，以致儿子长大以后连基本的生活也不能自理。一天，夫妇要出远门，怕儿子饿死，于是想了一个办法，烙了一张大饼，套在儿子的脖子上，告诉他想吃时就咬一口。没想到，等他们回到家里时，儿子已经饿死了，原来他只知道吃脖子前面的饼，却不知道把后面的饼转过来吃。

这个故事讥讽得未免有些刻薄，但现实生活中类似的现象也不能说没有，特别是如今大多数家庭都是独生子女，父母、爷爷奶奶、外公外婆都视之为宝贝，孩子的日常生活严重依赖亲人，造成长大以后生活自理能力极差。

人应该是独立的。独立行走，使人脱离了动物界而成为万物之灵。当你跨进青春之门的时候，你就开始具备了一定的独立意识，但对别人尤其是父母的依赖仍旧常常困扰着自己。依赖，是心理断乳期的最大障碍。随着身心的发展，你一方面比以前拥有了更多的自由，另一方面却担负起比以前更多的责任。面对这些责任，有些人感到胆怯，无法跨越依赖别人的心理障碍。依赖别人，意味着放弃对自我的主宰，这样往往不能形成自己独立的人格。

如果在遇到问题时自己不愿动脑筋，人云亦云，或者盲目从众，那么你就失去了自我，失去了本应属于自己的一次撑起一片天地的机会。

生活在现实的圈子里，免不了需要别人的帮助和支持，使自己顺利地完成一些事情。但是大部分事情还是需要自己独立地去应对和处理的，如果总是想着依赖别人，那么就会让自己变得懒惰、变得消极，凡事不肯自己动脑和动手，自己的能力就渐渐退化。

小蜗牛觉得自己身上背着一个重重的壳，给自己带来很多不方便，于是它不解地问妈妈："妈妈，为什么我们从生下来就要背负这个又硬又重的壳呢？"

蜗牛妈妈拍拍孩子的头说："因为我们的身体没有骨骼的支撑，只能爬，又爬不快，所以需要这个壳来保护自己啊。"

小蜗牛又问："毛虫姐姐没有骨头，也爬不快，为什么她不用背这个壳呢？"

妈妈说："因为毛虫姐姐能变成蝴蝶，天空会保护她啊！"

小蜗牛想了想，又问："可是，蚯蚓弟弟也没有骨头，爬不快，也不会变成蝴蝶，他为什么不背这个壳呢？"

妈妈回答说："因为蚯蚓弟弟会钻土，大地会保护他啊！"

小蜗牛哭了："我们好可怜，天空不保护，大地也不保护。"

妈妈笑着对小蜗牛说："所以我们带壳啊！我们不靠天，不靠地，我们靠自己。"

人生在世，不能总是依靠其他事物，只有依靠自己、自力更生。如果产生依赖心理，就会失去对自己大脑的支配权，做事变得缺乏信心、优柔寡断，希望别人替自己做决定，总觉得自己能力不足，甘愿置身于从属地位，一旦没有别人的帮助和指导就会茫然不知所措。依赖心理的危害是巨大的，它不仅让人失去了思想和行动的独立性，更会消磨自身的意志和能力，让人因此而变得唯唯诺诺、碌碌无为。

因此，我们一定要摆脱依赖心理的束缚，纠正平时养成的不良习惯，提高自己的动手能力，不要什么事情都指望别人，遇到问题要做出属于自己的选择和判断，加强自主性和创造性。同时还应该树立行动的勇气，自己能做的事一定要自己做。

小时候，我们可能要依靠父母，可是，没有哪一个人永远做孩子，也没有哪一个人永远站在家庭的屋檐下。踏入人生，离开父母的港湾，离开亲友的帮助，走上人生的成长之路，我们必须学会独立。

雨果曾说："我宁愿靠自己的力量，打开我的前途，而不愿求有力者垂青。"要相信自己就是自身的主宰！只要你摆脱依赖，愿意独立地做一件事，就一定会做成的。

马斯洛认为，充分的自主性和独立性是一个完全健康的人的特征之一。依赖别人，意味着放弃对自我的主宰，这样往往不能形成自己独立的人格，容易失去自我。遇到问题时，自己不积极动脑筋，往往人云亦云，没有自信心，不相信自己，容易产生从众心理。

克服依赖，并不是一件非常难的事情。自己并没有比别人少条腿，别人能够做成的事，自己也一定能够做成。

1. 充分认识依赖心理的危害

纠正平时养成的习惯，提高自己的动手能力，多向独立性强的人学习，遇到问题要做出属于自己的选择和判断，加强自主性和创造力。

2. 要愉快地接纳自己

生活中，每个人都有优点，也都有弱点。有的人发现了自己的缺点，就当成包袱背起来，连自己的优点与长处也看不到。于是，自己的精神被自身的弱点所压垮，自身的潜在能力与智慧被自身的弱点所泯灭，事实上，许多事情别人能做到，自己也一定能做到，关键在于应该充分、准确、客观地认识自己。要做到这一点，则必须先在心里接纳自己。

3. 增强自信心

自信心是对自身潜能的肯定，是追求事业成功过程中的一种良好的心理素质。只要坚信"我能行"，一股新思想的动力就会充实着头脑并改造自己的人生。

4. 培养独立的人格

每个人都需要他人的帮助，但是接受他人的帮助也必须发挥自己的主观能动性。对大事可征求他人的意见，但必须把握一点，他人的意见仅供参考。一旦从对他人的依赖关系中解脱出来，自己就会有一种踏实的感觉，感受自信的力量，享受自主、自立给自己带来的好处。

避免自负,保持谦虚的心态

牛顿是经典力学理论的集大成者。早在牛顿发现万有引力定律以前,已经有许多科学家严肃认真地考虑过这个问题,比如开普勒就认识到,要维持行星沿椭圆轨道运动必定有一种力在起作用,他认为这种力类似磁力,就像磁石吸铁一样。1659年,惠更斯从研究摆钟的运动中发现,保持物体沿圆周轨道运动需要一种向心力。胡克等人认为是引力,并且试图推导引力和距离的关系。

牛顿系统地总结了伽利略、开普勒和惠更斯等人的研究成果,得到了著名的万有引力定律和牛顿运动三定律。

在牛顿之前,培根、达·芬奇等人都研究过光学现象。牛顿发现的折射定律是人们很早就认识的光学定律之一。近代科学兴起的时候,伽利略靠望远镜发现了"新宇宙",震惊了世界。牛顿以及跟他差不多同时代的胡克、惠更斯等人,也像伽利略、笛卡儿等前辈一样,用浓厚的兴趣和热情对光学进行研究,结果发现白光是由各种不同颜色的光组成的,这是第一大贡献。为了制造望远镜,他自己设计了研磨抛光机,试验各种研磨材料。1668年,他制成了第一架反射望远镜样机,这是第二大贡献。牛顿还提出了光的"微粒说",认为光是由微粒形成的,并且走的是最快速的直线运动路径。他的"微粒说"与后来惠更斯的"波动说"构成了关于光的两大基本理论。

在牛顿的全部科学贡献中,数学成就占有突出的地位。他数学生涯中的第一项创造性成果就是发现了二项式定理。据牛顿本人回忆,那是在1664年和1665年间的冬天,他在研读沃利斯博士的《无穷算术》时,试图修改求圆面积的级数时发现了这一定理。牛顿研究广泛,他除了在数学、光学、力学等方面做出卓越贡献外,还花费大量精力进行了化学实验。他常常六个星期一直停留在实验室,不分昼夜地工作。

如此伟大、如此勤奋的人,却谦虚地说:"如果说我看得远,那是因为我站在巨人的肩上。"

在这个强调个性的年代,自负的人并不罕见。自负者通常会看不起别人,总觉得自己各方面都比别人强很多,这种人总是固执己见、唯我独尊,自己认为是对的就一定是对的,而且总是将自己的观点强加在别人身上,甚至在明知别人正确时,也不愿意改变自己的态度或接受别人的观点。

自视过高是自负者最显著的特点,这种人总是认为自己非常了不起,别人全都不行。一件事之所以不好,都是因为是别人做而不是自己做的。认为自己是天才,很少去关心别人,与他人关系比较疏远,觉得别人和他无法沟通,这种人时时事事都从自己的利益出发,从不顾及别人,当对别人没有需要的时候,对人没有丝毫的热情,似乎人人都应为他服务,因为他比所有人都强,但是实际上他只会落得个门庭冷落。

另外,有一些自负的人会表现为过度防卫,有明显的嫉妒心。这种人的自尊心极强,当别人取得一些成绩时,会由于自负心理诱发出了嫉妒心理,极力去排斥他人,打击比自己强的人,甚至想办法阻挠别人的成功。而当别人遭遇失败时,他却是最高兴的人,幸灾乐祸,不会向别人伸出援助之手。

1. **产生自负的原因**

其实，自负心理不是一朝一夕养成的，其中的根源性问题往往是来自过分娇宠的家庭教育。对于每一个人来说，家庭教育都是影响终身的，也是一个人自负心理产生的第一根源，尤其对于心理还不成熟的青少年儿童来说，他们的自我评价一般情况下都是优先取决于周围的人对他们的看法。而在这个体系里，家庭则是他们自我评价的第一参考系，父母亲对他们的夸赞、宠爱、表扬，经常会使他们觉得自己"相当了不起""非常厉害"，自己处处比别人强，处处比别人优秀，久而久之，就成为他们性格的一部分了。

片面的自我认识也是在自负者中非常常见的。自负者通常都会缩小自己的短处，并且对自己的长处进行夸大，从而增加自己的自负心理。自负者往往都缺乏自知之明，总把自己的长处看得过于突出，对自己的能力评价高出自己的实际水平，对别人的能力评价低于实际水平，这样自然就会产生自负心理。而当一个人只能看到自己的优点，却无法看到自己的缺点时，就会产生一种自负的个性。这种人往往好大喜功，取得一点微不足道的成绩就会认为自己了不起，成功的时候完全归因于自己的主观能力，而不去想其他原因。但是当他遭遇失败的时候则完全归咎于客观条件的不合作，这种人总是过于自恋和过于以自我为中心，把自己的举手投足都看得至关重要，与众不同。

自负心理的产生和这种人在生活中一直处于优势的环境有关。所有人的认识都来源于其自身的人生经历，生活中遭受过许多挫折和打击的人，很少有人会有自负的心理，反观那些生活中一帆风顺的人，则很容易养成自负的性格。因为遭遇过挫折，才会明白怎么样做人。

情感上的原因在这里也起着非常重要的作用，一些人的自尊心特别强烈，超出了一般的范畴，为了保护自尊心，在遇到挫折面前，常常会产生两种既相反又相通的自我保护心理。首先是自卑心理，通过自我隔绝，避免自尊心的受损，然后就是我们提到的自负心理，他们通过对自我的无限放大，获得自卑不足的补偿。比如说，在现实生活中就有一些家庭经济条件不很好的学生，往往很自卑，因为害怕被经济条件优越的同学看不起，就摆出一副清高的模样，在表面上摆出看不起这些同学的样子。这种自负心理是自尊心过于强烈的表现。

2. **自负心理的调适**

事物都有其两面性，其实自负也有其积极的意义所在。在一个适当的范围内，自负可以激发人们的斗志，激发人们的潜能，树立胜利的信心，坚定战胜困难的决心，使他们能勇往直前。但是，自负又必须建立在客观现实的基础上，脱离实际的自负是非常可悲的，不但不能帮助人们成就事业，反而会严重地影响自己的学习、生活、工作和人际交往，长此以往还会影响心理健康和人格的健全。

自负心理有好有坏，为了不让它向坏的方面发展，我们还是要对它进行适度的调适。首先，眼光要放得尽量长远，要以发展的眼光看待自负。既要看到自己的短处，也要看到自己的长处；既要看到过去，又要看到自己的现在和将来。辉煌的过去可能标志着你曾经是个英雄，但它并不代表着现在你还是一个英雄。

在各种方法里，接受批评是根治自负的最佳办法，自负者都有一个致命的弱点，那就是他们总是不愿意改变自己的态度或是仅仅接受别人的观点，接受批评也就是针对这一特质所提出的方法。它并不是让自负者完全服从于他人，只不过是要求他们能够接受别人的正确观点，明白什么叫求同存异，通过接受别人的批评，改变过去唯我独尊的形象。

从前有一个满怀失望的年轻人千里迢迢来到一座寺庙，年轻人找到住持方丈后说："我一心一意要学丹青，而且从小天赋过人，但是至今没有找到一个能令我满意的老师，这是为什么呢？”

住持听后笑了笑，然后问他：“你走南闯北十几年，真的没能找到一个老师吗？”年轻人深深地叹了口气说：“是啊，现在有许多人都是徒有虚名啊，我拜访过许多不同的名人，也见过他们的画，但是他们有的画技甚至还不如我呢！”

住持听了，淡淡一笑说：“老僧虽然不懂丹青，但是也颇爱收集一些名家精品。既然施主的画技不比那些名家逊色，那就烦请施主为老僧留下一幅墨宝吧。”年轻人应允。

住持便吩咐一个小和尚取来了笔墨砚和一沓宣纸。年轻人问住持想要什么类型的画，说自己都会画。住持开口说道：“老僧的最大嗜好，就是爱品茶，尤其喜爱那些造型流畅、风格古朴的茶具，施主可否为我画一个茶杯和一个茶壶？”年轻人听了，马上就说：“这还不容易吗？”

年轻人于是调了一砚浓墨，铺开宣纸，寥寥数笔，就画出一个倾斜的水壶和一个造型非常古朴典雅的茶杯，画中的那水壶的壶嘴正徐徐吐出一股茶水来，注入到了那茶杯中去。画完后，年轻人非常自信地问住持：“这幅画您还满意吗？”住持微微一笑，摇了摇头。年轻人急了，问其原因。住持说：“你画得确实不错，只是把茶壶和茶杯放错位置了，应该是茶杯在上，茶壶在下呀！”

年轻人听了，笑道：“大师，为何如此糊涂。”

住持听了，又微微一笑，说：“原来你是懂得这个道理的啊！你渴望自己的杯子里能注入那些丹青高手的茶水，但是你却总把自己的杯子放得比那些茶壶还要高，如此一来，那些茶水怎么能注入你的杯子里呢？如果你把自己放低，谦虚一点，那么你就能得到一脉流水，才能真正学到自己想要的东西。”

年轻人思忖良久，终于恍然大悟。从此他学会了放低自己，虚心拜访各类名师，吸纳别人的智慧和经验，最终成为一代名师。

自负的人应该试着与人平等相处，自负者有一种特别让人反感的特质，就是他们总是视自己为上帝，无论在观念上还是行动上都经常无理地要求别人无条件地服从于他。而所谓平等地相处就是要求自负者以一个普通社会成员的身份与别人平等交往，明白大家都是一样的人，只有平等相处才会获得别人的尊重，创造健康和谐的社会环境。

苏东坡小时候，在书房门上贴了一副对联：

识遍天下字

读尽人间书

应该说，苏东坡的雄心壮志无可厚非。但是“天下字”多如牛毛，你能“识遍”吗？“人间书”汗牛充栋，你能“读尽”吗？未免有点儿“狂”啊！

这事被一位老者知道了。一天，他拿来一本小书，向苏东坡请教。苏东坡接过小书一看，有许多字并不认识，这本小书也没见过，不禁十分羞愧。老人取回小书，盯着这副对联看了好一会儿，不禁摇摇头走开了。

苏东坡看在眼里，觉得自己的这副对联确实狂了一点，很不应该，于是拿起笔来，在开头多添了两个字：

发愤识遍天下字

立志读尽人间书

这一改，没有了原先的“狂”气，变成了努力的方向。从此以后，苏东坡变得谦逊起来，孜孜不倦地识字、读书，终于成为一代大诗人、大文豪。仅仅加了几个字而已吗？不是的，这是一种心态的改变，是摒弃了自负，留下了谦虚。

中国伟大的哲学家、思想家、儒家学派的创始人孔子就在谦虚方面给我们树立了很好的榜样。他在30岁时，拜乐工师襄子为师，学习弹琴。

一天，夕阳已经西下，天色渐渐暗了下来。孔子依然毕恭毕敬地盘坐着，一遍又一遍地弹奏着同一首曲子，兴致勃勃，丝毫没有厌倦的样子。他的老师师襄子对他说：“这首曲子你已经练了足足10天了，可以再学一首新的曲子了！”

孔子站起身来，认真地说：“我虽然练了这么长的时间，可只学会了曲谱，还没有真正弄懂其中的技巧啊！”

几天过后，师襄子看到孔子的指法更加熟练，乐曲也弹奏得更加和谐悦耳，便说：“你已经掌握了弹奏的技巧，可以再学一首新的曲子了！”可孔子又说：“我虽然掌握了这首曲子的弹奏技巧，可还没有真正领会这首曲子的思想感情！”

又过了些时日，师襄子来到孔子家里听他弹琴。一曲终了，师襄子已经完全被孔子那洋溢着激情的弹奏所吸引。曲毕，才深深吸了一口气说：“你已经弹奏出了曲子的思想感情，可以再学一首新的曲子了。”可是，孔子还是像第一次那样认真地回答说：“我虽然弹得像点样子了，可我还没有体会出作曲者是一位怎样的人啊！”说完，他又像开始学习时那样，一点儿也没有厌倦，毕恭毕敬地盘坐下来，一个音符一个音符地弹奏起来。

不知又过了多少日子，孔子又邀请师襄子来验听曲子。孔子弹完后，师襄子对他说：“功到自然成，这次你应该知道作曲者是谁了吧！”孔子眼睛一亮，兴奋地说：“我已经知道作曲者了。此人魁梧的身躯，黝黑的脸庞，两眼仰望天空，心要感化四方。此曲非文王莫属，不知对否，还请老师指教。”师襄子脸上浮起了微笑，激动地说：“你说得很对，我的老师讲过，这首曲子的名字就叫‘文王操’。只有像你这样勤学苦练才能达到如此境界啊！”

在谦虚的推动下，孔子不断进步，不断完善，最终成就了自己。孔子的故事告诉我们：“只有知不满，方能进而学。”谦虚是未来的开始，更是我们进步的动力，只要你谦虚地面对自己的成就，不断以知识充实自我，那你就可以不断进步、趋向完美。

因此，我们在成长中要时刻保持谦虚的心态，在谦虚中完善自己。一个人只有谦虚，才会觉出自己的不足，才会不断地追求新的知识，取得进步。谦虚是不断奋发向上的动力，是进取和成功的必要前提。谦虚地面对一切，才能使自己不断进步。

不走极端，克服偏执心态

偏执的人往往是极度的感觉过敏，对侮辱和伤害耿耿于怀；思想行为固执死板、敏感多疑、心胸狭隘；爱嫉妒，对别人获得成就或荣誉感到紧张不安妒火中烧，不是寻衅争吵，就是在背后说风凉话，或公开抱怨和指责别人；自以为是，自命不凡，对自己的能力估计过高，惯于把失败和责任归咎于他人；在工作和学习上往往言过其实；同时又很自卑，总是过多过高地要求别人，从来不信任别人的动机和愿望，认为别人存心不良；不能正确、客观地分析形势，有问题易从个人感情出发，主观片面性大；如果建立家庭，常怀疑自己的配偶不忠等等。持这种人格的人在家不能和睦，在外不能与朋友、同事融洽相处，别人只好对他敬而远之。

偏执的人常常广泛猜疑，常将他人无意的、非恶意的甚至友好的行为误解为敌意或歧视，或无足够根据，怀疑会被人利用或伤害，因此过分警惕与自卫，或是将周围事物解释为不符合实际情况的"阴谋"，或是过分自负，若遇挫折或失败则归咎于人。总认为自己正确，或是好嫉恨别人，对他人过错不能宽容，或是脱离实际地好争辩与敌对，固执地追求个人不够合理的"权利"与利益……

不管是对人的偏执、对时代的偏执、对事物的偏执，于人于己都是不利的。因为，偏执容易顽固，不容易接受新事物。偏执的人，是独断专行的人、不民主的人、不灵活的人。

在某个小村落，下了一场非常大的雨，洪水开始淹没全村，一位神父在教堂里祈祷，眼看洪水已经淹到他跪着的膝盖了。一个救生员驾着舢板来到教堂，跟神父说："神父，赶快上来吧！不然洪水会把你淹死的！"神父说："不！我深信上帝会来救我的，你先去救别人好了。"

过了不久，洪水已经淹过神父的胸口了，神父只好勉强站在祭坛上。这时，又有一个警察开着快艇过来，跟神父说："神父，快上来，不然你真的会被淹死的！"神父说："不，我要守住我的教堂，我相信上帝一定会来救我的。你还是先去救别人好了。"

又过了一会儿，洪水已经把整个教堂淹没了，神父只好紧紧抓住教堂顶端的十字架。一架直升机缓缓地飞过来，飞行员丢下了绳梯之后大叫："神父，快上来，这是最后的机会了，我可不愿意见到你被洪水淹死！"神父还是意志坚定地说："不，我要守住我的教堂！上帝一定会来救我的。你还是先去救别人好了，上帝会与我同在的！"

洪水滚滚而来，固执的神父终于被淹死了……神父上了天堂，见到上帝后很生气地质问："主啊，我终生奉献自己，战战兢兢地侍奉您，为什么你不肯救我！"上帝说："我怎么不肯救你？第一次，我派了舢板来救你，你不要，我以为你担心舢板危险；第二次，我又派一艘快艇去，你还是不要；第三次，我以国宾的礼仪待你，再派一架直升机来救你，结果你还是不愿意接受。所以，我以为你急着想要回到我的身边来，可以好好陪我。"

其实，生命中太多的障碍，皆是由于过度的偏执。

极端的偏执，是一种在前提错误的情形下的偏执。而如果有人能够以理智的思考，把这种偏执用到正确的地方，那么，这种偏执就应称为执着。

所以，对于偏执，我们不是一概地排斥，而是应该合理地改造。即把偏执引导到一个正确的方向上。

在生活中，如果都能摒弃盲目偏执的情绪，善于倾听、接受别人的意见和建议，那么，我们就能避免失败和挫折，实现我们的人生目标，获得事业和生活的成功。为了避免出现偏执心理，你应该注意以下几个方面。

1. 虚心听取他人意见

"满招损，谦受益"是哲人留给后人的一句可以千年护身的诤言。过度自信自满的人，他的"心"无法装其他东西。在这个瞬息万变的社会，随时需要更新知识、观念，大脑需要不断吸取养分，所以我们一定要虚怀若谷，这样才能吸收无尽的知识和资源，容纳各种有益的意见，从而使自己丰富起来。

俗话说："良药苦口利于病，忠言逆耳利于行。"如果我们能虚心地听一听别人的意见，学会尊重别人的意见，肯定会对自己的认识有所补充和帮助。听取别人的意见等于自己分享了别人的知识和经验,自己也会得到别人的支持和尊敬。因为别人对你提出意见或建议的时候,一定是经过深思熟虑的,这些都是宝贵的财富,可以极大地开阔你的眼界。肯向你提出意见或建议的人,一定是对你非常信任的人,他的目的是想帮助你,如果你能接受他意见中合理的成分,那么他会有一种被人尊重和信任的感觉,他对你就有了一种责任感,他在以后的工作中一定会倾尽全力地帮助你,这样对你将有着巨大的帮助。

对于固执己见者来说,要尽量去了解别人的所思所想,特别是要了解与自己不同社会背景的人们的观点,这是克服偏执的最好办法。如果你觉得别人似乎缺乏理智、蛮横无理、令人厌恶的话,你就得提醒自己:在他们的眼中,你或许也是如此。有时候别人不一定能告诉你他的真实想法,因为,他可能被你的自以为是吓坏了。在这种时候,你要主动地让他们说话,让他们提出他们的看法,而当他们终于说出来的时候,你又应该加以分析研究,如果觉得别人说的有道理,就要虚心接受;如果觉得别人说的没有道理,就一笑了之。

2. 不要轻易否定别人

在生活中,人与人之间应相互理解,相互肯定,尤其是在与人讨论、交谈时,对于别人的见解我们不应轻易否定,即使其见解与你相左。如果能够做到理解别人、体贴别人,那么就能少一分盲目。要善于发现别人见解的独到性,只有这样,才能多角度地看问题,那么你就会发现自己的立场过于固执,有时还显得那么的无知和可笑。如果截然相反的意见会使你大动肝火,这就表明,你的理智已失去了控制。假如有人坚持认为二加二等于五,或者冰岛在赤道上,你根本不会发怒,只是对他的无知感到哑然失笑。只有那些双方都没有令人信服的证据的事情,争论才会最激烈。因此,无论何时都要注意,别听到不同的观点就怒不可遏,有时通过细心观察,你会发觉也许错误在你这一边,你的观点不一定都与事实相符。

在人际交往中,让步是一种常用的处理问题的方式。让步不是懦弱、失去人格的表现,而是一种修养。让步其实只是暂时的、虚拟的退却,为进一步有时就必须先做出退一步的忍让;为避免吃大亏,就不应计较吃点小亏,况且有时听取了别人的意见,反而会使自己受益无穷。

我们要经常告诫自己:时过境迁,固有的经验,不一定适用于现在这个环境。不要完全地、无条件地相信自己的第一感觉,第一感觉往往是不全面的。同时还要克服自己的刻板态度,学得态度灵活一点,只有这样,在时间、地点、人物发生变化的时候,才不会死抱着原有的看法不变。

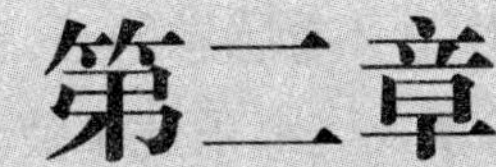

第二章

懂得感恩，有爱就有阳光

拥有一颗感恩的心，心中就充满了阳光，你会发现生活如此美丽，你会感到人生如此绚丽。不论你是腰缠万贯的富翁，还是沿街乞讨的流浪人，都要有一颗感恩的心，有了它我们的世界才会更加美丽。

感恩的心让生活更美好

所谓感恩，这是我们每个人与生俱来的本性，它是深藏于我们内心的一种优秀品质，也是一种人们感激他人对自己所施的恩惠并设法报答的内在的心理需求。

众所周知，感恩节最初始于美国。1621年的秋天，远涉重洋来到美洲的英国移民为了感谢上帝赐予的丰收和印第安人的帮助，举行了三天狂欢活动。从此这一习俗就延续下来，并风行各地。

后来，在1863年，林肯总统把感恩节正式宣布为美国的法定假日。因此，美国人每逢11月的第四个星期四都要隆重庆祝一番，这一天，全家人围坐在餐桌旁，面对有火鸡、南瓜派的丰盛大餐，进行餐前祈祷和感恩。这时，每个人都会怀着感激之情细说值得他们感恩的事。

感恩既是一种美好的品质，更是一种人们对美好生活的追求。简单地说，感恩就是去感谢恩人，这是一种生活态度。怀着感恩的心，感恩面前一切美好的事物，那么生命便会创造出一份人间奇迹。现在许多新新人类都乐此不疲地与“世界接轨”，尽情地过着情人节、愚人节、母亲节、父亲节、圣诞节，却没有想到过感恩节。他们视幸福为天然，认为本来就应该是这个样子，他们大手大脚花父母亲的血汗钱，对父母的馈赠从不言谢，对朋友的帮助也少有谢意，稍不如意便大发牢骚，总觉得世界欠自己太多，社会太不公平，动辄诉诸暴力，或以死相威胁。这样一不小心就走入两个极端：或者目空一切，或者内向自卑。

人们的这些心理偏差，都十分迫切需要感恩思想进入心灵深处来一次灵魂的洗礼。因为，感恩可以消解内心所有积怨，感恩可以涤荡世间一切尘埃，“感恩的心”是一盏对生活充满理想与希望的导航灯，它为我们指明了前进的道路；“感恩的心”是两支摆动的船桨，它将我们在汹涌的波浪中一次次争渡过来；“感恩的心”还是一把精神钥匙，它让我们在艰难过后开启生命真谛的大门！拥有一颗感恩的心，能让你的生命变得无比的珍贵，更能让你的精神变得无比的崇高！

试想一下，我们大家是否经常抱怨自己父母工作太忙而忽视了我们的存在，此时，你不妨用那颗感恩的心去想想父母为我们所做的一点一滴，渐渐地，感恩的心就会取代抱怨。其实有的时候，快乐很简单，只要你拥有一颗感恩的心，你便会发现身边值得感恩的一点一滴。感恩的心看似无形，却很有必要，因为许多无法弥补的错误的出现往往是因为忽略了那颗感恩的心，抱怨对人生永远是个负数，如果我们关注的是正确的东西，生活便能得到实质性的改善。感恩是一种处世哲学，感恩是一种歌唱方式，感恩是一种生活的大智慧，感恩更是做人的支点。生命的整体是相互依存的，每一样事物都依赖其他事物而存在。无论是父母的养育、师长的教诲，还是朋友的关爱、大自然的慷慨赐予……我们无时无刻不沉浸在恩惠的海洋中，感恩，是一个人的内心独白，是一片肺腑之言，是一份铭心之谢……所以感恩应该时时刻刻。

只要我们能够拥有一种感恩的思想，它就可以提升我们的心智，净化我们的心灵。你感恩生活，生活将赐予你明媚的阳光；你若只知一味地怨天尤人，其结果也只能是万事蹉跎！在水中放进一块小小的明矾，就能沉淀所有的渣滓；如果在我们的心中培植一种感恩思想，那么就可以沉淀许多浮躁、不安，消融许多的不满与失意。因为感恩是积极向上的思考和谦卑的态度，当一个人懂得感恩时，便会将感恩化作一种充满爱意的行动，实践于生活中。同时，感恩也不是简单地报恩，它更是一种责任，是追求一种阳光人生的精神境界！一个人会因感恩而感到快乐，一颗感恩的心，就是一颗和谐的种子。

拥有一颗感恩的心吧！这会让你的生活越来越美好。

每个人都需要学会感恩

英国作家萨克雷说："生活就是一面镜子，你笑，它也笑；你哭，它也哭。"有研究表明，在正面激励因素中，感恩被认为是培养道德良知、增强人格魅力和提升成长力量的最好催化剂。感恩之心驱使下的人有别于常人，他们执着而无私，博爱而善良，敬业而忠诚，富有责任感和使命感。一个不知感恩的人，是素质不全面的人；一个缺乏感恩的集体，是没有凝聚力、向心力、战斗力的集体；一个抛弃感恩的社会，是充满尔虞我诈、假冒伪劣、没有安全感的社会。懂得感恩的人，总是对社会、对集体、对他人充满感激，并且将这种感激转化成刻苦学习、勤奋工作、孝敬父母、奉献社会的实际行动。

一个生活贫困的男孩为了积攒学费，挨家挨户地推销商品。他的推销进行得很不顺利，傍晚时他疲惫万分，饥饿难耐，绝望地想放弃一切。走投无路的他敲开一扇门，希望主人能给他一杯水，开门的是一位美丽的年轻女子，她笑着递给了他一杯浓浓的热牛奶，男孩和着眼泪把它喝了下去，从此对人生重新鼓起了勇气。许多年后，他成了一位著名的外科大夫。一天，一位病情严重的妇女被转到了这位著名的外科大夫所在的医院，大夫顺利地为妇女做完手术，救了她的命。无意中，大夫发现那位妇女正是多年前在他饥寒交迫时给过他一杯热牛奶的年轻女子！他决定悄悄地为她做点什么。一直为昂贵的手术费发愁的那位妇女硬着头皮办理出院手续时，在手术费用单上看到的是这样七个字：手术费，一杯牛奶。作为回报，外科医生免除了那个女人的手术费。因为一杯牛奶使医生在孤独无助时获得春天般的温暖，使他在万念俱灰时看到了希望，使他在迷茫之中找到曙光。

感恩是一种境界，感恩的人，经常想的是自己应该如何奉献；不懂感恩的人，经常想的是如何去索取。学会感恩，这是立身做人的要求。感恩不同于一般的知恩图报，而是跳出狭隘的视野，追求健全的人格，坚定崇高的信仰，树立远大的理想。不但关心自我，注重个性发展，更关心他人、社会、国家、民族和人类的进步事业。感恩需要砥砺德行，自觉培养良好的道德和高尚的情操。不仅学会如何做事，更要学会如何做人。

一个流浪者在街头因饥饿而倒下，一位好心人给了他十元钱，那位流浪汉因那十元钱而重新站了起来，对那位好心人感激不尽，他求好心人留下联系方式，以便有一天能回报他。好心人对流浪汉说了一句话：我曾经也与你一样陷入此困境，也是一位好心人给了我十元钱让我走到了今天，那位好心人也对我说了一句话，学会用一颗感恩的心去对待别人。所以，今天我对你所做的一切，也真心地希望明天你也能学会用一颗感恩的心去对待另一个需要帮助的人……

又是感恩之心，它使人与人之间多了一些融洽，少了一些隔阂；多了一些团结，少了一些摩擦；多了一些理解，少了一些埋怨。给别人掌声，自己周围掌声才会响起；给别人机会，成功也正在向自己走近；给别人关照，就是关照自己。感恩组织、感恩社会、感恩父母、感恩他人……让我们在感恩中，不断提升自身的修养和境界，不断服务社会、回报人民、担当责任，做一个让他人尊敬、令亲人自豪、受社会称道的人。

要拥有一颗感恩的心并不难。只要你会对阳光雨露的美有所感悟,只要你对七彩绚丽的人生有一些感激,只要你对父母的养育之恩有所感动,只要你面对挫折毫不气馁,只要你让爱的阳光永驻于心,你便拥有一颗感恩的心。

拥有一颗感恩的心,我们才懂得去孝敬父母。

拥有一颗感恩的心,我们才懂得去尊敬师长。

拥有一颗感恩的心,我们才懂得去关心、帮助他人。

拥有一颗感恩的心,我们就会勤奋学习、真爱自己。

拥有一颗感恩的心,我们就能学会包容,赢得真爱、赢得友谊。

拥有一颗感恩的心,我们就会拥有快乐、拥有幸福。我们就会明白事理、更快地长大,我们就能够拥有一个美好的未来。常怀一颗感恩的心,可以使我们活得更充沛;常怀一颗感恩的心,可以使我们活得更有力量;常怀一颗感恩的心,可以使我们活得更有价值。

感恩是一种生活态度

有人说:“感恩”可以是一种生活态度,一种善于发现美并欣赏美的道德情操。的确,生活中需要感恩,一颗感恩的心可以让思想沉淀,让阴霾消散,让你在平凡的生活中创造别样的精彩,收获别样的幸福。

美国前总统罗斯福家中失窃,被偷走了很多东西,一位朋友闻讯后,忙写信安慰他,劝他不必太在意。罗斯福给朋友写了一封回信:“亲爱的朋友,谢谢你来信安慰我,我现在很平安。感谢上帝:因为第一,贼偷去的是我的东西,而没有伤害我的生命;第二,贼只偷去我部分东西,而不是全部;第三,最值得庆幸的是,做贼的是他,而不是我。”

故事中的罗斯福表现出了一种极其乐观的心态,这种心态也正是他心怀感恩的结果。他不仅把感恩放在心上,更让感恩成了自己为人处世的一种方式。虽然家中被盗,但他却没有因为丢失东西而难过,而是感激贼没有伤害他的性命,并且感恩自己是个正直的人,而不是贼。罗斯福让自己真真切切地体会到了感恩所带来的美好。作为普通大众的我们,是不是也应该学习这种精神,始终怀着一颗感恩的心去做人呢?

罗伯特·德·温森多是阿根廷著名的高尔夫球手,有一次他赢得一场锦标赛的冠军,在领到奖金的支票后,他微笑着从记者的重围中出来,到停车场准备回俱乐部。

这时,一个年轻女子向他走来,她先是向温森多表示了祝贺,然后哭着告诉温森多,她的孩子得了很重的病,正住在医院,如果不能支付昂贵的医疗费和住院费,那个可怜的孩子也许就会死掉。温森多被她声泪俱下的讲述深深打动了,他很同情这个年轻的母亲,于是二话没说,掏出笔在刚刚领到的支票上签上了自己的名字,然后塞给那个女子,并对她说:“这是这次比赛的奖金,我想我能帮上的也只有这个了,祝你的孩子走运!”说完,温森多就开车走了。

一个星期之后,温森多正在一家乡村俱乐部吃午饭。这时,职业高尔夫球联合会的一位官员走过来,问他前几天是不是遇到了一位自称孩子生了重病的年轻女子。

“是的,不过你是怎么知道的?”

“停车场的孩子告诉我的。”那位官员说,“不过,我要告诉你一个坏消息,那个女人是个骗子，她根本就没有什么得了重病的孩子，她甚至还没有结婚。可怜的温森多，你太善良了，你被骗了！”

“等等，你是说根本就没有一个小孩子生了重病快要死掉吗？”

“没错，根本没有。”这位官员非常同情地说。

没想到，温森多只是长长地松了一口气：“太好了！这真是我这一个星期以来听到的最好的消息。”

感恩是一种生活方式，感恩不是瘟疫却能够传染。温森多帮助了一个女人，结果却证实女人是个骗子，高尔夫俱乐部的官员都为他鸣不平，可温森多自己不那样认为。他觉得并没有一个小孩子得重病快要死掉是一件值得高兴的事，因而他也不会去计较是否被骗了。可以说，温森多当初把奖金给那女人的时候是抱着一颗善良友爱的心，当他知道被骗时，没有让心灵被怒火蒙蔽，而是感激上苍，怀着一颗感恩的心，为这世界少了一个受苦的孩子而感到开心。温森多不仅把感恩时刻放在心里，更是用行动表达了自己的感恩。感恩就是这样，是一种无私的付出，是凡事向好的方面想，始终拥抱希望的心态。

生活当中，每个人都会遇到各种各样的事情，有时候你做的事情不被他人认可；有时候你的功劳被他人抢走；有时候你怎么努力就是达不到自己想要的结果；更多的时候，你可能被失败、挫折、痛苦打击得难以名状、不知该如何进行以后的生活。这个时候，如果你能够怀着一颗感恩的心，在经过无数次岁月的洗礼后仍然不消极、不放弃，那你就会拥有一种淡然平和的处世心态，你的心智也会越来越成熟，最终你将会因为感恩而使得生活更加完满。

感恩帮助你的人

对于别人的帮助，无论如何，说句“感谢”总是应该的吧。然而，有些人对于他人深处困境无动于衷，更有些人在得到他人的热心救助后，不但不心怀感恩，还觉得别人帮助他是理所当然的。

看看下面这个故事，也许我们会对感恩多一分认识。

在一个闹饥荒的城市，一个家庭殷实而且心地善良的面包师把城里最穷的几十个孩子聚集到一块，然后拿出一个盛有面包的篮子，对他们说：“这个篮子里的面包你们一人一个，在上帝带来好光景前，你们每天都可以来拿一个面包。”

瞬间，这些饥饿的孩子一窝蜂地涌了上来，他们围着篮子推来挤去，大声叫嚷着，谁都想拿到最大的面包。当他们每人都拿到了面包后，竟然没有一个人向这位好心的面包师说声“谢谢”，就走了。

但是有一个叫依娃的小女孩却例外，她既没有同大家一起吵闹，也没有与其他人争抢。她只是谦让地站在一旁，等别的孩子都拿到面包以后，才拿起篮子里剩下的那个最小的面包。她并没有急于离去，她向面包师表示了感谢，并亲吻了面包师的手之后才向家走去。

第二天，面包师又把盛面包的篮子放到了孩子们的面前，和昨天一样，依娃还是最后去拿面包的，当然，她的面包还是最小的。当她回家以后，妈妈切开面包，许多崭新、发亮的银币掉了出来。

妈妈惊奇地叫道：“立即把钱送回去，一定是面包师揉面的时候不小心揉进去的。赶快去，依娃，赶快去！”

当依娃把妈妈的话告诉面包师的时候，面包师面露微笑："不，我的孩子，这没有错。是我把银币放进小面包里的，我要奖励你。愿你永远保持现在这样，永远有一颗感恩的心，回家去吧，告诉你妈妈这些钱是你的了。"

泰戈尔说："蜜蜂从花中啜蜜，离开时不忘道谢；浮夸的蝴蝶却觉得花是应该向它道谢的。"感恩在困境中帮助过你的人，是他们让你坚定了信念。

没有谁有义务去帮助你，因此，当你得到他人的帮助时，你应该心怀感恩，并向帮助你的人致以诚挚的谢意。

感恩身边的每一个人

就因为花儿不可能在一年四季都长开不败，也因为月亮不可能从月初圆到月尾，所以我们才有了对春天的向往，才有了对八月十五的期盼，于是，花好月圆成了最普遍的幸福生活的代言。幸福能给人快乐的感觉，常使我们陶醉于甜蜜的眩晕中；痛苦却让我们读懂了生命的深刻，从而令人成长。

对于幸福的体验以及追求，我们每一个人都会有所不同。饥寒交迫的人认为能一生衣食无忧便是幸福；身有残疾的人觉得能拥有健全的体魄就是幸福；生活富足的人坚信精神的充实才是最大的幸福。我们总是无法从眼皮底下、从手心实实在在握着的东西中去寻找幸福，感受幸福，最大的幸福似乎永远在离我们最远的地方。

就是因为我们的生活中有了太多的缺憾，所以我们才会有更多美好的追求，我们才不会停止前进的步伐。也许我们少了别人所拥有的，但却得到了他人所无法收获的。抛却所有愤恨不平，抛却所有怨天尤人，让我们心怀感恩：感谢所有爱过我们的人，因为他们让我们沐浴了阳光；感谢所有伤害过我们的人，因为他们教会了我们成长；感谢生命中所有的快乐幸福，因为它们使心田洋溢着芬芳；感谢生活中所有挫折磨难，因为它们让心灵变得更为坚强。

我们要感恩自己的父母兄弟。因为我们的生命是父母给予的，是他们将我们养育成人，是父母给了我们世界上最伟大而崇高的亲情，是父母让我们真正懂得了什么是骨肉至亲。是兄弟姐妹给了我们世界上最无私的真爱，是兄弟姐妹让我们懂得了什么是手足情深。"打虎要靠亲兄弟，上阵还需父子兵"，当你遇到生命的挫折，人生的艰难，生活的不幸时，第一时间赶到你的身边，和你分担痛苦的人是谁？那一定是我们的父亲、母亲，一定是我们的哥哥、弟弟，一定是我们的姐姐、妹妹！

我们要感恩身边的朋友。所谓的"路遥知马力，日久见人心"，"岁寒知松柏，患难见真情"。一个真正的朋友，能够让你永远都有一种坚实的依靠，他们不仅愿意和你同尝甘甜，而且能够和你共担苦难，甚至以生命来践行对你的承诺。我们要感恩于陌生的路人，虽然，他们不是你的亲人，不是你的师长，不是你的爱人，但是，你会在不经意间，和他们在某一段生命的路途上相伴而行，你们可以聊聊天，可以解解闷，可以在遇到坎坷不平时互相搀扶着艰难前进，可以在需要跋山、需要涉水时，携手拼搏，并肩前行，他不会陪你走完人生的全部路程，但是，他陪你走过的这一段路程，不论是平淡无奇，还是扣人心弦，都会在你生命中留下或浅或深的印痕。

我们还应该感恩老师，是他们为我们打开了知识的宝库，给我们点亮了人生道路的灯塔，给了我们在人生大海上奋力拼搏的船桨。我们还要感恩尊长，是尊长让我们知道了什么是人伦道德，什么是“长江后浪推前浪”，什么是“老吾老，以及人之老”，什么是“幼吾幼，以及人之幼”。我们更应该感恩自己的爱人，是爱人和我们牵手同行，是爱人伴我们共走人生风雨路，是爱人和我们共同承担起赡养老人的义务，是爱人和我们一道肩负起养育子女的责任，是爱人和我们相濡以沫，无怨无悔。

让我们大家都在心中共唱一首《感恩的心》吧！这世界从此不再是穷山恶水，人生不再是波翻浪涌，生命不再是暗淡无光，生活不再是味同嚼蜡了。

我们每一个人，其实根本没有必要太过于奢求什么，别过分去抱怨生活的不公，命运的不平，造化的弄人。相反地，我们应该常怀一颗感恩的心，我们要感恩大自然，感恩父母兄弟，感恩师长爱人，感恩朋友路人，甚至感恩我们的对手。一句话，我们要感恩这个世界上一切有生命和没有生命的事物。

感恩生活中美好的一切

生活本身值得我们感恩，生活中的美好事物更值得我们感恩并珍惜。

一个懂得感恩的人，一定是一个懂得珍惜生活的人，这样的人一定能够尽量多地发现生活中的美好事物，一定能够尽量减少生活中的遗憾。

当你在生活中发现了美好的事物，请感恩并珍惜它，你一定不会因此而后悔。当你老了的时候，你会为自己曾经抓住过这份美好的事物而露出幸福的微笑。

诚诚到陶桦的家里去玩，两个人玩游戏机正玩得不亦乐乎的时候，陶桦的妈妈端着水果进来了。说道：“小桦，你就这样招待朋友的吗？连水都没倒给诚诚喝？来，别玩游戏机了，先吃点儿水果吧！把小时候的相册拿给诚诚看啊！”

“哦，知道了……”陶桦递给诚诚一片哈密瓜，转身从书架上拿下相册，跟诚诚一边吃水果一边看相册。

“哇！你小时候好幸福啊！这么多好玩的东西！变形金刚！还有智能电车，还是绝版的！”看着相册，诚诚发出一声声惊叹。

“呵呵！厉害吧？这些东西我都还保留着呢！”陶桦得意地说。

诚诚难以置信地说：“这些东西还在吗？不会吧？我去年的玩具都不知道丢到哪里去了呢！”

“口说无凭，你看！”陶桦转身就拿出了十几年前的智能电车。

诚诚一脸羡慕地说：“真好！看着这些儿时的玩具，就好像又回到了无忧无虑的童年呢……”

从小时候到现在，你经历过的美好的事物，还有几件留在你的身边呢？有时候，我们并不缺少美好的事物，而只是我们在拥有这些美好的东西时没有好好地珍惜。当你羡慕别人拥有某种美好的东西时，你是否想过自己也曾经拥有过？

诚诚并不是缺少玩具，他羡慕陶桦，是因为陶桦将童年的美好如数地保留了下来。正如诚诚所说的那样，“去年的玩具都不知道丢到哪里去了”，诚诚并不是没有经历过美好的事物，只是诚诚没有好好地珍惜这些事物。

懂不懂得珍惜，其实还是懂不懂得感恩的问题。一个人如果对自己所拥有的东西心怀感恩，那么他就会自觉地去珍惜它、爱护它，自然也就不会为自己留下遗憾。

感恩生活中的美好事物,让我们珍惜生活中的美好事物,好好爱护这些事物,不要轻易地毁坏,更不要轻易地抛弃。

对于生活中遇到的美好的事物,我们当然要珍惜;对于生活中遇到的好人,我们更要懂得珍惜。人的际遇都是可遇不可求的,人与人之间的缘分更是几世难求。当你遇到一个对你好的人时,请一定要感恩并珍惜他,因为他本可以不这样对你的。

在广袤的时空里,我们能够相遇,这是多么的不容易!而在相遇之后,能够成为朋友,相识、相交、相知,这又是多么的难得!感恩生活中遇到的每一个人,感恩他们为我们的人生增添了无数精彩和回忆。

学校要从校队中选一名学生到市里参加培训,然后进入市篮球队。在体能竞赛中,修旭不小心把同学庭方撞倒在地,庭方受伤了,只能遗憾地退出竞选。

少了庭方这个强劲的对手,修旭很轻易地入选了,被送到市里培训。过完暑假,回到学校时,修旭几次见到庭方,都是绕道而走,不好意思跟庭方搭讪、说笑。虽然把庭方撞倒不是修旭有意这样做的,但是修旭还是觉得很对不起庭方。

下课后的食堂人如潮涌,修旭买完饭,已经很难找到空位了。这时,修旭看到不远处的庭方在向他招手,便端着饭盒走了过去。

"兄弟,最近怎么不找我练球了?是不是看不上我啦?"庭方开玩笑地说。

修旭连忙否认说:"当然不是!只是……那一次把你撞倒了,真是对不起!要不是我,说不定被选上的就是你了……"

"别说这些话了啊!球照打,兄弟照当!我进不了市队,你进了不也一样吗?好好打球。别丢兄弟我的脸啊!"庭方还是边说边笑着……

很多人出现在我们的生活中,但是能够留在我们的生活中,跟我们一同成长的人其实并不多。无论是对我们谆谆教诲的老师,还是跟我们同甘共苦的朋友,都是组成我们生活的一部分。有了他们,才有了我们充满喜怒哀乐、多姿多彩的人生。

对于庭方而言,一个真正的朋友,远比一次加入市队的机会重要。庭方没有怪罪朋友,因为他知道,对于出现在自己人生中的朋友,他要做的应该是感恩和珍惜,而不是轻易地抛弃。

感恩生活,感恩并珍惜我们生活中遇到的、结交的人。这些人一旦错过了,或许就永远错过了。当我们还有机会相处时,当我们还能一起欢笑、一起沉默时,请感恩并珍惜这样美好的时光!

感恩的心让家庭更欢乐

多数婚姻或家庭中出现的最大问题在于有人觉得被牺牲,或是不被感激。可悲的是,我们大多习惯与家人在一起时,忽视了家人也需要彼此感恩。我们大都认为对方做这些事是理所当然的,父母子女之间是如此,夫妻之间更是如此。

在我们的生活中,我们的父母都很辛苦,他们牺牲了休息日照顾着自己的孙子,但是我们却很少听见年轻的夫妇对他们父母表达过一点谢意,他们的态度往往是:"他们应该做这些事,因为他们是爷爷、奶奶呀!"我们很容易忘了每个人都需要被感恩,即使是祖父母也不例外。

懂得感恩的家庭无论是精神还是肉体都会紧密地联系在一起，家庭的每一位成员都知道自己的价值，知道如何感激对方。丈夫和妻子彼此感激，彼此欣赏，子女感恩家庭给予温暖，感恩父母给了我们一个温馨的家。

能够拥有一个家，一个能够休息的地方，一个能为我们遮风挡雨的地方，这是多么值得庆幸的事情。我们的生命在这里得到呵护，得到温暖，可是我们是否仔细留心过我们的家庭的变化，我们对自己的家庭是否心存感激？只要机会出现了，或是出现一种暗示需要你表达感恩时，我们就弯下腰来，努力表达。要经常说："谢谢！"而且发自内心。如果我们有了这种感恩的心，那么，我们就可以使自己的家庭变得更加美满。

首先，我们应该感谢父母给我们创造了一个家庭，给了我们生命，我们能够拥有现在的一切，都是家庭赐予的。

其次，我们应该感谢自己的妻子，是她营建了一个新家，给我们的生活带来希望，给我们带来了孩子。有孩子就有了家庭的感觉，也使我们有了一种自豪感，一种责任感。

再次，我们还应该感激我们的孩子，孩子给我们的家庭带来了活力，使我们的生命得到了延续，我们的所有快乐与满足都是孩子与我们生活在一起产生的。

对家庭心存感恩，就能够使家庭保持快乐、美满，而且这种感恩要每天都表现出来，让你的家人都能够感觉到，不要等不幸发生后才懂得感恩。

我们一生当中一般都会接触到许多不幸的事，在震惊之余，我们便会对日常生活满怀感恩。一些我们当作稀松平常的事——欢笑、美貌、友谊、自然、爱人、家，此刻才会变得更重要、更特别。我们甚至觉得每一天都是天赐的礼物，是值得珍爱的奇迹。

其实为什么非要等到坏消息来临我们才肯这么做？为什么不学着从现在开始就珍惜生命中的点点滴滴？生命的本身就是一个奇迹，因为上天的赐予，我们才能活在此时此刻。

你可以经常提醒自己，生命是何等短暂与脆弱，世事是何等瞬息万变，此刻你可能有配偶或孩子，下一刻却很可能一无所有了，这样的想法对你有启蒙与开化的作用。前一天你享受着每天的散步活动，第二天却因为一场意外变得完全不能走路。前一天你还有一个家，第二天却毁于一场大火。诸如此类的想象都对你有提醒的作用，对于多变的人生，其实我们可以有两种截然不同的想法：一种是面对生命无常的变化有一种挫折感与恐惧感；另一种积极的想法是将这些变化视作理所当然，同时认为是激励自己对生命感恩的要素。

如果我们总是想着家庭的幸福得来不易时，别人可能会认为我们过于神经质或太多虑了。其实我们真正该做的是每天花一小段时间，也许只是几分钟，衷心感谢家庭在我们生命中所代表的意义。与其等待坏消息来让我们重新认知家庭或生命的重要性，不如从现在开始就将家庭当作生命中重要的一环，你也会在家中感受到前所未有的欢愉。

懂得感恩的家庭无论是精神还是肉体都会紧密地联系在一起。对家庭心存感恩，就能够使家庭保持快乐、美满，而且这种感恩要每天表现出来，让你的家人都能够感觉到，你也会在家中感受到前所未有的欢愉。

让感恩的心感染每一个人

在物质生活极其丰富的今天，很多人不懂得珍惜现在的幸福生活，只知道一味地索取。人们往往只对自己的不幸感到悲伤，却不再为别人的付出感动，即使偶尔会感动，也只是为感动而感动。

有些人总是把父母的关爱、朋友的鼓励、师长的呵护当成理所当然的事,一遇到失败和挫折就觉得是上天不公,看着别人幸福快乐就觉得是上苍欠他的,而一旦自己背信弃义却无丝毫歉疚之意。他们的心中只有自己,恩情于他们而言如同草芥,这样的人我们不苛求他感恩,能够做到不忘恩就好。当然,这样的人即便用尽手段得到自己想要的,也终究得不到极致的快乐,因为他缺少一颗感恩的心。怀着一颗感恩的心去面对生活,即使日子过得平淡,即使会遇到挫折,人生也会幸福而充实。

一个青年丢了工作,身在异乡的他四处寄求职信,但都石沉大海。一天,他收到了一封回信,回信人斥责他没有弄清楚公司所经营的项目就胡乱投递求职信,并指出求职信中语句不通,借此把青年嘲笑了一番。青年虽然有些沮丧,但他觉得这是别人给他回的第一封信,证实了他的存在,而且回信人在信中的确指出了他的不足。为此,他还是心怀感恩地回了一封信,在信里对自己的冒失表示了歉意,并对对方的回复和指导表示了感谢。几个星期后,青年得到了一份合适的工作,而录用他的正是当初回信拒绝他的公司。

故事中的青年正是因为有一颗感恩的心,即便是别人小小的关注,也使他能够心怀感激,因而得到了一份合适的工作。在我们的现实生活中,轰轰烈烈的事很少,多的只是平凡的生活和繁琐的工作,真正救命的恩情和需要用一生报答的恩情很少,有时候只是别人的举手之劳,或者一个鼓励的眼神、一个善意的微笑,便可以为我们孤独的心增添一份勇气,这其实也是一种恩情,这些也是我们应该经常感念、不能忘记的恩情。

怀着一颗感恩的心去面对生活,人生就会过得幸福而充实。然而有些人却做着忘恩负义的事。

深圳一位著名歌手曾出资300万元资助了178个贫困学生,而当他自己病重住院,经济十分困难时,他先前资助过的那么多学生,竟然没有一个人来看他。这其中就有好几个已经大学毕业,有几个还就在深圳。新闻披露后,有一个受助者居然怨气十足地说,这让他很没有面子。

什么时候开始人们变得如此冷漠?面对给自己提供学习机会的恩人,却道出了“让自己没有面子”这样的话,这到底是资助人的悲哀,还是被资助学生的悲哀呢?资助者用感恩的心回报社会,想用自己的能力温暖一些自卑和受伤的心灵,却不曾想到,自己的善意之举换来的是让人凉透心的一句话。

感恩,自古就是中华民族的传统美德,也是衡量一个人道德水平的标准。古人说“滴水之恩,当涌泉相报”,但实际生活中施恩的人却很少有如此要求,别人不要求并不代表自己就不需要感恩,即便不感恩,至少不能忘恩,更不应该伤害付出者善良的心。

让感恩之心感染每一颗心,让人间成为有爱的天堂!

感恩是获取能量与成功的途径

懂得感恩,说明一个人对自己与他人和社会的关系有着正确的认识。在感恩的氛围中,人们对许多事情都可以平心静气;在感恩的氛围中,人们可以认真、务实地从最细小的事情做起;在感恩的氛围中,人们能真正做到严于律己、宽以待人;在感恩的氛围中,人们能正视错误,互相帮助；在感恩的氛围中，人们才能成就生命和事业的辉煌。

在工作中，懂得感恩的人会更受欢迎。因为懂得感恩的人会视公司的财富如珍宝，小心呵护，不容别人糟蹋，时时想着维护公司的利益。试想，能把公司的东西当成自己的东西一样去看待的人，老板将会怎样看待他呢？

史蒂文斯曾经是一名在软件公司干了8年的程序员，正当他工作得心应手时，公司却倒闭了。这时他的第三个儿子刚刚降生，作为丈夫和父亲，他不得不为生计重新找工作。一个月过去了，他屡屡碰壁。

这时，一家软件公司招聘程序员，待遇相当不错，史蒂文斯信心十足地去应聘。凭着过硬的专业知识，他轻松过了笔试关，对两天后的面试，史蒂文斯也充满信心。然而，面试时考官的问题却是关于软件未来发展方向方面的，这一点他从来没有考虑过，故遭淘汰。

史蒂文斯觉得这家公司对软件产业的理解，令他耳目一新，深受启发，于是他给公司写了一封感谢信。“贵公司花费人力、物力，为我提供笔试、面试机会，虽然落聘，但通过应聘使我大长见识，获益匪浅。感谢你们为之付出的劳动，谢谢！”这封信后来被送到总裁手中。3个月后，这家公司出现职位空缺，史蒂文斯收到了录用通知书。

这家公司就是美国微软公司。十几年后，凭着出色的业绩，史蒂文斯成为微软公司的副总裁。

有关专家表示，许多知名企业在招聘大学毕业生时，看重的并不是成绩单上的分数，而是他们处理问题的方式和融入企业的速度。换句话说，就是能否怀着一颗感恩的心去做人、做事。感恩是积极向上的思考和谦卑的态度，它是自发性的行为。当一个人懂得感恩时，便会将感恩化为一种充满爱意的行动，实践于工作中。

会感恩的人，为人处世是主动积极、乐观进取、敬业乐群的，前途是不可估量的，而这正是每一家公司招募贤才的首要条件。被誉为日本“经营之神”的松下幸之助经常教导员工要常怀一颗感恩之心。他认为，一个具有感恩心态的组织才会是一个充满凝聚力和竞争力的组织。

在当今这个竞争激烈的年代，拥有一颗感恩的心是你成为优胜者的条件之一。感恩不仅仅是一个人的品质问题，它更是一种能力，一种获取能量与成功的途径。

用感恩的心面对苦难

一位贫穷的妇女带着孩子走在大街上，突然，孩子被摄像机迷住了，他拉着妈妈的手说：“妈妈，让我也照一张相片吧！”妇女弯下腰，拍了拍孩子身上的尘土，笑着说：“还是不要照了，你的衣服太旧、太破。”孩子沉默了，片刻之后，他抬起头来对妇女说：“可是，妈妈，我还是会面带微笑的。”人生何尝不是这样呢？即使遭遇了不幸，只要依然面带笑容，一切都会过去的。生活不相信眼泪，也从来不会败给眼泪，它只相信那些心怀感恩、顽强拼搏的人。所以，无论生活给我们带来多么巨大的痛苦，请不要让眼泪蒙住自己的心灵，积极调整心态，感谢不幸，感谢痛苦，用快乐化解痛苦，以勇气战胜不幸。

有一个老爷爷，看到一个小女孩趴在窗台上伤心地哭，就问小女孩怎么了。小女孩说她看到一只鸟儿死了，老爷爷安慰她说：“孩子，你打开另外一扇窗。”孩子打开了另外一扇窗，很快就笑逐颜开了。原来，另外一扇窗户的下面是一片盛开的鲜花，小女孩的心情像鲜花一样舒展开来。

有一位农村妇女,因为患了乳腺癌,不得不将左乳摘除。伤口痊愈后,她下地走路时奇怪地发现,自己的身体竟不自觉地向右边倾斜起来。她稍一愣怔后便明白了:也许是自己乳房比较大且重的缘故,少了一只左乳后,身体也失去了原有的平衡。而且,更令自己苦恼的是,自己的胸前左边瘪塌塌的,右边却鼓囊囊的,极不对称,穿起衣服来很是别扭、难看。可是,她又没钱买义乳,怎么办呢?

她决定自己做一个,从家里搬出芝麻、蚕豆、玉米、小麦、绿豆等种子,分别向乳罩左边的罩口里装满一种种子,然后再缝合罩口,戴在身上测试一下身体的美观及平衡效果。最后,她觉得绿豆作为乳罩的填充物比较合适。初次戴上“绿豆乳罩”,她很兴奋似乎自己又找回了曾经的那份自信与美丽。

过了许久,一天晚上,当她摘下乳罩准备睡觉时,惊讶地发现——乳罩里的那些绿豆竟发芽了!新的难题出现了:怎样才能让绿豆在自己的体温下不会发芽呢?第二天,她就把那些绿豆炒熟了,然后再放进乳罩里……可问题又来了,自己身上始终有一种熟绿豆的香味。只要她一出现在人群里,人家总会耸着鼻子闻,然后好奇地问:谁兜里揣着熟绿豆?快点拿出来让大家尝尝……

后来,经过多次试验,她找到了一个折中的良方:在炒绿豆时掌握好火候——仅把绿豆炒到七八成熟的样子,这样绿豆放入乳罩里既不会发芽,也闻不到香味。一家女性刊物的记者知道此事后,很感兴趣,便大老远地赶来采访这位村妇,采访临近尾声时,记者提出要给她拍几张照片,这让这位村妇一下子激动得满脸通红,因为在那个偏僻的山村里,她几乎没有照相的机会。她习惯性地抻抻衣角、捋捋头发,然后站在一株从石缝里长出的芍药花旁,郑重而优雅地摆出了一个个美丽的姿势。望着镜头里那张自信而美丽的笑脸,泪水模糊了记者的视线……

后来,这位记者在她的文章中写道:“我是怀着一种敬仰和感动的心情对她进行采访的……这样一个在贫困交加的境地里挣扎的女人,依然向往美丽,顽强地追求着美丽,她今后的生活一定会好起来的,就如同她拥花而卧的那张美丽的照片。因为她的精神不败,我坚信,仅凭这一点,足以让她战胜人生中所有的悲伤和苦难!”虽然她遭遇了痛苦,但是却依然感恩生命的美丽,坚强地挺住了,成功的秘密来源于一颗感恩的心,对生活的那份热爱之情。

智者说:“生命的延续,需要我们顽强地活着。虽然屡遭痛苦,也要能够百折不挠地挺住。”人生就像是一场“漫长的战役”,痛苦和悲伤只不过是硝烟战火,面对重重困难,如果能以一颗感恩的心面对,那就没有不能战胜的敌人。即使有不幸降临,我们也应该充满感激,因为经历了不幸,我们变得更加成熟、坚强。泰戈尔说过:“我们看错了世界,却反说世界欺骗了我们。”那些人生路上的失败与挫折,我们总是将之看成是巨大的痛苦,却始终不明白,是谁教会我们如何去面对?挫折与失败并不可怕,只要顽强地坚定信念,用感恩的心态去面对,它们就会产生坚实的力量,或许会成为一笔巨大的财富。因此,怀揣一颗感恩之心,沙漠中我们的人生也将开出最绚丽的花朵!

个人的幸运源自那颗感恩的心

我们的生活是否美好?我们的身体是否健康?我们的学习与工作是否在有条不紊地、节节攀高地走向一个新台阶？我们深爱的人是否正与自己一起享受这满心的喜悦与满足？我们最挚爱的朋友是不是正在远方挂念着我们？

你真正地用心、用行动体验过“感恩”一词的分量和价值吗？那么，请安静下来，看看下面这个故事吧。

我的友人曾遇到过这样一位朋友，她十分感慨地对我讲道：

他热情、有活力，更让我们周围人羡慕的是他那神奇的好运气。他在食堂吃饭，遇到一位老先生，两人聊得投机，后来才知道，老先生是一位学术大师，在之后的学习上给了他很多帮助；他去打羽毛球，碰上一位知名的教授，两人约好一起打球，几个月下来，教授表示愿意让他做自己的研究生；甚至在回家的火车上，他和邻座的人聊天，后来发现那人居然是他所应聘的公司的工作人员，在那个人的推荐下，他顺利获得了面试的机会。

他常说，我觉得我特别幸运，生命中有很多的贵人，总在我遇到问题时出现。有一次，在一位老师面前，当我们又一次感叹起他的幸运时，老师忽然严肃地问道：“你们有没有想过，为什么他总会有那么好的运气，总是有贵人相助？”我们都愣住了，好运气难道还有缘由？

这时，那位老师缓缓地说道：“因为他是一个懂得感恩的人。你们都紧紧地盯住他的好运气，但是不知道你们有没有注意过，他其实有着一颗懂得感恩的心。他懂得珍惜他所拥有的一切资源，懂得珍视他所遇到的每一个人，并且懂得对别人给予他的任何一点儿帮助报以最真诚的回馈。对这种懂得感恩的人，人们总是愿意去关心他、帮助他。所以，他看上去总是有贵人相助，从而好运不断。”

这不能不让人想到，世界上并没有上帝来安排一个人的运气，一个人的幸运完全源自自己那颗感恩的心。因为感恩，所以能安于生活中的一切，珍视生活中的一切。这种感恩不但让他对生活充满着热情与活力，而且也在不经意间感染了身边的每一个人，让他们不由自主地要对他好，帮助他。他的一颗心换来了身边多少温馨和快乐啊！

感恩，就是一种积极、乐观的生活态度。活在感恩的世界里，是一种智慧的生活情境。在这个世界上，一个人的运气并非由上帝来安排，而是完全源自自己那颗感恩的心。

用感恩的心撒播爱的种子

爱之所以完美，是因为爱是无私的，爱是纯挚的，它只求更多地给予，而不求或多或少地索取，更不奢望过多的回报和酬谢。

有一篇文章这样写道：

生活，这位智者再次出现在我的考卷上，带着神秘的微笑问我需要什么。我的回答并不睿智，但充满感性。是的，我认为生活需要爱。

生活需要友情。试问友情是什么？是钟子期与俞伯牙的高山流水，断琴祭友？是马克思与恩格斯几十年的风雨同舟？还是……也许它只是F4一首温暖的《第一时间》，是朋友见面一声久违的“老友”，是患难中的一只温暖的手，或是同病相怜时一个会心的微笑吧。但，无论友情有多伟大，或是多普通，它一定是重要的！生活需要它！

生活需要亲情。敢问亲情是什么？是母爱的无私，还是父爱的含蓄？是女儿的乖巧，还是儿子的顽皮？或者……也许它只是满文军那首深情的《懂你》和那首耳熟能详的《常回家看看》，是旅游在外的思念的电话，是国外一次昂贵的国际长途，是母亲节时一束美丽的康乃馨，是一句关切的叮嘱，或是大雨中一把小伞撑起的一方晴空吧。但是，无论亲情是浓是淡，它一定每时每刻都伴随在你身边，把你的生活染得绚丽多彩。生活同样需要它！

生活需要爱情。请问爱情是什么？是杨过小龙女16年的不离不弃？是琼瑶笔下的公主王子般的故事？还是……也许它只是情人节的一枝玫瑰，一盒巧克力，是患难中的一句深情的安慰，是种平等的互相尊重的感情，是一个柔情的微笑，或是一次真诚的对视吧。但，无论流行歌曲把爱情唱得有多烂，或是多少人污辱了它的圣洁，生活依然需要它！

友情、亲情、爱情，三股爱的风在生活的海洋上吹起浪花，荡起涟漪。没有爱，生活将变得索然无味，了无生趣。让我们去珍惜身边的爱吧！生活需要它们！是的，大声再说一遍，生活需要爱！

"爱"是我们每个人经常挂在嘴边的一个字，可是，有时候，我们也常会忽略周围的爱，如父母对子女无微不至的关心、老师对学生循循善诱、朋友间互相安慰……这些往往都被我们视为理所当然，而没有细细地加以体会。而如果你加以体会，你会感觉到，人生，这是一个多么美好的东西啊！

我们生活在一个多元的社会中，每个人都需要别人的关爱和帮助。我们关心他人、爱护他人、支持他人、理解他人，同样我们自己也会得到别人的关爱和帮助。把爱作为人与人之间交流的纽带，世间就会少一份猜忌，多一份温馨；少一份欺骗，多一份诚实……"如果人人都献出一点爱，世界将变成美好的人间"。

爱就像明媚的阳光一样可以照彻寒冷的心房，爱就像炎炎夏日午后的一场骤雨，可以使万物顿时获得滋润，充满生气。

现今激烈的社会竞争，使得有些人的心仿佛是久旱不雨的荒凉沙漠，一件小事都可以让满天飞尘。这时，能够恢复他们内心原有滋润且能带来生气的骤雨，就是他人的关怀和相互谦让的心。微不足道的事也好，不受瞩目的事也罢，若是人人都能发自内心地做对他人及社会有益的事，不但自己快乐，别人也会快乐。爱的本身就是一串震颤的弦音，一种花香的弥散——持久、热烈而又延己及人，从一双手到另一双手，从一个人到另一个人。当人的灵魂被爱浇灌之后，它所散发出来的，只会是人性的芬芳。

爱可以被分享，当爱被分享的时候，爱会变得更伟大。一个人只有学会了分享，才能感受到一种发自内心的喜悦。我们尽管可以大量给予他人同情、鼓励、扶助，而这些东西，在我们自身是不会因"给予"而有所减少的。相反，我们给人越多，自己所拥有的也就越多。

在很久以前，生命中所有的态度，都居住在一个美丽的岛上，他们一同生活，共同建造自己的天堂。这些具备个性的态度，包括希望、憎恨、怜悯、妒忌、愤怒、自负、爱等。

一天，这些态度们突然发现自己身处的小岛正在沉入大海。"各位，小岛正不断下沉，"野心向其他态度宣布，"我和创造商量过了，我们要修船去找新的居所，在那里我会将土地卖给你，然后在组织的带领下重建家园，我们必须离开此地。"最先离开的是冲动和轻率，跟着是悲观，然后是消极，侵略和固执则为应如何做而大吵大闹。挫折和冷漠不久亦走了，他们觉得命该如此，对其他同伴争论应走应留感到厌倦。被动不想卷入如何挽救这个岛的争论，也跟着走了。

就这样，所有的态度们都一个跟一个地随着船离开了岛，最后只有爱留了下来。爱对小岛的爱很坚定，他决定留守至最后一刻。当其他同伴纷纷离开时，爱则在岛上回忆着在这里的快乐日子，小岛快要消失了，没有一个态度尝试挽救它，爱只有依依不舍地离开。他没有准备船只，只有向其他经过的船呼救。

一天，财富的船只从爱身边经过。财富的船精雕细琢，是所有船中最大最快亦能航行得最远的。爱向财富喊道："财富，你能帮我离开这里吗？"财富说："爱呀，我不能载你，因为我的船载了很多金银珠宝，载不动你。"跟着来的是自负，"自负，请你救我！"爱企盼着。"我也很想救你，"自负说："但你全身湿透，会弄脏我的船的。"跟着他亦消失在大海中。然后爱看到希望，"希望，请救救我！"希望说："我希望你明白，我现在只希望这只船可以撑到对岸，对不起。"

小岛开始一点一点地往下沉了。爱爬到岛上最高的山尖，等待其他船的经过，但是，山尖现在只剩下一个小丘了。爱看到悲伤驶近自己，便对他恳求："悲伤呀，让我上你这条船吧！"悲伤对他说："噢，我太悲伤了，想自己一个人静静地过。"跟着来的是高兴，但他因为能够离开此地而太高兴了，根本听不到爱的呼救。恐惧驶近了，但他担心若被其他态度见到自己接载了爱，会被他们指指点点，最后亦没有伸出援手。爱向妥协求救，但妥协告诉爱要接受现状，与小岛一同沉入海底。爱向愤怒求救，但愤怒认为爱落到这样的田地是咎由自取，对其愚笨感到愤怒。

船只一艘一艘地驶近然后又驶远了，可是爱却始终没能够离开，他的心也跟着岛屿一点点地往下沉。水已经浸到爱的胸膛了。突然有一个声音说："爱，上来吧，我载你走。"爱大喜过望，立即跳上这艘肯救他的船。这艘船看起来十分老旧，饱经风雨的洗礼，但船身仍然坚固结实。

由于太高兴了，爱竟然忘了问救他的老者是谁。后来，爱向博学问道："是谁救了我？"博学说："是时间救你的。""时间？"爱问："时间为何救我？"博学说："爱，你是所有态度中最伟大的，其他态度都不及你。你能忍受一切，你能承担一切，只要给你时间，你能治愈一切创伤。你知道的，只有时间能了解什么是伟大的爱。"

没有爱的财富，令人变得贪婪；没有爱的自负，令人与人之间的关系变得肤浅；没有爱的悲伤，令人变得以自我为中心；没有爱的快乐，令人失去怜悯；没有爱的恐惧，令人失去勇气和埋没良心；没有爱的妥协，令人对未来失去期望和信心；没有爱的愤怒，令人失去宽恕之心，而没有宽恕之心，无人能获得心灵的治愈。你对身边之人的爱愈能经受时间的考验，他们便会愈喜欢你。

或许直到物换星移，我们才能够明白真正的爱为何物。人与人相处时，总不免会有其他态度，如愤怒、妥协、自负、悲伤等，但记着要以爱对待所有的人。只要时间容许，爱能真正改变生命。

用感恩的心去撒播一颗爱的种子吧！因为，在世界上只有爱才是最美好的。爱是心灵的呼唤、感情的投入。它不计功名利禄、不计成功失败、不患得患失，只是一种真挚的感情。

感恩能让你看到生活的美好

有人说，人生是一次长途跋涉，旅途中常常有曲折和险阻，甚至会陷入人生的低谷，被人攻击、嘲笑、讽刺……此时，对于世事，我们可能觉得世态炎凉，甚至失去对人生的希望，开始抱怨、痛恨……但这种消极的处世态度又有何用呢？能改变他人对你的看法吗？不能！相反，如果我们始终抱着感恩的心态，那么，我们看到的就不仅仅是人情的冷暖，还有与之一起并存的美好，因为没有他人的贬低，你就无法看到自己的不足，也就无法完善自己，无法激发自己不断奋进的心。所以，无论遭受怎样的苦难，我们都应该心怀感恩，感恩是一种处世之道，它能让我们看到世间的美好。

其实，很多时候，我们在面对他人的责难与攻击时，最需要超越的就是自己心灵的局限。如果能以感恩的心态面对一切，就能突破心灵的桎梏，排解所有的痛苦！

日本著名的丰田汽车公司的缔造者石田退三，幼年时家境贫穷，没钱上学，他只能到京都的一家洋家具店当店员。在家具店工作了8年后，由朋友的母亲介绍，到彦根做了赘婿。入赘后，他才知道太太家没有一点财产，这让他感到有些失望。

贫困的生活是很无奈的，他只能将新婚太太留在彦根，一个人到东京一家店里当推销员。所谓的推销员，其实就是推着车子去推销货品的小贩。这样咬紧牙关干了一年多，他的身体终于支撑不住了，无奈之下他离开这家店回到妻子家。

然而，在这里等着他的并不是温暖和安慰，而是鄙视的目光和令人难堪的日子，“你真是个没有用的家伙！”周围看他的目光是如此，岳母更是丝毫不留情，她说：“你是我见过的最没有用的人！”这些羞辱几乎气得他眼前发黑，几近晕倒。步履艰难地过了几个月后，他终于承受不了这些沉重的压力，被逼得想通过自杀来解脱。

他抱着黯淡的心情，前去“琵琶湖”自杀时，却忽然间恍然大悟。他猛然地抬起头来，想到：“像我如此没有用的人应该非死不可，但如果我真有跳进琵琶湖的勇气，为什么不拿这勇气来面对现实，奋力拼搏，打开一条出路呢？我应该尽自己最大的努力，奋发图强，克服重重困难，用坚定的毅力做出一番轰轰烈烈的事业来！”

这个想法让石田勇敢地站了起来，一股强大的力量仿佛在他体内激荡着。他不再满脸愁容，不再想着用自杀来逃避现实了，而是搭上了回家的火车。从此，他不再自怜自叹，他托朋友介绍自己到一家服装商店当店员，在这里，他重新鼓起奋斗的勇气，将忧愁化为力量，用坚定的毅力承受来自各个方面的压力和打击。

当他40岁那年，他到丰田纺织公司服务。他不怕艰难，刻苦奋斗，全力以赴地投入工作。对他处事得当的能力、一丝不苟的精神，丰田公司的创业者丰田佐大为赏识。在石田50岁那年，丰田派他担任汽车工厂的经理；53岁时，公司将经营的大权交给了他。

正和石田后来回忆的一样，人生就是战场，在这个战场上打胜仗的唯一法宝，便是斗志和毅力。“我要感谢那些曾经给过我压力的人，和曾经光顾过我的困难，如果没有它们，我不会有今天。”的确，对于石田来说，他的人生转机就来自于他对周围那些目光的反省，如果没有那场自杀，让他清醒地认识到了毅力的重要性，石田退三恐怕早就命沉“琵琶湖”了，哪里还会有今天在丰田取得的卓越成就呢？

所以，当我们发现周围异样的眼光时，不妨换个角度看人生，这是一种大智慧。当然，换个角度看待人生，这并不是一句“口头禅”，说起来容易，做起来却是件难事。它不仅仅是身体方位的改变，也不仅仅是空间、时间的转换，而是人的心灵和思想观念的转换。

不经历风雨，怎能见彩虹？不经历寒冷，怎知道温暖？生活中的人们，从现在起，不妨抱着一种感恩的心态处世吧，感谢别人给予的嘲笑、讽刺、责难甚至攻击吧，把它们当作是上帝赐予的礼物，以感恩的心寻找生活中的阳光和希望！

心怀感恩，激发自己的使命感

在社会中，我们都有自己的使命与责任。可是，生活中，由于缺乏感恩意识，我们时常会忘记自己的使命。因此，我们要重新树立起自己的感恩之心，用感恩之心唤醒内心的使命感。

微软最初是从两个好朋友创业开始的，发展到现在，已经成为拥有十几万员工的大企业了。在公司中，盖茨的领导力发挥了重要的作用，他独特的人格魅力，他所创造的积极勤奋的工作氛围，吸引了全球软件行业的顶尖人物纷至沓来。虽然他们个性迥异，但是他们对盖茨的感恩，对工作的勤奋是相同的，如果没有他们，那么微软在30年的创业历程中时刻都有可能分崩离析。

微软公司内部早已营造出一种“工作第一，以公司为家”的气氛，当年盖茨本人对工作的狂热和勤奋也带动了员工的工作激情。大家都是没日没夜地干，甚至可以一连几天都不休息。人们也经常看到盖茨加班工作，与员工一起讨论公司的经营计划，并经常鼓励员工要突破障碍，努力进取。对于表现出色的员工，盖茨也会给予高额的物质奖励，以及精神上的鼓励，这让员工自身的价值得以体现，员工对微软和盖茨都充满了感恩之情。而这种感恩，又会带动员工的积极性和工作热情，面对困难时，一个员工可能难以解决，但是多个员工同心协力，困难就会很容易被瓦解。

如今的盖茨已经辞职了，但他为微软创造的价值，以及为微软员工带来的影响，却是深远而意义非凡的。正是他站在员工们的前面，为员工做榜样，才让更多的微软人找到了归属感，让员工真正体会到微软不只给员工发薪，还关注员工未来的发展以及他们的家庭，从而使员工心怀感恩，更乐于勤奋工作。

的确，一个人只有心怀感激，有一种使命感，才能投入全部的激情面对生活，努力工作。

而在我们的现实生活当中，有很多人，并不是缺乏知识和能力，而是缺乏感恩之心，对自身工作没有一种使命意识，抱着得过且过的心态，结果使得知识和能力也难以发挥出来，最终也只能白白浪费他们具备的知识和能力，一生碌碌无为。

有一块石头被刻成了神像，抬到庙里去供奉，受到人们的跪拜。后来，人们把庙宇改成了别的用场，这个神像也就用来垫墙脚了。

“我真不幸，怎么会碰上这么倒霉的事！”石像抱怨着，“让我来垫墙角，真是大材小用！”

而另一块垫墙脚的石头却说：“我很感激能有这样一个位置。要知道，能够踏踏实实地做一些对人们有益的事，比做一个高高在上、光摆架子，却没有一点用场的偶像，要有意义得多！”

从这个寓言故事中，我们可以得出启示，只有心怀感恩的人，才能视万物皆为恩赐，也只有当我们心中充满了感恩之情时，我们内心的使命感才会被激发出来，世界也才会变得美好无比。

心怀感恩，激发出自己的使命感，并勤奋向上，我们同样能活出别样的人生！要知道，精彩的人生，不是在安逸的空想中度过的，而是由勤奋带来的，安逸只会磨灭人的斗志，我们只有明白幸福的生活来之不易这个道理，才能满怀感激地面对人生！

不要关闭了感恩的门

有一句名言说:“人活着应该让别人因为你活着而得到益处。”的确,在生活中,超越狭隘、帮助他人、撒播美丽、善意地看待这个世界,快乐、幸福和丰收就会时时与我们相伴。对此,罗曼·罗兰说得很精彩:“快乐和幸福不能靠外来的物质和虚荣,而要靠自己内心的高贵和正直。”

贝尔太太是美国一位有钱的贵妇人,她在亚特兰大城外修了一座花园。花园又大又美,吸引了许多游客,他们毫无顾忌地跑到贝尔太太的花园里游玩。

年轻人在绿草如茵的草坪上跳起了欢快的舞蹈,小孩子扎进花丛中捕捉蝴蝶,老人蹲在池塘边垂钓,有人甚至在花园当中支起了帐篷,打算在此过他们浪漫的盛夏之夜。贝尔太太站在窗前,看着这群快乐得忘乎所以的人们,看着他们在属于她的园子里尽情地唱歌、跳舞、欢笑,她越看越生气,就叫仆人在园门外挂了一块牌子,上面写着:私人花园,未经允许,请勿入内。可是这一点儿也不管用,那些人还是成群结队地走进花园游玩。贝尔太太只好让她的仆人前去阻拦,结果发生了争执,有人竟拆走了花园的篱笆墙。

后来贝尔太太想出了一个绝妙的主意,她让仆人把园门外的那块牌子取下来,换上了一块新牌子,上面写着:欢迎你们来此游玩,为了安全起见,本园的主人特别提醒大家,花园的草丛中有一种毒蛇。如果哪位不慎被蛇咬伤,请在半小时内采取紧急救治措施,否则性命难保。最后告诉大家,离此地最近的一家医院在威尔镇,驱车大约50分钟即到。

这真是一个绝妙的主意,那些贪玩的游客看了这块牌子后,对这座美丽的花园望而却步了。可是几年后,有人再去贝尔太太的花园,却发现那里因为园子太大,走动的人太少而真的杂草丛生,毒蛇横行,几乎荒芜了。

孤独、寂寞的贝尔太太守着她的大花园,她非常怀念那些曾经来她的园子里玩的快乐的游客。

贝尔太太用一块牌子为自己筑了一道特别的“篱笆墙”,随时防范别人的靠近,这道看不见的篱笆墙就是自我封闭。

自我封闭就是把自我局限在一个狭小的圈子里,隔绝与外界的交流与接触。自我封闭的人就像契诃夫笔下的装在套子中的人一样,把自己严严实实地包裹起来,因此很容易陷入孤独与寂寞之中。自我封闭的后果是什么呢?在封闭自己的同时,也把快乐和幸福封闭在外面。

我们每个人心中都有一座美丽的大花园。如果我们愿意让别人在此种植快乐,同时也让这份快乐滋润自己,那么我们心灵的花园就永远不会荒芜。可一旦我们把这座花园封闭起来,那么阳光和雨水也将不能到达这里。

在失去的时候依然感恩

《安徒生童话》中有这样一个故事:

一天,一对老夫妇想把家中唯一的财物——一匹马,拉到市场上去换点有用的东西回来。于是，老头就牵着马去赶集了。

他先用这匹马换了一头母牛，后来他又用母牛换了一只羊，再用那只羊换了一只肥鹅，没多久又把鹅换成了母鸡，最后用母鸡与别人换了一口袋烂苹果。

在每次交换中，他都认为自己给老伴换了一个惊喜。

当他扛着那袋子苹果来到路边的小酒店歇息时，遇到了两个外地人。在闲聊中他兴奋地谈起自己这次赶集的经过，两个外地人听后却哈哈大笑，说他真傻，用一匹马换了一袋烂苹果，回去准得挨老婆子一顿骂。老头子坚称绝对不会，外地人就用一袋金币和他打赌，于是他们就跟着老头子去了他家。

老太婆见老头子赶集回来了，非常高兴，她兴奋地听老头子讲赶集的经过。每听到老头子讲用一种东西换了另一种东西时，她都充满了对老头的赞赏，并愉快地说着："哦，这可好了，我们能有牛奶喝了！"

"嗯，羊奶也同样不错。"

"哦，这也好，鹅毛多漂亮！我喜欢有一只鹅！"

"啊，那我们现在就有鸡蛋吃了！"

最后听到老头子背回的是一袋就要腐烂的苹果时，她还是那么开心，并大声说："太好了，我们今晚就可以吃到苹果馅饼了！"

结果，两个外地人输掉了一袋金币。

故事中的老太婆是个心性豁达之人，虽然老头子用一匹马换了一袋烂苹果，但是老太婆不仅没有责怪他，反而为此感到开心，因为她了解老头子的良苦用心，她知道老头子心里在想着她；并且她也是一个深谙生活真谛的人，活着就要感恩，两个人的快乐远远比金钱来得重要，正因为如此，她始终保持着豁达和乐观的心态，不仅让老两口得到了快乐，还意外地赚到了一袋金币，正所谓"塞翁失马，焉知非福"。用感恩的心宽容地看待一切，你会发现，生活始终是美好的，而且有时候看似不美好的事情背后，其实隐藏着最大的幸福。

从前有个书生，和未婚妻约好在某年某月某日结婚，到那一天，未婚妻却嫁给了别人。书生受此打击，一病不起，家人用尽各种办法都无能为力，眼看书生已经奄奄一息了，这时，路过一游方僧人，得知此情况，决定点化一下他。僧人到他床前，从怀里摸出一面镜子叫书生看。书生看到茫茫大海，一名遇害的女子一丝不挂地躺在海滩上。

路过一人，看一眼，摇摇头，走了……

又路过一人，将衣服脱下，给女子盖上，走了……

再路过一人，过去，挖个坑，小心翼翼地把尸体掩埋了……

疑惑间，画面切换，书生看到自己的未婚妻，洞房花烛，被她丈夫掀起盖头的瞬间……书生不明所以。

僧人解释道：那个海滩上的女子，就是你未婚妻的前世，你是第二个路过的人，曾给过她一件衣服。她今生与你相恋，只为还你一个情。但是她最终要报答一生一世的人，是最后那个把她掩埋的人，那人就是她现在的丈夫。书生大悟，马上从床上坐起，病愈！

从这个故事中我们可以悟到这样一个道理：不要因为失去什么而感到惋惜、痛苦或者埋怨生活。每件事的发生都有它的缘由，感情也是如此，只要在一起的时候珍惜了，不在一起的时候依然感恩，感恩对方曾经和自己在一起的日子，并且豁达接受对方的离别，只有对每件事都心存感激，生活才能妙趣横生、幸福美满，而且我们还可能获得意想不到的收获。就像故事中的书生，始终执着于未婚妻的另嫁他人，却从未想过感谢她曾经爱过自己。

每个人都应该明白，任何感情都是相互的，包括故事中的女子离开书生，嫁给她现在的丈夫，不也是因为她的丈夫才是前世将她的尸身掩埋的人吗？凡是有因才有果，不能强求，只要在我们拥有的时候去珍惜，在我们失去的时候依然感恩并且坦然接受，之后依旧乐观地面对生活，才不枉费父母赋予我们生命的恩情。

在感恩父爱中读懂人生

冰心女士是当代著名的女作家。在家里，冰心是长女，也是父母膝下唯一的女儿，她从小便被父母视为掌上明珠。冰心的父亲谢葆璋是一位参加过甲午战争的爱国海军军官，具有强烈的民族意识和爱国心，同时也是一位舐犊情深的父亲。

谢葆璋在烟台任海军学校校长时，经常带女儿去海边散步，教小冰心如何打枪，如何骑马，如何划船。夜晚，他指点她如何看星星，如何辨认星座的位置和名字。他还常常带领冰心上军舰，把军舰上的设备、生活方式讲给女儿听。

一天，谢葆璋像往常一样带女儿在海滩散步，冰心陶醉于眼前的美景，对父亲说："烟台海滨就是美啊！"父亲却感叹地说："中国北方海岸好看的港湾多的是，何止一个烟台，比如威海卫、大连湾、青岛，都是很美很美的。"冰心听到这里，要求父亲带她去看一看。父亲捡起一块石子，狠狠地向海里扔去："现在我不愿意去！你知道，那些港口现在都不是我们中国人的，威海卫是英国人的，大连湾是日本人的，青岛是德国人的。只有烟台才是我们的，是我们中国人自己的不冻港。为什么我们把海军学校建设在这海边偏僻的山窝里？我们是被挤到这里来的啊。将来我们要夺回威海、大连、青岛，非有强大的海军不可。"

至今，冰心都在为她那庄严勇敢的慈父骄傲着，并且向着父亲鼓励的方向努力，爱国，爱生活，把爱洒满每一个角落。

冰心曾将父亲比喻成清晨即出、灿烂无比的太阳："早晨勇敢的灿烂的太阳，自然是父亲了。他从对山的树梢，雍容尔雅地上来，温和又严肃地对我说：'又是一天了！'我就欢欢喜喜地坐起来，披衣从廊上走到屋里去，开始一天新的生活。"

冰心曾充满深情地说："父亲啊！我怎样的爱你，也怎样爱你的海！"父爱，一直是冰心创作的动力源泉之一，她始终铭记着父亲的教诲，创造出了属于自己的辉煌人生。

直至晚年，冰心还深深地怀念着她的父亲。

是啊，如果说母亲给予儿女的是如涓涓细流般的柔情，是在生活中无微不至的点点滴滴的关怀，那么父亲给予儿女的则是如江海大山般的力量，是精神上的鼓励和支持。父亲的爱是含蓄和深沉的，父爱如山。

父爱比山高，比海深，父亲的爱如一壶老酒，日久愈醇，需要你用心体会，并且为这深沉的爱而努力，不让父亲失望，不让自己的生命充满遗憾。

读懂父亲，便读懂了岁月人生！

时刻不忘母亲恩

小时候，男孩的家里很穷，经常吃不饱，于是母亲就将自己碗里的饭分给男孩吃。母亲说："孩子，快吃吧，我不饿！"

男孩长身体的时候，勤劳的母亲经常用周日休息的时间去县郊农村的河沟里捞些鱼给孩子吃。鱼很好吃，鱼汤也很鲜。男孩津津有味地吃鱼的时候，母亲就在一旁啃鱼骨头，用舌头舔舔骨头上的肉渍。男孩心疼，就把自己碗中的鱼肉夹给母亲吃。母亲不吃，又将鱼肉夹回男孩的碗里。母亲说："孩子，快吃吧，我不爱吃鱼！"

上初中了，为了缴纳男孩的学费，当缝纫工的母亲就去居委会领些火柴盒半成品回家，晚上糊好，挣点钱给男孩交学费。一年冬天，男孩半夜醒来，看到母亲还弓着身子在油灯下糊火柴盒，就对母亲说："妈，快睡吧，明早您还要上班呢。"母亲笑笑说："孩子，快睡吧，我不困！"

高考那年，母亲请了假天天站在考场门口为参加高考的男孩助阵。时逢盛夏，烈日当头，母亲固执地在烈日下站着，考试终于结束了，母亲迎上去，递给男孩一杯用罐头瓶装着的浓茶，叮嘱男孩喝了。茶浓，爱更浓。望着母亲干裂的嘴唇和满头的汗珠，男孩将手里的茶递了过去，让母亲喝，母亲说："孩子，你喝吧，我不渴！"

男孩大学毕业后参加了工作，下了岗的母亲就在附近的农贸市场摆个小摊维持生计。身在外地的男孩知道后，就常常寄钱回来补贴母亲，母亲坚决不要，并将钱退回去，母亲说："孩子，你用吧，我不缺钱！"

男孩留校任教两年，后来又考取了美国一所知名大学的博士生，毕业后留在了美国的一家科研机构工作，待遇相当丰厚。男孩想将母亲也接到国外享享福，却被母亲拒绝了，母亲说："孩子，我不习惯！"

晚年，母亲患了重病，住进了医院，远在大洋彼岸的男孩乘飞机赶回来时，术后的母亲已是奄奄一息。望着被病魔折磨得死去活来的母亲，男孩悲痛欲绝，潸然泪下，母亲却说："孩子，别哭，我不疼。"

母爱的伟大相信每个人都有自己的体会，几乎每个人心中都希望能有机会报答母亲的恩情，然而这个机会，却并非人人能够把握。

俗话说"树欲静而风不止，子欲养而亲不待"，很多人了解这句话的道理，却没有把它放到心里。就像故事中的男孩，从小就看着母亲吃尽苦头只为自己的成长、发展能够顺利顺心。如果说小时候的男孩没有能力为母亲做一些事，那么只要记在心里，也算是一种感恩了。然而在他长大成人之后，在有能力为母亲做一些事情的时候，却没有尽到自己做子女的责任。可能他会说，他做了，但是母亲不需要。事实上，母亲真的不需要吗？母亲只是希望他过得更好，无后顾之忧。其实，钱财和富贵并不是母亲最需要的，她最需要的不过是孩子的一声问候，能够经常看到孩子的笑脸。古人常说："父母在，不远游。"就是这个道理，母亲为了孩子可以忍受孩子的远行，而又有几个孩子能够为了父母放弃外面的广阔世界而专心照顾父母呢？这便是母爱的伟大之处。

在小芳的记忆中，母亲在她很小的时候就独自到美国做生意去了，她一直无法理解母亲为何忍心抛弃幼小的她远走他乡。小时候，每当想念母亲时，小芳总是哭喊着要爷爷奶奶带她去美国找母亲，而爷爷奶奶总是泪眼以对地说："你妈妈在美国忙着工作，她也很想念小芳，但她有她的苦衷，不能陪你，原谅你可怜的母亲吧！总有一天你会了解的。"

这天，是小芳20岁生日，在爷爷奶奶为她庆生的欢乐气氛中，小芳却怀着忐忑不安的心情期盼邮差的到来。她知道，每年生日的这一天，母亲一定会从美国来信祝她生日快乐。

小芳仍焦急地等待时，她打开从小收集母亲来信的盒子，在成沓的信中抽出一封已经泛黄的信，这是她6岁上幼儿园那年母亲的来信：

“上幼儿园以后，会有很多小朋友陪你玩，小芳要跟大家好好相处，要注意衣服整齐，头发指甲都要修剪干净。”

另外一封是18岁考大学时的来信：“高考只要尽力就好，以后的发展还是要靠真才实学，才能在社会竞争中脱颖而出。”

在这一封封笔迹娟秀的信中，流露出母亲无尽的慈爱，仿佛千言万语，道不尽、说不完。在过去无数思念母亲的夜晚，她总是抱着这只百宝箱痛哭，母亲！你在哪里？你体会到小芳的寂寞与思念吗？为什么不来看你女儿？

邮差终于送来母亲的第六十八封信，如同以前一样，小芳焦急地打开它，爷爷也紧张地跟在小芳后面，仿佛什么惊人的事情就要发生一样，而这封信比以前的几封更加陈旧发黄，小芳看了顿觉诧异，觉得有些不对劲。信上母亲的字不再那么工整有力，而是模糊扭曲地写着：“小芳，原谅妈妈不能来参加你最重要的20岁生日，事实上，每年的生日我都想来，但，要是你知道我在你3岁时就因胃癌死了，你就能体谅我为什么不能陪你一起成长，共度生日。

“原谅你可怜的母亲吧！我在知道自己已经回天乏术时，望着你口中呢喃喊着妈妈、妈妈，依偎在我怀中玩耍嬉戏的可爱模样，我真怨恨自己看不到唯一的心肝宝贝长大成人，这是我短暂的生命中最大的遗憾。

“我不怕死亡，但是想到身为一个母亲，我有这个责任，也是一种本能的渴望，想教导你很多很多关于成长过程中必须要知道的事情，来让你快快乐乐地长大成人，就如同其他的母亲一样，可恨的是，我已经没有尽这个母亲天职的机会了，因此，我只好在生命结束前的最后日子，想象着你在成长过程中可能面临的事情，以仅有的一些精神与力气，夜以继日，以泪洗面地连续写了六十八封家书给你，然后交给在美国的舅舅，按你最重要的日子寄回给你，来倾诉我对你的思念与期许。虽然我早已魂飞九霄，但这些信是我们母女永恒的精神联系。

“此刻，望着你调皮地在玩扯这些写完的信，一阵鼻酸又涌了上来，年幼的你还不知道你的母亲只有几天的生命，不知道这些信是你未来17年要逐封看完的母亲最后的遗笔。你要知道我有多爱你，多舍不得留下你孤独一个人，我现在只能用细若游丝的力量，想象你现在20岁亭亭玉立的模样。这是最后一封绝笔信，我已无法写下去，然而，我对你的爱却超越生死，直到永远、永远。”

看到这里，小芳再也按捺不住心里的震惊与激动，抱着爷爷奶奶号啕大哭，信纸从小芳手中滑落，夹在信里一张泛黄的照片飞落在地上，照片中，母亲憔悴但慈祥地微笑着。照片背后是母亲模糊的笔迹，写着：“一九八七年，小芳生日快乐！”

母爱是人类情感世界中的一个奇迹，一个永恒的美神。正是因为有了它，才有了“人之初，性本善”的道行，才有了爱。

感恩伴侣的真情

我们要感恩伴侣，因为伴侣给了我们生命的春天，为了小家付出了许多汗水。“快乐着我们的快乐，悲伤着我们的悲伤”，与我们一起拥有，一起放弃。

古人说："前世的五百次回眸，才能换来今生的一次擦肩而过。"那么与我们心手相牵，结伴过一生的那个人，需要怎样的缘分才能与我们相聚首呢？佛家说："百年修得同船渡，千年修得共枕眠。"在芸芸众生之中，没有多一秒，也没有少一秒，恰恰就在这一秒，我们找到了那个枕边人，这种缘分若不珍惜，便是浪费了前世的种种努力。

两个人相遇不容易，相处更难。所以我们要为在一起的每一天而感恩，感谢爱人把爱给了我们，感谢爱人与我们相知相伴，不离不弃，感谢爱人在每个平凡的日子里带给我们安心和快乐。

经过很长一段时间的思考，约翰终于决定在星期五那天向老板提出加薪的要求。在离家去上班前，他把这个想法告诉了妻子。他说，他认为公司应该给他加薪，因为他所付出的努力要比现在所得到的回报多得多。

在公司的一整天，他都为加薪的事忧虑，甚至一直处于高度紧张之中。快下班时，他终于鼓起勇气，推开了老板办公室的门，向老板提出了加薪的要求。让他惊喜的是，老板答应得非常爽快，并很歉意地说这是公司应该早就考虑的事，可是一直没有落实，希望他能原谅，最后还亲自将他送出了办公室。

这个结果让他非常高兴，他迫不及待地往家赶。当他兴高采烈地推开门时，却没有看到妻子，只看到了餐桌上摆放整齐的妻子一直都舍不得用的那套精美瓷餐具，还点上了红色的蜡烛。这让屋子里倍感温馨浪漫，像新婚的晚上。厨房里，只有节日时欢宴才有的香味也不断地飘出来。他心想，这消息可真快，一定是公司里的哪位好事的同事给妻子打电话告了密。

他走进厨房，妻子正在忙着准备饭菜，他高兴地对妻子说："亲爱的，老板给我加薪了！"他热烈地拥抱着妻子，幸福地与妻子一起分享这莫大的欢乐。妻子听后，也非常高兴。饭菜都做好了，他在餐桌边坐了下来，开始享用妻子为他精心准备的美味佳肴。

就在妻子为他夹菜的偶然间，他发现盘子旁边放着一张充满柔情的便笺，上面认真地写道："祝贺你，亲爱的！我知道你一定会得到加薪的。这顿晚餐向你表达我对你深深的爱意！"看着妻子秀美的字体，他的心里顿时涌起一股暖流。

快乐始终包围着他们，吃完饭，妻子很勤快地去厨房收拾餐具了。他今天心情很好，很有兴致地坐在沙发上翻一本杂志，他突然发现里面夹着一张与餐桌上一模一样的卡片。于是，很好奇地拿了出来，只见上面写着："亲爱的，千万不要为没有加薪而感到烦恼！不管怎样，我都认为你应该得到加薪！就让这顿晚餐向你表达我对你那深深的爱意吧！"

他的眼睛渐渐湿润了……

不得不说约翰拥有一位好妻子，她对约翰的爱，不带任何附加条件，只是因为她爱他，所以无论事情的结果是好是坏，无论是贫穷还是富有，她都愿意陪在约翰的身边。相信约翰的妻子始终怀着对上天的感恩，感谢上天让约翰来到她的身边，感谢约翰能够有一份足以养家糊口的工作，让他们不至于忍饥挨饿。因为有爱，所以没有值不值得，只有愿意不愿意。

看到妻子对自己的爱意，相信约翰也会心怀感激，感激妻子的无怨无悔，感谢妻子的细致周到，感恩缘分让自己与妻子结识。

在生命的旅途中，无论前方是泥泞或是坎坷，只要有你相伴，只要有爱相随，我们就有勇气跨过一道道难关，并且携手到达梦想的彼岸。让我们怀着感恩的心，为了与我们相濡以沫、互相扶持的爱人好好生活，努力拼搏吧！

圣诞节前的一个夜晚，大片的雪花在空中飞舞，纽约市郊的一所教堂里，仍有灯光透出。

白发苍苍的老牧师已经在白天主持了三个婚礼，现在还剩下最后一对新人站在他面前。他们身后是寥寥无几的双方亲属。

新郎新娘着装朴素，一望便知属于生活并不富裕的那种阶层，然而他们气质高雅，可以看出都受过良好的教育。

老牧师已经累了，他希望早早结束这桩平凡的婚礼，以便早早上床休息。简洁的仪式很顺利地进行着，年轻的新郎新娘带着一脸庄严，甚至还有一点儿悲戚，一言不发地受众人"摆布"，与白天的三个婚礼那喜气洋洋的场面相比迥然不同。"显然他们也累了。"老牧师想到，他又戴上花镜，例行公事地开始了那句每个婚礼都不可或缺的问话："莫里斯先生，您爱您的新娘吗?""……我不能肯定。"沉静的新郎迟疑着说出了这样一句话，家属们和老牧师都安静下来，他们显然对新郎的回答有些震惊。牧师注意到新娘也是一怔，但又旋即恢复了常态，依旧目不斜视地望着前方。

新郎自己打破了宁静："我并不知道自己爱不爱她，我只知道她在全心全意地爱着我，而我则一直对她抱着一种无与伦比的依恋之情。从见到她的第一面起，我就知道我的余生要与她拴在一起了，我们必将在一起相携相挽着走过剩下的所有日子。小时候我是一个十分依赖父母的孩子，等我长大了，除了我的父母，我的情感又在她的身上发掘出来，即使我们有短暂的分离，但我的心是充实的，她的一颦一笑、一举一动都好像仍在我身边，我不能想象真要失去她我的生活会变成什么样子。我仍然清楚地记得我们大学刚毕业时同甘共苦的日子。在那些日子，我带着外出找工作未得的一身疲惫与沮丧回来时，她会端出仅剩的一块面包，并撒谎说她已吃过而让我独享；当然我也记得自己没钱给她买高档的服装和昂贵的首饰，她却穿着破旧的衣裳安之若素；她背着我出去给饭店端盘子洗碗，回家来却仍强撑笑颜骗我在富人家里找到了家教的清闲工作。我只知道我将因她为我所赐的一切恩惠而感激她，我只知道我将用我的后半辈子去为了她而努力奋斗，我只希望让她不再重新经历以前的那些艰苦日子，不必为了房租电费和明天的面包发愁，不必再去忍耐那些我们曾经为之忍气吞声过的呵斥与白眼。我不知道我的这种情感相比她的来说有没有资格叫作爱，我只知道对于她为我所倾注的爱来说，我的这些情感太渺小了。所以我说我只知道她爱我，并不知道我是不是在爱着她。"

所有的人都沉默着，端庄清秀的新娘眼里蕴含着晶莹的泪，但她努力克制着不让它们掉下来，她抿着好看的嘴角，秀气的下巴痉挛着。

这次是牧师打破了沉寂，他将脸慢慢地转向新娘："尊贵的小姐，请问，您爱莫里斯先生吗?""……我也不知道。"她清了一下喉咙，继续说下去，"我也只知道他爱我。虽然他不能给我买汽车、别墅和高档服饰，而我到目前为止的渴望仍只是过上衣食无忧的生活，但他在我心中仍是最能干最无可替代的。我们没有汽车代步，但我们背着背包郊游却让我感到快乐如在天堂；没有高档礼服，我们不能参加豪华的宴会和沙龙。但我们一起在陋室里伴着舒缓的钢琴曲跳舞时，却让我觉得我们就是这个世界上最高贵的公主和王子；我们有时只能吃上面包和喝白开水，但我们点起蜡烛坐下来吃时，那种情调胜过了任何豪华的烛光晚餐。我知道现在我们仍然很穷，但我记得去年情人节时，他将一支红玫瑰递给我时的那副又得意又调皮的神情，可谁又知道，就为了买到花店里这最后一支处理的玫瑰，他捏着仅有的50美分在店外的寒风中整整站了两个小时。我们是很穷，但我们有纯真的感情在，我相信凭他的才干，我们终有一天会过上幸福的生活。我将为了让他成功而奉上自己的一切。我也不知道这是不是一种爱，我不知道用‘爱’这个词来表达这种感情够不够。”

新娘说完已是泪流满面，教堂大厅再次安静下来。老牧师这次没有说话，他越过众人的头顶望向大门，却又像在望着大门以外的什么地方。

屋外，雪不知何时已停了，大地一片银白。远处传来风琴伴奏的《神爱世人》的旋律，稚嫩的童声轻轻重复着最后一句：“让爱永埋心底，让爱永埋心底。”

当你走向婚礼殿堂的时候，把那些最动听最美的话，说给我吧，你看着我的眼神，有多么的期盼。

对，就是你想了好多天的誓言，有我和你在一起，承担风风雨雨，你，还会害怕吗？

感恩老师的教诲

感恩老师，给予我们翱翔苍穹的翅膀，我们从懵懂顽童到天之骄子，伴随着每位老师春风化雨般的培养。一段恩师爱，就是一段心灵深处的洗礼；一段恩师爱，就是一段刻骨铭心的记忆。

郑青刚执教鞭两年，却跟学生结下了深厚的感情。他所在的安徽省霍邱县姚李镇长岗小学，多半孩子的父母去了城里打工，缺少亲情的关爱，郑青就充当了家长的角色，帮助孩子们解决心理问题，给他们送去汩汩暖意。他的课也成了县里常组织教师观摩的示范课。然而，2005 年的暑假却改变了他的生活。那时，因为平时晕倒的次数越来越多，郑青到安徽省立医院做了检查，确诊结果竟是慢性粒细胞白血病！医生让他立即住院。白血病，这个以前只是听说过的绝症突降自己头上，29 岁的郑青怎么也无法相信这是真的。郑青夫妇俩每月工资加起来才 1000 多元，而治疗费用需 50 万元，郑青在医院仅住了一个星期就被迫回家保守治疗。

面对随时可能降临的不测，郑青决定一边治疗，一边返回讲台继续给孩子们上课。他深深体会到，只有在讲台上才能让日渐枯萎的生命焕发活力。2005 年 9 月，他婉拒医生和家人静养的忠告，坚持上岗。同学们看到郑老师又回来给他们上课了，都高兴得不得了，每天郑青一踏进课堂，同学们都报以雷鸣般的掌声。郑青乐观风趣，讲课时喜欢打比方、做手势，有时也手舞足蹈，声音依然洪亮，与大家保持良好的互动。郑青老师重回课堂深深地打动了附近好几个庄的乡亲们，有的家长托人把孩子转到他班上，一些以前跟随打工父母在外地就读的孩子也回老家进了这个班，由此导致全校生源急剧上升。学校领导怕他劳累加重病情，要求郑青在家休息并发全额工资，但郑青坚决不同意。他对校长说，孩子们挺喜欢我讲课，让我再坚持一段时间吧。他把“坚持着、坚持着，把孩子带进知识的世界”这个手书条幅挂在了自己床头。

郑青边打针边上课坚持了整整一学期，怕流鼻血吓着孩子，他总是带着大口罩上课，半年中四次栽倒在讲台上。校长陈道喜说，郑青简直就是超人，他得病回来上岗以后，班里学生的成绩平均提高 30% 以上，跃居全县前列，同事都说他了不起，创造了奇迹，孩子们也欢欣振奋，这样的好老师怎么就会得病呢？苍天不公啊！

2006 年元旦那天，长岗小学五年级的 44 名同学决定凑钱买点儿礼物去看望郑老师。同学们带了两条自抓的大草鱼、腊肉咸货，还凑了 22 块钱。但到底用这 22 块钱买什么，大家议论纷纷。最终决定一半钱买猪骨头、鸭血、菠菜等补血食品，另一半钱给老师买本《钢铁是怎样炼成的》，鼓舞老师与病魔作顽强抗争。当孩子们冻得流着鼻涕、搓手跺脚齐刷刷出现在郑青病榻前时，他艰难地翻身起床，一把圈住孩子们。郑青强忍住泪水批评孩子们乱花钱还耽误了宝贵的学习时间，他深情地安慰孩子们，老师的意志会像保尔一样坚不可摧！

此时，郑青患病后免疫力锐减，小病不断，任何一次感冒都可能夺去他脆弱的生命，他已经十多次与死神擦肩而过。而他最留恋的是自己才站了两年的讲台，在2006年春节前，郑青开始做一件在他看来是一生中具有伟大意义的交代工程：总结出每个学生的特点，开出有针对性的教育方案，给44名学生每人写一封包蕴无限留念、解读生命真谛的书信，每封信分三部分：沟通劝导、优缺点和改正措施。作为学期结束前的礼物，打算一旦自己倒下后交给下一任老师，让下一任老师做到心中有数，因材施教。

虽然一封信仅短短的几百字，可郑青一坐下来就倍感吃力，大脑和手都不听使唤，特别是连续化疗，严重损害了他的记忆力，如果一晚连写3封信就得熬到第二天凌晨。半个月时间里，郑青用泣血般的大爱写就44封信，他用一颗从容真诚的心与孩子们像老朋友般掏心窝子地交流。他告诉妻子，哪天他走了，就从枕头下把信拿出来交给接任的老师。

郑青的故事感动了周围的人们，辐射到全国。好老师我们需要你！一时间，爱如潮水滚滚涌来。广西南宁一个女孩为郑青的事迹感染，在"情人节"发起声势浩大的义卖玫瑰募捐活动，帮助郑老师筹措医药费，有400名志愿者加入。此时郑青的病体再也坚持不住了，5月初被家人强迫送进安徽省立医院治疗，而首次住院费要交30万元，还要再付给"中华骨髓库"3万余元的相关费用，郑家为此愁肠百结焦急万分。

至5月中旬，各界救助款达20多万元，加上妻子王道琴从霍邱县医保中心预支可报销的大病救助款7万元，郑青勉强得以先入院治疗。更令人振奋的是，在北京红十字会造血干细胞移植捐献中心找到了与郑青配型相符的造血干细胞捐献者。面对社会的关爱，病榻上的郑青感慨道："如果有幸获得新生，我将把毕生的精力献给教育事业！"

距病房100多公里以外的学校里，一群孩子正期盼着他们亲爱的老师能早日归来。在郑青住的四面是玻璃的病房里，玻璃窗上密集地贴满了20多张学生们的合影照片，他说那一张张清纯熟悉的笑脸，会反射给他无穷的力量，忍受住病痛的折磨。一个平凡的乡村教师如此挚爱自己的学生，令所有医护人员无不为之动容。

5月23日，家住江苏省宿迁市的中华骨髓库志愿者王迎春捐献60毫升型号匹配的造血干细胞，由南京专车急送至合肥输入郑青体内。

到8月中旬，郑青已度过新血和体内器官产生排斥的最危险期和感染期，病情初步稳定下来。他精神明显好转，脸上现出红润，已能够支撑着坐起来看看教育类报刊，看看学生的来信了。不过，医生提醒说，要经过3～5年时间的不断检查和防治才能真正恢复健康。

好老师郑青，所有的人都在默默为你祝福：战胜病魔，重返课堂！

面对飞来横祸，郑青老师并没有像一般人那样陷入痛苦、悲观、绝望的深渊，而是坦然面对，让自己的最后时光放射出更耀眼的光芒。于是，他以超人般的毅力与病魔作斗争，坚持站在那三尺讲台，把自己的爱和智慧奉献给天使般的孩子们。他需要多大的勇气和毅力，作为健康人的我们难以想象。超人之所以能成为超人就是因为他们做到了平凡人所做不到的事情。郑青老师是超人。他感动了学生，感动了同事，感动了医生，感动了社会上有爱心的人。他身上体现出的是对教育事业的孜孜追求，对生命的高度负责。

大爱无言，真爱无怨。是恩师的白发告诉了我们，爱是春晖融雪，爱是雪中送炭，爱是沙海绿洲，爱是生命之源。是恩师的背影告诉了我们，爱是一种给予，爱是一种奉献，爱是一种感恩，爱是一种怀念！

感恩朋友的友谊

感恩朋友，给予我们高山流水的情谊，从管鲍之交到桃园结义，伴随着人性之间的完美特质。友情如细雨，绵绵惬意；友情如春风，唤醒大地。

在人生成长的路途中，友谊是种需要，是每个人内心深处迫切向往的一种情感需求。尽管父母能给予我们生活上的照顾，能满足我们在物质上的需求，但是我们还需要友情来浇灌我们的心灵，让我们健康地成长。在这个世界上，也正是因为有了友谊，才让我们勇敢地走过了那些黑暗无助的日子，因为有了友谊，我们才感到了温暖。

王琪这段时间因感冒一直在咳嗽，连续输了几天液都还没好，工作一忙，更咳得厉害。正巧下周四过生日，又逢这周六晚上放假，于是他决定请朋友一起吃饭。不过从十岁起，王琪就没有正式地过过生日，他不愿意让朋友破费买礼物，于是他决定把生日会办成庆祝宴，大家一起开心地玩就好了。

周五晚上，王琪还在邀请最后一个朋友："小张，（咳……）明天晚上我们一起出去吃饭（咳，咳……王琪在电话里咳个不停）……嗯，好的，那明天下班来我办公室集合。"

通知完所有朋友后，王琪早早入睡。第二天上午，一个叫刘强的同事打电话给他："王琪啊，你现在在办公室没有啊？"

"嗯，在，我现在在办公室。"王琪接了电话，回答说。

"那好，我马上过来，有人托我给你送个东西。"

王琪心里想：不会是朋友送的生日礼物吧！

过了几分钟，刘强出现了，他递给了王琪一包东西，并说道"这是小张送给你的……"王琪接过来一看，是三包999感冒颗粒，顿时，心中涌入一股暖意。他按下了小张的电话，那首《朋友》的铃声让他非常感动。电话接通了，王琪真诚地说了声"谢谢你"。眼睛有点潮湿，在家的时候习惯了父母的照顾，自己都忘记如何照顾自己，在病痛中却意外地得到了朋友的照顾，大家工作都这么忙，还这么有心地关心他的身体，让他更觉得朋友的珍贵。感动就这样包围着王琪，有生以来，他过了一个完美的生日。

在王琪的心目中，友情是纯粹的，是没有任何杂质的。自己要请客只是希望大家在一起开心，所以隐瞒了自己生日，怕朋友们破费。王琪在生病的时候意外地收到朋友的药包，其实友谊就是这样简简单单的一个举动，一份真实的关心，在你有困难的时候或者是处于低谷的时候，能伸出友谊之手，给你帮助，或者只是陪伴在你的身边给你力量。

所以说如果拥有了一份纯真的友谊，请珍惜它，在我们最脆弱、最需要帮助的时候，它们将是黑暗中的星星，给你明亮，为你指引道路。

身边的人难免会有遇到这样那样小困难的时候，伸出你的援助之手，慢慢地，你的朋友会越来越多。比如有人摔倒了，你上前扶一把，得到你帮助的人会因为你的无私和热心而成为你的朋友,这样一来,如果哪天你有需要别人帮助的地方,他们也会向你伸出援助之手,给予你及时的帮助。

这是发生在越南的一个孤儿院里的故事。由于飞机的狂轰滥炸,一颗炸弹被扔进了这个孤儿院,几个孩子和一位工作人员被炸死了,还有几个孩子受了伤。其中有一个小女孩流了许多血,伤得很重!

幸运的是,不久后一个医疗小组来到了这里,小组只有两个人,一个女医生,一个女护士。

女医生很快地进行了急救,但在那个小女孩那里出了一点问题,因为小女孩流了很多血,需要输血,但是她们带来的不多的医疗用品中没有可供使用的血浆。于是,医生决定就地取材,她给在场的所有的人验了血,终于发现有几个孩子的血型和这个小女孩是一样的。可是,问题又出现了,因为那个医生和护士都只会说一点点的越南语和英语,而在场的孤儿院的工作人员和孩子们只听得懂越南语。

于是,女医生尽量用自己会的越南语加上一大堆的手势告诉那几个孩子:“你们的朋友伤得很重,她需要血,需要你们给她输血!”终于,孩子们点了点头,好像听懂了,但眼里却藏着一丝恐惧!

孩子们没有人吭声,没有人举手表示自己愿意献血。女医生没有料到会是这样的结局!一下子愣住了,为什么他们不肯献血来救自己的朋友呢?难道刚才对他们说的话他们没有听懂吗?

忽然,一只小手慢慢地举了起来,但是刚刚举到一半却又放下了,好一会儿又举了起来,再也没有放下!

医生很高兴,马上把那个小男孩带到临时的手术室,让他躺在床上。小男孩僵直地躺在床上,看着针管慢慢地插入自己的细小的胳膊,看着自己的血液一点点地被抽走!眼泪不知不觉地就顺着脸颊流了下来。医生紧张地问是不是针管弄疼了他,他摇了摇头,但是眼泪还是没有止住。医生开始有一点慌了,因为她总觉得有什么地方肯定弄错了,但是到底在哪里呢?针管是不可能弄伤这个孩子的呀!

关键时候,一个越南护士赶到了这个孤儿院。女医生把情况告诉了越南护士。越南护士忙低下身子,和床上的孩子交谈了一下,不久后,孩子竟然破涕为笑。

原来,那些孩子都误解了女医生的话,以为她要抽光一个人的血去救那个小女孩。一想到不久以后就要死了,所以小男孩才哭了出来!医生终于明白为什么刚才没有人自愿出来献血了!但是她又有一件事不明白了,“既然以为献过血之后就要死了,为什么他还自愿出来献血呢?”医生问越南护士。

于是越南护士用越南语问了一下小男孩,小男孩不假思索地回答了。回答很简单,只有几个字,但却感动了在场所有的人。

他说:“因为她是我最好的朋友!”

小男孩为了友情不惜牺牲自己的生命的行为,令我们感动,也令我们汗颜。

当我们越来越看重自己的利益,而无视他人利益的时候;当我们越来越漠视朋友的存在,以自我为中心的时候;当我们越来越成熟,而无视纯真正在远离自己的时候;当我们越来越喜欢在虚拟的空间结交朋友,而不愿意注视一下身边需要帮助的朋友的时候;当我们的玩友很多,心灵却莫名其妙地越来越孤独的时候,友情正在离我们越来越远。

时代在前进，人的内心空间却越来越窄小，窄小得除了自己装不下其他人。这不仅是友谊的悲哀，也是整个人类的悲哀，让我们从自己做起，珍惜生命中宝贵的友谊吧。

2002年初春，暖洋洋的阳光映衬着湛蓝的天空，沁人的海风拂过脸颊，这是一个钓鱼的绝好天气。尼克·帕莱特向62岁的老朋友彼得·多保问道："还没钓到什么鱼？"长满络腮胡子的多保冲他的年轻搭档笑笑，得意地甩上一条鲭鱼作为回答。尽管比他的老伙计小20岁，帕莱特和多保已成了忘年交，最近发生的一些悲剧使两人友情愈加深厚。年初，与他们俩都颇有交情的一位朋友在飞机失事中罹难，之后不久，多保的妻子在与癌症抗争了4年之后撒手人寰。尽管多保的两个儿子对父亲关怀得无微不至，帕莱特还是感受到了这位老人心中的苦痛。帕莱特在心中默默地祈祷着，希望此刻的好天气能使自己的老朋友心情渐渐好起来。

多保说："我去岛顶看看情况怎么样。"于是，他拖着渔具向小岛的高处走去，从那儿他能看见海面的整体情况，但他的鞋子被一块突出的岩石钩住。他一使劲儿，竟踉踉跄跄地栽落下来。也就在这时，帕莱特听到身后传来一声尖叫，他没来得及转头弄清发生了什么，就感觉肩膀被撞了一下，人随之被推到了一边。是多保在坠落的瞬间把帕莱特推到了一边以免朋友被自己牵连。帕莱特惊恐地目睹着这一切：多保的身体先是摔到了陡峭的岩石上，随后是沉闷而又惊心的撞击声，是多保的头撞在了一块石头上。最后多保从200英尺（约60米）高的崖顶坠入了汹涌的大海！"彼得！"看着多保像木头一样漂浮在海面上，帕莱特疯狂地叫喊着。一瞬间，无数念头交集在这个年轻人的脑中：他还活着吗？我该做些什么？我要冒险跳下去吗？友情很快战胜了恐惧与犹豫。帕莱特后退两步，纵身跃入了波涛翻滚的大海。帕莱特扑打着海浪，拼命地游到多保身边。此时，多保的头部已严重受伤，头盖骨已经露了出来，殷红的鲜血正从嘴角渗出，他的眼睛也因受伤而几乎睁不开了。"彼得！"帕莱特不停地呼喊着，试图使他苏醒过来，"坚持住，彼得，我们马上离开这儿！"帕莱特用右手紧紧抓住多保的衣领，然后左手划动，拼命地游向小岛的方向。

他知道他们没有多少时间，14年的海上经历使他谙熟大海的各种情况。尽管他们目前的体温还是正常的，但由于没有防水衣、帽子、手套、鞋和救生设备，不用10分钟他们的体温就会降低，随后，他的力气将会耗尽，多保和他就会溺水或撞礁而死。两个人在海浪中时沉时浮，帕莱特抓住下一个海浪冲过来的时机试图在光秃秃的岩石上找到一个凸起的地方，结果他失败了，海水又把他们卷回大海。当海浪又一次将他们推向高处，帕莱特设法抓住了岩石。当海水退去的时候，他们两个人成功地留在了一块岩石上。"我们成功了！"帕莱特兴奋地喊道。不幸的是，刚过了一小会儿，海水又涌了上来，直到没过他们的头顶。这次他再也抓不住了，他们又从岩石上滚了下来。帕莱特的左胳膊拼命地划水，尽量接近岩石，他抓着多保衣领的右胳膊已经开始酸痛，渐渐失去知觉。他们在海水中至少已经停留了5分钟，撑不了更长的时间了。

帕莱特从来没有觉得如此的孤单，如此的绝望。他的妻子知道他们钓鱼的地方，但还要很久她才会意识到情况不妙而去报警，200英尺（约60米）高的崖顶上也许会有行人走过，但只有站在多保摔落的那块岩石上才可以看见他们，他感觉死神正向他们步步紧逼。难道要扔掉挚友，独自逃生？不，绝对不行！多保的妻子刚刚去世两个月，他们的孩子绝对不能再失去父亲了！

我也绝对不能失去多保！帕莱特打定主意，要与多保共存亡。潮水又一次涌来，将他们冲向小岛。帕莱特再一次成功地抓住了一块岩石。帕莱特努力平复自己紧张、绝望的心情，苦苦思索着求生的办法。他记起来海浪是有一定规律可循的：大概7个中等规模的海浪过后，会有3个较大的海浪伴随而来。他必须在岩石上找到很好的落脚点，否则，过不了多久，他们就会被较大的海浪吞下去。帕莱特向远处的大海眺望，他看到了巨大的海浪。难道我们生命的最后时刻已经来临了吗？

巨大的海浪呼啸而来，把他们推向更高处。帕莱特借机拼命抓住岩石中一条细的裂缝，他把左手伸进去，然后握紧拳头来支撑，现在他仅凭一只胳膊支撑着两个人的体重，而且湿透的衣服变得越来越重。帕莱特的脚不停地搜寻，终于找到了一个支点，又一个海浪打过来，狠狠地冲击着他们，这一次他抓得很牢固，没有被卷下去，但帕莱特的力气已经快要耗尽了。“彼得，你要帮助我，”他喊道，“我一个人撑不下去了，我的胳膊失去知觉了。”帕莱特希望多保的腿能帮上忙，他用脚搜寻着其他的落脚点，“在那儿！”他兴奋地喊道，“那儿有一个洞，你正好可以把左脚放进去。”苏醒过来的多保努力地把脚向上挪了几英寸（1英寸＝2.54厘米），在帕莱特的帮助下把脚放到了那个洞中。由于多了个支撑点，帕莱特的右胳膊得到了舒缓。他看了一眼多保血肉模糊的脸，意识到他的朋友几乎看不到东西，于是告诉他：“彼得，你只要把重心放到那只脚上就可以了。”休息片刻，帕莱特拖着多保艰难前进，在他们一点一点的前进过程中，可以支撑的地方越来越多，岩石也变得越来越粗糙。然而帕莱特仍然感到恐惧，因为他们随时都有可能被巨大的海浪重新卷回海中。他的手一直紧紧抓着多保的衣领，生怕不小心失手丢掉朋友的性命而前功尽弃。

当帕莱特拖着多保回到岸边时，他感觉似乎经历了一个世纪的漫长时间，想起刚才在汹涌的海浪中与死神搏斗的情景，仍心有余悸。多保看起来情况更严重了，在鲜血的映衬下，他的脸苍白如纸。帕莱特把他前额绽开的皮肤轻轻地抚平，遮住露出的头骨，他用多保来时戴的那顶帽子轻轻地盖住鲜血不断涌出的伤口，然后把他的身体舒展开，使他舒服一点儿。“彼得，不要把帽子拿开。我必须去寻求援助，你一定不要乱动。”帕莱特不想离开多保，现在多保处于半昏迷状态，有可能再掉进海里，但是帕莱特没有选择的余地。他开始攀登陡峭的悬崖，这200英尺（约60米）高的悬崖是对他生命极限的又一次挑战，稍不留神，他就将坠入大海，丢掉性命。锋利的礁石磨得他的手臂、大腿伤痕累累，不断溢出的鲜血染红了礁石。帕莱特忍住伤痛，努力登攀，心中牵挂的只有朋友的安危。

地方银行职员黛比·库珀的房子就建在崖顶。帕莱特磕磕碰碰地走进房间后就瘫倒在地上。“我需要一辆救护车，”浑身是血的帕莱特低声说道，“不是为了我，是为了我的朋友。”半小时后，多保被成功地救回悬崖顶部。

在救护车里，帕莱特躺在多保的身边，尽管寒冷、疼痛及乏力的感觉一齐袭来，他还是抑制不住心中的喜悦，因为他们之间的深厚友情终于战胜了死神。

一年之后，彼得·多保的身体完全康复了，但尼克·帕莱特的胳膊和腿却因严重受伤留下终生残疾。鉴于帕莱特在抢救朋友的过程中勇敢、无私的表现，2003年3月英国政府授予他“勇敢”勋章。

一个惊心动魄的历险故事，一曲感天动地的友情颂歌。

一对忘年交在生命、友情之间做出了最坚定无悔的抉择。死神走了，一个伟大的友情诞生了。多保康复了，帕莱特成了英国人民的骄傲。

“患难见真情”，朋友间必须患难相济，那才能算得上是真正的友谊，友谊之树才会万古长青。

感恩对手的压力

对手造就了我们的成功，对手越强大，我们也就越强大。对手历练了我们的心态，对手越老练，我们也就越成熟。欢迎对手，感恩对手。

在北方某大城市里，诸多电器经销商经过明争暗斗的激烈市场较量，在彼此付出了很大的代价后，张、李两大商家脱颖而出，然而他们又成为最强硬的竞争对手。

这一年，张为了增强市场竞争力，采取了极度扩张的经营策略，大量地收购、兼并各类小企业，并在各市、县发展连锁店，但由于实际操作中有所失误，造成信贷资金比例过大，经营包袱过重，其市场销售业绩反倒直线下降。

这时，许多业内外人士纷纷提醒李：这是主动出击、一举彻底击败对手张，进而独占该市电器市场的最好商机。

李却微微一笑，始终不曾采纳众人提出的建议。

在张最危难的时机，李却出人意料地主动伸出援手，拆借资金帮助他顺利过关。最终，张的经营状况日趋好转，并一直给李的经营施加着压力，迫使李时刻面对着这一强有力的竞争对手。

有很多人曾嘲笑李的心慈手软，说他是养虎为患。可李却没有丝毫后悔之意，还是四处招纳人才，并以多种方式调动手下的人拼搏进取。

就这样，李和张在激烈的市场竞争中，既是朋友又是对手，他们彼此绞尽脑汁地较量，但各自的实力却都在不断增强。多年后，李和张都成了当地赫赫有名的商业巨子。

面对事业如日中天的李，当记者提及他当年的“非常之举”时，李一脸的平淡，他说：“击倒一个对手有时候很简单，但没有对手的竞争又是乏味的。企业能够发展壮大，应该感谢对手时时施加的压力，正是这些压力，化为想方设法战胜困难的动力，进而在残酷的市场竞争中，始终保持着一种危机感。”

没有压力，人的潜能就会逐步退却，人的动力就会慢慢消退，生命的机能就会不断萎缩。最终，事业消沉，生活散漫，人生越来越暗淡。只有注入强有力的压力，在压力中多多用心，努力将压力转化为动力，才有可能使生命越来越有活力，激发出更多的人生潜能，最终取得事业的成功。

生活并不如意，你也没有什么前进的动力，如果一直这样下去，你的人生就会就此止步，没有什么指望了。

如果面临这种情况，不妨找一个竞争对手，把他放在背后“盯”紧自己，以使自己不断前行。“对手”，是一个充满火药味的词。但正因为如此，才使比赛精彩。

在一次比赛中，刘翔以12′88的成绩创造了男子110米栏的纪录，他的光荣他的成绩离不开紧跟其后的第二名的选手的紧逼，赛后两人紧紧拥抱，“飞人”的产生不仅仅只靠自己的技能，有时来自对手的压力，才使得技能发挥到极限。感谢对手，才使刘翔走向辉煌。

对手有时是一个公正、无私的“裁判”，是为自己成功铺路的人。

在一次乒乓球比赛中，中国选手刘国梁对抗德国骁将波尔。决胜局，刘国梁以12:13落后，再失一分就会被淘汰。在此时，刘国梁打出一个擦边球，德国教练准备起身庆祝，波尔示意这是一个擦边球。这样刘国梁奇迹般被拉回比赛,最后反败为胜。对手,往往给自己以机会,不是失误,是人格。对手,给了我们成功的可能。他为成功打开一扇门,为我们的进入而鼓掌。感谢对手是对机遇的感谢,更是对对手人格的赞颂。

在学习和生活中,总会有这样那样的对手,给我们压力,给我们挑战。成功时,对手给我们掌声;失败时,也能听到他们鼓励的话语或得到他们温暖的拥抱。我们应该感谢对手,感谢他们。

对手不是我们的敌人,而是除父母老师朋友之外我们还应该感谢的人。感谢对手,是他们让我们认清我们的敌人永远只有自己;是他们让我们立志刻苦学习,努力奋斗;是他们让我们心中准备战斗的弦紧绷,同样是他们让我们勇敢、坚强地面对人生的坎坷。感谢对手,感谢你们。

感谢对手！让赛场充满温馨、充满人性的光辉。

一个人、一个团体、一个组织,如果没有了对手,一定会走向怠惰和没落。对手是值得我们感谢的人,他们的压力,让我们把自身的技能发挥到极限;他们的存在,给了我们成功的可能;他们的人格,给了我们公平竞争的机会;他们的掌声,给了我们成功的快乐;他们的拥抱,给了我们失败后的安慰。正是由于对手,才使我们认识到自己的不足,才使我们认识到要发展自我,才使我们认识到骄傲就会落后。对手就犹如一面铜镜,能照出你自己的特征,也能激励你去不断学习、不断发展。让我们用感恩的心去看待对手吧！

有一个故事:

一位动物学家对生活在非洲大草原奥兰治河两岸的羚羊群进行过研究。他发现东岸羚羊群的繁殖能力比西岸的强,奔跑速度也要比西岸的每分钟快13米。而这些羚羊的生存环境和属类都是相同的,饲料来源也一样。于是,他在东西两岸各捉了10只羚羊,把它们送往对岸。结果,运到东岸的10只一年后繁殖到14只,运到西岸的10只剩下3只,另外7只全被狼吃了。

现在,你一定也可以明白,东岸的羚羊之所以强健,是因为在它们附近生活着一个狼群;西岸的羚羊之所以弱小,正是因为缺少了这么一群天敌。没有天敌的动物往往最先灭绝,有天敌的动物则会逐步繁衍壮大。大自然中的这一现象在人类社会也同样存在。敌人的力量会让一个人发挥出巨大的潜能,创造出惊人的成绩。尤其是当敌人强大到足以威胁到你的生命的时候,敌人就在你身后,你一刻不努力,你的生命就会有万分的惊险和困难。

在日常生活中,我们中的许多人,却犯了这样一个致命的错误:总在诅咒我们的对手,或者因为自己遇到了对手而失魂落魄。这恰恰错了,你应该为自己有一个对手或者是强大的对手而庆幸,为自己遇到的艰难境遇而庆幸,因为这正是你脱颖而出的机会。感谢对手吧,因为正是他们使你变得伟大和杰出。

当遇到了强大的对手时,你是否曾失魂落魄,是否曾诅咒命运？读过这篇文章,你是否受到鼓舞？作家冯骥才说:“人生最强劲的力量都是你的对手给你的。对手多强,你就有多强。”我们应感谢对手,正因为有了对手,才激发了我们的潜力。“生于忧患,死于安乐”,羚羊因为有了狼群才更强健,我们因为有了对手才更杰出。

在电视剧《康熙王朝》中,最后一集有这么一段,康熙为庆祝执政六十年举办一场“千叟宴”,在宴中,康熙首饮三碗酒。第一碗敬祖宗,第二碗敬臣民,饮第三碗时,康熙说:“这第三碗酒,朕要敬给朕的死敌们！鳌拜、吴三桂、郑经、葛尔丹,还有那个朱三太子,他们都是英雄豪杰呀。他们造就了朕,是他们逼着朕立下了这丰功伟业！朕恨他们,也敬他们。哎,可惜呀,他们都死了，朕寂寞呀。朕，不祝他们死得安宁，朕祝他们来生再来与朕为敌吧！"

这是怎样的一种胸怀，怎样的一种气魄啊！我们虽然永远不可能成为皇帝，但康熙的话却给了我们很大的启示：面对一个英雄的敌人，总比面对一个愚人、庸人、小人幸福。

所以，在你的身边，有一个实力强劲的敌人其实并不是一件坏事，只有敌人越强大，你才越有成长的空间和动力。与敌人竞争的过程、博弈的过程就是你提高的过程、成熟的过程、前进的过程。

海湾战争之后，美国军方提出了战争状态下士兵的"生存能力"比"作战能力"更为重要的全新理念。于是一种被称之为"艾布拉姆"式的 M1A2 型坦克开始陆续装备美国陆军。

这种坦克的防护装甲是目前世界上最坚固的，它可以承受时速超过 4500 千米、单位破坏力超过1.35万千克的打击力量，而这种力量被美武器专家形容为"可以轻易地将一只球捧上月球"。那么，M1A2 型坦克这种品质优异的防护装甲是如何研制出来的呢？

乔治·巴顿中校是美国陆军最优秀的坦克防护装甲专家之一，他接受研制 M1A2 型坦克装甲的任务后，立即找来了毕业于麻省理工学院的著名破坏力专家迈克·马茨工程师。两人各带一个研究小组开始工作，所不同的是，巴顿带的是研制小组，负责研制防护装甲；马茨带的则是破坏小组，专门负责摧毁巴顿已研制出来的防护装甲。

刚开始的时候，马茨总是能轻而易举地将巴顿研制的新型装甲炸个稀巴烂，但随着时间的推移，巴顿一次次地更换材料、修改设计方案，终于有一天，马茨使尽浑身解数也未能奏效。于是，世界上最坚固的坦克在这种近乎疯狂的"破坏"与"反破坏"试验中诞生了，巴顿与马茨这两个技术上的"冤家"也因此而同时荣获了紫心勋章。

可见，在生活中，选择一个强大的对手做敌人，正是为了使你能更及时更深刻地发现自己的不足，从而使自己更趋完善，达到意想不到的效果。

企业在市场上的竞争，也是同样的道理。作为美国饮料市场上的老二，百事可乐始终是将可口可乐作为竞争目标和市场动力来对待，在不断的挑战中不断发展壮大。

企业之间的争夺永远是在市场上进行。为了占有市场，百事可乐对原有的经营方式进行了五项改革：(1)改良口味，使其不逊于可口可乐；(2)重新设计外包装和公司的各种标识，发挥整体广告的宣传作用；(3)增加广告投入，提升本公司的品牌形象；(4)集中力量攻占可口可乐所忽视的市场；(5)集中力量攻占市场据点，选定了美国的 25 个州和国外的 25 个地区作为重点攻克目标。

但事实并非如百事可乐所愿，因为无法抓住可口可乐的弱点，百事可乐的收效不是很大。

1985 年是可口可乐公司成立100 周年的日子，这时可口可乐公司突然宣布要采用一种全新的配方，这种配方是可口可乐公司花费了数百万美元研制的。可是消费者并不买这个账，他们纷纷抗议改变配方，可口可乐的形象大受打击。

可口可乐的这一举动令一直无从下手的百事可乐欣喜若狂。百事可乐立即花费了数百万美元制作了一个电视广告，并在各大电视台集中播放。一个漂亮的女孩儿对着镜头说："有谁能告诉我可口可乐为什么要这么做吗？他们为什么要改变配方？"镜头切换，姑娘继续说："因为它们变了，我要开始喝百事可乐了。"这一广告在电视台黄金时段反复播放的结果令百事可乐的形象开始鲜明起来。

接下来，两家可乐公司在市场上你争我夺，你追我赶。1987 年，可口可乐公司花费 250

万美元,请国际名导拍摄场面宏大的广告;百事可乐当然不甘示弱,花费500万美元请出当红人气歌星迈克尔·杰克逊为产品代言人。

尽管百事可乐不甘人后地频频向可口可乐发动进攻,但依然无法撼动可口可乐的老大位置,因为毕竟可口可乐已经存在了近120年。好在百事可乐是个喜欢挑战、不断创新的企业,他们看到软饮料的市场发展已成定局,就开始着手改变战略,向多元化方向发展,将鸡蛋分放在不同的篮子里。在快餐业,百事可乐又不断地让世人耳目一新。

百事可乐公司以大气的手笔兼并了三家快餐公司——比萨饼屋、肯德基炸鸡店、特柯贝尔快餐店。三家店都设在每个主要城市的闹市区,并且每家店都以其优质、低价的食品和高效、多样的服务赢得了顾客的青睐,销售额不断攀升,令许多老牌快餐店望尘莫及,即使是麦当劳也受到了莫大的威胁。麦当劳的年利润率为8%,而百事可乐快餐公司却高达20%。但是百事可乐并不因此而满足,不久,百事又开创了餐馆业的新潮流——送货上门。这一举措不仅为公司增加了收入,而且还赢得了市场口碑。如今百事可乐公司拥有15万个销售网点,保证及时、快捷地把百事可乐的馅饼、炸鸡送到千家万户……

在软饮料市场上,百事虽然没有超过可口可乐,但百事却将与可口可乐的销量之比从1:12提高到1:2,对于一个成立只有几十年的公司来说已足以令人刮目相看了。

可口可乐是可乐行业老大,后起之秀百事可乐一直都在可口可乐的强大压力下生存。但正是因为可口可乐这个强大的"敌人"的存在,百事可乐才得到了迅猛发展。

当然,在压力下生存得有一个前提,那就是要变压力为动力,要随时保持积极乐观的竞争态度。如果一遇到强大敌人,就投降,就放弃生存,当然就只有成为强者的盘中美食了。

我们应该寻找强劲的敌人,希望他们如狼似虎,而不是柔弱似羊。因为,在有些时候,死亡者之所以死亡,是因为敌人过于强大。但是,在更多时候,弱者之所以生存下来,并由弱转强,却又是因为存在强大敌人的威胁。

第三章

光明磊落，拥有坦荡的心态

常言说得好："心底无私天地宽。""心底无私"，就是做人做事，坚持原则，光明磊落，这样的人心中充满阳光，当然会受人拥护与爱戴，自己也会活得自由自在。相反，不知羞耻，损人利己，见利忘义，违反道德，自然会受到人们的谴责和反对，有的甚至会受到众人的唾骂，其心中总是惶恐不安。所以说，做人要拥有坦荡的心态，才能走好自己的每一步，才能为自己的人生画一个圆满的"句号"。

保持真诚的本色

在人生的舞台上最重要的信条之一便是真诚,我们呼唤真诚,大力宣传"做人要做老实人"的口号,并非没有缘由。然而在现实生活中,要做到真诚却不是那么容易,因为现实中人与人之间关系的复杂,每一个人都有"自我"的两面性,即一个是经过包装的"外在自我",一个是没有经过包装的"内在自我"。两者都具有适应社会的双重属性,是矛盾的统一体,但不可回避的是:"外在自我"带有虚假性和伪装性,"内在自我"则是一种纯真,是人性中本性的表现。

《韩非子》中说:"巧诈不如拙诚。"巧诈可能一时得逞,但时间一久,就露馅了。相反,拙诚是指诚心地做事,诚心地交友,尽管可能在言行中表现得拙朴,但时间长了你的诚实会赢得大多数人的爱戴。

也就是说,在为人处世中,要想赢得友谊,就必须付出你的真情,要用你的真情打动你周围的每一个人。

其实,对周围的人付出真诚,并不需要花你很多的时间或是让你付出太多的精力,有时你只需静静地做一名听众,倾听对方的诉说即可,这样也会给你带来好人缘。

有一位女士,定期去一家美容店做美容。店里的一名美容师向她倾诉婚姻的不幸,并问她,自己是否该离婚。这位女士并不熟悉她的家庭,也不能胡乱替她拿主意,所以每次美容师问她,她就反问一句:"你看该怎么办?"美容师就认真考虑一下,然后说出自己的想法。

不久,这位女士收到了美容师的鲜花和感谢信。一年以后,又收到美容师的一封信,说她的婚姻已十分美满,非常感谢这位女士的好意。

事实上,这位女士什么主意也没替她出,只是真诚的态度以及足够的耐心和沉静感染了美容师,给了她一个整理自己思绪的时间和机会,使她从非理智转变到理智中来,找到了解决问题的方法。这位女士就这样"轻而易举"地获得了对方的谢意和友谊。

在为人处世中,真诚的心态,好比一个水源,水源清,水流则清。即你对别人真诚,别人对你也就真诚。在这方面唐太宗为我们树立了典范。

有一位臣子向唐太宗上奏:"君王应远离佞臣。"唐太宗觉得奇怪,于是问:"谁是佞臣?"臣子回答:"臣并没有说谁是,但是有辨别的方法可以供陛下参考。陛下可以在群臣面前装出很生气的样子,来试一试群臣,要是能够始终遵守道理,不屈服于陛下的就是刚直之臣;如果害怕陛下盛怒,而违背自己的心愿,心不甘情不愿地遵从陛下,就可以说是佞臣。"但是唐太宗并未采纳他的意见,说:"水源清澈时,水流也会清澈。为君之人,做出欺骗的行为,又如何要求臣子正直呢?朕只是诚心诚意地想治理好天下而已。"唐太宗的意思十分明白,上任诚,下用情,这好比水一样,水源清,水流也清。

爱特·威廉是一位大商人,他的成功竟然是别人馈赠的。这是怎么回事呢?爱特·威廉二十岁的时候,还是个整日守在河边打鱼的年轻人,根本看不出他的将来会有什么辉煌的成就。一天,一位过河人求助于威廉,原来过河人的一枚戒指不慎掉进了河里。过河人很着急，请威廉帮他到水里摸一摸，谁曾想到，威廉一个上午竟然别的什么也没干，反反复复一连扎到水下二十几次，当他一无所获的时候，他请全村的男人帮忙一起寻找。而且，威廉一点都没有提报酬的事，他只是想为过河人解决难题。不久，过河人出于感动，送给他一个在路边修补汽车轮胎的小店。

有一天，一辆小车停在威廉的小店前，车上人要找一颗很不值钱但又很特别的螺丝钉，否则车无法行驶。威廉翻遍了自己的小店，没有找到，于是他骑上自行车，赶了三四公里，在另一家修车店找到了。当威廉满头大汗返回，并将那颗螺丝钉安装在对方的车上时，他却一分钱也不肯收，威廉真是太让人感动了。不久，这辆小车的主人特地赶来，给了威廉一个五金店让他代理经营。为什么威廉能够一次次获得别人的馈赠呢？就是因为他的真诚，是他做事认真诚恳的态度，是他不计回报的付出。

在人与人的相互沟通与交流中，如果能够更多地以本来的“内在自我”真诚地与人交往，将会起到长久的效果。现实社会中的每一个人的外在形象，往往都被自身的社会地位、家庭背景、工作职位、学识高低等包裹着。由于有这层外在的包装，也就使人与人之间的交流与沟通产生了距离，但是如果能撕开这层包装，人与人之间除了性格之外，在人格、尊严、生存需求等方面都是同等的、无差异的，如果能以这种无差异的“内在自我”与人真诚地沟通与交流，必将获得更多的尊重、信任与信赖。

在风起云涌的IT行业，有这么一个令人瞩目的人物：他曾经是微软的一个普通程序员，却因为一个“异想天开”的创意引起高层注意，成长为身家上千万的中国区总裁；2004年，他又就任盛大总裁一职，创造了身价4个亿的神话……这位“天价”经理人就是唐骏。当媒体问他：“你为什么成功？”他做出了最好的回答：“中国人最怕的是被感动。如果你感动了他，那么，他会为你赴汤蹈火。这是中国人的性格。”当他用真诚感动了同事、家人、上司、竞争对手、社会大众……他梦想中的成功，怎么会不随之而来？

真诚是人类最重要的美德，也是人与人沟通与交流的重要原则，它是基础，也是关键。因为我们不是生活在真空里，所以我们要用心做桥梁与周围的人沟通。

做人真诚不仅是理念，而且也是经验，不只是挂在嘴上说说，还需要用心对待。真诚会让生活非常坦然，谎言会让人坐立不安，俗话说：“天下没有揭不穿的谎言。”不要让真诚成为一种迷惑对方的手段，不要自以为很聪明、很高明，把别人都当成傻子，说谎实际上是一种愚蠢至极的行为，是搬起石头砸自己的脚。现实生活中我们都需要与人真诚相处，朋友之间相处需要真诚，合作伙伴之间需要真诚，对于恋人、夫妻间更需要真诚相待。很少有人喜欢听谎言，愿意生活在谎言之中，要知道哪怕是善意的谎言，也会给对方以伤害。谎言犹如一把双刃剑，伤人害己，这些最简单最朴素的道理，是否非要等到自食恶果时才能明白呢？

真诚需要信任与信赖为基础，而信任与信赖的建立也非一朝一夕所能造就，它缘于彼此的一种默契，一种彼此的宽容。如果缺少了彼此的信任与信赖，谈何真诚的相处呢？俗话说：一个人如果没有感动对方，是因为诚意不够，是因为不能把心真诚地交给对方，是因为没能信任对方。

真诚是可贵的，虚伪是可怕的，没有了真诚，这个世界除了污秽就是虚伪。做人千万别失掉真诚，因为真诚还没有发现代用品，人生的历程亦是不可以重来的，越是珍稀的东西也越是脆弱，也就越是容易失去，所以真诚更显得无比珍贵，一旦玷污就很难还其清白。

正派做人，不要趋炎附势

人们都尊敬君子，在东方文化里，我们崇尚君子的行为。而在西方其实也是一样，只不过他们将之称为“绅士精神”。然而，在现实生活中有一个特别让人不解的现象，那就是：做一个真正的君子竟然往往会让人生厌。这是因为，君子必须真诚，说真话，而说真话往往会刺到别人的痛处。这时，人们又想到了一条妙计，那就是学习用阿谀奉承、溜须拍马、天花乱坠的谎话来欺骗别人，这就是趋炎附势。

面对剧变的社会，面对纷繁的生活，许多人感到人际关系变得越来越复杂，为人处世也变得越来越难。实际上，做人只要保持自己平和的心态，刚正不阿，坚守自己的道德底线，仍然会受到人们的钦佩。趋炎附势、奴颜媚骨、阿谀奉承，最为人所不齿，活在世上谁都瞧不起。

当今社会，趋炎附势的人多，避世的人多，敢于直面丑恶并与之斗争的人少。有的人遇到有利可图的事，就削尖脑袋往里钻，贪图一点便宜；有钱有权有势的人周围，天天都有趋炎附势的人聚集一堂，他们都是怀着一个贪字有求而来。所以，如此以利益为驱动的人际交往不可能有人间真情。

每个人都有欲望，也许有时你会为了得到提拔而绞尽脑汁地在领导面前表现自己的才能，也许有时你会对繁华的物质世界产生强烈的占有欲，或许，你也知道这些欲望的产生对你来说不是一件好事，但是由于终日忙忙碌碌而根本无暇思索这一切。但是当你能够静静地待一会儿时，不妨抓住这个机会，好好地反思一下自己的人生，你会感到一种从未有过的心灵的宁静。

权势名利是现实生活中必然会遇到的，但的确还有许多在权力、金钱面前，却依然保持高洁，不因权力而贪污，不因金钱而堕落的人，他们有人格、有原则，出污泥而不染，视权势如浮云。

中国古代四大名著《红楼梦》的作者——曹雪芹，他不仅在文坛上享有盛誉，而且在人格魅力上也同样令人敬佩。

曹雪芹一生从不趋炎附势，而且对那些谄媚取宠的人十分憎厌。在都统老爷五十大寿的酒席宴上，他送去两坛水做的酒和一副对联，对联上写着“朋友之交，淡淡如水”。这是极具讽刺意味的礼物，他讽刺了都统老爷和客人们的虚伪，他们所谓的交情只不过是装出来的，是表面上的。

在生活中，趋炎附势的人比比皆是，如果让这股风气继续扩展下去，我们的社会就没救了。因此，我们要从自身做起，遏制这股歪风邪气。平时，不要因为某人有权、有势、有钱就和他没有原则地混在一起，而对那些没权、没势、没钱的人就另眼看待。所以，我们做人要有自己的尊严，对人要平等，切忌“趋炎附势”。

在现代社会，维护自尊才是人的本能与天性，我们要活在自己的尊严里。尊重自己，就要尊重自己的生命与价值。也许一些人认为做人会“趋炎附势”才算圆滑，才算精明，才能获取最大的利益。但是，尊重自己的人格的人，才能称得上是一个真正的人，才能真正实现自我的价值。

法国电影明星洛伊德将车开到检修站，一个女工接待了他。她熟练灵巧的双手和俊美的容貌一下子吸引了他。

整个法国全知道他，但这位女工却丝毫没有表示惊异和兴奋。

“您喜欢看电影吗?”他禁不住问道。

“当然喜欢，我是个影迷。”

她手脚麻利，很快修好了车:“您可以开走了，先生。”

他却依依不舍:“小姐，您可以陪我去兜兜风吗?”

“不！我还有工作。”

“这同样也是您的工作，您修的车，最好亲自检验一下。”

“好吧，是您开还是我开?”女工问道。

“当然是我开，是我邀请您的嘛。”

车行驶得很好。女工问道:“看来没有什么问题，请让我下车好吗?”

“怎么，您不想再陪一陪我了？我再问您一遍，您喜欢看电影吗?”洛伊德问道。

“我回答过了，喜欢，而且是个影迷。”

“您不认识我?”

“怎么不认识，您一来我就认出您是当代法国影帝阿历克斯·洛伊德。”

“既然如此，您为何这样冷淡?”

“不！您错了，我没有冷淡，只是没有像别的女孩子那样狂热。您有您的成就，我有我的工作，您来修车是我的顾客，如果您不再是明星了，再来修车，我也会一样地接待您，人与人之间不应该是这样吗?”

洛伊德沉默了。在这个普通女工面前他感到自己的浅薄与虚妄。

洛伊德最后很有礼貌地对那位女工说:“小姐，谢谢！您使我想到应该认真反省一下自己的价值，好，现在让我送您回去。”

一个人能否受到别人的尊敬，并不是由于他所处的地位和工作所决定。这位普通女工之所以能赢得对方的尊重，就是因为她重视自己的工作与价值。那些所谓的“大人物”之所以高大，是因为你自己在跪着，你仰慕他们头上的光环，却忽略了自己的生活与价值。

为人要正派，不要趋炎附势，充当墙头草，那样做人会失去尊严，会丧失自身的价值。

庄子曾说过:“不为轩冕肆志，不为穷约趋俗，其乐彼与此同，故无忧而已矣。”这句话大意是说那些不追求官爵的人，不会因为高官厚禄而沾沾自喜，也不会因为穷困潦倒、前途无望而趋炎附势、随波逐流，在荣辱面前一样达观，所以他也就无所谓忧愁。庄子主张“至誉无誉”，在他看来，最大的荣誉就是没有荣誉。他把荣誉看得很淡，他认为，名誉、地位、声望都算不了什么。尽管庄子的“无欲”“无誉”观有许多偏激之处，但是当我们为官爵所累、为金钱所累的时候，何不从庄子的哲理中发掘一点值得效法和借鉴的东西呢?

恪守道德节操

栖守道德者，寂寞一时；依阿权势者，凄凉万古。达人观物外之物，思身后之身，宁受一时之寂寞，毋取万古之凄凉。

这是《菜根谭》开篇第一句话，意思是说，栖守道德节操的人，只不过会遭受一时的冷落；而那些依附权势的人，却会遭受千年万载的唾弃与凄凉。胸襟开阔且通达事理的人，重视物质以外的精神价值，顾及到死后的名誉。所以他们宁愿承受一时的寂寞，也不愿遭受永久的凄凉。

世人常分为两类：一类是"宁受一时之寂寞"的"恪守道德者"；一类是"取万古之凄凉"的"依阿权势者"。古往今来，多少人因利而流芳百世，多少人又因利而遗臭万年！能否正确地对待功名利禄往往是一个人成功与否的关键。

古代先贤考虑到死后的千古名誉，宁可坚守道德准则而忍受一时的寂寞，也决不会因依附权贵而遭受万世的凄凉。静观世间的人事，思量社会的变迁，又有多少人能明白其中的道理呢？

"万里长城今犹在，不见当年秦始皇。"说得多好啊！名利和道德，一个实，一个虚，一个看得见、摸得着，一个无形而缥缈。孔子"累累如丧家之犬"，也还不忘"布其道"，这是一种志向，是一种境界。

圣贤的精神，忠臣义士的气节，看似虚无缥缈，其实是最为恒久不变的。试想一下，纵横数千年，多少苍生往事已成沧海桑田，白骨累累不知凡几，但能流传至今的名字只是那么有限的几个。而这些人之所以能永驻世人心间，凭的就是立德、立功、立言这"三个不朽"。从孔子的"杀身成仁"到孟子的"舍生取义"，从文天祥的"人生自古谁无死，留取丹心照汗青"到林则徐的"苟利国家生死以，岂因祸福避趋之"。在中国浩瀚的历史长河中，这些忠义之士正是因为其具有高尚的节操，其身影不仅没有被风浪所吞噬，反而愈发高大挺拔。

古人有云："士之致远，当先器识，而后才艺。"没有高尚的品德，傲视青云就缺乏一种道义的精神来做心灵的强力支撑，因此只不过是一时的意气用事，故作愤世嫉俗而已。没有高尚的道德，文章就缺乏一种真情的底蕴来为心灵做厚实的铺垫，因此也只是吟风弄月，轻薄妄语而已。要知道，得以留传至今的经典、文史之作，几乎全靠文章薪火相传之功。对此，司马迁曾在《报任安书》中有精辟的见解："古者富贵而名磨灭，不可胜记，唯倜傥非常之人称焉。盖文王拘而演《周易》，仲尼厄而作《春秋》，屈原放逐，乃赋《离骚》，左丘失明，厥有《国语》，孙子膑脚，《兵法》修列，不韦迁蜀，世传《吕览》，韩非囚秦，《说难》、《孤愤》，诗三百篇，大抵贤圣发愤之所为作也。此人皆意有所郁结，不得通其道，故述往事、思来者，乃如左丘无目，孙子断足，终不可用，退而论书策，以舒其愤，思垂空文以自见。"这些历史风流人物在艰苦的条件下，因为保持着一种高尚的品德，从而使自己流芳百世。由此可见，一个人的行为只有经得起道德的检验，才能算是高尚的行为。

在我们的传统道德观念中，"节操"始终是一个具有深远影响力的概念，其内涵大可指民族气节，小可到个人贞洁。因此，历史上不乏为"节操"而困守、而舍生的英雄豪杰，例如伟大的诗人和政治家屈原，例如号称"全球最佳企业家"的李嘉诚。虽然处在不同的时代，但他们所昭示出的民族气节和优秀品德都是来自于"节操"二字。

屈原是中国最伟大的浪漫主义诗人之一，也是我国已知最早的著名诗人，但他最为后人所赞赏的是他的崇高情操和理想。他热爱祖国和人民，衷心地希望楚国能强盛起来，实现统一中国的大业，正是这种不屈不挠的爱国情怀和壮怀激烈的气节风骨，使屈原成为光明和正义的化身。

屈原出生于公元前340年，当时正逢中国历史上的战国时期。这个时代正如其名，称雄的秦、楚、齐、燕、赵、韩、魏七国为了争城夺地，互相杀伐，连年征战。出身于贵族家庭的屈原天资聪明又非常用功，在二十多岁的时候就被楚怀王封为左徒。

屈原虽然年轻，但对当时的政治局势有着深入的了解：秦国在商鞅变法后日益强大，常对其他六国发动进攻，当时只有楚国和齐国能与之抗衡。屈原认为颇具野心的秦国是楚国最大的威胁，因此他主张对内实行改良，对外联齐抗秦。此外，屈原看到黎民百姓深受战争之苦，便力劝楚怀王任用贤能，爱护百姓。

在屈原的努力之下，楚国与齐、燕、赵、韩、魏五国结成联盟，从而制止了强秦的扩张步伐，而屈原也因此得到了怀王的信任和重用。但屈原的"得势"遭到了以公子兰为首的一班贵族的嫉妒和嫉恨，而且他的对内改革也因为侵害了上层统治阶级的利益受到了楚国许多大夫的排挤和陷害。这些人经常在怀王面前说屈原的坏话，诬蔑屈原专断夺权，糊涂的怀王听信谗言，疏远了屈原，把他放逐了。结果楚怀王被秦国骗去当了三年阶下囚，死在异国。

屈原看到这一切，非常气愤。他坚决反对向秦国屈膝投降，而这又一次遭到政敌们更严重的迫害。新即位的顷襄王比怀王更昏庸，他不仅革掉了屈原三闾大夫的职位，还将屈原流放到江南。在长期的流放生活中，屈原始终没有屈服，他依然坚持自己的政治主张，决不随波逐流，面对士大夫的迫害，屈原叹息道："我吃苦受屈都不要紧，只恨他们把国家断送了！"

屈原将满腹的忧愁愤恨都写成了诗篇，用笔抒写了自己对祖国的热爱。他越来越老了，但是复兴楚国的希望他一天也没有放弃过。一天屈原正在江畔行吟，遇到一个打鱼的隐者，隐者见他面色憔悴、形容枯槁，就劝他"不要拘泥""随和一些"。饱受精神和生活之苦的屈原并没有屈服，他毅然答道："宁赴湘流葬于江鱼之腹中，安能以皓皓之白，而蒙世俗之尘埃乎？"

公元前278年，随着秦国占领郢都，楚国走上了灭亡之路。眼看国破之难，却又无法施展自己的抱负，屈原在极度失望和痛苦中来到长江东边的汨罗江。这一天是五月初五，屈原决心用自己的生命去警告卖国的小人，激发全国百姓的爱国热忱。

两千多年过去了，屈原抱石自沉的形象依然留在人们心中。如今，每到端午节那天，人们仍要在江河里划龙舟，把粽子系上五彩丝线投入水中，来纪念伟大的爱国诗人屈原。可见，高尚的节操足以千古不朽。

在中国乃至世界的商界之中，提起"节操"，就不得不说一说李嘉诚。从一个一文不名的学徒到超级富豪，他的奋斗过程是所有梦想成功的人的一个最好的范例。他的财富不是靠祖业继承而来的，而是真正靠自己的双手打拼，一点一滴赚下来的。因此，无论是在华人世界，还是在全球富豪企业家里，李嘉诚"世界经济强人"的称号都是当之无愧的。

作为华人首富，李嘉诚对财富始终坚持自己的原则——君子爱财，取之有道。人们尊重那些靠合法手段诚实致富的人，那些靠智慧和经验抓住身边机遇的人，而对那些为了达到积聚财富的目的，采取不公平和不光彩手段的人，人们一向是持鄙夷态度的。因此，李嘉诚的"为富要仁"得到了人们的敬仰和尊重。

李嘉诚诚信经商几十年，创造了一个又一个商业奇迹：从1952年开设塑胶厂开始，20世纪50年代成为"塑料花大王"；60年代末投资地产，成为地产大亨；80年代初收购英资和黄进军货柜码头，后又收购海外石油公司，80年代末进入电讯行业。李嘉诚成为长江、和记黄埔两公司的带头人，并积累了巨额财富。但这些都不是最重要的，最重要的是，他还拥有一笔"在资产负债表中看不到但价值无限的资产"，那就是个人以及企业良好的信誉。在一次演讲中，李嘉诚曾庄严宣告："我的金钱，我赚的每一毛钱都可公开，就是说，不是不明不白赚来的钱。"

在商界这个鱼龙混杂的竞争环境中,能像李嘉诚这样完完全全、清清白白赚钱的并不多,所以他才得到了那么多人的赞赏和敬重。

被称为"东方企业家"的李嘉诚确实非常有钱。但更令人钦佩的是,他乐于奉献,总保持着一种乐善好施的精神。"静以修身,俭以养德"是李嘉诚的座右铭。他经常与职员一起吃工作餐,不吸烟、不喝酒,生活非常节俭。李嘉诚说:"钱可以用,但不可以浪费。是我的钱,一块钱掉在地上我都会去捡。不是我的,一千万元送到我家门口我都不会要。"

李嘉诚自己生活很节俭,但对于公益事业非常慷慨。对于那些需要帮助的人,李嘉诚往往一出手就是几百万元、几千万元。自1979年开始,李嘉诚为家乡教育医疗事业捐款不计其数,那些由他捐资兴建的学校、医院落成后要将其名字刻上以做永久纪念,全都被他一一谢绝。事实上,李嘉诚的名字虽未刻到建筑物上,但他为家乡子孙后代造福的善举,已在人民群众的心中树起了不朽的丰碑。

对于祖国的建设和国内发生的灾难,李嘉诚总是慷慨解囊:他曾捐资20亿港元创办汕头大学;为4万名低视力者配备助视器;为6万名失聪儿童进行语言矫正;在全国30个省市建立残疾人综合服务设施;在四川大地震后,他曾先后捐款1.3亿元。正如他自己所说:"要乐于助人,对自己要节俭,对别人要慷慨……"

有记者曾问李嘉诚:"几十年来,到底是什么东西始终让您保持对公益事业有如此的激情?您怎么看待财富?"

李嘉诚对此做出了这样的回答:"最要紧的就是内心世界,你会感到世界上有很多不幸的人,那么,你有能力做得到的,你这一生就应该好好尽心尽力去做。你明明有多余十倍、一百倍都不止的钱时,为什么不去做这件事情?这使得自己的一生要有意义得多。我如果再有一生的话,我还是会走这条路。社会要进步,离不开大家的支持关怀,这方面,你可以带给很多的百姓幸福安乐。财富不是单单用金钱来衡量的。衡量财富就是我所讲的,内心的富贵才是财富。如果让我讲一句,'富贵'两个字,它们不是连在一起的,这句话可能得罪了人,但是,其实有不少人'富'而不'贵'。真正的'富贵',是作为社会的一分子,能用你的金钱,让这个社会更好、更进步,更多的人受到关怀。所以我就这样想,你的贵是从你的行为而来。"

毋庸置疑,李嘉诚就是这样一个"大富大贵"的人,他的乐善好施在帮助他人的同时,也为自己赢得了财富和名誉。

从古到今,许多哲学家在论述道德标准时,都有着自己的独到见解,虽然他们论述的观点有所侧重,但是有一点是共同的,那就是认为人类生活需要不断交往,需要发扬人与人之间的互尊、互助精神。换言之,就是孟子所说的"达则兼济天下"。无论是屈原,还是李嘉诚,他们最伟大的不是留下了多少美丽的诗篇和数不尽的财富,而是那份仁爱、博爱的品质和高尚、无私的节操。由此可见,一个人不论何时何地,都应保持一种高尚的品德、伟大的理想,使自己的事业充溢着伟大的精神,在实现理想中保持着如一的气节。

正所谓"功名一时,富贵难久,而精神不死,气节千秋"。无德之人,行事不能做到合情合理合法,所以就算他有本事筑就事业的"高楼",也不过是空中楼阁,不可能长久稳固。而有德之人就好比山林中生长的花草,受自然栽培,根深蒂固,枝叶茂盛,寿命也长久。同样,如果一个人将道德修养作为自己的追求,把道德修养的培育放在日常生活的行为和举措中,放在待人接物中,放在为官为仕中,放在尊老爱幼中,那他就能"居高声自远,非是藉秋风"。

当然，我们不可能强迫每个人都成为像孔子、屈原一样的“大圣人”，但我们应该懂得这样一个道理：恪守道德者，“虽未尽如人意，但求无愧我心”。至于能否“流芳百世”，又何须顾及呢？人生在世，最重要的莫过于无愧于心。

正确对待名利

人的一生要过很多关，其中名利这一关就很不好过。关于名利，我国历史上有许多说法。例如：“人过留名，雁过留声”，“天下熙熙皆为利来，天下攘攘皆为利往”。据说乾隆皇帝下江南的时候，在金山寺上俯瞰长江。看着千帆相竞的繁华江面，乾隆若有所思，不禁向身边的方丈问道：“你在这里住了几十年，可知每天来来往往有多少船？”方丈沉思片刻后，回答说：“整个长江中来往的无非就是两条船，一条为名，一条为利。”真是一语道破天机。

的确，人活在世上，无论贫富贵贱、穷达逆顺，都免不了要和名利打交道。就连古代科举制度激励读书人头悬梁、锥刺股的警言都是“书中自有黄金屋，书中自有颜如玉，书中自有千钟粟”。这些都清楚地告诉我们名利的重要性，以及它会给我们带来什么。就算一个人再怎么“视金钱如粪土”，也不能否认“名”和“利”自始至终都是我们最基本的人生支点。“名”是人的精神追求，而“利”就是人的物质需要。

人皆有名利之心，但不同的人有不同的名利观。有的人爱财，但取之有道，用之有方；然而也有些人为追名逐利不择手段，甚至违背道义。正所谓“人为财死，鸟为食亡”，这是贪图名利最真实的写照，更是人的天性。但这种见利忘义的人往往不得善终，最后被名利所捉弄。

多少年来，民间就流传着“和珅跌倒，嘉庆吃饱”的谚语，可见和珅是多么深入人心，但不是流芳百世，而是遗臭万年。大贪官和珅本是一位才华横溢的杰出文人，因深受乾隆赏识，官至文渊阁大学士。和珅精通满、汉、蒙、藏几种语言，为满人中的佼佼者，不到三十岁，和珅已经权倾天下，官位之高、官职之多是常人无法想象的。然而这样一个各方面都非常优秀、仕途家庭都非常美满的人，怎么就成了历史上最大的贪官，最终身首异处，被后世不断唾骂呢？最大的原因应该就是“贪”吧！

人为财死，利令智昏，和珅聪明有才，但也看不破“钱”“权”二字，和珅自打进入官场后就原形毕露，一贪而不可收拾。从乾隆四十年到四十一年的两年，和珅官至“一人之下，万人之上”的军机大臣与九门提督，其后又总揽国家的人事、军事、财政、外交等实权，凭借自己的权势疯狂地聚敛天下钱财。卖官、受贿、结党营私，拼命地捞钱……他占有土地 80 万亩、房屋 2790 间、当铺 75 座、银号 42 座、古玩铺 13 个、玉器库 2 间，另有布庄、粮店等几十个。和珅共积聚白银 9 亿两，相当于大清王朝 14 年的财政收入，然而富可敌国的他，最终还是给自己招来了杀身之祸。

1799 年，和珅被嘉庆抄家，并赐死于狱中。想当年，他意气风发，飞黄腾达，平步青云，最后却落了个“缧绁泣孤臣”的悲惨结局。

和珅辛苦一辈子敛财，可到头来只能感叹“死去元知万事空”，而这就是天下贪官必然的下场。英国作家毛姆说过：“为欲望而疯狂，无异于替自己挖井掘墓。”的确，自古为了功名利禄而背信弃义的人，尽管是位高权重、才高八斗，或是贵为天子，但也难逃衰败消亡的命运。

名利是把双刃剑，既可能给人带来幸福，也可能带来痛苦，全看运用它的人智慧与否。人固然不必强求名利，也不必强拒名利。通常而言，这两种态度，都是对名利过于看重的反应，这样的心态不可能安宁。真正的坦荡心态，是对人对事抱着一颗平常心，一颗不卑不亢之心，不求额外的名利，也不拒绝正当的名利。要警惕的，只是不得当的、过度的虚名。

三国时期的张松可以说是三国名士，却贪婪成性，最后出卖自己的主子。西晋时期的张华也是位杰出的文人，但因贪恋相位而被赵王杀害。北宋权相之一蔡京，艺术天赋极高，素有才子之称，在书法、诗词、散文等各个艺术领域均有辉煌表现，却以贪渎闻名于世。还有唐朝的宋之问更是无耻，为了将一首诗据为己有，竟将自己的亲外甥杀死，而他也因为人品低劣遭人唾弃。孔子说过："士志于道，而耻恶衣恶食者，未足与议也。"一个有才而贪图名利的人是不会有好下场的，这句话是告诫我们不要过分追求世俗的物质享受和功名利禄。

人人都有一颗追求名利的心，这是非常正常的，只是有的种子播下后没有发芽，而有的发了芽却没有开花结果。名利如过眼云烟，昙花一现，很少有人既开了花又结了果。因此，试着保持一颗平常心去看待名利，不因名利而烦恼的人才是最明智的，否则只会为名所累，被利所害。

拒绝名利是不真实的，因为人毕竟是有欲望的，但绝不能为名利所困扰，也绝不能为名利所驱使，更不能见利忘义。我们应当时时注意，用高尚品德稳稳地驾驭自己的名利之心。值得赞美的是，许多人能把个人之名利看作身外之物，他们既不为得到名利而沾沾自喜，也不因失去名利而痛苦不堪。

林芳仕，衡阳市农科所首席科学家，被誉为"衡阳的袁隆平"，南方有2/3 的杂交水稻种子都是他的科研成果，亩产达到了600 公斤左右，是原来的3 倍，基本解决了人民吃饭的问题。2000 年，他被国务院评为"全国先进工作者"，受到了国家领导人江泽民的亲切接见。

黝黑的皮肤、粗糙的双手、土气的穿着、木讷的谈吐，初见林芳仕，人们根本无法把他跟"衡阳市农科所首席科学家"挂上钩。可就是这样一个不起眼的农民专家，用32 年的努力为农民创造出了30 亿元的价值。

1971 年，林芳仕参加了"杂交水稻之父"袁隆平办的杂交水稻培训班，成为袁隆平的第三代弟子，他暗下决心要做个像袁隆平那样的人。20 世纪70 年代初，农民吃饱饭还成问题，杂交水稻才刚问世，而衡阳地区的杂交水稻只能做一季中晚稻栽培。为了解决杂交水稻做双季晚稻栽培的问题，林芳仕冒着酷暑，忍着蚊虫叮咬，不分昼夜地守在试验田边，对杂交水稻进行温度、开花、编号的记录。经过不懈的努力，他精心培育的4 亩多试验田终于结出了"硕果"，从而首次证明在南方稻区杂交水稻做晚稻栽培切实可行。1975 年，林芳仕在衡阳实践秋季制种159 亩，获得亩产295 公斤的好收成。比当时在南宁制种亩产高出73%。

20 世纪80 年代，林芳仕又将优质杂交早稻栽培当作自己的攻关课题，着力提高粮食的品质。在十多年里，他先后培育出了"威优98""金优974""金优463""岳优136"等优质杂交早稻组合，具有产量高、米质优、抗性好等优点，在全国累计推广5000 万亩，亩产量达到450~500 公斤，其粮价每50 公斤比常规稻高出20 元以上，为农民增收25 亿元。

1983 年，他参与的籼型杂交水稻研究获得了国务院特等发明奖。在此后十几年间，他的研究工作势如破竹，无数新品种新组合在试验田里结出了累累硕果。林芳仕用不屈不挠的科研精神破解了一道道研制杂交水稻的难题，并取得了令国内外专家刮目相看的成绩。

30 多年来，他有21 个春节在海南度过。刚去海南时，没有房子，他就搭起了草棚；没有水，他就地挖水井；没有科研设备，他因陋就简。遇到台风时，地里青菜全部死光，餐餐只能吃南瓜、豆腐、花生米。他白天选种，半夜还要起床去赶老鼠，就为了保护那些田里的种稻。同事们心疼他，可他只是淡然一笑："我出身农民，这点苦不算啥。"

1995 年春节，林芳仕一连十多天在海南做杂交水稻实验，高强度的工作最终使他累倒在田埂上。当被告知要开刀做手术时，他为了不影响工作，一直到实验完毕回到衡阳后才到医院做手术。

终于，贫瘠的土地上绽放出一朵朵绚烂的科研之花：30 多年来，林芳仕在几亩窄窄的试验田里，育成了 15 个杂交水稻新组合，获得了 9 项省市级科技进步奖，并多次参与"三系杂交稻""两系杂交稻""超级稻"等国家重大攻关课题的研究。他选育出四个两系法籼粳杂交新组合，得到了袁隆平的高度评价。

作为衡阳市农科所首席科学家、高级园艺师，林芳仕从来没有休息过双休日，干的活比农民还辛苦，可他的年薪只有 3.5 万元。1992 年，他父亲患脑血栓瘫痪，由于家境贫困，老人不肯花钱治疗，当时还在海南搞杂交水稻的林芳仕只能借钱寄回家，给父亲治病。因此，对自己挚爱的亲人，林芳仕的内心深处不时涌出一丝愧疚。

然而即使如此，他也从不贪图物质享受和所谓的名利。有人开出二十几万元的年薪，许诺解决两套住房，解决妻儿就业的诱人条件，要他跳槽，他不为所动。1994 年，他辞去农科所副所长的职务，许多人百思不得其解，而他认为这一职务应酬太多，耽误了自己的科研时间。

"林老师从不好高骛远，从不贪图名利。"林芳仕的助手吴松青说，"他用的办公桌还是五六十年代添置的。"林芳仕的"金优 974"获省科技进步二等奖，有关部门奖给他 5 万元。作为项目负责人，他可以全拿，但他把奖金的一多半分给了助手，他与妻子拿到的奖金不足 2 万元。对物质享受满足于现状的他，对科研却始终追求更高境界，时刻以榜样的力量激励自己的科研团队奋发上进。

林芳仕每次在外出差，只要看到有用的参考资料他都会自己买来送给助手，鼓励他们多出成果。而每次报成果，共同发表论文时，他都是"急流勇退"，把自己的名字放在最后。一位助手将自己的论文《高产杂交早稻金优 463》寄往国内一家部级杂志，怕文章不发表，就署上了林芳仕的名字。他知道后，连忙打电话到杂志社，硬是说服编辑将自己的名字删去才罢休。

"全国先进工作者""衡阳市首批享受国务院津贴的专家""科技兴衡十大功臣""省优秀专家""衡阳市学科带头人"——近年来，他头上的光环一年比一年多，一次比一次耀眼。然而，林芳仕对这些看得很淡，他对记者讲了一句耐人寻味的话："这些就像稻花，最终会消逝，人们需要的是稻谷。"

人生于世，若能学水的清澈本性和"利万物而不争"的品格，则不仅精神居于高处，人生也将进入开阔处。要达到如此境界，最需摆脱名缰利锁的束缚。雁过留声，人过留名，想留个好名声，无可厚非，但不能为名所累。

若淡泊名利，不为名利而争，人生必甚畅意。然而面对种种诱惑不为所动，是需要有真定力的。人生许多变数都由心灵的彷徨引发，练就一颗守拙守朴的平常心，用一个淡字观照世间千情万态。正所谓"轻看名利淡如水"，只有这样才能懂得动静相宜、取舍有法的道理。

白居易《闲坐看书贻诸少年》诗云："书中见往事，历历知福祸。多取终厚亡，疾驱必先坠。

劝君少干名，名为锢身锁。劝君少求利，利是焚身火。”那些视名利为身外之物的人，才能得到真正的名利；而一味贪图功名利禄，甚至见利忘义的人，只能是引火烧身。所以，古人提醒人们：“名为公器无多取，利是身灾合少求。”

一代宗师季羡林在学术领域创下的辉煌业绩可以说是前无古人。他精通英、德、梵语、巴利语、吐火罗文、俄语、法语等12国语言，集古文字学家、历史学家、东方学家、思想家、翻译家、佛学家、作家于一身，其研究领域贯通中西古今，留给我们的人文学术遗产丰厚翔实、珍贵无比，堪称中华子孙世代传承的学术“瑰宝”。季老先生遽然辞世，世人无不深感悲痛和惋惜。正如北大资深教授、著名哲学家汤一介所说：“季先生所取得的成就，世界上很少有人能超越他，他的去世标志着一个国学研究时代的结束，是中国文化界的巨大损失。”

最让人们叹服的是，季先生不仅在学业上有如此高的成就，在为人处世方面也是我们的楷模。他谦逊低调、淡泊名利的高尚品德，使我们的心里升起一股敬仰之情。

许多北大师生都记得一次新学期开学时，衣着朴素的季老为他们看守行李，而且一站就是一两个小时。季先生一生勤奋治学，取得的学术成就可以说无人能比，但他常常谦虚地说：“我少无大志，中无大志，老也无大志。”

在当今这个浮华的世界里，不少人为求得这样或那样的“桂冠”，不惜“争名”“夺名”“盗名”“追名”“混名”“骗名”“买名”，唯独季老“众人皆醉我独醒”，视金钱为无物，视名利为负累，始终坚持“为学术而学术”。他曾三次公开请辞摘下“国学大师”“学界泰斗”“国宝”三项称谓，甘愿找回一介布衣的本真面目。季老谦虚地说：“环顾左右，朋友中国学基础胜于自己者，大有人在。在这样的情况下，我竟独占‘国学大师’的尊号，岂不折杀老身(借用京剧女角词)！我连‘国学小师’都不够，遑论‘大师’！……三项桂冠一摘，还了我一个自由自在身。身上的泡沫洗掉了，露出了真面目，皆大欢喜。”季先生的这番话并非矫揉造作，哗众取宠，而是他看透了名利背后的浮华之后所发出的肺腑之言。季老一生淡泊名利，以德服人，只为真理而活。虽然他生前多次要求摘冠，但人们心中送给他的那顶“桂冠”是永远也摘不掉的，因为季老已化作我们心中一座永远不倒的精神丰碑。

人生在世，不可见利忘义，但也不必将名利视为浮云，有韵律的人生，应当是“义”与“利”相统一的人生。我们可以为了自己的理想而奋斗，但是在理想实现之后，不管它是否带来名利，我们都要正确地认识。即使有名利，名利也只是实现理想的副产品而已。假如无名利，也无怨无悔。追求是要有的，但不要让名利成为我们生活的目的，而是让它成为我们的工具。

常言道：“贪生者畏死，恋情者畏失，追名者畏损，逐利者畏尽。”若我们能放弃各种贪欲，自然会人清意平，从而达到“人到无求品自高”的高境界。

心中要有正气

正所谓“树活一张皮，人活一口气”，人心不同，各如其面；人格不同，其气亦迥然。有的人，心肠歹毒，藏奸弄险，狠霸使横，作威作福于举止言谈之中，时常暴露出来的是戾气。有的人，心地龌龊，欲望阴暗，面目可憎，于情不自禁之间，每每散发出来的是秽气。有的人，处世伪妄，寡恩薄情，害邻欺友，别念窃生，浑身上下弥漫着一股邪气。有的人，不学无术，铜臭袭人，投机钻营，猥琐鄙啬，举手投足浸淫着一股浊气。当然，除了这种鼠摸狗盗之辈、贪官贿赂之徒，大多数人还是能清清白白为官，老老实实做事，堂堂正正做人。历史上孟轲的“浩然之气”、韩愈的“文贵有气”以及于谦的“一身正气”，就是其中的代表。

按照《辞海》的注解，正气一为刚正的气节，就像文天祥的《正气歌》中写道：“天地有正气，杂然赋流形，下则为河岳，上则为日星，于人曰浩然，沛乎塞苍冥。”二为中医学名词，一般指人体的抗病和防御功能，如“正气存内，邪不可干”，也就是如果身体内正气充足，则邪气不易侵犯。三为正常的气候，“正气者，正风也”。在这里，我们主要讲的是正气的第一种含义，也就是我们常说的“正大光明之气”。

正气是一种精神状态，也是一种舆论氛围，是一种感化力量，也是一种人生境界。苏轼的《韩文公庙碑》历来脍炙人口，其中一段关于“气”的描写尤为精辟：“孟子曰：‘吾善养吾浩然之气。’是气也，寓于寻常之中，而塞乎天地之间。卒然遇之，则王公失其贵，晋、楚失其富，良、平失其智，贲、育失其勇，仪、秦失其辩。”换言之，凡是具有正确的人生观、世界观和道德观的人，总是正气在胸。他们秉公执法，敢冒权贵，可以使“贪者耻，庸者志，懦者立”，也可以使“鬼神泣壮烈”。

古往今来，无数仁人志士、民族英雄以及革命先辈，为了国家的尊严和民族的解放，对“正气”的追求几乎都是死而后已。

文天祥，字宋瑞，号文山，与陆秀夫、张世杰被称为“宋末三杰”，以忠烈名传后世。

宋理宗宝祐四年，二十岁的文天祥上京赴考，在殿试中作“御试策”切中时弊，提出改革方案，表述政治抱负，被主考官王应麟誉为“忠君爱国之心坚如铁石”。文天祥被宋理宗钦定为进士第一名，并从此步入仕途，历任湖南提刑，知赣州。

德祐元年正月，忽必烈率兵大举进攻宋朝，宋军的长江防线瞬时全线崩溃。为保卫国家，文天祥以“正义在我，谋无不立；人多势众，自能成功”的信心和勇气捐献家资充当军费，招募当地豪杰，并在短短数月内组织了三万义军。文天祥带领义军，几经阻挠进入临安，奉命驰援常州。江西义军英勇作战，五百人除四人脱险外，皆壮烈殉国。最终由于元军攻势猛烈，文天祥未能挡住元军兵锋。

1276年正月，元军兵临临安，文武官员都纷纷出逃。谢太后执意投降，并任命文天祥为右丞相兼枢密使，前去谈判求和。文天祥来到元军大营谈判，他不畏武力，痛斥伯颜，慨然表示要抗击到底。伯颜企图诱降文天祥，但他宁死不屈，于是被元军扣留。为赚城取地，伯颜诬说文天祥已降元，致使文天祥屡遭猜疑。经过许多艰难险阻，文天祥终于在镇江虎口脱险，经过两个月的颠沛流离后辗转到达福州。

文天祥回到南宋后，联络各地的抗元义军，坚持斗争。1277年，文天祥率军挺进江西，大败元军，攻取兴国，陆续收复了许多州县。次年，元军主力开始进攻兴国大营，义军因寡不敌众，损失惨重，他的妻子儿女也被元军掳走。只身逃脱的文天祥来到广东，继续抗元。同年，文天祥在海丰北五坡岭遭元军突然袭击，兵败被俘。

被俘期间，元将张弘范以高官厚禄劝降，遭到文天祥的严词拒绝。文天祥以一首《过零丁洋》表达了自己宁死不屈、从容赴死的决心。正如诗中所写：“辛苦遭逢起一经，干戈寥落四周星。山河破碎风飘絮，身世浮沉雨打萍。惶恐滩头说惶恐，零丁洋里叹零丁。人生自古谁无死，留取丹心照汗青。”在长达四年的时间里，文天祥经历了种种严酷考验，但他毫不畏惧，始终不肯屈服。

为了劝降文天祥，元朝威逼利诱的手段之毒辣、许诺的条件之优厚、等待的时间之长久，都超过了其他宋臣。元世祖首先派降元的原南宋左丞相留梦炎现身说法，进行劝降，但被文天祥唾骂。元世祖又让降元的宋恭帝赵显前来劝降，忠于国家和民族的文天祥并不对帝王愚忠，赵显只能怏怏而去。后来，元朝将文天祥的妻子和两个女儿囚禁在宫中为奴，并暗示文天祥只要投降，家人即可团聚。文天祥尽管心如刀割，却不愿因妻子和女儿而丧失自己的气节。他在写给自己妹妹的信中说："收柳女信，痛割肠胃。人谁无妻儿骨肉之情？但今日事到这里，于义当死，乃是命也。"

文天祥被关在一间阴暗潮湿的牢房中，但恶劣的环境并没有摧毁他的意志。他相信，只要有爱国爱民族的浩然正气，就能够战胜一切恶劣的环境。面对元朝的威逼利诱，文天祥誓死不屈，并高呼道："我愿为正义而死！"

1283 年 1 月 9 日，年仅四十七岁的文天祥英勇就义。死后，人们在他的口袋中发现一首诗："孔曰成仁，孟曰取义，唯其义尽，所以仁至。读圣贤书，所学何事？而今而后，庶几无愧。"在民族的危亡时刻，文天祥经受住了严峻的考验和诱惑，写下了惊天地、泣鬼神的"正气歌"。

文天祥殉难后，他的生平事迹被后世所称许，人们以各种方式来纪念这位民族英雄。1323 年，在文天祥家乡吉州的郡学里，他的遗像挂在先贤堂，与欧阳修、杨邦义、胡铨等并列祭祀。1376 年，北京教忠坊建立了"文丞相祠"，以缅怀文天祥永垂不朽的民族气节和他一身的浩然正气。文天祥在狱中所作的《正气歌》也已成为光照日月、气壮山河的绝唱，激励着蓬勃向上的民族正气。

正气是灵魂的主宰，是人生的立身之本。大凡有这股正气之人，就能战胜外部世界的各种诱惑；大凡有这股正气之人，就能达到真善美的人生境界，彪炳千秋。因此，我们要学习范仲淹"先天下之忧而忧"，效仿陶渊明"不为五斗米折腰"，胸怀正气，虽处寒素却不戚戚于贫贱，学富五车常以天下为己任。

物以"正品"为荣耀，事以"正义"得人心，做事以"正路"为途径，是非以"正确"为标准，人间以"正道"为沧桑。同样，为人处世也应如此，以"正大"为高尚，走正道，干正事，讲正气。而历朝历代的明君圣主，也多要求为官者尤须"正"字当头，以"正"为脊梁。常言道："大吏不正而责小吏，法略于上而详于下，天下之不服也。"为官者身正，本身就是一种示范、一种榜样。正所谓"其身正，不令而行"，一个作风正派、光明正大的官员在人民心中往往更有号召力和凝聚力，更能得到老百姓的爱戴和尊敬。

因此，为政者保持正气尤为重要，因为一个人离开了正气的统御，无异于"盲人骑瞎马，夜半临深池"。人"正"，方能在大是大非面前辨得清方向，把握住原则；在金钱物欲面前守得住清贫，挡得住诱惑；在社会不正之风面前站得稳脚跟，经得起考验。

人字一撇一捺，就如同人的两条腿，一边是健康，一边是财富，而统领这两个支点的坐标则是人生必不可少的"正气"。如今，越来越多的人认为只有天地之间才有正气，实际上天地正气就在我们心中。每个人的本性都是淳朴自然的，因此只要我们从自己的内心做起，遵守天真本性，就可以保留心中的正气，端端正正地写好自己那个大写的"人"字。

正气要"讲"，更要"养"。养正气，就是要有善良之心，要有平常之心，要有公正之心。以善良之心待人，以平常之心处世，以公正之心立身。只有这样，我们才能做一个真实自然的人，才能担当起兴业大任，为国为民谋事立功。

随着社会的发展，人们对文明产生了两种不同的态度：一种认为智谋算计等同于阴险狡诈，应该摒弃，凡华丽不洁，都应该远离；另一种看法则认为人要适应智慧的竞争，同时要学会享受财富。其实，我们没必要回避现代社会的繁华，不必追求极端的淡泊，因为离开社会讲清明和本性根本就是空洞不实的。所以说，我们应该保持内心的几分淡泊，尽量以一颗平常心来对待生活，做一个走得正、站得直的人。

学会为他人着想

中国有句处世之道的古语："与人为善"，是说人不论到什么时候，都要以善的一面对待别人。如何与人为善？其实很简单：就是要善待他人。多一些谅解、宽容和理解，少一些苛求与责难；多一些爱心，少一些冷漠；多一些欣赏，少一些"气人有笑人无的浅薄"。能够看见别人的优点，并能够欣赏它，赞美它，这是一种怎样的心境啊！能真心祝福别人的幸福也是一种善良。永远与人为善，我们才能让自己的心境始终保持在愉悦之中。这样的人，才会有健全的心理和健康的人生。与人为善，自己路宽，如果大家都可以做到这点，就没有了独木桥，大家都可以在阳关大道上阔步前进，达到理想中的状态。

与人为善是一种爱心的体现，也是一种人生智慧，但是它常常放射出比智慧更诱人的光泽。有许多用智慧也得不到的东西，凭着与人为善却轻而易举就得到了。与人为善是一种蕴藏在人内心深处的珍贵的感情，生活中，许多人明知彼此都需要爱的温暖、感情的温馨，但却又常常用无端的猜测将满腔的爱意、友情冰封在坚硬的假面具后面。其实只要你能真正付出你的真诚和善良，那么必定会赢得共鸣，使你从中感受一份温馨和意想不到的收获。

与人为善是做人的一种积极和有意义的行为。它可以为自己创造一个宽松和谐的人际环境，使自己有一个发展个性和创造力的自由天地，并享受到一种施惠予人的快乐，从而有助于个人的身心健康。与人为善可以给我们带来好心情，还可以给我们带来身体上的健康。

现实生活中，有些人不讨人喜欢，甚至四面楚歌，主要原因不是大家故意和他们过不去，而是他们在与人相处时总是自以为是，对别人百般挑剔，随意指责，人为地造成矛盾。只有处处与人为善，严于律己，宽以待人，才能建立与人和睦相处的基础。在很多时候，你怎么对待别人，别人就会怎么对待你。在你困难的时候，你的善行会衍生出另一个善行。

与人为善并不是为了得到回报，而是为了让自己活得更快乐。与人为善其实极易做到，它并不要你刻意做作，只要有一颗平常心就行了。

人生以服务为目的，但有的人却总喜欢刁难别人，以为难别人为乐，不给人以方便，不肯付出真心为别人服务。这样的人不但得不到人缘，反而会显示自己的无能。凡是那些能干的人，当别人对他有所请求时，都会得到肯定的答复。如果你总喜欢正面去帮助别人，你必定是一个与人为善的人。

依据比肯斯菲尔德伯爵的看法，一位真正的贵妇或一位真正的绅士的主要特征，就是为他人着想。在英国的一所古老的庄园，里面的人信奉这样一段话："真正的绅士是上帝的仆人，是世界的主人，是他自己命运的主宰者。美德是他的事业，学习是他的娱乐，知足是他的休息，快乐则是他的回报，上帝是他的父亲，耶稣基督是他的拯救者，圣人是他的教友，而所有需要他的人都是他的朋友。热忱是他的牧师，纯洁是他的侍从，节欲是他的厨师，温和是他的管家，好客是他的仆人，节约是他的出纳，仁慈是他的看门人，谨慎是他的搬运工，虔诚则是他家里的女主人，这些人在最恰当的时候为他服务。这样，他的整个家都是由美德构筑起来的，而他就是这个房子的主人。这样的人必然会将整个世界带上通往天堂的道路。一路之上，他努力着，尽其所能，他给自己带来了灵魂的满足，给他人带来了心灵的快乐。”

有一个人遭遇暴风雪，迷失了方向。由于他的穿着装备无法抵挡风雪，以致手脚开始僵硬。他知道自己时间不多了。

结果他遇到另一个和他相同遭遇的人，几乎冻死在路边。他立刻脱下手套，跪在那人身旁，按摩他的手脚，那人渐渐复苏，最后两人合力找到了避难处。

之后别人告诉故事中的主角，他救别人，其实也救了自己。他原本手脚僵硬麻木，就是因为替对方按摩而变暖了。

“善心”是从不损失的投资。爱默生曾提醒我们：“要做一个为后来者开门的人，不要试图使世界成为死巷。”他又说：“此生最美妙的报偿就是，凡真心帮助他人的人，没有不帮助自己的。”

曾获得奥斯卡奖的电影剧本作家罗伯特·汤纳，1982 年时事业遭到重挫，同时与妻子闹得不可开交，而他“无比钟爱”的爱犬恰在此时又死了，这一切都令他悲痛不已。

“我独自一人踯躅在荒凉的沙滩上，放眼都是漂来的垃圾。我觉得自己真的是一无所有了。”

此时，沙滩上有对夫妻走过来对他说：“对不起，我们碰到了一个麻烦。我们坐汽车到了这儿，但因司机罢工，回程票作废了，剩下的现金不够回到市里去。你能帮助我们吗？”于是他把手伸进口袋，倾囊帮助了他们。

汤纳继续说：“此时我突然感到心情顿时开阔。我本来觉得自己彻底完了，但就在这个沙滩上，我竟然还能为别人做点什么。这使我感到我并不是完全没用，而且相信无论如何，一切都会好起来的。”

善意的微笑，或肩膀上的轻拍，都可能将一个人从悬崖的边缘拉回来。在帮助他人疗伤的同时，我们也使自己痊愈。

一个漆黑的夜晚，一个路人因为有急事要去一个朋友家，为赶时间，便抄近路走入一条偏僻的小巷。路人心里害怕得咚咚直响。真后悔不该走这条路，可是事已至此，只得硬着头皮向前走。走着走着，突然，路人发现前面有一处光亮，似乎是一个人提着一个灯笼在走，路人疾步赶了上去，正想打声招呼，却发现他是一个盲人，一手拿着一根竹竿小心翼翼地探路，一手提着一只灯笼。路人纳闷了，忍不住问他：“您自己看不见，为什么要提个灯笼走路呢？”

盲人缓缓地说道：“这个问题不止一个人问我了，其实道理很简单，我提灯笼并不是为自己照路，而是让别人容易看到我，不会误撞到我，这样就可保护自己的安全。而且，这么多年来，由于我的灯笼为别人带来光亮，为别人引路，人们也常常热情地搀扶我，引领我走过一个又一个沟坎，使我免受许多危险。你看，我这不是既帮助了别人，也帮助了自己吗？所以，每到晚上出门，我总提着一盏灯笼。”

盲人说完，继续往前走着，赶路的人跟在他身边，再也没有说一句话，只是每有路障，路人都小心翼翼地扶他一把。该拐弯了，赶路的人想对盲人说句感谢的话，却不知该怎样表达才好。最后分手时，路人只说了一句：“您好走？”这时，路人发现天空似乎亮了好多……

看了这个故事，你对此有什么感想？你会觉得，盲人提灯笼是多此一举吗？对那个盲人来说，灯笼确实是多此一举，可对别人来说，却很有用。正是盲人的灯笼带来了光亮，才使人们在黑暗中不至于摔跤。同时，盲人自己也得到了帮助。这不正是帮助别人就是帮助自己的最好写照吗？

在这个世界上，个人的力量总是单薄的，一个人无力去解决生活中的所有问题，而且，要一个人走完这漫漫人生之路，是多么孤寂，又多么危险。任何一个人都离不开他人的帮助。常言道："一个篱笆三个桩，一个好汉三个帮。"正是由于大家相互帮助，相互关怀，世界才这般温暖，这般美好。

我们都知道，人与人之间的交往是一种平等互惠的关系，也就是说，你对别人怎么样，别人就会怎样对你。正所谓"投之以桃，报之以李"。所以你要想得到别人的帮助，你自己首先必须帮助别人。

我们应该时时伸出热情的手，时时帮助和关怀别人，因为我们的帮助，能给对方带来力量和信心，使他们有更大的勇气去战胜困难。特别是当一个人遇到挫折，处于逆境之中时，如果我们能雪中送炭，热情相助，别人也定会涌泉相报。

像这样的故事在我们的身边比比皆是。几年前，在"老北京胡同游"的三轮车队中有着这样一位的三轮车夫，他家境非常艰难，妻子常年卧病在床，一对双胞胎孩子上学，全家人就靠他一个人蹬三轮车来维持生计。但他从来不怨天尤人，而且更让人感动的是当他见了比他还困难的人总要帮一把。比如，对那些年事高、身体弱的老头、老太太他总是免收拉脚钱，院子里有谁病了，他的三轮车常常就是救护车，哪怕三更半夜，他都要从床上爬起来，送病人去医院……他经常挂在嘴边的一句话是"对别人好就是对自己好，爱心能感染人。"后来，事实证明，他的善心得到了回报。两个孩子争气，同时考上了大学，他却为孩子的学费愁白了头，家里实在拿不出那么多钱。这时，众人都伸出了援助之手。邻居、孩子的老师、同学家长，那些受过他帮助的人，纷纷解囊相助，不仅凑足了学费，而且还为孩子们送来了棉被、蚊帐等生活日用品，让两个孩子高高兴兴地迈进了大学的校门。

为人处世，不能仅从"为己"考虑，只有多为别人着想，人们才会给你以友善的回报。

助人为乐，是中华民族的传统美德。但是有一些人，却很少愿意帮助别人，在他们眼中，没有谁比自己更重要了，时时事事都从自己的利益出发，从不顾及别人，有事则登三宝殿，而不求于人时，则对人没有丝毫热情，更不要说去帮助别人了。似乎人人都是为他而活着，为他服务的，这种人最终只会使自己走向孤立无援的地步，别人都会对他敬而远之。谁会愿意帮助一个自私自利的人呢？

请记住，当你给别人一份快乐时，你就拥有了两份快乐！伸出你的手，让我们相互帮助，相互关怀，让我们人人都献出一份爱，让这个世界变得更加美好！

具备兼济天下的胸怀

古人所说"为鼠常留饭"并不真的是让人给老鼠留饭，只不过用这个来劝慰世人为人处世要有同情弱者、兼济天下的胸怀。人性有恶善，待人也应以慈悲为怀，不能以算计人、损人利己为出发点。慈悲心肠的人多了，人世间才能充满温情，人类才能生生不息、代代繁衍。

但是，仅仅做到慈悲为怀、与人为善，对于我们的道德修行是远远不够的。我们还应有助人为乐的精神，助人并以之为乐就上升为一种高尚的道德情操。施恩惠于人而不求回报，"为善不欲人知"，是一种发自内心的真诚。所谓"有心为善虽善不赏，无心为恶虽恶不罚"，假如抱着沽名钓誉的心态来行善，即使已经行了善也不会得到任何回报，出于至诚的同情心付出的可能不多，受者却足以感到人间真情。

隋朝时，有一位虔诚的佛教居士，姓李，名士谦。他天性很孝顺，自幼丧父，母亲去世以后，三年丧服期满，就捐舍自己的私宅为寺院，并且从此立志不再做官。李士谦一生没有饮过一滴酒，没有吃过一块肉，行为是如此的端正，口业也十分清净，从来不说有关杀生的言论。他继承了祖上巨额的遗产，所以家中很富裕，可是他的生活比穷人还要节俭，穿的是布衣旧衫，吃的是粗茶淡饭，终日以救济无衣无食的穷人为急务。邻里有因丧事无法殓葬的，他施以棺木；有兄弟分财不均而争讼的，他就出钱补助不足的一方，致使他们兄弟自觉惭愧而互相推让，也都成为善人。

一次，乡里遭受天灾后，百姓们连吃饭都成问题，更别说耕种用的粮种了。于是，李士谦就把几千石粮食借给了同乡的人。刚巧碰到年成歉收，借债人没有办法偿还，都跑来道歉。李士谦却说："那些是我家多余的谷物，本来就是想救济大家的，哪里是想得到利钱呢？"

于是，李士谦把所有的借粮人请来，为他们摆酒设宴，面对他们烧掉借据，说："债务不存在了，请你们不要总想着还债了。"招待他们吃喝后，让他们放心地回去了。借粮人都打心眼里感激他，尽管李士谦烧掉了借据，但他们心想，如果有了粮食一定要还给他。

第二年庄稼大丰收，借粮人争着来还李士谦的谷物，李士谦却全部拒绝收下。有人对他说："你积了很多阴德。"李士谦说："做了人们不知道的好事才叫阴德。而我现在的行为都是你知道的，怎么算阴德呢？"

还有一次，也是赵郡发生大饥荒，李士谦二话不说拿出家里的全部钱财，买粮给他们熬粥喝，以此保全性命存活下来的人数以万计。他收埋死者的尸体，凡是看到的都给埋掉。到了春天，他又拿出粮种，送给没有种子的贫穷人家。郡里的农民感激他的恩德，抚摸着自己子孙的头说："这是李参军赐给我们的恩惠啊！"

李士谦没有乘人之危逼债，而是慈怜为本，以爱心示人，一焚烧了债券，二拒人还债，真正得到了人们的爱戴。

开皇八年，李士谦在家里去世，享年66岁。赵郡的百姓知道了，没有一个不流泪的，他们说："我们这些人不死，李参军却死了！"参与送葬的有一万多人。

区区一方乡绅这样的普通人，尚且可以做到自产利他人，施者不寄望于厚报。作为士君子，既已出人头地，又能丰衣足食，更应该像宋儒张载所发出的万世呼吁那样，"为天下立心，为生民立命，为往圣继绝学，为万世开太平"。

"君子坦荡荡，小人常戚戚"是自古以来人们熟知的一句名言。孔子认为，作为君子，应当有宽广的胸怀，不计较个人利害得失，做点自我牺牲无所谓，恩惠施予别人也不当回事，更重要的是不计较别人的过失。

北宋著名的两朝宰相吕蒙正也是一位心胸宽广、不计个人得失的真君子。他在世人心中素来很有威望，他以正道自持，不喜欢记着别人的过失。民间关于他的宽厚质朴的趣闻逸事也很多，其中他初任参知政事之时的一件小事最为出名。

吕蒙正刚刚出任参知政事进入朝堂时，有一位中央官吏在朝堂内指着他说道："这小子也当上参知政事了呀？"那位官吏态度轻蔑，在大庭广众下公然非议自己的同僚，很是无礼。但是，吕蒙正没有据理相驳，而是装作没有听见走了过去。同在朝班的吕蒙正的同僚们看到后非常愤怒，下令责问那个人的官位和姓名，吕蒙正急忙制止了他们，不让查问。

下朝以后，那些同僚仍然愤愤不平，后悔当时没有彻底查问，此时吕蒙正却说："一旦知道那个人的姓名，那么我将终生不能忘记，如此倒不如不知道那个人的姓名为好，不去追问那个人的姓名，对我来说也没有什么损失。"

面对如此屈辱的议论，吕蒙正非但没有恼怒，反而淡然地当作没发生一样选择忘记，其高尚的情操和宽厚仁慈的品行着实令人钦佩！孟子认为，每个人都有报复心，对那些不能善待自己的人施以报复是必然的，也是符合情理的。人世间的许多讨伐征战，许多冤冤相报的争斗，都由此而来。春秋时期，邹国与鲁国有一次发生了冲突，邹国死了33个官吏，老百姓没有一个去营救的，邹国国君对孟子发牢骚，说这些百姓实在可恨。孟子却对他说："时逢灾荒，在你的国中，百姓们年老体弱者暴尸荒野，年轻力壮者四处逃荒，而你的谷仓里堆满了粮食，库房里存满了珠宝，你的官吏却不向你报告，让你开仓济民，这等于是残害百姓。曾参曾经说过：'警惕啊，你怎样对待别人，别人将怎样回报你。'现在，你的百姓终于得到报复的机会了！你有什么可责备他们的呢？"

由此看来，要真正做到以德报怨、宽厚仁慈地对待所有人，不管是陌生人也好，敌人也罢，这的确是十分困难的。也许正是因为这样，才有了"君子"和"小人"之分吧。真正的德行高尚的君子，能够做到不计较利害得失，自然也能做到不在意牺牲自我，不在意施惠他人，因为君子无得失、不强求、淡恩惠。如果你有心积德，就要放弃自己的小算盘，而不是用虚假的情意来欺骗别人，利用虚假的施舍来达到自己的目的。否则，你最多只能算一个伪善家，一旦被人识破阴谋，撕下虚伪的面具，丑行就会暴露无遗。

汉成帝登基后，王曼（皇太后王政君的二弟）的寡妻带着儿子王莽住在宫中。王莽看似仁厚，实则城府极深。得志前的王莽孝母尊嫂，生活俭朴，饱读诗书，结交贤士，声名远播。

王莽的大伯父王凤是军中最高统帅，患病时，王莽日夜在床前侍候，亲自尝药，数月蓬头垢面，连梳洗换衣的时间都没有。王凤深受感动，临死前，向皇太后王政君及成帝推荐王莽，使王莽越级升为射声校尉，成了北军八大指挥官之一。王莽的五叔王商是成都侯，跟当朝不少名士交好，也一再推荐王莽。不久，在众臣的力荐下，王莽被提升为骑都尉、光禄大夫、侍中。王莽在显露自己优点的后面深隐着一种险恶的用心，一旦得志后，其恶便开始显露了。

卫尉淳于长十分受宠，王莽认为是他前进途中的障碍，因而在侍奉七叔王根时，便攻击淳于长的隐私，后来又报告皇太后与汉成帝。成帝认为王莽首先揭发奸恶，忠心正直，遂晋升他为大司马。

六年后，汉哀帝刘欣去世，王莽已经大权在握了。他用迅雷不及掩耳的手段打击政敌，同时对三朝宰相孔光毕恭毕敬。最后，凡是向王莽靠拢的，全部升迁；而冒犯王莽的，一律诛杀。

又过了七年，王莽毒死了汉平帝，又抱着"孺子"刘婴摄政两年后，终于篡夺了西汉的政权。当王莽逼着他的外祖母皇太后王政君要玉玺时，一向把他当作刘氏天下忠臣的皇太后才恍然大悟，但为时已晚。

可见，王莽就是一个十足的伪善家，十足的小人，尽管他曾经权倾一时，但公道自在人心，历史上，他和他的子孙留下的只是耻辱的一笔而已。

仁慈宽厚、宽以待人对自己的利益是一种消减，而损人利己对自己的利益会有所增加，从短期来看的确如此，但从长远来看却未必。君子获得的是别人的爱戴和崇敬，有了人心，他就会“得道多助”，现实利益的得失只在一时起作用，而这种无形的得失却伴随人的一世，格外长久。不信的话，我们可以看看历史上那些大奸大恶之人，谁有过好下场？

王莽最终被商人杜吴一刀砍死了，许多人割下他身上的肉，一口口地吃下了去，这就是他的下场。

李林甫死后，家人被流放岭南，财产籍没入库，而他自己也被开棺，剥下锦袍玉带，换成薄板小棺，以庶人待遇被草草掩埋在长安城外的乱坟岗上。

想当初，李林甫何等了得！附和帝王，结交宦官嫔妃，窥伺上意，顺风承旨，口蜜腹剑，主政十九年，不知剪除了多少能人！

蔡京事发后，被流放至岭南韶关。商人们听说是蔡京，从开封到长沙的三千里路上，蔡京很难买到一口饭、一杯茶，一路尽是骂声。到长沙，无处安歇，只能住进城南的一座破庙，病困交加，饥寒交迫，饿死了。蔡京没银子吗？临行时，他的金银财宝装了满满一船，身边还带有三个女人呢！

常言道：“善恶到头终有报，只争来早与来迟。”无论是善报，还是恶果，都遵循着“近及己身，远报子孙”的规律，我们每一个人都不是孤立地生活在这个世界上的。所以，我们都不能只为自己考虑，应该不忘前人创业的艰难，珍惜他们打下的江山，努力将前人的精神发扬光大。同时，相对于子孙又必须心存责任，为使后人能过上更好的生活而奋斗。这种努力和奋斗，不只是指得到更多的物质财富，而是要把优秀品质代代相传。勤俭善良、宽厚仁慈、兼济天下，这些可贵的君子气节和精神财富，更应通过言传身教一代代流传下去。如果只一味想为子孙留下更多的物质财富，而不注意培养这些优秀品质，那么无论多少财富都难以长久！

保持抱朴守拙的作风

从前，有个商人买了许多盐，驮在驴背上，驴不小心掉进了小河里，盐被河水溶化了，上岸后只剩下空空的袋子，驴感到很轻松。过了不久商人又让驴子去驮盐，当经过小河的时候驴子故意掉到了河里，它又一次轻轻松松地回了家。商人发现后很是恼火，第三次的时候给驴装了两袋子海绵，驴子再次故意掉进河里，结果它差点被淹死。这是一个流传了很久的寓言故事，这个故事讽喻了自作聪明，最终给自己带来加倍惩罚的“蠢驴”。

一些喜欢玩心计的人，自以为工于心计能显示自己的聪明与高明，其实，那是最大的愚蠢与糊涂。汉代的刘邦能够战胜项羽的原因很多，工于心计便是其中一条。但是，他自己肯定没料到，他虽得意于一时，但为此也给后人留下了一个不佳的口碑。刘备当着赵云的面摔阿斗也是工于心计，说白了就是通过斗心眼儿，谋求他人对自己的信任与忠心，从而使自己获得更大的利益。这些实际上是对他人情感的一种欺骗，不是光明磊落的为人处世的态度。如果人人都热衷于此道，这个世界就毫无真诚可言了。

然而，“心计”却并非纯粹是贬义词，工于心计不好，但并不是说人生在世完全不需要心计。应该说只要不是以欺骗与愚弄他人为前提的心计，还是多多益善的。因为人际关系错综复杂，不多动些脑子，不多想些法子是不可能处理好的。万花筒般的世界不断地处于变化之中，没有心计是应付不了的。这种平平和和的心计与蓄意险恶的工于心计完全不是同一个概念。

为人处世要有心计，在某种意义上来讲是一个人聪明的表现，但需要强调的是，聪明是一笔财富，关键在于怎样使用。那些脱离正道的聪明，最终带来的只能是悲惨的结局。在现实中，竞争是激烈的，如果太工于心计，把心思放在“算计别人”上，是一件费时、费力，而且不道德的事情。这样做的人最终得到的是两个字：失败。例如，《红楼梦》中的王熙凤，在贾府算是一个精明之人。在一个复杂的环境里，势必要工于心计，才能生存，所以，为了巩固自己在贾家的地位，王熙凤很清醒地采取对各色人等的不同策略。对贾母承顺，对王夫人听从，对邢夫人应对，对地位高的大丫环称姐道妹，对下人严厉，对没地位的妾苛刻，对情敌死磕，置之死地而后快。结果到最后，落得个草席加身、不得善终的悲惨结局，正所谓：机关算尽太聪明，反误了卿卿性命。

孙膑曾与庞涓一起师从鬼谷子学习兵法。庞涓下山后，投奔魏国，得到魏惠王的宠信，被任为将。庞涓自忖才能不及孙膑，害怕他下山到魏国后影响自己的前程，更担心他到别国后成为自己的对手，于是决定设计陷害孙膑。不久，庞涓派人上山，以同朝为官为由，劝孙膑赴魏，孙膑不知是计，欣然允诺。不料一到魏国，便落入了庞涓的圈套，被诬告私通齐国，魏惠王听信庞涓谗言，无端处孙膑以膑刑，挖掉了他的两块膝盖骨，使之终身残废。按当时的惯例，刑徒是不能为官的，庞涓试图以此断送孙膑的政治前途，消除一个潜在的对手。

然而事情并未如他所愿，孙膑佯狂自晦，并设计归齐，得到大将田忌的赏识。又通过著名的“田忌赛马”显露出惊人的才华，得到齐威王的器重，被任为齐国的军师。

公元前354年，齐国应赵国之请，以田忌为将，孙膑为军师，率军击魏救赵，伏击庞涓大军，取得“桂陵之战”的胜利。十二年后，魏国攻打韩国。齐威王采纳孙膑“深结韩之亲而晚承魏之弊”的建议，再次以田忌为将、孙膑为军师，出兵救韩。孙膑依然采用围魏救赵的计策，痛击魏国10万大军。智穷力竭的庞涓在马陵愤愧自杀。

一个初入社会的人，经验、阅历都很短浅，但是他受这个社会的污染也相应地少很多。犹如一张白纸，等着画一幅美丽的画，只要起笔画好了，一般说来，他便可以步态轻盈地走下去。而一个涉世很深的人，他受这个社会的影响也很深，经历过大风大浪之后，虽然阅历丰厚，但是心机也会很重，这样的人其实活得非常累。因此君子与其人情练达、世事洞明，不如保持抱朴守拙的作风。以笃厚诚信的态度待人，方能获得永久的朋友。与人交往与其处处委屈自己，小心谨慎，不如豁达一些，保持自然、率真的本性，以真心换真心，这样可以让自己生活得更主动。因为并非每一次的委屈谨慎都能换来圆满的结局，只有朴实、笃厚的作风才是永恒的涉世之道，它会让我们在不经意间赢得更多的东西。

追求“善于处世”本身并无过错，可善于处世，并不等于要圆滑、虚伪、八面玲珑、见风使舵或是大耍阴谋。一味在如何讨好别人，如何使自己不吃亏上下功夫，就会扭曲自己，使自己变成一条变色龙。因此，为人处世，多些正直、多些真诚、多些朴实、多些洒脱，实在难能可贵。

把奉献当作一种快乐

奉献，如同清晨初升的太阳、山间流动的清泉、宽广无边的田野、奔腾不息的大海，它能使不可能成为可能，使世界变得更加美好。

奉献的同时也是收获，如果你播种奉献的种子，那么，奉献之果必会循环回报给你。而且，你奉献的越多，得到的就越多，它能使你的财富增值。

只要我们将自己奉献给他人，爱对我们而言便是随手可得的。我们的爱给予他人，我们会因此得到更多的爱。

生活中有很多人在无私奉献，用大多数人的话说，他们在干吃亏的“买卖”，但就是这种“吃亏”的奉献精神却为自己谋来不可估量的巨大精神财富和物质财富。

一个人如果能够不断地独善其身并兼济天下，那他就明白了人生的真谛。那种精神不是金钱、名誉、赞美所能比拟的。只有拥有奉献精神的人才会取得真正的成功，而奉献也正是一个人成功价值的最好表现。下面让我们先来看看这样一个故事。

传说，有一位公主患重病，危在旦夕。国王公告天下，谁要是能治好公主的病，不仅将公主嫁给他，还立他为王位继承人。有住在远方的兄弟三人，老大用他的千里眼，看到了这个公告，老二有日行千里的飞毯，而老三有一个可包治百病的苹果，于是兄弟三人坐飞毯来到皇宫，合力治好了公主的病。

到了论功行赏时，国王犯难了，因为救公主，兄弟三人都有功劳，但公主只有一个，把她嫁给谁好呢？经过反复思考，最后，国王决定把老三招为驸马。国王的理由是，老大的千里眼、老二的飞毯用过一次后，东西还在，而老三仅有的一个苹果被公主吃掉后，就不复存在了。

国王的决定应该说是合理的，因为，奉献越多，收获越大。苹果只有一个，懂得奉献的人，才是最能发挥它价值的人。

下面同样是一个很有意思的故事。

在某公司，曾有一批同年被录用的大学毕业生，他们都被安排在销售一线。销售员是按比例提成的，这一批毕业生都使出了各自的拿手好戏，最后领到的奖金也都差不多。几年后，公司销售部经理被提拔到决策层，谁来担任新的销售部经理呢？就在大家互相猜测时，公司召集所有的销售员开会，并推荐小刘做候选人，征求大家的意见。小刘的业绩与其他同事相比并不是最突出的，但小刘两次配合公司工作，主动把自己开拓出来的市场让给两位同事，使两个长期分居的家庭得以团聚，也使公司的销售员队伍得以稳定。当公司负责人将这一点公之于众时，不仅那两位同事心服口服，其他同事也拍手鼓掌，百分之百通过。

通过上面的故事可以看出，奉献越多，收获越大。在我们日常的工作中，很多人都是在政策允许的范围内尽可能地为自己争取利益，这是无可厚非的。但是对于一个胸怀大志者来说，他往往更具全局观念，在关键时，总比别人付出得多一些，做得更好一些。他不一定要刻意为之，但早晚一定会被领导和同事们看到，他不一定总是能像故事中的老三和小刘那样得到最好的回报，但只要他能坚守这种奉献精神，就一定会遇到赏识他的人。

懂得奉献精神，可使人创造出奇迹，因为这种精神，可以让人达到新的人生高度。可以激发出让人难以置信的能力，从而改写一个人的命运，甚至使一个身无分文的人成为传奇人物。

1933年，经济危机笼罩着整个美国，大小企业纷纷破产，尚存的企业也是如履薄冰、小心翼翼。而就在这种危机重重的时刻，哈里逊纺织公司发生了一起大火灾，整个工厂沦为一片废墟，3000多名员工回到家里，悲观地等待着老板宣布破产和失业风暴的来临。

在漫长的等待中，老板的第一封信到了。信件没提任何条件，只通知每月发薪水的那天，照常去公司领取这个月的薪金。

在整个美国一片萧条的时候，能有这样的消息传来，员工们大感意外，他们纷纷写信向老板表示感谢，老板亚伦·傅斯告诉他们，公司虽然损失惨重，但员工们更苦，没有工资他们无法生活，所以，只要他能弄到一分钱，也要发给员工。

3000名员工一个月的薪水该是多么大的一笔款项！纺织公司已经化成一片废墟，别说是处在经济萧条时期，就是在经济上升时期也很难恢复元气。既然恢复无望，亚伦·傅斯还要掏自己的腰包给已经没有工作的工人发工资，那不是愚蠢的行为吗？当时，曾有人劝傅斯，你又不是慈善机构，也不是福利机构，这时候你不赶紧一走了之，却还犯傻给工人发工资，真是疯了。

一个月后，正当员工们为下个月的生计犯愁时，他们又收到老板的第二封信，信上说再支付员工一个月的薪水。

员工们接到信后，不再是意外和惊喜，而是感动得热泪盈眶。在失业席卷全国，人人生计无着，甚至上班都拿不到工资的时候，能得到如此的照顾，谁能不感念老板的仁慈与善良呢？

第二天，员工们陆续走进公司，自发地清理废墟，擦洗机器，还有一些主动去南方联系中断的货源，寻找好的合作伙伴。

三个月后，哈里逊公司重新运转了起来，这简直就是一个奇迹。这个奇迹是由员工们使出浑身解数，恨不得每天24小时全用在工作上，日夜不停地奋斗创造出来的。

就这样，亚伦·傅斯用他的奉献精神，使自己的事业起死回生，然后又蒸蒸日上。现在，这个公司已经成为美国最大的纺织公司，分公司遍布五大洲60多个国家。

凡是真正的成功者，都是乐于奉献的人，他的一切作为都不存私心，只求竭尽全力做好。像钢铁大王卡内基，把自己一生的资产都捐给了图书馆；老一代“捐钱大王”洛克菲勒，把赚到的钱通过设立基金和建造大学的形式都散了出去；香港著名企业家李嘉诚，十几年来他几乎每年都向内地捐助1亿港元以上的资金，帮助祖国举办公益事业……

这些世界级的富翁都有伟大的奉献精神，他们用奉献表现出了自己的成功价值，使国家、世界都受益。透过无私的奉献，他们得到的是恒久的成就感，这样的人，才是真正的成功者。

在生活中，我们每个人都可以奉献爱心。当别人碰上了困难，你伸出援助之手去帮助他，只要尽了一己之力，即使微不足道，也会有很大的意义，这可能会让他感到人间的温暖，重新振作起对人生的希望。千万不要袖手旁观，要知道，一句暖人心扉的话，一份富有爱心的赠与，都是奉献，它不在多少，而在于你做了没有。

你要相信每个人都与生俱来就有成为成功者的本质，只要迈出那奉献的一步，你就能扭转自己的人生，就算一时看不到成果，但日后则能使你走向成功。

在给予中享受快乐

哲人说:“人生需要给予。”无论是自己给予别人,还是别人给予自己,这本身作为一种生活方式而存在着。其实,人生在世每个人都在给予。只是有人的给予,是为人所见,有人的给予,是不为人所知。但是这两种给予都是高尚的,值得歌颂的……也就是因为这世界有了给予,生活因而变得如此美丽,所以这个世界让人留恋。

曾听过关于一个名叫沙都的人的故事。有一天,沙都和一个旅伴穿越喜马拉雅山脉的一个山口,他们看到一个躺在雪地上的人,沙都想停下来帮助那个人,但他的同伴说:“如果我们带上他这个累赘,我们就会送掉自己的性命。”但沙都不想丢下这个人。当他的旅伴跟他分别后,沙都把这个人背起来,使尽力气往前走。渐渐地沙都的体温使这个冻僵的身躯温暖起来,那人活过来了。过了不久,两人并肩前进。当他们追上那个旅伴时,却发现他死了——是冻死的。

在这个事例中,沙都心甘情愿地把自己的一切包括生命都给予另外一个人,他保存了生命。而他那无情的旅伴只顾自己,最后却丢了性命。著名的卡耐基就他的推销经历谈到:“我每天早晨干活时都这样想:‘我今天要帮助尽可能多的人,而不是我今天要推销尽量多的货’,这样我就能找到一个跟买家打交道更容易、更开放的方法,推销的成绩就会更好。谁尽力帮助其他人活得更愉快更潇洒,谁就实践了推销术的最高境界。”

同样,给予也是寻找快乐的最好方法之一。把自己的爱心无私地奉献给别人,别人也就会在你最困难的时候给予你帮助。在给予与补给予的过程中,你就会发现给予的魅力,它会使你永远生活在快乐的海洋中。

美国一位青年在十八岁生日那天,在他的再三央求下富有的哥哥送了他一辆漂亮的轿车做礼物,邻居一位十多岁的男孩看了后羡慕不已,在轿车旁左右端详。青年以为少年会说“要是有人送我一辆就好了”,但出乎他的意料,少年说的却是“我要是能送一辆给弟弟就好了”。青年深为少年的一颗诚心所感动,就主动用车送这位男孩回家。到家后这位男孩让青年稍等一下,并进屋用轮椅推出了弟弟——原来,男孩的弟弟身有残疾。此时,青年以为男孩要让他的弟弟也坐一坐这辆新轿车,可是他又错了——男孩指着轿车对自己的弟弟说:“看吧,这是他哥哥送给他的礼物,将来我也要送给你这样的礼物。”两次误会使青年明白了一个道理,少年一心想的是要“给予”他人,但他因“给予”所得的快乐似乎远比自己“索取”所得的快乐要多得多。

的确,给予的快乐是索取远远无法企及的,尽管有些给予显得那么微乎其微,可能只是一个不一定能够实现的梦想,可能是一个遥遥无期的承诺,甚至只是一个宽慰或赞赏的微笑,但这却足以让他人受益终身。只因这给予多半是建立在坦荡无私的基础上的,因此这快乐就来得那么亲切和自然,那么真挚而感人。

世上每一件事都需要给予才能做到,当有了给予这个名词时获得也就诞生了。世间万物有给予就有获得,当给予消失时,获得也就荡然无存了。但是,应该明白不是所有的付出都有回报,但没有付出就一定没有回报。这个道理其实很多人都是明白的,但很多时候,当付出之后没有回报时，相信很多人都是有几分失落和不甘的。如何去调节这样的心态呢？此时，应该不断地告诉自己，不是付出没有回报，而是付出的不够，或者我们已经得到了另一种形式的回报了。

如果说回报是天空中的一颗璀璨之星，那么给予便是通天之梯，只有沿着这座梯，才能摘下星星。一分耕耘一分收获，学会给予，回报才会张开它看似吝啬的双臂，主动向我们走来。

诚信像金子一样宝贵

美国前总统林肯有段名言：你可以在某一时刻欺骗所有的人，也可以在所有的时刻欺骗某一些人，但你永远不可能在所有的时刻欺骗所有的人。

欺骗就像未感光的胶片一样，只要见一丁点光就会全部作废。欺骗只要被一个人识破，世人便都识破了它。欺骗对自己的蒙蔽与伤害，远胜于他人。

一个人要想成功，他不需要说谎，只要言行一致，虚怀若谷，贯彻正确的人生观，脚踏实地干下去就行了。倘若心灵一旦丢掉了良知和责任，天堂瞬间就变成了地狱。

诚实是财富，我们无法想象与一个满嘴假话的人生活在一起的情形，同样，我们每个人要想拥有别人的真诚，就必须先守住做人的根本——诚实。在商品经济高度发展的今天，许多人经受不住金钱的诱惑，为达到个人的目的不择手段，在他们腰包鼓起来的同时，他们已经失去了做人的根本。

诚实不但是一种美德，而且它还有可能使你有意想不到的收获。诚实是做人的根本，不诚实的人不能信任，更不能被委以重任，你永远要努力分辨他是不是在骗你。这里给大家讲一则寓言故事：

从前，有一位贤明而受人爱戴的国王，把国家治理得井井有条，人民安居乐业。国王的年纪逐渐大了，但膝下并无子女，这件事让国王很伤心。最后他决定在全国范围内挑选一个孩子收为义子，培养成为自己的接班人。

国王选子的标准很独特，给孩子们每人发一些花种子，宣布谁如果用这些种子培育出最美丽的花朵，那么谁就会成为他的义子。

孩子们领回种子后，开始了精心的培育，从早到晚浇水、施肥、松土，谁都希望自己能够成为幸运者。

有个叫雄日的男孩，也整天用心地培育花种。但是十天过去了，半个月过去了，一个月过去了，花盆里的种子连芽都没冒出来，别说开花了。

苦恼的雄日去请教母亲，母亲建议他把土换一换，但依然无效，母子俩束手无策。

国王决定的观花日子到了。无数个穿着漂亮衣裳的孩子涌上街头，他们各自捧着盛开鲜花的花盆，用期盼的目光看着缓缓巡视的国王。国王环视着争奇斗艳的花朵与精神焕发的孩子们，并没有像大家想象中的那样高兴。

忽然，国王看见了端着空花盆的雄日。他无精打采地站在那里，眼角还有泪花，国王把他叫到跟前，问他："你为什么端着空花盆呢？"雄日把自己如何精心侍弄，但花种怎么也不发芽的经过说了一遍，还说，他想这是报应，因为他曾在别人的花园中偷过一个苹果吃。没想到国王的脸上却露出了最开心的笑容，他把雄日抱了起来，高声地说："孩子，我找的就是你！"

"为什么是这样?"大家不解地问国王。

国王说:"我发下的花种全部是煮过的,根本不可能发芽开花。"捧着鲜花的孩子们都低下了头。

上面的故事可以说明,诚实才是为人处世的基本原则,一个歪曲事实,隐瞒真相的人终究是要败露的。有一句古老的谚语说:"一个人讲了一个谎言,就不得不讲更多的谎言。"

欺骗别人就是欺骗你自己,欺骗自己的结局就是害了你自己。就像《伊索寓言》里的"狼来了"故事中的牧羊人一样:

有一个牧羊人每天去森林里放羊,他孤单得要命,总想找到个法子使自己开心。一天,他突然大叫起来:"狼来了,狼来了,快来救我呀!"在附近田里干活的农民放下手中的活儿,赶紧拿着棍子跑来。见到这种情况,牧羊人哈哈大笑,说道:"狼已跑了。"第二天,他又这样叫起来。当农民们又跑来救他时,还是没见到狼,只好回去了。从此以后,牧羊人常常以此取乐。有一天,真的来了一匹狼,牧羊人开始大声呼救起来,但没有任何人赶来帮忙。大家都以为,他还像平常那样欺骗大家。最后牧羊人被狼吃掉了。

古往今来,凡在学识上有成就的人,无不是诚实的。爱因斯坦小时候学习成绩就很差,但是他却勇于提出一些别人看似愚昧的问题;马克思对于历史、哲学和政治经济学的研究工作始终是实事求是。为我们诚实做学问树立了光辉的榜样。

可是随着社会越来越进步,经济越来越发达,诚实信用反而在人们心中变得越来越淡薄,这不能不说是社会的悲哀。说话出尔反尔,尔虞我诈成为一些人炫耀自己精明的资本,而那些"刻板地"奉行诚信原则的人却常常被人讥笑为傻子。

没有一个人希望自己被骗,可是希望别人不骗自己的同时自己也不要去骗别人。点滴都是从自身做起的,慢慢地会感染你身边的人。每个"刻板地"奉行诚信原则的人身边都会有许多真诚的朋友,只有心存诚实,做事讲信用,才能感受到真情,得到别人的尊重。

诚信既是一种无形的力量,也是一种无形的财富。诚信立业,诚信致富。大凡一个成功的商人,一个成功的企业家,在创业之初,都需要经受诚信的考验。诚信支撑着生意越做越大,支撑着企业规模越来越大,实力越来越强。

世界船王包玉刚把讲信用看作企业经营的根本。他认为,纸上的合同可以撕毁,但签订在心中的合同是撕不毁的,人与人之间的友谊应该建立在相互信任的基础上。

在包玉刚的经商生涯中,奉行的是"言必信,行必果",由此,他为自己树立了良好信誉,从而获得了银行的信赖,为企业的发展获得了坚强的资金支持。

在20世纪70年代,包玉刚决定进入房地产业。房地产行业是风险与利润并存的行业,尽管利润较高,但是,风险也是相当大的。

1979年,包玉刚看准时机,决定收购当时属于英国人的九龙仓。他与李嘉诚达成君子协议,他不干预李嘉诚收购和记黄埔,李嘉诚则不干预他收购九龙仓。然后,包玉刚开始在二级市场上大量买进九龙仓股票,没多久,英国人发觉股票出现异常波动,为了防止九龙仓被收购,赶紧采取了反收购的办法,调集许多资金把九龙仓的股价越炒越高。

最后,包玉刚还需要30亿港元的资金才能实现收购控股的计划。原九龙仓的几个英国大股东认为,包玉刚已经没有资金了,30亿港元对他来说完全不可能筹集到,因此,包玉刚根本不可能再收购九龙仓了。当时,包玉刚自己也对媒体记者说,现在的股价太高,收购太困难了,自己暂时想出去玩玩。接着,他真的坐飞机离开香港去欧洲休假。从周一到周五,媒体一直追踪报道包玉刚的游玩信息。大家都认为包玉刚已经放弃了收购计划。但是,在周六和周日两天,包玉刚却不知去向了。

到了下个周一,包玉刚却带着30亿港元资金又杀回了香港股市,一举收购了九龙仓,成为九龙仓第一大股东,轻松实现了收购控股计划。

原来,"失踪"的那两天里,包玉刚分别请了几个银行家吃饭,凭借自己的信誉,轻轻松松地获得了这些银行家的贷款。正是长期建立起来的诚信让包玉刚在这场收购大战中获得了胜利。

香港首富李嘉诚说:"有了信誉,自然就会有财路,这是必须具备的商业道德。就像做人一样,忠诚、讲义气,对于自己说出的每一句话、做出的每一个承诺,一定要牢牢记在心里,并且一定要保证做到。当你建立了良好的信誉后,成功、利润便会随之而来。"李嘉诚不仅是财富超人,而且被誉为诚信超人。

李嘉诚在创业初期资金极为有限。一次,一位外商希望大量订货,但他提出需要富裕的厂商作保。李嘉诚努力跑了好几天,仍一无着落,但他并没有捏造事实,或是含糊其辞,而是一切据实以告。那位外商深为他的诚信所感动,对他十分信赖,说:"从阁下言谈之中看出,你是一位诚实君子。不必其他厂商做保了,现在我们就签约吧。"

面对这样一个好机会,而李嘉诚感动之余还是说:"先生,蒙你如此信任,我不胜荣幸。但我还是不能和你签约,因为我的资金真的有限。"外商听了,极佩服他的为人,不但与之签约,还预付了货款。这笔生意使李嘉诚赚了一笔可观的钱,为以后的发展奠定了基础。由此,李嘉诚也悟出了"坦诚第一,以诚待人"的道理,并"刻板地"奉行诚信的原则,并获得了巨大成功。

对于上面提到的两位家喻户晓的名人来说,他们深深懂得诚信的含义,他们"刻板地"奉行诚信的原则,因此诚信给他们带来了无穷的财富。

每个人在生活中都会遇到"诚信"或"不诚信"的事。诚信带给人愉快的感觉,使人和人的关系变得亲切、融洽,相反,会给我们带来失望、伤害,甚至是仇恨。所以,一个不讲诚信的人,不会是一个向上、自信的人,当然,缺乏诚信的社会也不会是文明、和谐的社会。我国有句俗语叫"诚信是金",说的是做人讲诚信,就像金子一样宝贵。自古以来,言行一致、表里如一、实事求是、讲究信誉就是人们追求的品格和德行。

做人要堂堂正正

正直,是做人应该具有的优良品德,也是中华民族最为崇尚的传统美德之一,历来为人们所称道和赞誉。古代有个成语"刚正不阿"就是赞扬正直的,民间所说的"身正不怕影子斜,脚正不怕鞋歪",也是赞扬正直的。从"正直"的字面意思来说,"正"是符合标准方向,不偏斜;"直"是不弯曲,不偏斜,"正"与"直"合起来的意思就是公正、直爽。正直的道德内涵是十分丰富的,它既是一种公正的道德意识,又是一种高尚的道德情感,也是一种纯正的思想作风和正当的道德行为。正直的实质是为公还是为私的问题,为公为正,为私为邪;秉公为直,偏私为恶。

正直和邪恶是对立的。一个人有了正直的品德,就会对自己严格要求,不谋私,不贪利,不文过饰非,不隐瞒自己的观点,不偷奸耍滑。对他人不阿谀奉承,不溜须拍马,不阳奉阴违,不包庇坏人坏事。处理事情,敢于主持公道,伸张正义,抨击邪恶,不怕打击报复……总之,正直的人能堂堂正正地做人。

我国人民历来崇敬那些具有正直品格的人,司马迁、包拯、海瑞、林则徐、闻一多、李大钊……都在人们心目中留下了难忘的光辉形象,成了人们学习的榜样。为官清正廉洁,可以说是中国几千年老百姓对吏治的理想。

中国历史上典型的清官首推宋代包拯。作为北宋的一代名臣,包拯官至龙图阁大学士,为官清正,一尘不染。史载:"端州产砚,前守缘贡,率取数十倍以遗权贵。"而包拯任端州刺史时,"命制者才足贡数,岁满不持一砚归。"正因为这样,他说话才理直气壮,力重千钧!"关节不到,有自罗包老",在民间也广为传颂。

裴潜,也是我国历史上由于清正廉洁而被传颂的人物。三国时魏国有一个廉洁的代名词,叫作"挂胡床"。李白诗:"去时无一物,东壁挂胡床",就是赞美魏国廉吏裴潜的。原来,裴潜曾在曹操帐下参与军事谋略的筹划工作,后出任兖州刺史。曹丕时又任过散骑常侍、荆州刺史,被赐爵"关内侯"。曹睿时更升到尚书令的高位,被封为"清阳亭侯"。但就是这样一位"三朝元老",为官却清廉过人,他在任兖州刺史时,曾经做了一个叫"胡床"的可折叠的轻便坐具,他离任时,将胡床挂在柱子上。这件事为人们传颂,"挂胡床"便也成了一尘不染、清廉正直的象征。

诸葛亮舌战群儒,讥笑东吴陆绩"公非袁术座前怀橘之陆郎乎?"却是笑错了。陆绩并非贪鄙之徒,却以廉洁著称。至于他5岁时在袁术座前怀橘,是为了带给母亲吃,亦见其赤子之心。陆绩曾出任郁林太守,这里靠近南海,物产丰饶,以太守的权势,几年之内就可捞个万贯家财。但陆绩廉洁奉公,政务之外就钻研天文学,绘有《浑天图》等,成为三国时代有名的天文学家之一。当他离任时,从水路经南海,沿着今天的台湾海峡返回家乡吴郡。由于他为官清廉,行李无几,放在船上太轻,船在海上行动不稳,便命人搬一块巨石上船,以增加船身重量。这块郁林巨石随他到了家乡,成为陆绩清廉的象征。人们称赞"郁林石",以此表达对陆绩的敬仰。

要做正直的人,必须从多方面努力。毛泽东曾指出:"一个人做点好事并不难,难的是一辈子做好事不做坏事,这才是最难最难的啊!"《晋书》中说:"为官长当清、当慎、当勤,修此三者,何患不治乎?"包拯更直率地指出:"廉者,民之表也;贪者,民之贼也。"要想做个正直的人,其根本之点就是除去过多的私心,私欲太多的人,必定不是正直的人。正直的人不谋私利,出以公心;正直的人疾恶如仇,敢于斗争;正直的人严于律己,行事端正。正直的修养内容是非常丰富的,对正直的道德境界的追求更是长期的。

孟子说:"仰不愧于天,俯不怍于人。"做人光明磊落,做事心安理得,就可以上无愧于天,下无愧于自己也无愧于别人。"人无一内省之事,则天君泰然,此心常快足宽平,是做人第一自强之道,第一寻乐之方,守身之先务也。"曾国藩的这句话道出了孟子的心声。不做对不起人的事,就应该先审视自己的良心是不是缺失了,在行动中时刻以良心监督自己,行动之后,良心又对事情的后果进行评价和反省。君子内省不疚,无恶于志。君子之所不可及者,其唯人之所不见乎!

俗话说:"不做亏心事,不怕鬼敲门","身正不怕影子斜",旨在要求和规范人们在做人处世中"中正"而行。利用别人不知道而欺瞒别人是为人所不齿的事。《菜根谭》有云:"居官有二语,曰:唯公,则生明;唯廉,则生威。"从许多人在官场上弄权营私、贪污纳贿而导致败亡的事例看，廉洁奉公不失为明智远虑者的养权之策。

东汉杨震，通晓经书，博览群书，精于考究，时饱学儒生称赞他为"关西的孔子"。但他几十年隐居不接受州郡长官的征聘，50岁时，才开始到州郡做官，后晋升为荆州刺史，东莱太守。赴任莱州太守时，道经昌邑县，经他从前举荐而得官的昌邑县令王密，在无人知晓的深夜以金十斤拜谒相赠。杨震说："我很了解你，但是你却不了解我的为人，这是为什么呢？"王密说："夜已深，没人知道。"杨震说："天知，神知，我知，何谓不知？"王密十分惭愧地退了出来。杨后来又调到涿郡任太守，他为人公正廉洁，不受私人拜会请托，子孙常素食步行。他的旧友、宗亲老人劝他为子孙购置些产业，杨震不愿意这样做，他说："给子孙留下清廉的榜样难道不比为他们留下丰厚的遗产好吗？"

唐宪宗时的忠武军节度使李光颜，也是廉洁奉公的人。当时，淮西节度使吴元济据申、光、蔡三州叛变，统十万兵的淮西军行营韩弘不但不努力讨伐叛军，反而嫉恨李光颜对叛军吴元济作战有功。他图谋暗地阻挠，想来想去，决定用美人计拖李下水。于是他在汴州城遍求女色，终寻得一绝色美女，教以棋琴书画，歌舞弦管，让她衣着绫罗绸缎，穿金戴银，花费几百万钱来刻意打扮，然后派使者送去给李光颜，希望李一见美女就喜欢得迷惑住，从而懈怠于军政。使者马上带着韩弘的信先来到李光颜的军营，说："韩大人派我来拜谒李大人，他顾念你征战辛苦，欲进一妓，以慰问李大人征役之苦。"李光颜说："今日已晚，明早再接纳吧。"次日早晨，李光颜大宴将士，三军咸集，传令使者进贡美妓。美妇来到，果然容貌举止秀丽端庄，犹如天仙下凡，举座皆惊叹其美。李光颜对来使说："光颜受国家恩深，誓与逆贼不共戴天。今战卒数万，皆离妻别子，效命沙场，冒着刀光剑影与我讨逆，我李光颜有何面目以女色独自为乐！"言罢，泣涕呜咽，堂下士数万，皆感激流涕。李光颜遂以缣帛厚酬来使，请他领妓自席上而回，自此兵众更加奋发效命。大凡自己贪赃枉法，挪用公款，以及滥用刑罚，触犯法律等，都是自己个人所犯，叫作私罪。

人只有行得正，做得直，才能直言不讳、坦诚无私。此外，还要向时代的英雄人物学习，因为每个时代都有自己的代表人物，而这些人物都集中体现了这个时代的社会道德精神。所以要提高自己的认识水平和分辨能力，真正做到"心明眼亮"。光明磊落、思想境界高、背后不做有愧于己有愧于人的事，这就是君子；而心理阴暗、思想境界低、喜欢在暗地里害人的，就是小人。

具有笨拙精神

老子有"巧为拙之奴"，"拙能制巧"的说法，而焦氏《易林》中也有"文巧舌敝，将返大质"一说。所谓"大质"就是反巧为拙，也就是说明物极必反之理。因为文章做到了极致，反而变得无话可说。所谓"江郎才尽""弄巧成拙"和禅宗名言"悟了等于未悟"，都是说明巧拙循环的相对之理。

曾国藩是中国历史上最有影响的人物之一，然而他的天赋却不高。小时候有一天在家读书，对一篇文章重复读了不知道多少遍了，却一直没有背下来。这时候他家来了一个贼，潜伏在他的屋檐下，希望等读书人睡觉之后捞点好处。可是等啊等，就是不见他睡觉，还是翻来覆去地读那篇文章。不知过了多久，贼人实在等不及了，跳出来大怒道："你这种水平读什么书，我只听了几遍就会了。”然后将那文章背诵一遍，扬长而去！

贼人是很聪明，至少比曾国藩要聪明，但是他只能成为贼，而曾国藩后来却成为连毛泽东都钦佩的人。

古时候，有一位商人，有两个儿子，大儿子聪明，取名智人。次子老实，取名木星。有一年商人病危，临终前把两个儿子叫到跟前，令智人经管东厢酒店，木星经管西厢酒店，并叮嘱：“商以德行，德以术胜，经商求术忌无德，切莫以术欺人。”两个儿子各自独立操业一段时间之后，智人觉得谨遵父命赚不了大钱，灵机一动，便在酒中加进了白水。这样一来，智人比木星多赚了不少钱，吃穿阔气了不少。木星觉得自己就是不如哥哥，但依然按照父亲的教诲老老实实做生意。时间一长，木星的生意也渐渐地好了起来，收入也不亚于哥哥。智人便怀疑弟弟也在酒里掺了水，于是自己掺水更多。不料怎么也赶不上弟弟的生意，后来甚至连一个顾客也没有了。智人便去质问弟弟：“我比你聪明多了，怎么生意反而不如你的好呢？”弟弟无言以对，旁边有一位顾客碰巧听见了，就告诉智人，你虽然比你弟弟聪明很多，但你的德行却远远不及你弟弟，你在酒里掺水坑客害人，焉有不败之理？智人这才想起父亲的临终嘱托，尽管他以后不再往酒里掺水了，但顾客还是不肯往他的酒店里去。

这是我国古代的一则巧与拙的故事。聪明的哥哥本想以巧获利，可最终聪明反被聪明误失去了顾客；而老实的弟弟坚守拙笨的经营之道，结果却以拙胜巧。

因此，无论对人对事，我们都应有真挚的态度。中国人的传统哲学是“巧者不坚，拙者永固”，所以古谚才有“自古巧物不坚牢，彩云易散琉璃脆”。做什么事都不应耍小聪明，卖弄自己的技能，拙才是成就事业的基础。

把自己看得太聪明的人，往往被生活所嘲弄；而把自己看得笨拙些的人，或许还会给人们一个惊奇。承认自己笨拙的人很容易放下什么都懂的假面具，有勇气袒露自己的无知，毫不忸怩地表示自己的疑惑，不会自命不凡，自高自大，拥有健康的心态。

在生活中，我们应该保持一颗平常心，坦然面对一切。如果小有成就，也不需太得意，如果遇到挫折，也不要消极失望。“不以物喜，不以己悲”的心态，使你会更加关注自己的工作，并集中精力做好它。此外，做人不可自以为是，做事切忌急于求成，事业的成功需要一个水到渠成的过程。

拿破仑是从炮兵干起的，卓别林是从跑龙套开始的，人的成长是需要一个过程的，这个过程不是任何文凭、学位可以缩短或替代的，否则就会出现断层，就会成为空中楼阁。“没有人能够随随便便成功”，这是一句歌词，也是一条真理。“随便”是指浮躁、空想，只有去掉这些，发扬务实的精神，万丈高楼才能拔地而起。

有人曾经问李嘉诚做生意最大的收获是什么时，他回答道：“那就是诚信，就是不妨把自己想得笨拙一些，而不是投机取巧……”好一个“笨拙”精神！这句话贯穿在李嘉诚的经商活动中，而做人何尝不是这样？面对当今瞬息万变的社会，我们免不了有时跟不上“新潮”，可总有些东西不管在任何条件下都离不了，比如像“不要小聪明的笨拙精神”。

拥有笨拙精神的人，可以很容易地控制自己心中的激情，避免设定高不可攀、不切实际的目标，也不会凭着侥幸去瞎碰，不敢为了玩潇洒去放纵，而是认认真真地走好每一步，踏踏实实地用好每一分钟，并甘于从不起眼的起点出发，还能时时看到的是自己的差距。那份笨拙感，激起的是实实在在的上进。

笨拙是解脱巨大心理打击的巧妙安慰，更是要求自己振作的强硬理由，那份笨拙感，带给人的是不骄不躁的清醒。把自己看得笨拙些，更能使人坦然处世，同时平静自省。

笨拙不会使人头脑发热、盲目自信、赤膊上阵做傻事，它让人遇事三思而后行。把自己看得笨拙些，会使人时常拿实力与自信对比，时常拿困惑与激情相碰撞。

做人不要太精明，把自己看得笨拙些，不是拿自卑削弱斗志，更不是用软弱替无为辩解，而是为了从笨拙出发开创一个不笨拙的境界。

公正待人，克服偏见

在西周时期，周武王的弟弟周公旦是一位辅佐君王的奇才。武王死后，成王年幼无知，由周公旦摄政。而成王的三位叔叔——管叔、蔡叔、霍叔，却企图阴谋陷害周公旦。他们散布流言，说周公旦图谋不轨。成王渐渐地对周公旦产生了偏见，故意冷落周公旦，有时还故意含沙射影地针对周公旦。周公旦为避开谗言，避开这股浑水，于是隐居起来，不再过问政事。后来管叔、蔡叔谋反，事情败露，才使成王懊悔不已，亲自迎接周公旦归来。成王自愧几乎错失了贤才。

前事不忘，后事之师。从上面的故事里可以看出来，有时候我们总是习惯带着偏见去看问题，从个人利益的角度去看问题和衡量别人。如果我们每天都是在用这样一颗受到偏见和固执熏染的心，去看待周围的人和事，周围的世界，长此以往，我们看到的就不再是真实的客观世界，而只是我们内心的投影。

一个人的心善良得如若天堂，那么在他看来，他的周边亦是天堂。一个人的心恶如地狱，那么他的周边亦是地狱。心是个住宅，心中住满了天使，则周边的人亦是天使；心中住满了魔鬼，则周边的人亦像是魔鬼。

在美国西部有这样一个城镇，老镇长经常在公路旁迎候到访的旅客。一天，一个陌生的年轻人来到这个小镇，见到老镇长，问道："老人家，我想找个地方定居，请问这是个什么样的城镇？住在这里的都是些什么样的人？"

老镇长看着眼前的年轻人，说："那你刚迁离的那个地方，住的又是哪一类人呢？"

年轻人答道："啊，我真不想提起他们了。他们都是些自私自利，毫不友善的人。我跟他们住在一起，简直毫无快乐而言，所以才外迁呢。"

老镇长就对他说："年轻的朋友啊，恐怕要让你失望了。其实这里的人和你说的没两样，你还是找别的地方居住吧！"

那个年轻人悻悻地走后，又来了另一位年轻人，他向老镇长提出了同样的一个问题。老镇长又依旧问了他同样的问题："你刚迁离的地方，住的又是哪一类人呢？"

这个年轻人答道："在我原先住的地方，人们都十分友善，积极乐观，愿意帮助别人。我在那里度过了一段非常美好的时光。我其实一点也不愿意离开那里，但父母希望我能开阔视野，日后有更大的发展空间。"

老镇长听到年轻人这样说，非常高兴，向他伸出手来，说："欢迎你！这里住的都是你说的那类人。你会喜欢这里的，你会在这里有一段难忘的好时光。"

历史上有过很多智者和先贤，他们的眼睛总是雪亮的，看人、看问题都很准确，很恰当。然而,生活中却不一样,还有另外一群人,虽然并没有戴太阳镜或茶色眼镜,看人却总是带有“颜色”,常常加入自己的主观情感成分。

从心理学角度讲,带着偏见心理来看人、看问题,就是用有色眼光看人,也就是带着固有的感情色彩,带着成见去识别人。

用有色眼光看人的情况屡见不鲜,不胜枚举。但是一般来说,最集中地体现在对没有出名的“小人物”的轻视上。然而,大家好像忽略了,名人不也都是从小人物里走出来的吗?下面就有关于这种情况的真实案例:

法国有一位著名的天才数学家伽罗华,17岁时把关于高次方程代数解法的文章,送到法兰西科学院,却没有受到重视。20岁时,他第三次将论文寄出,审稿人波松院士看过之后的结论是:“完全不可理解!”苏格兰科学家贝尔想发明电话,他将自己的想法说给一位有名的电报技师,那位技师认为贝尔的想法是天大的笑话,还讥讽地说道:“正常人的胆囊是附在肝脏上的,而你的身体却在胆囊里,少见!少见!”好在贝尔并没有相信这家伙的一派胡言,凭着高度的自信将实验坚持了下去,并最终取得了成功。

学术上的门户之见,也是一种用有色眼光看人,而且很多情况下比我们日常生活中遇到的还要严重,还要恶劣。下面就又是一个这样的例子。

在20世纪30年代,英国皇家学会为研究碰撞问题而悬赏征文。来自荷兰的惠更斯文章最好。可是,就因为他不是英国人,竟然被扣发了文章。后来,他的论文在法国出版,他本人也当上了法国科学院院长,为法国在科学上赶超英国发挥了非常重要的作用。他的离去,不仅使法国的科技更加强盛,而且使英国本来可以更快发展的速度降了下来。

用陈旧、过时甚至是封建的眼光看人是另一种表现形式。辩证唯物主义告诉我们,世界上任何事物都是在发展变化的,没有绝对的静止。一个人最初的工作可能简单、平凡,但这并不意味着他将一直这样下去,没有人能够预知自己的未来,所以,看人时也不要以对方现在的状态而自作聪明地评价他的将来。同样的道理,旧友相见,也不要凭借原来的印象来评价对方,说不定对方已由当年的环卫工人成长为显赫一方的企业家呢!这在现代社会并没有什么不可能的。再说,即使对方还是环卫工人,难道就不值得你尊敬吗?

认识一个事物要从其“本源”入手,用自己的眼睛、用自己的心灵去体会、去感知,千万不要先入为主,不要戴着“有色眼镜”看人、看事。否则,久而久之就会产生偏见,对事物的误会也会越来越多的。

戴着“有色眼镜”看人,难免失真,容易形成偏见。其实,偏见人人都会有,说自己没有偏见的人就已经有了偏见。偏见造成的失误比愚昧造成的失误更离谱。比如曹操误杀华佗的故事,这纯然是偏见造成的。华佗本来是个以救死扶伤为已任的名医,他根本不问政治,可是曹操却持政治偏见去看他。华佗对曹操讲述关云长刮骨疗毒的良效,劝告曹操的头风病也动动手术。而曹操以其特有的神经过敏来推想:华佗既然那么诚心给关云长刮骨疗毒,必然是做了蜀国的奸细。况且手臂开刀怎可以与脑袋开刀同日而语?这分明是华佗受了蜀国之托,利用医我头风病来行刺我。就这样,一位誉满华夏的名医断送于政治偏见之手。华佗遇害之后,他的老婆也是用偏见的眼光看问题,以为是华佗的医理和药方害了他的命,于是便把那些医著当作废纸付之一炬。

偏见之所以比愚昧为害更大,这恐怕是由于偏见乱用推理来扭曲客观事实,弄得真假颠倒,面目全非。大者可以如曹操那样滥杀精英，给民族造成重大损失，小者也可以妒意横生，埋没人才。偏见真是一大祸害！

英国人哈兹立特有句话："偏见是无知的孩子。"说得一点都不错，"人""扁"为"偏"，人一旦有了偏见，就会把"人"看"扁"，也就有了"偏"了。偏见，就是这样，在我们有意无意中影响着我们。一个人身体上有病，吃药打针也许就能痊愈。但是，如果有了偏见，则如病入膏肓，不可救药！

一般人都相信自己的眼睛，以为自己双眼所见、亲眼所见，绝对不会错。其实眼睛看到的不一定就是正确的。我们看一般木匠吊线测量水平，都是只用一只眼睛来看，可见一眼比两眼正确；甚至不用眼睛看比用一只眼睛看，又更真实。不用眼睛看，而用心来看，才能看出真相；用眼睛看，也许看到的是假象，所以也有偏见。只有那些能认识到自己可能存在偏见的人，才不会带着"有色眼镜"去看人，才不会陷入偏见之中。

带着"有色眼镜"看人是偏见之根源。一个人对某人某事一旦有了偏见，待人处世就会产生偏向，有偏见者常常把人把事看偏。其实，我们每个人仔细想一想，就会感觉到在我们的身边就存在着不少这样的人，在我们的生活中也曾遇到过不少这样的事，或许我们本人就是一个偏见者。当一个人被偏见俘虏之后，对自己喜欢的人，就会只看到他的优点，缺点被偏见遮掩；对自己不喜欢的人，就只会看到他的缺点，优点被偏见覆盖，偏见会给人带来偏爱和偏恨，"情人眼里出西施，情敌口里变东施"讲的就是这个道理。

我们分析产生偏见的原因主要就是为了预防偏见，使每个人在生活中摘掉"有色眼镜"，以便能够客观、公平的对待人和事，那么我们的生活就会多一些理解，少一些猜忌；多一些宽容，少一些狭隘，"尺有所短，寸有所长"讲的就是这个道理。因此，看人要看到他人的长处，不要把眼睛只停留在他人的缺点或短处上，不要让偏见蒙蔽了你的眼睛，俘获了你的心灵，从而影响了你的判断。通常情况下，有偏见的人常常意识不到或不愿意承认自己有偏见，因而克服偏见是很困难的事情。

要想克服偏见，谨防偏见，就要加强多方面修养，就要在生活中和工作中培养公正待人的优良品德，养成冷静观察问题的习惯，不要过于相信自己的印象，不去接受未加分析的判断，不听信流言，不随人说三道四论长短。在评价一个人的时候，不人云亦云，而是要用自己的眼睛去看，用自己的耳朵去听，用自己的头脑去思考，正所谓"不可以一时之誉断其为君子，不可以一时之谤断其为小人"。

做事正派，坚持原则

君子爱财，取之有道。追逐财富是无可厚非的，毕竟逐利是人的本性。但一个人获得财富的方式不同，这不仅体现出个人的品格高下，也决定了事业的成败。

作为企业的经营者，可以有利可图，但绝不能唯利是图。李嘉诚就是这样一个有自己做事原则的人。对于一些有疑问的生意，他宁可不做也不去赚不道德的钱。

李嘉诚在巴拿马投资的时候，涉及了当地的码头、飞机场、旅馆等产业，成为了当地最大的海外投资商。巴拿马政府为了感谢李嘉诚为本地做出的贡献，颁给了李嘉诚赌场的牌照。这是一个送上门来而且可以赚大钱的项目。李嘉诚面对别人挤破脑袋都抢不到的机会，表现出了一个商人的品格。他婉言谢绝了政府的好意。李嘉诚说："旅馆的客人要去哪儿我不管，但在我的旅馆里绝对不开赌场。这是我的原则，原则必须坚持。"在公司会议上，李嘉诚让人记下这么一句话：公司经营要"有所为，有所不为"。

在一个商业社会里，钱当然是赚得越多越好，但李嘉诚有自己的商业底线，即使有好的前景，也在法律的允许范围之内，只要李嘉诚心里存在疑问，那么李嘉诚选择的肯定是牺牲利益而成全心中的道德准则。

1997年亚洲金融风暴中，香港的房地产和股市都出现大跌的情况，整个香港人心惶惶。国际对冲基金和较大的炒家多次利用股市的崩溃获得了暴利。此时也有人建议李嘉诚：抛售股票，加速香港股市的崩溃，从中能够获取数十亿的利益。面对这种提议，李嘉诚断然拒绝了。李嘉诚认为，此举对香港损害极大。他说："这些钱我是绝对不会赚的。"李嘉诚强调："我决不同意为了成功而不择手段，刻薄成家，理无久享。"

对于李嘉诚而言，不择手段的成功就像一个"烫手山芋"，可能是很香甜的，但也可能会烫着自己的手，给自己的人生留下不光彩的印记。

在很多人的眼中，做生意，只要能够赚钱，目的是最重要的，只要能够达到目的，手段是不重要的。这种观念看似无可辩驳的，但却隐藏着很深的危机。

天下熙熙，皆为利来，天下攘攘，皆为利往。尤其是在现在的市场经济条件下，没有钱将寸步难行。有人为了挣钱出卖自己的尊严，有人为了挣钱钻法律和市场的空子。但一些人则坚持着自己的底线，那就是不赚黑心钱。

很多人现在仍然清楚地记得曾经的中国食品工业百强企业，河北重点扶持企业——石家庄三鹿集团。曾经的三鹿集团，是中国众多母亲的选择，也是中国乳品行业的领军企业。但一个陌生的化学名词——三聚氰胺毁掉了这个曾经无比辉煌的企业。在2009年底，法院宣布三鹿集团破产。这一切发生得是这么突然，有点让人始料未及。但细细想来，这又是一种必然。

赚钱是可以的，但违背最基本的商业道德注定是无法长久的，要想人不知，除非己莫为。在时间的淘洗中，是黑还是白会呈现得异常明显。

与此相反的是百年老店同仁堂，在近三百年的时间里，历代同仁堂都恪守着"炮制虽繁必不敢省人工，品位虽贵必不敢减物力"的传统古训，树立"修合无人见，存心有天知"的自律意识。

创业之初，同仁堂为了保证药品质量，坚持严把选料这一关，这种坚持一直到现在也丝毫没有放弃。例如，制作乌鸡白凤丸的纯种乌鸡由北京市药材公司在无污染的北京郊区专门饲养，饲料、饮水都严格把关，一旦发现乌鸡的羽毛骨肉稍有变种蜕化即予以淘汰。这种精心喂养的纯种乌鸡质地纯正、气味醇鲜，其所含多种氨基酸的质量始终如一，保证了乌鸡白凤丸的质量标准。

所以，现在的人们提到中药，首先想到的第一品牌就是同仁堂。这种口碑的形成不是一天两天的时间，而是年复一年的坚守。

在金钱的诱惑下，有人坚守不住自己的底线，有人违背自己的良心沦为金钱的阶下囚。但也有人一直清清白白，干干净净。李嘉诚就是这样人物的典型代表。从踏进商界的那一刻起，李嘉诚就给自己定下了一条规矩，那就是不赚黑心钱。无论是创业之初还是大富大贵之后，李嘉诚一直奉行着这一行为准则。很多次，周围的人都觉得李嘉诚有些傻，明明有一些项目能够很轻易地赚钱，但李嘉诚认为都不符合自己赚钱的方式就给拒绝了。

财富、利益、好处，谁都喜欢。但是，不是你的，不属于你的东西千万不能强求；如果强求得到，千方百计、不择手段地得到它，那就是不义之财。如果是不义之财，即使强行得到了，心里也不踏实，不能心安理得。俗话说："为人不做亏心事，半夜敲门心不惊。"与其抓着财富惶惶不可终日，不如贫穷得坦然自得。

在李嘉诚看来，做生意和做人一样的，必须正直，坚守原则。做生意一定要坚守自己的底线，才能在安全的范围内活动。李嘉诚做生意一向坦坦荡荡，赚钱心安理得。经营企业的主要动机是赢利，传统的儒家思想推崇道德标准的作用，而今天很多商业管理课程则强调效益和赢利是衡量企业成功与否的主要标准，这两种有着明显冲突和矛盾的取向都是不完整的，做人跟做生意一样，必须有自己坚守的原则。

李嘉诚取得了如此巨大的成功，就是坚守着这一原则。每一次商业活动，李嘉诚总是会照顾到别人的利益，从来不会独吞所有的利益。所以，在李嘉诚看来，伤害别人利益的生意也不能做。李嘉诚之所以能得到众多回报，其聪明之处正在于他懂得舍弃。

在一次生意中，李嘉诚决定把他所持有的香港电灯集团公司股份的10%在伦敦以私人方式出售。但在计划进行的过程中，港灯即将宣布获得丰厚利润的消息，因此他的得力助手马世民马上建议他暂缓出售，以便卖个好价钱。可是，李嘉诚却坚持按照原定计划进行，李嘉诚很认真地说："还是留些好处给购家吧！将来再有配售时将会较为顺利。而且，多赚一点钱并非难事，但要保持良好的信誉才是至关重要和不容易的。"

名声对一个商人来说至关重要，不能为了利益而损害自己的名声。在李嘉诚看来，金钱没有善恶，但是赚钱的方法和手段，却能体现一个人的对错、是非。

贪图不义之财的人就好比爬树摘果实的人，在粗壮的枝干采摘便是应得的，但若贪图树梢上的一些果实而奋不顾身地爬到树顶，就可能果子尚未摘到手，反而树枝承受不了，摔倒在地，轻则受伤，重则死亡。实在是得不偿失。因此，做人不能太过贪心，不义之财不可取，否则必然失大于得。

理性的人懂得取舍，做到不义之财不取，不法之事不为，这样才能平稳、平安地欢度人生。面对不义之财，选择放弃就是选择了未来更多的获取。如果相信和信奉"只要能赚钱就是好的"，对利的追求没有义的约束，那就会永无满足之时，所有的人都如此，相互的争夺也就永无停息之日，那么人生还有什么美好可言。

乾隆年间，苏州有一个姓李的人，每天早上起来，去市场卖菜以赡养母亲。一天他在路上捡到一个装有钱的信封，回到家里打开，数了一下有45两银子。

母亲看了大为惊奇，说："你是一个穷人，每天凭自己能力所得不过才百钱，这是自己的本分，现在突然得到这么多的钱，恐怕你会有不好的事情发生啊，而且丢失钱的人可能另有自己的主人，可能遭到鞭刑责骂，甚至可能有人会逼他偿还这笔钱从而会逼死他。"

母亲催促他回到捡钱的地方等待，刚好丢钱的人到了，于是还给了他。那人拿到钱立马就走，市场中的人都责怪他没有感谢李姓男子，众人要他拿出一部分钱酬谢李姓男子。他不肯，狡辩地说："我丢的银子本来是50两，他却从其中藏匿了5两银子，这样又何必给他酬谢呢?”市民都哗然。

刚好一个官员到了,问了这个事情的原委,假装对卖菜的李氏发怒,打了他5板子,然后打开装银子的信封,指着信封对丢银子的人说:“你丢掉的银子是50两,但是信封上却写着45两,这不是你的钱。”于是,他拿着这些钱给卖菜的李氏说:“你没有罪,但是却受到了我的笞刑,这是我的过错,现在就把这个补偿给你。”百姓都拍手称快。

中国传统文化讲究一个“义”字,“以义制利”就是给利欲的追求提出一个标准。对个人利益的追求应该有一个正当与不正当的取舍。有利可图时,要先想一想是否合乎道义,再决定取舍,符合道义的就取,不符合道义的就不取。

取舍有道才能心安理得,人生在世最大的幸福就是问心无愧。一个整日担惊受怕的人,无论有再多的财富都不可能感受到幸福,而一个心安理得的人,即便再穷也能有所安慰,坦然面对人生。

人生本来就是有所不为才能有所为,有得也有失,虽然很多时候讲求变通,但同时也必须要有原则。有些原则是人立身的根本,是绝对不容许修改的。即使有些时候受到别人的指责,只要自己坚持了原则,心安理得,也完全没有必要太在意别人的说法。反之,即使没有受到任何人指责,如果不择手段,违反做人的基本原则,那么也是不允许的。

凡事讲究保持正当途径的人或许不讨人喜欢,但一定会赢得别人的尊重和信任。我们如果能够恪守一些基本的原则,自然会和一些志同道合的人相处得很好。这些原则不仅包括做人方面的,还包括做事方面的。

人活在世间,如果被别人批评说:“这个人不正派、不正当。”这是很难为情的事,做事要正大光明,胸襟要宽大磊落,不可以不择手段。俗话说得好:“宁可正派而不足,不可邪恶而有余。”一个正直的人,即使没有太大的成就,也能受人尊敬,而一个不择手段的邪恶的人,即使有再大的成就也为人所不齿。

孙承恩的弟弟孙旸于丁酉年乡试中举,后来因犯罪被放逐边疆。顺治戊戌年,孙承恩参加了考试,在大殿唱名的头一天晚上,顺治帝边阅读孙承恩的考卷,边赞叹说:“克宽克仁,止孝止慈。”对他赞赏有加,但拆开考卷一看考生的籍贯,怀疑是不是同那孙旸是一家人呢?于是派学士王熙连夜疾驰出皇宫找孙承恩当面查问。

学士王熙先前就与孙承恩交好,他将事情前因后果告诉了孙承恩,并问他:“现在你的前途就取决于我的一句话,我回去应怎么上奏呢?”孙承恩断然说道:“是祸是福这是命中注定的,我不能欺君,也不能不认自己的弟弟。”他希望王熙能回去如实奏报。

王熙问他:“你不后悔吗?”孙承恩说:“虽死无悔。”王熙疾驰而回,顺治帝正秉烛以待,王熙如实将事情回禀,顺治帝对孙承恩的正直、不欺非常欣赏,于是孙承恩被定为头名状元。

《论语》中有言:“君子坦荡荡,小人常戚戚。”很多人之所以比别人成功,如果有差距的话只有个人的品质。如果是一个堂堂正正的人,无论走到哪里、做什么事都坚持原则,他永远都受人敬仰。无论是在什么环境、何等条件下,都能坚守内心的正直,为人堂堂正正,不随波逐流,制约他们的因素必然会很少,也就无法阻止他们的成功。

不择手段赢得了一时,但赢不了一世。坚持原则、正直输了现在,但赢得了未来。做人要正直、做事要正派,堂堂正正做人,这才是人生之本,这样的人生才是有意义的。

义字面前不后退

义在我国是一种含义极广的道德范畴，本意是指公正、合理而应当做的事情。“多行不义必自毙”，意思是不义的事情干多了，必然会自取灭亡。

春秋时期，郑国的郑武公有两个儿子，一个是后来的郑庄公，一个就是共叔段。因为郑庄公出生时难产，惊吓了母亲姜氏，所以母亲不喜欢他，而宠爱他的弟弟共叔段。郑武公死后，由他的大儿子郑庄公继位。可是共叔段在母亲的支持下，竭力扩充自己的封地。他仗着母亲的支持，从不把尊君治民的事放在心上，并积极进行着夺取王位的准备工作。郑庄公的一个大臣知道后，劝庄公说：“您要及早安排啊，共叔段的势力已经很强了，再这样下去，您的王位会被他篡取的！”庄公却道：“多行不义必自毙，子姑待之。”意思是一个人若是不仁义的事情做多了，必定会自取灭亡，你就等着吧！就在共叔段准备与母亲姜氏里应外合攻下郑都时，早有防备的庄公，趁机出奇兵攻打他的老窝。长期受到共叔段压迫的农民们也参与了战斗，多行不义的共叔段很快就兵败自杀了。

明朝的宦官刘瑾，也是一个多行不义的人。由于善于察言观色，他深受明武宗的信任，爬上了司礼监掌印太监的宝座。他见武宗沉溺于骄奢淫逸中，便趁机专擅朝政。当时的人称明武宗为“坐皇帝”，称他为“立皇帝”。刘瑾知道负责劝谏的言官们对他的威胁很大，所以他对正直的言官借故进行罢免。他处罚大臣的方法很多，一是所谓的罚米以供应边境。因为处罚的数目很大，很多大臣被罚得破产。而他最狠毒的是去衣廷杖。明朝原来的廷杖只是对有错误的大臣所进行的一种侮辱，所以行刑时允许用毡、毯以及棉衣垫在身上。但刘瑾却要大臣脱衣受刑，结果有的大臣被当场打死。刘瑾还造了一种大枷，有一百五十斤重，被他迫害的大臣戴上这种枷后，没几天便被拖累致死。

有了权势之后，刘瑾和很多贪官一样也开始敛财。他的胆子比一般的贪官大了很多，因为他的上边仅有一个皇帝。他利用权势，肆意贪污，当时官员凡进京朝见皇帝，或从外地出差归来，都得先见过刘瑾，送上份厚礼，才能去见皇帝。2001 年，《亚洲华尔街日报》曾将他列入过去 1000 年来，全球最富有的 50 人名单。至于他的财产，据清人赵翼《二十二史札记》所载，刘瑾被抄家时有黄金 250 万两，白银 5000 余万两，其他珍宝无法统计。后来，刘瑾竟然还动了篡位之心，因此被千刀万剐、凌迟处死。凌迟处死后，他的肉被公开出售，受过其伤害的人家，纷纷用钱买下刘瑾已被割成细条块的肉生吃下去，以解心头之恨。这正应了那句“多行不义必自毙”的古语。

这种将自己的幸福和快乐建立在别人的痛苦之上，干了坏事不知悔改，反倒以为自己占了便宜的人，一定是没有好下场的。共叔段与刘瑾当年是何等的威风，可最终不是被迫自杀，就是被人千刀万剐，永远钉在历史的耻辱柱上，遭到世人的唾骂。

因为汉文帝的即位有很大的偶然性，所以在即位之初，他的心里总不是很踏实。有一次，他梦见自己是在一名“黄头郎”（在汉代时，是掌管船舶行驶的吏员，后被用来泛指船夫）的帮助之下才登上天子之位的。文帝醒来之后，便派人到处去寻找这位梦中之人。蜀郡南安（今四川乐山）人邓通，就是这样一名职位卑微的“黄头郎”。他在未央宫西南的苍池当差，负责为来此游赏的皇帝、嫔妃等人驾舟划船、职司杂役，相当于一个奴仆，一般来说这种人是很难出人头地的。不料汉文帝看到邓通的相貌、衣着竟然与自己在梦中见到的“黄头郎”十分相似，便把他召来询问。当他听说这人姓邓名通时，十分高兴，认为“邓”与“蹬”音同义通，邓通正是自己所要找的黄头郎。就这样邓通被汉文帝带入宫中，宠幸日盛，由此一步登天。

这个邓通虽然没有什么别的本事，不过趋附谄媚的本事倒是胜人一筹。他虽然被汉文帝任命为上大夫，但其表现却与那些奴仆、宦官无异。他每天守候在汉文帝身边，连朝廷官员各种正常的休假日也一概放弃。满朝文武都把他看作是供皇上消遣解闷用的“弄臣”。谁也没想到，他居然一再加官晋爵，始终受到文帝的恩宠和信任。有一次，汉文帝患病生疮，邓通亲自守在身旁，侍疾问药，殷勤备至。他见汉文帝疮中脓血没有办法去除，便不顾其腥臭难闻，用嘴将疮中的脓血吸出。他的这番举动，深深感动了汉文帝。因为文帝曾让太子刘启为自己吸脓时，太子嫌其脏臭，面有难色，不肯答应，所以汉文帝认为邓通关爱自己胜过自己的亲生儿子，因而更加宠幸邓通。而太子刘启后来听说邓通这样做过，心中十分惭愧，从此恨透了邓通。

有一天，文帝命令一个善于看相的人为邓通相面。这人说：“邓通的命会因为穷困而饿死。”文帝说：“能使邓通富有的人在于我，怎么说他会贫困呢？”于是将邓通家乡附近的大小铜山都赏赐给他，准许他铸钱。汉文帝这个命令真是很夸张了，结果是邓家的钱遍布天下，邓通由此而成为财富超过王侯的暴发户。好在邓通与父亲都十分感念皇上的恩德，他们每一个钱都要精工细作，又从不在铸钱时掺杂铅、铁而取巧谋利，因而制作出的邓通钱光泽亮、分量足、厚薄匀、质地纯。上自王公大臣，中至豪商巨贾，下到贩夫走卒，无不喜爱邓通钱。文帝驾崩后，太子即位为景帝，邓通就被免了官，闲居在家。没过多久，就有人告发邓通，景帝查证后就将邓通的家产全部充公。晚年的邓通只好寄居在他人家里，至死都不名一钱。

《庄子》一书中曾写道：“秦王有病召医。破痈溃痤者，得车一乘；舐痔者，得车五乘；所治愈下，得车愈多。”后世“吮痈舐痔”的成语，便是由此而来的。庄子在此引用秦王召医的一段故事，意在讽刺那些逢迎拍马的佞幸小人。虽然邓通平时还算是个性温和、谨慎，不喜欢张扬的人，然而他为了逢迎拍马，不惜“吮痈舐痔”的行为，还是让他背上了千古的骂名。

历史上更让人不齿的是武则天时期的郭霸。郭霸本是一个小官，徐敬业在扬州起兵反对武则天时，郭霸觉得这是一个向上爬的机会，于是就给武则天上表，自请到军前效力。他在表文里极尽辱骂徐敬业之能事，郭霸说：“徐敬业居然敢造反，我恨不得抽其筋、食其肉、饮其血、绝其髓！”武则天见了很高兴，立即赏了他一个御史。人们背地里都叫他“四其御史”。郭霸为了保住头上的乌纱，他又发挥自己谄媚的本领，极力地巴结其他高官。

有一次，丞相魏元忠得病了，郭霸赶紧去府上探望。正赶上丞相要上厕所，郭霸突然想起越王勾践因为尝吴王夫差的粪便，从而得到信任的例子。当魏元忠上完厕所后，他竟用手抠了一块，放到嘴里尝了起来。然后对丞相说：“病人的粪便如果发甜，就让人忧虑，现在我尝丞相的粪便有苦味，那就是病要快好了。”郭霸满心指望以此能博取上司的欢心，谁知魏元忠为人刚直，看到郭霸的这种丑态，十分憎恶，很快就把这件事给抖出去了。结果天下人无不耻笑郭霸的卑琐无耻。作为酷吏的郭霸又因为滥杀无辜而更加臭名昭著。后来他得了重病，医生跟他说：“你的病不可救了，因为有几百冤魂遍体流血，都说不能放过你。”

当晚，郭霸就死了。这一年大旱，郭霸死的那一天却下了场大雨。武则天询问发生了什么事，郎中张元说："郭霸死了，所以老天爷要下雨。"武则天笑着说："郭霸让人恨成这个样子啊。"

见利思义、舍生取义是我们中华民族的传统美德。不择手段、唯利是图、见利忘义的人历来为人们所不齿。粪便是污秽之物，但那些奸佞小人为了能博取上司的欢心，却视粪汁如肉羹，这种献媚取宠的手法，真可谓无所不用其极。这种人虽然以此为手段，有时也可以高官厚禄，但是却永远为人所不齿。

一般来说"见可而进，知难而退"，就是最好的进退之道。然而世上有种人，他们"明知山有虎，偏向虎山行"，有时甚至为此付出生命的代价，却还能无怨无悔。而人们不笑话他们，反而还十分崇敬他们。为什么？因为他们在义字面前不后退！他们杀身成仁、舍生取义，用自己的鲜血与生命，弘扬了人间的正气。

古人可以在"义"字面前不后退，伟人可以在"义"字面前不后退，现代人、普通人也可以在"义"字面前不后退。

吉林通化市一名患有癌症的弱女子叫段丽霞，在2003年"三八"妇女节这一天，妹夫因为一些琐事与村支书王平的亲属发生了冲突。虽然早就知道王平一向横行乡里，欺压百姓，但段丽霞没想到灾难会降临在自己身上。当天晚上11点多，王平派人叫她去镇卫生院去一趟。段丽霞赶到卫生院时，王平和十多个手下已站在了院子里。王平一见她就破口大骂，段丽霞说："这事是我妹夫与你们的纠纷，与我无关，我跟他是亲属不假，你们难道还要株连九族吗？"

王平听了大怒："你也不打听一下，在通化市谁敢和我这样说话！"于是，就命令手下打人。

由于段丽霞患有癌症的事，王平的打手们都清楚，所以迟迟没人愿意动手。王平大骂："你们都给我滚开，我自己来。"随后他施展开了拳脚。被打得死去活来的段丽霞，坚强不屈地说："你不知道这是法制社会吗？"王平恶狠狠地回答："我让你知道什么是法制社会，在这里，我就是法律！"后来，被打得口吐鲜血的段丽霞，假意求饶道："我都被你们打得拉在裤子上了，让我到厕所去收拾一下吧。"以此为借口，段丽霞逃出了卫生院。

随后，段丽霞被家人送往通化市中心医院抢救。经过十多天的抢救，段丽霞才脱离了生命危险。因为她几乎被打死，所以家人报了案，然而报案后，公安机关却久久没有实质性动作，这让段丽霞失望至极，甚至想一死了之。因为癌症多次闯过"鬼门关"的段丽霞，最终没有认输，她说："我一定要在死之前，告倒这个'土皇帝'，让他不再危害百姓。"于是，在住了28天院后，段丽霞走上了漫漫告状路。当时很多人都劝她："你别告了，告也告不倒他，反而让自己吃亏。"但段丽霞却执拗地表示，无论怎样都要告下去。王平也觉得事态越来越严重，在威逼恐吓不能奏效后，他派人给段丽霞送来巨款，希望能够与她和解，段丽霞却断然拒绝了王平的"善意"。

由于当地人都怕王平会报复他们，段丽霞的取证工作十分艰难。据通化市公安局的一名刑警说："因为王平在通化很有势力，各个执法部门都有熟人，因此一些人的举报最终都不了了之。当我们成立专案组决定调查王平一伙的不法行为时，都是秘密进行的，段丽霞帮助警方找了很多受害人，她对打掉王平作恶团伙起到了非常关键的作用。"俗话说："舍得一身剐，敢把皇帝拉下马。"坚强不屈的段丽霞终于得到了回报。2004年4月，吉林省公安厅将此案列为督办案件,根据段丽霞的举报并在她调查取证的基础上,公安机关一举打掉了以王平为首的不法团伙,共拘捕犯罪嫌疑人15名。段丽霞在事后说:“看到王平一伙受到了应有的惩处,在为我自己高兴的同时,也为那些曾经受到过他们欺压和伤害的人高兴。为恶一时的他们终于受到了法律的严惩,这回即便是死,我也能心安了。”

一个真正有价值的人,常常是在个人利益与人间道义、社稷命运有两难选择的时候,置个人安危于不顾。就像段丽霞一样,一个平凡弱女子,因为在义字面前不后退,做了不平凡的事情,这就是平凡之中的伟大!

要成熟不要世故

生活中,大多数人觉得做人很难,人们渴望自己早一些成熟起来,可往往却又无法分清成熟与世故的界限,陷于世故的泥坑。那么,到底怎样区别成熟与世故呢?

成熟者能看到社会或人生的阴暗面,却不被阴暗面所吓倒,表面上沉静而内心却有一腔热血。因为面对黑暗面,有不平而不悲观,既坚信希望在于将来,又执着于今天的努力。世故者也看到社会的阴暗面,但他们分不清主流和支流、本质和现象。他们因为曾在事业、理想、生活、爱情等方面遭受过打击或挫折便冷眼观世,觉得人生残酷,社会黑暗。在生活中,成熟与世故的具体区别表现为:

(1)真诚与虚伪

成熟者遇事自己思索,自己做主,不轻信,不盲从;与人交往,考虑复杂些而不失其赤子之心,“和朋友谈心,不必留心”;如果遇见不熟悉的人,“切不可一下子就推心置腹”,因为这样既不尊重自己,也不尊重别人,可以多听少谈,真正了解后才可以敞开交流思想。这是鲁迅先生待人的经验之谈。世故者由于过多地看到人生和社会的阴暗面,因而错误地认为人世间没有真诚可言。与人做“披纱型”的交往,犹如妇女披上面纱一样,把自己的内心世界封闭起来。对人外热内冷,处处设防,奉行“见人只说三分话,未可全抛一片心”的处世原则。同友相交,虚与周旋,别人的事自己探听尤详,自己的事隔墙难闻,说给别人听的,尽是些“不着边际”的话。

(2)互助和利用

成熟者在处理人与人关系上,坚持互惠互利、互帮互进的态度,有福共享、有难共当,患难时见真情。世故者考虑问题时以利益为先,交往的热情则同其有用之程度成正比,即使是对同一个人也不例外。犹如果戈理小说《死魂灵》中的主人公乞乞科夫一样,在刚当小职员时,百般讨好巴结上司的麻脸女儿,当博得上司的好感,当上了科长,站稳了脚跟之后,便马上翻脸不认人,那个痴情的姑娘便成了他愚弄的对象。

(3)坚持原则与见风使舵

成熟者遇事头脑冷静,坚持原则,有主见,自己该干什么仍干什么。世故者观风向,看气候,见什么人说什么话,投其所好,八面玲珑,采取“随风倒”的处世方法。就如有人刻画的那样:当世故者同多愁善感的人交际,便把自己打扮成多愁善感的人,说话时,眼睛里有时还会泪光闪闪,转身同性格多疑的人交际,他又会俨然装得深沉起来,与对方一起分析别人如何有可能损人利己,奉劝对方应采取何种态度来对付;而同率直爽快的人谈话时,他又会马上变得疾恶如仇,急于为朋友打抱不平，两肋插刀；然而同喜欢息事宁人、凡事调和的人在一起时，又表现出老谋深算、久经风霜的样子，把那些正直的举动说成“简单”和“幼稚”，仿佛发生的一切麻烦都是因他不在场而造成的。

(4)直面现实和玩世不恭

成熟者对事敢于发表自己的意见，敢作敢当，有“舍我其谁”的大丈夫气概，往往小事糊涂，大事清楚。世故者游戏人生，采取滑头主义和混世主义态度，专搞中庸，惯于骑墙。他们和人可以谈天说地，但只是摆现象，不下结论。遇有原则问题需要表明立场时，模棱两可。与人意见不一时，便以“今天天气……哈哈哈”的态度加以回避。所以世故者往往不动声色地冷眼旁观一些事情，不惹是非，明哲保身。

(5)奋进与沉沦

成熟者和世故者也许都经历过生活的艰辛、人生的磨难。但前者把挫折当成奋飞的起点，重新认识社会与自我，奋进不已；后者则或者躬行“先前所憎恶、所反对的一切”，拒斥“先前所崇仰、所主张的一切”，或者干脆对一切无所谓，企求超脱社会，也许还会同恶势力同流合污。

成熟是人生的一种气质，而世故则是人生的一种疾病。世故的人在交往中被人们认为太有“心机”。实则不然，这恰恰是没有“心机”的表现。他们让人不可靠近，不愿意靠近，导致了做人的失败。

(6)聪明与精明

当你选择了人生目标并准备为之奋斗时，你一定要记住：要聪明，而不要过于追求精明。聪明的人一般不计较眼下的区区得失，而是把眼光放长远，时刻有一个总体的事业目标，所有的努力都是为这个目标而服务的。虽然他们的好多行为让别人看起来都是没有多大好处，甚至很吃亏。但是他们心里清楚，自己的努力肯定在将来会得到巨大的利益回报。

可在现实生活中常常有这样一种人，他们斤斤计较个人得失，为了一点小小的利益能与他人争破头皮，从来不肯吃一点小亏。而他们似乎也因为自己的“聪明”而获利不少，比如，单位给员工发放一批福利品，最后剩下一件，某个精明的职员就会跳出来，以某种借口将其据为己有，而其他同事也不好意思说什么；又或上司分给部门一个临时任务，这个员工一看任务有些麻烦，便借故推给其他同事，自己则一身轻松……这种表面上看似精明的人，看起来似乎十分实用，实际上却犯了为人处世中的一大禁忌。

在与他人相处的过程中，最怕的就是太过精明，太爱斤斤计较。相反，如果能够在与他人友好和谐相处，做到宽容别人，那么就没有处理不好的人际关系，也没有化解不了的恩恩怨怨。

有些人在与他人相处中，“利”字当头，什么亏都不能吃，什么便宜都想占，总在算计着别人，以为别人都不如他聪明，而可以从中揩点油，讨点便宜，好像这样做就会比别人能过得好些。这种人功利心太重，把功利当作人际关系的首要，他们日子过得很累、很紧张，过得很没有乐趣。因为，这样的人会经常遇到许多“庸人自扰”的事情。比如说，别人很随意说的一句话，干的一件事，也许什么别的目的也没有，但对于那些所谓的精明者就会浮想联翩，晚上回到家里，躺在床上也要细细琢磨，生怕别人有什么阴谋会使自己吃亏。这种人往往最被人看不起，甚至会招致他人的冷言讥讽。

相反，如果能够在生活中与人为善，以宽阔的胸怀待人处世，尽量不去与他人计较琐碎的利益，做到目光长远、宽容大度，为自己和他人营造出一个良好的生活、工作、学习氛围，这样的人怎么能不处处受到别人的敬佩和欢迎呢?

归根结底,不同的为人处世原则导致了不同的人际关系的产生。所以,在人际交往中还是要本着“宽以待人、胸怀大度”的原则,吃点小亏未必是坏事,适当“让利”,吃点小亏,多做一些力所能及的事,不仅体现了你的能力,也会加深你和他人的感情,“将要取之,必先予之”,这也是一种高明的处世方法。一辈子不吃亏的人是没有的,问题在于我们如何看待“吃亏”。

事实上,人与人之间总是有所不同的。别人的境遇如果比你好,那无论怎样抱怨也无济于事。最明智的态度就是避免与人做比较。而应该将注意力放在自己身上,“他能做,我也可以做”。

我们的生活是否轻松愉快,很大程度上要靠真诚、信赖、友好,碰到难处互相帮助,有了好处大家分享。这就要求我们每一个人都不必太精明,不必担心自己失掉些什么。大家需要相互谦让、相互奉献、相互让利,关系融洽和睦比什么都好。

打破冷漠的心墙

20世纪30年代,一位犹太传教士每天早晨,总是按时到一条乡间土路上散步。无论见到任何人,总是热情地打一声招呼:“早安”。

其中,有一个叫米勒的年轻农民,对传教士这声问候起初反应冷漠,在当时,当地的居民对传教士和犹太人的态度是很不友好的。然而,年轻人的冷漠,未曾改变传教士的热情,每天早上,他仍然给这个一脸冷漠的年轻人道一声早安。终于有一天,这个年轻人脱下帽子,也向传教士道一声:“早安。”

好几年过去了,纳粹党上台执政。

这一天,传教士与村中所有的人都被纳粹党集中起来,送往集中营。在下火车、列队前行的时候,有一个手拿指挥棒的指挥官,在前面挥动着棒子,叫道:“左,右。”被指向左边的是死路一条,被指向右边的则还有生还的机会。

传教士的名字被这位指挥官点到了,他浑身颤抖地走上前去。当他无望地抬起头来,眼睛一下子和指挥官的眼睛相遇了。

传教士习惯地脱口而出:“早安,米勒先生。”

米勒先生虽然没有过多的表情变化,但仍禁不住还了一句问候:“早安。”声音低得只有他们两人才能听到。最后的结果是:传教士被指向了右边——意思是生还者。

传教士执着的爱使他得到了生存的机会。

我们每个人都有被别人尊重和关心的需要,这是我们心理的最基本需求之一。无论你取得什么样的成功,或大或小,如果没有人来与你分享,那你所取得的成绩毫无任何意义,你终将郁郁而终。

沃伦·巴菲特就曾经是个冷漠至极的人,他对金钱过于追求,认为付出爱心远不如去赚1毛钱有用;他是个对金钱和经济比较敏感的人,后来取得了巨大的商业成功,可是到头来他感到寂寞和空虚,因为他之前对社会和朋友、家人缺少关爱,以至于没有几个人愿意关心他的成就,别人只是关心与他之间商业上的利益。

他感到孤寂,他感到无聊,他的头发都掉光了,他全身发肿!在沃伦·巴菲特的晚年,他终于意识到自己的冷漠带给他无尽的痛苦,最终他决定把99%的财产奉献给社会，来弥补他冷漠的过去。现在，他怎么样呢？容光焕发，每天享受着人与人之间互相关爱的乐趣。

社会是人与人公平生存的社会，如果你不付出爱心，也会很难收获别人的关爱，为什么传教士保住了自己的生命？为什么沃伦·巴菲特最终选择付出而不是继续追求财富，因为他们打破了冷漠的心墙，付出爱心，让别人得到的是另一片温暖的天空。

改掉冷漠的最大困难，是身体里的冷漠态度已经根深蒂固，应该有意识地提醒自己改掉这种态度。你必须勇敢打破冷漠的心墙，当你不情愿主动地与他人交流的时候，肯定是一副冷漠或无所谓的态度，从今天开始，你必须丢掉这样的态度，把一个好的积极的一面展现出来。

经常与人交流的人往往具有良好的心态和谈话技巧，并且把交流作为一种生活必需，这样的结果必然是不给冷漠任何机会。为此，我们可以付出爱心给身边的朋友、同事和亲人，或者参加一些社会公益活动。当我们把爱心付给这些人，那么他们也会相反地付给我们同样的爱心。你们会亲密联系在一起，从此你不会感到孤独和空虚。

人活在世界上，最重要的不是被爱，而是要懂得去爱别人。因为只有爱人的人才会被人爱。请将你冷漠的心墙推开，让友谊和温情的阳光照进来。因为我们的成功喜悦需要有人分享，我们的痛苦哀伤需要有人分担。只有拥有了真心的朋友，我们的人生才不会孤单。

具备侠义精神

《菜根谭》中曾说：交友须带三分侠气，做人要存一点素心。意思是说，跟朋友相处时必须抱着患难与共、拔刀相助的侠义精神，而为人处世要有一颗天真无邪的赤子之心。

朋友往来不可只重视饮宴谈笑的交际应酬，应重视道义之交，即有互相砥砺、患难相助的侠义精神，也就是通常所说的交朋友必须讲义气。交友如果能做到"带三分侠气"，自然就会做到锄强扶弱不为暴力所屈，进而做到心心相印。

东汉赵岐是京兆长陵人，因为赵岐多次反对京兆尹唐弦的倒行逆施，遭到宦官爪牙的迫害，族人均被唐弦诛杀。赵岐隐姓埋名四处逃亡，最后隐居在北海，以卖饼为生。北海人孙嵩怀疑他不是普通的小商小贩，就去盘问他"饼是你自己生产的吗?"赵岐回答说："买来的。"孙嵩又问："多少钱买来？又多少钱卖出去?"赵岐如实相告："三十文钱买来，五十文钱卖出去。"孙嵩见他如此诚实，就把他请到家中，隐藏起来。唐弦被杀以后，赵岐才得以重见天日，被朝廷重用。

在汉献帝时，赵岐以太常卿的身份，作为宣慰副使，出巡全国各地，于是又与孙嵩重逢，两人都感动得泪流满面。

假如交友本着互相利用的态度，那就违背了交友之道。平日为人处世除了迎合时代潮流之外，应该经常保持一颗纯洁的赤子之心。因为一个人虽然存心行善济世，但是对于世俗的不良风气也难以全部摒除，也就是无法以超然态度拒人于千里之外。同理，假如不问世道的兴衰，只是一味抱独善其身的态度，也难以获得世人的尊敬。所以在跟人交往时，能随俗而不为外物所染，保持一颗纯真的赤子之心，才能算得上一个真正觉悟的人。

从前，有一个非常仗义并且广交天下豪杰的武夫。在他临终前，他把儿子叫到身边，对他的儿子说:“别看我自小在江湖闯荡,结交的人如过江之鲫,其实我这一生就交了一个半朋友。”

儿子非常纳闷,怎么也想不明白,这数目也不对呀,怎么还会出现半个朋友呢?他的父亲最后贴近他的耳朵交代一番,然后对他说:“你按我说的去见我的这一个半朋友,最后你自然会懂得其中的意思。”

儿子首先去了他父亲说的“半个朋友”那里,很恳切地相求,对他说:“我是某某的儿子,现在正被朝廷追杀,情急之下没有地方去,所以跑到你这里来藏身,希望予以搭救!”这“半个朋友”听完后,对眼前这个求救的“朝廷要犯”说:“孩子,这等大事我可救不了你,我这里给你足够的盘缠,你远走高飞,快快逃命吧,我保证不会告发你……”

儿子明白了:在你患难时刻,那个能够明哲保身、不落井下石加害你的人,可称作你的半个朋友。

儿子又去了父亲认定的“一个朋友”那里。对他说:“我是某某的儿子,现在正被朝廷追杀,情急之下没有地方去,所以跑到你这里来藏身,希望予以搭救!”这人一听,容不得思索,赶忙叫来自己的儿子,喝令儿子速速将衣服换下,穿在这个并不相识的“朝廷要犯”身上,而让自己的儿子穿上“朝廷要犯”的衣服。

儿子明白了:在你生死攸关的时候,那个能与你肝胆相照,甚至不惜割舍自己的亲生骨肉来搭救你的人,可以称作你的一个朋友。

因此,我们对待自己的朋友应该真诚,因为友谊是无私的、没有夹杂任何利益的纯洁领地,我们只有懂得付出,才能得到意想不到的收获。但我们也不应该去苛求别人,因为这样会使友谊被私利所玷污。

第四章

自信自强，建立必胜的信念

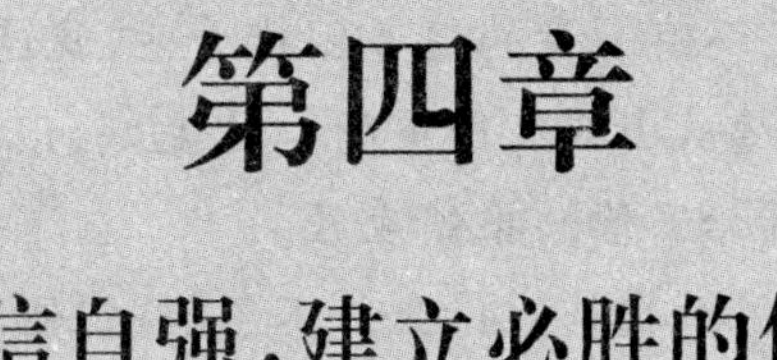

如果连自己都不相信，还能相信什么呢？自信心是一种很大的力量。自信的人阳光、积极、坚强，自信的人生最美丽，一个人拥有多少自信，就能成就多大的事业。

相信自己的能力

相信自己的能力,是一种良好的心态。相信自己有能力做好身边的每一件事,只有给自己这样的信心,才可以跨出消极心理的圈子,走上成功之路。

很多人不是因为别人看不起自己而垂头丧气,而是因为自己总是爱贬低自己,才使得自己变得无精打采,毫无斗志。这些人夸大了自己身上的缺点。

被称为"世界上最伟大的推销员"的乔·吉拉德就是经历了挑战自我的过程,才有了今天的成就。

乔·吉拉德于1929年出生在美国一个贫民窟,从他懂事起就开始为生存而从事一些简单的工作。他做过擦皮鞋的鞋匠、报童、洗碗工、送货员、电炉装配工和住宅建筑承包商等等。可以说在他35岁以前,他在事业上一路坎坷,只能算一个全盘的失败者,不仅仅是朋友离他而去,还有一身的债务困扰着他,就连妻子、孩子的吃喝都成了头疼的问题。

乔·吉拉德从小就有严重的口吃毛病,他换过四十多个工作仍然一事无成。最后,他卖掉了汽车,开始了他的推销生涯。

乔·吉拉德对推销的行业并不了解,但他总是反复地对自己说:"你认为自己行就一定能行。"这已经成了他多年的口头禅。正是他的这种勇气"相信自己一定能做得到",使他走出了第一步。每拜访一个顾客,他总是恭敬地把名片递过去,不管是在街上还是在商店里,他抓住一切可以推销的机会,推销他的产品。正是因为他不懈的努力,那种一定能够胜任本项工作的精神推动着他。三年以后,他成为全世界最伟大的推销员。正是这种不把自己看低的心态,使他在短短的三年内被吉尼斯世界纪录称为"世界上最伟大的推销员"。至今这个一直被欧美商界称为"能向任何人推销出任何商品的神奇人物"还保持着平均每天卖6辆汽车的销售纪录。

1888年,法国巴黎科学院发起关于"刚体固定点旋转问题"有奖征文。这次征文活动和以往略有不同,科学院考虑到知识和人格是科学事业腾飞的双翼,于是,要求所有征文作者除提供论文外,还必须附上一条格言。在许多应征的论文中,来自俄国的38岁女数学家苏菲·柯瓦列夫斯卡娜写了一条极富哲理的格言:说自己知道的话,干自己应干的事,做自己想做的人。

苏菲·柯瓦列夫斯卡娜一直都在实践着自己的格言。在19世纪这个女性被歧视、被压迫的社会,她成为第一个走进法国巴黎科学院大门的女性,也是数学史上的第一位女教授。

其实,每个人都有自己的格言,都能够成为自己格言的实现者。你要知道自己应该做什么,能做什么,只有这样你才会有一种"仗剑行四方"的满足感,避免处于"举目茫然"的境地。目标的迷失与满腔的热情无处挥洒是最愁煞人的。

如果你以征服者的心态对待人生,就会相信自己将来会有所成就,而且这种信心是坚强有力的,是充满必胜信念的;如果你以屈服者的心态面对人生,就会以悔恨、自我贬损和逃避他人的心态出现在世人面前。正是这两种不同的心态造成了世界上人与人之间的差别。

通常,一个人最大的缺陷就是缺乏自信心。一个胆怯、害羞、敏感的人,如果不断地教导他相信自己,开导他不要陷入自我贬低的泥潭,让他相信会有光明的前途,那么他一定能成为社会的有用之才。对他进行不断地训练、调教，就可以使他充满坚强的自信心。这种坚强的自信心不仅能增加他的勇气，同样也能加强其他方面的能力。

一个人目前的能力是不是很强，这一点倒不大重要，因为他的自我评估将决定努力的结果，将决定是否能取得成功。一个对自己信心很强但能力平平的人所取得的成就，往往比一个具有卓越才能但自信心不足的人所取得的成就大得多。

低劣、平庸的自我贬低所产生的有效力量远没有伟大、崇高的自我评价所产生的有效力量强大。如果你形成了伟大、崇高的自我评价，那么，你身上的所有力量就会紧密团结起来，帮助你实现理想，因为精力总是跟随你确定的理想走。

信心能极大地鼓舞一个人的斗志，激发一个人的能力，勇气则是人生命中一股极有力的力量。信心越大，离成功的日子就越近。

依靠自己，相信自己

伟人都对自己有超乎常人的信心。英国诗人华兹毕斯毫不怀疑自己在历史上的地位，他预见到自己将来的名声。恺撒一次在船上遭遇暴风雨，艄公非常担心，恺撒说："担心什么？你是和恺撒在一起。"

命运给我们在社会上安排了一个位置，为了不让我们在到达这个位置之前就跌倒，它要让我们对未来充满希望，正是由于这个原因，那些雄心勃勃的人都带有强烈的自信色彩，甚至到了让人难以容忍的地步，但这却是让他获得继续向前的动力。一个人的自信正预示着他将来的大有作为。

德国哲学家谢林曾经说过："一个人如果能意识到自己是什么样的人，那么，他很快就会知道自己应该成为什么样的人。但他首先得在思想上相信自己的重要，很快，在现实生活中，他也会觉得自己很重要。"对一个人来说，重要的是相信自己的能力，如果做到这一点，那么他很快就会拥有巨大的力量。

"固然，谦逊是一种智慧，人们越来越看重这种品质，"匈牙利民族解放运动的领袖科苏特说，"但是，我们也不应该轻视自立自信的价值，它比任何个性因素都更能体现一个男人的气概。"

英国历史学家弗劳德也说："一棵树如果要结出果实，必须先在土壤里扎下根。同样，一个人也需要学会依靠自己，尊重自己，不接受他人的施舍，不等待命运的馈赠。只有在这样的基础上，才可能做出成就。"青年人应该培养自己的自尊，使自己超越于一切卑贱的行为之上，从而与各种各样的侮辱与不体面绝缘。

在一次法庭辩论上，作为辩护律师的库兰说："我研究过我收藏的所有法学著作，都找不到一个这样的案例——在对方律师反对的情况下，还可以预先确定某项条件，这样的事情从来没有发生过。"

"先生——"主审的罗宾逊法官打断了他的话，"我怀疑你的图书馆藏书量不够。"

"确实，先生，我并不富裕，"年轻的律师十分镇定，他直视着法官的眼睛，"这限制了我购书的数量。我的书不多，但都是精心挑选，而且是仔细阅读过的。我阅读了少数精品著作，而不是去写一大堆毫无价值的作品，然后才进入这一崇高的职业领域的。我并不以我的贫穷为耻；相反，如果我的财富是因为我卑躬屈膝，或是用不正当手段获得的，那我会真正感到羞愧。我或许不能拥有显赫的地位，但我至少保持了人格上的正直诚实。倘若我放弃正直诚实去追求地位,眼前就有很多的例子告诉我,这么做或许会让我得到所需要的东西,但在别人的眼里,我却只会显得更加渺小。”从此以后,罗宾逊再也不敢嘲笑这位年轻的律师了。

“依靠自己,相信自己,这是独立个性的一种重要成分,”米歇尔·雷诺兹说道,“是它帮助那些参加奥林匹克运动会的勇士夺得了桂冠。所有那些在世界历史上留下名声的伟人,都因为这个共同的特征而同属于一个家族。”

只有自信与自尊,才能够让我们感觉到自己的能力,其作用是其他任何东西都无法替代的。而那些软弱无力、犹豫不决、凡事总是指望别人的人,正如莎士比亚所说:他们体会不到也永远不能体会到自立者身上焕发出的那种荣光。

学会接纳自己

为什么有些时候总会觉得自己在别人面前矮三分,总觉得自己的人际关系不如别人,总觉得自己不如别人的气质好,总觉得懂的没有别人多……自己不如别人的太多、太多……好像别人满身都是优点,自己却一无是处。

其根本的一个原因就是自己的自卑心理在作怪,明知道自卑有时会成为自己成功路上的绊脚石、拦路虎,可就是改不了。要想成功,得首先学会接纳自己,一个人如果连自己都不信任自己的话,那么还如何去谈让别人去接受你呢?

给自己一份信心,首先就要能够接纳自己,让自卑远离自己,世上没有十全十美的人,每个人都是在生活中遇到挫折后不断地磨炼自己,从此改掉缺点,让自己从生活与学习中不断充实自己、完善自己,不要只生活在自己画的圈子里。

一位知名企业家,此人个头十分矮小,其貌不扬。他在一个大会上讲述了自己的一个故事:

多年前的一个傍晚,一位名叫亨利的移民,站在河边发呆。这天是他30岁的生日,可他不知道自己是否还有活下去的必要。因为亨利从小在福利院长大,身材矮小,长得也不帅,讲话又带着浓厚的法国乡下口音,所以他认为自己是一个既丑又笨的乡巴佬,没有工作,也没有家。就在亨利徘徊于生死之间的时候,同他从小在一块长大的约翰兴冲冲地跑过来对他说:“我刚从收音机里听到一则消息,拿破仑曾经丢失了一个孙子。播音员描述的相貌特征与你丝毫不差!”“真的吗?我竟然是拿破仑的孙子?”亨利一下子精神大振,联想到了当年的爷爷曾经以矮小的身躯指挥着千军万马,用带着泥土芳香的法语发出威严的命令,他顿时便感觉到了自己矮小的身材同样充满了无穷的力量,讲话时的乡下口音也带有几分高贵和威严。第二天,亨利便满怀信心地来到一家大公司应聘。过了20年之后,成为了这家大公司总裁的亨利,对自己的身世进行了查证,最终确定自己并非拿破仑的孙子,然而这些早已不重要了。“是的,大家也许已经猜到了,这位亨利就是我。”企业家的表情由微笑变为严肃地说,“接纳自己、欣赏自己,将所有的自卑全都抛到九霄云外。我认为,这就是我之所以成功最重要的一个前提条件!”

人只有做到了接纳自己才能克服诸多烦恼,笑对人生。

生命是非常短暂的,犹如花开花落一样。人唯有接纳自己,生活才不会疏离,感情和理智才不会发生矛盾,才不会造成痛苦和彷徨。

苏格拉底在风烛残年之际，知道自己时日不多了，就想考验和点化一下他的那位平时看来很不错的助手。他把助手叫到床前说："我的蜡烛所剩不多了，得找另一根蜡烛接着点下去，你明白我的意思吗？"

"明白，"那位助手赶忙说，"您的思想光辉是得很好地传承下去……"

"可是，"苏格拉底慢悠悠地说，"我需要一位最优秀的传承者，他不但要有相当的智慧，还必须有充分的信心和非凡的勇气……这样的人选直到目前我还未见到，你帮我寻找和发掘一位好吗？"

"好的、好的。"助手很温顺很尊重地说，"我一定竭尽全力地去寻找，以不辜负您的栽培和信任。"

苏格拉底笑了笑，没再说什么。那位忠诚而勤奋的助手，不辞辛劳地通过各种渠道开始四处寻找了。可他领来一位又一位，总被苏格拉底一一婉言谢绝了。有一次，当那位助手再次无功而返地回到苏格拉底病床前时，病入膏肓的苏格拉底硬撑着坐起来，抚着那位助手的肩膀说："真是辛苦你了，不过，你找来的那些人，其实还不如你……"

"我一定加倍努力。"助手言辞恳切地说，"找遍城乡各地、找遍五湖四海，我也要把最优秀的人选挖掘出来，举荐给您。"

苏格拉底笑笑，不再说话。半年之后，苏格拉底眼看就要告别人世，最优秀的人选还是没有眉目。助手非常惭愧，泪流满面地坐在病床边，语气沉重地说："我真对不起您，令您失望了！"

"失望的是我，对不起的却是你自己。"苏格拉底说到这里，很失意地闭上眼睛，停顿了许久，才又不无哀怨地说："本来，最优秀的就是你自己，只是你不敢相信自己，才把自己给忽略、给耽误、给丢失了……其实，每个人都是最优秀的，差别就在于如何认识自己、如何发掘和重用自己……"话没说完，一代哲人就永远离开了他曾经深切关注着的这个世界。

那位助手非常后悔，甚至自责了整个后半生。

为了不重蹈那位助手的覆辙，对于每一位向往成功、不甘沉沦者，都应该牢记先哲的这句至理名言："最优秀的就是你自己！"

镭的发现者——居里夫人，当初穿着沾满灰尘和油污的工作服，从堆积如山的铀沥青中寻找镭的踪迹时条件非常艰苦，但她信心百倍。成功之后她对她的朋友说："无论做什么事情，我们都应该有恒心，特别是自信心。"

由此可见，事业上的成功固然由多种因素组成，但自信心就是成功者的必备特征，拥有了信心就拥有了成功的一半！同样说明这个道理的还有这样的一个故事：

一个纽约的商人看到一个衣衫褴褛的铅笔推销员，顿生一股怜悯之情。他把 1 美元丢进卖铅笔人的盒子里，就准备走开，但他想了一下，又停下来，从盒子里取了一把铅笔，并对卖铅笔的人说："你跟我都是商人，只不过经营的商品不同，你卖的是铅笔。"几个月后，在一个社交场合，一位穿着整齐的推销商迎上这位纽约商人，并自我介绍："你可能已经记不得我了，但我永远忘不了你，是你重新给了我自尊和自信。我一直觉得自己和乞丐没什么两样，直到那天你买了我的铅笔，并告诉我我是一个商人为止。"

"推销员"一直做乞丐，不就是因为缺乏自信心吗？就是从纽约商人的一句话中，"推销员"找到了自尊和自信，并开始了全新的生活，从中不难看出自信心的威力。缺乏自信常常是性格软弱和事业不能成功的主要原因。对此，著名的推销员齐格曾有过切身的体会。

齐格曾参加过一个由梅里尔指导的全日制培训课程。培训结束后，梅里尔先生将齐格留下说："你有许多能力，你可以成为一个了不起的人，甚至一个全国优胜者。我绝对相信，如果你真正投入工作，真正相信自己，你能冲破一切困难获得成功。"说真的，齐格细细品味这些话时，他惊呆了。你必须理解齐格当时的处境，才有可能意识到这些话对他有多大的影响。他回忆道："当我是个小男孩时，我长得很小，即使在穿得最多时也没超过120磅。我上学后，从五年级开始，放学后和周六的大部分时间都在工作，运动方面也不是很活跃。另外，我还很胆小，直到17岁才敢和女孩约会，而且还是别人指定给我的——一个盲目性约会。一个从小镇中出来的小人物，希望回到小镇上一年赚上5000美元，我的自我意识仅限于此。现在却突然有一个受我尊敬的人对我说'你能成为一个了不起的人！'"所幸的是，齐格相信了梅里尔先生，开始像一个优胜者一样思想、行动，把自己看成优胜者，于是，他真的就像个优胜者了。到最后齐格终于成功了，他说："梅里尔先生并未教很多推销技巧，但那年年底，我在美国一家有7000多名推销员的公司中，推销成绩列第二位。我从用大众车变成用豪华小汽车，而且有望获得提升。第二年，我成为全州报酬最高的经理之一，后来我成为全国最年轻的地区主管人。"

齐格遇到梅里尔先生后，并不是获得了一系列全新的推销技巧，也不是他的智商提高了，只是梅里尔先生让他确信自己有获得成功的能力，并给了他目标和发挥自己能力的信心。

可见，人只有自信，才能自强不息，才能使人为自己的理想而努力奋斗。只有自信，才能使人在艰苦的事业中保持必胜的信念，才能使人有勇气前进。人，如果缺乏自信心，会使人对自己的美好理想放弃争取，会使人浑浑噩噩、碌碌无为；人，如果缺乏要干成一番事业的自信心，通向成功之路的航船就要在沙滩搁浅。在现实生活中，自信心是大力之神，它能使弱者变强，使强者变得更强。

如果我们对自己的前途有更清楚的认识，如果我们对自己有更大的信心，那么我们将取得更大的成果。只要我们能更好地了解我们身上的潜力和高贵的一面，那么我们将会对自己充满更大的信心。我们所获得的成就的大小都是我们自己造成的。由于我们总是往坏的方向、差的方面想，因此我们总是认为自己渺小、无能和卑劣。如果我们想达到高贵杰出的境界，就应该向上看，应该多想想我们好的、积极的一面。

因此，你的目光往往决定了你的行为，有些人处世失败，是败在自己的错觉上。那么，怎样改变自己的错觉而心理平衡呢？首先要了解目光陷入的误区，然后针对不同的误区，找到精神的出口。

第一个误区是：喜欢用自己的弱点同别人的优点比，用自己的失败跟别人的成功比，由此认为自己一无是处，永远不如别人，心甘情愿为他人做嫁衣，同成功、幸福永远无缘。

过分夸大自己的弱点，选择自己的弱项，你就会给自己贴满无能的标签。如果一个天才认为自己是侏儒，那么他就会真的成为一个精神上的侏儒。

一个人目前的整体能力是不是很强，这一点倒不大重要，因为自我评价将决定自己的努力结果，将决定他是否成为成功者。一个自信心很强但能力平平者所取得的成就，往往比一个具有卓越才能却自暴自弃者所取得的成就要大很多。

第二个误区是：按别人的评价决定对自己的评价。

别人的评价经常是情绪化的而不是理智的，因而这种评价也是盲目的。如果我们按别人的评价来认识自我，将会陷入迷局。

自信有一种神秘的力量

维克多·格林尼亚年轻时是英国瑟儿堡地区很有名的一个浪荡公子。有一次，在一个盛大的宴会上，他像往常一样傲气十足地邀请一位年轻美丽的小姐跳舞，那位姑娘觉得受到了极大的侮辱，怒不可遏地说："算了，请你站远一点。我最讨厌像你这样的花花公子挡住我的视线。"这句话刺痛了格林尼亚的心。他在震惊、痛苦之后，猛然醒悟，对自己的过去无比悔恨，决心离开瑟儿堡，去闯一条新路。他在留给家人的纸条上说："请不要问我的下落，容我刻苦努力学习。我相信自己将来会干出一番成就来的！"结果，经过8年的刻苦奋斗，他终于发明了以他的名字命名的"格式试剂"，并荣获诺贝尔奖，成为著名的化学家。

乔·特纳维尔说："无论你的内心所怀抱着的意念或信仰是什么，它都可能成为真实。因此，切勿在通往无穷智慧的道路上自设路障，就像当阳光透过三棱镜时，会分成多道光束一样，当自信化作无穷智慧通过你的内心时，也会绽放出不同的光芒。"

人并非天生伟大，成功者也不是天生之才，而且也不一定在少年或青年时代就是出类拔萃的人才。而是自信主动意识决定了一个人走向成功。像维克多·格林尼亚这样的"浪子回头金不换"，不就是这个道理吗？

自信不是被动地等待，而是主动地出击。有了自信，能鼓舞士气，渡过难关，能战胜失败，克服恐惧。

生命中的灾难常迫使人们在信心与恐惧两者间做出抉择。为什么大多数的人都选择恐惧？关键在于一个人的态度，我们有权利自己决定。

麦克阿瑟将军在西点军校入学考试的前一晚紧张至极。他母亲对他说："如果你不紧张，就会考取。你一定要相信自己，否则没人会相信你。要有自信，要自立。即使你没通过，但你知道自己已全力以赴了。"发榜后，麦克阿瑟名列第一。

选择自信的人，会改变自己的态度。在日常生活中，勇敢地决定和行动，培养自己的信心。选择恐惧的人，是因为没有培养积极的态度。

有人问，美国橄榄球教练杰米·约翰逊是怎么把达拉斯牛仔队这个烂摊子改造成一支战无不胜、无坚不摧的超级杯冠军队的，约翰逊说："相信自己能赢，就一定能赢"，他还举了一个现实生活中的例子。

他说："几年前，得克萨斯技术大学一位叫阿尔伯特·金的研究生做过一个试验。他召集了一帮劳工，办了一个电焊培训班。金告诉教电焊的老师，班上某某等人具有电焊天才，是好苗子。其实，金只是随便点几个人的名字而已，他自己对这些工人的才能如何也一无所知。但是，老师却把金的话记在心里。他真的把那几个人当作好苗子，经常用肯定和鼓励的语言促其上进，并明确无疑地对其寄予很高的期望。结果，培训班结束后，那些最初被金点过名的人真成了班上的佼佼者。"

约翰逊又说："不论我是把一个球员当作一个胜利者看待，还是将整个球队看作一支冠军队，或者是将教练助理视为甲级队中最聪明、最勤奋的教练助理，关键是我树立起了球队的自信，这才是我们取胜的真正动力。"

相信自己能赢，就一定能赢！这就是约翰逊仅经过短短的4个赛季就把一支失魂落魄的橄榄球队塑造为全美超级杯冠军队的秘诀。

人的本性就是追求目标，实现心愿。不论你的愿望是什么，只要你目标明确地想干成什么事，想成为什么样的人，你的大脑和神经系统就会源源不断地提供你所需要的信息，驱使你自觉地甚至是无意识地向着追求目标、实现愿望的方向运动。所以，我们可以相信，坚持心理上的积极的自我暗示，就会使自己变得自信主动，有生气、有活力、有创造性。

自信的人生最美丽

在纽约郊区的一个贫民区里，一位家境贫穷的黑人小女孩从小失去了父亲。她和体弱多病的母亲相依为命。她母亲没有文化，没有技术，只能靠打零工维持母女俩的生计。小女孩很自卑，因为从来没穿过漂亮的衣服。在这样极为贫困的生活中，小女孩一天天地长大了。

在她18岁那年的圣诞节，女孩的妈妈破天荒给了她10美元，让她给自己买一份圣诞礼物。

女孩很兴奋，她决定给自己买一件礼物。但是她没有勇气从大街上大大方方地走过，她捏着钞票，绕开人群，贴着墙角朝商店走去。

一路上，她看见所有人的生活都比自己好，心中不无遗憾地想，我是这个街区最寒碜的女孩子。看到自己特别心仪的小伙子，她又酸溜溜地想，今天晚上盛大的舞会上，不知道谁会成为他的舞伴呢？她就这样一边想着心事一边躲着人群来到了商店。

一进门，女孩感觉自己的眼睛都被刺痛了，她看到柜台上摆着一批特别漂亮的缎子做的头花、发饰。

正当她站在那里发呆的时候，售货员对她说，“小姑娘，你的亚麻色的头发真漂亮！如果配上一朵淡绿色的头花，肯定美极了。”

她看到价签上写着8美元，知道自己买不起，但还是忍不住试了。这个时候，售货员已经把头花戴在了她的头上，并拿起镜子让她看看自己。

当这个姑娘看到镜子里的自己时，突然惊呆了，她从来没看到过自己这个样子，她觉得这朵头花使她变得像天使一样光彩照人！

而且，这时售货员也赞叹道：“漂亮极了，你简直是上帝派到人间的天使！”女孩不再迟疑，掏出钱来买下了这朵头花。她的内心无比陶醉、无比激动，接过售货员找的2美元后，转身就往外跑，结果在一个刚刚进门的老太太身上撞了一下。她仿佛听到那个老太太在叫她，但已经顾不上这些，就一路飘飘忽忽地往前跑。

女孩不知不觉就跑到了街区最热闹的地方，她看到所有人投给她的都是惊讶的目光，她听到人们在议论说，没想到这个街区还有如此漂亮的女孩子，她是谁家的孩子呢？

女孩又一次遇到了自己暗暗喜欢的那个男孩，那个男孩竟然叫住她说：“今天晚上，我能不能荣幸地请你做我圣诞舞会的舞伴？”

这个女孩子简直心花怒放！她想我索性就奢侈一回，用剩下的2美元回去再给自己买点东西吧。于是，女孩又一路飘飘然地回到了小店。

刚一进门，那个老太太就微笑着对她说：“孩子，我知道你会回来的，你刚才撞到我的时候，这个头花也掉下来了，我一直在等着你来取。”

这个女孩是幸运的，一个小小的发饰就帮她找回了自信。但在生活中，却有许多人沉溺于自卑中而不能自拔。比如，一位经营者认为自己没有读过 MBA，经营能力不如别人，更不敢抓住机会去扩大经营规模；年轻女子迷人可爱，但与邻居的女孩相比较后，便对自己的社交能力颇为失望……这些人本来非常优秀，但在内心却憎恶自己，他们内心焦虑不安，没有自己的主见。总是用别人的判断标准扼杀了自己的信心。

其实，只要正确、客观地认识自己，相信自己的能力，自信就会回到我们身上，而有了自信，我们的人生才会美丽。

一位心理学家说过："相信自己美的人会越来越美。"因为相信自己美，就会大大方方地从事各种社交活动，在活动中展示自己的特长。相信自己美，就会心情愉快、活得潇洒。自信的人往往走路时都是昂首挺胸的，从而由内而外散发的气质自然最吸引人。笑脸比哭脸美，自信的人总比自卑的人有魅力。

自信能带来勇气、力量和智慧

没有自信的人是很难成功的，就像没有脊梁骨的人那样无法站得挺直。

有一个墨西哥女人和丈夫、孩子一起移民美国，当他们抵达得州边界艾尔巴索城的时候，她丈夫不告而别，离她而去，留下她束手无策地面对两个嗷嗷待哺的孩子。22 岁的她带着孩子，饥寒交迫。虽然口袋里只剩下几块钱，还是毅然地买下车票前往加州。

她在一家墨西哥餐馆里打工，从大半夜做到早晨 6 点钟，收入只有区区几块钱。然而她省吃俭用，努力储蓄，她要将每一角钱都存下来，去实现自己的梦想——自己开一家墨西哥小吃店，专卖墨西哥肉饼。

有一天，她拿着辛苦攒下来的一笔钱，跑到银行向经理申请贷款，她说："我想买下一间房，经营墨西哥小吃。如果你肯借给我几千块钱，那么我的愿望就能够实现。"

一个陌生的外地女人，没有财产抵押，没有担保人，她自己也不知能否成功。但是幸运的是，银行家佩服她的胆识，决定冒险资助。

她 25 岁起经营自己的墨西哥肉饼，经过 15 年的努力，这间小吃店扩展成为全美最大的墨西哥食品批发店。这个女人就是拉梦娜·巴努宜洛斯，她后来担任过美国财政部长。

这是一份自信带来的成功。自信使她白手起家寻求生路；自信使她有了胆量；自信也给她带来了聪明和智慧。任何人都会成功，只要你肯定自己、相信自己一定会成功，那么你将如愿以偿。

自信与胆量密切相关，自信可以生出胆量，同样，胆量也可以生出自信，而缺乏胆量或过分的自我批判就会削弱自信，包括一些伟大的科学家在内。

犹太物理学家埃伦菲斯特具有非凡的评价和批判能力，因此一些伟大的物理学家常常乐意征求他的意见，他还常常应邀出席科学会议，但是他也把这种严峻的批判用在自己身上。

这种过分的自我批判倾向扼杀了这位科学家的才华，使其丧失了创造才能。结果，他的思想产物还没有问世，这种过分挑剔的批判就夺走了他对它们的爱，埃伦菲斯特最后竟厌世自杀了。

著名物理学家杨振宁曾经谈到科学家的胆魄问题："当你老了，你就会变得胆越来越小，因为你一旦有了新思想，会马上想到一堆永无止境的争论，害怕前进。当你年轻力壮时，可以到处寻求新的观念,大胆面对挑战,而年纪大了的人疲于奔波,疲于争论。我常常问自己,是否已经丢掉了自己的胆魄?"

这些事例都从反面证明了没有自信就没有胆量,没有胆量就会磨灭想象力和独创精神。所以,缺乏自信是创造和智慧的最危险的敌人。

弗洛伊德认为:人,生来就有"做伟人"的欲望。"做伟人"其实就是"成功"的集中表现。在这一理论提出之后,一些心理学家经过认真研究,也得出了一个相似的结论:不论民族、文化、历史、家庭、性别、年龄,人,天生就有爱受赞美、喜受尊重的强烈愿望和倾向。

大家都知道美国总统罗斯福是个残疾人,那他是个强者还是弱者呢?1962年,美国历史学会组织美历史学家投票,选出了五位最伟大的总统,富兰克林·德拉诺·罗斯福排名第三,仅居于亚伯拉罕·林肯和乔治·华盛顿之后,成为美国历史上唯一一位连任四届、主持白宫时间最长的总统。

罗斯福被公认为世界历史上能够扭转乾坤的巨人之一。关于他的国内政绩,关于他在世界历史上曾经发挥的作用,另一位伟人温斯顿·丘吉尔说:罗斯福是对世界历史影响最大的一位美国人。

最近几十年间,由于美国国力的强盛和在国际事务中扮演的重要角色,数任美国总统或多或少地要以"世界总统"自居,可以说,如果没有罗斯福,他们就不可能获得这样的自信。而罗斯福的这种自信却具有不同寻常的意义。

如果没有这种自信,很难想象他会在39岁患上脊髓灰质炎之后,凭着顽强的毅力积极配合治疗,终得幸免于全身瘫痪;更难想象他后来敢于拄着双拐或坐着轮椅出现在1932年总统竞选的讲坛上,并成为美国历史上唯一一位身患残疾的总统。

自信在罗斯福一生的成长和事业中起到了重要作用,在他第一次就职演说中,针对当时美国社会的经济"大萧条"情景说:"首先让我们表明自己的坚定信念:唯一值得恐惧的东西就是不可名状的、未经思考、毫无根据的恐惧,使得转退为进所需的努力陷于瘫痪的恐惧。"

纵观罗斯福的一生,我们可以肯定地说,他虽然身患残疾,但在迄今为止所有的美国总统中,远不是每一位都像他那样具有一颗如此健康的心灵。

人们在日常生活中,总爱以貌取人,在选择未来的配偶时,第一个条件就是要看看对方的相貌是否美,最起码要看着顺眼,不心烦。

所以,许多相貌"困难"的人就因过不了这一关而成了男女"光棍",独守空房。然而,世上的事都不是绝对的,有些外表不美但心灵美的人,同样可以以其精神面貌成为强者。

战国时期的钟离春,是我国历史上有名的丑女。她额头向前突、双眼下凹、鼻孔向上翻翘、头颅大、发稀少、皮肤黑红。她虽然模样难看,但志向远大,知识渊博。当时执政的齐宣王政治腐败、国事昏暗、性情暴躁、喜欢吹捧。

钟离春为了拯救国家,冒着杀头的危险,当面一条条地陈述齐宣王的劣迹,并指出若再不悬崖勒马就有亡国的危险。齐宣王听后大为震惊,把钟离春看成是自己的一面宝镜。他认为有贤妻辅佐,自己的事业才会蒸蒸日上,正所谓"妻贤夫才贵"。这个身边美女如云的国王,竟把钟离春封为王后。

东汉时的孟光长得又黑又胖,模样极丑,父母已做好她嫁不出去的准备。可仍有媒人替孟光与一丑男搭桥,孟光说:"非梁鸿不嫁。"

梁鸿是当时的大文人,不少美女想嫁给梁鸿遭拒绝后得了相思病。而孟光对媒人说出的这番话一时传为笑料,人们讥笑她是“癞蛤蟆想吃天鹅肉”。不久,梁鸿知道了孟光的事,没有和别人一样嘲笑孟光。他很钦佩孟光的人品和学识,相信她不是攀龙附凤之人,毅然决定娶孟光为妻。后来梁鸿落魄到异地当佣工,孟光毫无怨言地随同前往,患难与共,白头偕老。

自信给了强者勇气、力量和智慧,敢于做别人不敢做甚至不敢想的事;自信可以使一个坐在轮椅上的残疾人与健康的同龄人并驾齐驱并超越健康人;自信可以使人有骨气、挺起腰杆做人,面对强大的敌人毫无惧色,并使敌人胆怯。拥有自信,是成功必备的素质,也是一生中最宝贵的财富。

胜利属于有信心的人

关于信心的威力,并没有什么神奇或神秘可言。信心起作用的过程是这样的:相信“我确实能做到”的态度,产生了能力、技巧与精力这些必备的条件,每当你相信“我能做到”时,自然就会想出“如何去做”的办法。

每天都有不少年轻人开始新的工作,他们都“希望”能登上最高阶层,享受随之而来的成功果实。但是他们绝大多数都不具备必要的信心与决心,因此他们也无法达到自己的愿望。

也因为他们相信自己达不到,以至于找不到登上巅峰的途径,因而他们的成功一直停留在一般人的水准。

但是还是有少部分人真的相信他们总有一天会成功。他们抱着“我就要登上巅峰”(这并不是不可能的)的积极态度来进行各项工作。

这些年轻人仔细研究成功者的各种作为,学习他们分析问题和做出决定的方式,并且留意他们如何应对进退。最后,他们终于凭着坚强的信心达到了自己成功的愿望。

王东害羞,胆小,不自信,每逢老师或同学让他做什么事时,他总是不好意思地说:“不行不行,我不行。”后来王东下定决心:明天一定要以一副新的面貌出现在大家面前。但到了第二天,却总是又恢复了老模样。王东明白了一个道理:在一个熟悉的环境中要改变自己是不容易的,它需要很大的勇气。但在当时王东恰恰缺乏这种勇气,所以王东那种不自信的样子一直持续到高中毕业。

上大学后,王东来到了一个全新的环境中,于是王东要建立自信的勇气与日俱增。王东每天都面带微笑,精神饱满,干劲冲天。王东在心里暗暗为自己加油,暗示自己“我能行”!后来,王东班里成立了篮球队,因为王东个头高,尽管不会打,也入选了,从此王东就向同学学习关于篮球的知识和技术,每天都抱着篮球到操场练一会儿。几个月下来,王东由篮球的“门外汉”成了一名篮球队的主力。

观看过 NBA 联赛的人或许知道,黄蜂队有一位身高仅 1.60 米的运动员,他就是博格斯,NBA 最矮的球星。博格斯这么矮,怎么能在巨人如林的篮球场上竞技,并且跻身大名鼎鼎的 NBA 球星之列呢?因为博格斯的自信。

博格斯从小就喜爱篮球,可因长得矮小,伙伴们瞧不起他。有一天,他很伤心地问妈妈:“妈妈,我还能长高吗?”妈妈鼓励他:“孩子,你能长高,长得很高很高,会成为人人都知道的大球星。”从此,长高的梦像天上的云在他心里飘动着,每时每刻都在闪烁希望的火花。

“业余球星”的生活即将结束了,博格斯面临着更严峻的考验——1.60 米的身高能打好职业赛吗?蒂尼·博格斯横下一条心,要靠 1.60 米的身高闯天下。“别人说我矮,反而成了我的动力,我偏要证明矮个子也能做大事情。”在威克·福莱斯特大学和华盛顿子弹队的赛场上,人们看到蒂尼·博格斯简直就是个“地滚虎”,从下方来的球90%都被他收走,他越是个儿矮越是能飞速地低运球过人……

后来,蒂尼·博格斯进入了夏洛特黄蜂队(当时名列NBA第三),在他的一份技术分析表上写着:投篮命中率50%,罚球命中率90%……

一份杂志专门为他撰文,说他个人技术好,发挥了矮个子重心低的特长,成为一名使对手害怕的断球能手。“夏洛特的成功在于博格斯的矮”,不知是谁喊出了这样的口号,许多人都赞同这一说法,许多广告商也推出了“矮球星”的照片,上面是博格斯淳朴的微笑。

后来的博格斯与夏洛特队接连签过7个赛季的合同,最后一个赛季一签就是5年,总薪水750万美元。他曾多次被评为该队的最佳球员。博格斯至今还记得当年他妈妈鼓励他的话,虽然他没有长得很高很高,但可以告慰妈妈的是,他已经成为人人都知道的大明星了。

前不久,这位矮星说,他要写一本传记,主要是想告诉人们:“要相信自己,只有相信自己,才能成功。”

每个人都祈求成功,但是最终只有对自己充满自信的人,才能有幸到达成功的彼岸。没有自信,毛泽东不可能写出“到中流击水,浪遏飞舟”的豪迈诗句;没有自信,罗斯福不可能以残疾之躯,带领美国人民走出“大萧条”的阴影;没有自信,许海峰不可能在奥运会上一枪打出中国人的荣耀。

很多时候我们都在说:“我不行。”“这个我恐怕不行吧。”“我哪有那么厉害啊?”是的,你也许没那么厉害,但你一定要相信自己是一个与众不同的个体,要学会相信自己,因为自信才是成功的基石。这就像“杜根定律”所说的那样:“强者不一定是胜利者,但胜利迟早会属于有信心的人。”

试看古今中外的成功人士,有几个觉得自己是天才?他们也是普通人,但是他们有一个共同的特质,那就是自信!所以你要做的,就是对自己充满信心,相信自己!

自信所赋予人的光彩永远都不会因为时间而改变。一个人如果自信,无论他本人是多么的平凡,都会在别人眼中变得熠熠生辉。因为自信可以变成一种人格魅力,深深地吸引周围的人。

自信能使人的潜能充分发挥,要勇敢地对自己说:我一定可以的!我不比任何人差!我很棒!然后坚持到最后,那么你就是最棒的,你就是最优秀的。你就能得到你想要的东西,获得你想要的成就。

其实,自信是一种可贵的心理品质,它一方面需要培养,一方面也要依赖知识、体能、技能的储备。

但在具体做时,要注意以下两点:

一是注重暗示的作用。“暗示”是一个心理学名词,主要指人的主观感受、主观意识对人的行为的一种引导、控制作用。很多人都有这种体会:当一个人生病时,亲人、朋友总要关切地告诉他,要打起精神,振作起来,或者是好好休息,安心静养。谚语中也有“心病要用心药治”的说法,这些都是“暗示”在社会生活中的应用。在每次考试前或比赛前,可在心中默念:“我能考好”或“我能行”之类的话,这样可使自己从心理上放松,久而久之也逐渐地培养了自信的品质。

二是从行为方式上给人以自信的印象。行为方式是人的思想品质的外在体现,如果行动上躲躲藏藏或者不知所措,很难令人把你同自信联系起来。

每当你和人谈话时,都要看着对方的眼睛(当然不能死死地盯着),不去躲避对方的目光。说话时要尽量清晰而有条理地表达,不让声音憋在嗓子里。

另外,知识、技能的储备是自信的基础,具备了足够的知识和实际能力,自信就会发自内心,不必强装。否则,越是显得自信,就越是不自信。

学会为自己鼓掌

人生需要经常为自己鼓掌。当我们受到别人的冒犯与慢待的时候，当我们遇到不如意不顺心事情的时候，我们不要只会流泪与诅咒，有句话说得好："眼前的一切都会过去的。"我们应该为自己鼓足勇气，树立信心，不被别人的冷言冷语所击垮。我们更应该为自己鼓掌：相信自己一定是有能力的，自己不是懦弱之人。

我们每个人都要懂得，人生就如同舞台。我们每个人都是这个大舞台之上的演员，在平时，台下有很多双眼睛看着你的一言一行，一举一动。如果你的言行举止非常精彩，台下自有很多掌声回报你。但是，你要明白掌声不是说来就来，它时常与人们做着不规则的游戏。一般来说，掌声总是垂青于成功者，一个人要想在人生舞台上分分秒秒地演好每场戏，并且时时能够得到一片片精彩的掌声，恐怕是非常难的。因为对于一个人来说根本不可能永远是常胜将军，无论做什么事情总有失败的时候。

做到为自己鼓掌并不难，只需我们多看看自己的长处就可以了。人，总是有所长也有所短的，能够以自己的长补自己的短，这叫真正的自知之明。著名演员潘长江虽然个头有点矮，但他想得开："我个子矮咋啦？我比你离天高！"正是凭着这种自信，他注意发挥自己在表演上的优势，不照样也成了大明星！《简·爱》中有句话："我贫穷，低微，不美丽，但当我们的灵魂走过坟墓时，我们都是一样的。"这话是对的，放飞心情，看重自己，扬起自信的风帆，多为自己鼓掌加油吧，这样你就会更容易达到成功的彼岸。

为自己鼓掌可谓是一种精神的复活，它能够让你从逆境中走出来。这是因为，有了自己的掌声，就会让自己远离流言蜚语，给自己一份明澈的心境；自己为自己鼓掌，你就会在自己掌声氛围中，燃烧起希望的火种。

> 有一个学校举行文艺汇演，结果实在很糟。在刚上台的时候，一位同学因裙子太长而摔了一跤，另一个同学因太紧张而乱了方寸，一曲还未终结就下台了，台下的观众在那里放肆地吹口哨、喧哗。在嘈杂声中，人们意外地听到了一次有力而单调的掌声，声音来自于上台演出同学的班主任。
>
> 在演出开始之前，她就对自己班里将要演出的同学们说："无论演出的结果如何，我都永远支持你们。"我们都知道，无论是老师还是全班同学，都希望此次演出能够成功，甚至获奖，然而，上台演出所发生的一切却不尽如人意。
>
> 在演出结束之后，班主任对参加演出的几位同学说："虽然没人为你鼓掌，但是你要学会为自己鼓掌。给自己一份信心，一份希望，即使最后失败了也没有关系。"

事实确实是这样的。因为当我们站在人生大舞台上时，都害怕孤独，都希望听到人们能够高声地为我们喝彩；当我们风雨兼程地跨过三百六十五里路程的时候，都害怕孤独，都想让希望的掌声响起来。然而，我们所希望的这一切都没有发生，没有使我们忍不住眼泪掉下来的喝彩和掌声，没有飞向我们的爱。

千万不要因为没有人为我们喝彩而感到灰心丧气，我们要知道自己是可以为自己喝彩的。因为只有我们才知道自己每天都在一点点地进步，一点点地在不断地成长。只要我们把这一点点记在日记里，就知道我们是如何战胜困难的，就看到了我们成长的足迹，就自然能够扬起我们前进的风帆。

每个人都首先应该学会为自己鼓掌。卡耐基说过一段耐人寻味的话:“发现你自己,你就是你。请记住,地球上没有一个同你一样的人……在这个世界上,你是一种独特的存在。你只能以自己的方式歌唱,只能以自己的方式绘画。你是你的经验、你的环境、你的遗传造就的你。不论好坏与否,你只能耕耘自己的小园地;不论好坏与否,你只能在生命的乐章中奏出自己的发音符。”

的确是这样,世间的每一个人都是独一无二的。这个独特的“我”,既有优点,也有不足。一个人只有充分地自我接纳,懂得为自己鼓掌,才能够使自己有一个良好的自我感觉,才能自信地与他人进行正常的交往,出色地发挥出自己真正的才能与潜力。假如一个人不懂得欣赏自己、接纳自己、为自己鼓掌,而老是以怀疑的、否定的态度看待自己,就有可能限制甚至扼杀自己的生命力。事实上,在我们的身边有很多因为自卑自怜、自暴自弃等各种心理原因而造成的自寻短见的事例,并且还在不断地涌现着,不仅给家人造成了痛苦,同时也给社会造成了重大的损失。

为自己鼓掌并不是傲视一切的孤芳自赏,也不是唯我独尊的狂妄不羁。因为它不需要大动干戈的勇气,也不需要改头换面的毅力,它只属于一种醒悟、一种心境、一种面对困难,能给予自己信心的源泉,一种推动自己向挫折与失败挑战的勇气与动力。

人的一生多磨难,我们每个人都应该做到不断地为自己鼓掌。风又如何,雨又如何,笑又如何,哭又如何!为自己鼓掌,人生的道路自然就会越走越宽广,人生之路也会越走越坦荡!

为自己鼓掌,当暴风雨袭来时,最好的办法就是勇敢地面对它,超越它。如果你能够跨越人生道路上的重重障碍,迎接你的将是一个更加灿烂的明天。

不要活在别人的目光里

年轻有为的莫尼卡·狄更斯在二十几岁时,就是小有名气的作家了。可是,她依然举止笨拙,自卑感十足。因为,她有点儿胖,就为这一弱点,使她总觉得衣服穿在任何人身上都比穿在自己身上要好看得多。每当出席宴会时,她总要在出发之前打扮几小时,可是一走进宴会厅还是会感到自己一团糟,总是感觉别人在她背后评头论足,在心里耻笑她。

一次,莫尼卡被邀请去参加一个不太熟悉的宴会,她忐忑不安地去了。在门外,她遇到另一位年轻女士。

年轻的女士问她:“你也是要进去参加宴会的吗?”

她扮了个鬼脸道:“想要进去啊!”年轻的女士继续说:“我一直在附近徘徊,想鼓起勇气进去,可是我很害怕,总担心别人会议论我什么。”

莫尼卡十分不解,她站在有灯光照映的门阶上看着她,觉得她很漂亮,比起自己来要好得多。莫尼卡坦诚地说:“我也很害怕。”双方相视一笑,紧张的情绪顿时消失了。于是,她们一起走了进去。并且在彼此的相互鼓舞下,开始和别人谈话,这对莫尼卡来说是一次很好的锻炼机会,她第一次觉得自己已经不再扮演局外人的角色了,而是成为人群中的一员。

当她穿上大衣准备回家时,莫尼卡和她的新朋友谈起各自的感受。

年轻的女士问:“觉得怎么样?”

莫尼卡说:“比起以前来要好得多,你呢?”

“和你一样,其实我们并不孤独。”

莫尼卡仔细思量着朋友的这句话,觉得十分有道理。她在心里默默地想着:“以前我总觉得孤独,认为世界上每一个人都信心饱满,可是如今却遇到了一个和我同样自卑的人,这时我才发现我的想法是错误的。长期以来，我的思想一直被害怕侵蚀着，所以根本不会去想其他的，现在我得到了另一个启示：表面上看起来夸夸其谈、谈笑风生的人，实际上心中也有可能忐忑不安。”

不要活在别人的目光里，当你太过于在乎别人的想法时，你会对自己失去信心。在想尽办法取悦他人的同时，一切行为可能更加糟糕，自卑感顿时会油然而生，这时，脑海中又会不停地假想别人对你的种种看法，当然一般不会向好的方向想。此时，你就会有过度的否定反馈、压抑及不良的表现。

为了让生活轻松快乐，最重要的是看自己能做些什么有意义的事情。不要过多地在乎别人对你的看法，将自己的事情做到最好，别人一定会给你肯定的称赞。

据说，法国一位叫伊尔·索尔芒的著名的心理学家，在调查了全世界的18个贫困的国家后，他得出了这样的结论：人类最大的敌人不是灾祸，不是瘟疫，不是令人憎恨的战争，人类最大的敌人就是自己。自己的怯懦，自己的虚荣，自己的恐惧。自己都不相信自己的时候，你就什么都完了。所以，“相信自己”很重要。

有一位外科医生，他以善做面部整形手术闻名遐迩。他创造了许多奇迹，经整形把许多丑陋的人变成漂亮的人。他发现，某些接受手术的人，虽然为他们做的整形手术很成功，但仍找他抱怨，说他们在手术后还是不漂亮，说手术没什么成效，他们自感面貌依旧。

于是，这位著名外科医生悟到这样一个道理：美与丑，不仅仅在于一个人的本来面貌如何，还在于他是如何看待自己的。

一个人只要相信自己是最棒的，那么，他就能成为自己希望成为的那样的人。

世界著名影星索菲亚·罗兰第一次踏入电影圈试镜头时，摄影师抱怨她那异乎寻常的容貌，认为她的颧骨、鼻子太突出，嘴也太大，应当先去整容一下再试镜头。她却说：“我不打算削平颧骨、换个鼻子和嘴巴。你们不喜欢灯光照在我脸上的样子，要解决这个问题，不是我要整容，而是你们要好好想想应当怎样给我拍照。虽然我的脸长得不漂亮，但长得很有特色。”

这就是自信的魅力！

在人生的大舞台上，每个人都是自己岗位上的主角。因此，我们不要总是被别人的言论所操纵，而要相信自己、主宰自己。

毕加索年轻的时候，他的画被很多人否定过，但是他说：“我不认为我的画不好，我认为它是好的，我对它是极认真的，它倾注了全部心血，也许它并不完美，但是我会继续努力，不断完善它。我不企求别人都肯定我的画，这是不可能的，但我知道总有人会欣赏我的画，我代表我自己，但也可能表现一群人的想法，尽管这群人不是很多，但毕竟有。所以，我迟早会被一些人肯定。”最终他成为了伟大的画家。

我们生命中成就的大小，大半看我们能否对自己有信心，能否拒绝一切足以损害能力、降低效率的精神敌人于心胸之外。

荷兰出生的世界上最伟大的画家凡·高，他的艺术对现代绘画影响非常大，特别对前苏联和德国表现主义影响更深远。他一生画了800幅油画和700幅素描，但他的全部作品在其生前仅仅卖出去了一幅。他的一生都是在贫困潦倒中度过的，始终在和贫穷、困难和失败作顽强搏斗。在17年的绘画生涯中，他不在乎别人对他的评价，他始终坚持画他的思想，画他对生活的认识，并强烈地意识到这才是他真正的职业。

经历了近百年的艺术考验，他的作品成为了世界拍卖史上最昂贵的油画，争相被世界各大博物馆收藏。

假如你现在的生活还不尽如人意，先不要在意别人的看法，你要相信自己的直觉，丰富自己的梦想，这样你才会对未来有希望。

法国哲学家巴斯卡曾说："心灵具备某种连理智都无法解释的道理。"因此，我们要敢于大胆地跟随梦想前进，别害怕自己的能力有限，但也不要盲目。假如物理难倒了你，你可能没有机会成为量子物理学家；假如你已经四五十岁了，你可能无法在职业篮球赛中闯出一番天下；但是我们还有许多梦想可供选择。

如果你觉得自己一无是处，那是你无能的表现。当然，也许我们没有贝多芬那样的天赋，也没有毕加索和凡·高那样精湛的画技，但是天生我材必有用，当你对自己有信心时，生活将不会辜负你。

信心对每个人都很重要，因此，要相信自己在某些方面的能力，不要愁眉苦脸，不要满心忧虑，不要愤愤不平，不要对过去耿耿于怀，不要对未来忧心忡忡。尝试换一种获取成功的方式，你就会感到轻松和快乐。

经常想想什么事是你想做的，什么事是可以令你既觉轻松又乐在其中的，这有助于你去认知自己的才华，假如把这些才华运用在对目标的追求上，成功的机会将会更多。

自信者，方能自强

晚清的红顶商人胡雪岩常说：自信者，方能自强。如果一个人根本没有一种自立门户、开辟自己事业的非凡自信，这个人永远不会成为人生和事业的强者，只能原地踏步，或者跟着别人做一点小生意。

从胡雪岩创办阜康钱庄的年代看，当时爆发了反清反帝国主义的太平天国起义，国家正处于战乱之中，经济发展受到严重影响，而且太平天国活动的主要区域正是长江中下游地区的东南一带。当时国内的金融业还是山西富商手下的"票号"在一统天下，东南地区后起的宁绍帮、镇江帮经营的钱庄业，无论业务经营范围、资本实力，还是在商界的影响，都远逊于山西票号。

从自身条件看，胡雪岩此时除了少年时代在钱庄当学徒的几年工作经验外，两手空空，分文不名。为了资助王有龄捐官，已经丢掉了钱庄的差事，沦落到吃板饭（清末杭州的饭店犹有两宋的遗风，楼上雅座，楼下卖各种熟食，卸下排门当案板，摆满了朱漆大盘，盛着现成的菜肴。另外有条长凳，横置案前，贩夫走卒，杂然并坐，称为吃"门板饭"）的艰难困境。但他踏入商界做的第一件事，就表现出了非凡的自信和宏远的志向——创办自己的钱庄，即使还两手空空，也要热热闹闹先把招牌打出去。此时依然一无所有的胡雪岩所凭借的就是他的那份大自信。他认为凭自己在钱庄跑外场的多年经验，凭自己对于世故人情的洞悉明察，凭自己精到的眼光和过人的手腕，当然也凭借仕途得意的王有龄在官场中的鼎力帮助，他完全可以创办一个第一流的、可以与山西票号分庭抗礼的钱庄，并逐渐扩大生意，成就一番大事业。就凭着这股自信，胡雪岩开始了实现自己的事业目标的第一步——开办阜康钱庄。

再比如在胡雪岩的生意面临挤兑风潮，已经濒临倒闭的最危急的时刻，他也始终秉承经商的信义原则，绝不肯做坑害客户、隐匿私产、自毁名声的事情。他相信自己虽败不倒。胡雪岩当时面对艰难困境时曾经豪迈地说过："我是一双空手起来的，到头来仍旧一双空手，不输啥！不仅不输，吃过、用过、阔过，都是赚头。只要我还有一口气在，我照样能一双空手再翻过来。"这更是一种能成大事者的大自信。

当然，这并不是说只要有了自信就一定能够成功。在社会现实中，要成就一番事业，要取得成功需要许多方面的条件，比如天时、地利、人和等。但不可否认，自信——非凡的自信是决定一个人能否成就大事业的关键。我们难以想象，一个自信心缺乏，自己都不相信自己能力的人能够做出什么大事。

胡雪岩认为，古往今来，凡想成大事、能成大事者，都必然具有一种大自信。所谓"当今之世，舍我其谁"，所谓"天生我材必有用"，所谓"会当击水三千里，自信人生二百年"……这些展示的都是成功者超凡的自信与豪迈胸怀。

我们难以想象一个自信心极为不足的人会成为生活、事业上的强者。唯能自信，才能有知难而进的非凡斗志和英雄气概，才能有临渊不惊、临危不惧的英雄本色。我们可以做一个假设，如果胡雪岩对自己的能力没有信心，他就发现不了王有龄这个人才，他就不会去救助落魄公子王有龄，他也许根本就不会想到自己也能开钱庄，如果只能在信和钱庄做一辈子伙计，那他哪里还会有后来的巨大成功？

一个人活在世上，在为人处世方面显得自信，才能让人佩服。这是胡雪岩要做一流商贾的性格特点。

萧伯纳说："有自信心的人，可以化渺小为伟大，化平凡为神圣。"人生中的坚韧、进取、勇敢、耐心、恒心、克服困难、战胜危险等等一切美德，都产生于自信心。

自信度的不同，会带来不一样的人生。普通平凡的人，就是在于他们的自信心不如人和自信心不能胜人。成功者就在于自信心超越人和自信一定要胜人，自强不息，奋斗不止。所以，在人生的征途中，要想获得最终的胜利，就要有超人的自信心。相信自己并不懈奋斗的人，便永远没有所谓的失败。

当我们的心中充满坚毅、勇气和信心时，那些束缚、限制我们提升自我的因素将不复存在。

我们的生存状态并不能决定这一生的命运，真正决定我们命运的是自己内心是否充满了信心，是否对未来的生活充满了希望。当我们以乐观积极的态度面对自己的生存状态时，我们便开启了生命的原始动力。

我们每个人来到这个世界都是被动的，我们无法选择自己的肤色，就如同我们无法选择遗传基因中的聪明与愚笨一样，但我们可以选择的是对人生的心态。

在美国的纽约，有个黑色皮肤的小孩，望着小贩卖的气球，感到很纳闷，于是他就走过去问小贩："叔叔，为什么黑色气球跟其他颜色的气球一样也会升空呢？"

小贩不懂他的意思，就反问说："嘿，小朋友，你为什么要问这个问题？"

黑人小孩回答说："因为在我的印象里，黑人象征着穷、脏、乱和无知。我看到白种人、黄种人甚至印第安人都飞黄腾达，过着令人羡慕的生活，可是我从来没有看到一位黑人出人头地。所以当我看到红色气球、黄色气球、白色气球升空，我相信，可是我从来不相信黑色气球也会升空。我刚才真的看到了，它也能升空，所以我想来问问你。"

小贩理解他的意思后，说："啊，小朋友，气球能不能升空，问题并不在于它的颜色，而是里面是不是充满了氢气，只要充满了氢气，不管什么颜色的气球都能升空。人也是一样，一个人能不能成功跟他的肤色、性别、种族都没有关系，要看他是不是有勇气和智慧。"

正如这位小贩所说，有一天当我们心里充满了坚强、勇气、毅力这些重要的积极因素时，那些束缚我们飞升的限制就不复存在。当我们心里充满了悲哀、自卑等消极因素时，那些束缚就会真的束缚我们，使我们不但升不起来，还会不断沉沦。

心理学家威廉·詹姆斯说：“我这一生最大的发现。是觉察到人类若心灵意象改变，生活也会随之改变。”在生活中，我们每个人都应该有这样一种卓越的品质，即在经过许多失意事之后，还是满怀信心，毫不失望，认为将来一切自会好转。这种卓越的品质就是自信心。生活中那些性格软弱和事业上不成功的人的主要原因就是缺乏信心。信心具有令人难以置信的力量，信心能够激发我们的热情，促使我们付之行动。当你抱着“我确实能做到”的态度时，自然就会想出“如何去做”的方法。

美国第四十届总统罗纳德·里根曾经是一个演员，却立志要当总统。从22岁到54岁，罗纳德·里根从电台体育播音员到好莱坞电影明星，整个青年到中年的岁月都投身于文艺圈内，对于从政完全是陌生的，更没有什么经验可谈。这一现实几乎成为里根涉足政坛的一大拦路虎。然而，当机会来临，共和党内和保守派以及一些富豪们竭力怂恿他竞选加州州长时，里根毅然决定放弃大半辈子赖以为生的影视职业，决心开辟人生的新领域，有两件事树立了里根角逐政界的信心。

一件事是他受聘通用电气公司的电视节目主持人。为办好这个遍布全美各地的大型联合企业的电视节目，通过电视宣传，改变普遍存在的生产情绪低落的状况，里根不得不用心良苦，花大量时间巡回在各个分厂，同工人和管理人员广泛接触，这使得他有大量机会认识社会各界人士，全面了解社会的政治、经济情况。人们什么话都对他说，从工厂生产、职工收入、社会福利到政府与企业的关系、税收政策等。

里根了解这些现状后，通过节目主持人身份反映出来，立刻引起了强烈的共鸣。为此，该公司董事长曾意味深长地对里根说：“认真总结一下这方面的经验体会，然后身体力行地去做，将来必有收获。”这番话无疑为里根产生“弃影从政”的信心埋下了种子。

另一件事发生在他加入共和党后，为帮助保守派竞选议员，募集资金，里根利用演员身份在电视上发表了一篇题为《可供选择的时代》的演讲。因其出色的表演才能，大获成功。演讲完后立即募集了100万美元，以后又陆续收到不少捐款，总数达600万美元。《纽约时报》称之为美国竞选史上筹款最多的一篇演说。里根一夜之间成为共和党保守派心目中的代言人，声誉日渐高涨。

这时候，传来更令人振奋的消息，里根在好莱坞的好友乔治·墨菲，这个地道的电影明星，与担任过肯尼迪和约翰逊总统新闻秘书的老牌政治家塞林格竞选加州议员。在政治实力悬殊巨大的情况下，乔治·墨菲凭着38年的舞台银幕经验，唤起了早已熟悉他形象的老观众们的巨大热情，意外地大获全胜。

原来，演员的经历不但不是从政的障碍，而且如果运用得当，还会为争夺选票赢得民众发挥作用。里根发现了这一秘密，便首先从塑造形象上下功夫，充分利用自己的优势吸引了众多选民。有人说里根运气极佳，其实，里根的“运气”通常都是他信心坚定的结果。

当然，信心毕竟只是一种自我激励的精神力量，如果离开了自己所具有的条件，信心也就失去了依托，难以变希望为现实。大凡想有所作为的人，都须脚踏实地，认真地做好每一件事才有成功的希望。正如里根要改变自己的生活道路，并非突发奇想，而是与他的知识、能力、经历、胆识分不开的。

信心对于立志成功者具有重要意义，信心的力量往往起着决定性的作用，要想事业有成，就必须拥有无坚不摧的信心。人一旦拥有这种信心，并经由自我暗示和潜意识的激发后，这种信心便会转化为一种"积极的感情"。它能够激发潜意识释放出无穷的热情、精力和智慧，进而帮助其获得巨大的财富与事业上的成就。

所以，有人把"信心"比喻为一个人心理建筑的工程师。在现实生活中，信心一旦与思考结合，就能激发潜意识来激励人们表现出无限的智慧和力量，使每个人的欲望所求转化为物质、事业等方面的有形价值。

生活不会辜负你的期待

美国著名女明星卡罗·伯娜蒂从小妈妈和外婆都叫她"可怜的伯娜蒂。"她不仅身材瘦削，而且长着一张难看的瘪嘴唇，几乎没有下巴。丑陋、阴沉、寡言，就是她在洛杉矶度过的童年时代给人的印象。伯娜蒂一直在心中问自己："难道在我身上真的没有一点可用于创造自己美好人生的某些天才素质了吗？"

有一个声音一直在她的心底轻轻说道："有的，有的！"

虽然她并不知道这究竟会是什么天才，但她仍去洛杉矶大学报了名。读大学在当时是件并不容易的事。伯娜蒂家从来没有很多钱，爸爸和妈妈离了婚，爸爸经常来看她，每次来就给一二美元。自爸爸离家后，妈妈与外婆之间老是不和，她们经常为了钱，为了家里少这缺那而发生争吵。最后，妈妈也像爸爸一样开始喝酒。

在伯娜蒂的少年时代，她经常去电影院看电影，平均每周几乎要看三场。有许多电影她反复看了两三遍。到周末她就与一些好朋友一起去看电影，回家后，就一起排演刚看过的电影片段。有时当伯娜蒂一人在家时，她就打开收音机在房内跳舞，她常常从沙发上跳到床上，从床上跳到桌子上，一直跳到有人来为止。只有在这时，她才感到自己是一个有生气的人。

当洛杉矶大学接纳她后，伯娜蒂才发现，他们并没按她的愿望让她读新闻专业。当她打开课程表时，发现自己被分在"T"班——戏剧艺术系。天哪，她简直要疯了：他们一见我那不雅观的面容不要笑我吗？虽然伯娜蒂清楚，不能将这件事告诉妈妈和外婆，但她还是办了入学手续。

那一年，伯娜蒂努力试演每一个供学习用的独幕剧，最后她在一个26分钟的喜剧中扮演了一个乡村妇女的角色。此时，她仍然没有勇气将她正在追求的事业告诉妈妈和外婆，所以，她也没叫她们来看自己的演出。

开演的那个晚上，伯娜蒂很紧张。但是，一出场满堂笑声一下子就使她感到不紧张了。心中充满激动和受欢迎感，她感到在自己的胸中开始产生一种好的感觉，一种温暖感，这种感觉传到她的心中。她一直沉浸在兴奋与激动中，没有任何人在意她是否漂亮、是否可爱、是否富有，这些都成了无关紧要的事情。

在进入大学的第三年，伯娜蒂与一个叫多恩·塞劳扬的同学恋爱了。他们在一起谈论的所有打算就是怎么去纽约、去百老汇。伯娜蒂的理想是能在乔奇·阿伯特导演的音乐喜剧中担任角色。就在这时，他们被邀请参加一次豪华的社交聚会。节目演完后，伯娜蒂来到餐品柜台前，正当她急匆匆叉起几块诱人的小甜饼放入自己的手提包，准备带回家给妈妈和外婆吃时，一只大手从背后搭到她肩上，啊！天哪，她被抓住了！

伯娜蒂转过身来，看到了一位矮胖的、大约50岁开外、穿着黑色夜礼服的男子，在他旁边还站着一个妇人，两人都向她微笑着。当她悄悄拉上手提包时，多恩也过来了。有人把他俩介绍给了C先生和C夫人。

“我们很欣赏你们的演出”,C先生说,“这是不是你们喜欢终身从事的事业呢?”

“是的,我是这样想的。”伯娜蒂回答道。

“很好,然而,你们为什么还不是一个职业演员呢?”

多恩抢着回答说:“所有的歌剧院都在纽约。”

“那么,就到纽约去吗!”

“也许有一天我们会去的。”伯娜蒂说。

“现在就去!为什么你们现在不去呢?”

伯娜蒂盯着他说:“钱!没钱!”

他指着自己的胸脯说:“看我,当我踏上社会时身无分文,现在我已拥有大量财产!去纽约你们需要多少钱?”

“噢,起码要1000元钱。”这时伯娜蒂已有些疲倦了,正打算回家。

“好,我给你们,”C先生说,“下星期来看我,我给你们钱。”

在回家的路上,伯娜蒂和多恩一直在猜想C先生的话究竟是什么意思,是不是他喝多了香槟?

第二个星期一,他们如约来到C先生住处。当伯娜蒂他们进入C先生的办公室时,他正坐在一个巨大的办公桌后面。

屋内很安静,她坐立不安地坐在椅子里。C先生问他们:“是什么使你们认为在纽约能成功?”

“我不是认为我能成功,而是知道我一定能成功。”说完这句话,伯娜蒂对自己会这么胆大妄为地说出这句话也感到惊异。

“好,这是一个艰苦的职业。但是,你的自信让人相信你一定能成功。”他说,“我打算借给你们每人1000元。你们可以在5年内还我,不计利息。”

他给他们每人一张支票。在伯娜蒂的生活中,她从没见到过这么多的钱。当他们起身告辞时,一再向他道谢。

1954年,伯娜蒂来到纽约,被选任排演俱乐部总管。于是她就召开了一次俱乐部成员会议,她一下成了一个被人重视的人物。

1955年3月3日,是伯娜蒂首次在纽约公演的日子。那晚,剧院里坐满了许多大人物。

当演出即将开始,剧场灯光渐渐暗下去时,伯娜蒂感到自己快要停止呼吸了。心想:就这次机会了,如果我的演出不能赢得他们的喜爱,我将就此退出舞台。上帝,请帮助我!她演唱的是一首性感的、有趣的通俗歌曲,它是由埃赛·凯蒂在百老汇唱红的,描述一个困倦奢侈而热烈向往新生活的少妇心态的歌。

纽约的观众非常熟悉这首歌。那天伯娜蒂脚穿一双邋遢的平底鞋,头戴一顶卷发头套,身穿一身从旧货店买来的那种不修边幅的女人穿的旧衣服。演出非常成功,赢得全场的喝彩声,她一连几次出台谢幕。

那次演出后,事情进展十分迅速,纽约北部地区与伯娜蒂签订了歌唱喜剧的演出合同,波尔·威查尔电视台给她一个演员职位,格雷·摩电视台聘请她担任客串演员。1959年5月,伯娜蒂来百老汇的梦想终于实现——她成了乔奇·阿伯特导演的一个歌唱喜剧的主角。这出戏成了百老汇最引人注目的一出戏。

伯娜蒂的经历让我们明白,只要你自己有信心,并愿意为理想付出努力,积极为自己寻找机会,生活就不会辜负你的期待。

看重自己的价值

要让自己充分发展,进行全面准确的个人评价是非常必要的,记住:在很大程度上,你可以掌握自己的命运,决定自己的价值!

善待自己,看重自己是以认识自己为前提的,而要充分认识自己的价值就要首先了解自己所处的环境。

有一天,一位禅师为了启发他的门徒,给了他的徒弟一块石头,叫他去菜市场,并且试着卖掉它。这块石头很大,很好看。但师父说:"不要真的卖掉它,只是试着卖掉它。注意观察,多问一些人,然后只要告诉我在菜市场它最多能卖多少钱。"这个门徒去了。在菜市场,许多人看着石头想:它可以做很好的小摆件,我们的孩子可以玩,或者我们可以把这当作称菜用的秤砣。于是他们出了价,但只不过是几个小硬币。那个人回来后说:"它最多只能卖到几个硬币。"

师父说:"现在你去黄金市场,问问那儿的人。但是不要卖掉它,只问问价。"从黄金市场回来,这个门徒高兴地说:"这些人太棒了,他们乐意出到1000元钱。"师父说:"现在你去珠宝商那儿,问问他们,但不要卖掉它。"他去了珠宝商那里,他们竟然愿意出5万元钱。他不愿意卖,他们继续抬高价格——出到10万元。但是这个门徒说:"我不打算卖掉它。"他们说:"我们出20万元、30万元,或者你要多少就多少,只要你卖!"这个门徒说:"我不能卖,我只是问问价。"他不能相信:"这些人疯了!"

他回来了,师父拿回石头说:"我们不打算卖它,不过现在你应该明白,我之所以让你这样做,主要是想培养和锻炼你充分认识自我价值的能力和对事物的理解力。如果你生活在蔬菜市场,那么你只有那个市场的理解力,你就永远不会认识更高的价值。"

你了解自己的价值吗?不要在蔬菜市场上寻找你的价值,为了"卖个好价",你必须让人把你当成宝石看待。

下面是几个帮助衡量你真正价值的办法:

(1)了解你的五个主要的长处。请几个客观的朋友来帮助寻找优点,他们将给予你真实的看法(最常见的优点多与教育、经验、技术、长相、和谐的家庭生活、态度、性格和主动性等有关)。

(2)在每个优点之下,写下三个人的名字,而这三个都是你认识的,已取得极大成功的人;但在这几个方面,他们却比不上你做得好。

(3)把自己当作世界上最重要的人,认清自己的重要性。你必须明白,当你了解自己是世界上最重要的人时,那并非自大。当你排除掉生活中琐碎无关的事,而为你内心的"我"给予应得的关注时,并非是自负或是自私。

对于"看重自己"这句话,你不该解释成自我崇拜。那是全神贯注于自己,而将别人排除的自我迷恋。你只需顺着可能发展的方向,耐心地做你自己的工作,使自己成长,并且接受你的成长——因为你是重要的。

当你每天不断地尝试、努力时,会再度激发你诚挚的热情,加强你的自信,进而接纳你自己,使你与自己更接近时,你得到了什么?你得到的是:看重自己。

全面培养自信心

具有强烈自信心的人,是生活中的幸运者。因为他们从小养成了一种良好的自信的心理习惯。这种心理习惯,使他们能充分相信自己,能够承受各种考验、挫折和失败,敢于去争取最后的胜利。这种自信心,使他们一辈子受用不尽。

一般来说,自信心的获得,与下列几种因素相关:

从小在家庭中受到父辈的表扬、肯定、赞许较多;

在学校中受到老师的表扬与鼓励较多;

在单位受到领导或上司的信任和器重;

在社交场合中受人尊重和喜爱;

有亲人、朋友和同事的支持和劝勉;

受到自己喜爱的好书或偶像的激励和鞭策;

在生活道路上所受的挫折较少,个人成长比较顺利;

受到了良好的教育,心理素质较高;等等。

当然,缺乏自信也是一种心理习惯,它就和其他习惯一样,是后天养成的,是可以通过长时间的努力而加以改变的。

爱默生曾经指出:“习惯是一个人思想和行为的支配者”。休谟也说:“习惯是人类生活最有力的向导”。起初是我们形成习惯,可是到后来,却是习惯支配我们的思想和行动。习惯可以在不知不觉中形成,也可以有意识、有目的地培养。特别是好习惯,大多是在有意识的训练中培养出来的。因此,一个不愿意虚掷生命的人,是会有意识、有步骤地培养自己的自信心,克服自卑感的。

那么,该怎样才能培养自信心呢?下面是几条简单而行之有效的方法:

(1)在心灵深处,对自己的未来发展,要形成一个稳定、恒久的远景目标和规划。牢牢地把握这一目标,切不可让它消失。你要在精神中寻求,使这一目标更加明晰。决不要把自己想象为一个失败者,决不要怀疑你的目标的实现。那是最危险的思想。因为你的精神一直在为你的目标的实现而努力。所以,不管当下的情况是如何的糟糕,你都只能设想“成功”。

(2)无论何时何地,只要影响你的消极思想一产生,理性的声音、积极的思想就应立即把它驱逐出去。

(3)在想象中,不要设置任何障碍物。要藐视任何一个所谓的障碍,把它们减少到最低限度。对困难一定要经过研究,采取切实有效的办法把它们克服。但是,只有当困难确实存在的时候才能考虑对策。千万不要因为畏难心理过高地估计它们。

(4)不要因为敬畏别人而模仿别人。伟人们伟大那是因为你自己跪着。记住:大多数的人虽然表现出自信,但他们也经常像你一样感到恐惧,对自己表示怀疑。

(5)找最了解你的朋友,让他帮助你找出你做错事的原因。了解你自卑和信心不足的根源,它们往往是从孩童时代开始的。认识自我是一条很重要的线索。

(6)正确地估价自己的力量,然后,把它提高10%。不要变成一个自我中心主义者,但是要保持应有的自尊。

信心是一种心理状态,可以用成功暗示法去诱导出来。对你的潜意识重复地灌输正面和肯定的语气,是发展自信心最快的方式。如果我们用一些正面的、肯定的、自信的语言反复暗示和灌输给我们的潜意识,那么,这些东西就会在我们的潜意识中牢牢扎根,发展为我们的自信心。

Sunshine

第五章

积极乐观，凡事要往好处想

乐观心态对人就像太阳对植物一样重要，乐观就是心中的太阳，这种心灵中的阳光构筑生命、美丽，促进它范围所及的一切事情的发展。我们的心灵能在这种阳光的照射下茁壮成长，正如花草树木在太阳照射下茁壮成长一样。

打开心门，让阳光照进来

英国哲学家培根在论生活与智慧关系的时候说："生活是智慧的源泉，生活让智慧充满了绚丽的光芒。人类的智慧都隐藏在生活的门后，智慧经常会破门而入，给生活以意外的惊喜……大自然给了我们每个人一扇门，一扇神奇的门。有时，只要我们轻轻一转，就可以全面感受生活与智慧：感受智慧的美丽，感受生活的可爱。"

1. 打开心门

打开心灵的门，呈现在我们眼前的将是一个纷繁美丽的世界。

用一颗美好的心灵去看待世界，时刻保持一种乐观的精神去面对人生，多一份自信，少一份自卑与失望。

用美好的心灵去看世界，总是用乐观的态度面对生活，多一份感激，少一份抱怨。

用美好的心灵看世界，总是用顽强的意志面对困难和挫折，多一份勇气，少一份怯懦。

用美好的心灵看世界，总是寻找别人最好的东西，多一份肯定，少一份挑剔。

曾经有一个人，每到晚上都会做一个梦，他梦见自己走在很长的走廊里，在他走到尽头的时候，出现了一道门，看见门他就全身发抖，直冒冷汗，但他一直不敢打开这扇门。就这样，20 年来他每晚一直都在做着同样的梦，他也找心理医师治疗了 20 年，但一直没能解决问题，后来他换了心理医师，也把梦的情形跟医师说了个明白。

医师在听完后觉得很奇怪，就跟他说："你为什么不把门打开看看呢？最多只是一死而已嘛！"这人想了想医师所说的话，觉得不无道理，因此，当晚就在梦中他便鼓起勇气把门给一下推开了。

隔天，他去找心理医师，医师问他："门打开了吗？"

这个人点点头回答："打开了。"

医师问："结果门后有什么呢？"

他说："打开门后，呈现在眼前的是一片绿油油的柔软草地，有灿烂的阳光，还有耀眼的蝴蝶在飞舞。"

实际上，在我们平时的生活当中有许多像这样的人，他们总是不敢打开生活的心灵之门，因为怕打开，所以，也就常常缩在幸福之门外不敢面对。

打开你的心灵之门吧！把自己的烦恼告诉你值得信赖或者有能力帮助你的人，让他（她）来开导你。人人都会遭遇到烦恼，关键是看你如何去面对。我们要少为小事而烦恼，多为目标而努力。我们就像是在大海上航行的帆船，海浪就像是我们在航行过程中所遇到的重重困难，我们必须要勇敢地战胜困难，奋力地冲向大海的彼岸。

我们要培养正确的人生观与处世态度，发展自身的真实能力，能够清楚地认识自己、了解自己，学会克服生活中的烦恼之事，能够调节或者控制自己的情绪，控制自己的冲动行为，培养对困难和挫折的耐受能力。

2. 打开心灵之窗，享受生命阳光

如果一栋房子没有窗户，温暖的太阳也就根本没法照射进来，新鲜的空气也不能飘散进来。

对于人也是这样，心窗没有打开的时候，你就会感到气闷；一旦心窗打开了，心才能够通达，心灵的视觉才更清晰。

一旦窗户打开了，心灵的空间也就豁然开朗，对于一些事情也自然看得更加透彻，这时你的生命就充满了快乐，生命就有了意义，你就会觉得上帝给了你一件最难得的礼物——生命。为了报恩，你会珍惜自身的生命，热爱健康，在漫漫的生命长河之中就会发现幸福、快乐、热情和友爱。

人，总是为了追求名与利、权与势而不辞劳苦，追求私欲而不会感到满足，追求情爱而缠绵不尽，而这些又会使人万般痛苦而陷入不能自拔的地步。如果人人都能打开心窗，那么，所有的烦恼、所有的痛苦就会烟消云散，生命就会充满阳光、就会灿烂辉煌。

3. 拥有美好的心境

著名作家蒙田曾经说过这样一句话：“这个世界永远不可能完美，但我们的心灵世界却可以变得完美。”

在我们平时的生活当中，很多人都想拥有一个比较美好的心境。对此如何才能做到呢？其实你一旦抛弃了一切无谓的繁忙琐事，打开心灵之窗，拥有一个好心境根本就不是一件困难的事情。人的心灵，是一座能够绽放百花的花园，只要你细心地去养护它们，自然就会开出美丽的花，从而香气四溢。

因此，我们每个人都应该培养出一种平凡人的心境。在平凡的生活中，靠一日三餐而好好地活着，然后扮演好凡人的角色，就像一棵草、一朵花，它们才是最坦然、最朴实的一种生存。在现实生活中，我们有太多的时候是在为别人而活着，痛苦地活在别人的目光当中，活得实在太累，从而使自己的心境变得暗淡无光。记得有一位哲人曾经说过：“生活原本就像一杯清水，你给它洒一勺糖，它就是甜的；你若给它放一把盐，它就是咸的，甚至变苦。人生就是一个调味瓶，有千万种的滋味，全由你自己调理。”诚然，人要学会坦然地面对生活，活出自己的忠诚、善良、激情、潇洒……只有做到这样，才是一种从容、一种完美。

打开你心灵的窗户吧，相信你看到的将不只是一片云、一只鸟……而是一个完美的心灵世界。

一个被称为20世纪大奇人的女孩——海伦·凯勒，双目失明两耳失聪，生活是如此地捉弄着她，可是生活也替人间创造了一个天使。树林里、大海边、高山之巅处处可寻她的身影。她用自己的心灵与自然进行一次次的对话，她打开心窗，放进了鸟语花香，放进了几千年的文明与思考。而当今社会有一些人虽四肢健全却过着庸俗灰暗的生活。

懂得打开心窗的人，是真正有所作为的人。

一个人的成功不能只依靠自己出众的头脑，因为对于一个人来说重要的不是智商，而是情商。一位成功的领导者必然要求有良好的情绪和品格，这很重要。然而却不知道曾经有多少位成功人士蜷缩于名利之后，又有多少位成功人士因为自私、麻木、冷漠的原因而不能够将财富转化为真正有价值的东西。

懂得打开心窗的人，是逆境的胜出者。

在这个世界上，街边时常会有流浪的人，他们有体力、有头脑却为什么不能自食其力？其实当你看看他们浑浊的眼睛就明白了——又一个绝望之神的俘虏。而有些人在心中留下的却是阳光，周围纵使是无边的黑暗与寒冷，他的世界也是明媚而温暖的，如同北极考察队员那样依靠着对日后的美丽与憧憬从而度过了一个又一个困难与无边黑夜。

我们自己是生活的主人，如果我们把自己放在框框里面，那么我们便变成了“囚”，一个所谓不懂得爱与希望的囚犯。

一个人在世上，难免会遇到一些不幸的事，如果你不懂得如何去避免，如何去解决的话，那么你就一定会遭受无数次的伤害。这时的你可能会想到“逃”，不过，这样做有用吗？这样只会使你的心灵伤得更重。那么，就请打开你的心灵之窗吧！用一点冷静，用一点智慧来解决你眼前所遭遇的种种不幸，这样你就会感到生活是如此的充实。

曾有人说：“生得漂亮，长得白净，这就是美。”然而对于这种美只是外在的表现，是非常有限的，你不应该仅仅为你的外表高兴自豪，你更应该去寻求你的内在美，一种永恒的美，一种现代人都向往与追求的美，只有这样的美才能够使你真正感到无比的高兴与自豪。

你被困难吓倒过吗？通常在现实中生活的人常常会被困难所吓倒，遇到困难就想着如何去逃避。打开你的心灵之窗！用一点胆量，用一点毅力，去面对生活，去面对现实，这样会使你变得更加坚强。

用乐观战胜忧郁

我们生活在这个社会上，不可避免地要为某些事情担心和忧虑，或者为孩子的成绩发愁，或者为家人的健康担忧，我们身边总有很多烦心事。这些烦心的事情困扰着我们，给我们的生活带来很多不愉快，而且还影响了我们身体的健康。那么，应该怎么样才能消除这些忧虑呢？

威廉·孟恩太太，通过思考怎样才能让别人高兴，治好了她的忧郁症。五年前，威廉·孟恩太太正沉溺于悲伤而自怜的情绪中。孟恩太太在丈夫去世后，心情就一直郁闷。当圣诞节快来临的时候，她的伤感愈发沉重起来。以前的圣诞节都是和丈夫一起度过的，她真怕这次圣诞节的来临。

很多朋友请她和他们一起过圣诞，可是她一点也不觉得高兴。威廉·孟恩太太觉得不管在哪一个宴会上她都是一个让人讨厌的人，所以她拒绝了许多很友好的邀请。快到圣诞夜的时候，她就愈觉得可怜自己。

圣诞节的前一天，她下午三点就离开了办公室，开始无聊地在第五街上走着，希望可以治好自己的自怜和忧郁。大街上挤满了开心的人群，这些景象使她回忆起那些已经流逝的欢乐岁月。一想到要回到那个又孤单又空虚的公寓，她就受不了。她感到非常迷惑，不知道该怎么办，忍不住流下眼泪。

漫无目的地走了大约一个钟头之后，她发现自己站在公共汽车站前。这又使她想起以前常常和丈夫随意搭上一部公共汽车，只是为了好玩。于是，她就走上靠站的第一辆公共汽车。当车子过了赫德孙河，又走了一阵之后，她听到司机说：“终点站到了，太太。”威廉·孟恩太太下了车，不知道这个小镇叫什么名字。这是一个很安静的小地方，她走到住宅区的一条街上，走过一座教堂，听见里面传来“平安夜”的美丽曲调。

她走了进去，教堂里空空的，只有一个弹风琴的人。她偷偷地坐在一张椅子上。装饰得非常漂亮的圣诞树上的灯光，使整棵树看起来像很多星星在月光下舞蹈。由于从早上起就一直没有吃东西，使她觉得头脑发昏，结果就昏然地睡了过去。

醒来的时候，她不知道自己身在何处。看见站在面前的两个孩子，显然是进来看圣诞树的，其中之一是个小女孩，正指着威廉·孟恩太太说："不知道是不是圣诞老人把她带来的。"当威廉·孟恩太太醒过来的时候，那两个孩子也吓坏了。他们的衣服很寒酸，威廉·孟恩太太问他们的父母在哪里？他俩说没有妈妈，也没有爸爸。原来是两个小孤儿，而且比威廉·孟恩太太以前所见过的境况更差得很多。他们使威廉·孟恩太太对自己的忧伤和自怜感到惭愧起来。于是，威廉·孟恩太太带他们去看了那棵圣诞树，然后带他们到一个小饮食店去吃了一点点心，再为他们买了一些礼物。威廉·孟恩太太的孤寂变魔术般地消失了。这两个孤儿为她带来几个月都不曾体验过的真正快乐和忘我。

当威廉·孟恩太太和他们聊天的时候，才发现自己一直非常幸运：她感谢上帝，因为她童年时的圣诞节都充满欢乐，充满了父母对她的爱和照顾。而这两个小孤儿带给她的远比威廉·孟恩太太带给他们的多得多。

从此以后，威廉·孟恩太太摆脱了忧虑的心情。她从帮助别人中找到了快乐。她认为，只有帮助别人并付出自己的爱，才能克服忧虑、悲伤以及自怜。

生活中，我们遇到的磕磕绊绊太多了，又没有可以倾诉的地方。不管是事业、爱情、家庭，还是朋友、亲戚、陌生人甚或是自己的身体，随时都有可能带给我们痛苦，如果我们一直忧郁着，我们就会离快乐远去，与幸福绝缘。

洛克菲勒早在23岁的时候就全心全意追求他的目标。除了生意上的好消息以外，没有任何事情能令他展颜欢笑。当他做成一笔生意，赚到一大笔钱时，他会高兴地把帽子摔到地上，痛痛快快地跳起舞来。但如果失败了，那他会随之病倒。

就在他的事业达到顶峰之时，许多报刊和文章却公开谴责"标准石油公司"那种不择手段致富的财阀行为和铁路公司之间的秘密回扣，无情地压倒任何竞争者。

在宾夕法尼亚州，当地人们最痛恨的就是洛克菲勒。被他打败的竞争者，将他的人像吊在树上泄恨。充满火药味的信件如雪花般涌进他的办公室，威胁要取他的性命。他雇用了许多保镖，防止遭敌人杀害。他试图忽视这些仇视怒潮，他有一次曾以讽刺的口吻说："你尽管踢我、骂我，但我还是按照我自己的方式行事。"

但他最后还是发现自己毕竟也是凡人，无法忍受人们对他的仇视，也受不了忧虑的侵蚀。他的身体开始不行了。疾病从内部向他发动攻击，令他措手不及，疑惑不安。

起初，他试图对自己偶尔的不适保持秘密。但是，失眠、消化不良、掉头发的症状却是无法隐瞒的。最后，他的医生把实情坦白地告诉了他：他只有两种选择，一是财富和烦恼；二是性命。医生警告他：必须在退休和死亡之间做一个选择。

他选择了退休。但在退休之前，烦恼、贪婪、恐惧已彻底破坏了他的健康。后来，洛克菲勒考虑把数百万的金钱捐出去。但是有时候，做一件好事也并不容易。当他向一座教堂捐赠时，全国各地的传教士齐声发出反对的怒吼："腐败的金钱！"当他获知密西根湖湖岸的一家学院因为抵押权而被迫关闭时，他立刻展开援助行动，捐出数百万美元去援助那家学院，将它建设成为目前举世闻名的芝加哥大学。他也尽力帮助黑人，像塔斯基吉黑人大学，需要基金来完成黑人教育家华盛顿·卡文的志愿，他也毫不迟疑地捐出巨款。最后，他又进一步地采取行动，成立了一个庞大的国际性基金会——洛克菲勒基金会，致力于消灭全世界各地的疾病、文盲及无知。

洛克菲勒在帮助他人的过程中，心理上得到了安慰。渐渐摆脱了忧虑。

萧伯纳说:“让人愁苦的秘诀就是,有空闲时间来想想自己到底快乐不快乐。”

在图书馆、实验室从事研究工作的人,很少有人因忧虑而精神崩溃,因为他们没有时间去享受忧虑这种“奢侈”;在烈日炎炎之下劳动的人们也没有时间忧虑……

遇到忧虑,不去想它,让自己忙碌起来,你的血液循环就会加速,你的思想就会开始变得敏锐。让自己一直忙着,这是世界上治疗忧虑的最便宜的一种药,也是最有效的一种药。

让我们用乐观的心态去点燃这个世界上信任与安全感的明灯,使得“健康、平安、喜乐”常驻人心,让恐惧与忧郁远离我们,愿阳光灿烂般的微笑,成为人们脸上永远抹不去的标记。

守住乐观的心境

心理学家普遍认为:“正确地引导人们多从正面积极的观点思考问题,有助于预防一些精神疾病。”因为乐观能使人幸福、健康,容易取得成功;相反,悲观常导致绝望、病态及失败,悲观常常和沮丧、孤独连在一起。

不论是天才还是普通人,在朝自己的梦想奋斗的过程中总会遇到各种各样的挫折,在这个时候,各种类型的人的表现各有不同。悲观的人会垂头丧气,自叹时运不济,丧失了继续努力的勇气;虚荣的人则不承认现实,借口自己遇到了各种客观上的阻碍;狂热分子们对此会毫不在乎,并不把它看作失败,以更大的疯狂劲头采取同样的方法再次向导致失败的地方发起冲击。

只有乐观的人能冷静、客观地面对挫折。他们会认真分析失败的原因,探索新的方法,只要是能够战胜的困难,他们绝不回避。如果面对的是以一己之力无法战胜或即便取胜了也得不偿失的障碍,他们会考虑其他更有利于自己发展的方法。总之,在乐观的心境下,任何苦难和挫败,都不会使他们失去信心,相反会成为他们走向成功的奠基石。

乐观的人面对现实的态度是冷静的、客观的、主动的,他们从不否认事实,也不追求虚荣,而是脚踏实地。

乐观的人并不如人们认为的那样好高骛远,不切实际。事实上,他们能够正确面对自己的处境,能够看到现实中不利的因素,并且知道自己的弱点和优势。他们同别人的不同,就在于有着长远的目标,相信自己能达到目标,因此他们总是信心百倍,付出所有的精力来追求目标。

乐观的人大都有较好的人缘,他们善于处理各种复杂的人际关系,不管对方是什么个性的人,他们总能看到别人的长处,设法利用这些长处,让这些人体会到自身的价值,从而努力为他们工作。所以在大家共同的努力之下,他们能更快地达到自己的目标。同样他们对身边的人的看法同样是积极的、信任的,因而乐于同别人交朋友。所以即使是悲观的人,在乐观的人身边久了,也会因为他们乐观的个性受到鼓励、因为受到他们持续不断的鼓舞而改变个性,变成一个奋发向上的人。

乐观的人具有一种巨大的感召力,他们昂扬的斗志、乐观的个性、永不止息的精神,会鼓舞、带领着每一个人向前走,达到人生的梦想之地。因而,乐观的人人缘很好,不论什么时候,身边总有同他们一样志向远大的人们帮助他、激励他。

同时,乐观的人是最无私的人,他们不仅努力实现自己的理想,还尽力鼓励、帮助他人走向成功。他们的目光所及,并不只是自己的狭小天地。他们比常人更关注大众的事,并且坚信未来是大家的，每个人都应该发挥自己的力量。只有保持乐观，才会对人生充满信心，才能在通往成功的人生之路保持高昂的士气。

乐观的人有一颗旷达、欢畅、幸福、安详的心。世界上并没有真正的天堂或地狱，天堂和地狱只不过是人的内心投射或想象的结果。人生的幸福、快乐与否，往往并不完全取决于现实的世界，而是在一定程度上取决于我们对世界的看法。

乐观能使人幸福、健康，乐观是战胜挫折走向成功的强大武器，要想做一个成功人士，首先要做一个乐观的人。所谓乐观，指的就是一种积极的处世心态，是以接纳、豁达、宽容、愉悦和平常的心态去看待周边的现实世界。这种生活态度主张把人生感受与人的生存状态区别开来，认为人生是一种体验，是一种心理感受。即使人的生存状态一时难以改变，人也可以通过他们的精神力量去调节他们的心理感受。换言之，人的生存质量往往是主观心态的投射。它说明，人的生活并非是一种无奈，而是可以由自身主观努力去把握和调控的。

当代著名成功学大师卡耐基认为：如果你的思想乐观，你的生活必然充满快乐；如果你心存悲观，你就会认为事事悲惨；如果你觉得恐惧，就会感到鬼魅在身旁窥伺；如果你老觉得身体不舒服，就会致病；如果你认为事情不能成功，则必定失败；如果你陷于自怜状态，必定会被亲友疏离。所以，当我们被坏情绪缠绕的时候，不要怨天尤人，而是要尽快地调整我们的心态，调整我们的心灵镜头焦点。

生活中，我们不可避免地会遇到种种消极情绪的困扰，有时甚至是恶劣情绪。既然人活的就是一种心境，那就需要调制、创造和保持快乐的情绪。情绪也好、心境也罢，都是通过主体的心理作用或精神力量创造出来的。面对消极情绪的入侵或不期而至，最大限度地降低消极情绪的危害，缩短消极情绪在我们心中驻留的时间，或者升华情绪的性质，有赖于乐观的人生态度和爽朗的精神世界。

以乐观的态度生活

有一位哲人曾说：“假使你每天担忧一回，那么一生便要损失好几年。有什么能改善的，那么就尽力而为之。锻炼你自己，不要忧愁，因为忧愁于事无补。”的确，忧愁只是白白浪费我们的时间而已，如同把许多好东西扔掉一样。然而，忧愁还是像“魔鬼”一样附在许多人身上，使他们寝食难安，终日闷闷不乐，但这些人却总是习惯于把自己的不快乐甚至是痛苦看作是命运对自己的不公平，却从没反省过自己，这些痛苦和忧愁是他自找的，而不是外界强加在他身上的。

乐观本身就是一种成功，因为它表示你拥有健康的心灵，活得快乐潇洒，活得心安理得。

你的态度决定你的心情，影响你的健康，甚至改变你一生的际遇。选择乐观心态，凡事多往好处着想，使悲观与自己无缘，这是心理健康的前提，也是幸福人生的关键之一。

同一件事情，乐观者凡事往好处想，而悲观者凡事往坏处想，两者的结果是完全不同的。一次，电视转播音乐大师梅达的音乐会。梅达出场前被挂了一个花环。当他上台起劲地指挥乐队时，花瓣纷纷落到脚下。

“等他指挥完，”一位女士议论说，“他会站在一堆可爱的花瓣之中。”

“到完的时候，”男士有点忧伤，“他颈上只会挂着一道绳索。”

面对同样的事情，看法各不相同。显然，前者的乐观比后者的忧郁更容易让人奋进。

虽然生活中不尽如人意的事情很多，但是，我们仍应该以乐观的态度去看待，这样生活中就会少一分忧虑,多一分开心。

要是火柴在你的衣袋里着起来了,那你应当高兴,而且感谢上苍:多亏衣袋不是火药库。

要是有穷亲戚上门来找你,不要脸色发白,而要喜洋洋地叫道:“挺好,幸亏来的不是警察!”

要是你的手指头扎了一根刺,那你应当高兴:“挺好,多亏这根刺不是扎在眼睛里!”

如果你的妻子或者孩子练钢琴,不要发脾气,而要感激这份福气:你是在听音乐,而不是在听狼嗥或者猫的音乐会。

要是拔牙时,医生错拔了好牙而留下了坏牙,那你也应该高兴,幸亏他拔错的是一颗牙,而不是内脏器官。

挨了别人一顿棍子打,那就该庆幸:“我多运气,人家总算没有拿带刺的棒子打我!”

要是你正在走路,突然掉进一个泥坑,出来后你成了一个“泥”人,那你应该高兴,幸亏掉进的是泥坑,而不是的沼泽。

要是一个朋友也没有,那你也应该高兴,幸亏没有的是朋友,而不是自己。

依此类推……亲爱的朋友,按我们的建议去做吧,你的生活就会欢乐无穷了。你身边的世界也会跟着变成你所期望的模样。你可以达到成功的最高峰,也可以停顿在无望、悲惨的生活中,这都取决于你看问题的态度。

杰里是个饭店经理。他的心态总是很乐观。当有人问他近况如何时,他总是回答:“我快乐无比。”

如果哪位同事心态不好,他就会告诉对方怎么去选择事物的正面。他说:“每天早上,我一醒来就对自己说,杰里,你今天有两种选择,你可以选择心情愉快,也可以选择心情不好。我选择心情愉快。每次有坏事情发生,你可以选择成为一个受害者,也可以选择从中学些东西。我选择后者。人生就是选择。你要选择如何去面对各种处境。归根结底,你要自己选择如何面对人生。”

有一天,杰里忘记了关后门,被3个持枪的歹徒拦住了。歹徒朝他开了枪。

幸运的是事情发现得早,杰里被送进了急诊室。经过18个小时的抢救和几个星期的精心治疗,杰里出院了,只是仍有小部分弹片留在他体内。

6个月后,他的一位朋友见到了他。朋友问他近况如何,他说:“我快乐无比。想不想看看我的伤疤?”朋友看了伤疤,然后问当时他想了些什么。杰里答道:“当我躺在地上时,我对自己说有两个选择:一是死,一是活。我选择了活。医护人员都很好,他们告诉我我会好的。但在他们把我推进急诊室后,我从他们的眼中读到了‘他是个死人’。我知道我需要采取一些行动。”

“你采取了什么行动?”朋友问。

杰里说:“有个护士大声问我有没有对什么东西过敏。我马上回答:‘有的’。这时。所有的医生、护士都停下来等我说下去。我深深吸了一口气,然后大声吼道:‘子弹!’在一片大笑声中,我又说道:‘请把我当活人来医,而不是死人’。”杰里就这样活下来了。

这个故事要告诉我们的就是:人生充满了选择,当你选择积极的心态时,就是选择了光明的前程和美好的未来。

选定以乐观的态度生活,你就等于产生了一股永不止息的力量,朝着拥有成功的生涯,身心健康及其他生命中的财富迈进。

坦然接受自己

人生在世，坦然接受自己是至关重要的！你的一切，包括你的样子、你的财富、你的事业都只属于你自己，又何必在乎别人怎么想，怎么说呢？当然，这种事情说来容易，做起来可就难了。如果你的头脑里已经塞满了成千上万的偶像，又怎么会不在乎你的样子会像谁呢？有一点你必须记住：你只能像你自己，你也只能是你自己！

1. 贫穷并不可怕

要生存、要立足、要成器，不可能不与金钱打交道。现代社会，钱在相当程度上成了个人价值的证明。

有一位年轻人，因为家贫，大学毕业之后就下海经商。后来，他的弟弟不幸身染疾病，住进了医院。在花费了两三万元医药费之后，他弟弟身体康复了。医生说，有一些症状较他弟弟还轻的病人，因为没有钱及时治疗导致病情恶化。

这位年轻人非常感慨。他说，若是还处在过去那样的生活条件中，家里是万万拿不出这么多钱给弟弟治病的。可见钱可以发挥很大的功效，实在是不可缺少的。

是的，有了钱，每天不必为生计发愁，不必担心有了上顿没下顿。

有了钱，在身体不好的时候，可以花钱治病保健康，可以在明媚的阳光下奔跑、欢唱。

有了钱，可以以车代步，可以给至亲好友送上精美的生日礼物以表达情意，还可以与三五同好一起远足，游山玩水，寄情于山水之间。

有了钱，还可以拥有更多漂亮的衣服，可以使异性的目光在自己身上频频停留。

当然，也有金钱买不到的东西。金钱买不来到达真理彼岸、物我两忘的精神境界。金钱买不来手足亲情，买不来无私的爱心，买不来朋友间的和睦与和谐。金钱买不来愉悦豁达的心境，买不来发自内心的微笑，买不来孩童般澄澈的眼眸。

生活中种种至真至善至美的事物，都无法用金钱来做交易。贫穷并不可怕，但少了这些至真至善至美，人生会变得乏味枯燥。

因而，身处贫穷的我们，虽然对金钱十分需要，但也不能被金钱迷住了眼睛。

身处贫穷的我们，无须独自抱怨命运不公，更应该看看今日富裕的他人曾经走过的道路，寻找从贫穷中解脱自己的钥匙。

走过贫穷的日子，依然拥有乐观的心态，是一种难得的平常心。

其实，意外的财富并未给人们带来想象中的快乐。一个美国家庭原本谈不上富裕，但夫妻相亲相爱。后来他们购买的彩票中了头奖，凭空得到一笔巨额奖金。丈夫想从此结束工作，妻子则坚持一如既往地生活。金钱破坏了家庭的和谐，一对夫妻从此劳燕分飞。拥有了一大笔钱的丈夫可以寻找新的伴侣，可他总是担心别人冲着他的钱而来。他并没有得到想象中的快乐，反而整天守着一大堆金钱发愁。

记住：贫穷并不可怕，可怕的是世人为了摆脱贫穷而不停地奔波忙碌，从而丢失了生命中最美好的东西！

2. 勿因外表丑陋而苦恼

容貌，是与生俱来的，是父母给的。有的人漂亮，有的人丑陋，也有的人既不美丽，也不丑陋，属于平平常常的那种。

一个人的容貌本来也没什么，可是人是一种追求完美的高级动物。况且，人还有意识，总希望自己眼前的东西能够“赏心悦目”。

既然有美丑之分，就少不了有个标准。

历史上形容美人是这样的：瓜子脸、柳叶眉、丹凤眼、樱桃小嘴，体形也是不高不矮、不肥不瘦，“增一分则长，减一分则短”。

美丽的标准也不是绝对的，单就我们中国的历史而言，历朝历代对美的认识就不统一，甚至有可能相互冲突。“楚王好细腰”，所以，赵飞燕的细腰倾倒全国的男子。到唐朝，就以胖为美了，杨贵妃的模样是当时妇女的“崇拜偶像”。但到宋朝，就又变为以瘦为美了。

但不论怎样，没人否定爱美这一点。爱美之心，人皆有之。孔子尚且说道：“食色，性也。”就是说喜爱美丽的事物和喜爱食物一样，是人的本能。

美丽，不仅能让别人赏心悦目，更能增加自己的自信。竞争激烈的现代社会，尤其证明了这一点。所以那些即将毕业，忙于找工作的同学，更不忘把自己打扮得美丽一些，因为“美丽”方可“动人”。

美，是一种至高无上的东西。追求美，无可厚非。从古至今，人都在追求着美。美，有心灵之美，有容貌之美。心灵之美，是看不见的，容貌之美是形之于外的，是随时随地可见的。所以，人更多的是注重自己的外在美。甚至可以为了保存自己的外在美，而放弃内在的东西。

其实，我们要一分为二、辩证地看待美貌。常言道：“自古红颜多薄命。”自古以来，一些姿色出众的美女，往往为政治家、军事家、商人所威逼和利诱，成为他们争权夺利、尔虞我诈的工具，最终会因他们的阴谋败露而使自己身首异处；一些如花似玉的美貌女子往往会成为一些寻花问柳者寻欢作乐、发泄私欲的“玩物”，待她们人老珠黄时，则又会被一脚踢开，在孤独、悲愤中走完自己的一生。

现实生活中，相貌漂亮的人，会在人们的赞扬声中长大，她们难免自我陶醉，久而久之，便滋生傲气或娇气，盛气凌人，为人霸道，不讲道理，自私自利，动不动就发脾气，“不知天高地厚”，做事十分任性。她们思考问题总是以“我”为中心，患得患失，从不顾及他人，即所谓的“有美貌而无美德”。而且，由于生来一帆风顺，娇生惯养，很多人缺乏吃苦精神，不思进取、不学无术、投机取巧、自以为是，即所谓“容貌出众，头脑简单”。

有道是：失之东隅，收之桑榆。自己相貌不佳，是一个“弱项”，完全可以“化不利为有利”，力争从才华、事业、财富等方面弥补自己的不足。读过伟人传记的人都有这样的感受：许许多多的伟人相貌并不很好，甚至有严重的生理缺陷。他们也有人曾为自己的相貌或生理缺陷而苦恼，自惭形秽，但是他们并没有因此背上沉重的包袱，沉陷于自卑的泥潭。相貌不佳或生理缺陷反倒激发了他们的奋斗精神，让他们全身心地投入到事业中去，最终创造了辉煌业绩，赢得了自信和自尊。比如像历史上的一些著名人物，亚历山大、拿破仑、纳尔逊、罗慕洛、晏婴、康德、贝多芬、济慈，他们生来身材矮小，相貌上也“差人一等”，但是他们最终却成为伟大的军事家、外交家、哲学家、音乐家和诗人。

美国杰出的学者戴尔·卡耐基说过：“一种缺陷，如果发生在一个庸人身上，他会把它看作是一个千载难逢的借口，竭力利用它来偷懒、懦弱。但如果发生在一个有作为的人身上，他不仅会用种种方法来将它克服，还会利用它干出一番不平凡的事业来。”但愿那些深为自己的相貌不佳而苦恼的人，能从这句话中得到启迪，甩掉包袱，振作起来，重新塑造一个美好的形象。

3. 不因自身缺陷而恼恨

你是否一直都在追求完美无缺,追求完美的生活,完美的人格,完美的生命?其实缺陷也是一种美,但往往被人们忽视了。在人们心中无缺口的富士山是完美的,假如你绕“富士山”一圈,认识它的全貌以后,你就会发现有缺口的富士山更美丽些。

著名的维纳斯雕像,就是因为“断臂”才魅力无穷的。曾有好心人将她的手臂根据自己的想象做了修补,可看见的人却都说这不是维纳斯了,因为失去了她那种“残缺的美”。

法国著名雕塑家罗丹在完成巴尔扎克雕像后,一群学生看到那极富魅力的双手称赞道:“这双手太美了!”罗丹听罢,沉思许久,最后拿起斧子,砍掉了那双“太美的手”。他解释说,有了这双完美但又显得“过于突出”的手,有损于人物全貌,从而失去了“本质的人”。可见,残缺而真实的神韵,往往胜过完整无缺的外表华美;为求全而补上残缺,有时反弄巧成拙,破坏了真实的美感。

在生活中,很多人对一些缺憾不能正确理解和认识,反而给以轻视甚至嘲讽,认为残疾是一种缺憾。2005 年中央电视台春节联欢晚会上,21 个聋哑演员将舞蹈《千手观音》演绎得天衣无缝、美轮美奂,震撼了所有观众,在中央电视台的元宵晚会上,《千手观音》被评为“我最喜爱的春节晚会节目歌舞类一等奖”。由无声世界里的人们带来的舞蹈《千手观音》,引发了长久的赞誉和惊叹。他们用自己的行动证明,残疾并不意味着生活不完美,而残缺也是一种美。

无论你存在哪种缺陷,无论你是否完美,当你处在人生的低谷,因自己某些方面的缺陷而苦恼时,不妨对自己说:“相信自己明天就会有所作为!”因为,残缺并不是一种遗憾,而是一种耐人寻味的美。你会突破残缺的障碍,让你的生命迸发出更强烈的声响。

如果你能够认识到自己生活在一个有缺陷的世界中,并不断地追求进步、不断地克服缺陷、不断地超越缺陷,那才是真正认识自己的生命价值。

凡事多往好处想

凡事要往好处想,就会以从容而镇定的心态尽情地去享受生活,即以“舒缓之心度日”,这样就能充分享用生活赋予的每一滴琼浆,“岁月本长,而忙者自促;天地本宽,而鄙者自隘;风花雪月本闲,而忧攘者自冗。”

凡事要往好处想,就能够准确地找到生活的角度,在我们展示生命的风采、生命的过程中,有轰轰烈烈的伟大,有朴实无华的平凡,有义无反顾的执着,也有大起大落的悲壮。不管怎样,我们终将能够守住自己情有独钟的那种生活姿态。

凡事要往好处想,就能够乐观地对待生活中的各种挫折和压力。生活本来就是这样:有挫折、有艰辛、有苦恼、有困惑,我们必定遭受挫折,然而,良好的心态让我们平静,让我们豁达而自信。

凡事要往好处想,就能理智地对待自己,把握年轻的含义:一份幼稚、一份成熟、一份痴迷、一份自信、一份清纯、一份热情。

凡事要往好处想,就可能成为一个大度潇洒的人、一个善解人意的人、一个宽厚豁达的人、一个自信快乐的人、一个会爱护自己懂得尊重别人的人、一个重事业感情喜欢四季风景的人。

有些遇到事情想不开的人,当烦恼袭来的时候,他们总会觉得自己是天底下最不幸的人,不论谁都比自己强。而实质上,事情并不完全是这样的。就如上帝把某人塑造成矮子,但却给他一个聪慧的大脑一样,也许你在这方面是不幸的,但在另一方面却是幸运的。遇到事情只要你多往好处想,你就自然会失之东隅,收之桑榆。

圣诞节前夕,甘布士欲前往纽约。妻子在为他订票时,车票已经卖光了。但售票员说,只有万分之一的机会可能会有人临时退票。甘布士听到这一情况,马上开始收拾出差要用的行李。妻子不解地问:"既然已没有车票了,你还收拾行李干什么?"他说:"我去碰一碰运气,如果没有人退票,就等于我拎着行李去车站散步而已。"等到开车前三分钟,终于有一位女士因孩子生病退票,他登上了去纽约的火车。在纽约他给太太打了个电话,他说:"我甘布士会成功,就因为我抓住了万分之一的机会,因为我凡事都从好处着想。别人很有可能会以为我是个傻瓜,其实这正是我与别人不同的地方。"

对于这样一个拎着行李去散步,抓住万分之一的机会的人,心态是多么的积极,多么乐观啊!

从来就不抱怨自己的命运会如何,总是找快乐、找希望、找机会,这就是美国百货业巨子甘布士作为成功者的品格。

有一个名叫米契尔的青年,一次偶然的车祸,使他全身三分之二的皮肤被烧伤,面目恐怖,手脚变成了肉球(不分瓣),面对着镜子当中难以辨认的自己,他的内心痛苦而又迷茫。他想到某位哲人曾经说过:"相信你能,你就能!问题不是发生了什么,而是你应当如何地面对它!"

他在很短的时间里就从痛苦中解脱了出来,几经努力、奋斗,变成了一个成功的百万富翁。此时此刻,他不顾别人规劝,非要用肉球似的双手去学习驾驶飞机。结果,他在助手的陪同下升上天空后,飞机突然发生故障,摔了下来。当人们找到米契尔时,发现他脊椎骨粉碎性骨折,他将面临终身瘫痪的现实。家人、朋友悲伤至极,他却说:"我无法逃避现实,就必须乐观接受现实,这其中肯定隐藏着好的事情。我身体不能行动,但我的大脑是健全的,我还是可以帮助别人的。"他用自己的智慧,用自己的幽默去讲述能鼓励病友战胜疾病的故事。他走到哪里,笑声就荡漾在哪里。有一天,一位护士学院毕业的金发女郎来护理他,他一眼就断定这是他的梦中情人,他把他的想法告诉了家人和朋友,大家都劝他:这是不可能的,万一人家拒绝你,多难堪。他说:"不,你们错了,万一成功了怎么办?万一答应了怎么办?"

多么好的思维,多么乐观的心态!他勇敢地跟这个女孩约会并向她求爱,两年之后,这位金发女孩嫁给了他。米契尔经过不懈的努力,最后成为美国人心中的英雄,成为美国坐在轮椅上的国会议员。

悲观的失败者视困难为陷阱,乐观的成功者视困难为机遇,结果就有两种截然相反的人生。生活不是缺少美,而是缺少发现。凡事往好处想,就会看到快乐,有了快乐才能增添我们生活的色彩。

从前有个老婆婆,她有两个儿子,大儿子卖盐,小儿子卖伞,可是,她却总是不快乐。

天晴时,她就为小儿子担心,这么好的天气,他的雨伞卖给谁呢?一家子吃什么啊,想着想着,她就哭了起来。

下雨时,她又为大儿子发愁,盐受了潮,就不好卖了,一家人都要饿肚子,想着想着,老婆婆又哭了起来。

邻居老伯见老婆婆总是愁眉苦脸，身体越来越差，就对她说："遇事要往好处想。"老婆婆问："怎么才是往好处想呢？"

老伯说："出太阳的时候，你可以为大儿子高兴，他的盐好卖了；下雨时，你可以为小儿子高兴，他的伞有人买了。"

老婆婆听了，觉得有道理，就照他的话去做，从此，无论天阴天晴，她都是高高兴兴的，身体也好了起来。

凡事多往好处想，你至少能够得到三种收获：

第一，拥有比旁人更好的心情，更稳定的情绪。

第二，拥有比旁人更多的盼望，从而就能产生更大的努力与动机。

第三，拥有比旁人更多的人气。一个语言之中充满希望的人，绝对会比一个惯于唱哀歌的人更能赢得别人的好感。想一想，一个比旁人更有好心情，更多盼望，更佳人缘的人，是不是可以大大地提升其成功的机会呢？

凡事多往好处想，就会以一种积极向上的心态去迎接眼前的生活，而不是整天郁郁寡欢地过日子。

千万不必为那些已经失落的梦幻而感到烦恼，没有必要自寻一些烦恼来使得自己生活得不愉快，谁也不能把今天的幸福存入银行然后明天取出来进行享用。生活本身就是鲜花艳阳加风霜雨雪，其内在的悲欢离合，外在的种种磨难都重重地打击着我们的身心，这就需要我们要能够从容地去面对，不能自己先乱了阵脚。

人生在世苦辣酸甜，离合悲欢，岂能没有烦恼？需要做的是不要让烦恼左右情绪，重要的是要有忘掉烦恼的信心和勇气，将烦恼排除在生活之外。如果遇到事情能够多往好处想想，那么你的心灵自然就会充满阳光。

化悲观为乐观

一个瓶子中装了半瓶水，乐观的人会说，太好了，瓶子里还有一半的水呢；而悲观的人则说，太糟糕了，只有半瓶水了。人的一生基本上都只有相对的成功，就如同瓶子中装了半瓶水，就看你怎样看了。

日本的水泥大王浅野一郎，23岁时从乡下来到繁华的东京时，看到有人用钱买水喝，感到很奇怪，水还要用钱买么？面对此景，有的人会这样想：东京这个鬼地方，连用点儿水都要用钱买，生活费用太高了，怕难以久居，于是便离开东京。可浅野一郎并不这么想，他从这件事中看到了生机：东京这个地方，连水都能卖钱。他一下子振奋起来，从此开始他的创业生涯，后来终于成为东京的水泥大王。

这就是一位乐观的人的态度。

那些总是只看到事物阴沉黑暗一面的人，那些总是预测自己可能不利和失败的人，那些只看到生命中丑恶肮脏和令人不快的人，将受到致命的惩罚。他们会使自己一步一步接近他们所期待和担心的那些东西。

1. 化悲观为乐观的三个原则

“思维心理学”大师史力民博士指出：“乐观是成功的一大要诀。”他说，失败者通常有一个悲观的“解释事物的方式”，即悲观者遇到挫折时，总会在心里对自己说：“生命就这么无奈，努力也是徒然。”由于常常运用这种悲观的方式解释事物，无意识中就丧失了斗志，不思进取了。

史力民博士师承行为学派，他还说，人类的所有行为，无论乐观，还是悲观，都是学得的。因而悲观者的悲观性格，并非命中注定的，而是后天养成的。悲观者可以力强而至，学成乐观。同时，史力民博士还提出了化悲观为乐观的三个原则：

(1)不要扩大事态

如果你做一桩生意失败了，不要说：“所有生意都难做，以后还是收山好了。”你要对自己说：“这一桩生意失败了，我学到了些什么呢？我下一次应该怎样才能避免犯同样的错误呢？”

(2)不要“人”与“事”混淆

当一件事失败的时候，不要说：“我是失败者。”这样你便将“事”与“人”混淆了。你要对自己说：“我做这件事总有不当的地方，才出了这么大的错。我下次该怎样做才适当？”

(3)不要夸大时间

当不如意时，切勿对自己说：“我时时都是倒霉的。”这是不可能的！你要对自己说：“似乎很多时候我做得不大如意，到底原因何在？”

有些人被打击击垮，就是由于缺乏乐观精神。没有乐观精神，处于困境的企业就无法起死回生；没有乐观的精神，怀才不遇的才子只能一生抱怨，没有任何施展才华的机会。当你立志改变灰色的人生观，树立光明的人生观时，成功与健康便不再远离你了。

2. 养成积极乐观的思考习惯

一群因地震被埋在废墟下的人们，各人的心态决定了他们是否能在困境中顽强地生存下去。那些将困境视为绝境的人因意志崩溃而导致体内能量系统不能有效地工作，身体各个机能逐渐丧失。在缺水缺食物的情况下，这是将他们迅速推向死亡的手。而那些意志坚强，坚信光明终究会到来的人，体内会制造出永不枯竭的生命能量，帮助他们渡过难关。这就是乐观给我们提供的力量，它大到足以支撑整个生命。

那么，生活中我们应该怎样养成积极乐观的思考习惯呢？

(1)遇到事情时，我们应该往好的方向想。一定要懂得积极态度所带来的力量，要相信希望和乐观能引导你走向胜利。有时，越担惊受怕，就越遭灾祸。此时，我们应承认现实，然后设法创造条件，使之向着有利的方向转化。此外，还可以把思路转到别的什么事上，诸如回忆一段令人愉快的往事。

(2)以幽默的态度来接受现实中的失败。有幽默感的人，才有能力轻松地克服厄运，排除随之而来的倒霉念头。

(3)不管多么严峻的形势向你逼来，你都要努力去寻找积极因素。这样，你就不会放弃取得微小胜利的努力。你越乐观，克服困难的勇气就越大。之后，你就会发现自己到处都有一些小的成功，这样，自信心自然也就增长了。

(4)既不要被逆境困扰，也不要幻想出现奇迹，要脚踏实地、坚持不懈、全力以赴去争取胜利。

(5)偶尔也要屈服。当事情真的是没有办法解决而让你遇到重创时，你千万不要变得浮躁、悲观。因为，浮躁、悲观是无济于事的。你不如冷静地承认发生的一切，放弃生活中已成为你负担的东西，终止无法取得的生活希望，并重新设计新的生活。

(6)在闲暇时间，你要努力接近乐观的人，观察他们的行为。通过观察，你能培养起乐观的态度，乐观的火种会慢慢地在你内心点燃。

(7)当你失败时，你要想到你曾经多次获得过成功，这才是值得庆幸的。如果十个问题，你做对了五个，那么还是完全有理由庆祝一番的，因为你已经成功地解决了五个问题。

(8)要知道，悲观不是天生的。就像人类的其他态度一样，悲观不但可以减轻，而且通过努力还能转变成一种新的态度——乐观。

(9)要意识到自己是幸福的。有些想不开的人，在烦恼袭来时，总觉得自己是天底下最不幸的人，谁都比自己强。其实，事情并不完全是这样，也许你在某方面是不幸的，在其他方面依然是很幸运的。上帝对每个人都是公平的。请记住一句话："我在遇到没有双足的人之前，一直为自己没有鞋而感到不幸。"生活就是这样捉弄人，但又充满着幽默的意味，想到这些，你也许会感到轻松和愉快。

不要自寻烦恼

很多人都有过杞人忧天的经历。举个例子来说：假设有一天早晨起得太晚，你不禁会想："糟糕！起得太晚了，一定会碰上大塞车，上班肯定会迟到。如果到的太晚，老板肯定会对我不高兴；要是他气炸了，说不定会要我走人。万一我失业了，房屋贷款、还有一大堆等着支付的信用卡账单该怎么办？要是不能及时找到工作的话，不但信用破产，房子也会被查封。房子如果没了，我要往哪儿去？没钱又没地方可去，我一定得挨饿，搞不好还会横死街头呢，而这些都是起因于今天起晚了！"

也许你会觉得这一路推演下来未免太夸张了点，没错，是稍嫌夸张了点，不过，类似这样的杯弓蛇影你绝不会没有过。为了明天会更好，每个人无不战战兢兢地过活，谁都害怕今天所有的一切明天会幻化成泡影，所以，这样的恐惧感就油然而生了。

虽说适当的恐惧感可以成为促使我们奋发向上的动力，没有了它。大多数的人就失去了激发自己向上的原动力，也就是没了奋斗动机。但是，过度恐惧却不是一件好事，它只会让我们成天忧心，久而久之成了习惯，甚至于内化成个人的性格，变成无事不忧、无事不虑，反而绑手绑脚，让你什么事也做不了。

一天下午，山姆路过法庭，看见一堆人正往里挤，上前一问，才知道马上有公审。山姆也挤了进去，在后排的一个旁听席坐下。

被告跟山姆一样，穿着西装，但没有打领带。被告被指控杀了人，控方的证据是被告具备作案时间，被告辩护的理由是案发当天下午他一直在家。但是，在近两个小时的法庭调查和辩论中，被告未能拿出证据证明案发当天下午他在家，结果被法官判了有罪。这让山姆大惊失色，他连忙问坐在他旁边的一位戴夹鼻眼镜的先生："请问先生叫什么名字？"那位先生说："我叫弗兰德。"山姆说："我叫山姆，我想，你能证明我今天下午一直在法庭。"弗兰德先生说："对不起，我只能证明你现在在法庭，至于你跟我说话前你是否在法庭，我不能证明。"山姆急了："整个下午我都跟你坐在一起，我一步都没有离开这个座位，你怎么不能证明呢？"刚刚走下审判台的法官看见他们俩在纠缠，走了过来。山姆说："我确确实实整个下午都在法庭，我一直坐在他的旁边。”法官说：“你自己说了没用，你得有证人！有人证明你今天下午都在法庭吗？”山姆望着弗兰德，弗兰德摇摇头。法官说：“幸好还没有人指控你！”山姆惊出一身大汗。

山姆出了法庭，挤上公共汽车。山姆拿着售票员撕给他的票问：“你这票能够证明我今天下午五点左右在你们车上吗？”售票员说：“我们的票只能证明你乘过我们的车，不能证明你在什么时间乘的车。”山姆小心翼翼地把车票放进内衣口袋。临下车前，他问售票员：“请问小姐芳名？”售票员说：“我叫玛丽娜。”山姆指着自己的额头说：“我叫山姆。记住，我这儿有个刀疤。”

下了公共汽车，山姆刚到家门口，就敲响了邻居的门。他对邻居说：“你看见了，我现在进门了，你能证明我到了家，我在家里。”山姆关上门，倒在沙发上睡着了。他醒来，一惊，拉开门，敲开邻居的门说：“你看到了，我在家里。”邻居说：“我只能证明你两次敲我门的时候你在家里，至于其他时间你是否在家，请谅解，我不能证明。”山姆急得在屋里乱转，他看见了床头柜上电话机，他打通了一个朋友的电话，说：“我打电话给你，是想让你证明我在家，万一将来有人指控我，你可以为我证明。”朋友说：“从来电显示看，你是在家。但我只能证明你给我打电话的时候你在家，至于不打电话的时候，你是否在家，对不起，我不能证明。”就这样，山姆不断敲邻居的门，不断打朋友的电话。夜深了，他不能再敲邻居的门，不能再打朋友的电话。他仰在床上，想到自己无法证明一个人在家睡觉，他恐惧极了。他下了楼，来到街对面的一个朋友家。他睡在朋友的身边说：“你能证明，我今晚是跟你睡在一起的。”朋友打起了呼噜，他却睡不着觉。想到法庭上那个被判有罪的人，山姆发现自己以前的生活是多么的危险。他一直一个人生活，他一直过着没有证人的生活，他甚至刻意追求这样孤独的生活。万一有人指控他，他真的会跟那个被告一样，因为没有证人而被判有罪的。他再也不能一个人生活了，那是不可以的，那太危险了。他决定明天就找个证人一起生活。

不知你是否发觉，其实很多忧虑都是像山姆那样自己添加给自己的。我们经常因为某种刺激而陷入恐慌中，其实，你只要置身事外想一想，那不过是杞人忧天而已。

《读者文摘》上曾刊登过这样一篇有关忧虑的文章，作者在文中对忧虑心理这一缺陷进行了绝妙的讽刺：“如此众多的令人忧虑的事情！有旧的，也有新的；有重大的，也有微小的，而富有想象力的忧虑者总有办法将路上的行人同远古时代联系起来。假如太阳燃尽了，一年四季可能完全成为黑夜吗？如果低温冷冻中的人再苏醒过来，他们还能活多久？如果一个人没有了小脚指头，他能否在踢球中进球呢？”

在生活中，我们的烦恼都是自找的，我们是自己捆住了自己。仔细想想的确有点好笑，自寻烦恼只有百害而无一利，再怎么样的忧虑都无法解决任何问题，只会让自己心情不好，想法更消极而已。可是为什么许多人仍然会不经意地自寻烦恼，这主要是性格使然，也同外界因素的影响有关。

每当我们自寻烦恼之际，身边的人大都会劝导说：“不要自寻苦恼，开朗一点，乐观一点。”但不好的情绪还是会不自觉地涌起。烦恼的想法一经出现，我们便不由自主地陷入到更多的纠葛中，搞得整个人心神不宁。

可是，你应该了解，明天的忧虑自待明天解决，此刻又何必烦恼，浪费精力，或许睡一觉之后，一切烦恼都烟消云散了，毕竟明天又是新的一天。

接受无法改变的事实

在人生的旅途中，每个人都不可避免地会遇到一些令人不快的情况。我们不妨愉快地把它们当作一种既成事实加以接受，并且耐心地去适应它。当然，你也可以选择焦虑来毁了自己的生活，甚至把自己搞得精神崩溃，忧郁而终。

荷兰首都阿姆斯特丹有一家15世纪的老教堂，在它的废墟上留有这样一行字：事情既然已经这样，就不会另有别样。

布思·塔金德生前常说："人生加之于我的任何事情，我都能接受，除了瞎眼，那是我永远也没有办法忍受的。"

好像命运之神专和他作对，在他六十多岁的时候，他的视力开始急剧下降，有一天，他的左眼再也看不到光明了，同时，他的右眼看东西也极为吃力，常感觉有黑斑在眼前晃动。

他最恐惧的事情终于降临到自己的头上。面对这"所有灾难里最难忍受的事"，塔金德自己都没有料到他还能非常开心地活下去，有时甚至还能借此幽默一下。以前，浮动的"黑斑"由于遮挡他的视线，总令他很难过，可是现在，当那些最大的黑斑从他眼前晃过的时候，他却会微笑着说："嘿，又是黑斑老爷来了，不知道今天这么好的天气，它要到哪里去。"

塔金德完全失明之后，他曾说："我发现我能承受视力的丧失，就像一个人能承受别的事情一样。要是我五种感官全都丧失了，我相信我还能够继续生存于自己的思想中，因为我们只有在思想里才能够看，只有在思想里才能够生活，无论我们能否明白这个问题。"

塔金德为了恢复视力，在一年之内接受了十二次手术，这在常人是很难忍受的，在他必须接受手术时，他竟还试着使大家开心，"多么好啊"，他说，"多么妙啊，现代科学发展得如此之快，能够在人的眼睛这么纤细的部位动手术。"

普通人如果要在短时期内忍受十二次以上的手术，过着那种生不如死的生活，可能早就被疾病折磨得奄奄一息了，可塔金德的心态却十分平和，不幸教会他如何接受突发的灾难，使他了解到，生命带给他的一切他都能承受。由此使他领悟了约翰·弥尔顿那句"瞎眼并不令人难过，难过的是你不能忍受瞎眼"所包含的深意。

如果发生的变故无论我们如何做也于事无补，这时我们可以尝试改变自己。这是不是说，在碰到任何挫折的时候，我们都应该低声下气呢？当然不是，那样就与宿命论者无异了。如果事情还有一点挽救的机会，我们就要争取。可是当常识告诉我们，事情不可逆转——也不可能再有任何转机时，我们只能让自己接受既成的事实。

在漫长的岁月中，你我一定会碰到一些令人不快的事情。我们可以把它们当作一种不可避免的情况加以接受，并且适应它。哲学家威廉·詹姆斯说过："要乐于承认事情就是这样的情况。能够接受已发生的事实，就是能克服任何不幸的第一步。"

许多著名的生意人，都能接受那些不可避免的事实而过着无忧无虑的生活。如果不这样的话，他们就会在过大的压力下被压垮。

创建了遍及全美的潘氏连锁商店的潘尼说："哪怕我所有的钱都赔光了，我也不会忧虑，因为我看不出忧虑可以让我得到什么。我尽我所能把工作做好,至于结果就要看老天爷了。”中国也有句古话说:“谋事在人,成事在天。”

克莱斯勒公司的总经理凯勒先生谈到他如何避免忧虑的时候说:“要是我碰到很棘手的情况,只要想得出办法解决的,我就去做。要是干不成的,我就干脆把它忘了。我从来不为未来担忧,因为,没有人能够知道未来会发生什么事情,影响未来的因素太多了,也没有人能说出这些影响从何而来,所以何必为它们担心呢?”他的想法,正和罗马的大哲学家依匹托塔士的理论差不多。“快乐之道无他,”依匹托塔士告诉罗马人,“就是不要去忧虑我们的意志力所不能及的事情。”

莎拉·班哈特曾经是全世界观众最喜爱的一位女演员,她在71岁那一年破产了——所有的钱都赔光了,而她的医生——巴黎的波基教授告诉她必须把腿锯断。她因摔伤染上了静脉炎,导致腿部痉挛,医生觉得她的腿一定要锯掉,又怕把这个消息告诉那个脾气很坏的莎拉。然而,当医生告诉莎拉的时候,他简直不敢相信,莎拉看了他一阵子,然后很平静地说:“如果非这样不可的话,那只好这样了。”这就是命运。

当她被推进手术室的时候,她的儿子站在一边哭,她朝儿子挥了一下手,高高兴兴地说:“不要走开,我马上就回来。”在去手术室的路上,她一直背着她演过的一出戏里的一幕。有人问她这么做是不是为了提起她自己的精神,她说:“不,是要让医生和护士们高兴,他们承受的压力可大得很呢。”

手术后,莎拉·班哈特还继续环游世界,使她的观众又为她疯迷了7年。

没有人能有足够的精力,既能抗拒不可避免的事实,又能创造一个新的生活。你只能选择一个,你可以在那些无可避免的暴风雨之下弯下身子,或者因抗拒它们而被摧折。

在加拿大,经常可以看到长达好几百英里的常青树林,从来没有人看见它们被冰或冰雹压垮。这些常青树知道怎么去顺从,怎么弯垂下它们的枝条,怎么适应那些不可避免的情况。

珍子是日本人,她们家世代采珠,有一颗珍珠是她母亲在她离开日本赴美求学时给她的。在她离家前,她母亲郑重地把她叫到一旁,送给她这颗珍珠,然后告诉她说:

“当女工把沙子放进蚌的壳内时,蚌觉得非常的不舒服,但是又无力把沙子吐出去,所以蚌面临两个选择,一是抱怨,让自己的日子很不好过;另一个是想办法把这粒沙子同化,使它跟自己和平共处。于是蚌开始把它的精力分一部分去把沙子包起来。

“当沙子裹上蚌的外衣时,蚌就觉得它是自己的一部分,不再是异物了。沙子裹上的蚌的成分越多,蚌越把它当作自己,就越能心平气和地和沙子相处。”

母亲启发她道:“蚌并没有大脑,它是无脊椎动物,在演化的层次上很低,但是连一个没有大脑的低等动物都知道要想办法去适应一个自己无法改变的环境,把一个令自己不愉快的异己,转变为可以忍受的自己的一部分,人的智能怎么会连蚌都不如呢?”尼布尔有一句有名的祈祷词:“上帝,请赐给我们胸襟和雅量,让我们平心静气地去接受不可改变的事情;请赐给我们智能,去区分什么是可以改变的,什么是不可以改变的。”

美国著名成人教育家卡耐基的事业刚起步时,在密苏里州举办了一个成年人培训班,并且陆续在各大城市开设了分部。他花了很多钱在广告宣传上,同时房租、日常办公等开销也很大,尽管收入不少,但在过了一段时间后,他发现自己连一分钱都没有赚到。由于财务管理上的欠缺,他的收入竟然刚够支出,一连数月的辛苦劳动竟然没有什么回报。

卡耐基很是苦恼，不断地抱怨自己的疏忽大意。这种状态持续了很长一段时间，他整日里闷闷不乐，神情恍惚，无法将刚开始的事业继续下去。

最后卡耐基去找中学时的生理老师乔治·约翰逊。老师说："不要为打翻的牛奶哭泣。"聪明人一点就透，老师的这一句话如同晴天一声雷，卡耐基的苦恼顿时消失，精神也振作起来。

"是的，牛奶被打翻了，漏光了，怎么办？是看着被打翻的牛奶哭泣，还是去做点别的？记住，被打翻的牛奶已成事实，不可能被重新装回瓶中，我们唯一能做的，就是找出教训，然后忘掉这些不愉快。"

这段话，卡耐基经常说给学生，也说给自己。

乐观者才能看到希望

我们的内心是否平静，我们的生活是否快乐，并不取决于我们在哪里，我们有什么，我们是什么人，而是在于我们的心境如何。

密尔顿曾说过这样的话："思想的运用和思想的本身，就能把地狱造成天堂，把天堂造成地狱。"

依匹克特修斯告诫我们："我们应该极力消除思想中的错误想法，这比割除身体上的肿瘤和脓疮要重要得多。"

蒙坦把以下的话作为他生活的座右铭："一个人因发生的事情所受到的伤害，不及因他对发生事情所拥有的意见来得深。"

威廉·詹姆斯说："行动似乎是随着感觉而来，可是实际上，行动和感觉是同时发生的。如果我们使自己在意志力控制下的行动规律化，也能够间接地使不在意志力控制下的感觉规律化。"

可见，积极的心态对于我们的生活有多重要。

英格莱特在十年前得了猩红热，当他康复以后，他发现又得了肾病。他去找过好多个医生，但谁也没有办法能够治好他。

后来，他又得了另一种并发症，他的血压高了起来。他去看一个医生，医生说他的血压已经到了最高点。医生宣布他已经没有希望了，最好马上料理后事。

英格莱特回到家里，在弄清楚他所有的保险都已付过之后，开始向上帝忏悔他以前所犯过的各种错误，坐下来很难过地默默沉思。他害得所有的人都很不快乐，他的妻子和家人都非常难过，他自己更是深深地埋在颓丧的情绪里。

然而，在经过一星期的自怜之后，他对自己说："你这样子简直像个大傻瓜。你在一年之内恐怕还不会死，那么趁你还活着的时候，何不快快乐乐呢？"于是，他挺起胸膛，脸上露出微笑，试着让自己表现出好像一切都很正常的样子。刚开始的时候还觉得很费力，但是他觉得强迫自己开心，不但有利于他的家人，也对他自己大有帮助。

接着他发现自己开始觉得好多了。这种改进持续不断，他不仅很快乐，很健康，活得好好的，而且他的血压也降下来了。有一件事他是可以肯定的：如果他一直想到会死、会垮掉的话,那位医生的预言就会实现了。别的什么都没有用,除了改变自己的心情。

《人的思想》这本书里有这样一段话:“一个人会发现,当他改变对事物和其他人的看法时,事物和其他人对他来说就会发生改变——要是一个人把他的思想朝向光明,他就会很吃惊地发现,他的生活受到很大的影响。能变化气质的神性就存在于我们自己心里,也就是我们自己……一个人所能得到的,正是他们自己思想的直接结果……有了奋发向上的思想之后,一个人才能兴起、征服,并能有所成就。如果他不能奋起他的思想,他就永远只能衰弱而愁苦。”

让我们记住威廉·詹姆斯的话:“……通常,只要把受苦者内心的感觉,由恐惧改成奋斗,就能把大部分我们所谓的邪恶,改变为对你有帮助的好处。”愿我们每个人都有积极乐观的心态,为我们的快乐而奋斗。

心存美好的期盼

没有希望的人,就像没有舵手的船,这艘船只会在大海中漂泊,但不会到达彼岸。人活着,除了需要阳光、空气、水和食物外,还需要心存美好的期盼。美好的期盼是催促人向前的动力,也是生命存在的最主要的激励因素。

据说在鲁西南深处有个小村子,出了不少大学生,四邻八县的人都把这个村子叫“大学村”。这个村子广出人才,原因何在?记者去采访,可是村子里谁也说不清楚。要说知道其中原因的只有一个人,那就是最早在这儿教书的老师。这位老师曾在大学里教过书,后来不知何故被下放到这个村子里来教小娃娃。

村子里的人说,这位老师不但书教得好,还能预测学生的未来。原来,是有的学生回到家里对大人说,老师说我将来能当作家;有的学生对大人说,老师说我将来能当科学家。不久,家长们发现他们的孩子与以前大不一样,个个变得勤奋好学了。10年后,奇迹发生了。这些学生到了参加高考的时候,凡是过去说自己将来能当作家、能当科学家的学生,都以优异的成绩考上了大学。

这位教师退休时,又将自己的秘密传授给接他班的老师,接他班的老师又用这个方法来点燃孩子们心中的希望之火。哈佛大学最杰出的心理学教授威廉·詹姆士说:“不管什么事情,只要满怀希望就会成功。你真诚地希望某种结果,就可能得到它。你希望行为善良,你便会为人善良;你如果想富有,你就会富起来;你希望博学,你就将会博学。”有什么样的美好的期盼,就有什么样的人生。当一个人满怀期盼时,才能充分发挥自己的潜能,他的人生才会有惊人的闪光,那些不可能的事,也才会陆续地变成可能。

生命的本身就是由一连串美好的期盼组成的,包括对健康、对学业、对事业、对财富、对婚姻、对交友的希望等等。就拿健康来说吧,有的人跑遍了大医院都治不好的病,而通过扭秧歌、吼秦腔不医自愈,这就是希望产生的神奇力量。

一位大西北的老乡,5年前医院诊断他患有癌症,据医生说他的生命期限最多是6个月,他从医院回来,茶不思,饭不想,心里痛苦了好一阵子。后来一想,既然病已经得下了,发愁害怕也没用,还不如想吃就吃,想唱就唱,想扭就扭,痛痛快快地活上6个月。

从此,他每天早上去公园扭秧歌,晚上又到渠坝上吼几段秦腔,天天如此,雷打不动。

过了半年，他不但活得好好的，还觉得疼痛减轻了许多。3年后又到北京检查，医生诊断他的癌症消失了。这个真实的事例，再次证明：生命之火能为神奇的希望而燃烧。人有了美好的期盼，生命就会变得强劲起来，能使病入膏肓的人起死回生。一个人无论得了什么绝症，只要有一口气，就没有丝毫理由绝望。

在美国一家医院里，有位患癌症的大老板，已经病入膏肓。家人为他请来一位很有名气的教授。教授想用心理疗法来给他治疗，便问病人："先生，你想吃点什么？"病人摇摇头。教授又问："先生，你喜欢听音乐吗？"病人又摇了摇头。教授接着又问："那么你对听故事、说笑话，或者是交女朋友有没有兴趣？"病人用一种极其微弱的声音回答道："没有兴趣。"教授想继续问下去，可家人在一边赶紧说："教授，没有用，他健康时都没有什么爱好，就甭说是现在这个样子了。"

教授听了之后，神情一下子忧郁起来，他叹了口气，转身走出病房。家人追了出来很担心地问："教授，是不是不好救了？"教授说："我医治过成千上万的病人，每次我都是全力以赴，但这个病人我是彻底地没有希望了，因为他是一个失去希望的人，对生活没有什么留恋，也不会有信心活下去的，再好的医生也治不好他的病。"不久这位大老板便离开了人世。

这位老板有豪华的别墅，有高级轿车、汽艇，有花不完的美元，他应有尽有，可就是缺少了一样东西——美好的期盼。

人的美好一生，是由一天接一天的希望日子所组成。在日常生活中，有些人常常认为：天天做同样的事，上学——放学；上班——下班。今天是昨天的翻版，今年又是去年的重复，觉得日子过得太平凡、太单调、太没意思。产生这种想法和感觉的原因是缺少美好期盼的缘故。如果每天能给自己一个美好的期盼，你就会觉得每一天都是新的开始，每天的学习、工作就不再是单调乏味的重复，而是量的积累，成功的前奏。人有了希望，就觉得这一天活得很愉快，活得很充实，活得有意义。日常生活中的小小期待，小小盼望，都孕育着希望。别小瞧这些微不足道的小期盼，只要有意义，都是美好的，都值得去努力，去实现。

打开心灵的枷锁

生命并不是一条直线，而是需要我们不断地左冲右突，挣脱束缚，追寻属于自己的幸福和快乐。

一个小孩在看完马戏团精彩的表演后，随着父亲到帐篷外拿干草喂养表演完的动物。

小孩注意到一旁的大象群，问父亲："爸，大象那么有力气，为什么它们的脚上只系着一条小小的铁链，难道它无法挣开那条铁链逃脱吗？"

父亲笑了笑，耐心为孩子解释："没错，大象是挣不开那条细细的铁链。在大象还小的时候，驯兽师就是用同样的铁链来系住小象。那时候的小象，力气还不够大，小象起初也想挣开铁链的束缚，可是试过几次之后，知道自己的力气不足以挣开铁链，也就放弃了挣脱的念头。等小象长成大象后，它就甘心受那条铁链的限制，不再想逃脱了。"

正当父亲解说之际，马戏团里失火了，大火随着草料、帐篷等物，燃烧得十分迅速，蔓延到了动物的休息区。动物们受火势所逼，十分焦躁不安，而大象更是频频跺脚，仍是挣不开脚上的铁链。

灸热的火势终于逼近大象，只见一只大象已被火烧着，灼痛之余，猛然一抬脚，竟轻易将脚上铁链挣断，迅速奔逃至安全的地带。有一两只大象见同伴挣断铁链逃脱，立刻也模仿它的动作，用力挣断铁链。但其他的大象却不肯去尝试，只顾不断地焦急地转圈跺脚，最后遭大火席卷，无一幸存。

在大象成长的过程中，人类利用一条铁链限制了它，虽然那样的铁链根本系不住有力的大象。在我们成长的环境中，是否也有许多肉眼看不见的链条在系住我们？而我们也就自然将这些铁链当成习惯，视为理所当然。我们独特的创意被自己抹掉，开始向环境低头，甚至于开始认命、怨天尤人。

这一切都是我们心中那条系住自我的铁链在作祟罢了。或许，你必须耐心静候生命中来一场大火，逼你非得选择挣断链条或甘心遭大火席卷。或许，你幸运地选对了前者，在挣脱困境之后，语重心长地告诫后人：人必须经苦难磨炼方能得以成长。

除此之外，你还有一种不同的选择。你可以当机立断，运用我们内在的能力，当下立即挣开消极习惯的捆绑，改变自己所处的环境，投入另一个崭新的积极领域中，使自己的潜能得以发挥。

你愿意静待生命中的大火，甚至甘心遭它所席卷而低头认命？抑或立即在心境上挣开环境的束缚，获得追求成功的自由？从这两者之间做出选择并不困难，困难的是我们有没有勇气去打破已有的格局。

精神上的枷锁有以下几种：

1. 担心“别人会怎样想”的枷锁

面对失败，“别人将会有什么看法呢？”这的确是一种最普遍而且最具自我毁灭性的心理状态。这种“别人”式的想法是一种强而有力的枷锁。它会伤害你的创造力和人格，把你原有的能力破坏殆尽，使你停滞不前。为摆脱这种“别人”式的枷锁，你不妨想一想，“别人”并不是“先知先觉”，他们往往是“事后诸葛亮”。你应该记住：走自己的路，让别人去说吧！

2. 担心“注定会失败”的枷锁

这是另一种非常普遍的心理。一旦失败，便将自己初始的动机统统地扼杀。他们不断重复着说：“早知如此，何必当初！”他们因此把自己看得渺小，无法真正透彻地看清自己。要知道，世上绝没有后悔药。为了摆脱“注定会失败”的枷锁，你需要改变思想，换脑筋，思想本身会左右事情的发展。你不妨保持积极乐观的心态，切莫在不经意中将自己的创新意识抛弃，它是你最珍贵的东西。想着“我将要成功”而不是会失败；“我是一个胜利者”而非“一个失败者”，寻找助你成功的方法，你会发现你能左右自己的心灵，同样能左右自己的行动。

3. 认为“已为时太晚”的枷锁

许多失败者认为自己太晚了，已无法挽回，因此对未来完全妥协，尽量逆来顺受地熬日子。这种“已为时太晚”的枷锁，包括各式各样的人物：一个30岁的青年做生意亏了本就自认为无法东山再起；一个40岁的寡妇就自认为太老无法再婚；一位10年前没有扩大投资的厂长要想重新开始投资就认为时过境迁。为了解除这种“为时太晚”的枷锁，你可以多观察那群在社会生活中的活跃人物，而不去理会年龄的限制，并下定决心，不断奋斗。成功与年龄无关，重新开始永远为时不晚。

4. 背着“过去错误”的枷锁

许多人都害怕再次尝试，因为他们曾经失败过，而且受创很深，正所谓“一朝被蛇咬，十年怕井绳”。但是，对每一位有志之士来说，他都必须对过去所犯的错误保持正确的态度，从而使他得以再次突破，再创佳绩。如果你能将自己的失败看成是很有价值的教育投资的话，那就一点也没有损失了。因此，你完全不必把“过去的错误”看得太重。其实那根本不能算作失败，只能算是受教育，它能教会你许多事情，使你更加成熟。

失败了再站起来，卸下身上的枷锁，才能一身轻松地去奋斗，向着你的目标勇往直前。

乐观处之，切勿盲目悲伤

人不可能一直处在一帆风顺的顺境中，风水轮流转，好坏总是循环的，所以我们面对困境，心理上一定要做好充分的准备，乐观处之，切勿盲目悲伤。

乐观的人能够积极行动，从悲伤和苦恼中找到幸福的踪迹，让自己的内心焕发希望。相反，悲观的人一味的怨天尤人，容易错失良机，不仅不会对自己有任何帮助，甚至还会加重我们的不幸。

正如李嘉诚所说的：“最重要的还是要有‘乐观’的性格，和奋斗生存下去的意志和决心。”李嘉诚经历了很多困难才取得今天的成功，童年的他在茶楼当小伙计，每天工作 10 多个小时，披星戴月。然而不过无论是多么艰难，李嘉诚一直都保持着乐观的心态和生存的意志，他坚信自己会取得成功。

人生中的困难可以带给人悲伤，也可以打破平庸，诞生出不平凡，因此我们倒霉的时候也要保持乐观的心态。对于悲观的人来说，苦难往往会让人惊慌失措，仿佛人生没有了希望。不过有的人乐观向上，能承受住打击，甚至在苦难的压力下激发出更大的潜能，他们坚信现在的灾祸就是对人生的考验，未来还是充满希望的。

有时候生活给了我们想要的，我们却并不觉得幸福，反而当生活什么都没有给我们时我们却能感受到平静和安心。很多时候，只要我们乐观面对，努力克服苦难和阻碍，通过自己踏踏实实取得的成就，才能让我们感受到快乐和幸福。乐观会带给我们力量，让我们看到苦难中的希望，俗话说：“天无绝人之路。”上天对每个人都是公平的，只是我们被悲伤遮住了眼睛，无法看到通往幸福的道路。

慧光禅师经常云游四海，普度众生。一天，禅师正在大道上行走，看见一条小河，清澈见底，水中游鱼可现，游来游去毫无挂碍。禅师对身边的人说：“做人要像鱼儿一样，明心见性，从容自得，要是做什么事情都执着，不懂得提起放下的道理，人生便苦恼不堪。”徒弟们若有所悟。这时天已将傍晚了，暮色苍茫。徒弟们都劝慧光禅师返回寺院，以免受傍晚清冷之苦，慧光禅师却摇头说道：“你们先回吧，不要以我为牵挂。别人若是问起你们我在何处，你们怎么回答？”徒弟们说：“不在那时，不在那处，四方云游，了然无痕。”慧光禅师很满意，摆手让徒弟们退下了。

慧光禅师来到一家饭馆，刚坐下，老板娘就迎上来，一看是个和尚，便双手合十，连忙吩咐小二将素斋给禅师端上来。禅师称谢，埋头吃饭，可是在吃的时候，却听见老板娘愁苦的叹息声。禅师就问:“女施主,有何事解不开,不妨说与老衲听听。”老板娘道:“大师,我们这个小店小本经营,没有多少收入,我丈夫是个老实人,不会钻营取利,一天忙下来没有什么收获,心中十分苦恼。这样下去,我们的生活实在没有什么起色,也没有什么奔头,唉。”

慧光禅师问道:“一天之中,你的孩子可曾遭遇不幸?你的丈夫可曾有损身体?你的小店可曾遭遇强盗?”老板娘说:“没有。”“这就对了,”慧光说,“小本经营没有破产的风险,收入不多却可以供给己用,丈夫老实,自是没有三心二意,至于生活没有起色,全在于你的一个心境。天下不知道有多少人家羡慕你这殷实的小康之家。施主,平平安安过一天即是福,没有什么比这还重要,难道你为了生活上的起色,愿意你的丈夫涉险吗?所求过多则痛苦丛生,切记!”老板娘豁然开朗,面露微笑。

人生在世,没有单纯的福、纯粹的祸,有时候事情发生的瞬间,是好是坏仅仅就是一念之间,悲伤往往是我们自己强加给自己的。人生在世如果不懂乐观,就无法做到趋吉避凶,即使是幸福来临,也会失去更多。乐观的人会把不利的条件转化为有利的条件,把不幸转化为幸福。其实在很多情况下,只需要一点乐观,情况就会完全改观。

第六章

勇敢坚强，坦然面对困境

人生不可能永远一帆风顺，会经历很多坎坷与险阻。在困难与失败面前，我们应该拥有坚强的心态，不绝望、不气馁，才能最终战胜困难，走向成功的彼岸。

在苦难面前选择坚强

在苦难面前,很难做出选择,是选择坚强还是选择消沉?即使那些在一开始就选择坚强的人,在历尽千灾百难仍看不到前途后,最终也难免会选择消沉。但是,苦难不会手软,不会因为我们放弃了坚强,就仁慈地放过我们。反而会变得更加肆无忌惮,不断地消磨我们最后的意志。

丁未,一个普通的研究生,却用自己短暂而充满磨难的生命向世人展示着“坚强”二字。

1996年,来自农村的丁未,踏入了某著名大学。丰富而精彩的大学生活,给这位年轻人带来了无限的快乐。

可是无情的病魔却把魔爪伸向了这个前途无量的年轻人,一次检查之中,他发现自己得了胃癌。家里倾尽所有,把他从病魔的手里夺了回来。似乎上天也在怜爱这个坚强的人,让他很快就恢复了健康。

2000年,他顺利毕业并如愿找到工作。尽管自己是一个癌症康复病人,但丁未积极上进,他边工作边准备考研。

2002年,丁未以优异的成绩考上了该大学文史类的研究生,主攻文史方面的课题。

可是上苍又一次将厄运的魔爪伸向了他,进入校园不久,他的癌细胞开始向肺部转移。而他选择的课题非常难,非常累人,但是他从没有退缩过。

2005年6月,丁未迎来他的论文答辩,同时也是他生命的最后阶段,面对学校为他制定的病房答辩方案,他毅然选择了回学校答辩。

在完成答辩一个星期后,这个坚强的年轻人带着微笑,离开了这个世界。临走时,只留下了两个字:“谢谢。”他带着感恩的心来到了这个世上,又带着感恩的心离开了这个世界。

年轻气盛时,我们拥有的是执着,是热情,是倔强,当我们的热情耗尽了,疲惫了,不再意气用事了,难道我们就开始怀疑以前的所做不对吗?开始放弃吗?命运给了每个人一段足够长的时间去行走,我们无法改变生命的长度,所以只能去改变它的宽度,尽量多去为这段旅程做一些事情,这样的决定和付出我们该后悔吗?生命是不能回头的,困难时就给自己一个坚强的理由吧!

孙杰是一位可歌可泣的坚强女人,原本她有一个幸福的家庭,可是丈夫在一次车祸中高位截瘫。开始她抱怨命运的不公,跟她开了这样一个玩笑。但不久,她为了不让这个幸福的家庭毁掉,就坚强地挑起了伺候丈夫和养家的重担。

十年来,她一心一意侍奉丈夫,每天除了上班就是为丈夫按摩、擦洗等等。每天都对丈夫说些鼓励的话语,使他每天坚持锻炼,经过十年的治疗和锻炼,再加上健身器的辅助治疗,终于使丈夫从一名高位截瘫病人变成今日生活可以自理的正常人。

在此期间,孙杰为丈夫付出了很多,有时赶上丈夫心烦,就经常受到丈夫的责骂。但孙杰给了自己坚强的理由,不管今后的人生道路是否平坦,都要坚强地好好活下去,让生活变得更精彩,自己变得更坚强。

坚强的人是不怕输的,要越挫越勇,只要自己努力,无论成功与否,人生是不会留有遗憾的。

王勇是一名成功的男人,他有着令人羡慕的财富和办事能力,他待人真诚、亲切,浑身上下散发出积极向上的力量。跟他在一起，让人觉得生活特有奔头，再大的挫折也能跨过去。他的成功，就是不怕输。也正是这股精神，才使他事业成功。

1990年，王勇从黑龙江迁至青岛定居。他以前从事的是边境贸易，在销售方面比较在行，再加上他性格热情又善于沟通，所以他找了份市场推销的工作。他一开始是为消防实业公司推销消防器材，可这一行不太景气，于是他又跳槽到一家房地产公司做了一名销售代表。他认为，做地产销售一定要对客户负责，为客户提供最准确最及时的信息。于是他骑自行车跑了一星期，把青岛市里的房地产市场摸了个遍，回来后列出一张表格，将各家的地理位置、配套情况、面积、物业管理、能否按揭等情况逐一列出，在向客户介绍时，他很快就令客户信服了。对于那些在他这里没有找到合适房子的客户，他又热心地为他们提供信息，指出哪里有他们需要的房子。就这样，凭着自己的真诚与厚道，他很快就有了一大批稳定的客户关系，甚至还有大批客户给他带来回头客。因此，他的销售业绩呈直线上升，一年之后，他就被升为销售主管。后来，因公司信誉的原因，他毅然决定离开。

一次偶然的机会，王勇在建材市场上看到有胶合板出售。他想到自己老家也产这种胶合板，这可是个好机会。他马上托朋友从老家带来胶合板样品，拿到建材市场给买主看。对方看了后，对样品比较满意，就向他订了一批。王勇很高兴，马上凑了10多万元，以付一半赊一半的形式从老家发来两车皮胶合板。货到后，由于先前的买主欺负他没经验，便趁此机会向他压价。他简直是气疯了，又没有任何办法。他坚强地挺了过来，决定即使这些货全砸了，也不让奸商得逞！于是他租了间房子把货囤了起来，然后四处寻找新的买家。同时，采取“以货易货”的办法，把胶合板换成了家具。经过他的一番努力，生意虽然没有赔钱，却让他劳心劳力，还奔走忙碌了近一年半的时间。

坚强的人是不怕输的，敢干也敢输。他看准山东作为一个产棉大省，在家饰这块却没有自己的著名商标，主要以出口加工为主。于是他决定做家饰。在这期间，王勇又一次次地失败，但他却是越挫越勇，最后终于成功了。他的产品进了青岛、北京各大商场，并在山东省有了三家加盟店。

有这样一句歌词：“有时候我也会碰到不如意，宁愿哈哈大笑，也不要哭哭啼啼，不要浪费时间一直躲在后悔里，要找回那颗不认输的心。”它告诉我们，要坚强地去面对生活中的种种不如意，不要去逃避，更不要让意志消沉下去。

自强者终能得救

在通往目标的历程中遭遇挫折并不可怕，可怕的是因挫折而产生的对自己能力的怀疑。其实，挫折并不能证明什么，因为我们是人而不是神，我们不可能十全十美。相反，我们能力的大小，只有在经受了各种各样的考验之后方能证实。挫折就是这样一种必须经受的考验，它可以提醒我们去寻找和发现我们自身的不足之处，然后对它们进行弥补和改善。挫折使我们有了这样一种机会：让我们清醒地认识到事情是如何朝着失败的方向转变的，以使我们在将来能够避免因重蹈覆辙而付出更加高昂的代价。

最重要的是，挫折还使我们看清了自己在通往目标的道路上有一个必须去加以征服的敌人，这个敌人不是别人，他就是我们自己。人类最杰出的成就经常是在战胜自我的同时被创造出来的。

艰难困苦对生活的强者来说,犹如通向成功之路的层层阶梯,而对生活的弱者来说却是万丈深渊。生活告诉我们这样的哲理:“在人类的历史上,成就伟大事业的往往不是那些幸福之神的宠儿,却反而是那些遭遇诸多不幸却能奋发图强的苦孩子。”

古往今来有许多这样的例子。

德国大作曲家贝多芬由于贫困没能上大学,17 岁时得了伤寒和天花,之后,肺病、关节炎、黄热病、结膜炎又接踵而至,26 岁时不幸失去了听觉,在爱情上他也屡屡不顺。在这种境遇下,贝多芬发誓“要扼住命运的咽喉”。在与命运的顽强搏斗中,他的意志占了优势,在音乐创作事业中,他的生命重新沸腾了。

英国诗人勃朗宁夫人 15 岁就瘫痪在病床,后来靠着精神的力量同病魔顽强搏斗,39 岁时终于从病床上站了起来。她写的《勃朗宁夫人十四行诗》一书驰名于世界。

德国天文学家开普勒,是个只在母腹中呆了 7 个月的早产儿。他一降生,就连遭不幸:天花使他成了麻子,猩红热又弄坏了他的眼睛。父母双亲对这个多灾多难的小生命也没有爱和温暖,不愿负责任。陪伴着他度过一生的,除了宇宙和星辰,剩下的就是贫困和疾病。

早在孩提时代,开普勒的求知欲和上进心就极为旺盛,他的学习成绩一直在同学中遥遥领先。正当瘦弱多病的开普勒尽情地遨游在知识海洋的时候,不幸的事情又降临到他的头上:父亲因为负债,不能继续供他读书。失学之后,他只得到自家经营的小客栈里提酒桶、打杂。但是,他始终没有放弃学习。

成家之后,开普勒更加发愤地从事他在天文学方面的研究。他把自己写的书寄给远在布拉格的天文学家第谷·布拉赫。布拉赫对他很关注,回信表示欢迎他去布拉格。

去布拉格的路程是遥远的,妻子担心开普勒的身体受不了,劝他放弃此行,他坚毅果断地说:“无论怎样我们一定要去!”

途中,开普勒病倒了。在一家乡村小客栈里,他们住了几星期。带的一点点路费早就花完了,病人要买药,妻儿要吃饭,而周围又没有一个亲人。绝望中,开普勒只好向第谷·布拉赫求救。多亏这位同行慷慨相助,雪中送炭,这才使他一家活着熬到了布拉格。

在布拉格,开普勒竭力研究火星,想得到它的秘密。这个时期,是他一生中最快乐的时光。可惜,好景不长,他的良师益友布拉赫溘然长逝。这不仅在事业上使开普勒受挫,而且他一家的生活也因此又陷入困境。

有人说:“开普勒的一生,大半是孤独地奋斗……布拉赫的后面有国王,伽利略的后面有公爵,牛顿的后面有政府,但是开普勒的后面只有疾病和贫困。”

然而,没有任何阻碍能止住开普勒。他倒了,又站起来。他不断地失败,但是他把这些失败都收拾起来,建成一个高塔,终于抓到了天体运动的三大定律。

生活中有许多人做事最初都能保持旺盛的斗志,在这个阶段,普通人与杰出的人是没有多少差别的。然而往往到最后那一刻,顽强者与懈怠者便各自显示出来了,前者咬牙坚持到胜利,后者则丧失信心放弃了努力,于是便得到了不同的结局。

一个人可能会由于家庭、身体等种种原因而感到失意,但只要他内心深处坚信自己是能够有所作为、能干一番事业的,这样,他就会产生战胜困难、向命运挑战的巨大勇气,而他的社会价值,也终会在所从事的事业中实现。18 世纪德国诗人歌德用 26 年的时间完成了一部不朽名著《浮士德》。作品完成后,他的秘书请他用一两句话概括作品的主旨,他引用浮士德的话说:“凡是自强不息者,终能得救!”

学会适应磨难

在一个小区的楼群里，住着两位很特别的人，33号住着一位年轻人，左邻32号是个老人。

老人一生相当坎坷，多种不幸都降临到他的头上：年轻时由于战乱几乎失去了所有的亲人，一条腿也在空袭中不幸被炸断；"文革"中，妻子忍受不了无休止的折磨，最终没能和他同舟共济，并跟他划清了界限，离他而去；不久，和他相依为命的儿子又丧生于车祸。

可是在年轻人的印象之中，老人一直爽朗而又随和。

而隔壁邻居的那个年轻人却与之相反，常常是愁眉苦脸，什么时候都显得很忧郁。当他听别人讲32号那个老人一生中的经历以后，就想和老人聊聊。于是年轻人便找了个机会到了老人的家里聊起了天，并把他的愁事跟老人说了。老人并没有说什么，只是笑。

年轻人终于忍不住了，便问："您经受了那么多苦难和不幸，可是为什么看不出您悲伤呢？"老人无言地将年轻人看了很久，然后，将一片树叶举到年轻人眼前：

"你瞧，它像什么？"

"这也许是白杨树叶，而至于像什么……"年轻人答道。

老人拿着手中的树叶对年轻人说："你能说它不像一颗心吗？或者说就是一颗心？"

这是真的，是十分类似心脏的形状。年轻人的心为之轻轻一颤。

"再看看它上面都有些什么？"老人继续说道，一边说着，一边把手中的树叶更近地向年轻人凑凑。年轻人清楚地看到，那上面有许多大小不等的孔洞，就像叶子中间被针扎了很多次似的。

老人收回树叶，放到手掌中，用沉重而舒缓的声音说："它在春风中绽出，在阳光中长大，从冰雪消融到寒冷的秋末，它走过了自己的一生。这期间，它经受了虫咬石击，以致千疮百孔，可是它并没有凋零。它之所以享尽天年，完全是因为对阳光、泥土、雨露充满了热爱，对自己的生命充满了热爱，相比之下，那些打击又算得了什么呢？"

老人最后把叶子放在年轻人的手里，然后说："这答案交给你啦，这是一部历史，更是一种哲学啊。"

如今，年轻人仍完好无损地保存着这片树叶。每当年轻人在人生中突遭打击的时候，总能从它那里吸取足够的冷静和力量，不论在怎样的艰难之中，总能保持一种坚强的精神。

人活一世，总会遇到诸多风雨和磨难，无论这是生活对你的考验还是磨砺，你都要经得起折腾，这是成大事所必需的。

坚强是风雨中的美丽

一位失意的年轻人曾向自己过去的一位老师诉说自己是如何如何不幸。老师递给他一颗花生，说："用力捏它。"年轻人用力一捏，花生的壳便碎了，剩下了花生仁。然后，老师叫他再搓搓它，结果，花生的红衣也被搓掉了，只留下了白白的果实。

老师叫他再使劲捏捏，年轻人迷惑不解，但还是照着做了。可是，不论他如何用力，却怎么也捏不碎这粒花生仁。老师同样叫他再搓搓，结果还是搓不烂这粒花生仁。

最后，老师语重心长地告诫年轻人："虽然屡受打击与磨难，失去了很多东西，也改变了许多东西，但始终都要拥有一颗坚强不屈的心。这样才会最终实现梦想。"

一个人的一生不可能总是一帆风顺的，总会遇到各种各样的困难与挫折，就像唐僧必须在经过九九八十一难之后，才能求取到真经。如果在困难与挫折中失去了前进的方向，失去了前进的动力，那么，不管是做人还是做事，都是不会成功的。大凡有所成就的人，大部分都是从苦难中经历过来的。

霍英东便是在不断地被雇佣与不断地被解雇之中学会了坚强，让自己在挫折面前迸发出惊人的力量来。

太平洋战争爆发后，日军迅速占领了香港。这时，霍英东的母亲和人合伙购置的"兴和"小货轮被日军征用了，生活没着落，他也被迫失学了。和当时许多人一样，初时靠摆卖家里的衣服杂物度日。不久，生活又逼着他到轮船上去做伙计。轮船是烧煤的，他做铲煤工，这是他的第一个职业，那时他才 18 岁。

霍英东干得非常吃力，回到家里全身骨架像散了似的，倒下就呼呼入睡了。他只干了 9 个月，在老板裁员时被解雇了。

不久，霍英东花了 10 元日本旧军票，托人介绍到太古船坞抡大锤打铁。霍英东虽然当过火夫，但还是干不了这种要求极严的重活。接着又有人叫他转到风炮铆钉处，霍英东抡起那啪啪直叫的风炮，震得双手一直打抖。于是，又被解雇了。

1942 年夏天，日本军队扩建启德机场，征集大量劳工，霍英东经在机场里做事的朋友介绍，进了机场当苦力。而霍英东从他家所在的湾仔乘车到机场，路费就得要八角钱！霍英东没有办法，只好多吃苦跑路，省下这笔交通费。他每天天不亮就起床，步行赶到码头，花一角钱渡过海，然后骑车赶到机场上班。劳工们干的都是苦力活，挖石抬土，消耗很大，但食物却很少，一天只能吃到一碗粥和一块米糕。霍英东总是感到又累又饿。有一天，工头让他去搬重达 50 加仑的煤油桶，结果被砸断了一根手指！工头也是中国人，出于同情，把霍英东调去学做汽车修理工。可是没过多久，喜欢冒险的霍英东自己试开汽车，结果把车撞坏了，又被炒了鱿鱼。

不久，霍英东进了太古糖厂，在化验室工作。他做惯粗工，笨手笨脚的，常常把玻璃器皿打碎。想多学点儿技术，常常弄出点儿事。一次，和另一学生仔用硫酸学制氢气，并用火点燃，氢气与空气中的氧气混合，轰隆一声巨响炸开了，他满脸玻璃碎片。糖厂的人以为是炸弹爆炸，结果又被厂方辞退了。

那几年中，霍英东简直像俗话说的那样，倒霉人喝水都塞牙。有一天，他听说日本人高价收购海草制造药材，于是用经商的积蓄买了一艘大摩托艇，在炎热的夏天，带着 80 个渔民到东沙群岛上去采集海草。由于荒岛上缺乏淡水、缺乏食物，而温度又高达 40 多度，他们过着地狱般的生活，苦苦熬了半年，结果打回的海草卖的钱，刚刚能够开支，连一分钱都没赚到！

不过，早年的艰辛和挫折，并没有打垮霍英东，他却在不断的失败中，吸取了教训，学会了坚强，坚信自己总有崛起的一天！

当时，在湾仔附近，有一家不大的杂货店，那是他母亲和 13 个合伙人共同买下的，霍英东曾在那里负责管理店务。那个店虽然小，生意并不差，有时他必须面对十几个顾客，应酬稍不周到，顾客就会掉头离去。他尽量做到眼快、嘴快、手快，留住顾客，做好生意。这种实际训练培养了他灵活的处事方法和敏捷的算术头脑，为他以后做大生意打下了坚实的基本功。小店早晨六点就开门，晚上十点才关门，没有星期天，没有节假日，甚至晚上打烊时还留着一扇小门，以备顾客的临时需要。这样做，霍英东自然非常辛苦，但小店的经营却很红火。

在这段日子里，霍英东起早贪黑，奔波劳碌，但“那是经营生意的好训练”。由于他细心精明的经营，杂货店的生意日渐兴隆。这段生活，对霍英东是很好的磨炼，他从中获得经营管理的良好训练，培养了坚强的意志和灵活的处事方法。

勇敢地直面挫折，是一种灿烂的美丽，坚强也是一种美丽。

明菲是一所师范大学的学生，她来自一个贫困的农村家庭，和所有的贫困生一样，她从接到录取通知书的第一天起，就开始为如何筹集学费、生活费而发愁，但是艰难的求学之路，并没有挡住她前进的脚步。

她带着没有凑齐的费用上路了，到学校的时候，她申请了一笔助学贷款，但是为数不多的贷款仅仅让她不再为学费发愁而已，生活费等还是一笔很大的开支。因此，她决定去打工来维持自己的开支。她先后在校外找了几份兼职工作，可是因为她刚刚步入社会，没有什么经验，不是被黑中介骗了钱，就是被公司克扣工资。

最后，她不仅没有赚到钱，还白搭进去了一些钱。但是她还是没有放弃，听师哥师姐们说做家教可以赚钱，于是她便到附近的学校门口，推销自己。苦心人，天不负。她终于找到了她的第一份工作——周末给一个六年级的女孩辅导功课。

系里听说了她的情况后，便给她提供了一个勤工俭学的机会——让她承包打扫教室。每天五点，明菲就从床上爬起来，拎着扫帚和拖把去教室干活了。

而在打扫教室的过程中，明菲发现同学总是把很多饮料瓶、废纸放在桌厢里，要知道这在老家可以卖很多钱的。于是，她把它们都收集起来，准备卖给废品站。

坚强的明菲，为了省下一元钱，回家时，她总是从学校走到火车站，返校时，同样是步行回到学校。

而她的生活费用低得也是不能再低了，每个月仅仅60元。看到同学们用现代化的电脑轻松地搜集资料的时候，她只能用最为原始的抄写方法整理自己的资料，在大学四年间，她在书店和图书馆摘抄的文字达到百万。

经济的贫困并没有压倒这个坚强的女孩，这个物欲横流的社会，丝毫没有对这个坚强的女孩产生影响。

在学校里，明菲从不因为自己穷，就觉得比别人矮一等。她时刻用《简·爱》中的话：“我们站在上帝的面前是平等的”来鼓励自己。她收废品的工作也从来不会背着别人进行，而是用快乐的笑容面对所有的同学。她身边的同学都觉得明菲非常坚强，都不由得对这个坚强的女孩生出一分敬意来。

人人都向往蝴蝶在天空翩翩起舞的时候，可是又有几个人知道破茧时那生死之间的痛苦？而明菲却是用坚强掩盖了这份痛苦，为自己插上了一对远行的翅膀。

挫折如同一块大石头，如果你处理得不好，它就会变成你人生前进道路上的拦路虎，成为真正的绊脚石；而如果你将挫折化为动力，那么它便会成为你人生的垫脚石，给你以无穷的力量，磨炼你的毅力，助你走向成功。

懂得接受苦难

人生的路程与苦难分不开,我们应该懂得接受苦难。会接受苦难,苦难就成了上帝赐的化装了的福庇;不会接受苦难,苦难就真的成了难当的重担。

人生总有迂回曲折,伴随着你的成长过程,还会遭遇更多的挫折,这就是人生的现实。在这些人生的转折关头,实际上应该如何去看待,进而如何去应付,就全看你自己了。你可以把它当作是一种"挑战";或者,你也可以像大多数人一样,把它当成是时运不济、危机、灾难,而不想再尝试一次,并把它作为自己失败的借口。

在失望面前,你必须坚强起来,冷静面对失望。失望与快乐,都是人生的一部分。如果你今后在希望落空时,不能把它视为仅是一时的退却或应该克服的考验,反而当作是毫无道理的大失败,那么你将会被失败所击溃!这一点你应该铭记在心。只有当你甘心承受失败,并且失去再尝试的意愿时,才是真正的失败。

有许多年轻人,遇到障碍的时候,便对所追求的事业心灰意冷。他们退缩下来,说命运是冷酷的,逐渐地变成胆小的人,这实在是很遗憾的事。真正重要的,并不是我们人生中的偶发事件,而是我们如何面对这些偶发事件。面临困境时,就是你向命运挑战的时候,要有拒绝失败的勇气。当然,打消念头,退缩放弃是很容易的,多数人在日常生活中也证实了这一点,但是这些人恐怕不是你所希望成为的。拒绝失败的人,在一个地方吃了闭门羹,会敲另外一扇门,一次又一次不断地敲门,直到被接受为止。在年轻时能学习这样处世的人,一定会获得成功的。

检验一个人的品格,最好是在他失败的时候,看他失败了以后将会怎样。失败能唤起他的更多的勇气吗?失败能使他发挥出更大的努力吗?失败能使他发现新力量,挖掘潜在力吗?失败了以后,是决心加倍的坚强还是就此心灰意冷?

爱默生说:"伟大、高贵人物最明显的标志,就是他坚韧的意志,不管环境如何恶劣,他的初衷与希望不会有丝毫的改变,并将最终克服阻力达到所企望的目的。"

跌倒以后,立刻站立起来,向失败夺取胜利,这是自古以来伟大人物成功的秘诀。

有人问一个小孩,怎样才能学会溜冰。小孩回答:"每次跌倒之后,立刻爬起来!"促使个人成功或军队胜利的,实际上也是这种精神。跌倒算不得失败,跌倒后不站起来才是失败。

要善于检验你人格的伟大力量。你应该常常扪心自问,在除了自己的生命以外,一切都已丧失了以后,在你的生命中还剩余些什么?即在遭受失败以后,你还有多少勇气?假使你在失败之后,从此振作不起来,放手不干而自甘屈服,那么别人就可以断定,你根本算不上什么人物;但假如你能雄心不减、进步向前,不失望、不放弃,则人家可以知道,你的人格之高、勇气之大,是可以超过你的损失、灾祸与失败的。

或许你要说,你已经失败很多次,所以再试也是徒劳无益;你已经跌倒的次数过多,再站立起来也是无用。对于永不屈服的人,绝没有什么失败!不管失败的次数怎样多,时间怎样晚,胜利仍然是可期的。

有些人虽然已丧失了他们所有的一切,然而他们还不算是失败,因为他们仍然有着不可屈服的意志和永不颓丧的精神。

人格伟大的人,对于世间的成败荣辱,不甚介意。虽然灾祸和失望频频降临,他总能超越和克服它们,并且从来不会失去镇静。在暴风雨猛烈的袭击中,心灵脆弱的人唯有束手无策,而他的自信精神却依然存在；伟人可以克服外界的一切干扰，使之不为害于己。

“什么是失败？”《从失败到成功的销售经验》的作者弗兰克·贝特格说，“不是别的，失败只是登上较高地位的第一台阶。”许多人之所以成功，就是受赐于先前的屡屡失败。假使他没有遭遇过失败，他恐怕反而不能得到大胜利。对于有骨气、有作为的人，失败反而足以增加他的决心和勇气。

对于那自信其能力，而不介意暂时成败的人，没有所谓失败！对于怀着百折不挠的意志、坚定目标的人，没有所谓失败！对于别人放弃而他仍然坚持，别人后退而他仍然前进的人，没有所谓失败！对于每次跌倒立刻站起来，每次坠地反会像皮球一样跳得更高的人，没有所谓失败！

如果在连续三次跌倒之后你还能顽强不息地奋斗，那么你就可以不必怀疑自己在选定的领域内可能成为一位杰出人物。

重新理解“失败”的意义

通常情形下，“失败”一词是消极性的。但拿破仑·希尔将这两个字赋予一个新的意义。因为这两个字经常被人误用，而给数以百万计的人带来许多不必要的悲哀与困扰。

他解释道：“这里，先让我们说明‘失败’与‘暂时挫折’之间的差别。且让我们看看，那种经常被视为是‘失败’的事，是否在实际上只不过是暂时性的挫折而已。还有，这种暂时性的挫折，实际上就是一种幸福，因为它会使我们振作起来，调整我们的努力方向，使我们向着不同的但更美好的方向前进。”

不管是暂时的挫折还是逆境，都不会在一个人意识中成为失败，只要这个人把挫折当作一种教训，事实上，在每一种逆境及每一个挫折中都存在着一个持久性的大教训。而且，通常说来，这种教训是无法以挫折以外的其他方式而获得的。

挫折通常以一种“哑语”向我们说话，而这种语言却是我们所不了解的。

如果这种说法不对的话，我们也就不会把同样的错误犯了一遍又一遍，而且又不知从这些错误中吸取教训。

也许，拿破仑·希尔能协助我们解释挫折意义的最佳方法，就是带你回顾他本人将近30年的亲身经历。在这段时间里，曾经七次遭遇转折点——也就是一般人通称的“失败”。在这7次转折中的每一次，他都以为自己遭遇了令人沮丧的失败。但后来，拿破仑·希尔明白，看起来像是失败的，其实却是一只看不见的慈祥之手，阻挡了他的错误路线，并以伟大的智慧强迫他改变方向，向着对他有利的方向前进。在他的《成功学全书》中，拿破仑·希尔跟大家分享了这七次转折点。

第一个转折点：

拿破仑·希尔自一所商业学校毕业之后，找到了一个速记员兼簿记员的工作，并且一连干了5年之久，由于一直奉行那种“任劳任怨、不计酬劳”的原则，因此，拿破仑·希尔晋升得很快，所获得的薪水及所负的责任，都超过了他当时年龄的标准。他的银行存款达到几千元，很多人竞相聘请他。

为了对抗这些竞争者的争相聘请，拿破仑·希尔的老板把他提升为该矿业公司的总经理。他很快就达到了“世界的高峰”。

但这却是他命运中的悲哀部分——拿破仑·希尔本人也知道。

接着,命运之神伸出和善的双手,轻轻推了他一下。拿破仑·希尔的老板宣告破产,他则失去了工作。这是拿破仑·希尔第一次遭遇的挫折。

第二个转折点:

他的第二项工作是在南部的一家大木材厂担任销售经理。他对木材一无所知,对于销售管理亦所知不多。但拿破仑·希尔已经懂得任劳任怨、不计报酬的道理,而且他也知道,应该主动去发现工作来做,不等待别人来指挥自己做什么。银行中的丰厚存款,加上他在以前工作中不断晋升的优良纪录,令拿破仑·希尔产生了所需要的一切自信心。

拿破仑·希尔在新公司晋升很快,在第一年内,他的薪水已经增加了两次。他在管理销售方面的表现太优秀了,因此,老板邀请拿破仑·希尔和他合伙。他们立刻就开始赚钱,拿破仑·希尔又再度觉得自己是处在“世界最高峰”了。

站在所谓的“世界最高峰”,能够使人得到一种十分良好的感觉。但是,那却是一个很危险的站立地点,除非你站得很稳。因为如果你站得不稳,你将会摔得十分惨痛。

就如同晴天霹雳一般,1907 年的大恐慌降临在他身上。在一夜之间,大恐慌就毁掉了他的事业,夺走了他所拥有的每一分钱。

1907 年的大恐慌,以及它所带来的挫折,使拿破仑·希尔从木材业转行去研究法律。在这个世界上,除去挫折之外,没有任何事物能够造成这种结果。

第三个转折点:

拿破仑·希尔上了法律学校的夜间部,白天则去当一名汽车推销员。他在木材业的销售经验在这时候帮了大忙。他很快就发达起来,销售成绩很好,使他获得了进入汽车制造业的良好机会。他注意到,汽车厂十分需要受过专业训练的汽车技术工人。因此,拿破仑·希尔在汽车厂内开办了一个训练部门,开始把一般的工人训练成为汽车装配及修理技工。这所训练班成效极为良好,每个月给他带来 1000 多元的纯收益。

于是,拿破仑·希尔再度觉得自己又“功成名就”了,当时他依旧认为,所谓的成功就是金钱和权势而已。

他存款的那家银行的经理知道他的情况良好,因此就借钱给他扩展业务。

这位银行经理不断借钱给他,使他债台高筑,到最后再也还不起。然后很镇静地把拿破仑·希尔的事业接收过去,仿佛它本来就不是属于自己的,而事实上也的确如此。

拿破仑·希尔从一个每月有 1000 多美元收入的人,突然间又变成了一文不名的穷人。

一切美好的景象突然消失了,金钱与权势也随之烟消云散。一直到许多年之后,拿破仑·希尔才发现,这种暂时性的挫折,可能就是他一生中所遭遇的最大幸运了,因为它强迫拿破仑·希尔退出这样一个既不会增加自己的知识,也不会协助增加他人知识的行业,而把他的努力方向转变到另一种行业,使他获得他所需要的丰富经验。

在一生当中,拿破仑·希尔第一次问自己,一个人在功成名就之后,是否能够找到金钱与权势之外的其他有价值的事物。但这种疑问只是偶尔出现在他的脑海中,而且他也未一路追踪下去获取答案。

在经过最艰苦的一次挣扎之后,拿破仑·希尔终于接受了这次暂时的挫折,而且错误地认为它是“失败”。然后就进入他一生当中下一个转折点。

第四个转折点:

由于妻子娘家的帮忙,拿破仑·希尔立刻又得到了一项工作,担任一家世界上最大的煤矿公司的首席法律顾问的助手。他的薪水比一般新手多得太多了，和他对该公司的价值相比真是不成比例。

对于这项工作，拿破仑·希尔足可愉快胜任。但拿破仑·希尔并未和朋友做过任何商量，也未事先提出警告，就辞职了。

他之所以辞掉那项工作，是因为那项工作太容易了，他轻松愉快就足以胜任。拿破仑·希尔发现自己即将养成懒惰的习惯，他知道，紧接着，自己就要退步了。他在公司里面的朋友太多，因此，他没有必要努力工作，以求表现。四周都是他的朋友和亲戚，而且自己还拥有一项终身保障工作。他心想："我还需要什么呢？"

"什么也不需要！"他开始这样告诉自己。

就是这种态度，使拿破仑·希尔觉得自己已经在逐渐退步了。为了某种他至今仍然不知道的原因，拿破仑·希尔采取了在许多人看来疯狂的举动——辞职。尽管他在当时可能对其他行业极其无知，但拿破仑·希尔却很感激他竟然有足够的判断力去体会只有经由不断努力和奋斗才能产生的力量与成长，这种力量与成长如果停止了，就会造成虚脱与腐败。

他选择芝加哥作为开创新事业的地点。这样做是因为，他相信，在芝加哥这个地方可以看出一个人是否具备在这个竞争激烈的世界中生存所必要的条件。拿破仑·希尔下定决心，如果自己在芝加哥从事的任何行业中，能够获得一些成就，那就证明自己具有可以发展成为真正能力的潜能，这就是一个很奇怪的逻辑过程。

在芝加哥，他的第一个职位是一所规模函授学校的广告经理。他对广告所知不多，但他以前有过担任推销员的经验，再加上他任劳任怨、不计报酬，因此拿破仑·希尔得以有杰出的表现。

第一年，他赚了5200美元。

拿破仑·希尔很快就"东山再起"了。慢慢地，成功的美景又开始在拿破仑·希尔四周盘旋，他再度看到成堆的钞票就在伸手可及的地方。盛宴之后就是饥荒，历史上有很多这种证据。拿破仑·希尔很高兴享受了一顿丰盛的大餐，却未预料饥饿将随之而来。工作得相当不错，因此得意扬扬，对自己极为欣赏。

自我陶醉是一种很危险的心境。有一种伟大的真理是许多人所不知道的，必须等到时间老人把柔软的双手按在他们肩上之后，他们才会恍然大悟。有些人却永远不会获知这种真理，而真正知晓这种真理的人，最后终会了解挫折的"哑语"。

第五个转折点：

在这家函授学校担任广告经理时，拿破仑·希尔的表现极为良好，因此，这家学校的校长说服拿破仑·希尔辞去了这项工作，和他的合伙人从事糖果制造业。他们成立了贝丝—洛丝糖果公司。拿破仑·希尔出任该公司的第一任总裁。

他们事业扩展极为迅速，不久，就在18个城市中成立了连锁店。糖果事业的利润极高，于是拿破仑·希尔又认为自己已经接近成功了。

一切进行得十分顺利，但拿破仑·希尔的合伙人和他们邀请入伙的另外一位合伙人，却暗中策划，阴谋吃掉拿破仑·希尔在公司中的股份。

从某一方面来说，他们的计划成功了，但拿破仑·希尔的反抗远比他们所想象的更不好对付。所以，他们利用伪造的罪名，使拿破仑·希尔被捕，然后提议撤销这些控告，条件是拿破仑·希尔必须把股份让给他们。

第一次开庭即将开始之前，拿破仑·希尔的证人竟然消失不见。但拿破仑·希尔还是想法子找到了他们，强迫他们站到证人席上，发表他们的证词，结果拿破仑·希尔获得胜诉，并向法院提出反诉，要求诬告者赔偿损失。

这场官司使得拿破仑·希尔和他的合伙人之间的关系完全破裂，最后并使拿破仑·希尔赔光了自己在这家公司所有的股份。

拿破仑·希尔的损失赔偿是所谓的"民事侵犯"行为，他可以因受诬陷要求赔偿。在伊利诺伊州——也就是这项行为发生地法律规定，如果赔偿判决成立，赔偿者可要求将被告关进牢房，直到他们付清赔款后，再予释放。

不久，拿破仑·希尔就获得胜诉，法院命令他的合伙人须付出赔偿。拿破仑·希尔可以要求把他们两人关入牢中。

这是拿破仑·希尔生命中，第一次有机会对敌人进行重重反击。因为已经拥有了一种厉害的武器——而且，这种武器是由敌人们亲自交给他的。

当时的感觉是十分奇怪的。最后拿破仑·希尔终于决定宽恕他们。

但在拿破仑·希尔尚未做出决定时，命运之神已开始严厉惩罚这些企图毁灭他的坏人，其中一位被判了很长的徒刑，因为他对另外一个人犯下一种罪行；而另外一位合伙人则沦为穷光蛋。

在谈到生命中的下一个转折点之前，拿破仑·希尔提醒我们注意这个意义重大的事实，即每一个转折点皆使他更为接近成功的终点，并为他带来某些极为有用的知识；并且，这些知识成为他生活哲学中永远存在的一部分。

第六个转折点：

这个转折点，可能比任何其他各次的转折点，都使拿破仑·希尔更为接近成功的终点。因为，它使拿破仑·希尔发现，必须把自己所学会的遍及各行各业的知识加以利用。在他的糖果事业的成功美梦破产之后不久，这个转折点立即就出现了，拿破仑·希尔转移到中西部一家专科学校教授广告与推销技巧。

教学事业一开始就很成功。他在这所学校里开了一门课，同时主持了一所函授学校，几乎在世界上每个英语国家中，都有他的学生存在。尽管其间经历了世界大战的破坏，教学事业仍然蓬勃发展，拿破仑·希尔再度认为自己又接近了成功的终点。

接着，来了第二次征兵，把学校中的大部分学生都征召入伍了，几乎使学校因此而关门。在那一瞬间，他损失了7500多美元的学费，同时，自己也投入了为国家服务的行列。

拿破仑·希尔再度成了一文不名的穷光蛋。

从来不曾尝过一文不名的刺激滋味的人，是相当不幸的。因为，诚如波克所说的，贫穷是一个人所能获得的最丰富的经验。不过，他也建议说，一个人在获得这个经验后，要尽快地将它摆脱掉。

拿破仑·希尔当时已达到事业中最重要的一刻，人到这一地步，不是永远失败下去，就是鼓起新的精神，东山再起，获得更大的成就。这完全决定于他们如何解释过去的经验。如果拿破仑·希尔的生活经验故事在此停止，将对你毫无价值，但拿破仑·希尔另外又写了更重要的一章，详细说明生命中的第七个转折点，也是最重要的一个转折点。

经过拿破仑·希尔前面对这六项转折点的叙述，你一定可以很清楚地看出，到这时候为止，拿破仑·希尔在这世界上并未真正地占有一席之地。你也一定可以很明显地看出，拿破仑·希尔的这些暂时性的挫折，绝大多数都是由于这个事实所引起的：尚未找到一项可以投入全心全力的工作。要找一个最适合自己，以及自己最喜欢的工作，就像是要找一个自己最喜欢的人：这种寻找是没有规则可循的，但是，一旦接触上了，我们立刻就会发现。

第七个转折点：

那一天是第一次世界大战的停止日——1918年12月11日，这场战争使拿破仑·希尔一文不名，但他还是感到很高兴，因为人类的大屠杀已经结束，人类文明再度恢复了理智。

站在办公室的窗前，望着外面欢欣鼓舞的群众正在热烈欢呼，庆祝大战结束。拿破仑·希尔的思想却回到昨天，他的整个过去，包括辛酸与甜蜜，高兴与沮丧，一一浮现在眼前。

另一个转折点的时间来到了。

拿破仑·希尔在打字机前坐了下来，出乎意料之外，他的双手竟然开始在打字机的键盘上敲出有规律的音调来。他以前的写作从来不曾像当时那样迅速及轻松愉快。他既未计划，也未想到要写些什么；他只是把出现在脑海中的一切全部写下来。

不知不觉中，他已经为自己一生当中最重要的转折点打下基础。因为，拿破仑·希尔当时所写的那篇文章，后来使他资助了一家全国性的杂志。这篇文章对他自己的事业，以及另外数以万计的人产生了相当大的影响。

在这篇文章中拿破仑·希尔写道：

"战争已经结束了。从这场战争中，将产生一种新的理想主义——一种以'黄金定律'哲学为基础的理想主义。这种理想主义将指引我们，不是要我们如何去剥削我们的人类同胞，而是要我们如何去服务于他，在他遭遇生活上的挫折时，解除他的困难，使他更幸福快乐。"

在这篇文章中，拿破仑·希尔还回忆了自己是如何从煤矿的一个普通矿工，跳升到最大一家矿业公司的首席顾问助理。而这一切都得要归功于他一直奉行的"任劳任怨，不计酬劳"的工作原则。

拿破仑·希尔自己的经验已经令他相信，只要我们一旦了解之后，失败的"哑语"是世界上最容易了解及最有效果的语言。

拿破仑·希尔本人深信，"失败"是大自然的计划，它经由这些"失败"来考验人类，使他们能够获得充分的准备，以便进行他们的工作。"失败"是大自然对人类的严格考验，它借此烧掉人们心中的残渣，使人类这块"金属"因此而变得纯净，使它可以经得起严格考验。

不屈服于命运的安排

在祝福的话语中，一帆风顺是最为常用的一个词语。但很多人也清楚地知道，这只是一个美好的愿望而已。如果非要把人生比作海上的波浪，那起起伏伏是再正常不过的事情。在一个成功者的眼中，不经历低谷和挫折的人生是不完美的。

没有人喜欢在低谷中生活，尤其是从高处跌落到低处的时候，一个人的心理反差是很大的。有的人觉得进入了低谷就到了万劫不复的境地了，有人却在低谷中咬紧牙关，挺过了那段最艰难的时光。

李嘉诚是公认的成功人士，但在他的心中，永远有一个信念，那就是把自己的命运掌握在自己手里。

面对别人对自己成功的赞誉，李嘉诚感慨地说："我从小就不相信命运，命运是掌握在自己手上的，在我小时候，抗日战争爆发，我们全家人都跑到香港避难，不久父亲病故，我在14岁时就不得不挑起家庭重担。我自己有肺病，但是那时候家里穷，为了省钱我一次医生都没有看过。那时的我每天都忍受着疾病带来的痛苦，我早上痰中有血，下午发热，所有症状我从没有对别人提起过，更不知道跟谁说，总之，那时候的日子实在是太艰难了。"

那个时候肺病还是非常难以治愈的疾病，甚至可以说是绝症。李嘉诚有次去照了X光片，竟然发现肺里面有好多的洞，都已经钙化了。李嘉诚吐血吐了很多，但是他依旧很乐观，每天都积极地奋斗着、努力着。21岁的时候，李嘉诚的肺病居然治好了。

那段往事在李嘉诚心里烙下了深深的印记，是他永远也不能忘却的经历。面对人生的低谷期，他没有选择低头，没有轻言放弃，而是毅然决然地坚持了下去，咬紧自己的牙关，战胜了困难，从而让自己奔向了成功。

人的一生充满了起起落落，如果说人的一生是在大海中航行，我们无法选择海上是风平浪静还是狂风骤雨。但我们必须明白，在风平浪静的时候，我们可以快速前进；在暴风雨中，我们则必须要咬紧牙关，带着船只挺过危机。因为暴风雨之后，大海将一片宁静。

在一个人的奋斗之中，失败和低潮是不可避免的，伟大人物如林肯，人们也只是看到他光鲜的一面，却没有看到他是如何度过了人生的低潮。

1809年，出生在寂静的荒野上的一座孤独的小木屋里。

1818年，9岁，年仅34岁的母亲不幸去世。

1831年，22岁，经商失败。

1832年，23岁，竞选州议员，但落选了。想进法学院学法律，但进不去。

1833年，24岁，向朋友借钱经商，年底破产。接下来花了16年，才把这笔债还清。

1835年，26岁，订婚后即将结婚时，未婚妻死了，因此心也碎了。

1836年，27岁，精神完全崩溃，卧病在床6个月。

1838年，29岁，努力争取成为州议员的发言人，没有成功。

1840年，31岁，争取成为被选举人，落选了。

1843年，34岁，参加国会大选，又落选了。

1848年，39岁，寻求国会议员连任，失败了。

1849年，40岁，想在自己的州内担任土地局长，被拒绝了。

1854年，45岁，竞选参议员，落选了。

1856年，47岁，在共和党的全国代表大会上争取副总统的提名，得票不到100张。

1858年，49岁，再度参选参议员，再度落选。

1860年，51岁，当选美国总统。

这份简单明了的简历具有一种震撼人心的力量。如果说一个人的低谷是暂时的，那么林肯的低谷是接近大半生。如果不看到他51岁当选美国总统，很多人都会觉得这是一个天生的倒霉鬼。但总是有一种力量在支撑着林肯度过最艰难的时光。

1942年出生在上海的荣智健，无疑是众人羡慕的贵公子。荣智健是中国当时最著名的红色资本家荣毅仁唯一的儿子。含着金汤匙出生的荣智健在上海住的是大房子，家里有多个佣人，有自己的中、西菜厨师，出门的时候都有专车接送。

1959年，荣智健考入了天津大学电机工程系，在上学的时候，家里条件虽然有所下降，但荣智健依然有条件请同学吃饭，在学校的小食堂，他依然有能力吃到排骨。上大学时期的荣智健，在同学眼中是一个明珠。在年轻的时候，荣智健的业余爱好是棒球，这是一项普通中国人闻所未闻的运动项目。作为当时为数不多的棒球运动员，荣智健还代表上海队和天津队参加过全国的比赛。

事情在“文革”发生了巨大的变化，在大学毕业后，荣智健首先到吉林长白山下的一个水电站实习，在长白山待了一年后，荣智健又被下放到四川凉山彝族自治州接受劳动教育。这段日子里，这位荣家的后人经历了上辈人无法想象的磨炼：这位从小被称为“荣公子”的荣智健每天和工人一起，抬路轨、搬大石、背着烧焊用的氧气瓶上山下山，在高空安装高压电缆……

在这段时间里，这位从小一帆风顺的少爷懂得了很多，学到了在顺境中学不到的知识。这段时间让年轻的荣智健读懂了各个阶层的人，也懂了生活和现实，更为重要的是，苦难的经历教会了荣智健不自私、随和、包容的心态。

苦难的经历让他更加的成熟，也为以后事业的发展打下了坚实的基础。他具有家族其他人所不具有的视野和忍耐，然后才成就了他现在的辉煌。

榜样的力量是无穷的，人生的低谷需要勇敢的人去越过。人生的苦难需要坚强的人去坚持。一个内心强大的人不会在乎低谷，因为他们坚信自己一定能够克服，一个具有坚定信念的人喜欢低谷，因为从低谷中走出后才能看得更高。

一位心理学家曾说：“挫折是成功的前奏曲，因挫折而一蹶不振的人，是生活的弱者，视挫折为人生财富的人，才会获得成功的桂冠。”的确，很多成功者都是在经过多次失败后，才获取成功的。

英国著名学者、作家迪士累利是在遭受了一系列失败的打击之后，才在文学领域取得了人生历程的第一个成就。他的作品《阿尔罗伊的神奇传说》和《革命的史诗》遭到了人们的冷嘲热讽，甚至有人骂他是个精神病患者，他的作品也被人们视为神经错乱的标志。但他毫不气馁，依然继续坚持不懈地从事文学创作，后来终于写出了《康宁斯比》《西比尔》和《坦康雷德》等优秀作品，被人们誉为文学精品，深受读者喜爱。

迪士累利作为一个杰出的演说家，但他在国会下院的首次演讲却以失败而告终，被人戏称为“比阿德尔菲的滑稽剧还要厉害的尖锐叫嚷声而已。”迪士累利虽然在乐队担任词曲作者，但他却雄心勃勃，一心想创作出一流的词曲作品来，可是他所创作的每一句词曲都得到了人们的“哄堂大笑”，悲剧《哈姆雷特》被他演奏成了与原剧的风格风马牛不相及的喜剧。

面对自己那充满学识的演说屡次遭到人们的冷嘲热讽，迪士累利苦恼之际，举起双臂大声向人们喊道：“我已多次尝试过很多事情了，这些事情都是在你们的嘲讽下最终取得了成功。我坚信今天的嘲讽只会令我更加努力。总有一天，你们听到我演说的时机会再次来到，到那时，也许该嘲笑的是你们！”

正如迪士累利所说，这一天果真来了。最终，迪士累利在世界第一次绅士大会上那扣人心弦的演讲，向人们展示了勇往直前的力量和决心将会干出多么杰出的成就，因为迪士累利就是靠辛劳和汗水获得了这样的成功。他不像许多年轻人那样，遇到失败和挫折就一蹶不振，就躲到阴暗的角落里再也不敢见人。

迪士累利不是这样的人，他遭受失败的打击后依然会继续努力，愈加奋斗不止，勇往直前。他认真地反思自己，抛弃过去身上存在的缺陷，发扬受公众欢迎的长处，孜孜不倦地练习演说的艺术,刻苦学习议会知识。为了成功。一次次地用“成功就是最大的报复”来鼓励自己。最后成功终于来了,虽然来得确实慢了点:最后议会同他一起欢笑,而不是嘲笑。早年失败的记忆自此从头脑里烟消云散,此时公众一致认为,他是议会里最成功和最有感染力的议长之一。

迪士累利在遭受挫折的打击后,不是消沉,而是愈加奋斗,直到取得成功。他的经历向我们揭示了这样一个真理:“成功只属于生活的强者!”而要做生活的强者,获得事业上的成功,就必须战胜人生道路上的艰难险阻,克服各种各样的挫折与困难。

美国国际商用机器公司(IBM)的创始人托马斯·约翰·沃森生于美国纽约州北部一个贫困的农民家庭。父亲是来自英国的移民,靠伐木和种地谋生。

17 岁时,沃森便赶着马车替老板到农户家推销缝纫机、钢琴和风琴。他整天奔波在崎岖的乡间小路上,挨门挨户兜售。开始,他对老板付给他每星期 12 美元的工资还挺满意。后来,他从另一个推销员那里得知,他实际上被老板骗了,因为其他推销员通常拿的是佣金,而不是工资,如果按佣金计算,他每个星期应得 65 美元。当他找到老板要求补发薪水时,却被告知公司已解雇了他,理由是他工作不努力。沃森虽然不服气,却又找不到说理的地方,他只好带着受挫的心离开家乡,来到大城市布法罗,希望能找到按佣金付酬的推销员工作。

当时正是经济萧条时期,城里的工作也相当难找。两个月过去了,沃森才被一家公司录取为推销缝纫机的推销员。后来,他又推销股票,好不容易积攒了一笔钱,开了一家肉铺。但好景不长,他的合伙人在一个早上把他的全部资金席卷一空溜走了。肉铺倒闭,沃森破产了,只好又干起推销的老本行。他在国民收银机公司当一名推销员。几经挫折的沃森怎么也没想到,这正是他把握自己命运、走上成功之路的起点。

国民收银机公司的总裁约翰·亨利·帕特森是一个杰出的现代商业先驱。也是现代销售术的鼻祖。沃森在他手下干了 18 年,他的推销艺术和经营之道对沃森产生了巨大而深刻的影响。在帕特森的严格训练下,沃森如鱼得水,充分发挥出自身的潜能。

进入国民收银机公司仅仅 3 年后,沃森就成了公司的明星推销员,其佣金破纪录地达到一星期 1225 美元。后来,沃森被提升为分公司经理。

到 1910 年,他已经成为公司中仅次于帕特森的第二号人物。但在那以后,厄运又一次向他袭来。

以独裁专横闻名的帕特森,总是解雇虽有功绩但可能对他造成威胁的雇员。1913 年夏天,帕特森听信一个副总裁的谗言,认为沃森拉帮结伙、扶植亲信,便决定要辞退他。

沃森努力为自己申辩,但毫无结果,无奈于次年 4 月愤而辞职。他发誓要做出一番属于自己的事业。就在走出公司办公大厦时,他转身对一个朋友说:“这里的全部大楼都是我协助筹建的。现在我要去另外创建一家企业。一定要比帕特森的还要大!”

后来,他果然创办了具有国际声誉的 IBM 公司。

没有人的生活会一帆风顺,在遭受屈辱、挫折时,你是选择逃避,还是选择坚强面对呢?如果是后者,你就能够把屈辱变成力量,从而改变自己的人生。正如诺曼·文森特·皮尔所说:“逆境,要么使人变得更加伟大,要么使人变得非常渺小,从来不会让人保持原样。”的确,当我们身处逆境时。如果不屈服于命运的安排,不放弃自己的信念,就一定能够得到我们所追求的东西。

摆脱生活中的不幸

上天不会偏爱我们任何一个人，作为一个人，我们都会经历一些困难，正如我们经历许多快乐一样。所以面对困难，我们要有足够的信心，努力地摆脱生活中的困难。

卡耐基的童年可以说是很悲惨的。密苏里州经常发生的风沙、暴风雨及洪水，对生活在这里的居民来说，显然是非常无奈和不幸。幼年时的卡耐基偶尔也曾为之有些许烦恼，但大多时候却很高兴。因为在这样的日子里，村镇的小木屋便成了卡耐基及其小伙伴的乐园。

临近卡耐基家有一间破旧的空木屋。成名后的卡耐基即便周游世界各地讲学，见识过许多异国风光，但在他的记忆深处，这座小木屋永远也不会从他的记忆中消失。因为当他伸开左手做表演动作时，便会看见这只仅剩四根指头的手，这是因他童年的淘气而留下的永恒纪念。

1898 年夏季，暴风雨席卷密苏里平原，102 号河洪水泛滥。卡耐基和他的三个伙伴莫得·伊文思、盖·罗伊及格兰又聚在了他家田园附近的那间破木屋。

卡耐基他们约定，谁从窗户上向下跳的次数最多，其他人就得听命于他。卡耐基跳下的次数已经远远超过了其他伙伴，只见他双手抓着窗棂，脚踩在窗台上，上气不接下气地对着其他伙伴嚷道："使劲呀……"他又跳向地面，但这次他没有像以往那样大吵大叫了，卡耐基觉得左手食指一阵剧痛，接着整个左手都麻木了。

原来，卡耐基左手食指上的戒指被窗棂上的一枚铁钉钩住了，他跳落地面时，食指已被扯裂开来，鲜血迅速从伤口涌出，连左边的衣袖也被浸渍得一片鲜红。

由于及时止血，伤口并没有被感染，但卡耐基的左手却从此缺少了一根食指。这次经历也深深铭刻于他的记忆之中。

三十年后，戴尔·卡耐基在欧洲的一次讲学中还提及此事，他把这次经历作为讲课的引用材料。他认为，当不幸降临于自身时，我们根本没有必要去怨天尤人，因为不幸的根源是我们自己的错误。他说他也曾为这个缺陷而自卑过，但现在没什么了。

这时戴尔·卡耐基已是一个成熟的乐天主义者了。尽管在瓦伦斯堡师范学院时，他曾为自己左手的缺陷而自卑和羞惭过。

有这样一句话，当悲剧降临时，世界仿佛停滞不前了，我们的悲剧将会一直持续下去，但是，我们一定要克服悲哀，继续上路，只要回忆那些快乐的往事，我们就会感到幸福终将到来，取代我们内心的悲痛。不幸也不完全是坏事，它会成为一种动力。促使我们采取行动，提高我们自身的素质，我们的智慧也将因此而变得更加敏锐，从而促使我们最终摆脱困难。

1858 年，瑞典的一个富豪人家生下了一个女儿。然而不久，孩子染患了一种无法解释的瘫痪症，丧失了走路的能力。

一次，女孩和家人一起乘船旅行。船长的太太给孩子讲船长有一只天堂鸟，她被这只鸟的描述迷住了，极想亲自看一看。于是保姆把孩子留在甲板上，自己去找船长。孩子耐不住性子等待，她要求船上的服务生立即带她去看天堂鸟。那服务生并不知道她的腿不能走路，而只顾带着她一道去看那只美丽的小鸟。

奇迹发生了，孩子因为过度地渴望，竟忘记了要拉住服务生的手，慢慢地走了起来。从此，孩子的病便痊愈了。女孩子长大后，又忘我地投入到文学创作中，最后成为第一位荣获诺贝尔文学奖的女性，她就是茜尔玛·拉格萝芙。

因此，面对困难，我们只要有一种不服输的精神，我们就有获得成功的机会。假如我们一开始就被困难打倒了，那么我们的人生将是一部悲剧。

卡耐基认为，人生真正的圆满，并不是平静的幸福，而是勇敢地面对所有的不幸，“不幸”可以激发潜藏在我们体内的能量，如果不是情势所逼，需要我们对这种潜能善加运用，我们将有可能永远埋没自身所具有的这种巨大能量。

英国劳埃德保险公司曾从拍卖市场买下一艘船，这艘船 1894 年下水，在大西洋上曾 138 次遭遇冰山，116 次触礁，13 次起火，207 次被风暴扭断桅杆，然而它从没有沉没过。

劳埃德保险公司基于它不可思议的经历及在保费方面带来的可观收益，最后决定把它从荷兰买回来捐给国家。现在这艘船就停泊在英国萨伦港的国家船舶博物馆里。

不过，使这艘船名扬天下的却是一名来此观光的律师。当时，他刚打输了一场官司，委托人也于不久前自杀了。尽管这不是他的第一次失败辩护，也不是他遇到的第一例自杀事件，然而，每当遇到这样的事情，他总有一种负罪感。他不知该怎样安慰这些在生意场上遭受了不幸的人。

当他在萨伦港的国家船舶博物馆看到这艘船时，忽然有一种想法，为什么不让他们来参观参观这艘船呢？于是，他就把这艘船的历史抄下来和这艘船的照片一起挂在他的律师事务所里，每当商界的委托人请他辩护，无论输赢，他都建议他们去看看这艘船。它使我们知道：在大海上航行的船没有不带伤的。

我们遇到困难是在所难免的，关键是我们要做好充分的准备，来迎接困难和挑战。

罗伯·路易·史蒂文森一生多病，却不愿让疾病影响自己的生活和工作。与他交往的人，都认为他十分开朗、有活力，并且所写的每一行文字也充分流露出这种精神。由于他不愿向身体的缺陷屈服，因此能使他的文学作品更多彩、更丰盛。

总之，如果你在生活中遇到不幸，那就试着摆脱它，只有这样你才能更有信心地去迎接美好的明天。

在逆境中耐心等待机会

一位全国著名的推销大师，即将告别他的推销生涯，应行业协会和社会各界的邀请，他将在该城最大的体育馆，做告别职业生涯的演说。那天，会场座无虚席，人们在热切地、焦急地等待着。

当大幕徐徐拉开，舞台的正中央吊着一个巨大的铁球。为了这个铁球，台上搭起了高大的铁架。一位老者在人们热烈的掌声中，走了出来，站在铁架的一边。他穿着一件红色的运动服，脚下是一双白色胶鞋。人们惊奇地望着他，不知道他要做出什么举动。这时两位工作人员，抬着一个大铁锤，放在老者的面前。

主持人这时对观众讲：请两位身体强壮的人到台上来。好多年轻人站起来，转眼间已有两名动作快的跑到台上。老人这时开口和他们讲规则，请他们用这个大铁锤，去敲打那个吊着的铁球，直到把它荡起来。一个年轻人抢着拿起铁锤，拉开架势，抡起大锤，全力向那吊着的铁球砸去，一声震耳的响声，那吊球动也没动。他就用大铁锤接二连三地砸向吊球，很快他就气喘吁吁。另一个人也不甘示弱，接过大铁锤把吊球打得叮当响，可是铁球仍旧一动不动。台下逐渐没了呐喊声，观众好像认定那是没用的，就等着老人做出什么解释。

会场恢复了平静，老人从上衣口袋里掏出一个小锤，然后认真地，面对着那个巨大的铁球。他用小锤对着铁球“咚”敲了一下，然后停顿一下，再一次用小锤“咚”敲了一下，人们奇怪地看着，老人就那样“咚”敲一下，然后停顿一下，就这样持续地做。

10分钟过去了，20分钟过去了，会场早已开始骚动，有的人干脆叫骂起来，人们用各种声音和动作发泄着他们的不满。老人仍然一小锤一停地工作着，他好像根本没有听见人们在喊叫什么。人们开始愤然离去，会场上出现了大块大块的空缺。留下来的人们好像也喊累了，会场渐渐地安静下来。

大概在老人进行到40分钟的时候，坐在前面的一个妇女突然尖叫一声：“球动了！”霎时间会场立即鸦雀无声，人们聚精会神地看着那个铁球。那球以很小的摆度动了起来，不仔细看很难察觉。老人仍旧一小锤一小锤地敲着，吊球在老人一锤一锤的敲打中越荡越高，拉动着那个铁架子“哐、哐”作响，它的巨大威力强烈地震撼着在场的每一个人。终于场上爆发出一阵阵热烈的掌声，在掌声中，老人转过身来，慢慢地把那把小锤揣进兜里。

老人开口讲话了，他只说了一句话：在成功的道路上，你没有耐心去等待成功的到来，那么，你只好用一生的耐心去面对失败。

实际上，只要我们注意观察，就会吃惊地发现，那些生活在贫困线上的人才是真的有耐心，有吃苦耐劳的品质，他们正是以这种惊人的耐心忍受着不成功的现实和生活。

很久以前，为了开辟新的街道，伦敦拆除了许多陈旧的楼房。然而新路却久久未能开工，旧楼房的废墟任凭日晒雨淋。

有一天，一群自然科学家来到这里，他们发现，在这一片多年未见天日的旧地基上，这些日子里因为接触了春天的阳光雨露，竟长出了一片野花野草。

奇怪的是，其中有一些花草却是在英国从来没有见过的，它们通常只生长在地中海沿岸国家。这些被拆除的楼房，大多都是在古罗马人沿着泰晤士河进攻英国的时候建造的，这些花草的种子多半就是那个时候被带到了这里，它们被压在沉重的石头砖瓦之下，一年又一年，几乎已经完全丧失了生存的机会。但令人感到意外的是，一旦它们见到阳光，就立刻恢复了勃勃生机，绽开了一朵朵美丽的鲜花。

其实，人的生命也是如此。一个人，不管他经受了多少打击，也不管他经历了多少苦难，只要他有耐心、有毅力，一旦爱的阳光照耀在他的身上，他便能治愈创伤、获得希望、重新萌生出新的生机，哪怕是在荒凉恶劣的环境里，也依然能够放射出自己的光和热。

富兰克林说：“有耐心的人无往而不利。”

耐心需要特别的勇气。对一个理想或目标全身心地投入，而且要不屈不挠，坚持到底。就像白朗宁所说：“有勇气改变你能够改变的，愿意接受你无法改变的，并且明智地判断你是否有能力改变。”因此，追求人生目标的决心愈坚定，你就愈有耐心克服阻碍。所谓的耐心，是指动态而非静态，主动而不是被动，是一种主导命运的积极力量，而不是向环境屈服。

有了坚定的人生方向，可以提高我们对于挫折的忍受力。我们知道目标逐渐接近，这些只是暂时的耽搁。如果我们能够积极地面对困难，问题就能迎刃而解。

因此，当你面对不利于自己的现实时，请耐心等待机会，你就能在意想不到中获得成功。

不做逆境的牺牲品

克莱恩是古希腊的一个奴隶。在他生活的那个时代,奴隶只是人们的一种劳动工具。法律规定,除了自由民之外,像他这样的劳动工具是不准从事和追求艺术的,否则就要被宣判死刑。

然而作为奴隶的克莱恩却没有被这不公正的法律吓倒,他以狂热的心崇拜着艺术和神圣的美,并决心要让自己的雕塑作品在某一天得到伟大的雕塑大师菲迪亚斯的肯定。

于是在深爱他的姐姐的帮助下,他把自己的工作放在了屋子里的地下室进行。姐姐为他准备了两盏油灯和足够的食物。地窖里阴暗、潮湿,缺乏氧气,但是为了自己心中的艺术,克莱恩什么样的困难都能克服。

时隔不久,所有的希腊人都被邀请到雅典参观一个艺术品的展览。这次展览在当地的大市场上举行,由伯利克里亲自主持。在他的旁边站着他所宠爱的阿斯帕齐娅以及雕刻家菲迪亚斯、哲学家苏格拉底、悲剧诗人索福克勒斯以及其他许许多多的知名人士。

所有伟大的艺术巨匠的作品都被陈列于此。但是,在琳琅满目、美不胜收的艺术珍品中,有一堆作品显得尤为出类拔萃、卓尔不群——它们是那么的精美绝伦,仿佛就是阿波罗本人凿刻出来的。这堆作品成了人们瞩目的中心,所有人都在其摄人心魄的艺术美之前赞叹不已,就连那些参与竞争的艺术家也一个个心悦诚服地甘拜下风。

“谁是这些作品的雕刻者?”没有人知道答案。传令官重复了这个问题,人群中还是寂静无声。“那么,这就是一个谜!难道它们会是一个奴隶的作品吗?”

人群中突然出现了一股很大的骚动,一个清纯美丽的少女被拖到了大市场里,她衣裳散乱、头发蓬松、双唇紧闭、大大的眸子里满是坚毅的神色。“这个女人,”当地的行政官声嘶力竭地喊道,“就是这个女人知道雕刻者的底细。我们确信这一点,但是她死活都不肯说出雕刻者的名字。”

姐姐克莉恩受到了严厉的盘问,但是,她的回答只是沉默。虽被告知了自己的行为应当受到的惩罚,然而这位勇敢的姑娘却是不作一声。“那么,”伯利克里说道,“法律是神圣不可违背的,而我恰恰是负责执法的大臣,把这位姑娘关到地牢里去。”

当他做出这番宣判的时候,一个有着一头飞扬长发的年轻人气喘吁吁地冲到了他的面前。这个年轻人尽管身材消瘦,满脸憔悴,但那黑黑的眼睛却闪烁着只有天才才有的那种耀眼光芒,就如夜空中的两颗明星一样。他高声地央求道:“噢,伯利克里,请饶恕和赦免那个女孩吧!她是我的姐姐,我才是真正的罪魁祸首。那堆雕塑出自我的双手,出自我这个奴隶的双手。”

愤怒的人群打断了他的话,人们激昂地喊道:“把他关到地牢里去,把这个奴隶关到地牢里去。”

但伯利克里站了起来,威严地说道:“只要我活着,就不允许这种事情发生!看一看那堆雕塑吧!阿波罗以他的名义告诉我们,在希腊有某些东西要比一部不正义的法律更为重要。法律的最高目的应该是发扬美的事物、扶植美的事物。如果说雅典会永远活在人们的记忆中,会名垂史册的话,那是因为她对艺术做出了巨大贡献,是这种贡献使得她永远不朽。不要把那个年轻人关到地牢里去,让他站到我的身边来。”

就这样，当着聚会的成千上万的公众的面，阿斯帕齐娅把拿在自己手中的用橄榄枝编成的花冠戴在了克莱恩的头上。与此同时，在如雷鸣般的掌声和喝彩声中，她温柔地吻了克莱恩深情挚爱的姐姐。

在古希腊神话中，有一个西齐弗的故事。

西齐弗因为在天庭犯了法，被天神惩罚，降到人世间来受苦。对他的惩罚是：要推一块石头上山。每天，西齐弗都费很大的劲把那块石头推到山顶，然后回家休息。可是，在他休息时，石头又会自动地滚下来。于是，西齐弗又要把那块石头往山上推。这样，西齐弗所面临的是永无止境的失败。天神要惩罚西齐弗的，也就是要折磨他的心灵，使他在"永无止境的失败"的命运中，受苦受难。

可是，西齐弗不肯认命。每次，在他推石头上山时，天神都打击他，用失败去折磨他。西齐弗不肯在成功和失败的圈套中被困住，他在面对绝对注定的失败时，表现出明知失败也绝不屈服的抗争意志。天神因为无法再惩罚西齐弗，就放他回了天庭。

西齐弗的命运可以解释我们一生中所遭遇的许多事情，其中最关键的是：生活中的困难都是有"奴性"的，如果你凭自己的努力战胜了它，你便是它的主人，否则你将永远是它的奴隶。

在一次记者招待会上，一名记者问美国副总统威尔逊贫穷是什么滋味时，这位副总统向我们讲述了一段他自己的故事。

"什么也没有时是什么滋味？我在10岁时就离开了家，当了11年的学徒工；每年可以接受一个月的学校教育。最后，在11年的艰辛工作之后，我得到了一头牛和六只绵羊作为报酬。我把它们换成了84个美元。从出生一直到21岁那年为止，我从来没有在娱乐上花过一美元，每个美分都是经过精心算计的。我完全知道拖着疲惫的脚步在漫无尽头的盘山路上行走是什么样的痛苦感觉，我不得不请求我的同伴们丢下我先走……在我21岁生日之后的第一个月，我带着一批人马进入了人迹罕至的大森林里，去采伐那里的大圆木。每天，我都是在天际的第一抹曙光出现之前起床，然后就一直辛勤地工作到天黑后星星探出头来为止。在一个月夜以继日的辛劳努力之后，我获得了6个美元作为报酬。当时在我看来这可真是一个大数目啊！每个美元在我眼里都跟今天晚上那又大又圆、银光四溢的月亮一样。"

在这样的穷途困境中，威尔逊先生下决心，不让任何一个发展自我、提升自我的机会溜走。很少有人能像他一样深刻地理解闲暇时光的价值。他像抓住黄金一样紧紧地抓住了零星的时间，不让一分一秒无所作为地从指缝间流走。在他21岁之前，他已经设法读了1000本好书——想一想看，对一个农场里的孩子，这是多么艰巨的任务啊！

顺境固然好，它可以让你毫不费力地到达自己理想的彼岸，但如果一个人处于逆境之中怎么办？只有秉着信念之灯继续前行，一直到达阳光地带。正如大多数成功者所坚信的那样："我知道我不是境遇的牺牲者，而是它们的主人。"

相信苦难不会长久

这天，罗伯特·斯契勒来到芝加哥，向一群中西部农民发表演说。虽然他满腔热忱，但很快便被他们凝重的面色泼了一盆冷水。他们强作热情地接待罗伯特，其中有位农民告诉他说:“我们正过着艰苦的日子,我们需要帮助,我们最需要的是希望,给我们希望吧。”

在罗伯特开始演讲前,主持人向这些听众做介绍,他把罗伯特形容为一个成功的人,但是听众不知道,罗伯特也曾走过他们现在所走的路。

罗伯特的童年是在中西部的一个小农场里度过的。他的父亲本来是一个雇农,后来积够了钱才买了一个65公顷的农场。经济大萧条时,罗伯特还只有3岁。那年冬天,他们有时连买煤也没钱。那时候罗伯特也要工作,他要爬进猪栏,捡拾猪吃剩后的玉米棒子,用来做燃料。那些日子真苦啊!

第二年春天,又遇到严重春旱。罗伯特的父亲准备把辛辛苦苦留起来的几斗宝贵的玉米用作种子。

“种了可能枯死,何必还要冒险去种呢?”罗伯特问。

他父亲却说:“不冒险的人永无前途。”

于是,他父亲把留起来的最后一些玉米粒和燕麦,全都拿出来种了。可是,第四个星期过去了,还不见有雨来临,父亲的脸绷得紧紧的。他和其他农民聚在一起祈祷,请求上帝拯救他们的田地和作物。后来,雷声终于响起。天下雨了!虽然罗伯特雀跃万分,但是他的父母知道雨下得不够。烈日不久就再次出现,天气又热起来了。他父亲抓了一把泥土,只有上面四分之一是湿的,下面全是粉状的干泥。

那年夏天,罗伯特看见弗洛德河逐渐变得干涸,小水坑变成泥坑,平时灵活扭动的鲇鱼都死了。他父亲的收成只有半车玉米,这个收成和他所播的种子数量刚好相等。父亲在晚餐祈祷时说:“慈爱的主,谢谢你,我今年没有损失,你把我的种子都还给我了。”当时并不是所有的农民都像他父亲那么有信心,一家又一家的农场挂起了“出售”的牌子。他父亲当时请求银行给予帮助,银行信任他,而且帮助了他。

罗伯特还记得童年时穿着补缀的大衣跟父亲去爱阿华银行,他记得那家银行的日历上有这样一句格言:“伟人就是具有无比决心的普通人。”他觉得父亲就是这种坚强态度的榜样。

若干年后六月里的一个寂静下午,罗伯特家受到龙卷风的侵袭。他们起初慢慢听到一阵可怕的怒吼声;慢慢地,风暴逐渐逼近了。忽然天上有一堆黑云凸了出来,像个灰色长漏斗般伸向地面。它在半空中悬吊了一阵子,像一条蛇似的蓄势待攻。父亲对母亲喊道:“是龙卷风,珍妮!我们得赶快离开这里!”转瞬间,他们便已慌慌张张地开车上路。南行三公里之后,他们把车子停好,观看那凶暴的旋风在他们后面肆虐……等他们返回家后,发现一切都没有了,半小时前那里还有九幢刚刷过的房屋,现在一幢也不存在,只留下地基。父亲坐在那里惊愕得双手紧握方向盘。这时,罗伯特注意到父亲满头白发,身体由于艰辛劳作而显得瘦弱不堪。突然间,父亲的双手猛拍在方向盘上,他哭了:“一切都完了!珍妮!26年的心血在几分钟内全完了!”

但是,他父亲不肯服输。两星期后,他们在附近小镇上找到一幢正在拆卸的房子,他们花了50美元买下其中一截,然后一块块地把它拆下来。就是用这些零碎东西,他们在旧地基上建了一幢很小的新房子。以后几年,又陆续建筑了一幢幢房屋。结果,他父亲在有生之年,看到了他的农场经营得非常成功。

讲完了自己的故事,罗伯特告诉听众:“苦难不会持久,强者却可长存!”听众顿时响起热烈的掌声。那些已经失去希望以及曾与沮丧情绪搏斗的人,重新获得了希望。他们有了新的憧憬,再度开始梦想未来。

当你面对艰苦日子的时候,千万不要泄气,不要绝望,要坚持硬挺下去。如果困苦好像达到极点的时候,你要提醒自己:苦难不会持久,强者却可长存!

人生没有真正的绝境

在每个人的一生中,都会遭遇一次或多次困境,但是,只要你努力奋斗,就能够从困境中走出来。所以,人生没有什么真正的绝境,只有在绝境面前丧失信心,不愿再努力的人。而那些藐视困难的人,最终都能战胜困难。

1883 年,美国最富有创造精神的工程师约翰·罗布林雄心勃勃地准备建造一座横跨曼哈顿和布鲁克林的大桥。然而,桥梁专家们却劝他说这个计划纯属天方夜谭,不如趁早放弃。罗布林的儿子华盛顿·罗布林——一个很有前途的工程师,也确信这座大桥可以建成。父子俩克服了种种困难,在构思着建桥方案的同时,也说服了银行家们投资该项目。

出人意料的是,大桥开工仅几个月,施工现场就发生了灾难性的事故。父亲约翰·罗布林在事故中不幸身亡,华盛顿·罗布林的大脑也严重受伤。许多人都以为这项工程会因此而泡汤,因为只有罗布林父子才知道如何把这座大桥建成。

尽管华盛顿·罗布林丧失了活动和说话的能力,但他的思维还同以往一样敏锐,他决心要把他们父子俩费了很多心血的大桥建成。

一天,华盛顿·罗布林脑中忽然一闪,想出一种用他唯一能动的一个手指和别人交流的方式,他用那根手指敲击他妻子的手臂,通过这种密码方式由妻子把他的设计意图转达给仍在建桥的工程师们。

整整 13 年,华盛顿就这样用一根手指指挥工程,直到雄伟壮观的布鲁克林大桥最终落成。

无独有偶。法国有一名记者叫博迪,在他年轻的时候因一场事故导致四肢瘫痪。在全身的器官中,唯一能动的只有左眼。可是,他还是决心要把自己在病倒前就构思好的作品完成。

博迪只会眨眼,所以就只有通过眨动左眼与助手沟通,逐个字母地向助手背出他的腹稿,然后由助手抄录下来。助手每一次都要按秩序把法语的常用字母读出来,让博迪来选择,当他读到的字母正是文中的字母时,博迪就眨一下眼表示正确。由于博迪是靠记忆来判断词语的,有时不一定准确,他们需要查辞典,所以每天只能录一两页,可以想象他们两个人的工作是多么的艰难!

几个月后,他们历经艰辛终于完成了这部著作。为了写这本书,博迪共眨了 20 多万次眼。这本不平凡的书有 150 页,它的名字叫《潜水衣与蝴蝶》。

一根手指就可以建造一座大桥,一只眼睛就可以写出一本书,还有什么是不可能的呢?只要你勇于藐视困难,这个世界上就不会有什么真正的"绝境"。

无论黑夜多么漫长,朝阳总会冉冉升起;无论风雪怎样肆虐,春风终会缓缓吹拂。当挫折接连不断、当失败如影随形、当命运之门一扇接一扇地关闭,我们永远也不要怀疑:总有一扇窗会为你打开,世界上从来就没有什么真正的"绝境"。

普雷斯顿是美国田纳西州一家银行的负责人。一次,由于大环境不景气,普雷斯顿所在的银行顿时爆发了挤兑风潮,银行正面临破产的边缘。焦急的人们把银行围得水泄不通。

这时,银行的职员都惊慌失措,有的主张对急于取款的人们采取安抚措施,有的则主张向存款人一一做出解释。事实上,这些措施都是消极的行为,因为谁也不愿直面这样的困难,谁也没有勇气在最困难的时刻去采取一些积极的拯救银行的行动。

然而,普雷斯顿却十分理智,他清楚地意识到,此时如果不采取积极的行动,银行就会倒闭。于是,他向大家宣布:凡是要求兑现者,无论金额多少,一律照兑。但是,紧接着他又宣称——凡是不信任他们银行的客户一概不予接受。有一位顾客想试探一下他是否在虚张声势,提出要立即取出自己的存款。普雷斯顿便迅速为他办理了取款手续。当那位顾客接过厚厚的一沓钞票时,他相信普雷斯顿所在的银行不会倒闭。于是,他决定还是把钱继续存在这家银行。

然后,这位顾客跑到银行大门口,告诉那些急于兑现的顾客们:"这家银行绝对可靠,刚才我已取到现款,但我相信他们,所以我又把钱继续存在这家银行了,因此你们的担心是多余的,请相信这家银行吧。"

由于这位顾客的现身说法,其他急于兑现的顾客便都打消了取款的念头。就这样,普雷斯顿所在的银行顺利地度过了危机,避免了破产的厄运。

我们不难想象,当巨大的困难降临到普雷斯顿所在的银行时,假如他被困难吓倒而束手无策,那么他所在的银行必定会破产,但是,普雷斯顿却选择了另一种理性的方式——藐视困难,并把困难视作难得的机遇。

实际上,我们每个人在生活中都会遇到各种各样的困难,而解决困难最好的对策就是藐视它,并把它视为机遇。如果你在困难来临时妥协,或是向困难低头,那么你就有可能一辈子因抓不住降临到面前的机遇而碌碌无为。

斯迈尔和人合伙开了一家石油公司。一次,他率领雇请的钻探队员和工程师来到美国的中南部俄克拉荷马州寻找石油。勘探队在这里寻找了6个月,打了13口井,都没有勘探到石油。斯迈尔有些焦急了,因为勘探队一直没有勘探出石油,他却每天都得支付一大笔开支。

当斯迈尔看到带来的钱已花得差不多时,便给公司打电报,让合伙人迅速汇来一笔款,否则,工人和工程师们如果领不到工资,会撒手不干的。然而,公司却给他传来了令人失望的消息,他那位留守公司的合伙人见半年过去了,还未找到一滴石油,却花费了一大笔资金,于是心灰意冷,便偷偷地拿着公司剩下的资金逃跑了。

得到这个消息后,斯迈尔想到如果继续勘探,那么自己要独立承担风险,更为重要的是,他现在手头上已没有钱了,而没有钱什么事都干不成。于是,斯迈尔决定解散勘探队,让他们自谋生路。

"先生,您能想办法筹到一笔款,渡过眼前的难关吗?我相信在这里能找到石油。这口井已钻了3000米了,不继续钻下去真是太可惜了!"一位年迈的工程师说。

"不,要继续留在这里勘探,我面临的困难就更多,既要支付每天庞大的费用,还要承担巨大的风险,鬼才知道这里到底有没有石油呢。"斯迈尔说。

就这样,斯迈尔解散了勘探队,自己也回到总公司收拾残局去了。

然而,事情出乎斯迈尔意料的是,自己废弃的那口井被后来的一支勘探队接着钻了下去,在钻到5000米深的地方时,终于发现了石油。

在面临困难时,如果斯迈尔不是放弃,而是勇敢地面对,并积极地寻找克服困难的方法,那么今天的他就不会仍然在经营着那家半死不活的公司，而早已跻身于石油大亨的行列了。

问问自己，遭遇困难时，你努力过吗？你是把困难当作机遇还是当作前进路上的绊脚石？如果是前者，你肯定能获得成功；如果是后者，成功则会与你无缘。因此，面对困难我们应该竭尽所能地去克服，而不是逃避或放弃。

所有苦难都是有价值的

“天将降大任于斯人也，必先苦其心志，劳其筋骨，饿其体肤，空乏其身，行拂乱其所为，所以动心忍性，曾益其所不能。”要想取得成功，必须经历苦难。如果我们不只把苦难当作苦难，还把它当作学习的机会，那么，我们就能在人生的风雨中走得更为从容。

所有的生命都要经受命运的考验，就像每个人都要经历生老病死一样。我们无法逃避命运的考验，但我们可以选择以达观而坚强的心态面对。只有经受住了风霜雪雨的考验，才能收获秋天的累累硕果。

在一条河岸边的寺庙里，有一堆杂乱摆放的泥人。有一天，一位神仙路过这里，对他们说：“如果你们当中有一个敢走到河的对面，我就会赐给这个泥人一颗永不消逝的金子般的心，他就可以成为神仙。”

这道旨意下达之后，泥人们久久没有回应。最后终于有一个小泥人站了出来，有点羞怯地说：“我想过河。”

话音刚落，其他的泥人就七嘴八舌地议论起来：“泥人怎么可能过河呢？你是不想活了吧！”“泥人最怕的就是水，你要从水上走过，不是最后就什么都没有了吗？”“身体都被融化掉了，你还要金子般的心做什么呢……”

这个小泥人说：“我不想做一辈子的泥人，我想尝试一下，我知道你们是为我好，但是，我还是想有一颗金子般的心。”

说罢，小泥人告别了伙伴，来到了河边。他的双脚刚踏进水中，就感觉到一阵撕心裂肺的痛楚。他感到自己的脚在飞快地融化着，每一分每一秒都在远离自己的身体。此刻，他真想回到寺庙里。但是，他知道，后悔已经来不及了。如果回去，自己也是个残缺的泥人，与其那样，还不如继续向前走。

“快回去吧。不然你就会毁灭的！”河水看着泥人的痛楚不忍心地说。

但是，泥人摇了摇头，仍然坚定的朝前走去。小泥人向对岸望去，看见了美丽的鲜花和碧绿的草地，还有轻盈飞翔的小鸟。此刻，他感觉自己忽然有了力量，仿佛疼痛也不再那么剧烈了。

疼痛让小泥人流下了泪水，冲掉了他脸上的一块皮肤。小泥人赶紧仰起头，把泪水忍了回去。小泥人的双脚此刻已经融化了大半，但是，他已经没有退路了。水下松软的淤泥让他每走一步都非常吃力。有无数次，他几乎被汹涌的河水吞噬掉。小泥人真想躺下来休息一会儿，可是，他一旦躺下，就会永远安眠，甚至连痛苦的机会都会失去。他只能忍受着痛苦，坚持游到河的对岸，那个开满鲜花的地方。

时间过了很久，就在小泥人感觉自己快坚持不下去的时候，他忽然发现，自己居然走到了河的对岸。小泥人欣喜若狂，他仔细地打量一下自己，发现自己已经什么都没有了——除了一颗金灿灿的心。他正在迟疑着思考一颗心怎么生存的时候，突然发现自己的身上慢慢长出皮肤，原来，他已经变成了神仙。

他什么都明白了，任何生命都要经受命运的考验。花草的种子先要穿越沉重黑暗的泥土才得以在阳光下发芽，小鸟要跌折无数根羽毛才能够锤炼出凌空的翅膀，河流要经过百转千折才能流进宽阔的大海。而作为一个小小的泥人，他只有以一种无所畏惧的勇气接受命运的考验，才能创造奇迹，收获一颗金子般的心。

生活的苦难是人生无法回避的，我们无须为经历的苦难、痛苦而迷惘，而是应该总结苦难，穿越痛苦，去发现生活中阳光的一面。

当我们抱怨自己命运悲惨的时候，不妨换个角度想一想，也许我们遇到的苦难并不是太多，而是太少，当苦难超过我们能够忍受的极限时，它反而可能成为引导我们向上的动力，帮助我们渡过那条命运之河。

每一个和尚刚入空门时，几乎都要从最辛苦的行脚僧开始磨炼，鉴真和尚也是如此，每天行走化缘就是他们的工作和任务。日复一日，这种枯燥艰辛的生活，任谁都会产生乏味的心理。

这一天，已经日上三竿了，鉴真和尚仍未起床，他觉得太累了，一年三百六十五日的奔波，他想自己也该偷一天懒吧！可是，住持没有看见鉴真出去，立刻就去了他房里探询。住持推开门后，看见鉴真和尚正在摆弄那些堆了半屋子的破草鞋。住持问鉴真："你生病了吗？今天怎么没有出去化缘？还是有什么事？你在这儿摆弄这些破草鞋做什么？"

鉴真和尚不好意思地笑了，说："我没什么事，也没有生病，只是看到这些草鞋颇有感触，这种草鞋是别人一年都穿不破的，而我只剃度了一年多，却穿坏了这么多双，今天我想为寺庙里节省一双。"

住持听后，拍了拍鉴真的头说："既然你今天不想出去化缘了，那么你就和我到后山走一走吧！昨夜刚下过雨，空气很清新呢！"

两人来到后山的时候，路已经被寺僧们踩得泥泞不堪了。他们边走边谈心，住持问他："你是想当一个普普通通的和尚，还是想当一名弘扬佛法的高僧？"

鉴真和尚回答："我出家本来就是为了弘扬佛法嘛！"

住持又问："昨天，你也走过这条路吧？你现在还能找到昨天的脚印吗？"

鉴真答："住持，您真爱开玩笑，昨天我走的时候，又没下雨，路上平坦而光滑，今天被雨水一淋，我怎么可能找到自己的脚印呢？"

住持又笑了笑，说："那我们今天走过的脚印。你能找到吗？"

鉴真说："当然能了，这可难不倒我，因为今天路上的泥泞可是写着我们的脚印呢！"

住持满怀深意地说："这就对了，只有从泥泞的艰辛中走出来，你才能回头找到自己的脚印，你现在是个行脚僧，可能会觉得这个差事单调而乏味，但总有一天你会明白，所有的艰辛都会有它的价值的。"

所有的艰辛都是有价值的，任何苦难都不只是简单的经历。它会为你累积走向成功所必须的信心及勇气，还有坚强的毅力。

培养坚强的意志

具有顽强意志的人，就像一棵大树一样，傲然挺拔，他们面对困难和挫折，不灰心丧气，更不会退缩，坚信自己经过艰辛的努力一定会把事情办好，使工作成功，事业发达。国内外的大量事例表明：顽强的意志和毅力能够使人有力地支撑起信念这面大旗，能够格外地吃苦耐劳，克服别人克服不了的困难，激发出潜在的巨大能量，发挥出超常的聪明才智，最后一定会走向成功。

那么，该怎样培养坚强的意志呢？

1. 信念需要勇气做动力

当一个人有了信念乃至已经形成坚定的信念时，能否果断地采取行动，逐步将植入头脑中的信念化为活生生的现实，却需要极大的勇气。没有勇气做动力的信念，犹如没油的轿车，是永远不会启动的。这个问题说起来容易，做起来很难。因为无论追求什么样的信念，首先要付出很大的艰辛。比如要利用业余时间写一本书，就要牺牲不知多少休息时间，呕心沥血，绞尽脑汁，挑灯夜战，伏案笔耕，以致为伊消得人憔悴。经过长时间的耕耘，才会最终有收获。如果贪玩，吃不得这份苦，肯定会半途而废。

2. 用梦想激励训练意志力

梦想是同自己的命运紧密结合在一起的。不甘于失败、挫折和平庸，不找借口为自己缺乏勇气开脱，甚至在没有任何成功迹象的时候，仍然梦想着并坚持下去。这样，你就会变得振奋、自信，具有坚强的意志力和满腔的热情，走进为自己重新建造起来的新生活。

日本有一所“鼓气学校”，教导学生如何学会重新梦想成功，对事业上失败的竞争者进行“回炉锻炼”。学员们按照学校的要求，在身上挂满了令自己惭愧不已的性格弱点的小纸条，还有自己的理想和下一阶段的奋斗目标。他们每天吟诵不已，以激励斗志，改变精神面貌。上课时则轮流复述自己的梦想，并在最后用力喊道：“我一定要实现！”这种剧烈的方式会以强大的冲击力唤醒一个人沉睡的心灵。据说从“鼓气学校”出来的人，大多表现了顽强拼搏的意志，从而重新获得事业的成功。

实现梦想，实际是个如何激发动机、立志图变的过程。在一定的情况下，梦想可以变为现实。从实现梦想的奋斗过程中，可以培养一个人坚强的意志，具体可采用下面的方法：

（1）每天想象自己的目标，检查自己的努力。这种方法就是将自己心中的梦想一一记下，然后依欲望的大小，确定顺序，而且每一项只能有一种。在早起或晚睡前3分钟，默想一下，在头脑中过过电影，检查一下自己有没有朝这方面努力，再想一想今天或明天应该干什么，怎么干。只要这个梦想存在于头脑中，它就有诱惑力，而且诱惑力越大，你的动机就越强，努力的方向就愈明确，它就会有意无意地推动着你朝着这个目标努力。

美国的阿琳·达尔是个爱“做梦”的人，并成功地将梦想变为了现实。她本来是一个成功的女演员，现在则又是企业家兼作家。她的梦想实现法是：“每年1月1日那天，我拿出一张纸和一个信封，我把我生活中想要改变的一切都写下来。它可能是个自我完善的计划、节食计划、学一种语言或是我业务上的事情——任何我感到为了完善自己，在新的一年里需要做的事情。然后当记下10或12件事之后，我在纸上标好日期，把它装进信封并封好。接下来，我把信放在抽屉里，在7月1日以前不去动它。但是，在这6个月中，这些目标在我的潜意识里起着作用。我发现自己在实现这些目标。因此，在7月1日打开信封时，我往往因为许多事情可以被划掉而感到惊讶。至于那些没有做的事，我继续做。这些又进入了抽屉和我的潜意识中，到了年底，我把它们划掉——如果完成的话。如果没完成，我就把它们排在下一年计划单的最前面。”

(2)时刻保持着“既定目标角色”的使命感。美国肯塔基州的一位医生,从小境遇很差,是个弃儿,但后来却成为一个出色的名医,他的成功,便与梦的暗示有关。他说:“我是由姑妈抚养的。暑假时,则由外祖母和两个姨妈抚养。姑妈讲我将来一定会成为一名医生的故事给我听。”他还说:“事实上,我在7岁时就知道我是个医生。”从此,他就遵从这种引导,并时刻保持着这种医生的使命感。

梦想是很有力的暗示,虽然梦想往往不一定成功,但不去想往胜利,或者一开始就感到自己会输,那就肯定会失败。如果说,树立目标是梦想实现法的第一步,那么暗示的力量——奔向目标的积极心态与多种准备和努力,则是梦想实现法的推动器。

(3)要充满热情地通过自我暗示激励自己。每个人都能通过暗示或自我暗示激励自己。一种最有效的形式就是有意识地记住一句话,以便在需要的时候,能从潜意识中得到鼓励。

威廉·丹福斯是美国密苏里州某农场的一个有病的孩子,他的老师就用“我激励你”这句话去鼓励他,鼓励他成为学校里最健康的孩子。于是“我激励你”成了威廉·丹福斯一生自我激励的警言。这句话果真使他成了学校中最健康的孩子,并激励他建立了美国最大的公司之一的若尔斯通·陪里拉公司。他还组织了美国青年基金会,帮助青年训练独立生活的能力。后来,他又写了一本书,书名就叫《我激励你》。

所以,在运用梦想实现法时,要充满热情,不要在一两次拼搏后就轻易画上句号。要善于保护自己已经形成起来的热情和激情,做好经受各种挫折的思想准备,这样才能一步一步地去实现理想。

摔倒了重新站起来

他是个苦命的孩子,出身于农民家庭,6岁时失去了父亲,不久又因为家庭贫困而辍学,他跟母亲一起下地劳作,共同支撑着风雨飘摇的家。

在他长大后,认为自己不能一辈子被束缚在土地上,他一心要追求自己的理想,于是决定进城经商。

对于一个初出茅庐的年轻人来说,这又谈何容易。他先开了一家加油站,但是生意不景气,后来又遭遇了美国有史以来最严重的经济危机,不久就倒闭了。在第二年,经济复苏之际,他决定东山再起,重新开一家加油站。这次他又有了新想法,认为路过加油站的司机也需要吃饭,而周围又没有提供饮食的地方,于是他在加油站旁边开了一家餐馆。凭着周到的服务、可口的饭菜以及优越的地理位置,生意十分红火。

可是世事难料,一场火灾使他在一夜之间变成了穷光蛋。面对这突如其来的致命打击,他几乎精神崩溃了,很长时间无法摆脱失败的阴影。

在家人朋友的开导鼓励下,他终于想明白了:“我的人生还很长,不能因为一两次的失败就一蹶不振。”于是他又开始了自己再一次的从头再来。这次他开了一家比上次规模更大的餐馆,生意更加兴隆。可是好景不长,在他的餐厅附近有一条更宽广、更便利的交通要道通车了,于是他的店铺也逐渐变得门庭冷落,生意一落千丈。

这一年他65岁,生命中的美好年华,已经在起落沉浮中一去不复返,但是他依旧身无分文,难道这么多年的打拼就这样付诸东流吗?他不甘心,于是在他平生第一次领到救济金时,突然想起自己手中还有一张炸鸡秘方,想到这里,他像是抓住了一根救命稻草。

已经数不清这是第几次创业了，他再一次振作精神，几年之后，他的炸鸡餐馆遍布美国和加拿大，到他70岁的时候，他的连锁店在海内外已有近一万家。

这个人就是家喻户晓的肯德基创始人耐尔·桑德斯。

事物的多面性和复杂性，决定了人生不可能一帆风顺，生活也不总是顺风顺水。无论你做了多少准备，有一点是毋庸置疑的：当你进行新的尝试时，你就可能会犯错误；任何人，不管作家、运动员或是企业家，只要不断地对自己提出更高的要求，都难免会跌倒。

挫折总会在你不防备的时候袭击你，让你狠狠地摔一跤，有时甚至还会在你没来得及爬起来的时候再推你一把。这个时候，你要做的就是，从跌倒的地方爬起来，掸掸身上的尘土，重新上路。只有那些跌倒了再爬起来，鼓起勇气再上场一拼的人，才会获得成功。

因为蕴藏在挫折中的机会永远都是非常巨大的，足以改变人的一生。所以任何时候，对于挫折或失败都应该抱有一种坚强的心态：学会在心中的庭院里，培植一棵忍耐的树。

蒙妮坦国际集团董事长郑明明，有“蒙妮坦不倒翁”的美誉。30多年来，她一直在为“美丽事业”锲而不舍地奋斗。

1973年，她带领6名职员，准备在印度尼西亚雅加达开发市场，不料一场大火把仓库内的所有产品烧了个精光。产品没了，本钱也亏了，欠下银行一大笔贷款，还要赔偿被烧毁的仓库……一想到这些，她就心灰意冷，非常苦恼。突然，她脑海中忽然闪现出了父亲的不倒翁，顿时得到鼓励。她说：“父亲最喜欢不倒翁，他常常鼓励我要敢于面对现实，学会正视自己。应该学习不倒翁的精神，遇到挫折倒下来不要紧，最要紧的是懂得如何再次站起来。”

于是，郑明明借着父亲的“至理名言”，在仓库失火后再次勇敢地站起来。她先回到香港，努力逐步重建事业，一年后还清了银行贷款，手头又有了积蓄，于是再次扩张。几十年风雨历程的背后就是她父亲那句再普通不过的教诲，一直在支撑着这位“美容教母”。

后来，她在总结自己成功的经验时说：“踏足内地的头八年，工作并不顺利，到处碰壁。对当时的中国来说，开办美容学校是不可思议的事情，困难很多。但每当要打退堂鼓时，我就想到了父亲的那句话，于是就咬着牙，再大的难关都闯过了。以后最大的心愿是建立中国的民族品牌，让中国的美容产品在海外同样得到认同。”虽然困难重重，但郑明明看到的是大陆广阔的市场，是“郑明明”三个字成为家喻户晓的名牌，是名牌背后蕴藏的巨额财富。于是她咬着牙挺过来了。

人生在世，谁都有过失败，有过挫折。古今中外哪位成功人士不是从失败中走出来的？挫折特别吸引意志坚强的人，因为一个人只有在困难面前才会真正地认识自己。有失才有得，只要一个人拥有坚强的意志，就可以战胜一切困难，摔倒了重新站起来。

通往成功之路并非一帆风顺，有失才有得。你必须拥有承受失败考验的心理准备，善待自己的每一次失败，因为每一次的失败，都意味着你又向成功迈近了一步，当你似乎已经走到山穷水尽的绝境时，也许你离成功也就仅一步之遥了。

一位初次登台演讲的小学生，在一次全体师生的家长会上致辞。遗憾的是，他在演讲中途忘了演讲词，最后不得不在老师的提示下，听一句念一句地完成了剩下的演讲。不用说，孩子非常尴尬，他的母亲更是觉得无地自容。

演讲终于结束了，他的父母不安地对孩子的老师道歉：“真对不起，孩子给您丢脸了。”

“丢脸？为什么这样说呢？”

“因为孩子把一切都搞砸了,他的演讲如此失败。”

“千万别这么说。相反,我为我的学生自豪!请想一想,如果是我们,面对演讲的失败,有几个人能站在台上把剩余的念下来?又有多少人会选择道歉,然后狼狈下台?而我的学生没有,他没有被失败打倒,而是选择了继续,一直到完成。难道你不觉得这是一种非凡的勇气吗?”

孩子听到老师如此说,含着泪水给老师鞠了一躬。此后,他再也没有被失败打倒过,如今他已经是一位著名的演讲家。

成功有时候就是完成一次自我超越,你战胜了自己,不被失败打倒,你就是真正的胜利者。

一位父亲很为他的孩子苦恼,因为儿子自小胆怯孱弱,如今已经14岁了,依然没有一点男子汉气概。于是,他决定把孩子送到一所体校锻炼锻炼。

教练说:“你把孩子留在我这里。一个月以后,我一定可以把他训练成真正的男人,不过,在这一个月里,你不可以来看他。”父亲同意了。

一个月后,父亲来接孩子。教练安排孩子和一个空手道教练进行一场比赛,以展示这一个月的训练成果。

教练一出手,孩子便应声倒地。他站起来继续迎接挑战,但马上又被打倒,他就又站起来……就这样反反复复近十余次。

教练问父亲:“你觉得你孩子的表现够不够男子气概?”

父亲说:“我简直无地自容!想不到我送他来这里受训一个月,看到的结果竟然是他这么懦弱无能,被人一打就倒。”

教练说:“我很遗憾,因为你只看到了表面的胜负。你有没有看到你儿子那种倒下去立刻又站起来的勇气和毅力呢?这才是真正的男子气概啊!”

是的,当我们没有认为自己失败时,在他人眼里的失败,便不算是失败。当我们心中有着“倒下去,站起来”的信念,失败便永不存在,而当你倒下,即使你依然有成功的希望,你也会是一个彻底的失败者。

人生的光荣不在于永不失败,而在于屡败屡战。只要站起来比倒下去多一次,就是成功。而如果你被苦难打倒,你将一辈子无法“站立”着生活。

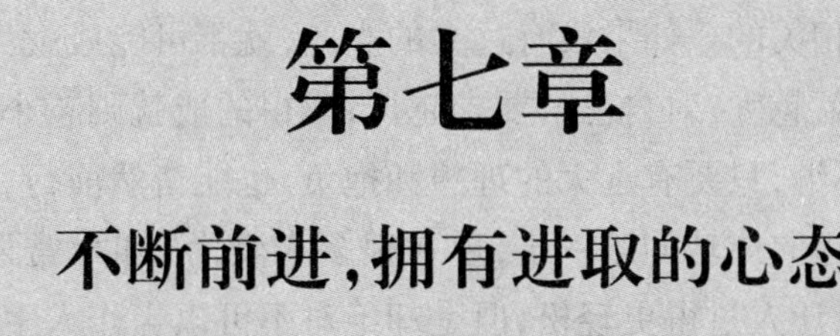

第七章

不断前进，拥有进取的心态

拿破仑曾经说过“不想当元帅的士兵，不是好士兵”。一个人如果没有进取心，就会安于现状，或者待在自己的安乐窝里蹉跎岁月，这样的人是不可能有所作为的。

做人要有雄心

雄心，简单点来说就是进取的欲望，一个不思进取的人是很难有所作为和赢得最后的胜利的，而雄心是成就梦想的第一步。一个人要想成就一番事业，首先必须有成大事的雄心。否则有再多的才华，也只能成为一个庸庸碌碌的人。

雄心的极端形式是野心，但在许多人眼中“野心”往往被贬为庸俗甚至是恶魔，那是因为人们只看到了野心所做出的坏事，而忽视了野心所带来的追求成功的支持力。

雄心是成就伟大事业不可缺少的要素。所谓“世上无难事，只怕有心人”，说的就是这个意思。

随着人类社会生产力的发展，物质生活水平的整体提高，社会生存的竞争也越来越激烈。要想在竞争激烈的社会上站稳脚跟，没有一点雄心是行不通的。志当存高远，人的志向与成就从来是密切相关的。如果没有远大的志向，就不可能成就大业。一般来说，对自己的要求越高，取得的成就就越大；对自己的要求越低，取得的成就则越小，甚至会一事无成。一个人即使身居陋室，饔飧不继，只要有远大的理想和抱负，也能奋然前行，干出一番经天纬地的事业。

雄心是迈向成功的第一步，现在很多人崇尚“知足常乐”，固然，知足常乐可以作为一种生活态度，可以让人过得更轻松，但是却绝对不可以当作人生信条。我们生活在这个世界上，就必须要不断地奋斗，不断地向另外一个目标前进。

小明和小叶考进了同一所全国著名的学校，在学校学习期间，两个人都十分努力，成绩优秀。如今大学生就业越来越困难，他们很幸运，毕业的时候，一家国际知名的大企业到学校来招聘，两个人过关斩将，成功地获得了仅有的两个待遇优厚的职位。

因为是校友，又到了同一个公司，两人自然就成了好朋友。

在别人眼里他们是幸运的，从一个普通学生一下子就跨入了白领阶层。小叶也是这样想，她对自己的工作十分满意，认为自己以前所有的努力终于有了回报。所以，她总是小心翼翼地在工作上不出一点差错，生怕丢了饭碗。

可是小明则不然，到公司以后，他的工作也很出色，颇受上司赏识。但是小明觉得这家公司不大适合自己发展，于是在积累了一些经验以后，毅然决定辞去待遇丰厚的职位，打算自己下海打拼，临行前，小明和小叶打了个招呼。

“什么？你疯啦！好好的工作不做，辞职了没收入怎么办？做生意破产了怎么办？”小叶显然不理解小明的想法。

“工作了一段时间，我觉得应该出去闯一闯了，‘王侯将相，宁有种乎！’我也可以做一番大事业，也可以自己当老板！”小明充满信心地说。

“做人稳当就可以了，不要有那么大野心，而且我们现在的工资待遇已经很高了，别人想找还找不到呢！”小叶善意地劝说小明。

“小叶，现在竞争激烈，我们不能安于现状，人不能没有点雄心。你也一样，别老安于目前的状态，我看这家公司还是很适合你发展的，你也要有个奋斗目标才行。”小明反过来劝说小叶。

最后，小明还是离开了公司自己闯荡去了，小叶依旧兢兢业业地守护着她那份“稳定的工作”。

两年后因为政策的调整,小叶所在的公司进行了一次大的人员调整,小叶虽然工作上没出过什么错,可是因为太“不进取”,被公司列在了裁员名单里,只好重新找工作。而此时,小明已经是一家公司的总裁了。

这个故事中,尽管小明在不停地劝解小叶,但是小叶因为安于现状,不思进取,最终还是丢掉了所谓的“铁饭碗”;而小明志存高远,敢于挑战自己而实现了自己的梦想,成为了最后的胜利者。可见,在人生的成长过程中,一个人能否成为最后的受益者,与他是否具有雄心是相关联的。

在这里,一个故事尤其发人深省。

法国大富翁巴拉昂本来也是个穷光蛋,后来靠推销装饰肖像画起家,不到10年,迅速跻身于法国50大富翁之列。他在临终前留下遗嘱,将自己的巨额财产除捐献给医疗卫生事业外,特留下100万法郎作为奖金,锁在保险箱里,奖给揭开穷富之谜的人。当这条遗嘱在报纸上披露后,雪花般揭谜信件纷纷飞到报社。有人说,穷人最缺少的是机遇,没遇到富有的机会,所以贫穷;也有人说,穷人最缺少的技术本事,所以贫穷;绝大多数人却说,穷人最缺少的是金钱,有钱就不穷了……可这项巨额奖金却被一位叫蒂勒的小姑娘捧走了。她的揭谜答案是:穷人最缺少的是野心,即成为富有人的野心。

人也许永远无法选择环境,但你永远有权力选择自己的未来。只要你不甘于平庸,想做一番大事业,你的命运就有改变的可能。因为,“野心”能使你不安于现状,继而使你在强烈的欲望的推动下一步步向着自己的目标迈进,直至得到你想要的。

只要第一,不要第二

美国潜能成功学大师安东尼·罗宾说:“如果你是个业务员,赚1万美元容易,还是10万美元容易?告诉你,是10美万元!为什么呢?如果你的目标是赚1万美元,那么你的打算不过是能糊口便成了。如果这就是你的目标与你工作的原因,请问你工作时会兴奋有劲吗?你会热情洋溢吗?”

当你问起NBA职业篮球高手“飞人”迈克·乔丹,是什么因素造成他不同于其他职业篮球运动员的表现,而能多次赢得个人或球队的胜利?是天分吗?是球技吗?抑或是策略?他会告诉你说:“NBA里有不少有天分的球员,我也可算是其中之一,可是造成我跟其他球员截然不同的原因是,你绝不可能在NBA里再找到我这么拼命的人。我只要第一,不要第二。”

你或许会感到不解,到底迈克·乔丹拼命不懈的动力来源于何处?那是发生于他念高中一年级时一次在篮球上的挫败,激起他决心不断地向更高的目标挑战。就在这个目标的推动下,飞人乔丹一步步成为全州、全美国大学,乃至于NBA职业篮球历史上最伟大的球员之一。

那天,乔丹被学校篮球队退训。回到家,他哭了一个下午。在那个重大打击下,他原可能就此决定不再打篮球了,可是没有,他反而把这个教训转变为强烈的愿望:为自己制定一个更高追求的标准,更高的目标。他的决定出自内心且很坚决,由此改变了自己的命运,也让篮球比赛的发展为之改观。

他不仅要重新成为球队的一员,并且还要成为最棒的。

在升高二之前的暑假中，他找到校队教练克里夫顿·贺林去寻求帮助，每天在他的指导下进行密集训练。终于，他被选为校队队员参加比赛。10年之后，他更证明了NBA芝加哥公牛队教练道格·柯林斯的见解：准备得越充足，幸运就越会跟着来。经常有很多人不愿意给自己制定目标，因为害怕失败所引致的失望，然而他们却不懂得："设定目标乃是成功的基石"。

你的目标中必须含有某种能激励你自我拓展、自我要求的要素，而这些要素也会帮助你不断成长、改变和进步。

一个真正的目标必定充满挑战性，正因为它具有挑战性，又是由你自己选择的，所以你一定会积极地想完成它。换句话说，你的目标不仅是一种挑战，同时也是激励你的原动力。

当你列出自己想成为的人、想做的事及想拥有的东西，又在每一项中圈选出你认为最重要、最具挑战性事情后，再尝试找其他重要的答案，你可能会需要用不同颜色的笔，在每一项中标示出两三件对你重要的事情。

仔细地衡量这些事情，并问问你自己以下的问题：

(1)我是否看出其中的连锁关系？这些我所认为重要的事情，彼此间是否存在某种程度的关联呢？

(2)我是否看出三大要项——我想成为的人、想做的事、想拥有的东西，三者之间也有一定的关系呢？

试着找出它们的关联，而最终你会发现在你的生命中，它们紧密地交织在一起，无法分割。你就是你想成为的人，你就是你想做的事，你就是你想拥有的东西。

无论如何，你可以从你所选择的重要项目中，发觉其间的关联性。也许你会在这些关联中有新的发现，进一步找到发展兴趣的新方法，或为自己创造出新的能力及特质。果真如此，那么你将会在这个过程中，发现自己源源不绝的创造力！

设定超越自我的目标对你人生方向的影响，一开始可能不是很大。那就像航行在大海里的巨轮，虽然航向只偏了一点点，一时很难注意，可是在几个小时或几天之后，便可能发现船会抵达完全不同的目的地。

不知你是否玩过拼图游戏？若你在人生中没有清楚的目标，就好像不知整个全貌，乱拼凑生命。当你知道了自己的目标，便能在脑海里描绘出一幅图画，让神经系统得以按图索骥，找到最需要的资料。

有些人似乎经常迷失方向，一会儿向东，一会儿向西；一会儿试试这个，一会儿又试试那个；似乎永远没有定向。他们的问题很单纯，就是他们不知所求的是什么。

如果你也不知道所追求的是什么，那就永远不会有击中目标的一天。

你得先建立个美梦，尤其是得全心全意地去做。如果你只是随手翻翻，不会对你有什么帮助。希望你能够坐下来，手里有支笔有张纸，写下自己未来的目标和计划。

找一个让你觉得最舒服的地方，不管是你喜爱的书桌，或是角落里照得到阳光的桌子，只要能让你心静的地方，花一个多钟头好好计划一下你未来的希望。做些什么？看些什么？说些什么？成为什么？相信这会是你一生中最宝贵的时光。你要去学习如何设定目标和预测结果，你要画出一张人生旅程的地图，你要勾勒出自己的去向和行动的路径。

在一开始，要先给你一个忠告，就是不要给自己设限。或许不给自己设限，会把你的注意力从你最在行的事上移开，不过从另一方面来看，这又何尝不是帮助你移开可能的限制呢？唯有你自己去制定目标，才是唯一能期望实现的方法。

设定目标要尽量高些，但千万不能脱离现实。在这方面，许多在事业上非常有成就的人都有比较深刻的认识。下面的故事就生动地说明了这个道理。

美国汽车巨头福特曾经特别欣赏一个年轻人的才能，他想帮助年轻人实现他的梦想。可年轻人的梦想却把福特吓了一跳：他一生最大的愿望就是赚到1000亿美元——超过福特财产的100倍！福特问他：你有了那么多钱以后做什么？年轻人迟疑了一下说：老实说，我只觉得那才能称得上是成功，至于做什么我也不大清楚。福特说：一个人果真拥有那么多钱，将会威胁整个世界，我看你还是先别考虑这件事吧。之后长达5年的时间里福特拒绝见这个年轻人，直到有一天年轻人告诉福特他想创办一所大学，他已经有了10万美元，还缺少10万美元。福特这时才开始帮助他，他们再也没有提起过1000亿美元的事。经过8年的努力，年轻人成功了，他就是著名的伊利诺伊大学的创始人本·伊利诺伊。

志向决定你的方向

成功人士与一般人的差别，就在于成功的人有远大的志向。换言之，成功是由远大志向推动起来的！事实证明：大凡有所成就的人，都是敢做好梦，敢立大志的人。所以，做人的第一件事就是立志，也就是要使自己振作起来，抖擞精神，给自己一个目标、一个方向。

没有志向，人生就没有方向。当你知道自己想要什么的时候，整个世界都会为你让路。人有时是自己观念的产物，你是一个什么样的人，首先在于你想成为一个什么样的人。比如，一个人从来没有想到要成为一个科学家，他也就不会按照成为一个科学家必备的素质要求自己、训练自己，也就很难成为科学家。

胡雪岩作为一名成功的大商人，他将中国传统商人应有的志向发挥到了极致。在胡雪岩的伙计生涯中，如果他安于现状，或许数年内便能积累一笔小家产，然后娶妻生子，安安稳稳度过一生。然而，胡雪岩是一个胸怀鸿鹄之志之人，是绝不甘心同他人一样庸庸碌碌终生。他心怀建功立业之雄心，只是苦于身份卑贱，本钱太少，无法实现他远大的抱负，因此，他平素在众人面前总是笑容可掬，但是内心深处却时常郁郁寡欢。此时的胡雪岩，绝非无所作为，而是睁大了眼睛，在寻找机遇，寻找能帮助他实现心中梦想的人。

在与人聊天的时候，胡雪岩说过："说到我的志向，与众不同，我喜欢钱多，越多越好！"他围拢两手，做了个搂钱的姿势："不过我有钱不是拿银票糊墙壁，看着过瘾就算。我有了钱要用出去！世界上顶痛快的一件事，就是看到人家穷途末路，刚好遇到我身上有钱！"他做了个挥手斥金的姿态，仿佛真有其事地说："拿去用！够不够？"这是何等的气势！

胡雪岩所从事的职业，是以充分发挥个人才智为特征的商业活动。成败利钝，全在一念之间，个人发挥的余地很大，客观上受掣肘的因素甚小，而且表现的方式也大为不同。胡雪岩能以钱庄学生的出身，发展成为名震天下的红顶商人，其气度和眼光，近代商业史少有人能与之比肩。胡雪岩的商业活动，对近代史的重大历史事件的走向发挥了重要影响。

胡雪岩在其经商活动中表现出了气吞山河的大志向、大气魄。他不断发展与官僚阶层、江湖势力、洋人及洋人买办、下层被管理者和下层百姓的关系；在商业经营范围上，不断扩展其钱庄业的覆盖范围，在丝业、典当业、药业方面也取得了很大的发展，终成富甲天下的红顶巨商。

纵观历史上有所成就的人，你会发现他们的人生转折点往往都是在二十几岁。如果你正处于二十几岁，那你现在一定要把握好人生的这个大好时机；如果你已在三十岁以上，那你更应该努力，人常说“三十而立”，很多人都在30岁的年纪就有所成就了。虽然我们的步伐慢一点，但只要有志向，有方向，就像与兔子赛跑的乌龟，照样能取得胜利。

一群人在炎热的夏天在铁路的路基上工作，这时，一列缓缓开来的火车打断了他们的工作。火车停了下来，最后一节特制车厢的窗户打开了，一个低沉的、友好的声音响了起来：“大卫，是你吗？”大卫·安德森——这群人的负责人回答说：“是我，吉姆，见到你真高兴。”于是，大卫·安德森和吉姆·墨菲——铁路的总裁进行了愉快的交谈。在长达一个多小时的愉快交谈之后，两人热情地握手道别。

大卫·安德森的下属立刻包围了他，他们对于他是铁路总裁墨菲的朋友感到非常惊讶。大卫解释说，二十多年以前他和吉姆·墨菲是在同一天开始为这条铁路工作的。

其中一个人半认真半开玩笑地问大卫，为什么你现在仍在烈日下工作，而吉姆·墨菲却成了总裁。大卫苦闷地说：“23年前我为1小时1.75美元的薪水而工作，而吉姆·墨菲却是为这条铁路而工作。”

事实告诉我们如果你为赚钱而努力，那么你可能会赚很多钱；但是，如果你想干一番事业，那么你就有可能不仅赚很多钱，而且会干一番大事。如果你只为薪水而工作，你只能得到一笔很少的收入；但是，如果你是为了你所在公司的前途而工作，那么你不仅能够得到可观的收入，而且你还能得到自我满足和自我价值的体现。你对公司做的贡献越大，你个人所得到的回报就会越多。总之，你必须要有崇高的目标，然后为这些目标付诸行动，才能获得你想要的成功。

世界上所有的成功人士都是这样取得成功的。奥运金牌得主不光靠他们的运动技术，而且还靠远大的目标的推动力。商界领袖也一样，他们之所以能成为商界中的佼佼者，并不完全是有多么聪慧的头脑，而是心中时刻有远大目标的激励。

有压力才有动力

李嘉诚说：“世界上任何一家大型公司，都是由小到大，从弱到强。”他认为，赫赫盛名的渣打爵士由英国刚来香港时，也只是个默默无闻的穷小子，但他靠勤奋、精明和机遇，终于成为巨富，创九仓、建置地、办港灯。因此，李嘉诚才深有感触地说：“我们做任何事，都应该有一番雄心壮志，立下远大目标，有压力才有动力。”

李嘉诚从李嘉茂的五金厂辞职后，进入了王东山的塑胶公司。刚进公司，一开始，李嘉诚的压力非常大，因为他在推销员当中最年轻，资历也最浅。其他的推销员都已经积累了丰富的经验，更重要的是，他们都有着各自的固定客户。

面对在短时期内的销售压力，李嘉诚暗自下决心，要干就要争第一。他给自己定了一个目标：在3个月内，取得和别的推销员一样的成绩，然后在半年内全面超越他们。

这个目标对于新来的李嘉诚来说，是一个比较难的任务。因为他当时没有任何客户以及相关资源。他知道，要想完成自己所定的目标，就必须比其他的推销员付出更多的努力，才能打开销售的局面。

在实现目标的过程中，李嘉诚不断给自己施加压力，奋发图强。当时他的公司位于港岛西北角的坚尼地城，而目标客户又多位于港岛中区以及隔海的九龙半岛。李嘉诚每天都得背着一个装有样品的大包，乘巴士或坐轮渡来到客户相对集中的地区，然后马不停蹄地走街串巷，四处推销。当时的李嘉诚十分瘦弱，背着大包四处奔波对于他来讲实在是勉为其难。

但在这段时间里，李嘉诚每天拼命工作16到20小时。公司规定早上9点上班，但他在上班之前就早早地到其他地区去开发新客户。人家喝下午茶或是休闲的时候，他则继续努力工作。晚上，他还会跑到工厂视察“跟单”。由于他的尽心尽责，李嘉诚开始有了自己的熟客。

加盟塑胶公司一年后，当老板拿出财务的统计结果时，瞬时惊呆了公司所有人，连李嘉诚本人都有些不敢相信，因为他的销售额后来居上，排名不仅是第一，更重要的是花红竟然是第二名的7倍。

曾有记者问李嘉诚推销的秘诀，他没有直接回答，而是讲了一则故事。说日本“推销之神”原一平在69岁的一次演讲会上，曾有人问他推销成功的诀窍时，他当场就脱掉鞋袜，将提问者请上台让他摸摸自己的脚板。提问者才发现原一平的脚底布满了厚厚的老茧。李嘉诚讲完之后对记者说：“我没有资格让你来摸我的脚底，但我可以告诉你，我脚底的老茧也很厚。”

比别人多走路，跑得比别人勤快，这就是李嘉诚推销成功的秘诀。之后，老板十分器重李嘉诚。不久就提拔李嘉诚为业务经理，统管产品销售。两年后，又晋升李嘉诚为总经理，全盘负责日常事务。

对于推销方面，李嘉诚非常熟练了，但生产和管理对于他来讲还是比较陌生的领域。李嘉诚知道自己的弱项，于是每天都身着工装，出现在工作现场，和工人们一起摸爬滚打，熟悉生产工艺流程，对于每道工序他都要亲自尝试。

凭借着他的勤奋和聪颖，很快李嘉诚就掌握了生产的各个环节。在管理方面他也逐渐摸索出一套行之有效的方法，大额的生意先是通过他完成洽谈，至于一些具体的事情，他则让手下的推销员跑腿。

就这样，塑胶工厂的生产势头越来越好，销售网络也日臻完善，李嘉诚也成为公司的顶梁柱，成为高收入的打工仔。此时的他仅20岁出头，取得如此大的成绩，实在是令旁人羡慕。初出茅庐的李嘉诚懂得以把任何事做到最好的态度实现自己的目标，可以说是找到了成功的门径。

在旁人看来，此时的李嘉诚应该心满意足了。然后，已经算是“功成名就”的他却不这么想，他认为给别人打工再有成就也不如自己创造一番事业。

其实早在进入五金厂之时起，李嘉诚就有了某天自己创业的想法，因为五金厂的老板李嘉茂给了李嘉诚一个很好的榜样。李嘉诚认为李嘉茂创办五金厂是一个奇迹，而他也想创造出一个这样的奇迹。

当时的所处的时代也给李嘉诚提供了一个很好的机会。因为正值美国侵略朝鲜时期，港英政府关闭了对华贸易进出口通道，香港转出口贸易地位一落千丈。港府及时调整产业政策，使香港经济由转口贸易型迅速转向加工贸易型，并取代转口贸易成为香港经济的新支柱。

在这个转轨时期，李嘉诚敏捷地捕捉到了其中的机会。他决定以塑胶业为自己创业的方向，对于这种选择，首先是由于他的职业经历，此时的他已经积累了充足的全盘经营塑胶厂的经验；另外，他也看到了塑胶业广阔的发展前景。因为在当时，塑胶业还属于新兴产业，而且投资少、见效快，适宜小业主经营。

于是，李嘉诚毅然向给了他许多恩惠的老板王东山辞职。王东山虽然对李嘉诚能否久留在他的公司不是很乐观，但是当他听到李嘉诚辞职请求时，他还是不免为之愕然。因为在此之前不久，他破格起用了李嘉诚出任公司总经理，这一职务以往都是他最为信任的亲属才能担任的。

王东山有些不解，就问李嘉诚："现在公司除了我就属你的职位高了，难道你觉得职务还不如意？"

"不是，我现在已经是被破格重用了，我岂能再有其他奢望？"李嘉诚回答道。

"那么就是嫌给你的薪水过低了？如果是这样的话，我可以马上让会计给你提高薪水。"

李嘉诚面对老板的诚恳挽留，他道出了实情："老板，你是我的恩人，我并不是想背叛你。现在工厂已经走向快速发展的道路了，但是对于我来讲，我所尽的力量也就只能如此了。可是，毕竟不可能在别人的工厂打工一辈子。所以我想拥有自己的厂子。"

辞工后，李嘉诚对自己的母亲说："我已经是20多岁的人了，如果我再不能建一家自己的厂子，那么我今生也可能就再无出头之日了。"

李嘉诚既然决定要做，就决心一定要做好，所以他希望给自己的塑胶厂起一个响亮的名字，让工厂有一个响亮的招牌。他从辞工起，就一直在思考厂名，他先后取了几十个厂名，都觉得不满意。最终，他给自己的塑胶厂起了一个世人皆知的名字——长江。他说："长江不择细流，故能浩荡万里。长江之源头，仅涓涓细流，东流而去，容纳无数支流，形成汪洋之势。日后的长江塑胶厂，发展势头也会像长江一样，由小到大……"

从这里，我们不难看出李嘉诚的开阔胸襟和远大抱负。也正是李嘉诚有着远大的目标，不满足于现状，他才开始了自己真正的创业道路，以至于在日后不断取得成功，成为华人首富。

远大的目标能够对生活产生巨大的影响力。它使得我们的努力凝聚到一处，并为我们的工作指明了奋斗的方向，因而我们的每一步都稳重有力，都是朝着目标迈近了一步。

对于那些不甘平庸的人来说，养成时刻检视自己抱负的习惯并永远保持高昂的斗志，是完全必要的。要知道，一切都取决于我们的抱负。一旦它变得苍白无力，所有的生活标准都会随之降低。我们必须让理想的灯塔永远点燃，并使之闪烁出熠熠的光芒。

远大的目标就是推动人们不断前进的梦想。随着梦想的实现，相信你一定能够领悟成功的要义是什么。

还是道格拉斯·勒顿说得好："你决定人生追求目标之后，就做出了人生最关键的选择。要能如愿，首先要明确你的愿望。"

有了理想，你就弄清了自己最想取得的成就是什么。有了目标，你就会有一股无论顺境还是逆境都勇往直前的冲劲，你的目标使你能获得超越你自己能力的东西。远大的目标是长期的目标。没有长期的目标，你也许就会被种种挫折所击倒。但事实上，阻碍你进步与成功的最大敌人不是别人，正是你自己。

别的人也许可以让你暂时停止你事业上的进步，而你已是唯一能使你永远坚持下去的人。假若你没有长期的目标，暂时的阻碍就会成为你永远的挫折。家庭问题、疾病、车祸及其他你无法控制的各种情况，都可能是你成功与事业的重大障碍。然而，只要你有长期的目标，它们都只可能是暂时的。

一次挫折，不管它是否严重，它既可以是你进步的起点，也可以是你成功的绊脚石。因此，当你设定了长期的目标后，起初不要试图去克服所有的阻碍。一旦所有困难一开始就被清除得一干二净，便没有人愿意尝试有意义的事情了。

被誉为大众“汽车之父”的亨利·福特，历经挫折制造大众车，而备受世人敬慕，终于梦想成真。

1863年7月3日，福特出生于美国底特律南郊迪尔本镇的一个农民家庭。他以母亲的一句箴言作为他一生创业精神的宗旨：“你必须去做生活给予的不愉快的事情，你可以怜悯别人，但你一定不能怜悯自己。”他努力制造自己的“汽油引擎汽车”，最后成功了，被誉为“汽车大王。”

福特自小就酷爱摆弄机械。年仅7岁，他就是轰动全镇的天才少年技师了。12岁那年的一天，福特随父亲坐马车到底特律去的路上看到的一辆用蒸汽推动、在马路上行走的蒸汽车使他惊讶不已。从此，福特立誓要亲手制造“利用引擎行走的车。”16岁那年，福特怀着一腔梦想去了底特律市。

在底特律造船厂引擎车间工作时，福特通过《世界科学杂志》中一篇介绍英国人欧特发明汽油引擎的文章，引起了他在交通工具上也应用内燃引擎的想法。

工作两年后，福特以熟练技师的资格又跳槽到西屋引擎公司工作。作为移动式引擎的示范操作员，他在这里学到不少有关引擎的知识。

8年后，福特返回了父亲的农场。父亲送给他40英亩的土地，但痴迷机械的福特兴趣显然不在务农上，他在森林旁的空地上盖起了自己的实验室，从事研究工作。他曾制造过一部蒸汽机车，虽然这部车会动，但速度很慢。

这时，美国的工业进步较快，钢铁业开始发达，石油精制技术也进步神速，电灯、电话也相继问世，汽油引擎的优点已被大家所公认。

时代热潮使福特再也坐不住了。他不愿在乡村过悠闲的生活，他要开公司、做老板，干一番惊天动地的事业。

一天，他向妻子克拉拉和盘托出自己的计划：要制造一辆采用汽油引擎而不用马拉的车子，并把构想中的车体形状画在一张乐谱的背面给她看。

1891年9月25日，福特带着新婚的妻子，告别了家乡和亲人，来到了底特律。福特受雇于著名科学家爱迪生创办的爱迪生公司，担任夜间值班工程师。两年后，他又晋升为主任技师。每天下班后，他都来到屋后放煤炭的工作场里，埋头于汽油引擎的实验。

1896年6月4日凌晨3点，福特亲手制造的第一辆“不用马拉的车”终于完成了。造车场就在屋后的小砖屋里。

“成功了！”福特和他的两名助手钉上最后一颗铆钉，压抑不住兴奋高喊起来。他们像赢了一场重大的比赛一样，相互击掌庆贺。福特迫不及待地要到外面试车，但车体比房门大得多，根本无法推出去。他毫不犹豫地取来一把斧头，举起来向小门两侧的墙上砍去。

福特跃上驾驶座，亲自驾驶他的第一辆汽车，将它开上了大街。

福特的这辆汽油机“四轮车”，简直是一个“怪物”：动力传动是用一根连接发动机与后轮的自行车链条进行的。没有刹车，若要停车必须将引擎完全停止。车子只能进不能退，若要倒车，得下车来推。底盘是安了4个自行车车轮的马车架改装的。引擎为4马力，有两挡速度，分别为时速15千米和30千米。

福特成功地驾驶他的“怪物四轮车”跑了十几公里，到迪邦镇去探望他的妹妹玛格丽。

发明电灯、活动照相机、留声机的大发明家托马斯·爱迪生，对福特试制成功内燃引擎汽车欣赏不已，甚至说超过了他本人设计的电动车，是“创世纪的发明。”

就在这一年的夏天，由福特任总监的底特律汽车公司宣布成立。这是在底特律设立的第一家汽车制造公司。

当时，欧美地区流行赛车，谁要在赛车时得胜，谁就能一举成功。福特想出一个一举两得的计划，就是设法用自己的车参加比赛并获胜，这样既可制造出更好的汽车，又能获得他人支持，有助于事业的早日成功。因此，福特决定制造一辆世界上最坚固、速度最快的竞赛用汽车。

第二年夏天，福特终于造出了第一辆赛车。它具有25马力，车体轻，速度快，直道上跑可达每分钟1英里(1英里=1.6千米)。福特亲自驾车参加底特律赛车比赛。福特参加的是汽油车10英里(1英里=1.6千米)竞赛，而对手是凭赛车活动而称霸同行的克利夫兰汽车制造商温顿。许多人都为福特捏了一把汗。

决定福特和他的汽车的命运的一天来了。随着"开始"的号令一响，两辆车就同时冲了出去。车子跑到转弯处，福特不得不减低速度，温顿趁机超出。但到了直线跑道后，福特便加足马力追赶，这时，温顿的车子突然从车尾喷出蓝色烟雾，显然是出故障了，只好降速慢行。于是，福特在观众的欢呼声中，迅速追了上去，以绝对优势获得了冠军。

此次比赛之后，福特和他的汽车声名大振，大批投资者蜂拥而至。不久，福特成立了第二个公司，并任经理。但董事们热衷于制造价格昂贵的汽车，又不善于经营，致使福特汽车公司仅持续几个月就解散了。

然而，公司倒闭的巨大压力并没有使他屈服，他以坚定的信念挺了过来，执着地朝着目标走去。1903年6月，福特与人合伙，又一次办起了福特汽车公司。

总结以往的教训，福特决定无论什么情况下都要优先生产价格低廉的大众车。于是，他开发了耐用可靠的新引擎，制造出一种时速达50千米的敞篷车，并命名为A型车。由于它的售价只有850美元，物美价廉，受到热烈欢迎，不到一年，就销售了650辆。在随后的3个月中，又猛升到1100辆以上。到了第三年，每月的生产量高达360辆。福特汽车公司一跃而成了底特律最大的公司。

因此，我们可以说，凡是高喊"没有机会"的人，其实是在为自己盲目的人生找借口。条条道路通罗马，一旦有了目标，怎么可能找不到机会呢？福特的"故事"就是最好的例子。

订立一个远大的目标并不是一件容易的事情。除了要高远的眼光、积极的心态外，还要有胆魄和毅力。但大多数人都不敢把自己的梦想确立为自己的人生目标。觉得那太遥远，自己无力或不愿费力地去追求梦想。

因此，你若要拥有远大目标，就要有强烈的进取心，有追求它的魄力。你要认为自己行，不能满足既得的成绩。

摆脱心理高度的限制

失败常常不是因为我们不具备这样的实力，而是因为我们在心理上默认了一个不可跨越的高度限制。

一些有实力的人在人生发展过程中，特别是求职时，由于受到"心理高度"的限制，常常对一些合适的职业发展机会望而却步，结果往往痛失良机，甚至导致经常性的职场挫败。心理学家发现，突破心理高度的限制是人生发展成功的关键，那么我们如何突破自身的心理高度呢？

有这么一个经典的实验，很好地说明了"心理高度"现象。

实验者往一个玻璃杯中放进一只跳蚤，发现跳蚤立即跳了出来。再重复几遍，结果还是一样。根据测试，跳蚤跳的高度一般可达它身体的400倍左右，所以说跳蚤可以称得上是动物界的跳高冠军。

接下来实验者再次把这只跳蚤放进杯子里，不过这次是立即在杯子上加了一个玻璃盖，“嘣”的一声，跳蚤重重地撞在玻璃盖上。跳蚤十分困惑，但是它不会停下来，因为跳蚤的生活方式就是“跳”。一次次被撞后，跳蚤开始变得聪明起来了，它开始根据盖子的高度来调整自己所跳的高度。又一阵子以后呢，发现跳蚤再也没有撞击到这个盖子，而是在盖子下面自由地跳动。

一个小时后，实验者开始把这个盖子轻轻拿掉，跳蚤不知道盖子已经去掉了，它还是在原来的这个高度继续地跳；三个小时后，发现这只跳蚤还在那里跳。一天以后发现，这只可怜的跳蚤还在这个玻璃杯里不停地跳着——此时它已经无法跳出这个玻璃杯了。

难道跳蚤真的不能跳出这个杯子吗？绝对不是。问题在于只是经过几次碰撞，它的心里面已经默认了这个杯子的高度是自己无法逾越的。

在人生发展过程中，有许多人也在过着这样的“跳蚤人生”，屡屡去尝试成功，但是往往事与愿违，屡屡失败。几次失败以后，便开始不是抱怨这个世界不公平，就是怀疑自己的能力，他们不是不惜一切代价去追求成功，而是一再地降低成功的标准——即使原有的一切限制已取消。就像刚才的“玻璃盖”，虽然被取掉，但他们早已经被撞怕了，不敢再跳，或者已习惯了，不想再跳了。结果，就有相当一部分人往往因为害怕成功高度的限制，而甘愿忍受失败者的生活。

很多人不敢去追求成功，不是追求不到成功，而是因为他们的心里面也默认了一个“心理高度”，这个高度常常暗示自己的潜意识：这个是没有办法做到的。

其实，让这只跳蚤再次跳出这个玻璃杯的方法十分简单，只需拿一根小棒子突然重重地敲一下杯子；或者拿一盏酒精灯在杯底加热，当跳蚤热得受不了的时候，它就会“嘣”地一下，跳了出来。

这种方法对人也同样产生作用。当然，这种作用只有当我们自我觉醒并强烈要求改变，或有他人意识到问题的严重性并帮助其改变时才会产生作用。问题是很多人对于自己的各种不顺、失败根本就不知道原因所在，特别是心理高度这种比较隐性的因素是比较难以发现的。

可见，在人生发展过程中，若能够摆脱“心理高度”的限制，冲破常人望而却步的“心理制高点”，那么我们的发展空间和成功率将会很大。

人生的价值在于不断进取

巴西著名足球明星贝利在足坛上初露锋芒时，记者问他：“你哪一个球踢得最好？”他回答说：“下一个！”而当他在足坛上大红大紫，成为世界著名球王，已踢进1000个球以后，记者又问他同样的问题时，他仍然回答：“下一个！”在事业上大凡有所建树的人都同贝利一样有着永不满足、不断进取的精神。马克思曾说过：“任何时候我也不会满足，越是多读书，就越深刻地感到不满足，就越感到自己知识贫乏。科学是奥妙无穷的。”人生的价值在于不断进取，在这方面无数成功者为我们树立了光辉的典范。

西班牙伟大的画家毕加索在90岁高龄时，他拿起颜色和画笔开始画一幅新的画时，对世界上的事物好像还是第一次看到一样。年轻人总是在探索新鲜事物,探索解决新问题的方法。他们热心于试验,欢迎新鲜事物。他们不安于现状,朝气勃勃,从不满足。老年人总是怕变化,他们知道自己什么最拿手,宁愿把过去的成功之道如法炮制,也不冒失败的风险。毕加索90岁时,仍然像年轻人一样生活着,不安于现状,寻找新的思路和用新的表现手法来运用他的艺术材料。

大多数画家在创造了一种适合于自己的绘画风格后,就不再改变了,特别是当他们的作品受到人们的欣赏时,更是这样。随着艺术家的年岁增长,他们的绘画虽然也在变,可是变化不会很大了。而毕加索却像一位终生没有找到他的特殊艺术风格的画家,千方百计寻找完美的手法来表达他那不平静的心灵。

毕加索作画,不仅仅用眼睛,而且用思想。毕加索的画,有些色彩丰富、柔和、非常美丽;有些用黑色勾画出鲜明的轮廓,显得难看、凶狠、古怪。但是这些画启发了我们的想象力,使我们对世界的看法更深刻。面对这些画,我们不禁要问,毕加索看到了什么,使他画出这样的画来?我们开始观察在这些画的背后究竟隐藏着什么。

毕加索一生创作了成千上万种风格不同的画,有时他画事物的本来面貌,有时他似乎把所画的事物掰成一块块的,并把碎片向你脸上扔来。他要求着一种权力,不仅把眼睛所能看到的东西表现出来,而且把我们的思想所感受到的也表现出来。他一生始终抱着对世界十分好奇的心情,就像年轻时一样。

如果你喜欢欣赏画,不妨找些毕加索的画册,看看从他的画中你能得到什么启示。

果戈理写作以勤奋著称。他坚持每天练习写作,他说:“一个作家,应该像画家一样,经常随身带着笔和纸张。一位画家如果虚度了一天,没有画成一张画稿,那是很不好的。一个作家,如果虚度了一天,没有记下一条思想,也是很不好的……必须每天写作。如果一天没有写,怎么办呢?没关系,拿起笔来,写上‘今天不知为什么我没写’,把这句话一遍一遍地写下去,等你写得厌烦了,你就要写作了。”

正是有了这种一天也不肯虚度、不断进取的精神,果戈理才完成了一部部传世之作,成了世界上伟大的文学家。

经营自己的长处

你了解自己吗?你清楚自己身上所蕴藏的能量吗?你知道自己最想做的是什么吗?你了解自己的特长吗?

面对这些的问题,你的回答也许是:我是一名工人,我是一名工程师,我是一名生意人,我是一个公务员;我很平庸,没有什么能力;我不知道我想做什么;我没有任何特长……

显然,大多数人对自己都只是表面上的认识而已,很少有人完全了解自己,如拥有什么?想要什么?能够做什么?想过一种什么样的生活?事实上,了解自己是人生最重要的一课!

草原上,一只野狗对狼说:“现在食物越来越难找了,我们还是去投靠猎人吧,这样就避免挨饿了,而且也没有什么危险。”

“可是,投靠猎人我们就失去自由了。再说,我的目标不是做一个只能填饱肚皮的狼。”狼说完就和野狗分手了。

若干年后，它们又相遇了。但是，它们现在的身份却和以前不一样了。野狗变成了猎狗，脖子上系着一根长长的铁链，显然，它是不自由的。而狼呢，则成为一片原始森林中的无冕之王，在那片森林里，它是主人，有着绝对的权威，其他兽类都臣服在它脚下。

为什么它们的命运有这么大的区别呢？这是因为狼清楚地了解自己，知道自己的目标，也知道怎样去实现自己的目标，所以它成功了。

决定一个人境界、地位、成功或失败的因素，全在他大脑中那个真实的自我。换言之，你一生的成败，就决定于你是否了解了自己，清楚自己身上所蕴藏的力量。

可是，在现代社会里，有多少人了解自己呢？又有多少人清楚自己身上所蕴藏的潜力呢？

福勒制刷公司的经理阿尔费拉德·福勒出生于贫苦的农场家庭，住在加拿大东南的新斯科夏半岛。在未创办福勒制刷公司前，他虽努力维持生计，却接连失去了3次工作的机会。究其原因，是因为福勒没有正确认识自己的长处，他找的工作都不适合他的性格，也无法发挥他的潜能，因此失业是必然的了。

但是，在接下来的日子里，福勒的生活发生了根本性的变化。他重新找了一份销售刷子的工作。就在那时，福勒受到了激励，他开始认识到，他的最初的3份工作对他都是不适合的，他不喜欢那些工作。而销售工作能充分发挥他的长处。福勒知道自己能把销售工作做得很出色，因为他喜爱这种工作。所以，福勒把他的精力完全集中在销售工作上，他成了一个成功的销售员。他在攀登成功的阶梯时，又立下一个目标，那就是创办自己的公司。如果他能经营买卖，这个目标就十分适合他的个性。

于是，福勒停止了为别人销售刷子。这时他比过去任何时候都更为兴高采烈。他在晚上制造自己的刷子，第二天就出售。当销售额开始上升时，他就在一所旧棚屋里租下一块空间，雇佣一名助手，为他制造刷子，他本人则集中精力于销售。

从福勒制刷公司的故事中，我们可以得到这样一个启示：了解自己，分析自己的长处和兴趣，然后向这方面发展，就一定能获得成功。

人生的诀窍之一就是挖掘自己的潜力、经营自己的长处。人生一如平面直角坐标系，横、纵坐标便决定了你的位置。一个人如果站错了位置——选择用自己的短处而不是长处来立业的话，那常常是十分困难的。有可能最后你会成功，但为此你将耗费比别人更多的时间与精力，代价的惨重也许是你不愿正视的；也有另一种可能，也是最有可能的是你将为你错误的选择而沉浸于永久的懊悔与失意之中。

了解自己的长处，保持热情并充分地加以利用，也许你就会因此而改变自己的命运。美籍华人科学家、曾获诺贝尔物理奖的杨振宁教授，年轻时到美国留学，立志要写一篇实验物理论文，但后来他发现自己的动手能力不行，便在导师的劝告下，放弃实验物理全面转入理论物理的研究，这关键性的一步对他来讲实在是非常重要的。他在《读书教学四十年》一文中不无幽默地写道："这是我今天不是一个实验物理学家的道理，有的朋友说这恐怕是实验物理学的幸运。"

在面对各种看法之中，最重要的一项是你对自己的看法。你整天所谈的事中，最具意义的也就是你对自己所说的话。我们每个人的潜能都是无穷无尽的，然而能发挥多少，全看我们如何认识自我，战胜自我。正确的自我意识的形成与健全需要付出艰辛的努力和沉重的代价，它是每个追求卓越、追求自我实现的人的终生课题。

生活中，有人太重视自我，有人太轻视自我。太重视自我者往往目中无人，狂妄自大，久而久之酿成大祸。太轻视自我者往往丧失信心，甚至自甘堕落。怎样认识自我，怎样发现自我的优势,怎样估价自我,怎样发挥自我,这绝不是一件小事。

全面深刻地了解自我,找准自己在现实环境中的位置。要正确地认识自我,首先要从生理的自我、心理的自我、社会的自我三个方面来全面深刻地了解自己。认识到你自己到底是个什么样的人,自己需要的是什么,自己的目标是什么。这样才能找准自己的位子,给自己准确的定位。具体的就是要能把自己放在大的社会现实环境和历史条件下认识自身的条件、能力、地位、作用、责任等,也能把自己放在小环境中认识自己的条件、能力、地位、作用和责任,给自己在社会大环境和小环境中恰当的定位,这样才对理想自我的构建、自我的发展以及人际关系的处理大有裨益。其次就是要给自己信心与自信。

日本保险业泰斗原一平在27岁时进入日本明治保险公司开始推销生涯。当时,他穷得连中餐都吃不起,并露宿公园。

有一天,他向一位老和尚推销保险,等他详细地说明之后,老和尚平静地说:"听完你的介绍之后,丝毫引不起我投保的意愿。"

老和尚注视原一平良久,接着又说:"人与人之间,像这样相对而坐的时候,一定要具备一种强烈吸引对方的魅力,如果你做不到这一点,将来就没什么前途可言了。"

原一平哑口无言,冷汗直流。

老和尚又说:"年轻人,先努力改造自己吧!"

"改造自己?"

"是的,要改造自己首先必须认识自己,你知不知道自己是一个什么样的人呢?"

老和尚又说:"你在替别人考虑保险之前,必须先考虑自己,认识自己。"

"考虑自己?认识自己?"

"是的!赤裸裸地注视自己,毫无保留地彻底反省,然后才能认识自己。"

从此,原一平开始努力认识自己,改善自己,大彻大悟,终于成为一代推销大师。

"认识自己,改造自己"。这是我们一生中要努力追寻的目标。哪一种工作适合自己干?如何让周围的朋友喜欢自己?可以说是你事业成功的关键。加入推销行列,首先便是推销你自己——你的形象、你的修养、你的气质、你的人格。其次,要从多个角度、多个侧面来客观评价自我。一方面,既要进行纵向比较,将现实的自我和理想的自我做比较,看到自己的差距;同时,也要将现实的自我与过去的自我做对照,看到自己的进步。另一方面,又要进行横向比较,与超过自己的、与自己相似的、比自己稍差的人做比较。要将上述各个方面获得的信息综合分析,以获得较为客观的评价。既不妄自菲薄,也不夜郎自大。同时也要避免盲目地接受他人的暗示和对权威、群体性心理的完全依赖。要有自己独立的意志,避免以一时、一事作为衡量评价自我的尺度,要对自己有一个稳定的、概括的评价。

把命运握在自己手里

人的生命是无价之宝,可以创造的价值是无限的,至于一个人能创造多少价值,他的人生又是如何,完全取决于自己内心愿景的规划,而非外界的种种条件。因此,一个人的价值不是由外界来判定的,而是靠自己努力换取的。即使现实不如意,也不要心存不满,其实你已经拥有足够多的东西,只是你没有发现、没有利用而已。

我们要明白的是，一个人最大的财产就是自己，面对生活不要埋怨。如果你不能成为大道，那就当一条小路；如果不能成为太阳，那就当一颗星星。不要总觉得自己一无是处。每个人在世上都是独一无二的，不管处在什么境地，始终相信命运把握在自己手中。

在很早以前，哈佛大学的一个行为问题调查组曾经对100名学生进行了一次抽样调查，向每个人提出了同一个问题："10年以后，你希望在什么地方，从事什么工作?"这些学生都回答说，他们想得到财富、荣誉，希望去经营大公司，或者从事能影响和主宰我们所生存的世界的重要工作。

但是，在这100个接受调查的年轻人中，有10个人不仅决心征服世界，而且将目标清清楚楚写了出来，并说明他们什么时候即将取得何等成就，取得这些成就的理由是什么；而其他人则没有像他们一样写出各自的目标和理由。

10年过去了，调查人员发现，原来写过目标和计划的那10名学生，所拥有的财产竟占那100名学生总财产的96%。这意味着那10名学生的成功率超过他们的同学整整10倍。

一位哲人说得好，最蹩脚的建筑师从一开始比最灵巧的蜜蜂高明的地方，是他在用蜂蜡建筑蜂房之前，已经在头脑里把它建成了。

所以说，确立目标与制订规划是两个必不可少的内容。目标是前进的灯塔，规划是行动的方案。没有目标，所谓的规划就没有了明确的方向，只能是四处乱撞；没有规划，目标则只是一句空谈，没有任何实际意义。

格莱恩·布兰德曾经说过，目标和规划是通向快乐与成功的魔法钥匙！有了明确的目标和规划，并把它们写下来付诸行动的人，他们将来的成就，是有目标和规划但仅停留在脑子里或纸上的人的10至50倍。

兰特中学毕业时，他的父亲就发现他具有特殊的商业天赋：机敏果断、敢于创新。但他缺乏社会阅历，尤其重要的是缺乏知识。父亲与他长谈了一次，并和他一起制订了一个能帮助兰特成为一个商界精英的长期规划。这个规划将兰特的学习生涯分为四个阶段。

第一阶段：攻读理工科学士。

通过在哈佛大学攻读最基础、最普通的机械制造专业，兰特具备了做商贸必备的专业知识，了解了产品性能、生产制造情况，培养了知识技能，建立了一套严谨的逻辑思维体系，还形成了脚踏实地的工作态度。

在这四年中，兰特还广泛选修了其他专业课程，如化学、建筑、电子等。这些知识为他后来的商业活动创造了难以估量的价值。

第二阶段：攻读经济学硕士。

通过在哈佛大学3年经济学硕士的学习，他了解了影响商业活动的众多因素，懂得了商业的社会地位和作用，掌握了经济学的基本知识。在这3年的学习中，他还认真学习了经济法，并将主要精力放在管理知识的学习上。

第三阶段：积累社会阅历。

离开哈佛后，兰特并没有急着去经商，而是先做了5年政府的公务员。5年的时间，使兰特从一个稚嫩的青年成长为一个深谙世故的公务员。在环境的压迫下，他树立起强烈的自我保护意识，并广泛结交各界人士，建立起一套关系网络。他非常善于利用这些网络来获得丰富的信息和便利条件。

第四阶段:掌握商情,熟悉业务。

兰特辞去公务员的工作,应聘到了一家国际性的大公司。通过在这里两年的锻炼,在掌握了丰富的商情与商务技巧之后,他谢绝了公司的高薪挽留,自己开办了一家商贸公司,开始了梦寐以求的经商生涯。

兰特的这四个学习阶段共用了14年的时间,每个阶段目标明确,任务具体。由于他在制订规划之前,对自己将来发展目标定位准确,每个阶段的学习,都是以总的目标所需要具备的素质作为出发点,科学规划,合理安排。因此,当规划完成后,兰特已经具备了成功商人所应具备的所有条件,他的公司经营得非常出色。

1976年的冬天,当时的迈克尔19岁,在休斯敦大学主修电脑。他是一个狂热的音乐爱好者,同时也具有一副天生的好嗓子,对于他来说,成为一个音乐家是他一生中最大的目标。因此,只要有多余的一分钟,他也要把它用在音乐创作上。

迈克尔知道写歌词不是自己的专长,所以又找了一个名叫凡内芮的年轻人来合作。凡内芮了解迈克尔对音乐的执着。然而,面对那遥远的音乐界及整个美国陌生的唱片市场,他们一点渠道都没有。

在一次闲聊中,凡内芮突然从嘴里冒出了一句话:

“What yon are doing in 5 years?”(想象你五年后在做什么)

迈克尔还来不及回答,他又抢着说:“别急,你先仔细想想,完全想好,确定了再告诉我。”迈克尔沉思了几分钟,开始说:“第一,五年后,我希望能有一张唱片在市场上,而这张唱片很受欢迎,可以得到大家的肯定;第二,五年后,我要住在一个有很多很多音乐家的地方,能天天与一些世界一流的音乐家一起工作。”

凡内芮听完后说:“好,既然你已经确定了,我们就把这个目标倒过来看。如果第五年,你有一张唱片在市场上,那么你的第四年一定是要跟一家唱片公司签上合约。

“那么你的第三年一定是要有一个完整的作品,可以拿给很多很多的唱片公司听,对不对?

“那么你的第二年,一定要有很棒的作品开始录音了。

“那么你的第一年,就一定要把你所有要准备录音的作品全部编曲,排练好。

“那么你的第六个月,就是要把那些没有完成的作品修饰好,然后让你自己可以一一筛选。

“那么你的第一个月,就是要把目前这几首曲子完工。

“那么你的第一个礼拜,就是要先列出一个清单,排出哪些曲子需要修改,哪些需要完工。”

凡内芮一口气说完了上述的这些话,停顿了一下,然后接着说:“你看,一个完整的计划已经有了,现在你所要做的,就是按照这个计划去认真去做每一步,一项一项地去完成,这样到了第五年,你的目标就实现了。”

说来也奇怪,恰好是在第五年,1982年时,迈克尔的唱片开始在北美畅销起来,他一天24小时几乎全都忙着与一些顶尖的音乐高手在一起工作。

这中间的道理我想大家应该都明白了:不管做什么事情,光有目标还是不够的,必须有一个详细的计划,接下来的事情就很简单了,只要一步一步地去完成就行了,当你把最后一步完成的时候,你就会发现,目标已经实现了。

万事皆有可能

俗话说："天下无难事，只怕有心人。"没有做不到的事，只有想不到的事；没有做不了的事，只有不想做的事。对一些"不可能"做到的事只是常规理论下的结论，要善于尝试"打破常规"，成功者的字典里没有"不可能"这三个字。

20世纪六七十年代美国有一个超级歌星，他少年时就想当一名歌手。参军后，他买到第一把吉他。他开始自学弹奏吉他，同时练习唱歌，他开始尝试自己创作一些歌曲。服役期满后，他开始努力工作，以实现当一名歌手的夙愿，可他没能马上成功。没人请他唱歌，就连电台唱片音乐节目广播员的工作也没能得到。他只得靠挨家挨户推销各种生活用品维持生计，不过他还是坚持练唱。他组织了一个小型的歌唱小组在各个教堂、小镇上巡回演出，很快，他有了一些歌迷。最后，他灌制的一张唱片奠定了他音乐工作的基础，吸引了两万名以上的歌迷。他对自己的信念坚信不疑，使他获得了成功。

然而，这只是一次难度不大的考验，真正的考验还在后面。经过几年的巡回演出，他被那些狂热的歌迷拖垮了，晚上须服安眠药才能入睡，还要吃些"兴奋剂"来维持第二天的精神状态。他开始沾染上一些恶习——酗酒、服用催眠镇静药和刺激兴奋性药物。他的恶习日渐严重，以致对自己失去了控制能力。他不是出现在舞台上，而是出现在监狱里了。到了1967年，他每天必须吃一百多片药片。

这个人就是约翰尼·卡许。

一天早晨，当他从州监狱刑满出狱时，一位行政司法长官对他说："约翰尼，我今天要把你的钱和麻醉药都还给你，你比别人更明白你能充分自由地选择自己想干的事；看，这就是你的钱和药片，是把这些药片扔掉还是去麻醉自己、毁灭自己，你选择吧！"

卡许选择了生活。他又一次对自己的能力做了肯定，深信自己能再次成功。他回到纳什维利，找到他的私人医生，医生不太相信他，认为他很难改掉吃麻醉药的坏毛病，医生告诉他："戒毒瘾比找上帝还难。"

卡许并没有被医生的话吓倒，他知道"上帝"就在他心中，他决心"找到上帝"。尽管这在别人看来几乎不可能，他开始了他的第二次奋斗。他把自己锁在卧室，闭门不出，一心一意就是要根绝毒瘾。为此，他忍受了巨大的痛苦，经常做噩梦。后来他在回忆这段往事时说，他总是昏昏沉沉，好像身体里有许多玻璃球在膨胀，突然一声爆响，只觉得全身布满了玻璃碎片。当时摆在他面前的，一边是麻醉药的引诱，另一边是他的奋斗目标的召唤，结果他的信念占了上风。九个星期以后，他睡觉不再做噩梦，又恢复到原来的样子了，他努力实现自己的计划，几个月后，他重返舞台，再次引吭高歌，终于又一次成为超级明星。

卡许完成了医生认为的"不可能"的事。实际上，世界上有许多所谓"不可能"的事都有"可能"发生。

还有这样一则关于"可能"与"不可能"的故事。波拿巴·拿破仑问工程技术人员："这条路走过去可能吗？""也许吧"。回答是不肯定的，它在可能的边缘上。"那么，前进！"波拿巴·拿破仑没有理会工程人员讲的困难，下决心前进。统帅的精神鼓舞着战士们。四天之后，这支部队突然奇迹般出现在意大利平原上了。一件"不可能"的事情就这样完成了。

许多统帅都具有必要的设备、工具和强壮的士兵，但是他们缺少毅力和决心。谁不怕困难，谁就能在前进中抓住时机。波拿巴·拿破仑信奉“世上没有不可能的事”，因此创造了许多奇迹。

一颗落入山缝间的种子，要长成立于蓝天之下的大树，看起来不大可能；一滴滴柔弱细小的水珠，要穿透厚重的岩石，看起来不大可能。但是有一天，山崖间斜生着一棵挺拔的青松，眼前展现着水滴石穿，我们会恍然大悟：只要有毅力，有恒心，万事皆有可能！

拿破仑曾经说过：“凡是有决心取得成功的人从来不说‘不可能’。”成功并非一个遥不可及的梦，重要的是我们有没有决心取得胜利，我们有没有在一百次被打倒后为了我们的梦想再第一百零一次地站起来。

霍金，本被医生认为活不过一年的病人，在决心的支持下，不但战胜了死亡的威胁，还在自己研究的领域创下了一个又一个奇迹；乔丹，本因身高不够而被球队拒之门外的矮个子，在决心的驱动下克服了自己身高条件的限制，成为令世人惊叹的篮球高手。

他们都有着一颗坚强的心，才能把别人看来的不可能变成了可能，真实地告诉我们，只要有决心，万事皆有可能。

不要让别人的“不可能”阻挡了你的脚步，不要让看似不可能的事情延长了你与梦想的距离。坚定自己的决心，让整个世界都知道：万事皆有可能。

勤奋和成功在一起

居里夫人曾经说过：“懒惰和愚蠢在一起，勤奋和成功在一起，消沉和失败在一起，毅力和顺利在一起。”爱因斯坦说：“在天才与勤奋之间，我毫不迟疑地选择勤奋，她几乎是世界上一切成就的催产婆。”可见，勤奋是我们成功的关键。只有依靠勤奋，你才能不断进取。

侯宝林就是这样培养孩子的。侯宝林对孩子要求十分严格，尤其在学业上。尽管两个儿子很小就表现出在相声表演上的才能，但侯宝林却极力反对两个儿子荒废学业去学相声。

侯耀文8岁的时候，就迷上了相声，由于父亲反对，侯耀文就偷偷地学，并学习了父亲的相声风格。初中的时候，铁路文工团向社会公开招考相声演员，侯耀文被同学拉去应考，结果被主考官一眼看中。当侯耀文把这个好消息告诉父亲时，侯宝林却坚持说：“相声现在登了大雅之堂，它不再是生活的小丑、生活的调料，而是一种雅俗共赏的艺术。相声演员必须有渊博的知识和丰富的阅历，要有相当的文化水平。你初中还没毕业，不适宜当演员。”文工团的负责同志答应帮侯耀文学习文化课，侯耀文也向父亲表示：自己将先当好学生，再当好演员。侯宝林这才同意侯耀文去学相声。

在父亲的监督下，侯耀文在学习上一直非常勤奋，这也奠定了他在相声事业上成功的基础。

因此，想要在某一领域有所作为，我们就得耗费巨大的时间和精力。如果我们能拿出一万个小时专注地去做好某一件事，其实我们就是把勤奋作为了生活习惯的人。

著名画家徐悲鸿也是个非常勤奋的人。徐悲鸿的父亲是当地一位小有名气的画家，他不慕功名，从来不与官场中人来往。徐悲鸿6岁那年，就开始跟着父亲学读书了。虽然年幼的徐悲鸿对画画也表现出了学习的欲望，但是父亲一直没有打算教儿子学画画。有一天，父亲给徐悲鸿讲述了庄子一人擒住两只老虎的故事。徐悲鸿想要知道老虎的样子。于是，徐悲鸿找到一位会画画的大人，请他画了一只老虎。回到家后，徐悲鸿照着画上的老虎的样子，细细地描了下来。画完后，他高高兴兴地把自己的画拿给父亲去看。父亲看到徐悲鸿的“大作”后，笑着问他画的是什么，徐悲鸿自豪地回答说：“是老虎呀！”父亲故作惊讶地瞪大眼睛：“这是老虎吗？我看像一只狗。”

徐悲鸿有些失望，心里很难受。这时，父亲语重心长地对他说：“孩子，画画必须用自己的眼睛去观察实物。你没有见过真的老虎，就不可能画出逼真生动的老虎来。现在你还小，首先要发奋读书，打下扎实的文化根底，只有积累了丰富的文化知识，学习绘画才算有了根基。”

听了父亲的教导后，徐悲鸿更加勤奋读书了，最后终于成为了一代大师。

有了目标，我们就必须努力向前走，努力的过程很痛苦。但是，只要你有执着的信念，一直坚持就能成功。只要我们养成了勤奋的习惯，胜利就在我们不远处。我们要勤奋，要坚持，这样我们才会胜利。

有时候我们会羡慕别人比我们聪明，惊讶于别人的成功。殊不知，任何成功的背后都流淌着很多汗水。所谓的绝招和绝活，就是把一个简单的动作练到出神入化，就是把一件平凡的小事做到炉火纯青。同样的成功，只要通过恒久的努力，你也完全可以拥有。

伟大的数学家华罗庚说过：“天才在于积累，聪明在于勤奋。”这就说明了人不是靠灵感，而是靠勤奋才使大脑聪明起来的。

我们每个人都希望自己聪明，长大后能成才，聪明人是通过自己的勤奋换来的。例如，你要想出国留学，就必须学好外语。但是怎样学好外语呢？就得早上读，晚上背，勤奋学习；假如你想成为一名体操健儿，你就得坚持体育锻炼，勤奋练习……总之，无论你想干什么，都必须勤奋。我国元代画家王冕就是一个典型的例子。

元代著名画家、诗人王冕七八岁时，父亲就让他在田埂上放牛，可是他却总是偷偷地跑进学堂，去听那些学生诵读诗书。听完之后，总是默默的记住。傍晚回家，他把放牧的牛都忘记了。他的父亲大怒，用鞭子打了他一顿。不几天，他仍是这样。他的母亲说：“这孩子读书这样入迷，就不要再逼他放牛了。”王冕因此离开家，寄住在寺庙里。一到夜里，他就悄悄地走出来，坐在佛像的膝盖上，手里拿着书，借着佛像前长明灯的灯光诵读，书声琅琅，一直持续到天亮。正是由于他幼时刻苦勤奋的学习，才使他后来成为杰出的画家。

在日常生活中，我们经常听到有人叹息自己天生笨拙，成不了大器。但是，并不是所有的聪明人都能取得成功，天赋虽好，如果不去努力，也会成为无用之人。相反，那些天赋一般却意志坚强之人，却往往能通过后天的努力成就一番事业。

勤是做任何事情的基础和关键。“只要功夫深，铁杵磨成针”，讲的也是这个道理。大发明家爱迪生就是一个例子。

爱迪生上小学的时候，就被老师认为是智力低下的人，只上了三个月的学，就被迫离开了学校。但他并不因此而丧失信心，反而以顽强的意志勤奋学习。他花费比别人多几倍的时间用来学习和工作，终于用汗水浇开了成功之花。爱迪生一生中为人类奉献了1000多项重大的发明，对科技和社会的发展做出了巨大的贡献，最后成了举世闻名的大发明家。

爱迪生的经历告诉我们：成功和辛勤的劳动是成正比的，只有付出才有收获。勤能补拙，即使再笨的人，只要努力，也会取得成功。

有这样一句话：“天才是百分之一的灵感，加百分之九十九的汗水。”天道酬勤，一分劳动，一分收获。不要因为笨拙而感到灰心丧气，只要勤劳，必能弥补天资的不足。亚历山大·汉密尔顿说:“有时候人们觉得我的成功是因为天赋,但据我所知,所谓的天赋不过就是努力工作而已。”在山脚下徘徊的人,永远到不了山顶。只有夜以继日地勤学,不受环境因素的影响,永不放弃,才会取得成功。大凡有作为的人,无一不与勤奋有着难解难分的缘分,勤奋能成就伟人。

梅兰芳之所以能够成为一代京剧大师,是跟他的勤奋刻苦分不开的。在梅兰芳小的时候,他就去拜师学艺。他学的是旦角。男孩子学旦角,唱、念、做、打都要模仿女性。刚学的时候,一出戏师傅教了很长时间,他还没有学会。师傅说他不行,不适合唱戏。梅兰芳心里很不是滋味,他下决心一定要学会唱戏。他用心思考,反复练习。一段唱腔,别人唱几遍就不练了,他总要坚持练二三十遍。经过刻苦练习,他终于练出了圆润甜美的嗓子。梅兰芳小时候眼睛有点近视,没有神。而旦角的眼神特别重要,师傅说他根本不是学戏的材料。先天的欠缺没有使梅兰芳灰心,反而促使他更加勤奋。他养了几只鸽子,每当鸽子飞起的时候,他的眼睛就紧紧盯着飞翔的鸽子。他还经常注视水中游动的鱼儿。渐渐地,他那双眼睛变得灵活起来。一分耕耘,一分收获。经过不懈的努力,梅兰芳终于实现了自己的梦想。

从上面的例子可以看出:天才在于勤奋。只要肯在“勤”字上下功夫,朝着自己的目标坚持不懈地走下去,我们就一定能够取得成功。

门捷列夫说过这样一句话:“没有加倍的勤奋,就既没有才能,也没有天才。”如果一个人懒惰,害怕吃苦,即使天赋再好,也不会成才的。

业精于勤,荒于嬉。勤奋能使我们的学业和事业有所成就。我们要勤学习、勤积累、勤思考,这样我们才能取得成就。这个世界上没有人能够轻易成功。只有付出比别人更多的汗水和辛劳,才能取得比别人更多的成就。

每天进步一点点

管理学有一个“蝴蝶效应”:纽约的一场风暴,起始条件是因东京有一只蝴蝶在拍翅膀。翅膀的振动波,正好每一次都被外界不断放大,不断被放大的振动波越过大洋,结果就引发了纽约的一场风暴。

中国有句古语:“不积跬步,无以至千里。”说的也是这个道理:量变积累到一定程度就会发生质变。所以说,不要幻想自己能突然脱胎换骨,马上就能成为一个卓越的人。要知道,从平凡到优秀再到卓越并不是一件多么神奇的事,你需要做的就是,每天进步一点点。每一个大的成功背后,都是由一点一滴小进步积累而成的。

每次一点点的放大,最终会带来一场“翻天覆地”的变化,成功就是每天进步一点点。

福特公司的老板就遵循这一原则,他就要求公司的每一个职员,每天都要进步一点点,结果这个每天进步一点点,使得福特公司在经济不景气的情况下,在不到两年的时间里,资产净增了60亿美元。

每天进步一点点,是永葆竞争不败的方法。每天进步一点点,难的就是老是有那么一股劲,热情和劲头不会随意波动,每天都要给自己一个雷打不动的作业,而且每天都要雷打不动地把它完成好,一点点进步并不引人注目,就是这一个个不引人注目,终将突然托起一个意想不到的成就。

每天进步一点点,持续行动,坚持自己的信念。这一点点看似很不起眼,缺乏诱惑力,但却是在为最终的成功积蓄力量,做着储备,一旦时机成熟,这所有的一点点进步就会瞬间转化成巨大的能量，转化成连自己都会吃惊的巨大成就。

成功来源于诸多要素的几何叠加。每天行动比昨天多一点点；每天效率比昨天提高一点点；每天方法比昨天多找一点点……正如数学中 50% ×50% ×50% =12.5%，而 60% ×60% ×60% =21.6%，每个乘项只增加了 0.1，而结果都几乎是成倍增长。每天进步一点点，假以时日，我们的明天与昨天相比将会有天壤之别。

每天进步一点点，它具有无穷的威力。只是需要我们有足够的耐力，坚持到“第 28 天”以后。

人们往往很容易用事情的结果来推断事情的前因，比如：面对一个成功人士，人们总会说“他是个天才，他得到了好的机遇……”但事实上，这样的推断往往是失于偏颇的。其实，很多人在人生的起点上都是相差不多的，之所以成就有那么大的悬殊，往往在于一开始对待人生和工作态度的选择上。

毫无疑问，每个人都渴望成功。但成功要靠一步步的积累，于是有的人选择了勤奋、积极、主动；有的人却选择了幻想、浮躁、虚度时光。相对于取得的成就来说，这两者选择的差距真的很小。但却是这小小的差别，造就了结果的巨大差距。

成大事者与未成事者之间的差距，并非是一道巨大的鸿沟，他们之间的区别在于一些小小的行动上：每天花 5 分钟阅读、多打一个电话、多努力一点、多费一点心思、多做一些研究，或在实验室中多实验一次。这就是说，比别人多努力一点，你就拥有更多的成功机会。

两个同龄的年轻人同时受雇于一家店铺，并且拿同样的薪水。可是叫阿诺德的小伙子青云直上，而那个叫布鲁诺的小伙子却仍在原地踏步。布鲁诺很不满意老板的不公正待遇，终于有一天他到老板那儿发牢骚了。老板一边耐心地听着他的抱怨，一边在心里盘算着怎样向他解释清楚他与阿诺德之间的差别。“布鲁诺先生，”老板开口说话了，“你今早到集市上去一下，看看今天早上有什么卖的。”布鲁诺从集市上回来向老板汇报说：“今早集市上只有一个农民拉了一车土豆在卖。”“有多少？”老板问。

布鲁诺赶快戴上帽子又跑到集市上，然后回来告诉老板一共有 40 袋土豆。

“价格是多少？”

布鲁诺又第三次跑到集市上问来了价钱。

“好吧，”老板对他说，“现在请你坐到这把椅子上，一句话也不要说，看看别人怎么说。”

阿诺德很快就从集市上回来了，并汇报说到现在为止只有一个农民在卖土豆，一共 40 袋，价格是多少多少，土豆质量很不错，他还带回来一个让老板看看。这个农民一个钟头以后还弄来了几箱西红柿，据他看价格非常公道。昨天他们商店的西红柿卖得很快，库存已经不多了。他想这么便宜的西红柿老板肯定会进一些的，所以他不仅带回了一个西红柿做样品，而且把那个农民也带来了，他现在正在外面等着回话呢。

此时老板转向布鲁诺，说：“现在你肯定知道为什么阿诺德的薪水比你高了吧？”

布鲁诺跑了三趟，才在老板的不断提示下，了解了菜市场的部分情况；而阿诺德仅一趟，就掌握了老板需要和可能需要的信息。

现实生活中也有不少人像布鲁诺那样，上司吩咐什么就干什么，自己从不用脑，结果长期不被重用，还感叹命运的不公。而像阿诺德那样办事高效、灵活的人，不仅能圆满地完成领导交给的任务，还能主动给领导提供参考意见和尽可能多的信息，自然会得到领导的赏识和青睐。

这种看似一小步的差距会在成功的路上造成越来越大的鸿沟，直到原本起点差不多的双方再也看不见对方。

很多时候,这种微小的差距就能决定一个人工作的成就和人生的结局。所以,有必要着重注意这些看似很小的差距,在办任何一件事情时,你必须与自己做比较,看看明天有没有比今天更进步——即使只有一点点。

只要再多一点能力;

只要再多一点敏捷;

只要再多一点准备;

只要再多一点注意;

只要再多培养一点精力;

只要再多一点创造力。

这一点点的不同,带来的可能就是惊人的巨变。

不要害怕冒风险

尝试风险,有助于培养个人不满足于现状、勇于进取的精神,也有利于提高个人对社会变动的敏锐感。一个人往往在冒险并盘算着该做什么时,成长最快。一位日本专家指出:人类在长期的历史进程中,学到了很多智慧。也拥有了很多智慧,这能给人以更大冒险的可能性。但是,即使有可能性,也不能断定所有的人都敢于去冒险。

1991年,在温布尔登举行的网球锦标赛女子组半决赛中,17岁的前南斯拉夫女选手塞莱丝与美国女选手津娜·加里森对垒。随着比赛的进行,人们越来越清楚地发现,塞莱丝的最大对手并非加里森,而是她自己。赛后,塞莱丝垂头丧气地说:"这场比赛中双方的实力太接近了,因此,我总是力求稳扎稳打,只敢打安全球,而不敢轻易向对方进攻,甚至在加里森第二次发球时,我还是不敢扣球求胜。"

而加里林却恰恰相反,她并不只打安全球。"我暗下决心,鼓励自己要敢于险中求胜,绝不优柔寡断,犹豫不决。"津娜·加里森赛后谈道,"即使失了球,我至少也知道自己是尽了力的。"结果,加里森在比赛中先是领先,继而胜了第一局,后来又胜了一局,最终赢得了全场比赛。

冒险与收获常常是结伴而行的。险中有夷,危中有利。要想有卓越的结果就要敢于冒险。许多成功人士不一定比你"会"做,重要的是他比你"敢"做。有限度地承担风险,无非带来两种结果:成功或失败。如果你获得成功,你可以提升至新领域,显然这是一种成长;就算你失败了,你也很快可以清楚为什么做错了,学会以后该避免怎么做,这也是一种成长。

作为现代人,一方面要通过学习和实践不断增长智慧,另一方面还要永远保持冒险精神。自卑自忧、谨慎小心并不是"现代人"的品质。裹足不前、举棋不定,在当今竞争激烈、瞬息万变的社会中只能被淘汰出局。美国一家大印刷公司的经理曾回忆起他与自己公司一位会计员的一次谈话,这位会计员的理想是要成为他公司的审计长,或者创办她自己的公司。虽然她连中学都没毕业,但她却毫不畏惧。但随之而来的却是公司经理提醒她:"你的会计能力是不错,这一点我承认,但你应该根据自己的受教育程度,把目标定得更加切合实际些。"经理的话使她大为恼火,于是,她毅然辞职追寻自己的理想去了。后来她成立了一个会计服务社,专为那些小公司和新移民提供服务。现在,她在加州的会计服务社已发展到了五个办事处。其实,我们谁也不知道别人的能力限度到底有多大，尤其是在他们怀有激情和理想，并且能够在困难和障碍面前不屈不挠时，他们的能力限度就更难预测了。

当遇到严峻形势时，人们习惯的做法是小心谨慎，保全自己。而结果呢？不是考虑怎样发挥自己的潜力，而是把注意力集中在怎样才能缩小自己的损失上。正像塞莱丝的经历一样，这种人的结果大都会以失败而告终。

同样一件事，因为存在一定的风险，甲经过细算，认为有60%的把握，便抢占时机，先下手为强，因而取胜。乙在谋划时过于保守，认为必须有90%甚至100%的把握才下手，结果坐失良机。

任何领域的领袖人物，他们之所以能够成为顶尖人物，正是由于他们勇于面对风险之事。美国传奇式人物——拳击教练达马托曾经一语道破："英雄和懦夫都会恐惧，但英雄和懦夫对恐惧的反应却大相径庭。"

我们大家都遇见过一些所谓饱经风霜的老前辈，他们似乎"什么世面都见过"，因此总对我们讲一些不可做这不可做那的理由。你有了个好主意，一句话还没说完，他就像消防队员灭火般地向你泼冷水。这种人总能记起过去某时曾有某个人也产生过类似想法，结果惨遭失败，他们总是极力劝你不要浪费时间和精力，以免自寻烦恼。

无论做任何事情，开始时最为重要的是不要让那些总爱唱反调的人破坏了你的理想。这世界上爱唱反调的人真是太多了，他们随时随地都可能列举出上千条理由，来说明你的理想不可能实现。你一定要坚定立场，相信自己的能力，努力实现自己的理想。

美国斯坦福大学所做的一项研究表明，大脑里的某一图像会像现实情况那样刺激人的神经系统。举例来说，当一个高尔夫球手在告诫自己"不要把球打进水里"时，他的大脑里往往会浮现出"球掉进水里"的情景，所以，你不难猜出球会落在何处。

吉姆·伯克晋升为美国翰森公司新产品部主任后的第一件事，就是要开发研制一种供儿童使用的胸部按摩器。然而，这种产品的试制失败了，伯克心想这下可要被老板炒鱿鱼了。伯克被召去见公司的总裁，然而，他受到了意想不到的接待，"你就是那位让我的公司赔了大钱的人吗？"总裁问道，"好，我倒要向你表示祝贺，你能犯错误，说明你勇于冒险。而如果你缺乏这种精神，我们的公司就不会有发展了。"数年之后，伯克本人成了翰森公司的总经理，他仍牢记着前总裁的这句话。

勇于冒险求胜，你就能比你想象的做得更多更好。

在勇冒风险的过程中，你就能使自己的平淡生活变成激动人心的探险经历，这种经历会不断地向你提出挑战，不断地奖赏你，也会不断地使你恢复活力。

香港商人陈玉书在他的自传《商旅生涯不是梦》里指出："致富秘诀，在于大胆创新，眼光独到。譬如说，地产市场我看好，别人看坏，事实证明是好，我能发大财；反之，我看好，别人看坏，事实证明是坏，我便要受大损失，甚至破产；如果大家都看好，我也看好事实证明是对了，则也仅仅能糊口而已。"

精明的人能谋算出冒险的系数有多大，同时做好应付风险的准备，则可以加大胜算。世界的改变、生意的成功常常属于那些敢于抓住时机、适度冒险的人。有些人很聪明，对不测因素和风险看得太清楚了，不敢冒一点险，结果聪明反被聪明误，永远只能"糊口"而已。实际上，如果能从风险的转化和准备上进行谋划，则风险并不可怕。

所以，生命运动从本质上说就是一次探险，如果不是主动地迎接风险的挑战，便是被动地等待风险的降临。

持之以恒才能走得更远

一些人取得了远远超过他们实际能力的成就,使很多人感到疑惑不解:为什么那些看上去智力不及我们一半、在学校排名末尾的学生却取得了巨大成功,在人生的旅途上把我们远远地抛在了后面?

其中一些人,尽管在学校里被我们嘲笑,后来却能专心一个领域,耕耘不辍,最终到达目的地。尽管有些人智力平庸,但他们持之以恒,一步一步地积累了自己的优势,而那些所谓智力超群、才华横溢的人却仍在四处涉猎,浅尝辄止,最终一无所获。

杜邦公司创始人伊雷尼的哥哥维克多,可以说是一表人才,口齿伶俐、头脑敏捷、身材挺拔、相貌英俊,外表上简直没什么缺点。他是一个社交明星,给每个人留下的第一印象都是完美的。但是熟悉他的人都知道,他从来就没有从头到尾地办过一件事,就是答应过的事,他也可能会忘掉。他仅仅是个吃喝玩乐的专家。如果派他外出考察,他回来后拿不出多少有价值的商业情报,却能绘声绘色地描述旅途中的美味佳肴和美女。伊雷尼做火药买卖时,维克多在纽约给他做代理。维克多凭社交手腕发展了一些客户,但是其中一位,拿破仑的弟弟杰罗姆,一位花花公子,却最终毁了他。在纵欲无度、花天酒地的生活中,他们俩很投缘,只要杰罗姆缺钱,维克多就慷慨地掏腰包。正是杰罗姆的一笔笔巨额借款,导致了维克多的贸易公司的破产。

伊雷尼则是截然相反的人。他身材不高,相貌平平,但在学习和工作上一有股近乎痴迷的专注劲儿,不达目的,决不罢休。小时候在法国,家境还很宽裕的时候,他受拉瓦锡的影响,对化学着了迷。那时候他父亲皮埃尔是路易十六王朝的商业总监,兼有贵族身份,谁也想不到这个家庭在未来的法国大革命中会险遭灭顶之灾。拉瓦锡和皮埃尔谈论化学知识的时候,小伊雷尼稳稳当当地坐在旁边,竖起耳朵听着。他对"肥料爆炸"的事尤其感兴趣。拉瓦锡喜欢这个安安静静的孩子,把他带到自己主管的皇家火药厂玩,教他配制当时世界上质量最好的火药。这为他将来重振家业奠定了基础。

若干年后,他们全家人逃脱法国大革命的血雨腥风,漂洋过海来到美国。他的父亲在新大陆上尝试过七种商业计划——倒卖土地、货运、走私黄金……全都失败了。在全家人垂头丧气的时候,年轻的伊雷尼苦苦思索着振兴家业的良策。他认识到,目前战火连绵,盗匪猖獗,从事商品流通有很大的风险,与其这样倒不如创办自己的实业。但是有什么可以生产的呢?这个问题萦绕在他脑海里,就连游玩时他也在想。

有一天,他与美国陆军上校路易斯·特萨德到郊外打猎,他的枪哑了三次火,而上校的枪一扣扳机就响。上校说:"你应该用英国的火药粉,美国的太差劲。"一句话使伊雷尼茅塞顿开。他想:在战乱期间,世界上最需要的不就是火药吗?在这方面,我是有优势的,跟拉瓦锡学到的知识,会让我成为美国最好的火药商。后来,他就靠着这股专注和坚韧劲,克服了许多困难,把火药厂办了起来,后来又办成了举世闻名的杜邦公司。

历史上,平庸者成功和聪明人失败,一直是一件令人惊奇的事。通过仔细分析,发现出现这个现象的原因在于,那些看似愚钝的人有一种顽强的毅力,一种在任何情况下都坚如磐石的决心,一种从不受任何诱惑、持之以恒的韧劲儿。相反,那些聪明却不坚定的人,往往没有一个明确目的,四处出击,结果分散精力,浪费才华。

一个聪明的孩子,不管是否在大学里遥遥领先,不管是否比社区的其他同龄人更引人注目,如果做事不持之以恒,就永远不会成功。

高效率蒸汽机的发明者詹姆斯·瓦特,从小就是出了名的心灵手巧的人,他在父亲的造船作坊里迅速掌握了修理航海仪表的技术,工匠们夸他"每根手指头上都刻着好运纹"。事实上,在拥有自己的工作台之前,小瓦特就把课余时间消磨在车间里,观察大人们干活,静静地思考。他是一个非常内向、好静的孩子,只要是他感兴趣的事,无论他准备做、正在做、还是暂时中断,他的心思都在上面,从没停止过。这样的人所取得的进步,是那些三心二意的人望尘莫及的。

他中学毕业后来到格拉斯哥,想学一门手艺,但是这里竟然没有一个配当他师父的人,那些工匠可以教的,他早就会了。他不得不来到伦敦,从举世闻名的仪器专家中寻找自己的导师。他成了数学家、仪器制造专家约翰·摩根的学徒,一年中,他掌握了别的学徒需要三至四年才能学到的东西。他是这样做的:每周在摩根的车间里工作五天,每天从清晨干到晚上九点,在休息时间又揽些零星的修理活来干。他用黄铜制作的法式接头的两脚规被评为全行业中最杰出的作品。出师时他告诉父亲:"我认为不管在什么地方,我都不愁没有饭吃,因为现在我已经能像大多数工匠那样出色地工作了,尽管我还不如他们熟练。"

对于他这样的人,吃饭绝不是一个问题。他为格拉斯哥大学修好了一批天文仪器,在校园里得到了一个工作间,也得到了丰衣足食的生活。后来他又与一名建筑商合伙开了仪器制造修理厂,赚了不少钱。自从得到一台老式蒸汽机模型、弄清它的缺陷、意识到改进它的可能性,他就从小安乐窝中走了出来、踏上了伟大的成功之路。他沉浸在对大气压、真空、冷凝、传热、冲程、能量、效率等等错综复杂的环节的思索中,在工作中、在散步时、在水壶边、在床上……不停地考虑那个模型和环环相扣的难题,一旦心有所得,就扑到实验室里检验。这东西一旦成功,将对工业文明产生不可估量的影响,在此之前人们普遍依赖自然界的不稳定的风力和水力来驱动机械设备,老式蒸汽机由于燃料消耗过大,只能在煤矿里运用,而且它发出的呼哧呼哧、吱嘎吱嘎、扑通扑通的噪音使几英里(1英里=1.6千米)内不得安宁。瓦特撇开其他事情,一心扑在蒸汽机上。

瓦特在15年的时间里,经过无数次艰苦的试验,终于把60多年中无人改进的震天响的矿井蒸汽机,变成了可以牵引轮船和火车的动力蒸汽机,他自己也获得了巨大的财富和显赫的社会地位。

世界上没有任何东西能够替代恒心。才干不能,有才干的失败者多如过江之鲫;天才不能,"天才无报偿"已成为一句俗语;教育不能,被遗弃的教养之士到处充斥着。唯有恒心才能征服一切。

美国前总统尼克松堪称持之以恒的典范。众所周知,由于"水门事件",尼克松被迫辞职。从辞职到他逝世前的20年中,他经历了巨大的精神折磨。在1974年被迫辞职后的一段时间里,他可谓一蹶不振,突然降临的失落与忧愤,媒体的穷追猛打和冷嘲热讽,熟人朋友们则避之唯恐不及,使62岁的尼克松患上了内分泌失调和血栓性静脉炎,医生说他基本上是一个废人。

这以后,尼克松连续撰写并出版了《尼克松回忆录》《真正的战争》《领导者》《不再有越战》《1999不战而胜》和《超越和平》等一系列畅销全球的著作,以在野身份继续关心和介入美国内政外交,直到生命的终点。

"水门事件"后,尼克松虽然受到了极大的挫折,可他面对挫折表现出来的坚忍不拔和对国家的强烈忠诚,战胜人性弱点重新攀上人生巅峰的勇气却受到世人的尊敬。尼克松说:“我不怕失败,因为我知道还有未来”。他说:“失败固然令人悲哀,然而,最大的悲哀是在生命的征途中既没有胜利,也没有失败。”他以一种积极的健康的心态去面对自己的人生,而从不自怨自艾,挫折、忧愤使尼克松成为一个深怀智慧的人,而坚持不懈、持之以恒则使尼克松又达到了人生的巅峰。

纵观古今中外的历史,凡是取得巨大成就的人,都是和尼克松一样勇于坚持到底,有恒心、有毅力的人。晋代左思花费十年时间收集素材,酝酿构思,以自强不息的精神写出了令洛阳纸贵的《三都赋》;马克思用四十年的时间,在大英博物馆里“啃”书本,把博物馆里的水泥地都磨出了一个洞,写出了给人类历史带来新世纪曙光的《资本论》;丁肇中、杨振宁博士坚持做原子轰击实验,终于发现了J粒子,使宇宙不守恒定律在实验上得以成立。他们的成功雄辩地证明:只要具备了知难而进、坚持到底的精神,无论做什么事情都能取得成功;否则,则会半途而废,功败垂成。

19世纪法国作家福楼拜说得好:“顽强的毅力可以征服世界上任何一座高峰”。不错,只要拿出顽强的毅力,持之以恒,坚持到底,事业的成功必将成为一种必然。当年宋庆龄在称赞张学良将军时曾说道:“有超乎常人的毅力,必有超乎常人的抱负。”恒心、毅力都是相对于人生旅途上的坎坷和挫折而言的。

生活常常这样,在你向目标挺进的过程中,突如其来的打击、一次又一次的失败、莫名的痛苦和烦恼……像影子随形一样地跟着你,很难彻底摆脱。于是,人们便有了勇敢和懦弱、坚定和犹豫、洒脱和痴迷、勤奋和懒惰之分——一句话,有了强弱之别,有了坚持到底和半途而废的差异。

做一个强者,首先是要做一个精神上的强者,做一个坚忍不拔、威武不屈的人。世间不存在人无法克服的艰难和困苦,在你面临绝境行将没顶时,在你气喘吁吁甚至精疲力竭时,你只要再坚持一下,奋力拼搏一下,困难就会被你征服了,你就坚强了许多。

历史上有成就的人大多在追求成功的过程中,经受着巨大的风险和舆论压力,他们不是退缩,而是坚忍不拔。

18世纪英国福音传播者怀特菲尔德就是一个典型。在他追求事业成功的过程中,经历了许多舆论的谴责和世俗的刁难,甚至有人威胁要杀掉他。他的敌对者把他逐出教会,关闭他的教堂,甚至逼迫他离开所住的城镇。但他依旧在流浪的路途中传道。敌对者雇佣一些人穿上魔鬼的衣服去嘲弄他,向他扔烂泥、臭鸡蛋、烂番茄和切成碎片的死猫肉,并且不止一次地向他扔石头,把他砸得头破血流……同时代的许多名流都对他大加鞭挞和嘲讽,每天,他大概要经历十数次这样的“挫折和失败”,但是,所有的这一切均未能阻止怀特费尔德继续他的传道事业。因为,他知道他的事业是有益于大众的。

终于,成千上万的信徒涌到伦敦郊外的田野上听他传道。他给威尔士和苏格兰的矿工讲道,为孤儿院募捐。他成了最有传奇经历的、最有魅力的传道者。

坚持是走向成功的“临门一脚”。历史上很多成功者用自己的现身说法证明了这一成功定理。日本著名企业家土光敏夫说过,一旦把要做的事情决定下来,就一定要以必胜为信念,以坚忍不拔的精神干到底。人没有努力的界限,所欠缺的往往是坚定不移的意志……面前遇到墙壁,就要决心穿过去,即使失败了,只要紧紧盯住目标,最终就不会倒下去。即使倒下去,爬也要往前爬。歌德用激励的语言这样描述坚持的意义:“不苟且地坚持下去,严厉地驱策自己继续下去,就是我们之中最微小的人这样去做,也很少不会达到目标。因为坚持的无声力量会随着时间而增长,到没有人能抗拒的程度。”

第八章

敞开胸怀，让阳光扫除怨恨

宽容是一种超脱，是自我精神压力的释放，既是对别人、对环境的宽容，也是对自己幸福的投资。在短暂的生命里程中，学会宽容，就能让心灵的阳光扫除一切怨恨，让你的人生更加快乐幸福。

用宽容消除怨恨

在生活中有这样一种现象，即人在受到伤害的时候，最容易产生两种不同的反应：一种是憎恨；一种是宽恕。憎恨的情绪使人浸泡在痛苦的深渊里，反复抱怨对方的不是，结果把自己的心情越弄越糟。如果憎恨的情绪持续在心里发酵，可能会使生活逐渐失去秩序，行为越来越极端，最后一发不可收拾。而宽恕就不同了，懂得宽恕的人能够积极地去思考如何原谅对方。

很多时候，我们之所以很难宽恕他人，是因为我们都认为，每个人都应该为自己所犯的错误付出代价，这样才符合公平正义的原则，否则岂不是便宜了犯错的一方？但是不宽恕会产生什么结果或副作用呢？例如痛苦、埋怨、憎恶、报复等，这些结果值不值得再承受，恐怕才是更重要的一个问题。

宽恕也是一种能力，一种停止让伤害继续扩大的能力。没有这种能力的人，往往需要承担因为报复所产生的风险，而这风险往往难以预料。

很多不愉快的记忆使我们不能从被伤害的阴影中平安归来，痛苦总是如影随形，我们也就不能放松和平静了。所谓没完没了，除了不能释放对方，也可能使自己成为一名心灵被俘虏的囚犯。

一位名人曾说："也许在很久以前，有人伤害了你，而你却忘不了那件不愉快的往事，到现在还痛苦不堪，那就表示你还继续在接受那个伤害。其实你是很无辜的，你要了解到，你并不是世界上唯一有这种经历的人。赶快忘掉这不愉快的记忆，只有宽恕才能释放你自己，让你松一口气。"

曾经有3位前美军士兵站在华盛顿的越战纪念碑前，其中一个问道："你已经宽恕了那些抓你做俘虏的人吗？"第二个士兵回答："我永远不会宽恕他们。"第三个士兵评论说："这样，你仍然是一个囚徒！"

显然，那位士兵心中有狱，什么狱？心狱。囚的是谁？自己。自己把自己囚在自己的心狱里而不能自拔。这实际上是说，不宽恕别人就是不放过自己。

生活中，让我们爱自己的家人、师长、朋友、同事等是一件并不困难的事情。可是，要让我们爱自己的仇人、敌人，却不是一件容易的事情。他们之所以成为我们的敌人、仇人，那就一定与我们之间有很深的过节，甚至是做过对我们伤害非常大的事情。面对这样的人，为什么要宽容呢？因为仇恨平复不了仇恨，而唯有爱与宽容，才能使对方在心灵深处受到震撼。

在17世纪，丹麦和瑞典之间发生战争。一场激烈的战役下来，丹麦打了胜仗，一个丹麦士兵坐下来，正准备取出壶中的水解渴，突然听到呻吟的声音。原来在不远处躺着一个受了重伤的瑞典人，正双眼看着他的水壶。

丹麦士兵毫不犹豫地走过去，将水壶送到伤者的嘴边，没有想到那个受伤的瑞典人竟然伸出长矛刺向他，幸好偏了一边，只伤到他的手臂。

"嗨！你竟然如此回报我。"丹麦士兵说，"我原想把整壶水都给你喝，现在只能给你一半了。"

这件事后来被国王知道了，他特别召见那个丹麦士兵，问他为什么不把那个忘恩负义的家伙杀掉？士兵轻松地回答道："我不想杀受伤的人，我想我给了他水喝，他就会受到感化，成为我们的朋友，从而不再伤害我们，这样不也是消灭了一个敌人吗？"

那位士兵的话值得我们所有人深思。如果我们认为这个故事很遥远的话，那么再来看一个现代的故事吧。

安·柯莱瑞曾是爱荷华大学最有权威的女性之一。由于父亲在印度传教,她是出生在印度新德里的美国人,因此她对印度有着深厚的感情。她对待印度的留学生就像对自己的孩子一样,无微不至地关照他们,爱护他们,每年的感恩节和圣诞节总是邀请印度留学生到她家中做客。

1991 年 11 月 1 日,一起震惊世界的惨案发生了。一位名叫加特加的印度留学生,在他刚刚获得爱荷华大学太空物理博士学位的时候,开枪射杀了这所学校的 3 位教授,当时任副校长的安·柯莱瑞也倒在了血泊中。

1991 年 11 月 4 日,爱荷华大学的 28000 名师生停课一天,为安·柯莱瑞举行了葬礼。安·柯莱瑞的好友德夫·保罗神父在对她的一生回顾追思时说了一句耐人寻味的话:"今天,如果是我们的愤怒和仇恨笼罩的日子,安·柯莱瑞将是第一个责备我们的人。"这一天,安·柯莱瑞的 3 个兄弟举行了记者招待会,他们以她的名义捐出一笔资金,宣布成立安·柯莱瑞博士国际学生心理学奖学基金,用来奖励那些优秀的留学生,同时可以促进他们的心智健康,以便减少人类悲剧的发生。

她的兄弟们还沉浸在无比的悲痛之中时,以极大的爱心宣读了一封致加特加家人的信,信的内容如下:

我们经历了突发的巨大悲痛,我们在姐姐一生中最光荣的时候失去了她。我们都为有这样的姐姐而深感骄傲,她有很大的影响力,受到了每一个接触过她的人的尊敬和热爱:她的家庭、家属、邻居以及她遍及各国学术界的同事和学生。

今天,我们来到这里,不但要和姐姐的众多朋友一同承担悲痛,也共同享受着姐姐在世时所留下的美好回忆。

当我们在悲伤和回忆中相聚一起的时候,也想到了你们一家人,并为你们祈祷,因为今天你们肯定也是十分悲痛和震惊的。

安最相信爱和宽恕,我们在你们悲痛时写这封信,为的是要分担你们的悲伤,也盼望你们和我们一起祈祷彼此相爱。在这痛苦的时候,安是最希望我们大家的心都充满同情、宽容和友爱的。我们知道,在此时,比我们更感悲痛的还有你们一家。请你们理解我们愿和你们共同承受这悲伤。这样,我们就能一起从中得到安慰和支持。安也会这样希望的。

诚挚的安·柯莱瑞博士的兄弟们

弗兰克/麦克/保罗·柯莱瑞

相信所有读过这封信的读者,他们的心灵都会被震撼和感动包围,并主动学习安·柯莱瑞及其兄弟们的高尚情怀的。

能够以宽容的胸怀去接纳伤害过自己的人,这对你来说肯定不容易做到,要想做到这一点,你必须拥有高尚的情怀和善良的心灵。但你也不必担心自己做不到,因为这个世界上有许多宽容、豁达的人们,他们是我们的榜样,这个世界才到处充满了温暖与阳光、友爱与和平!

宽容别人就是善待自己

德谟克里特曾经说过这样一句话:"和自己的心进行斗争是很难堪的,但这种胜利则标志着这是深思熟虑的人。"我们应该学会宽恕别人,宽恕别人的同时也是在宽恕你自己;学会善待别人,善待别人的同时也是在善待你自己。

在美国有一家航空公司的飞机刚刚起飞不久，随机的机械师就发现了油压表指数不太正常，经过检查，发现飞机上的一个油封出现了问题，机械师立即告诉了机长。机长接到报告以后马上紧急返航，从而避免了一场灾难性的事故发生。

飞机着陆以后，机长通知负责检修飞机的那名机械师马上赶到这里。当那名机械师看清楚原因时，脸上立即显出了很紧张的表情，站在那里不知如何是好。这名机械师很清楚：如果机长没有紧急返航，那么后果将不堪设想，会给许多的乘客带来莫大的伤害。虽然他并不是故意给别人带去伤害的。

这时候，机长走到这名机械师的面前，扶着他的肩膀说："以后这架飞机就交给你了，我相信你会做得更好。"从此以后，这架飞机一直为人们服务到退役，再也没有发生过任何故障。

机长的高明之处就在于：他是用一颗博爱之心，宽恕了机械师，他没有批评这名机械师，而是给这名机械师送去了以后对他的信任。"我信任你"，是人与人之间沟通的最好方式。

宽容他人是心胸豁达的表现，是一种非凡的气度，是对人对事的包容与接纳。有了这种气度、这种胸怀，就会海纳百川、包容万物。当你用宽容的眼光去看待一件事时，你会发现它能丰富你的经历。对的，是踏向将来的基石；错的，是未来的镜子。这种经历对人生来说，就是一笔特殊的财富。

宽容是修养、是品德、是内涵、是心态。在宽容面前，争吵和计较大可不必，即使你拥抱着真理，也不妨学些温柔，因为有朝一日说不定你也会犯不可挽回的错误；在宽容面前，赌气和嫉妒都是不好的习惯，不能善待别人的长处和毛病，你将会养成叫别人难以亲近和忍受的坏脾气；在宽容面前，过激最值得商榷，除非你不打算再交往。

在你宽容别人的时候，心灵上最得以宁静的，正是你自己。

孔子的学生子贡曾问孔子："老师，有没有一个字，可以作为终身奉行的原则呢？"孔子说："那大概就是'恕'吧。""恕"，用今天的话来讲，就是宽容。

相传春秋时期，楚王请了很多大臣来喝酒吃饭，席间歌舞曼妙、美酒佳肴、烛光摇曳。酒至兴处，楚王命令两位他最宠爱的美人许姬和麦姬轮流向各位敬酒。

忽然一阵大风刮过，吹灭了所有的蜡烛，厅堂里漆黑一片。席上一位官员乘机揩油，摸了许姬的玉手。许姬一甩手，扯了他的帽带，匆匆回到座位上，并在楚王耳边悄声说："刚才有人乘机调戏我，我扯断了他的帽带，你赶快叫人点起蜡烛来，看谁没有帽带，就知道是谁了。"

楚王听了，连忙命令手下先不要点燃蜡烛。接着大声向各位臣子说："我今天晚上，一定要与各位一醉方休。来，大家都把帽子脱了痛饮几杯。"

众人都没有戴帽子，也就看不出是谁的帽带断了。

后来楚王攻打郑国，有一位勇士独自率领几百人，为三军开路。他过关斩将，直捣郑国的首都。此人就是当年揩油许姬的那一位。他因楚王施恩于他，而发誓毕生效忠于楚王。

这个小故事讲的是宽容，楚王表现出了一代霸主的大度。在今天看来，这件事小得不能再小，男女同事之间还可以握握手嘛。但在当时的男女授受不亲的社会风气下，当事人还是国王的宠姬，性质就严重了。楚王非但不治罪，还想办法替他遮羞，这种胸襟远非一般人能比。

我们有时候可能受到过别人的伤害，而把自己的心情陷在深深的痛苦和烦恼之中不能自拔。其实，痛苦往往是你自己找来的。面对已经发生过的伤害，只要去正确地对待，去认真地分清哪些是有意的伤害，哪些是不经意间带给你的伤害，用一颗平常心去对待它，用一颗包容之心对待，你心中的烦恼就会减轻许多。

宽容了别人，等于善待了自己。它能使自己的生活变得轻松、快乐。经历过风和雨，才能领悟到人生的苦和乐，爱与恨，才知道人生中应该忘记什么，记忆什么，放弃什么，学会什么，那样才是举重若轻。最该忘记的是你曾帮助过的人，最应该原谅的是曾经伤害过你的人，最该放弃的是功过是非、名利得失，最需要学会的便是宽容别人。

宽容是一种力量

一个人能否宽容，取决于一个人在生活中的心态是否平衡。如果你拥有宽容，那么你就会轻松地生活，就不会被狭隘的心理所折磨。

对他人的不足、缺陷，采取宽容态度似乎比较容易，而另一种宽容则更难能可贵，这就是容人之长。容人之长比容人之短更进步更明智，但难度更大。因为容人之短，是大度；而容人之长，是超脱，有时会显出自己的不足，相形见绌。但是，真正的宽容，应该包含容人之短和容人之长两方面。只有既容人之短又容人之长，方显人格的崇高。

宽容，并非是忍让缺点和错误，而是一种无言的教诲。宽容属于那些具有豁达胸襟的人，而心胸狭窄、小肚鸡肠的人根本谈不上宽容。

在马克·吐温传记中有一段记述了一位宽容的老人。

在马克·吐温35岁时，爱上纽约的年轻的奥利维亚·兰登小姐，并且赢得了她的芳心。不过，结婚还有个条件：必须取得女方父母的同意。老兰登先生是一个有社会地位的人，他说他对这个来自遥远西部的小作家的为人一无所知，他不能答应这门婚事，除非马克·吐温能够提出几份由西部知名人士写的证明他品行端正的材料。

于是，马克·吐温就写信到加利福尼亚州，请求六位他认识的知名人士给他写材料。也许是因为马克·吐温的作品讽刺抨击了美国社会引起他们的不满，或许是因为这些先生们的嫉妒心作怪，他们寄来的材料对马克·吐温极为不利。有一位牧师竟预言："我确信，这个年轻人不久就会烂醉而死，进入醉鬼之坟。"尽管是这样，马克·吐温还是把六份材料如数地交给老兰登先生了。

老人看完材料后，目光严厉地问道："看来，你在这个世界上是一个朋友也没有的了？"

马克·吐温老老实实地答道："显然是一个也没有了。"

老人的神色突然变得十分温和，说道："不过，如果从另一个角度来看，你能把这样的材料送给我，这种道德证明了你是一个诚实的人：不隐讳别人对你的看法。其次，这又证明了你是一个勇敢的人：竟敢在求婚的场合亮出对自己不利的材料。别管它，把这些材料丢到一边去吧！我比他们更了解你，既然你没有朋友，我就来做你的朋友！和我的女儿结婚吧！"

兰登先生的宽容也使得女儿得到一个好丈夫。他的女儿在婚后生活得十分幸福。

人与人之间，如果缺乏宽容心，那么将来永远处于积怨难消、疑虑丛生、猜忌报复的恶性循环之中，永远无法和谐相处，无法凝聚；缺乏宽容心，幸福之花就没有生长的土壤和绽放的空间。缺乏宽容心的人，难以赢得欢乐与幸福；缺乏理智的人，常常会品尝悔恨与痛苦的滋味。

宽容能得人心，能获得发展壮大的机会。领导宽容，就可以使近者悦、远者来，天下归心；就可以融四方才、八方智，智慧无穷。

美国前总统林肯在别人批评他与敌人做朋友，而不是去消灭他们时，十分温和地说："当他们变成我的朋友时，难道我不是消灭了敌人吗?"曹操之所以能从仅有几个子弟兵，到剿灭北方群雄，占据中原，拥有百万大军，与他"山不厌高，水不厌深"的胸怀有着密切的联系。唐朝谏议大夫魏征，常常犯颜苦谏，屡逆龙鳞，可唐太宗宽容为怀，把魏征看作是照见自己得失的"镜子"，终于开创了史称"贞观之治"的太平盛世。诸葛亮初出茅庐，刘备称之为"如鱼得水"，而关、张兄弟却不以为然。在曹兵突然来犯时，兄弟俩便"鱼"呀"水"呀地对诸葛亮冷嘲热讽，诸葛亮胸怀全局，毫不在意，仍然重用他们。结果新野一战大获全胜，使关、张兄弟佩服得五体投地。如果诸葛亮当初跟他们一般见识，争论纠缠，势必造成将帅不和，人心分离，哪能有新野之战和以后更多的胜利呢?

宽容也可以说是智者成熟与自信的宣言。俗话说"大人不计小人过"，这是一种力量悬殊的宽容。那些善于宽容、能够宽容、懂得宽容的人总是给人以成熟与自信的力量。

"将相和"就是这方面的一个典型的历史典故。战国时期，蔺相如自荐携璧赴秦，临危不惧，斥责秦王，完璧归赵。在渑池之宴，又智斗秦王，保得赵王安然回国。出身卑微的蔺相如连立大功，被赵王封为上卿。老将廉颇自恃功高，心里不服，在大街上三次有意挡住蔺相如人马的过道，有意羞辱蔺相如，蔺相如都命左右改道而行，主动避开。后来，廉颇得知相如以国事为重，不与他争斗，深感惭愧，于是负荆请罪，将相和睦。蔺相如智勇双全，才华出众，拜为上卿理所当然，是众望所归。当廉颇轻视并有意为难蔺相如时，他没有以牙还牙，而是以大局为重，宽容为怀，自信而成熟地退避，并智借佣人传话，赢得了廉颇的理解，写就了"将相和睦"的千古佳话，用宽容赢得了自己的尊严。这难道不是一种智慧吗?

但有人以为，宽容是懦弱的表现；也有人觉得，宽容是一种无奈之举；还有人由衷地告诫，宽容会让其他人瞧不起，甚至会感到软弱可欺而得寸进尺。然而，只要稍加分析就会发现，宽容之中，其实有着丰富的内涵和震撼力。也就是说，"宽容"二字看似简单，其实也是要具备许多可贵的、实实在在的素质，才能做到这一点。

宽容证明了一种实力。换句话说，那种蠢笨无能、外强中干、虚张声势、庸俗之辈，是做不到真正的宽容的。

宽容证明了一种胸襟。换句话说，那种斤斤计较、小肚鸡肠、鼠目寸光者，通常是与宽容难以相提并论的。

宽容证明了一种修养。换句话说，粗俗不堪、不学无术、酒囊饭袋、妄自尊大者，想让他做出宽厚待人的豪举又谈何容易?

宽容也是一种美德。换句话说，缺少家教、道德败坏、不懂礼仪、贪功窃赏者，是不会与宽容结缘的。

宽容证明了心态健康。换句话说，那种整天疑神疑鬼、鼠窃狗偷、贪心无度、欲壑难填之人，又如何在心灵中腾出空间来宽容别人呢?

总的来说，具有宽容心的人，往往是那些谦恭的、不计较小是小非的人；都是高瞻远瞩、能做大事的人；都是阅历丰富、知书达理的人。他们的路往往都会越走越宽；他们的威望会越来越高；他们的心态也会越来越平和。也正因为如此，他们往往也就会相对有效地避开一些不必要的纠缠、烦恼，使自己能尽量地处于放松之中，从而能从宏观的角度上掌握着事情的主动权，以便有机会逢凶化吉、遇难成祥。

当然，宽容同时也意味着有时会失去某些东西，有时也会遭到别人的嘲弄、侮辱、变本加厉。对于这些，有的就只能一笑了之；但有的也必须针锋相对、以牙还牙！也就是说，既然能做到宽容或者说想做一个有宽容心的人，首先就不能想着占便宜，怕吃亏；也不能为捞取某种资本而去沽名钓誉。

有句俗话说得好："有得必有失。"如果你既想给人一种宽容的形象，又处处放不下那些"蝇头小利"，或者说为图虚荣，处处与人家争个面红耳赤，那么，这顶宽容的桂冠，还是不要罢了；但对于那些卑鄙小人、那些居心叵测、那些不回击不足以震撼的邪恶者，就该用宽容所孕育出的正义、尊严的刚烈与谋略，对其进行狠狠地回击！好给那些具有宽容心的人扫清路面、打开局面，让其创造出一个有利于更多的宽容者施展魅力的空间！

有时，宽容也可以说是一个智者深沉而无声的教育。相传，古代有位老禅师，有一天晚上他在禅院里散步，突然看见墙角边有一张椅子，他一想便知有人违反寺规越墙出去溜达了。但是，老禅师并没有声张，走到墙边，移开椅子，就地而蹲。少顷，果真有一个小和尚翻墙，黑暗中踩着老禅师的背脊跳进了院子。当他双脚着地时，才发觉刚才踏的不是椅子，而是自己的师傅。小和尚顿时惊慌失措，张口结舌。但出乎小和尚意料的是师傅并没有厉声责备他，只是以平静的语调说："夜深天凉，快去多穿一件衣服。"老禅师宽容了他的弟子。他知道，宽容是一种无声的教育。

有时，宽容也是一种力量，力量大到可以改变一个人的灵魂。雨果《悲惨世界》中的主人公叫冉阿让，是一个流浪汉，他坐了19年牢。刚被释放的时候，在天主教堂被年老的主教收留，给他吃饭并让他晚上睡自己的床边。冉阿让趁着主教熟睡的时候，偷走教堂的六套银餐具并逃跑。当冉阿让被警察逮个正着带回到主教面前对质时，主教却告诉警察那六套银餐具是自己送给他的，在警察走后，主教对快要昏倒的冉阿让说："我的兄弟，您现在已不属于恶一方面的人了，您是在善的一方面了。我赎的是您的灵魂，我把它从黑暗的思想和自暴自弃的精神里救出来，交还给上帝。"从此，这个对自己已经丧失了信心并决定用恶行报复社会的流浪汉真的洗心革面，拼命努力工作，后来成了一个广施善心的工厂主，救助了许多贫穷和需要帮助的人。

这个世界上还有比惩罚更有力的一种力量，那就是宽容。因为惩罚只能让主教找回六套餐具，而宽容却挽救了一个人的灵魂。

有时，宽容可以说是一种最美丽的情感。宽容别人的人，是无私大度的人，他们懂得站在别人的角度去考虑问题。他们会替别人着想，容忍别人和自己不同的地方，容忍别人的缺点和过失，不追究不计较自己的利害得失，积极地帮助对方改正缺点和错误，慢慢地趋向完美。

相反，那些极度自私狭隘的人，他们是很难做到宽容别人的，他们像守财奴一样处心积虑看护着自己的所有，对自己宽容大度，对别人严厉苛刻。

宽容是一种良好的心态，是超乎物质表象之上的宽广平静的心态。有宽容心的人，心胸像天空一样广阔，像大海一样博大。有一颗宽广的心，才能容下天地万物。有一颗平静的心，才能鉴别人性中的弱点，洞察人内心的波谲云诡，才能具有清浊并蓄，化浊为清的能力。就像《菜根谭》中所说的：地之秽者多生物，水之清者常无鱼，古君子当存涵垢纳污的力量。

有一颗宽容的心，就可以使人修炼性情，磨砺意志，可以让人自成一种从容淡定的超然气度。更重要的是，宽容就像一根接力棒，被宽容的人被感动和改变后，就会用同样的方式宽容其他人，这样整个社会就会形成一种良好的循环机制，也许有一天我们无意中伤害了别人的时候，也会得到别人同样的宽容。就像古语中所说，待人宽一分是福，利人是利己的根基。我们要始终记住这句话，并且还要做一个有宽容心的人。

用宽容化解痛苦的回忆

哲学家汉纳克·阿里德指出，堵住痛苦的回忆的激流的唯一办法就是宽恕。1983年12月的一天，教皇保罗二世宽恕了刺杀他的凶手阿格卡。但对普通人来说，宽恕别人则不是一件容易的事情了。一般人看来宽恕伤害者几乎不合自然法则。我们的是非感常常告诉我们，人们必须承担他所做的事情的后果。但是宽恕则能带来治疗内心创伤的奇迹，以致使朋友之间去掉旧隙，相互谅解。

有人说，宽恕是软弱的表现，这种看法是错误的。冤冤相报抚平不了心中的伤痕，它只能将伤害者和被伤害者捆绑在无休止地争吵的战车上。甘地说得好，如果我们对任何事情都采取“以牙还牙”的方式来解决，那么整个世界将会失去色泽。第二次世界大战后神学家林哈德·列布哈说：“我们最终得和我们的对立民族和解，不然我们就会在恶性循环中消亡。”在同一联盟内部，宽恕是消除内部矛盾的有效方法；对志趣相同的群体来说，只有不断地宽恕，才能获得事业上的共同成功。

宽恕本身就是一个小小的奇迹。通过宽恕别人，同时又能相互宽恕，建立起人类间最亲密的关系，这是又一个奇迹。

下面就是值得借鉴的实施宽恕的几点方法：

1. 别把怨恨藏在心底

没有人愿意承认他恨别人，所以我们就把怨恨藏在心底。但怨恨却在平静的表面下奔流，伤害了我们的感情。承认怨恨，就等于强迫我们对灵魂施行手术以求早日痊愈，即做出宽恕的决定。我们必须承认所发生的一切事情，面对另外一个人直接地说：“你伤害了我。”

丽兹是加利福尼亚大学的一名副教授。她是一个很称职的老师。她的系主任答应替她向教务长请求提升她。然而，在他向教务长提交的报告中却严厉地批评了丽兹的工作，以致教务长对她说：“走吧，你只好另谋职业去了。”

丽兹恨透了系主任对她的诋毁。但她还要从他那里得到一纸推荐书，以便另找工作。当系主任对她说：“真抱歉，尽管我在教务长面前为你说了许多好话，但仍然不能使教务主任提升你。”她假装相信他的话，但她难以忍受这口怨气。一天她将这口气直接和这位系主任吐露了。而他却断然否认了这件事。这使她看出他是多么可怜多么卑微的人，于是她感到不值得和他生气，并最后决定把这桩事情抛在一边。

2. 将错事与做错事的人区分开

即对错事本身感到愤怒，而不是对做错事的人感到愤怒。要做到这一点，首先应该重新估价这个人，他的优点、他的缺点，以及他做错事时所处的环境。

凯西是一个16岁的头脑爱发热的少女，她小时候就被自己的生身父母遗弃了。对此她十分愤恨，她不明白为什么她就不值得自己的生身父母来抚养。后来她才发现她的生身父母很穷，并且生她时还未结婚。

后来，凯西的一位朋友怀孕了，在担惊受怕的情况下，把她的婴儿送给了别人抚养。凯西分担了她朋友的忧虑，并且意识到在这种环境下这样做是最好的办法。这使她逐渐认识到自己的母亲那样做也是对的——母亲没有能力抚养孩子，她把自己的孩子给别人抚养，是因为她太爱孩子了。凯西对自己母亲的新看法促使她的怨恨逐渐降低，并最终谅解了生身母亲。从此她更看重自己的富有生命力的、有价值的人生了。

3. 让过去的事情过去吧

一位漂亮的女演员几年前在一次车祸中成了残废。她的丈夫陪伴着她，直到她快康复的时候为止。之后，却冷酷迅速地离开了她。她只好沉湎在美好往事的回忆之中。面对未来，她只有愤恨，但最终她还是宽恕了他。她说："如果我只是终日地沉湎于对他旧日的情爱的回忆之中，整天只是怨恨他的冷酷，那么我只有终日流泪的份，于我的身体有害无益。让过去的事情过去吧，我需要的是获得未来的幸福。"

让爱心多于怨恨

一个宽宏大量的人，他的爱心往往多于怨恨；他乐观、愉快、豁达、忍让，而不悲伤、消沉、焦躁、恼怒；他对自己伴侣和亲友的不足处，以爱心劝慰，晓之以理、动之以情，使听者动心、感佩、遵从，这样，他们之间就不会存在感情上的隔阂，行动上的对立，心理上的怨恨。

然而，在日常生活中，令人烦恼的事情时有发生。有时，不管你愿不愿意，它都会突现在你面前，给你心中留下哪怕是短暂的印象，使你感到不快、厌烦；有时，一些重大的事情突然发生了，这就可能在你的心灵深处造成重创，甚至威胁你的生活。而造成这些灾难性事件的人，如果正是与你朝夕相处的人，你该如何对待他呢？

华和军是两个男孩子，从小学到高中不仅在一个学校里，而且在同一个班里。两人情同手足，终日相处形影不离。他俩都是独生子，很得家长的喜爱。

一个星期天的清晨，他俩相约到海边游泳。夏日的海滨，细细白沙柔软而蓬松，蓝蓝的海水不断地轻轻亲吻着他们的脚背，吸引他们恨不得一下子投向大海的怀抱中。这对年轻好胜的小伙子互相比赛着向深处游去。突然，风云骤变，阳光隐没在厚厚的云层里，那蓝蓝的海水顿时变得混浊黯黑。不一会儿，暴风雨便如同瀑布似的铺天盖地地倾泻下来，狂怒的海水发出呼呼巨响。这两个小伙子在滔天的白浪中与危险苦苦地搏斗着，他们刚刚游在一起，就被一层巨浪分开了。他们高声喊叫着，竭力保持联系，同时，拼命往岸上游去。风越来越大，浪越来越高了，海浪时而像无数隆起的小山，把他们抛向高空，时而又如凹下去的峡谷，使他们掉进无底的深渊。啊，一个小伙子仍在高叫着同伴的名字，却怎么不见回音？他心急如焚，拼命向同伴那里游去。人不见了！他不顾一切地喊叫着，寻找着，直到凶猛的巨浪把他打昏。

当他醒来时，发现自己躺在医院的病床上，他得到的第一个消息就是好友不幸溺水身亡。后来，他伤愈出院了，但他心中的忧患却日渐加剧。是他主动找好友去游泳的，是他没把好友抢救出来。他失魂落魄地终日在海边徘徊，向着一望无垠的大海轻轻呼唤着好友的名字，但是只有那阵阵涛声作答。

他来到好友家里，请求伯母的宽恕。那失去独子的母亲悲恸欲绝，终日以泪洗面，无暇顾他。他每次都怀着一种负疚的心情悻悻而去。

这种痛苦的心绪一直伴随着他离开校门，走上了社会。为亡友而产生的伤感也注满了他的新房，甚至在蜜月中也不时地影响到新婚的热烈气氛，这使新娘惊诧不解、思绪万千。她看到丈夫总爱在海边定睛伫立、魂不守舍，便生气道："你总来海边，那你就去跟大海一块过日子吧!”一气之下,便离家而去了。妻子的离去,使他陷进了更大的苦恼之中。

一天,有人轻轻地敲他的房门。来了两个人,一位站在门外,另一位妇人进来,轻吻了他的额头,亲切地说:“孩子,还认得我吗?”他抬头一看,来的正是他亡友的母亲。“伯母,想不到是您来了!”他惊喜地扑上去。妇人亲切地抚摩着他的头发说:“我的孩子,过去了的事情就让它过去吧!我曾经对你也不够冷静,请你多多原谅!”说着,两行晶莹的泪水无声地流淌在她那苍白的面颊上。“伯母!我的好妈妈!”他再也忍不住了,痛悔和欢喜的泪水尽情地涌出。然而,这已不再是难过的泪水,而是互相谅解的热泪。她冷静了一下,说:“我今天来,是想对你说,我从你身上看到我的孩子还活着。你为他倾注了自己的哀思,我从你的情感中感受到人生的欢乐。让我们互相谅解吧,让我们如同一家人那样互相体恤吧。我从你妻子那里了解了你的感情,我觉得你是可敬的。但是,我与你、她与你之间还缺乏谅解的精神。现在,我把她找来了,愿你们永远相互体谅,互敬互爱,白头偕老吧!”

从此,他心头的忧虑消除了,小夫妻俩和好如初,相亲相爱,他们还把亡友之母接来同住。生活中,谅解可以产生奇迹,谅解可以挽回感情上的损失,谅解犹如一个火把,能照亮由焦躁、怨恨和复仇心理铺就的道路。

一位新婚不久的新娘突然在新郎的口袋里发现了一封情书,阅后,顿时暴跳如雷、火冒三丈,她感到天昏地暗,心如刀绞,痛不欲生。她感到他们新婚家庭就要完结、消失了。她久久地呆坐在门口的椅子上,心中对“背叛了的丈夫”恨得咬牙切齿。他终于出现在她面前了,她立刻如同一枚炸弹似的在他眼前轰然炸开了,她捶胸顿足,号啕大哭,厮打斥骂他。他显然是十分尴尬难堪的。他涨红了脸,竭力使她镇静。待她的怒气稍微缓和些了,他请她坐在床边,冷静地对她说:“亲爱的,请你相信我对你的忠贞吧,我发誓,我对你毫无二心!”“那这封信到底是怎么回事?!”“这正是我要向你解释的。这位姑娘是我原来大学里的同学,她曾经向我提出爱意,被我拒绝了。现在,她不知怎么知道我们已结婚了,她气急败坏,于是给我写了这封信,她怀着一颗嫉恨之心,采取了写情书的方式,企图来搅乱我们平静如水的幸福生活,这是什么情书?只不过是一出恶作剧而已!而你却信以为真了。请原谅我吧,亲爱的,我不该对你隐瞒此事。不过你使我看到了你的诚挚的爱,我也希望能看到你的谅解之心。”说完,新郎拉起了她的手,把一封短信塞在她的手里说,“这是我给她的回信,请看吧。”这封早就写好了的短信的字里行间,充满了他对自己妻子的深情厚谊和对新婚欢乐的盛情赞颂。妻子明白了一切,她把这封短信贴在心口上,转怒为喜,转喜为嗔,幸福的笑意又回到了她的嘴边。

谅解的作用,还在于它能唤起失望者对人生的向往和留恋,它可以促使犯错误甚至犯罪的人改邪归正,重新做人。

谅解也是一种勉励、启迪、指引,它能催人弃恶从善,从歧路走上正轨,发挥他们的潜力。

原谅别人的错误

台湾的一位不知道姓名的禅师,住在深山简陋的茅屋修行,有一天散步归来,发现自己的茅屋遭到小偷的光顾。当找不到任何财物的小偷失望地离开时,却在门口遇见了禅师。原来禅师怕惊动小偷,一直站在门口等待,而且早就把自己的外衣脱下拿在手中。小偷回头看见禅师,正感到惊愕时,禅师却宽容地说:“你走了老远的山路来探望我,我总不能让你空手而归呀。夜深天寒，你就带上这件衣服走吧！”说完，把衣服披到了小偷的身上。小偷不知所措，惭愧地低着头悄悄溜走了。

禅师看着小偷的背影渐渐消失在茫茫的夜幕中，不禁感慨道：“唉，可怜的人，如此黑暗的夜晚，山路又是那样的崎岖难行，但愿我能送给他一轮明月，在照亮他心灵的同时，也照亮他下山的路就好了。”

第二天，当禅师从松涛鸟语的喧闹中醒来时，却惊讶地发现他送给小偷的那件外衣，已整整齐齐地叠好放回到茅屋的门口。老禅师的宽容，最终使小偷良心发现，归于正途。

还有一个类似的小故事：

有一天盘和尚正神情专注地向弟子弘扬佛法，下面的人群中突然爆发出一阵骚动。

“又抓到你偷钱了！”一名弟子抓住另一名弟子的手大叫，并把他拖到盘和尚的面前。盘和尚问明情况后，宽容地说：“大家就原谅他吧！”“不行！他已经行窃很多次了，这次不能再原谅他。”“如果不把他开除，我们就集体离开这里！”众弟子也附和着大嚷起来。

盘和尚继续以宽容的口吻对众弟子说道：“你们都是他的师兄，都能分清是非曲直，但他却连起码的是非都分不清，如果我们大家都不帮他来明辨是非，那还有谁肯来帮他呢？”盘和尚接着静静地说：“我要把他留在这里，哪怕你们全都离开也是一样。”听了师父的话，那位偷窃的弟子突然扑通一声跪倒在地，泪流满面，他发誓洗心革面，痛改前非，并从此悟出了是非善恶。

使这位惯于偷窃的弟子最终迷途知返，浪子回头的，正是宽容。

很多时候，由于种种原因，许多人犯错误，大多是心理问题，而不是道德问题，对一些问题有不正确的看法或错误的做法是难免的。当他犯错误时，他们迫切想得到的是理解、帮助和信任，而绝不是粗暴地批评和惩罚，在别人看起来最不值得爱的时候，恰恰是他最需要的时候。而大家的理解、宽容带给他的将是心灵的震撼和感悟。

一位老师讲述了这样一个真实的故事：

一位初一新生在交学费时，发现放在书包里的钱不见了。我发动全班同学把教室各个角落找遍了还是没找到，钱肯定是哪位同学拿去了。

我一下被激怒了，真想大发雷霆，训斥、责怪他们。但当我抬起头面对学生的时候，那一张张稚嫩的小脸，我的心颤抖了，我人格中所具有的那种爱，那种理解和宽容使我的情绪稳定下来。一整天我一遍遍开导学生，一次次谈心，希望拿钱的学生能够认识到错误，将钱悄悄地放回去。

放学的铃声响了，同学们开始收拾书包，这时丢钱的同学大喊道：“钱找到了”，我悬着的心终于落下来了。是谁认识到错误把钱放回去的？同学们议论纷纷，都想问个水落石出。我站在讲台上向学生说道：“既然这位同学已经认识到错误，战胜了自我，他是谁已经不重要了，这位同学原以为拿了别人的钱可以买来快乐，没想到这样做给他带来的是不安、内疚，使他无法面对老师和同学。因此经过一整天的思想斗争，他终于战胜了自我，把钱主动地放了回去。他的行为提醒我们每个人，不要做类似不光彩的事。他还没有勇气面对大家，那么我们就应该爱护他、尊重他。”这时，教室里响起了阵阵掌声，我从学生的眼睛里看到了理解和宽容。

这件事平息后，一天一位女同学找到我向我敞开心扉，说出了实话，原来钱是她拿的，她在向我讲述时已泪流满面……

孔子说:“人非圣贤,孰能无过。”如果在我们看到别人犯错误时,能够宽容相待,那无疑等于在黑暗中给予别人一轮能够使他迷途知返、指明前进方向的明月。这样,既帮助了别人,又锤炼了自己,何乐而不为呢?

能够宽容别人的过错,而从不轻易责备别人,从不勉强别人扮演自己心目中完美的角色,不对任何人任何事求全责备,这是做人的一个高境界。如果能够拥有这样的心态,就会在遇到任何事的时候都能够坦然面对。

古人非常懂得这个处世道理。过于严厉地责备他人,会使对方产生怨恨,这就是自己的一大过错。

王永彬说:只责备自己,不责备他人,这是远离怨恨的方法。只相信自己,不相信别人,这样做一定会把事情办砸。

再如,你与人共同做生意,一批货,到底进不进?你们意见不一致。最后你听从他的意见,进了这批货,结果赔了。这时,你如果一味抱怨对方,那结局肯定就是二人散伙。

好指责就如同爱发誓,实在不是一种好心态。它会伤害别人也会伤害自己,别人不舒服自己也不会舒服。

我们喜欢责备他人,常常是为了表现自己的高明。有时,也有推卸责任的目的。古人讲“但责己,不责人”,就是要我们谦虚一些,对自己要求严格一些,这对我们只有好处,没有坏处。《三国演义》中马谡轻敌失了街亭,害得蜀兵大败,诸葛亮无奈演了一场空城计,才算退了敌军。回到军中,诸葛亮为明正军律,挥泪斩了马谡。对此次失败,诸葛亮并没有处理了马谡就了事,而是深深自责没有听刘备生前所说的话:“马谡言过其实,不可大用。”他自作表文给后主,请自贬丞相之职。并要求属下“勤攻吾之阙,责吾之短”。

诸葛亮的为人,值得我们学习。在你又想责备别人的过错时,请马上闭紧自己的嘴,对自己说:“看,坏毛病又来了!”这样,你就可以逐渐改掉喜欢责备人的不好心态。

学会宽容和尊重别人,而非求全责备,只有这样,才能更好地与人相处、与人共事。

学会宽容自己

如果你仔细观察你的周围,你就会发现,在我们宁静的生活中,大多数人都是亲切的,富有爱心的,也很宽容的。如果你犯了错,而且真诚地要求他人宽恕时,绝大多数人都会原谅你。但是,我们这种亲切的态度只对一个人例外。谁?没错,就是我们自己。

也许你会怀疑:“人类不都是自私的吗?怎么可能严于律己,宽以待人?”是的,人总是会很容易原谅自己,不过,这只是表面上的饶恕而已,如果不这么自我安慰的话,如何去面对他人?但在深层的思维里,一定会反复地自责:“为什么我会那么笨?当时要是细心一点就好了。”或是:“我真该死,这样的错怎能让它发生?”

如果你还不相信,请你想想自己有没有犯过严重的错误,如果想得出来的话,那你一定有过耿耿于怀,并没真正忘了它。表面上你是原谅了自己,实际上你是将自责收进了潜意识里。

我们可以对他人宽大,难道就没有资格获得对待自己的这种仁慈吗?

人的一生总是在不断地犯错误,如果对每一次错误都深深地自责,那么一辈子都将背着一大袋的罪恶感去生活,你还能奢望自己走多远?

犯错对任何人而言,都不是一件愉快的事情,一个人遭受打击的时候,难免会格外消沉。在那一段灰色的日子里，你会觉得自己就像失败的拳击选手，被重重的一拳击倒在地上，头昏眼花、满耳都是观众的嘲笑和失败的感觉。在那个时候，你会觉得简直不想爬起来了，觉得你已经没有力气爬起来了！可是，你会爬起来的。不管是在裁判数到十之前，还是之后。而且，你还会慢慢恢复体力、平复创伤，你的眼睛会再度张开，看见光明的前途。你会淡忘掉观众的嘲笑和失败的耻辱，你会为自己找一条合适的路——不要再去做挨拳头的选手。

玛丽·科莱利说："如果我是块泥土，那么我这块泥土也要预备给勇敢的人来践踏。"如果在表情和言行上时时显露着卑微，每件事情上都不信任自己、不尊重自己，那么这种人也将得不到别人的尊重。

生活中有这样一种人，他们对自己的要求很严格，或是希望所有美好的事情都发生在自己身上，一旦遭遇不如意，便抱怨、沮丧或是焦虑、自我否定或是自我谴责。

小王是某销售公司的一名员工，整天多愁善感，遇到一点挫折就垂头丧气。总是怪自己太笨了。有时候确实是工作难度大了、有时候确实是事出有因、有时候是他对自己的要求太高了，可他却不去考虑多方面的因素。只要一遇到不顺心的事，他就一个劲地埋怨自己，刚开始朋友还会去劝他，可他一直这样，弄得大家也都没有了好心情和耐性，干脆都不去理会他的自责和不高兴。久而久之，他就感觉被人冷落了，甚至抑郁成病……

其实，生活中总是难免有烦恼，有时人生的烦恼，不在于自己获得多少，拥有多少，而是自己想得到的更多。

有时因为想得到的太多，而自己的能力却难以达到，所以便感到失望与不满，然后就自己折磨自己，说自己"太笨""不争气"等等，经常和自己过不去，和自己较劲。小王就是一个这样的典型，他无法宽容自己，所以烦恼就比别人多。

人总有不顺心、不如意的时候，其实外在因素不是真正能主宰你的因素，真正能决定结果的是你自己。

人这一辈子不可能总是春风得意、一帆风顺，肯定会有许许多多不如意的事，说不定哪一天生活就会跟你开一个不大不小的玩笑，使你结结实实地撞上无情的"红灯"，或事业失败、或爱情失意等。这时候就得想开点，平淡地面对生活，多劝劝自己，千万别跟自己过不去。

如果你想不开、吃不下、睡不着，又有什么用呢？过多的烦恼和压力只会将你的心灵挤压得支离破碎。而且人体的各种器官在心情烦恼或怒火中烧的情况下会处于紧张状态，往往会引起失眠、神经衰弱等。若是长期处于忧郁状态，还会诱发其他心理疾病。

所以，人要学会对自己好一点，不跟自己过不去，要知道世上没有跨不过去的坎，也没有蹚不过去的河，要想得通，放得下。

其实，静下心来仔细想想，生活中的许多事情，并不是因为你的能力不够，恰恰是因为你的愿望不切实际。要知道一个能力超强的人也并非具有做任何事情的才能，这样想时才不会强求自己去做一些能力做不到的事情。

在生活中，我们应该时常肯定自己，努力做好我们能够做好的事情。只要尽力而为了，心中也就坦然了，即便在生命结束的时候，也能问心无愧地说："我已经尽了自己最大的努力，我是无愧于心的。"

生活是多姿多彩的，活着就是要品尝生活的百味，所以，不要钻牛角尖，自己和自己过不去。

如果你觉得不开心，那就学会自己去寻找生活中的快乐。其实获得快乐的方式也很简单，比如早晨醒来睁开眼睛看着天花板，你可以用快乐的心去感受那纯净的白色；上午在窗前读一本文采飞扬的书，你可以用快乐的心去体味书中的感动；下午坐在摇椅上呼吸、冥想，你可以用快乐的心去触摸太阳的温暖；黄昏到楼下茶馆里去品一杯醇香的红茶，听一曲悠扬的旋律，你可以用快乐的心去迎接黑夜的来临；晚上给家人煮一锅又鲜又香的排骨汤，你可以享受到付出的快乐。

每个人活在世上都会遇到各种各样的事情，或喜或忧，或成功或失败，我们无从选择。但我们可以做到宽容自己，不对自己提过高的要求，这样就能够调整好自己的情绪，从而获得身心健康。

让阳光扫去是非

小李刚学开车时劲头很足，不管刮风下雨，每天准时去驾校指定的场地练习。一天，他刚驾车驶上驾校外的场地，不知从哪里跌跌撞撞走出个醉汉拦住了他的车，非说是小李前天在马路上撞了他并让小李下车道歉。要是在以前，他会上去给醉汉两拳，这一次他却没有。他想了想就下了车，和颜悦色地对醉汉说："对不起，请你原谅我。"那位醉汉拍了拍他肩膀说："冲你这句话，走人。"他回到车上，一点也没觉得受了委屈，反而有一种战胜自我的愉悦感。

生活中，难免遇上这样那样意想不到的是是非非，为自己开一扇心窗，就是自己安慰自己。自己安慰自己不就是明亮温暖的阳光吗？扫去生活中充斥的是非的阴霾，这不也是一种于己于人有益的忍吗？

唐朝时，李世民的女儿平阳公主下嫁给薛万彻为妻。旁人诽言："薛驸马才能不高，平阳公主嫁给他太委屈了。"公主觉得丢了面子，独自哭诉后想出了一个办法。

一次，父皇设宴大请朝内文武百官，公主特意拉着夫婿的手一起亲亲热热地去赴宴。席间，公主有意以夫婿的长处为话题，让父皇乘着酒兴，以身边的佩刀做彩头，和夫婿玩起比手劲的游戏。翁婿俩彼此使劲拉，公主又示意父皇装输，父皇心领神会，然后解下心爱的佩刀，亲手给薛万彻佩戴，其他大臣也一片喝彩。这样一来，平阳公主在人前挣足了面子，感到很光彩，不再抱怨夫君无能了。

平阳公主是聪明的，既不为无法改变的客观事实悲观，更不活在他人的闲言碎语中，为自己找出一条平衡心理的理由，如此不就心满意足了吗？

是非终日有，不听自然无，不听就是忍让和宽容。既然为人处世，不可能人人满意，人人拥护，既然修养再好的人也不可能不遇到是非。因此，对待是非最好的办法就是充耳不闻，能忍善让，是非自然烟消云散。

生活中不如意事十之八九，为自己开一扇心窗，拥有像天空这样宽阔的胸怀，生活中自然会少许多烦恼。

有位士兵是个虔诚的基督徒，每晚都要祷告。

有一次，他们在野地扎营，晚上临睡前，这个士兵仍像往常一样跪在睡袋边祷告。其他人见他这样做，脸上都挂着轻视的笑容，纷纷嘲笑说："性命都不知道能不能保住，做那无用功干啥？"其中有一位性情十分暴躁的人，竟然粗鲁地顺手将肮脏的靴子向他丢过来。

他略受惊吓，但是仍然继续祷告，祷告完了，就躺入睡袋。

第二天早上，那个丢靴子的人赫然发现他肮脏的靴子被抹得闪闪发光，并且放在他的床边。这一件事使他终生难忘，其他人也不在这位士兵祷告时是是非非地议论了。

心怀宽容，周围的一切才会因闪耀着美丽而令我们无法割舍；心怀宽容，我们才不会苛求生活，怜悯自我，更不会怨天尤人，愁苦太多；心怀宽容，我们才会拥有煦暖的春阳、幽静的小河、高远的晴空，才能奏响生命中最为动人的凯歌！

凡事不要斤斤计较

生活在凡尘俗世，难免与人磕磕碰碰，难免遭别人误会猜疑。你的一念之差、你的一时之言，也许别人会加以放大和责难，你的认真、你的真诚，也许会被别人误解和中伤。如果非得以牙还牙拼个你死我活，如果非得为自己辩驳澄清，可能会导致两败俱伤。所以人生之所以会有很多烦恼，都是因为遇事不肯让他人一步，总觉得咽不下这口气。其实，这是很愚蠢的做法。

杨玢曾是宋朝的一位尚书，年纪大了便退休在家，安度晚年。他家住宅宽敞、舒适，家族人丁兴旺。有一天，他在书桌旁，正要拿起《庄子》来读，他的几个侄子跑进来，大声说："不好了，我们家的旧宅被邻居侵占了一大半，不能饶他！"

杨玢听后，问："不要急，慢慢说，他们家侵占了我们家的旧宅地？"

"是的。"侄子们回答。

杨玢又问："他们家的宅子大还是我们家的宅子大？"侄子们不知其意，说："当然是我们家宅子大。"

杨玢又问："他们占些我们家的旧宅地，于我们有何影响？"侄子们说："没有什么大影响，虽然如此，但他们不讲理，就不应该放过他们！"杨玢笑了。

过了一会儿，杨玢指着窗外落叶，问他们："树叶长在树上时，那枝条是属于它的，秋天树叶枯黄了落在地上，这时树叶怎么想？"侄子们不明白含义。杨玢干脆说："我这么大岁数，总有一天要死的，你们也有老的一天，也有要死的一天，争那一点点宅地对你们有什么用？"侄子们现在明白了杨玢讲的道理，说："我们原本要告他的，状子都写好了。"

侄子呈上状子，他看后，拿起笔在状子上写了四句话："四邻侵我我从伊，毕竟须思未有时。试上含光殿基望，秋风秋草正离离。"

写罢，他再次对侄子们说："我的意思是在私利上要看透一些，遇事都要退一步，不要斤斤计较。"

在古老的西藏，有一个叫作爱地巴的人。每次生气或者和人发生争执的时候，他就以很快的速度跑回家去，绕着自己的房子和土地跑上三圈，然后坐在田地边使劲地喘气。爱地巴工作非常勤奋努力，因此他的房子越来越大，土地也越来越宽广。但不管房子有多大，只要他与人生气了，他还是会绕着房子和土地跑三圈。

为什么爱地巴每次生气都这样做呢？

所有认识爱地巴的人，心里都非常疑惑，但是不管怎么问他，爱地巴都不愿意说明。直到后来有一天，爱地巴的房、地已经非常大了，而爱地巴也老得快走不动了，但他依然拄着拐杖艰难地绕着土地和房子走。等他好不容易走完三圈后，太阳都下山了。爱地巴坐在田边艰难地喘着气，他的孙子在他身边恳求他："阿公，你年纪已经很大了，这附近也没有人比你的土地更宽广了，您别再像从前一样，一生气就绕着土地跑了！您可不可以告诉我，为什么您一生气就要绕着土地跑上三圈啊？"

爱地巴禁不起孙子的恳求，终于说出了隐藏在心中多年的秘密，他说：

"年轻的时候，我一和别人吵架、生气，就绕着房子和土地跑三圈，边跑边想，我的房子这么小，土地这么少，我哪有时间、哪有资格去跟人家生气，一想到这里，气马上就消了，于是就把所有时间用来努力工作。"

孙子又问道："阿公，你年纪大了，而且变成了最富有的人，为什么还要绕着房、地跑呢？"

爱地巴笑着说："我现在还是会生气，生气时绕着房、地走三圈，边走边想，我的房子这么大，土地这么多，我又何必跟人计较呢？一想到这儿，气立刻就消了。"

在生活中，不要过于计较个人的得失，也别常为一些鸡毛蒜皮的事而动辄发火，在人际关系、家庭和睦、邻里相处等问题上，不要太过于较真，这样，人的一生才算是一个美好而愉快的一生。

人生福祸相依，变化无常。少年气盛时，凡事斤斤计较、锱铢必较，这还有情可原。一个人年事渐长，阅历渐广，涵养渐深，对争取之事应看得淡些，凡事不必太认真，顺其自然最好。

有师徒二人东游，来到一个地方感觉腹中饥饿，师父就对徒弟说："前面有一家饭馆，你去讨点饭来。"徒弟领命就到了饭馆，说明来意。

饭馆的主人说："要饭吃可以啊，不过我有个要求。"徒弟忙道："什么要求？"

主人回答："我写一字，你若认识，我就请你们师徒吃饭，若不认识乱棍打出。"徒弟微微一笑："主人家，恕我不才，可我也跟师父多年。别说一字，就是一篇文章又有何难？"主人也微微一笑："先别夸口，认完再说。"说罢拿笔写了一个"真"字。徒弟哈哈大笑："主人家，你也太欺我无能了，我以为是什么难认之字，此字我五岁就识。"主人微笑问："此为何字？"徒弟回答说："不就是认真的'真'字吗？"店主冷笑一声："哼，无知之徒竟敢冒充大师门生，来人，乱棍打出。"

徒弟就这样回来见师父，说了经过。大师微微一笑："看来他是非要为师前去不可。"说罢来到店前，说明来意。那店主一样写下"真"字。大师答曰："此字念'直八'。"那店主笑道："果是大师来到，请！"就这样吃完喝完不付一分钱走了。徒弟不懂，问道："师父，你不是教我们那字念'真'吗？什么时候变成'直八'了？"大师微微一笑："有时是认不得'真'啊。"

凡事不必太较真，夫妻生活中也是一样。俗话说：金无足赤，人无完人。作为夫妻，食的是人间烟火，谁也不可能完美无缺，所以双方都应当学会宽容对方的缺点，只要不是原则性的大问题，就不要求全责备，该装糊涂就装糊涂，该和稀泥就和稀泥。对方无意间带给你的小小伤害或不悦，不要放在心上或挂在嘴边，过去的事就让它过去。适时地宽容对方，可以消除婚姻的阴影。

婚姻的密码在于"求大同，存小异"。有人比喻夫妻就像两块拼在一起的木板，双方的结合并非天衣无缝，质地和纹路也不尽相同。夫妻不会像两滴水一样，他们在性格、爱好、生活方式上都存在着差异，任何一方都不能按照自己的标准去塑造对方。夫妻双方应允许各自保留一块独具特色的"自留地"。

凡事不必太较真，如果太较真，由于人是相互作用的，你表现出一分敌意，他有可能还以二分，然后你则递增为三分，他又会还回来六分……把敌意换成善意，你会有很大的收获。当"冤冤相报何时了"的双输，能转变成为"相逢一笑泯恩仇"的双赢时，不是人生最大的成功吗？

具有容纳的雅量

每个人都希望自己完完全全地被接受，希望能够轻轻松松地与人相处。在一般情况下，和人相处时，很少有人敢于完完全全地暴露自己的一切。所以，若是谁能让我们轻松自在、毫无拘束，我们是极愿和他在一起的，也就是说，我们希望和能够接受我们的人在一起。

一位著名的精神科医生在谈到人际关系中的容纳问题时说："如果大家都有容纳的雅量，那我们就失业了！精神病治疗的真谛，在于医生们找出病人的优点，接受它们，也让病人们自己接受自己。每个人刚生下来，都很轻松自在，同时暴露出恐惧与羞耻心。医生们静静地听患者的心声，他们不会以惊讶、反感的道德式的说教来批判。所以患者敢把自己的一切讲出来，包括他们自己感到羞耻的事与自己的缺点。当他觉得有人能容纳、接受他时，他就会接受自己、有勇气迈向美好的人生大道。"

雷尔·忽亚累思是墨西哥前总统，也是墨西哥著名的资产阶级革命家和杰出的民主主义者。他是个纯血统的印第安人，牧童出身，连续当了四任总统。微贱的出身和他建立的丰功伟绩，使他成为一个传奇人物。

一次，忽亚累思到维拉克鲁斯视察。他被迎进了卡利州长的官邸。州长给共和国总统安排了最好的房间，但忽亚累思借口奥坎波的房间更接近浴室，恳求和他交换。在总统一再要求下，奥坎波让步了。第二天清晨，忽亚累思走出房间到浴室去，可浴室没有水。他拍了几下手掌，来了一个名叫罗娜的女仆。她是个乡村妇女，已经不很年轻，还很有点脾气。

"你要什么？"女仆问道。

"请打一点水来。"忽亚累思请求她。

"你要乐意，就等着吧。好个爱干净的印第安人！我总得先招待总统吧！"

忽亚累思什么话也没说，就回自己房间里去了。过了一刻钟左右，总统又请她打点水来。

"你要乐意就等着，我得先伺候忽亚累思先生！真不像话！没见过你这么不识相的人！这么着急，你就自己动手嘛，水龙头就在那儿！"说着给他指点了庭院一角的一个盥洗处。

忽亚累思没对发脾气的罗娜说什么话，自己走去打水漱洗。

到吃午饭的时候，那个女仆穿上了她最好的衣服，心情紧张地盼着见到共和国总统，希望有机会荣幸地伺候他。

突然间，她看见那个不识相的印第安人穿着一身黑色大礼服，在主人卡利陪同下，沿着走廊穿过大厅。

"那家伙也来了。"那个女仆自言自语道。

当女仆看见大家一直等那个印第安人坐到他的高背椅上之后才敢入座，她吓得面无人色，浑身哆嗦，不由得惊叫一声。大家转过身来瞧那个尴尬的女仆。她哭得悲悲切切。忽亚累思站起身来，亲切地拉着她的胳臂说："别哭了，小姐。您不要担心，没有什么了不起的事嘛。如果您的工作是招待大家，那您就干去吧，因为这里每个人都应当尽自己的本分。"

人在愤怒的时候，总是说些尽可能伤害别人的话，这样才显得话的分量。但当我们冷静下来的时候，也许会后悔曾经的冲动。当你遇见生活中不如你所愿的事时，请你冷静下来，多一分包容吧，包容别人，也就是包容自己。

应该承认，有些高贵的品质是普通人毕生企望但仍根本不可能达到的。但一个人的雅量却是完全能够通过修炼而得到的。

佛家有典故说：释迦牟尼佛功德圆满，有人却妒性大发，当面恶意中伤他。

佛祖笑而不语。待那人骂完后，佛祖问："假如有人送你东西，你不愿意要怎么办？"

那人答："当然是还给他了。"

佛祖说："那就是了。"

于是，那人羞愧而退。

这个故事就是告诫人们要多些雅量。

有人问雅典的哲学家汰波士："你由哲学中获得了什么？"

"一个人无法具有和所有人交往的能力。"汰波士回答说。

有人以挖苦的口气对他说："我常常在富人的邸宅见到阁下在……"

这种语气对哲学家似有非难之意。但是汰波士坦然地回答说："这就如同在患者家中见到医生一样，只是没有任何一个人会想当医生而不做病人吧！"

史拉科赛王问汰波士道："为什么富有者都不想进入哲学的殿堂？"

这位主张快乐主义的哲学家慨然回答说："哲学家知道自己的需要，而有钱人却不知道。"

有一次，哲学家的朋友有事请求国王应允，但国王却不答应，哲学家于是跪在国王的脚下。国王终于答应了朋友的请求，但四周的人却没有一个愿意称赞他，反而幸灾乐祸地说："你们瞧一瞧，那卑屈的态度算什么呢？这怎能算是哲学家呢？"

嘲笑他的人不少，但是他却若无其事、表情淡淡地说："该受到嘲笑的也许不是我，而是耳朵长在脚上的国王吧！"哲学家的这份雅量是值得所有人学习的。

记住：生活不会亏待有雅量的人！

具备沉稳忍让之心

"小不忍则乱大谋"已经成为一些人用以告诫自己的座右铭。有志向、有理想的人，不应斤斤计较个人的得失，更不应该在小事上纠缠不清，而应有开阔的胸襟和远大的抱负。只有这样，才能成就大事，从而实现自己的梦想。

1. 面对中伤，保持冷静

在20世纪60年代的美国，有一位很有才华、曾经做过大学校长的人，参加竞选美国中西部某州的议会议员。此人资历很高，又精明能干、博学多识，唯一的不足就是遇到不好的事情总是爱生气、发火，不过总体看起来他还是很有希望赢得选举的胜利的。但是，糟糕的事情还是发生了。在选举的中期，有一个很小的谣言散布开来：三四年前，在该州首府举行的一次教育大会中，他跟一位年轻女教师"有那么一点暧昧行为"。

这实在是一个弥天大谎，这位候选人对此感到非常愤怒，并尽力想要为自己辩解。由于按捺不住对这一恶毒谣言的怒火，在以后的每一次集会中，他都要站起来极力澄清事实，证明自己的清白。其实，大部分的选民根本没有听到过这件事，但是，现在人们却越来越相信有那么一回事，真是越抹越黑。公众们振振有词地反问："如果他真是无辜的，为什么要百般为自己狡辩呢？"这位候选人听到以后，更加的气愤，情绪变得异常糟糕，也更加气急败坏、声嘶力竭地在各种场合下为自己洗刷，谴责谣言的传播。然而，这却更使人们相信谣言的真实性。最悲哀的是，连他的太太也开始转而相信谣言，夫妻之间的亲密关系被破坏殆尽。

最后他竞选失败了，从此一蹶不振。

在这个故事中，这位候选人因为没有冷静地对待这件本来很小的事情，而成为他竞选的最大阻碍。可见，在小事上需要有忍的态度和修养。

人们在生活中有时会遇到恶意的指控、陷害，甚至经常会遇到种种难以忍受的恶语中伤。遇到这些不如意的事情，如果我们不能保持冷静的头脑，暴跳如雷，大动肝火，结果只能像上面故事中的主人公一样，把事情搞得更糟。克制自己的愤怒情绪，只有冷静，才能让你保持足够的清醒，想出真正解决问题的办法。

2. 忍一时，成就一世

很多人在工作中都会遇到一些不如意、不顺心的事情，在这种情况下，大多数人都会选择离职，或因是否离职而犹豫不决，他们认为别的公司都是理想的。殊不知，再好的公司也很难有令自己"完美无瑕"的感觉。一旦发现新公司并不是自己所理想中的那样，定会重蹈覆辙，永无休止地徘徊在求职和离职之间。

有家公司的老总是一位女性，在工作中，她对网站的专业知识不是太懂。小李在帮一个客户做网站时，因为这个客户很重要，老板就亲自监工。但是她在一旁的指手画脚让小李无所适从，听吧，不专业；不听吧，人家可是老板。结果那个网站做得一塌糊涂，老板便把工作中出现的错误全部归结到了小李工作不认真上，小李也没办法，只好"哑巴吃黄连"，认了。

经过这次教训后，再有其他工作任务时，小李就拒绝了老总的瞎指挥，做出的东西令客户们都很满意。两个月后，老板就给小李加了薪。

如果小李第一次受气的时候就提出离职的话，那肯定也就没有了后面加薪的出现。所以大丈夫应该张弛有度。

在职场中，不要去计较一城一池的得失，更切忌冲动和无所顾忌，将大量的时间和精力浪费在自己短期内遇到的不满上。如果站在不同的角度来剖析工作中存在的问题，认真挖掘其内在的真正原因，你会发现，你的工作会有很大的转变，既拥有了自己的发展空间又增强了别人对你价值的肯定，也少了东山再起的辛劳，三全其美，何乐而不为呢！

一个人无论在什么时候都要能屈能伸，不可计较一时的得失。当你意气用事的言行举止越来越少时，那么你成功的机会也就越来越大。只有在小事上能忍的人，他才会摘得成功的果实。只有努力摒弃工作中的愤愤不平，在追求幸福和成功的路上才会少些崎岖，多些平坦。

3. 沉稳忍让之心是成大业的基础

古之成大业者，必有沉稳忍让之心。沉稳忍让之心乃是成大业者之根本因素，如果没有这种心态，要想成功的话，恐怕会很难的。

有一天，张良来到一座桥上，遇见一位老人。老人的鞋子正好掉到了桥的下面，他以命令的口吻叫张良下去捡鞋，然后再给他穿上。张良很听话地把鞋捡上来，并且跪着给老人穿上，一点也没有生气的样子。老人看到张良心地善良，而且有忍让之心，就指着桥边的大树说："五天以后，在那里等我，我有东西给你。"

张良知道这个老人不同寻常,所以便按约定的日子去了,可是老人早已等候在那里,指着张良,生气地说:“你这个小孩子和长者约会,为何迟到?五天以后还在这里等我。”

第二次,张良不敢怠慢了,半夜就到了约会的地点。结果又迟到了。老人把张良又痛骂了一顿,让他五天以后再来。

第三次,张良再也不敢迟到了,约会的前一天就赶到了那里,并一直等候着。老人来到,见到张良非常高兴,说:“孺子可教也。”

于是就送给张良兵书一部。据说,这部书就是《太公兵法》,而那位老人就是有名的兵法大师:黄太公。

后来,张良帮助汉高祖刘邦打天下,成为运筹帷幄,决胜千里的著名谋士,与其说得力于这部兵书,不如说得益于他的那种处世方式。

在快节奏的现代社会里,什么都讲究快速。放眼望去,吃的是快餐,读的是速成班,走的是捷径,渴望的是瞬间发财。就在这样的一个社会里,人们才更应该学会忍让之术,这可以让你在忙碌的生活中少生一点气,多一分平和的心态。事业上,多一分忍让的胸怀,就多一分成功的概率。所以一时的忍让,可以成就你一生的事业。

避免不必要的争论

在人与人的交往中,往往会发生一些争论,但十次有九次的争论结果是,每个人都更加坚定地相信自己是正确的,这种心理会随着争论的深入越发坚定。

歌剧男高音真·皮尔士就是采取了从一开始就避免争论的方法,使他的婚姻在幸福中已经度过了50年,相信将来的日子也会如此。

一次他说:“我太太和我在结婚之前就订下了协议,不论我们对对方如何地愤怒不满,我们都一直遵守着这项协议——当一个人大吼的时候,另一个人就应该静听。因为当两个人都大吼的时候,就没有沟通可言了,有的只是噪音和震动。”

这件事告诉我们:不论对方聪明才智如何,你都不要与他争论。因为,你不可能靠争论改变任何人的想法。

林肯总统有一次斥责一位和同事发生激烈争吵的青年军官。他说:“任何决心想有所作为的人,决不肯在私人争执上耗费时间。在跟别人正误参半的问题上,你要多让一点步;如果你确实是对的,就少让一点步。总之,不能失去自制。”

事实上,争论是不可能杜绝的,但可以采取一些方法加以解释或避免。要避免争论就要看你有没有耐心和虚心。你可以做的是:你首先应该是一个大度的人,欢迎别人针对你的不同意见,并能虚心地接受;你不要太信任自己的直觉印象,你要慎重、平静,尽管人的本能反应是自卫,但这可能是你最差劲的地方,当然,一个脾气不好的人是最容易与别人争论的,如果你是,适当控制一下你的脾气,也能有好的效果。你的大度还应该体现在先让别人把话说完,给对方一个说话的机会。你的抗拒、争辩只会增加彼此沟通的障碍。如果一开始你就能主动去寻找对方的话中你同意的观点,这会让你的直觉反应有所减缓。当然,如果你的观点是有偏颇的,那就应该诚实地承认自己的错误,并为之道歉,这些都可以有效地避免发生争论,将时间和精力无谓地浪费掉。

其实，要避免争论只要一开始就去用心与他人交往，对待他人像对待自己一样，许多矛盾从一开始就可以轻松解决了。

一天，库克驾驶着蓝色的宝马回到公寓地下的车库时，又发现那辆黄色的法拉利停得离他的泊车位那么近。"为什么老不给我留些地方！"库克心中愤愤地想。

没过多久，库克比那辆黄色的法拉利先回到家。当他正想关掉发动机，那辆法拉利开了进来，驾车人像以往那样把她的车紧紧地贴着库克的车停下。库克实在无法忍耐，外加他正患感冒头疼得厉害，况且他还刚收到税务所的催款单，于是库克怒目瞪着黄色法拉利主人大声喊道："瞧你！是不是可以给我留些地方？你离我远些！"

那位黄色法拉利主人也瞪圆双眼回敬库克："你怎么能这么说！"她边尖着嗓门大叫边离开车子，只对库克不屑一顾地看了一眼就扭转身走了。

库克咬咬牙心想："我会让你尝尝我的厉害。"第二天，库克回家时，黄色的法拉利正好还未回车库，库克把车子紧挨着她的泊车位停下，这下她也会因为水泥柱子而打不开车门的。

接着的几天，那辆黄色的法拉利每天都先于库克回到车库，逼得库克好苦。

库克在懊恼之余也为自己的不理智行为后悔，冷静之后的库克开始寻求一种新的解决方法，并很快有了答案。

第二天早晨，黄色法拉利的女主人一坐进她的车子就发现挡风玻璃上放着一个信封。

"亲爱的黄色法拉利：

很抱歉我家的男主人那天向你家女主人大喊大叫。他并不是有意针对哪个人的，这也不是他惯有的风格，只是那天他从信箱里拿到了带来坏消息的信件。

我希望您和您家的女主人能够原谅他。

您的邻居蓝色宝马"

第二天早晨，当库克走进车库，一眼就发现了挡风玻璃上的信封，他迫不及待地抽出信纸。

"亲爱的蓝色宝马：

我家的女主人这些日子也一直心烦意乱，因为她刚学会驾驶汽车，因此还停不好车子。我家女人很高兴看到您写的便条，她也会成为你的好朋友的。

您的邻居黄色法拉利"

从那以后，每当蓝色的宝马和黄色的法拉利再相见时，他们的驾车人都会愉快地微笑着打招呼。

有些人是天生富于反抗性的，他们有一种不肯附和别人的倾向和心理。你越是和他争论，就越让他们激发内心的这种对抗性。你如果命令他们做什么事，他们偏偏会逆着你的意思去做，并不是因为服从命令是一件难事，只是因为他们不愿被人指挥。这种现象在年轻人中较常见。

避免争论可以节省你的大量时间与精神，使你投入到完善你的观点和实践你的观点的工作中去。所以，你完全没有必要浪费太多的精神去干那种没有结果也毫无意义的事情。

宽容别人的成功

宽容地对待别人，同时还要做到宽容别人的成功。一个人不能容忍别人的成功，就是不能接纳自己，在耗尽心思阻挠别人前进的时候，实际是在作茧自缚，浪费自己的前程。

玩过电脑游戏《摩托英豪》的人都会有这样的体会:在驾驶摩托的过程中,如果你对赶超你的对手拳脚相向、棍棒相加,肯定会为此而分散了双方的精力、延误时间的同时还会招致对手的打击报复,从而无法取得好名次;唯有不去干扰对手,躲开他们的阻挠,甚至是不理会无理挑衅,才会所向披靡,以至笑傲江湖。

与此相同的是,在我们的体育赛场上,热火朝天的万米竞走赛场上,总会有一些选手对走在前面的人施暗箭、放冷枪,为他们的前进设置无数障碍,优秀选手总是能够躲闪避开,不去理会外界的干扰。结果总是阻挠者远远落后于对手,过早地失去了赢得比赛最终胜利的权利,而全神贯注于努力比赛的人总是取得最后胜利。

其实,设置这些障碍的制造者心中都十分明白,对于阻挠别人前进,遏制别人成功的行为就等于阻挠自己前进,主动放弃自己成功的机会,但是有时为了能够给队友创造出更好的机会,甘愿做了比赛的陪衬者。生活中的一些人也在充当类似于这样的角色,然而,他们所做的那些只是无谓的牺牲,是在作茧自缚,主动地把自己划入到生活陪衬者的行列之中。

峰和谷是同一个大学的两位同学,他们俩同住在一个宿舍而且还是上下铺,是学校"死党"中最铁的一对。峰是城里孩子,谷来自于农村,家庭经济条件自然差一些。峰在生活中总是接济照顾谷,经常带谷出入茶楼酒肆、影院歌厅,让他接受现代文明的洗礼;谷在学习上也是时时帮助峰,陪他一块儿应付大大小小的考试,让他接受科学知识的改造。大学同窗四年,他俩经常在一起,毕业时,甚至在同学们艳羡的目光中跨入了同一家知名外企。

然而,后来所发生的事情却让学校的同学们都黯然神伤。

谷勤奋、喜爱动脑筋、各科专业知识扎实的优势在工作当中日益得到体现和发挥,领导和同事都把赞许和嘉奖的目光投向了他。峰感到自己被冷落似的,内心便开始感到不平衡起来,他拒绝接受谷对他方案程序的合理化建议,而且还对谷的方案程序吹毛求疵,鸡蛋里挑骨头。谷总是以宽容的微笑和对自己更加严格要求来对待峰的批评。当谷从峰的同学、同事变成了他的顶头上司,嫉妒、不平的心理也进一步吞噬着峰的心灵,他不能忍受昔日接受他周济的同窗变成了他的上司,从"波谷"爬到了"波峰"之上。后来直到有一天,他利用老友的信任,获取到了其自身单位数据库的密码,把数据库一举摧毁。对于自以为聪明的他,最后得到了法律的严惩,也就自己毁了自己的前程。

当有同学去探望他的时候,他在责怪对于他之所以走到这个地步是谷害了他。多么可怜的人,到了这般天地还不知是谁害了他!一个人不能容忍别人的成功,就是不能接纳自己,在耗尽心思阻挠别人向前发展之时,实际也就是在作茧自缚,浪费自己的生命与前程。

对别人的嫉妒,实际是对自己的一种惩罚。因为你看见别人比你好的时候,心里自然的就会生气,所以对别人的嫉妒实际上也是对自己的一种变相的惩罚。例如,有人看见别人日子过得比自己好,便气不打一处来,说人家的钱来路不明;有人见别人打扮得漂亮一些,便不由得在心里骂一句"臭美";人家添置了新家电、装修了房子,便说人家"烧包"。这些表现就是一种典型的嫉妒心理在作怪。这样做完全对别人没有一丝损伤,反而使自己弄得一肚子气,这是何必呢?倒不如把心放宽,调整一下自己的心态,从另一个角度来看问题,也许就是另一番景象了。

有一位女士,长得不是很漂亮,她的一位女同事长得漂亮而且还爱打扮。因此,这引起了她的极为不满,在心底里对那个女同事瞧不上眼,嫉妒心十足。

有一次,在和那位女同事的交谈中,这位女士才知道对方的家庭十分的不幸。就是因为这不幸，所以她才坚持每天化妆，化妆可以改变她沮丧的心情，让她从不幸的家庭走进一个温暖如春的公司。这时，这位女士发现自己虽然不漂亮，但家庭生活却十分和谐。也许是由于心理上有了某种平衡，她倒有几分同情那个同事。同时，她也明白了，自己以前看人家不顺眼，实际是对人家有偏见，是自己的一种不健康心理在起作用，完全是由于嫉妒。

故事讲到这里，我们就可以看出这位妇女看问题的角度由嫉妒转化为了同情——角度发生了变化，所以，嫉妒也就随着转化消失了。

一个心胸宽广的人，是不会嫉妒别人的。要使自己有一个比较开阔的心胸，必须不断加强自身修养，使自己从经常产生嫉妒的心理中解脱出来。要多向身边那些性情开朗、心胸开阔的人学习，要不断地在心里告诫自己，不能学小心眼，并要在实际生活中不断对自己的心胸做测验。有一个人自知他经常出现嫉妒心理，便向一个性情开朗的朋友多次求教有什么方法可以克服嫉妒，那个朋友说，办法十分简单，只要你不去计较，便立即见效。这个人一想，的确是那么回事，后来，他凡是碰上对别人心生不满的时候，便想朋友的话，就觉得自己不会嫉妒别人了。

同为新闻“脱口秀”节目主持人，奥普兰是明星，盖勒却只是个陪衬，但他们看重并欣赏对方的优点，能以平等心态看待各自不同的优势与短处。“我认为没人能像奥普兰那样把节目做得那么好，包括我自己，所以我并没有竞争的感觉。”“当你身处公众包围之中时，你需要一个能让你信赖的朋友。盖勒是我自己的一面镜子——从镜子里我会看到，当生活变得简单，没有那么多外在的压力影响我的时候，我内心的状态是什么样的。”奥普兰说道。当奥普兰想把朋友带入自己前途远大的事业中时，遭到事业刚起步的盖勒的拒绝。不过最终盖勒受聘为奥普兰一个最新刊物的责任主编。友谊和竞争是无法轻易融合的。小人物盖勒面对大明星般的朋友，他聪明而又努力地从多种方面寻找到一个平衡点。

其实在各种职业中，友谊与对抗都同时存在。工作让人们结交到许多朋友，像近邻一样每日相处。但在工作中找到能够与之共享秘密而不会对自己评论监督的朋友可能是一种冒险。如何将亲密的友谊与工作关系区分开来？可以略略降低友谊的亲密程度，或者学着如何在竞争中以减少“个性”来面对输赢。盖勒有很健康的心态，也回避朋友多次在事业上的拉拢，独立并努力地做好自己的工作，并以乐观向上的人格魅力，赢得奥普兰的欣赏和尊敬。总之，嫉妒是一种不健康的心理，如果你想改变它，就要学会调整自己的心态，不断开阔自己的心胸，用自己那颗宽容的心净化那些附着在人心灵上的污垢吧！

天高任鸟飞，海阔凭鱼跃。面对别人的成功，我们宽容、洒脱一点又如何？如果我们不是选择阻挠，而是选择学习、汲取，那么，别人的成功将是我们成功的铺垫、基石，展现在我们面前的也将是一片更加宽广的天空。

对伴侣多一份宽容和理解

不要因为日复一日的平凡，年复一年的平淡，而丢失了那份对爱人的耐心和理解。

有人说生活就是柴米油盐醋、锅碗瓢盆勺的碰撞，听起来似乎很简单，但真正的生活并不是你想象的那么简单，生活中更多了几分责任和义务。

在经历了激情似火的热恋后，走进一个稳定家庭的你是否对生活多了几分感知。生活中的琐事是否使你无奈，压得你喘不过气来，你是否失去了激情变得淡漠。在你认为家庭生活应该不是平平淡淡时，结果平淡无奇的日子一天天、一年年不断地重复，这所有的一切都让你有些厌倦，于是你变得不可理喻、暴躁。从前美丽贤惠的妻子如今变成了一个整天只会唠叨的黄脸婆；从前豁达大度、善解人意的丈夫如今一身坏毛病，争吵便成了你们解决问题的唯一途径。

有一对夫妻，经常吵架，丈夫的脾气很暴躁，总是抱怨妻子不够温柔和体贴。妻子更是对丈夫的行为不能容忍，她感觉她的丈夫已经不爱她了。

心情沉闷的妻子到智者那里，对他讲述了她和丈夫的事情，并请求智者为她指点迷津。智者考虑了一下说："我可以告诉你一个很好的办法，但有一个条件，你必须把这条丝带系在狮子的脖子上。"

那时，村里经常有狮子来回走动，但那狮子很凶猛，几乎没人敢走近它，这使她很犯难。她想了半天，终天想到了一个办法。第二天，她牵了一只小羊来到狮子的面前，什么也没做，只是把小羊放在那里就回家了。

以后的每个日子里，她都会在同一时间里，给狮子送一只小绵羊过去。渐渐地，狮子喜欢上了她，一见到她，就会热情地向她摇尾巴，并走上前来，让她抚摸。她知道狮子已经对她产生信任和喜欢了，所以她大胆地走上去和狮子亲近。终于，她很容易地把那条丝带系在了狮子的脖子上，狮子不但没有反抗，反而高兴得直晃脑袋。

她去找智者，告诉他已经把丝带系在了狮子的脖子上，并把经过讲给智者听。智者笑着说："我的办法就是让你用驯服狮子的办法去驯服你的丈夫啊！去试着再把一条丝带系在你丈夫的脖子上吧！"

后来回到家，妻子又回到最初的温柔、体贴。对丈夫偶尔的无理取闹更是最大限度地理解和宽容。心诚则灵，渐渐地，丈夫的脾气也日趋好转。不久，他们又重新找回了往日的欢乐和幸福。

生活本来就是平淡的。一杯茶也罢，一杯酒也好，这是品出来的味儿。生活中的争吵使我们渐渐地失去了耐心，也缺少了对爱人的一份理解。多一份宽容和理解，生活就多一份和谐和幸福。

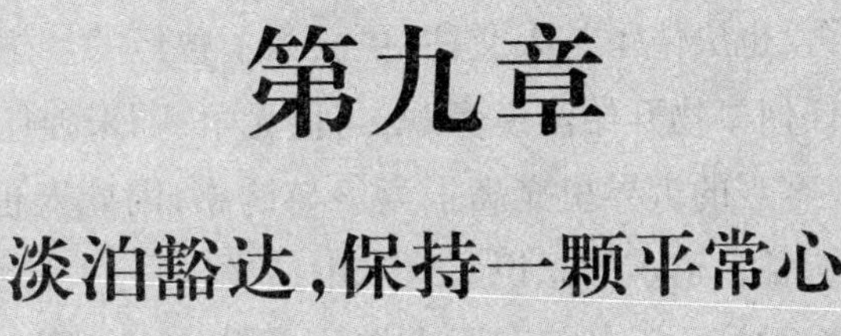

第九章

淡泊豁达，保持一颗平常心

得意也好，失意也罢，很可能就是心态之差。心态平和者懂得这个道理，他们不会因为自己的成功而嚣张，也不会因为自己的失败而气馁，而是以淡泊、豁达的心态来面对这一切。

淡泊使你心静如镜

淡泊是一种品格、一种境界、一种美德、一种做人的要求;淡泊是一种简单、一种超然、一种执着。淡泊使人清醒、使人明智、使人坦然,淡泊可以使人明辨是非,但不计个人得失。生活中拥有这份淡泊,是文化修养与人生经历凝练的结晶,有了这份淡泊,在困境中就拥有了绵绵不绝的力量。淡泊是一种力量,在冲突与不愉快发生时,淡泊使你心静如镜。

是的,在生活中常会听到一些人感叹他们的生活是怎样的淡泊宁静。可在那一声叹息的背后透出的却是种种无奈。难道不思进取、逃避现实就淡泊了么?

其实,淡泊,是一种纯粹的感觉,一份远离名利和非分欲望的清澈心智。可有人将一种不思进取、退缩的生活态度也叫作淡泊。

这种人在人生这个大舞台满怀激情展示自己时,或是屡遭人生挫败,或是遭遇无情与冷漠。于是热情不再,也厌倦了与人交往,更放弃了曾经的梦想和追求。自认为已看破红尘,倍觉世态炎凉。对待任何事物开始淡漠旁观,与世无争,独来独往。

可是,在客观的世界里充满了竞争与诱惑,因此人也就有了各种各样的欲望。人类的欲望无时不在唤醒各自追求的意识。追求中,要经历与大自然的对抗、与邪恶势力的对抗,甚至与自己的不良习性对抗。于是就有了人类的文明,社会的进步。

然而,人们在追求完美的人生目标的时候,并不是一帆风顺的,屡遭失败就轻言放弃,去找寻所谓的淡泊心境,那不是"淡泊",是逃避、是无奈、是借口。人生没有了执着追求、没有了明确的生活目标,也就没有了从容的步履,生活会更加枯燥,也许还会更加痛苦。遭遇挫折就放弃、就回避,那社会岂不是停滞不前,人类岂不是日益退化?因此,盲目淡泊的人生是消极的,是不可取的。

有一位中国的留学生,在纽约华尔街附近的一间餐馆打工。一天,他雄心勃勃地对着餐馆大厨说:"你等着看吧,我总有一天会打进华尔街的。"

大厨好奇地问道:"年轻人,你毕业后有什么打算呢?"

这位留学生很流利地回答:"我希望学业一完成,最好马上进入一流的跨国企业工作,不但收入丰厚,而且前途无量。"

大厨摇摇头:"我不是问你的前途,我是问你将来的工作兴趣和人生兴趣。"

这位留学生一时无语。显然他不懂大厨的意思。

大厨却长叹道:"如果经济继续低迷下去,餐馆不景气,那我就只好去做银行家了。"

留学生惊得目瞪口呆,几乎疑心自己的耳朵出了毛病,眼前这个一身油烟味的厨子,怎么会跟银行家沾得上边呢?

大厨对呆鹅般的留学生解释:"我以前就在华尔街的一家银行上班,天天披星戴月,早出晚归,没有半点自己的业余生活。我一直都很喜欢烹饪,家人朋友也都很赞赏我的厨艺,每次看到他们津津有味地品尝我烧的菜,我就高兴得心花怒放。有一天,我在写字楼里忙到凌晨1点钟才结束了例行公务,当我啃着令人生厌的汉堡包充饥时,我下定决心要辞职,摆脱这种工作机器般的刻板生活,选择我热爱的烹饪为职业,现在我生活得比以前要愉快百倍。"

这个事例，对于中国人来说是不可思议的。因为，中国人在选择职业时，第一看体面，第二看收入，两者兼得，就足以在人前人后风光炫耀了。成败荣辱，全都摆在面子上，而面子是要人捧的，无人喝彩，就如同锦衣夜行般无趣。可对于西方人来说，无论从事任何职业都没有高低贵贱之分，他们更注重的是对事业的兴趣。而且，自我价值的实现，成功与否的体现，不必通过与别人比较来证实，更不需要别人肯定来满足。

因此，可以说淡泊并不是不思进取，而是要用一颗心积极地面对生活，追求更加完美的人生，那样才能让心智清澈、让生活从容而恬淡。在人生的道路上，要让淡泊成为审视行为的驿站，让淡泊成为荡涤名利的港湾。淡泊的人生是一种享受，一个快乐的人生，不见得要赚很多的钱，也不见得要有很了不起的成就，在一份简朴平淡的生活中，活得快乐而自在，也是一种崇高的人生境界。

做到宠辱不惊

《幽窗小记》当中有这么一副对联："宠辱不惊，看庭前花开花落；去留无意，望天空云卷云舒。"一副寥寥数语的对联，却深刻地道出了人生对事对物、对名对利所应该持有的态度：得之不喜、失之不忧、宠辱不惊、去留无意。做到了如此才能够心境平和、淡泊自然。一个"看庭前"三字，大有"躲进小楼成一统，管他春夏与秋冬"之意；而"望天空"三字则显示不与他人一般见识的博大情怀；一句云卷云舒则更有大丈夫能屈能伸的崇高境界。与范仲淹的"不以物喜、不以己悲"实在是有异曲同工之妙，更表现出了古人的旷达风流。

宠辱不惊，可谓是一门生活的艺术，同时还更是一种明智的处世智慧。人生在世，生活当中有褒有贬、有毁有誉、有荣有辱，这是人生的寻常际遇，不足为奇。古人云："君子坦荡荡。"为君子者，无妨宠亦坦然、辱亦坦然，豁达大度，一笑置之。得人宠信时勿轻狂，千万不要忘记"贺者在门，吊者在闾"；受人侮辱的时候切忌激愤，犹记"吊者在门，贺者在闾"。如此清醒地去面对，就不难达到"不以物喜、不以己悲"的境界。做到这样境界的人就能够从容地面对生活和事业的种种考验与磨难，就一定会实现人生的理想。古往今来的大量事实证明：所有那些事业有所成就的人没有一个不具有"宠辱不惊"这种极其可贵的品格的。

范仲淹是北宋时期著名的政治家，"庆历新政"的代表人物。正因为他谨守"先天下之忧而忧，后天下之乐而乐"的人生宗旨，因此在当他被贬谪邓州之时，能够做到从容处之，做到"心旷神怡，宠辱皆忘，把酒临风，其喜洋洋"。从范老夫子的这句话里，不难窥见一种自尊自强的人格魅力，一种淡泊名利的洒脱与机智。

北京大学原校长马寅初，因其"新人口论"而蒙冤获罪，遭到专横的无理批判，最终被革职。当他的儿子把革职一事告知于他的时候，他只是漫不经心地"噢"了一声。数十年后拨乱反正，仍是他的儿子在告诉他被平反的喜讯之后，马老还只是轻轻地"噢"了一声。从外表上来看好似静若止水，然而在内心里却涌动着机敏与睿智，这是何等难能可贵！

19世纪中叶，美国的实业家菲尔德率领着他的船员和工程师们，利用海底电缆把"欧美两个大陆联结起来"。菲尔德从此以后便被誉为"两个世界的统一者"，一举成为美国最光荣、最受尊敬的英雄。可是由于技术故障，接通的电缆刚开始传送信号便中断，这样在顷刻之间，人们的赞辞颂语就变成了愤怒的狂涛，纷纷指责菲尔德是"骗子"。面对如此悬殊的宠辱逆差，菲尔德泰然自若，一如既往地坚持自己的事业。经过6年的努力，海底的电缆最终成功地架起了欧美大陆的信息之桥。宠也自然，辱也自然，勇往直前，否极泰来，菲尔德之所以成为菲尔德，原因也就基于此。

其实，人生在世，大可没有必要把别人的态度太当作一回事，不必因上司的一个神色"口将言而嗫嚅"，也不必因老板的一个眼神"足将进而趑趄"。如果你因失宠于某人而自暴自弃，或者因受辱于某人而自怨自艾，甚或由此而做出种种极端的举动，其目光是否太短浅了些？胸怀是否太狭隘些了呢？为人处世，对于任何事情都应当拿得起、放得下、想得开。每临荣辱有静气，如果达到了这种境界，人的精神天地才能够开阔浩渺、气象万千、生机勃发、情趣盎然。

对于生活在微小星球上的任何一个人，无非也就只是来去无影的尘埃，区别是有些尘埃大些而有些尘埃小些罢了。对于太在意加在自己身上的荣辱，实际上是一种自我陶醉与自我折磨。所谓的宠辱，更多的时候是心灵对外界错误的一种感应。其实正确感应的强烈程度也取决于你的承受能力——可以轻轻地放下，同时也可以重重地托起！

曾经见过一些得势之人，那种得意忘形之情实在令人吃惊。生命的顶峰永远在高处，与阳光相比，我们永远是微不足道的。还有一些人，可能生活不够顺畅便抱怨，何必这样呢？其实也就如同爬山一样，跌倒了，腿还在，山还在，何不重新起步？只是，心中想的应该是奋斗的目的，自身价值的实现，而非目的和价值的炫耀。

贫富不过百年，风骚安能永久？学会如何平心静气地面对荣辱，实在是人生的最高境界。

不过，宠辱不惊、去留无意说起来容易，然而要想做起来却十分的困难。我们毕竟是凡夫俗子，世界的多姿多彩实在令大家怦然心动，名利皆你我所欲，又怎么能够不忧不惧、不喜不悲呢？否则也就不会有那么多的人穷尽一生追名逐利，更不会有那么多的人失意落魄、心灰意冷了，我国古代的贬官文化即是一个极好的明证。关键是你如何对待与处理的问题。首先，要明确自己的生存价值，由来功名输勋烈，心底无私天地宽。如果心里面没有过多私欲的话，又怎么会患得患失呢？其次，要能够认清楚自己所要走的路，得之不喜，失之不忧，不要过分在意得失，不要过分看重成败，不要过分在乎别人对你的看法。只要自己努力过，只要自己曾经奋斗过，做自己喜欢做的事，按自己的路去走，外界的评说又算得了什么呢？东晋陶渊明之所以能如此豁达风流，就在于淡泊名利，不以物喜、不以己悲，才可以用宁静平和的心境写出那洒脱飘逸的诗篇。这正可谓真正的宠辱不惊、去留无意。

有一位年轻人，是初中的数学教师，因为他的课讲得非常好，因此，在学校的学生和教师当中的威信非常的高，与他年龄相仿的教师，有好几位已陆续提升为教导主任和校长，然而他却依然如故。有人问他有没有感到不公，他却平静地说："我并没有为此而感到不公平，教书是自己所长，当官是他们所长，当好官受人尊重，教好书同样受人尊重，所以，我不能弃长就短，当不好官，反而还会让别人瞧不起。"听了他所说的这些话，那人很是感动。的确，做人就是要认识自己，相信自己，踏踏实实地走自己的路。要具备一颗平常心，做好每天应该做的每一件事情，学会享受生活，享受做好一件事所带来无限的快乐，这样就会有足够的力量来进行承担即将到来的挫折与痛苦。

宠辱不惊的人总有一份宽松闲适的情绪和表现，这是文化陶冶和道德修养的体现。"君子坦荡荡，小人长戚戚"，这句话可谓说得入木三分。这是心怀恬淡，没有什么非分之想，不仅有所为，也有所不为；不仅要保持独立的操守，又有和光同尘、知足不辱的人生状态。

要想使一个人做到宠辱不惊，就必须要做好能经受宠辱的准备。挫折、失败、成功、顺利，是人生历程，伴随的是外界的评说，是他人关于宠与辱的舆论。宠辱不惊是感觉和心态，不是来自外界，是自身的心理状态，是自我意识，承受能力，是自信和成熟。其实人生真正的收获和进步，常常是在遭受到委屈的时候所能够得到的，此时才能弃旧图新、自励自强。有意识委屈自己的过程，正好是超越自己的过程，是自我蜕变与升华的过程。还有谁会说这不是一种使人生轻松的需要呢？

保持平衡的心态

生活有许多不如意，大多源自于比较。一味地、盲目地和别人比，造成了心理不平衡，而不平衡的心理使人处于一种极度不安的焦躁、矛盾、激愤状态中，使人牢骚满腹，思想压力大，甚至不思进取。表现在工作中就是得过且过，更有甚者会铤而走险，玩火自焚。

俗话说，比上不足，比下有余，自己有工作、有房子，妻儿安康，这才是最重要的，无谓的攀比，只会增加不必要的烦恼，从而导致心理失衡，甚至因此“惹祸”。心理平衡是一种理性平衡，是人格升华和心灵净化后的崇高境界。要做到心理平衡，首先，要正确对待自己。人贵有自知之明，“知人者智，自知者明”，明比智更难。其次，要正确对待他人，再次，要正确对待社会。做到这三个正确对待，就能自觉保持永远快乐的心境。

国王的御橱里有两只罐子，一只是陶的，另一只是铁的。铁罐曾有几次掉在地上的经历，但它完好无损。而陶罐则整天待在橱子的最里边，所以骄傲的铁罐瞧不起陶罐，常常奚落它。

“你敢碰我吗，陶罐兄弟？”铁罐傲慢地问。

“不敢，铁罐兄弟。”谦虚的陶罐回答说。

“我就知道你不敢，懦弱的东西！”铁罐说着，显出了更加轻蔑的神气。

“我确实不敢碰你，但不能叫作懦弱。”陶罐争辩说，“我们生来的任务就是盛东西，并不是来互相碰撞的。在完成我们的本职任务方面，我不见得比你差。再说……”

“住嘴！”铁罐愤怒地说，“你怎么敢和我相提并论！你等着吧，要不了几天，你就会破成碎片，消失了，我却永远在这里，什么也不怕。”

“何必这样说呢？”陶罐说，“我们还是和睦相处的好，吵什么呢？”

“和你在一起我感到羞耻，你算什么东西！”铁罐说，“我们走着瞧吧，总有一天，我要把你碰成碎片！”

陶罐不再理会。

很长时间过去了，世界上发生了许多事情，王朝覆灭了、宫殿倒塌了，两只罐子被遗落在荒凉的场地上。历史在它们的上面积满了渣滓和尘土，一个世纪连着一个世纪。

许多年以后的一天，一群考古学家来到这里，掘开厚厚的堆积，发现了那只陶罐。

“哟，这里头有一只罐子！”一个人惊讶地说。

“真的，一只陶罐！”其他的人说，都高兴地叫了起来。

大家把陶罐捧起，把它身上的泥土刷掉，擦洗干净，和当年在御橱的时候完全一样，朴素、美观、毫光可鉴。

"多美的一只陶罐!"一个人说,"小心点,千万别把它弄破了,这是古代的东西,很有价值的。"

"谢谢你们!"陶罐兴奋地说,"我的兄弟铁罐就在这旁边,请你们把它挖出来吧,它一定闷得够难受的了。"

人们立即动手,翻来覆去,把土都掘遍了。但一点铁罐的影子也没有。铁罐不知道在什么年代已经完全氧化,早就无踪无影了。

再来看下面这则故事。

有一位爱比较的妻子对丈夫说:"我们绝对不能输给别人,你看你的同事小王,知道他最近家中又新添了什么?"

丈夫回答:"他最近换了一套新家具。"

太太说:"那我们也要换套新家具。"

丈夫又说:"他最近买了一辆新车。"

于是太太又说:"那你也应该马上买一辆啊!"

丈夫接着又告诉太太:"小王他最近……最近……算了,我不想说了。"

太太马上大声追问:"为什么不说,怕比不过人家呀!快点说下去。"

丈夫便小声地跟妻子说:"小王他换了一个年轻漂亮的妻子。"

太太没有话说了。

在生活中,普遍存在着比较的现象,这种现象是由于人们的不健康心理在作怪。每个人都有每个人的价值,每个人都有每个人的用处,适当的比较可以找到自身的不足,但什么都要比较,人就失去了生活的乐趣。

要想做到不盲目的比较,就不要过分地去羡慕别人。过分羡慕别人常会给我们带来更多的痛苦,但若去想想我们自己所拥有的,我们将会得到更多的感恩和幸福。

《伊索寓言》中有一个关于乡下老鼠和城市老鼠的故事:

城市老鼠和乡下老鼠是好朋友。有一天,乡下老鼠写了一封信给城市老鼠,信上这么写着:"城市老鼠兄,有空请到我家来玩,在这里,可享受乡间的美景和新鲜的空气,过着悠闲的生活,不知你意下如何?"

城市老鼠接到信后,高兴得不得了,立刻动身前往乡下。到那里后,乡下老鼠拿出很多大麦和小麦,放在城市老鼠面前。城市老鼠不以为然地说:"你怎么能够老是过这种清贫的生活呢?住在这里,除了不缺食物,什么也没有,多么乏味呀!还是到我家去玩吧,我会好好招待你的。"

乡下老鼠于是就跟着城市老鼠进城去。

乡下老鼠看到那么豪华、干净的房子,非常羡慕。想到自己在乡下从早到晚,都在农田上奔跑,以大麦和小麦为食物,冬天还要不停地在那寒冷的雪地上搜集粮食,夏天更是累得满身大汗,和城市老鼠比起来,自己实在太不幸了。

聊了一会儿,它们就爬到餐桌上开始享受美味的食物。突然,"砰"的一声,门开了,有人走了进来。它们吓了一跳,飞也似地躲进墙角的洞里。

乡下老鼠吓得忘了饥饿,想了一会儿,戴起帽子,对城市老鼠说:"乡下平静的生活,还是比较适合我。这里虽然有豪华的房子和美味的食物，但每天都紧张兮兮的，倒不如回乡下吃麦子，活得快活。”说罢，乡下老鼠就回乡下去了。

这则寓言使我们看到，不同个性、习惯的老鼠，喜欢不同的生活方式。即使人们都曾经对不同的世界感到好奇、有趣，但是，他们最后还是都回归到自己所熟悉的生活环境里。

俗话说：“知足常乐。”然而嫉妒的心理就像一棵盛夏的小草，常常在不经意间疯狂地成长，遮掩了生活中的阳光雨露，使我们陷入无边的痛苦之中。

有这样一则故事：

一只羚羊看到大象把树上的树枝卷下来，并吃掉枝上的叶子。然后又走到河边，用它的长鼻汲水，轻松愉快地向空中喷去。

羚羊很羡慕大象所做的一切。

于是它请求上帝也赐给它一根长鼻子。它果真如愿以偿。羚羊高高兴兴地带着长鼻子回到羊群当中，并且向大家展示长鼻的功用，羊群惊讶地看着它的表演。

此时，一只饥饿的狮子来到。羊群看到狮子立即拔腿就跑，但是那只带着长鼻的羚羊却无法快速脱逃，所以狮子一下子跳上去，把它吃了。

这是一个令人伤心的故事，然而这类故事的导演真的就是你自己。爱美之心人皆有之，在现实生活中，向善向美的羡慕是一件好事，然而对别人或者外物的羡慕超出了正常程度，事情就坏了。

以下几点建议，是走出心理失衡误区的钥匙：

1. 学会比较

心理失衡，多是因为选择了错误的比较对象，总与比自己强的人比，总拿自己的弱点与别人的优点比。如果能够我行我素，不去比较，实在要比的话，就把和自己处于同一起跑线上的人当作比较对象，那样生活中可能会少一些烦恼，多一些笑声。

2. 寻找自信

自信是心理平衡的基础。假如感到某方面不如别人，应相信自己是有才的，只不过是低估了自己的长处而已。当然，自信的前提是自己确有发光点。所以，平时应当练好基本功。

3. 自我发泄

你有权发火，怒而不宣可摧毁肌体的正常机能，导致体内毒素滋生，使人变得抑郁、消沉。适当的发泄可以排除内心怒气，重新鼓起生活的勇气。发泄的方法很多，可以向朋友、家人倾诉，也可以是独处时的怒吼，也可以对着某物打上几下，出出怒气。以前听说过某人在自己办公室里放上一盆沙子，愤怒时便用力去搓沙子，这样既不害人也不伤己，这也不失为发泄的一个好方式。

4. 寻找港湾

生活中需要一个能让自己“充电”、休养的港湾。无聊时去“充电”，烦恼时去放松，就像一只远航归来的帆船一样，在这宁静的港口及时得到休整。这个港湾可以是一间充满花香的“闺房”，可以是一个深造提高的培训班，也可以是一次独来独往的旅行。

5. 心底无私

命运的主宰是自己，树立自己的世界观、人生观，经常思考、检查自己的所作所为，自重、自省、自警、自励。心底无私天地宽，只要做好自己就是最大的胜利，就能获得最大的安慰。

6. 享受生活

生活是美好的，虽然有时候它会和人开个玩笑，让人跌上一跤，但说不定让你跌倒的时候，会放一个金元宝在地上等着你去捡。学会品味生活的美丽，学会享受自然的恩赐，学会欣赏别人，也学会自我欣赏。

7. 献出爱心

拾到一个钱包，与其整天提心吊胆，心神不宁，不如把钱包还给别人或是上交，这样心中会有更多的爱。

8. 复返自然

大自然如同母亲的胸怀一样博大，如同上帝的恩赐一样慷慨。烦闷时不妨到外面走走，回归自然。望着蔚蓝色的天空，朵朵的白云，潺潺的流水，听着那婉转的鸟鸣，心灵会慢慢趋于平静，快意不经意间会涌上心头。

记住：一个时刻平衡的心态才能有健康快乐的人生，生活也因此而更幸福和美满。

学会随遇而安

俗话说“不如意之事十有八九”，在每个人的一生当中根本就不可能永远都是风平浪静。人生遭际不是个人力量所能左右，而在诡谲多变，不如意事常存的环境中，唯一能使我们不觉其拂逆而使得情绪轻松的办法，那就是要做到使自己“随遇而安”。

在当今这个社会，千变万化，每个人一生当中所处的环境不会一成不变，我们怎样去面对它们呢？大多数的人们都认为，坚持自己的信念，随遇而安吧。

在很久以前，有一个寺院，里面住着一老一小两位和尚。

有一天老和尚给小和尚一些花种，让他种在自己的院子里，小和尚拿着花种正往院子里走去，突然被门槛绊了一下，摔了一跤，手中的花种洒了满地。这时方丈在屋中说道“随遇”。小和尚看到花种洒了，连忙要去扫。等他把扫帚拿来正要扫的时候，天空中突然刮起了一阵大风，把洒在地上的花种吹得满院都是，方丈这个时候又说了一句“随缘”。

小和尚一看这下可怎么办呢？师父交代的事情，因为自己不小心给耽搁了，连忙努力地去扫院子里的花种，这时天上下起了瓢泼大雨，小和尚连忙跑回了屋内，哭着说，因为自己的不小心把花种全洒了，然而老方丈微笑着说道“随安”。冬去春来，一天清晨，小和尚突然发现院子里开满了各种各样的鲜花；他蹦蹦跳跳地告诉师父，老方丈这时说道“随喜”。

对于随遇、随缘、随安、随喜这四个“随”，可以说就是人生当中的缩影，在遇到不同的事情，不同的情况时，我们最需要具有的心态就是“随遇而安”。

一次，某人搭别人的货车回城里，车在中途时，突然抛锚。当时正是夏天，午后的天气，闷热难当，真是让人着急。但是，他当时一看情形，就知道急也没有用处，反正得慢慢等车子修复才可以走。于是，他问了问司机，知道要三四个小时才可以修好，就独自步行到了附近的一条河里游泳去了。在河水当中经过一场尽情的畅游之后，暑气全消。

等他游完泳尽兴回来的时候,货车已经修好待发,趁着黄昏的晚风,直驶城里之后,他逢人便说:"真是一次最愉快的旅行!"随遇而安的妙处由此可见一斑。假如换了别人,在这种情形之下,只能顶着烈日,一面抱怨,一面着急,但是那辆车也不会提早一分钟修好,而那次旅行也一定是最痛苦、最烦恼的。

音乐之王舒伯特曾经说过:"只有那些能安详忍受命运之否泰者,才能享受到真正的快乐。"当我们处于不可改变的不如意境遇的时候,只有勇敢地面对,并且从容地从不如意之中去发掘开辟出新的道路,才是求得快乐与宁静的最佳办法。

当你在茫茫的大海上,面向着某个目的地航行的时候,忽然间遇到了暴风雨,你是冒着可能翻船的危险顶着风浪上呢?还是暂时改变航向,以期避开眼前的危险?面对这样的情形,可以肯定的是百分之百的航海者都会采取后一种方式,因为只有你的存在才是最终到达目的地的最大保证。

可是,在平时的生活中经常会遇到类似的问题,又有多少人能明智地选择保全自己的方式来暂时地选择退一步,以避免不期而遇的危险风浪呢?

生活就像是在大海上航行一样,很有可能在某种情况下就会遭遇到风暴,不知哪里会涌出代表另一股力量的洋流。如果我们能够接受眼前的现实,在某些情况下顺着风向和洋流,可能绕一些道,但最终也达到了目的地。

对于生活而言,坚强与随遇而安同等重要。如果我们都要与生活的法则相对抗,一味地按照主观愿望进行的话,那么我们很有可能就会遭遇到失败。就像人类曾对大自然宣战一样,认为自己能够战胜自然,改天换地,其结果是人类的行为造成了全球范围内的生态危机,而此种危机就很有可能最终葬送了全人类以及整个地球生命体系。

为了最终实现自己的理想与愿望,也为了想在整个过程之中放松自己,我们应该承认生活的法则与自然的法则是同样的,不必抗拒。我们应该对自己能够控制什么、不能控制什么进行理性的评估。

我们应当建立起一种"随遇而安"的生活哲学,理性地体会人与人之间的自然需求,顺其自然地享受快乐的生活。这样,我们也能容许自身的内心有一个安宁而平静的港湾,来停泊暂避暴风雨的生命之舟。

淡泊名利,笑看人生

从古至今,人们都比较看重名利,尤其在如今这个人心浮躁的年代。名利,对一些凡夫俗子来说有着太大的诱惑!天下熙熙,皆为利来,天下攘攘,皆为利往。追名逐利,劳心费神;钩心斗角,机关算尽;日夜提心吊胆,害怕一失足成千古恨。如此的被名利所累,真是苦不堪言,完全忘了生活本身的乐趣。

名与利,有时候是不由人的。杜甫云:"何用浮名绊此生",但他死后,还是在中国文学史上树立了一座不朽的丰碑。柳永言:"忍把浮名,换了浅斟低唱",失去功名利禄后,潦倒一生,却唱出了一代才子词人的不朽名号;更有那些不求名利、超脱世俗的僧人,一旦成为得道高僧,便会赢得生前身后名,这实在是他们所始料未及的事情。

这世间又有多少人能真正做到淡泊名利、笑看人生呢?《论语》说:"君子疾没世而名不称焉。”由此可知，抛却名利的追求说起来容易做起来却是很难的。

其实，名利本身无所谓好坏，只看个人如何应用。正所谓“君子爱财，取之有道”，名利也是如此，适时以用才是修身养性的最佳方法。淡泊名利是人生的一种态度，是人生的一种哲学，是有益于精神的一种放松；笑看人生是在平淡的生活中寻找快乐，在宁静中制造浪漫，是有益于身心健康的一种生活方式。诸葛亮有句名言：“非淡泊无以明志，非宁静无以致远。”说的就是这种恬淡、平静不为名利所困扰的生活境界。

淡泊名利，心就如明镜，这样才能坐得正，行得端，不人云亦云，随波逐流。淡泊名利，就不必再伪装自己，恭维他人，能说他人不敢说之话，做他人不敢做之事；淡泊名利，就不必再为蝇头小利去煞费苦心，辛苦奔波，上蹿下跳；淡泊名利，就不必再为尘事所扰，不会脸厚心黑、猥琐自私。

居里夫人可以说是淡泊名利的楷模。在她获得第一次诺贝尔奖之后，毅然决定将100多个荣誉称号统统辞掉，专心致志地研究，终于又获得第二次诺贝尔奖。

淡泊名利，心无尘事，笑看人生，海纳百川。多几分豁达，少一些妒忌，多几分潇洒，少一些烦恼，对名利保持几分淡泊，对生活多出几张笑脸。不为名利牵绊，不为金钱诱惑，想来便来，想走便走，不是神仙却胜似神仙，对于这样的生活，何乐而不为呢？

人生一世，在享受宽舒和美丽人生的时候，千万要记住：在名利面前，要保持心境平和、宁静和淡泊。送到手中的，我们欣然接受；从手中溜走的，我们欣然放手。鲜花掌声，不忘形；冷嘲热讽，不颓丧；流言蜚语，不愤懑；失意跌宕，不忧伤……

一个人只有对名利看得淡一点，再淡一点，用心走好每一步，保持一颗平常心，专注于自己喜爱的事业，并在这份事业中，倾力挥洒自己的聪明才智。树立正确的人生观、价值观，做到工作上高标准，生活上低要求，经受住各种诱惑的考验，始终坚守自己的道德标准和信念，不重名、不计利，才能以淡泊的情怀书写出高贵的人生。

保持恬静的心态

水平静了不仅可以照人影，也可以做木匠“定平”的水平仪。俗话说“心平似镜”，人的心境如果平静了，就能鉴照天地的精微，甚至还可以明察万物的奥妙。

东坡居士游览庐山时与兴龙寺住持常聪和尚言谈甚为投机，夜深了还在烛前论“无情说法”，即山水等无情之物也会说法。黎明之际，苏轼豁然觉悟，呈上一诗偈：“溪声尽是广长舌，山色无非清净身；夜来八万四千偈，他日如何举似人？”意思是，谷溪之声便是佛尊绝妙的说法，山光水色即是佛的清净真身。今夜无数偈文的真义，今后我怎样才能告诉他人呢？道元也说过：“山色谷响悉皆释尊的声姿。”雪堂寺的行脚和尚看过东坡的诗偈后，认为“尽是”“无非”“夜来”“他日”八字多余，宜删削之。白隐禅师的师父正受老人更有过之：“广长舌、清净身都是多笔，仅溪声、山色就可以了。”白隐有一首著名的歌偈“坐林中古寺，听拂晓雪声”，其旨意皆与东坡居士同。

赏花以含苞待放时为最美，喝酒以喝到略带醉意为适宜。这种花半开和酒半醉含有极高妙的境界。反之，花已盛开而酒已烂醉，那不但大煞风景而且也活受罪。所以事业达到巅峰的人，最好能深思一下这两句话的真义。

为人处世切忌过之，天道忌盈，人事惧满，月盈则亏，花开则谢，这些都是天理循环的规律，也是处世的盈亏之道。《列子・仲尼》中有段精辟的比喻，列子说："眼睛将要失明的人，先看到极远极微小的细毛；耳朵将要聋的人，先听到极细弱的蚊子飞鸣声；口将要失掉味觉的人，先能辨别雨水滋味的差别；鼻子将失掉嗅觉的人，先嗅到极微小的气味；身体将要僵硬的人，先急于奔跑；心将糊涂的人，先明辨是非。所以事物不到极点，不会回到它的反面。"

春天一到，百花盛开，百鸟齐鸣，即为山谷平添了无限迷人景色，然而这种鸟语花香的艳丽风光，只不过是大自然的一种幻象。秋天一到，泉水干涸，树叶凋落，山涧中的石头呈现干枯状态，然而这种山川的一片荒凉，才正好能看见天地的本来面貌。

大自然的"风花""雪月"亦可给人恬静的心境，恬静的心境又可增进自己的智慧，智慧增进以后不外用，又用自己的智慧来促进自己心境的恬静。智慧与恬静交相涵养促进，和顺之气便从本性中流露出。真正的智者从来不叽叽喳喳地表现自己，让自己智慧的锋芒外露。那些没有智慧的人成天闹哄哄的，大叫大嚷地表现自己，生怕一静下来这个世界就把他忘了。

满罐子水不动荡，默默无声；半罐子水荡到半空中，扑通扑通地响个不停。智慧老人像风平浪静时的大海，沉静而又渊博；浅薄之徒像快要干涸的小溪，走到哪里都喧哗不停。

只有虚才能包含万物，灌水进去不见满，取水出来不见干，而且不知水源在何处，这样才算得上永葆生命之光；只有静才能获得真理，"万物静观皆自得"，这恰如一汪清澈的湖水，只有平静时，才能映出周围群山的倒影。如果水波涌动奔腾，那就只能听到自己的响声，而映不出天上的星月和地上的山峰。同样，只有静才能涵养自己的心智，浮躁不安只能使自己变得荒疏浅陋。只有以闲情、以心静才可以耐得住寂寞，才能体会到自然的真趣。

生活原本就是平淡的

我们时常抱怨每天的生活平淡无味，其实，这不过是发现了一个真理——生活原本就是平淡无奇的。人之所以有不同的生活，当然是由于诸种因素的影响有所不同，但从根本上说是由于有不同的心态。任何人的生活都有一个常规，而这个常规意味着每天要过同样的生活，平淡无奇的生活。曲折是有的，高潮是有的，但更多的还是平淡无奇，甚至是充满艰难困苦、需要拼搏的生活，这就要靠一颗从容稳定而又积极热情的心去体验。

生命只有一次，时间无比宝贵，你出多高的价钱也买不下来。你觉得日子平淡，事情不如意，或者什么事情自己没有做好，这有多大的关系？抓住现在，重新开始！小孩子搭积木，喜欢推倒重来。我们也要积极探索，多几次新的尝试，正视生活中的一切。现实不可改变，那就接受；接受下来，再去寻求改变的可能。

人间的不幸和悲剧除了战争、灾难和犯罪之外，主要是由什么因素造成的？不正是由陈腐的观念和不良的情绪造成的吗？不妨想一想，你所认识的那些感到幸福和自由的人，他们似乎在任何一处都找得到快乐，其奥秘何在呢？

为了揭穿这个奥秘，我们可以做个小游戏。假如你口袋里有一枚一角的硬币，一般你不会珍惜，丢失了也不会在乎。但是，当它滚落到某个角落里或者地沟里，你花了一番力气终于找到它，于是，它就变得比原先宝贵了，这就是寻找快乐的奥秘。目标越重要，实现它的困难就越大，一旦达到目的，如愿以偿，愉快的感觉也就越强烈。

有选择才有目标,有追求才有兴趣,有付出才有收获。

没有下海的人准会说还是下海的弄潮儿活得有意思,可是已经在商海里扑腾了几回、发现挣钱很难的人又会说,海上风光如海市蜃楼,也没有多大意思!

由此可见,问题不在于生活本身有没有意思,而在于你以什么样的心态去感受,在于你有没有选择的兴趣和追求的信心。平淡的日子,你可以有不平淡的感觉;没有意思的事情,你可以寻求它的有意思之处。

1. 平静是一种幸福

钱钟书先生说:"婚姻就像个围城,城里的人往外挤,城外的人往里挤。"生活中也是如此,身居繁华都市的人,往往追求寂寞平静的田园生活;而身在林深竹海的乡下人,却又很是向往灯红酒绿的都市生活。

其实,平静是福,真正生活在喧嚣吵闹的都市中的人们,可能更懂得平静的弥足珍贵。与平静的生活相比,追逐名利的生活是多么不值得一提。

心灵的平静是智慧美丽的珍宝,它来自于长期、耐心的自我控制,心灵的安宁意味着一种成熟的经历以及对于事物规律的不同寻常的了解。

人人向往平静,然而,生活的海洋里因为有名誉、金钱、房子等在兴风作浪而难得宁静。许多人整日被自己的欲望所驱使,好像胸中燃烧着熊熊烈火一样。一旦受到挫折,一旦得不到满足,便好似掉入寒冷的冰窖中一般。生命如此大喜大悲,哪里有平静可言?

是的,环境影响心态,快节奏的生活,无节制地对环境的污染和破坏,以及令人难以承受的噪声等等都让人难以平静,环境的搅拌机随时都在把人们心中的平静撕个粉碎,让人遭受浮躁、烦恼之苦。然而,生命的本身是宁静的,只有内心不为外物所惑,不为环境所扰,才能做到像陶渊明那样身在闹市而无车马之喧,正所谓"心远地自偏"。

一个人如果能丢开杂念,就能在喧闹的环境中体会到内心的平静。

有一个小和尚,每次坐禅时都幻觉有一只大蜘蛛在他眼前织网,无论怎么赶都不走,他只好求助于师父。师父就让他坐禅时拿一支笔,等蜘蛛来了就在它身上画个记号,看它来自何方。小和尚照师父交代的去做,当蜘蛛来时他就在它身上画了个圆圈,蜘蛛走后,他便安然入定了。

当小和尚做完功课一看,却发现那个圆圈在自己的肚子上。原来困扰小和尚的不是蜘蛛,而是他自己,蜘蛛就在他心里,因为他心不静,所以才感到难以入定,正像佛家所说:"心地不空,不空所以不灵"。

平静是一种心态,是生命盛开的鲜花,是灵魂成熟的果实。平静在心,在于修身养性,只要有一颗平静之心,追求平静者,便能心胸开阔,不为诱惑,坦荡自然。

平静是一种幸福,它和智慧一样宝贵,其价值胜于黄金。真正的平静是心理的平衡,是心灵的安静。

2. 用心灵感受生活

只要我们用心去体验、去感受生活,就会少一分抱怨,多一分享受;就会少一些烦恼,多一些快乐。

生活既是人的对手,也是人的朋友,你怎么待他,他便会以其人之道,还治其人之身。作为对手,生活经常会给你出个难题,在你前进的方向设下陷阱,但是只要你用心对他,便能行走自如，便能征服他，把他变为你的朋友；作为朋友，只要你笑对人生，他便会时常让你尝到生活的美好滋味，让你体验生活的快乐。总之，只要用心生活，生活便会把你当作永远的朋友。

用心生活，就要专心做事，就像狮子扑兔子，要全力以赴，更要像小鸟筑巢时，埋首工作。专心做事的人，像是在从事一门艺术，他能看到生活中最美好的风景。一名农夫在偏远农村待了一辈子，从来没有离开过那片土地，从来没有去过大城市。当一位前去采访的记者问他一辈子都住在这种恶劣的环境中，没有离开过大山，是否感到遗憾时，他回答说："没有遗憾，我每天都感到很快乐！"

生活是要用心灵去感受。用包容、豁达的心情看待生活，即使处于生命的低谷，也会觉察到人生的美好与幸福。

用心感受生活，就是要规划自己的人生，并努力追求，努力实现自己的人生目标；就是勇往直前，义无反顾，向看似不可能的事情挑战；就是充满爱心，怀着一颗真诚的爱心去生活。

用心感受生活，就要品尝生活的原汁原味，就要接受生活的所有赏赐，不能挑肥拣瘦，有所偏袒。有的人一生追求名利，终生为之而奋斗。如果他"成功"了，那他也只能体味到名利的滋味，但这绝不是生活的全部，绝不是生活的原汁原味。事业的成功，剥夺了他与亲人相处的时间。剥夺了他真正感受生活的时间，也剥夺了他人生的权利。有的人一生追求金钱，但最后穷得只剩下钱了，因为钱，连亲情、友情、爱情都失掉了，这样的人生，又有什么意义呢？

凡事看淡一点

不要幻想生活总是那么圆圆满满，也不要幻想在生活的四季中享受所有的春天，每个人的一生都注定要跋涉沟沟坎坎，品尝苦涩与无奈，经历挫折与失意。

在漫漫旅途中，失意并不可怕，受挫也无需忧伤。艰难险阻其实是人生对你另一种形式的馈赠，坑坑洼洼也是对你意志的磨砺和考验。落英在晚春凋零，来年又灿烂一片；黄叶在秋风中飘落，春天又焕发出勃勃生机。这何尝不是一种达观，一种洒脱，一份人生的成熟，一份人情的练达。

这种洒脱人生，不是玩世不恭，更不是自暴自弃，洒脱是一种思想上的轻装，洒脱是一种目光的超前。有洒脱才不会终日郁郁寡欢，有洒脱才不觉得人生活得太累。

懂得了这一点，我们才不至于对生活求全责备，才不会在受挫之后彷徨失意。

懂得了这一点，我们才能挺起刚劲的脊梁，披着温柔的阳光，找到充满希望的起点。

1. 豁达＝承认事实

有一个人，他的性情并不很开朗奔放，但他对待事情几乎从不见有焦躁紧张的时候。这并不是他好运亨通。细细观察体会，会发现他有一些与众不同的反应方式：比如，他被小偷扒走了钱包，发现后叹息一声，转身便会问起刚才丢失的身份证、工作证、月票的补办手续。一次，他去参加电视台的知识大赛，闯过预赛、初赛，进入复赛，正洋洋得意，不料，却收到了复赛被淘汰的通知书。他发了几句牢骚。中午，却又兴致勃勃拜师学起桥牌来。这些，反映出他的一种很本能很根本的思维方式，那就是承认事实。事实一旦来临，不管它多么有悖于心愿，但这毕竟是事实。大部分人的心理会在此时产生波动抗拒，但豁达者，他的兴奋点会迅速地绕过这种无益的心理冲突区域，马上转到下边该做什么的思路上去。事后，人们也的确会发现，发生的不可再改变,不如做些弥补的事情后立刻转向,而不让这些事在情绪的波纹中扩大它的阴影。这堪称一种最大的心理力量。

2. **豁达=趋乐避害**

豁达的人,每每是乐观的人。而所谓乐观,按照某位哲人的说法,就是乐观的人与悲观的人相比,仅仅是因为后者选择了悲观。

豁达的人在遇到困境时,除了会本能地承认事实,摆脱自我纠缠之外,他还有一种趋乐避害的思维习惯。这种趋乐避害,不是为了功利,而是为了保持情绪与心境的明亮与稳定。这也恰似哲人所言:“所谓幸福的人,是只记得自己一生中满足之处的人;而所谓不幸的人,是只记得与此相反的内容的人。”每个人的满足与不满足,并没有太多的区别差异,幸福与不幸福相差的程度,却会相当巨大。

3. **豁达=自嘲自解**

观察分析一个心胸豁达的人,你往往会发现,他的思维习惯中有一种自嘲的倾向。这种倾向,有时会显于外表,表现为以幽默的方式摆脱困境。自嘲是一种重要的思维方式。每个人都有许多无法避免的缺陷,这是一种必然。不够豁达的人,往往拒绝承认这种必然。为了满足这种心理,他们总是紧张地抵御着任何会使这些缺陷暴露出来的外来冲击。久而久之,心理便成为脆弱的了。一个拥有自嘲能力的人,却可以免于此患。他能主动察觉自己的弱点,他没有必要去尽力掩饰。从根本上来说,一个尴尬的局面之所以形成,只是因为它使你感到尴尬。要摆脱尴尬,走出困境,正面的回避需要极大的努力,但自嘲却为豁达者提供了一条逃遁出去的轻而易举的途径——那些包围我的,本来就不是我的敌人。于是,尴尬或困境,就在概念上被取消了。

4. **豁达=游戏精神**

豁达也有程度的区别,有些人对容忍范围之内的事,会很豁达,而一旦超出某种极限,他就会突然改变,表现出完全相异的两种反应方式。最豁达的人,则具有一种游戏精神,将容忍限度扩大。有这样一个故事:一个身经百战、出生入死、从未有畏惧之心的老将军,解甲归田后,以收藏古董为乐。一天,他在把玩最心爱的一件古瓶时,不小心差点脱手,吓出一身冷汗,他突然若有所悟:“为什么当年我出生入死,从无畏惧,现在怎么会吓出一身冷汗?”片刻后,他悟通了——因为我迷恋它,才会有忧患得失之心,破了这种迷恋,就没有东西能伤害我了,遂将古瓶掷碎于地。

豁达者的游戏精神,即是如此。既然他把一切视为一种游戏,尽管他同样会满怀热情,尽心尽力地去投入,但他真正欣赏的,只是做这件事的过程,而不是目的——游戏的乐趣在于过程之中。那么,他也就解脱了得失之心的困扰。

一个真正豁达的人,往往能够得而不喜、失而不忧。人把成功荣誉看轻些、看淡些,把厄运羞辱看远些、看开些,就会赢得一个广阔的心灵空间。

追求高雅的境界

高雅的人拥有一种平凡而非凡的气质,随顺自然,沉静典雅,无拘无束,洒脱飘逸,一举手、一投足、一抹微笑、一个眼神,处处透出清新完美,心旷神怡。我们都可以做一个高雅的人,只要我们愿意。只要你努力，高雅的生活就会属于你。

高贵是一种风度，典雅是一种和谐。有些人认为，优雅是富有人家的专利，往往说到高雅的时候，人们总把它归为一种贵族气质，其实，高雅是指懂得生活、有智慧、有礼貌、善解人意、爱自己，即使并不富有，也同样可以拥有高雅的生活。只要你用心地体验，你就会感觉到周围的一切都会使自己变得高雅。

例如，静静地走过地板，冲一杯醇浓香甜的咖啡，翻着手中泛着黄色的书籍，那刻，在午后细碎的阳光下回眸欣赏；或是怀着一种惬意的心情走进厨房，做一道温馨佳肴塑造属于自己的美丽；再不然就每天都给自己一些独立的空间享受一番悠闲的空气，忙碌一天后或者假日的午后，完全放松的时候，深吸一口气，你会感觉到甜甜的、幸福的味道。高雅的生活就这样开始了。

有一位阿姨，是一个专职的家庭主妇，偶尔喜欢给她的孩子们做漂亮的衣服，周围的人都很羡慕，因为孩子们的衣服是唯一的。她虽然不是服装师，但对衣服和家居摆设都很讲究，让每一个看见的人都感觉到一种惬意、舒适。曾听一位知性女人说过，一个人做到优雅，最重要的就是要给自己一些基本的原则：第一，绝对不穿杂志上大肆宣扬做广告的服装；第二，挑选适合自己的衣服穿，并坚持自己的风格；第三，无论白天、夜晚，都要对自己的妆容和衣服负责任；第四，家里的任何贴身物件都需要精心挑选与呵护；第五，即使独处的时候，也要好好地梳妆打扮，人需要自己对自己好；最后，虽然说易行难，但也要时刻地提醒自己，不要因为时间紧张就随便地出门购物，不要因为事情太多就忽略了别人的感受。

可见，一个真正优雅的人并非在空闲的时间表现优雅，而是在生活中的每一刻、每一分一秒都做得从容得体，雍容典雅。就像很多人急急忙忙去成佛成神，却恰恰忘记了首先要做一个完美的平凡之人，一旦你的人性完美了，佛性神性自然就完美了。

高雅是时尚的永恒主题。无论在东方还是西方，都有这样的定律：当一个人想成功时，或者已经取得了成功，所关注的第一件事情都是如何使自己高雅起来。高雅不是表现在脸上，而是让人看见其心内灿烂的阳光和清澈的小溪。高雅的人并不一定十分漂亮或十分英俊，但浑身一定散发着无论男女都无法抗拒的魅力。高雅绝不是形式上的举手投足，也不是自视清高，它就是真善美最直接的名片！

寻找心灵的满足

泰国有一家媒体曾刊登这样一个故事：他们的总理川力派的母亲86岁了，但她天天在曼谷的一家市场内摆食品摊，卖一些豆制品和其他食品。当有人说她，你儿子是总理，你还摆地摊，不觉得丢身份吗？她回答："儿子当总理是他有出息，我摆地摊是因为在这里能见到许多老朋友。我没想过会丢谁的脸面。"当然，她最高兴的是看见下班的儿子高兴地吃她亲手做的豆腐。

超越名利和世俗羁绊，保持淡然的心境，不因别人荣而荣，更不因世俗的观念而丢弃自己的幸福，只是按照自己平常的心境去生活。拥有一颗平常心，即使平凡的人们也会寻找到心灵的满足。

从前有一位虔诚的女信徒，每天都从家中带一些鲜花到寺院供佛。然而，她特别喜欢为一些琐碎的小事生气，因此常常愁闷不堪。

这天，当她把鲜花送到佛殿时，正遇到无德禅师，便对他说："我每次送花礼佛时，便感觉心灵像清泉洗涤过一般清凉，但回到家中，却又乱如丝麻了，希望有机会像你们一样在禅院过一段晨钟暮鼓、修身养性的宁静生活，那对我来说就是最大的幸福了。"无德禅师听后一言不发，只是将她领到一座禅房中，落锁而去。

妇人不明白怎么回事，气得用力踹门，随后又连骂带吵。骂了许久，无德禅师也不理会。妇人又开始哀求，无德禅师仍置若罔闻。等妇人沉默后，无德禅师来到门外，问她："你不是要来禅院寻找幸福吗？现在身在禅院，为什么还生气？"

妇人说："我在骂我自己，怎么会到这种地方来寻找幸福，简直瞎了眼。"

无德禅师听后说："你连自己都不肯原谅，还未达到心如止水的境界。"说完拂袖要走，妇人急忙说："我现在确实不生气了。"

无德禅师问："为什么？"

妇人说："气也没有办法呀。"

"如此看来，你并非是真不生气，而是把气压在心里，这样爆发后将会更加剧烈。"无德禅师又离开了。

无德禅师第二次来到门前，妇人告诉他："我想通了，这确实不值得气。"

"还知道值不值得，可见心中还有衡量，还是有气根。"无德禅师笑着反问她："你常以鲜花献佛，想必你一定知道如何使花朵保持新鲜吧？"妇人非常高兴地说道："保持花朵新鲜的方法，就是每天换水，并且在换水时要剪去腐烂的花梗。因为这截花梗不易吸收水分，花朵就容易凋谢。"

无德禅师道："这就对了。心灵好比是花，它生活的环境就像花瓶里的水。要保持一颗清净的心，唯有不停清理那些腐烂的、会影响我们的身心变化的杂念，净化环境，才能不断从大自然中汲取营养。那样的话，你的身体是寺宇，脉搏是钟鼓，两耳是菩提，呼吸是梵音，无处不宁静，不必到寺院中生活即能享受到幸福。否则，内心不宁静，身在寺庙也无法幸福。"

妇人听后猛然醒悟："原来内心平静就是幸福啊！谢谢禅师开示。"

虽然人的一生难免有不如意的事，但在喧嚣纷争的尘世，更需要保持内心的宁静。日日更新、时时自省，就能获得心灵的那份清净，就会不再为小事生气，心平气和地对人对事，那样最终会拥有幸福的人生。

保持生命的安宁与平和

"采菊东篱下，悠然见南山"，这是恬淡的心境，是淡泊的心态。在这个躁动的时代，人们只有保持生命原有的安宁与平和，才能体味到内心的真实和生活的幸福。

元坤在别人眼里是个典型的成功人士。然而，让人纳闷的是，他并没有像其他老板那样，整天飞来飞去，一年半载见不着人影。他看上去很悠闲，每天不但准时上下班，傍晚时分，还会带着孩子，推着双腿瘫痪的母亲在小区散步。除此之外，元坤还和爱人每周到健身房锻炼3次，每年都带上全家旅行一两次。即便这样，元坤的公司还是越做越大，让人羡慕不已，也疑惑不已。

在他人疑惑之时，元坤说："别看我上班时间少，休息时间多，但在上班时间，我的头脑很清醒，思路很清晰，所以工作效率很高。其实，这都得益于我恬淡、平和的心态。只有心态平和，头脑才能愈加清晰，公司的发展方向我也就把握得越准。"

在快节奏的社会中，事很多、人很忙，很多人都恨不得会分身术，一天有25个小时去忙自己的事。于是生活节奏变得越来越快，结果顾不上家庭，忘记了身体。

也许你最后功成名就了，但在这个过程中，失去的不仅仅是时间，还有家庭的温馨、宝贵的健康，还有内心的宁静和平和。没有这些基础层面的支撑，即使再大的成功也不能算真正的成功，更谈不上幸福和快乐。

追求功名并没有错，但是人们在追逐的过程中往往会忘记很多重要的东西，比如，家人、感情、健康等。而被你忽略的这些不仅能给你带来喜悦、感动和超脱，有了它们的调适，还会使你不为事业的忙碌所累，你才能"暮色苍茫看劲松，乱云飞渡仍从容"，才能于繁杂事务中保持清醒。

所以，我们需要把一些追求看得淡一些，轻一些，这样你才能收获到更重要的东西。例如，在衣食无忧的前提下，不妨把财富看淡一些，多陪陪家人，多锻炼锻炼身体，这样你才会多收获些幸福，多收获些健康。这样，人生不是更有趣，生活质量不是更高吗？

拥有恬淡的心境，保持平和、淡泊的心态，对压力巨大、渴望解脱的上班族来说，是难能可贵的。只要以一颗平和的心，笑对一切，时时调养心情，保持最佳心态，这一切就是可能的。

那么，我们应如何调适心态以保持恬淡、平和呢？

1. 淡泊以明志

古代养生家嵇康说："清虚静泰，少私寡欲。"这是在告诫我们，不要贪图功名利禄，要心胸开朗、无忧无虑，保持愉快的情绪，自然会身心健康，生活幸福。

2. 忘记该忘记的

如果人一直背着个人的恩怨、坎坷的经历、烦心的事情，那么他很快就会不堪重负。忘记就是放弃羁绊的人和事，心中便会无牵无挂，无忧无虑，才能生活得悠然自得。

3. 有时不妨自嘲一下

自嘲，既能使不满的情绪得到缓解，也能使我们更加清醒地认识到自己的不足，以更加平和的心态去为人处世。在遇到尴尬和难堪时，风趣生动的自嘲，可助摆脱困境。

固守一份超脱

《菜根谭》中有言："人之际遇，有齐有不齐，而能使己独齐乎？己之情理，有顺有不顺，而能使人皆顺乎？以此相观对治，亦是一方便法门。"意思是说：每个人的际遇各有不同，机运好的可施展抱负成就一番事业，机运差的虽才华卓越却一事无成，在各种不同的境遇中，自己又如何能要求特别待遇呢？每个人的情绪各有不同，因为情绪有稳定的时候，也有浮躁的时候，自己又如何能要求别人事事都跟你合作呢？假如自己能平心静气来观察，设身处地反躬自问来想一想，也是人生中一个最好的修养门径。

曾国藩曾经说过："大命由天定"。这话从唯物主义的角度来看有些"宿命论"的意味，但是许多与生俱来的东西的确是无法改变或者说非常难以改变的。

有一个学生问他的老师说:“有两个人年龄相近,容貌相似,可是他们却一个长寿富贵,美名远扬;一个却短命贫贱,恶名昭彰。为什么?”

老师告诉他:“生死有命,各有不同,你可以任意而为。你想拼命追求,没有人会阻止你,也没有人会反对你。日出日落,各忙各的,谁知道为什么他会那样?说明白点儿,这都是命啊!”

然而,人们在小的时候往往是不大相信命运的,觉得凡事只要努力,总会有所收获,就像社会上流行的口号:人定胜天,气死老天。渐渐地长大,遇到了许多天逆人愿、力所难及的事时,才觉得命运不全掌握在自己手中。

生不由你,生在什么地方不由你,生为男人女人不由你,生于贫家富家不由你,从而在某种程度上决定了你的人生起点不由你;死不由你,古代多少帝王将相梦想长生不老,最终不过南柯一梦;有的人天生丽质,人见人爱;有的人天生丑陋,羞于见人。有的人吃得再多也不发胖,有的人只喝凉水也能长肉。人的许多疾病,细究根源,多多少少都与遗传基因有关,而遗传基因是自己能决定的吗?

如此来看,人是不是就要在命运面前俯首称臣?

不然!

首先,无论怎样的人生,都有顺与不顺。相对顺的人,对命运的看法可能会乐观些,不顺的人,可能会悲观些。在这个市场竞争异常激烈的年代,每个人的生存压力都会不断地加大。所以,哪怕你认为只有1%的命运掌握在自己手里,你也应该付出100%的努力,因为命运是上帝伸出的一只援助之手,能不能抓住是你的运气,而去不去抓则全在你自己!

其次,世事无常,逆顺的反复,我们无法预料。失去也许会让我们收获更多,而悲伤只能让自己无为的消沉。

对待生活,我们要学会坦然置之,这是生活的哲理、做人的学问。真正的坦然是独享寂寞,而又坚守有成;是处事无奇,而又为人有道;是淡泊明志,而又宁静致远。

生活中发生了什么并不是最重要的,重要的是你如何面对这已经发生的一切。只有坦然面对,才能固守一份超脱!学会坦然,你就会不以物喜而开怀大度,不以己悲而沉闷低迷。学会坦然,才有一颗平常心,才会生活美好,才会快乐!

合乎自然,顺其原本

世上万事万物都有始有终,生是我们的开始,死是我们的结束。发落齿疏,生老病死,鸟吟花开,这些都是生命进程中的自然规律,是必然要发生的,而且是不以人的意志为转移的。

达尔文的进化论中有一个重要论断,叫“适者生存”。“适者”是适什么呢?无疑是大自然。适应自然的,就能够在自然条件下生存下来,相反的,不适应自然的,就会遭到淘汰。

所以,无论发生了什么,无论做任何事情,都要合乎自然,顺其原本,这样才不会碰壁,才能一顺百顺。

顺其原本,具体到处世态度上,又可以总结出经验条文,这里不妨列出若干:

顺其原本,安邦不可专制;

顺其原本,当官不可强权;

顺其原本，争利不可豪夺；

顺其原本，为名不可巧取；

顺其原本，求偶不可硬拧；

顺其原本，交友不可勉强；

顺其原本，美化不可矫揉；

顺其原本，文章不可造作。

这里，大至安邦，小至做文章，方方面面，林林总总，皆是一个理：顺之者昌，逆之者亡；优胜劣汰，适者生存。有时只要顺其自然，便可一顺百顺，一通皆通，曲径亦可通幽处，这就是所谓看似糊涂无为的“智慧人生”的处世哲学。

顺其原本，超然人生，并非自恃清高，不食人间烟火。饮食男女，七情六欲，是人的自然属性，生物本能。要真正达到佛家的“四大皆空”“六根清净”，那是要付出毕生代价的，即使按照清规戒律苦苦修行，还未必能成正果。欲望不可强禁，强禁的结果只能使人性扭曲、变态、变形。这里所谓“顺其原本”，就是顺乎人性、人道。

这正如我们找对象，找有钱的吗？找个子高的吗？找苗条的吗？找有学问的吗？

有人说，找妻子要找温柔型的，唯夫首是瞻，可是，这样的女人纵然温顺，但往往不会挣钱；有人说，找妻子就要找个有本事的，可是这样的人往往重业不重家。

永远会有条件更好的人出现，但他（她）不见得就适合你，所以要全面衡量，挑一个最适合你的人，而不一定是最优秀的那个人。

又比如，两个很恩爱的男女，却因为双方父母的关系，不能成为夫妻；比如，一方很爱着对方，对方却爱着别人；比如，在咖啡厅偶然碰到一个心仪的人，却匆匆地没有留下一个电话。

这些都是错过的美丽风景，这也就是命运，这就是自然之道。

也许有人会很伤心，其实，大可不必。因为命运其实就是自然，是人的境遇而已。错过花，或许能收获雨；放下错过的伤痛，或许收获的是更多的快乐。

人生是需要随时面临选择与放弃的，不放下过去的伤痛，就永远无法尝试新的快乐；不埋葬旧的记忆，就无法面对新的开始。你有所选择，同时，你就有所失去，大自然的法则就是如此。

所以，人们不要去强求不属于自己的东西，要学会顺其自然。违背规律去办事或者生活，就会步步艰难。而学会顺应规律，就会得心应手，一路坦途。

得之淡然，失之泰然

太阳东升西落，庄稼春播秋收，月有阴晴圆缺，人有悲欢离合，这都属于自然现象。天地万物，由自然之道而生，其中虽有阴胜阳之时，然皆顺其自然，圣人知此道不可违背。苟循其道而行，自然成仙成圣。现在这个社会，人想要的东西太多了，在无边无际的幻想和欲望前，能够保持一颗平和之心是多么的重要。有些东西是我们必须得到的，譬如友谊和爱情；而有些东西则是我们必须丢弃的，譬如卑鄙和索取。正如徐志摩先生在20世纪30年代所说：得之，我幸；失之，我命，如此而已……

不争是在争，无为而无不为，是故圣人知自然之道不可违，而在物欲横流的今天，外界越是向我们展示着更多的诱惑，我们越是要坚持一份从容。从容，说白了也就是一种心境——该得到的一定会得到，不该得到的就是再拼争也不会得到。

中国的传统讲究无心与自然，无心与自然不是不争，而是不争之争，是大争。为什么这样说呢？这是因为只有不刻意而为，只有顺其自然，才能不戕害天地、自然、社会、人心之本性，这样得来的东西才能避免这样那样的矛盾，才能长久和稳固。

西汉初年的薄姬当初只是个一般的嫔妃，进了刘邦的皇宫以后，一年多时间过去了，她也没有得到刘邦的宠爱。在当时，嫔妃一生都见不上皇帝一面的情况也是有的。后来，和薄姬关系很要好的管夫人和赵夫人先得到了刘邦的宠爱，她俩在刘邦面前替薄姬说好话，刘邦才把薄姬召入内宫一次。不到一年，薄姬就生下了刘恒。生了文帝以后，薄姬仍然很少与刘邦见面，他们母子俩也没有料到还有当皇帝太后的一天。

后来，吕后把刘邦宠爱的妃子都囚禁起来，不让她们出宫，由于薄姬没有得到刘邦的宠爱，便免于囚禁，跟随儿子到了代国，做了代国的太后。

由于吕后把刘邦的家族几乎杀干净了，最终，吕后的家族被消灭，在找不到人做皇帝的时候，大臣们才想起了还有个刘恒。就这样，刘恒继位，称为汉文帝。

还有汉元帝刘奭，当他还是太子时，所喜欢的妃子司马良娣死了，他就迁怒于其他妃妾，谁也不召见。他父亲汉宣帝让皇后从后宫中选拔五个女子去侍候太子。皇后又派人问太子有什么想法，太子本来对这五个女子没有一点好感，但他又不敢违背母后的旨意，就说五个人中有一个还可以，只好留下了一个女子，这个女子就是王政君。王政君得到太子的一次宠幸就怀孕了，后来生下了汉成帝刘骜。自从生了刘骜以后，王政君几乎没有得到过元帝的宠幸。但王政君很长寿，在汉代四个皇帝在位期间，当了60多年太后。

接下来是汉景帝刘启，他有一天要召程姬入宫，正遇上程姬有回避的事，不想进宫，程姬就让自己的侍女唐儿晚上替自己去侍候汉景帝。景帝喝醉了酒，没觉得换了人，就与唐儿同房。唐儿于是怀孕，后来生下长沙王刘发。由于唐儿身份卑贱，又不受景帝宠爱，所以，长沙王的封国地位低下，当地也十分贫穷。汉代的宗室有十多万人，而后来中兴汉朝，使汉朝延续四百多年的却是长沙王的五世孙——光武帝刘秀。

清圣祖康熙帝，是大清入关后第二代皇帝，是中国历史上少有的明君。他一生勤政不息，手不释卷，文治武功皆可称为上乘。他除鳌拜、平三藩，定台湾、平噶尔丹，开博学鸿儒科，可谓英雄一世。然而在立太子，决定大清的皇位继承人上，却煞费苦心，绞尽脑汁。

康熙先立次子为太子，但由于其自身素质问题，加之做出一些违禁之事，于是立而又废。废太子后众皇子觊觎皇位，矛盾更加尖锐，故太子废而复立；八皇子网罗党羽，结党营私，收买人心，其党羽公然推举其为储君，八皇子成为有实力问鼎皇位继承人宝座的人。朝中大臣多为后半生计划，见风使舵，各为其主奔走呼号，摇旗呐喊。这两方面都是能人，四皇子胤禛苦恼于国家当时的困境以及自己处在皇太子和八皇子的政治漩涡之中，其谋士邬先生告诉他："争，就是不争；不争，就是争。"胤禛顿悟。于是，四皇子胤禛从谏如流，韬光养晦，不露野心，不结朋党，不谋私利，扎扎实实做好自己的事，他决心一定要对皇上和黎民负责。康熙执政后期，吏治腐败，需要铁腕之人，胤禛力挽狂澜，深得康熙赏识。在康熙去世以后，四皇子胤禛成功地登上了皇帝的宝座，史称为清世祖。诸皇子争了几十年，争得个水中之月，镜中之花。胤禛这个"不争"的没有任何资本的皇子，却"争"得皇位大统，正应了"夫唯不争，天下莫能与之争"这句话。

“不争”的道理蕴涵于生活的方方面面。例如，在一个狭窄的十字路口，有许多车辆挤在一起，互不相让，把路堵得水泄不通。如果这时能有几辆车从中先退出来，或者掉转车头另行择路，那么路将会畅通无阻。可见，“不争”会开辟新的成功路径。

著名作家沈从文创作了《边城》《湘行散记》等一系列文学精品，使他在文学上赢得了很大的成功，获得了很大的名声。但同时也引起了很大的争议，遭到了很多的批评。但沈从文有自己的见解，他“不争”，他喜欢“清静”，采取了超然的态度，常显示自己不加入的态度。最后他主动退出，放弃了自己心爱的文学，转而进行文物研究。他的这种“不争”——为图清静而采取回避的态度，受到了很多的批判，包括自己的朋友、战友等，但他不放在心上。他心中自有大智慧，他说：“新中国成立之后，在新的要求下，写小说有的是新手，年轻的、生活经验丰富、思想很好的少壮，能够填补这个空缺，写得肯定比我好。”他深深懂得“不争”未必不是好事。

沈从文在文物研究领域同样取得了卓越的成就，先后写有《中国古代服饰研究》《古代镜子的艺术》等专著。现在的戏剧、电视剧、电影的服装，很多都是根据沈从文《中国古代服饰研究》而制作的。

反过来再看看那些当年参与“争”的人，或者说那些当年“争”了，又“胜”了的人，后来又怎么样呢？又有多少可以留下来的成果呢？而当年“不争”的沈从文却越来越受到人们的敬重，因为他以他的文学、他的考古学、他的人格、他的智慧，赢得了最后人生竞争中的胜利！

因此可以说，“不争”是一个充满大智慧的做人与处世的哲学。可惜的是，两千多年来，能参悟和运用这一做人哲学的人如凤毛麟角。在名利权位面前，人们常常忘乎所以，往往争得你死我活，结果大都落得个遍体鳞伤、两手空空，有的甚至身败名裂、命赴黄泉。

当然，也有深谙此术并获得成功的人。

三国时的曹操很注重接班人的选择。长子曹丕虽为太子，但次子曹植更有才华，文名满天下，很受曹操器重。于是曹操产生了换太子的念头。

曹丕得知消息后十分恐慌，忙向他的贴身大臣贾诩讨教。贾诩说：“愿您有德性和度量，像个寒士一样做事，兢兢业业，不要违背做儿子的礼数，这样就可以了。”曹丕深以为然。一次曹操亲征，曹植又在高声朗诵自己作的歌功颂德的文章来讨父亲欢心，并显示自己的才能。而曹丕却伏地而泣，跪拜不起，一句话也说不出。曹操问他什么原因，曹丕便哽咽着说：“父王年事已高，还要挂帅亲征，作为儿子心里又担忧又难过，所以说不出话来。”

一言既出，满朝肃然，都为太子如此仁孝而感动。相反，大家倒觉得曹植只晓得为自己扬名，未免华而不实，有悖人子孝道，作为一国之君恐怕难以胜任。毕竟写文章不能代替道德和治国才能啊，结果还是“按既定方针办”，太子还是原来的太子。曹操死后，曹丕顺理成章地登上魏国皇帝的宝位。

其实刚开始时，曹丕是极不甘心自己的太子之位被弟弟夺走的，他想拼死一争，却又明知自己的才华远在曹植之下，胜数极微。一时竟束手无策。但他毕竟是个聪明人，经贾诩的点化，脑瓜顿时开窍：争是不争，不争是争。与其争不赢，不如不争，我只需恪守太子的本分，让对方一个人尽情去表演吧，公道自在人心！最后，这场兄弟夺嫡之争，以不争者胜而告终。

另有一个民间故事也可做“不争者胜天下”的佐证。

有一个大家族，老爷子年轻时家里有钱，风流成性，养了一大群妻妾，生下一大堆儿子。

眼看自己一天比一天老了,他心想:这么大一个家当总得交给一个儿子来管吧。可是,管家的钥匙只有一把,儿子却有一大群。于是,儿子们斗得你死我活,不亦乐乎。这时,只有一个儿子默默地站在一边,只帮老爷子干事,从不参与争斗。争来斗去,老爷子终于想明白了,这把钥匙交给这群争吵的儿子中的任何一个都不会管好。最后,老爷子将钥匙交给了不争的那个儿子。

以上两个故事都证明了同一道理——不争者胜天下,这一哲学也许更适用于我们今天的社会。

某公司的企划部经理由于工作需要调走了,上级决定从企划部中挑选一人接替经理的工作。于是,部门中的两名副经理开始了疯狂的明争暗斗。你拆我的台,我揭你的短,争得不亦乐乎。结果,这两位副经理最终谁也没有达到目的,因为激烈的争斗,两人的短处都明明白白地显露在了上级面前。最后,反而是一直默默无闻的一名主管得到了这个职位。

在现代竞争激烈的社会里,争名夺利的事情每天都在发生,有人为的圈套,也有自然的陷阱,它们如同一个巨大的旋涡,把无数人都卷了进去。

对此,最聪明的做法是,迅速远离它!因为在横渡江河时,只有远离旋涡的人,才会首先登上成功的彼岸。

第十章

遏制贪欲，培养知足的心态

老子在《道德经》里说："祸莫大于不知足，咎莫大于欲得。"说的就是知足常乐的道理。知足常乐在中国是广为人知，可在现实中又有几人能做到这一点呢？许多人不能说他们不聪明，但却由于不知足，贪心过重，每日抑郁沉闷，自己给自己添加了沉重的负担。

知足才能常乐

中国有句俗话叫作“知足常乐”。其字面意思是说,满足于现在自己拥有的一切而随时都感到快乐开心。可以这样说,就是一个人对自己获得的东西感到满足,其实,它并不是安于现状,不思进取,颓丧和无奈的表现,而是一种平和的生活态度,只有怀着一颗平静的心,热爱生活的人才能真正做到这一切。

知足常乐是一种看待事物发展的美好心境,并不是安于现状的骄傲自满的追求态度。《大学》曰:“止于至善”,是说人应该懂得如何努力而达到最理想的境地和懂得自己该处于什么位置是最好的。知足常乐,知前乐后,也是透析自我,定位自我,放松自我。才不至于好高骛远,迷失方向,碌碌无为,心有余而力不足,而弄得心力交瘁。

对于一个人来说,能力与精力都是十分有限的,环境又决定你该如此的时候,而你却好高骛远,非要达到你所不能达到的预期目标。在这个时候,你就只会给自己寻来无尽的烦恼,那就一定会没有了快乐可言。因此,在这个时候如果你懂得知足常乐,放弃那些不切实际的“一步登天”的痴想,那么你心中的重负就会消失。同时你也会感到身体轻盈,心灵轻松,快乐自然会光临你的心坎,你会变得脸上荡漾着笑容的涟漪,你会看到人生的一切是如此的纯净与美好。

有一句俗话叫作“心宽体胖”。心宽的前提是知足,因知足而放弃重负,因放弃重负而快乐,这样体胖就是必然的。

有一个对自己的现状感到比较满意的人,在睡觉的时候不但睡得香,而且在吃饭的时候也吃得很甜,那么结果吃得肚大腰圆,猛一看真像一个大款。其实周围的人都知道,他哪里是什么大款,其实他只是一个饿不着撑不着的工薪阶层。而与之形成鲜明对比的则是处处对自己现状不满意,愤愤不平的一个人,他总说自己钱挣得太少了,以后孩子上学可能都上不起。因而整天闷闷不乐,经常失眠,胃口也不好,落得一个面黄肌瘦,形容憔悴。而事实上,这两个人的工资差不了多少,只因一个知足而心宽,另一个因不知足而忧愁,最终而造成了两种截然相反的结局。

我们为什么会这样感到不知足呢?这是强烈欲望在驱使着我们。人生在世,名利财物,都是身外之物,你就是时时刻刻永不停息、永无止境地去追求和索取它,也不会有满足的时候。相反,它还会给你带来无尽的烦恼。有许多时候,我们之所以感觉不幸福、不快乐,多半是由于我们自己的不知足。其实,不知足是一种非常原始的心理需求,而知足则是一种理性思维后的达观与开脱。

曾经有一位农夫,每天早出晚归地耕种一小块贫瘠的土地,累死累活,收入甚微。一位天使可怜农夫的境遇,就对农夫说,只要你不停地跑一圈,那么在他跑过的地方就全归你所有。

农夫听完之后,便兴奋地朝前跑去。跑累了,想停下来休息一会儿,然而一想到家里的妻子儿女们需要更多的土地来生活,又拼命地再往前跑……有人告诉他,你到了该往回跑的时候了,不然你就会被累死的。农夫根本听不进去,他只想得到更多的土地,更多的金钱。但是,他终因跑路太多,心衰力竭,倒地而亡。生命没了,土地没了,一切全都没了,强烈的欲望使他失去了一切。

通常情况下,欲望是人前进的动力,人活着当然要努力奋斗往前走,但是也一定要知道什么时候该“往回跑”。要不然,欲望发展至贪婪成性,就会使人在消极的欲望中沉沦,从而迷失方向,走向绝处。

“往回跑”不是捞一把就走,而是一种智慧的境界。善良的人性、真正的品格,决定一个人的道德高低与价值取向。

对于多数人来说,能够做到怀一颗平和而善良的心,对他人宽容,对生活不挑剔、不苛求、不怨恨。寒不改绿叶,暖不争花红,富不行无义,贫不起贪心,这何尝不是一种练达的“往回跑”呢?

知足与不知足是一个量化的过程。我们不可能把知足一直停留在某一个水平线上,也不可能把不知足固定在某一个需要上。不同的年代、不同的环境、不同的阶层、不同的年龄、不同的生活经历,知足与不知足总会相互转化。穷苦的青年人还是不要知足的好,唯有这样,生活才会改观;一夜暴富的大款们,对于知识的追求多一些也许可以提升生活质量。但知足的农民从不强迫自己当总统,安分守己的乡村教师会把按时领到薪水当作一种最大的慰藉。

学会知足,我们才能用一种平和的心态去面对眼前的一切,不以物喜、不以己悲,不做世间功利的奴隶,也不为凡尘中各种搅扰、牵累、烦恼所左右,使自己的人生不断得以升华;学会知足,我们才能在当今社会愈演愈烈的物欲和令人眼花缭乱、目迷神惑的世相百态面前心平气和,能够做到坚守自己的精神家园,执着地追求自己的人生目标;学会知足,就能够使我们的生活多一些光亮,多一份感觉,不必为过去的得失而感到后悔,也不会为现在的失意而烦恼。从而摆脱虚荣,宠辱不惊,心境达到看山心静,看湖心宽,看星心明……

知足者有一种适可而止的精神,知足者有一种乐观豁达的心态,知足者有一种恬静淡然的处世态度,知足者有一种与世无争的高贵品质。知足者常能够在纷繁复杂的社会里找准自己的位置,并享受着那份快乐,所以,知足者常乐。

如今,说这句话的人越来越多,但是能达到这种境界的人却越来越少。在社会的喧嚣热闹中,生活节奏越来越快,人总是很难享受到快乐,因为总是有此起彼伏的欲望,大有“倒了你一个,千万个站起来”的架势。于是人们为了名、为了利,上下奔跑,日夜烦恼,东西南北团团转,到最后期望的快乐没有如期到来,反而沦为了欲望的奴隶。所以,贪欲就像是一碗致命的毒药,无论谁喝了都无药可医。

人都有贪念,贪念重一点就会演变成贪婪,明知是个圈套,但是却有越来越多的人掉入了这个陷阱中。人的欲望是无穷的,人们总是会在一个欲望得到满足后,就会产生一个更大的欲望,然后用尽自己的全力来实现,这就是贪婪。例如,当人们找到一份工作以后,刚开始想的是能解决温饱问题就行了,随着自己工作经验的日积月累,又想到如何才能升职、如何才能让老板为自己加薪、如何才能有一天出人头地,太多的人都是这山望着那山高,对自己的现状永远不满足,烦恼也伴随着产生了。著名作家刘墉曾借用坐火车诠释了贪婪的本质:火车车厢内拥挤不堪,无立足之地的人会想,我要是能有一块站的地方就好了;有立足之地的人会想,我要是能有一个座位就好了;有座位的人就会想,我要是能有一个卧铺就好了;就连有卧铺的人还会想,这要是一个独立的包厢就太好了。社会上的一些人和这车上的乘客一样,总是不满足自己所拥有的,所以快乐也就离他们很远。

人之所以总和自己过不去,就是不知足。想要得到的太多,到最后却什么也得不到,甚至可能付出更大的代价。其实越想得到,就越容易失去。我们每个人从出生的那一刻起,就注定了会和有些东西失之交臂,感情上的不如意,事业上的不顺心,总是会让我们花费更大的精力来寻求平衡，但一个人的能力是有限的，总有些东西是我们顾不到的，所以不必苛求那些得不到的东西或办不到的事情，如果过于执着地追求，只能给自己徒增烦恼，得到和失去只在一瞬间，心态才最重要。所以，每个人都要学会知足，很多的快乐都建筑在这两个字之上，如果你一辈子都在不停地完成自己一个又一个目标，却没有一丝一毫的幸福可言，那这样的人生又有什么意义呢？

人与人的交往为什么会不断地产生摩擦与矛盾？其中一个最为根本的原因，或者就是人永远不知道满足，有无限的欲望吧。每一个人都希望自己无论是合理的或者是不合理的愿望都得到百分百的实现。不能实现，或者只实现了一半或者一多半，则会产生不满，进而产生冲突，而斗争也在所难免——如果你给了我金银，何不把你手中剩下的那块玉也给我呢？既然你已经让我担任了办公室主任，何不把公司副经理的职务也让我兼任呢？如果这种欲望得不到满足，贪婪不休，那人与人之间的矛盾就会产生，就会发生争执，平添许多烦恼。

所谓的“知足”，是指已经得到的东西，在据为己有时，必须知道界限，并且无论怎样，都要感到满意——碗中的水盛得太满，就会溢出来；刀磨得过于锋利，就会卷刃。这就是所谓的界限。

身外的名声，与自己的生命比起来，哪一个显得亲切？身外的财产，与自己的生命比起来，哪一个贵重？得到名与利，却失去生命，哪一样对我们更有害呢？为了满足自己的无边无际的私欲，即使赚得了整个世界，却把自己的性命赔进去了，那又有什么意义呢？

从这里，我们可以看出，过分地贪图虚名，就必须付出惨重的代价。家有万贯，一日只食三餐。广厦千万间，一夜只宿一床。所以，只有在得到东西的时候就已经十分满意，并且知道其界限，才可以身不受辱，不遭遇危险。

豪奢无度的人，有再多的财富也会感到不够用，而那些虽然生活节俭、清贫但已经很满足的人，却一定会比那些豪奢无度的人生活得更快乐。

快乐的生活绝不是仅靠物质水平的高低来衡量的，否则，在电器、汽车诞生之前，就没有人是快乐的，而这显然是不符合事实的。

科学的进步与幸福的程度并不总是成正比的——这正是人文主义者所努力与科学主义者相抗争的。人文主义者以为，人的幸福关键在于人的心境的改变，在于不受污染的心灵。所以，知足往往是一种对田园生活的向往和乐天派的赞美。

保持时常知足的心态

老子给后人留下了许多至理名言，其中有一句是这样说的：“知足不辱，知止不殆，可以长久。”这句话的意思是显而易见的，只有“知足”和“知止”的人，才能立身长久，而且可以免去生活中的许多忧愁和悲伤，让快乐的心情永远占据自己思维的空间，从而尽享人生的乐趣。

现实生活中的每一个人，大都是希望活得潇潇洒洒、快快乐乐的，谁也不想自己做“林黛玉式”的人物。然而，如果在人生的历程中企求得太多，认识不到愿望与现实总是有距离的，适可而止是一种理智；或者对自己已经得到的东西不好好珍惜，而是在利益面前没有止境，那么其结果不会好到哪里去。一味去追求个人利益之所以后果可悲，是因为客观方面的荒漠不可逾越，自己却偏要拼命往里钻，其结局便可想而知了。这种失去理智的作为是快乐的生活离其越来越远乃至消失的一个主要原因。

这样的历史故事，尚存于我们记忆中的不在少数，这里略举一二：

魏晋之际的何曾，参与了司马氏废除魏帝、建立晋朝的活动，立下了赫赫功勋。司马氏登上王位后，首先要做的是奖励那些跟随他多年的贤臣良士，奖励国家的有功之臣。于是赐给何曾许多土地和钱财，还让他担任丞相、太傅等要职。他身为国家重臣，本应辅助皇帝执掌政权，给国家撑门面，但他花在满足个人欲望方面的时间和精力，比治理国家所用的时间和精力要多得多。他的生活奢侈豪华，尽管当时多数老百姓连粗布衣服都没得穿，他却派人到全国各地去搜刮民财，豪取大量的锦绣，用丝绸来装饰墙壁，用布匹来铺垫地面。尽管当时多数老百姓连五谷杂粮都填不饱肚子，他却一日三餐，要花掉一万钱，还嫌饭不像饭，菜不像菜，没法下筷子。一天，有一个官员向他报告有几个郡县饿死多少人，他听后全然不信，而且奇怪，仿佛人家是痴人说梦话，于是一边"哈哈哈"十分得意地笑着，一边飘飘然地说："这不可能，完全不可能，现在我们的生活这么富裕，怎么会饿死人呢？"

西晋的君主昏庸无道，丞相生活奢侈，荒淫无度，其他大臣们也都是骄纵无度，一个个过着花天酒地、美女相伴的荒淫颓废生活，只知道在宫殿里度过他们享乐的时光，终于导致已经达到鼎盛时期的西晋帝国很快衰败，随后灭亡。

个人吃住，似乎是小事，但任意挥霍，不知足知止，就是害己害国的大事，何况朝廷上下、文武百官竞相追求享乐，西晋帝国最终不被灭掉天理不容！随着西晋帝国的衰亡，除开国皇帝晋武帝司马炎外，司马炎之子晋惠帝等三个皇帝，结局都很可悲，一个被毒死，两个被杀。依附皇室的大臣，还有那些贵族们，也十之八九没有好下场。

南朝梁代人鱼弘，追随梁武帝南征北战，功不可没。后来，梁武帝当了皇帝，赐给他15顷田，一座山林，8万棵林木，但他却郁郁寡欢，终日不露笑脸。他的妻子深感不安，于是直言相问："官人，你是不是因为皇帝给你封赏少而不高兴？"

鱼弘沉吟半晌说："一个君主，论功要平，惩罚要当，这是常理。我随君主转战各地，出生入死，吃他的俸禄应该不止于此。"

他的妻子说："我知道你的功劳不小，但你不应该是那种贪得财富、追求显达的人，因为这不应该是你的为人之道呀。"

这些道理，鱼弘自然听不进去。其实，他正是个追求官爵、贪图钱财的人。他担任郡守（即太守），仍嫌官小；他财产不菲，仍感不足，仗着自己受到梁武帝的信任，竟公开勒索钱财，并且大言不惭地对人说："我做郡守，郡中有四尽：水中鱼鳖尽，山中獐鹿尽，田中米谷尽，村里人口尽。人生在世，就是要快活享乐，做郡守不享乐，什么时候享乐？"他让下属到民间敲诈勒索，并让民工到深山里砍来珍贵的树木，运来高级的花岗石，在一块风水宝地上建造豪华的郡守府。他的车马服饰，不用一般布匹，而用丝绸锦缎，生活十分奢侈，又荒淫无度，有侍妾百余人。因为生活糜烂、纵欲过度，没几个春秋，他便一命呜呼了。

汉朝开国功臣韩信，权谋过人，又骁勇善战，屡立大功，被列为替刘邦打天下的功臣之首。他因此当上了朝廷的大官，权柄很大，俸禄也很高。但他缺乏智者的情怀，一边享受着高官厚禄，一边又为高官厚禄所困扰、所羁绊，不时露出好争地位、争爵位的面目，因而为汉高祖刘邦所不容，抓住一些理由将他逮捕，关进了大牢。在牢中，他悲愤交加地说："正像别人说的一样，狡猾的兔子捕尽了，猎狗就该下汤锅；天下的飞鸟射尽了，好弓箭就该收拾起来扔进库房；敌对国家已经灭亡，出谋划策的臣子们也该丧命。现在，天下已经安定，我是该下汤锅了。"从韩信的这番话里不难听出，其悲愤中夹带着悔恨之意，可事已至此，哪里还有重新做起的机会呢？后来，韩信终于未能逃脱被杀的命运。

何曾也好,鱼弘、韩信也罢,他们的官儿不算小,财产也不算少,但是由于他们对官爵、财产、享乐的向往没有止境,对个人私利的追求没有边际,最终的下场都极为可悲。说句公道话,置他们于死地的原因尽管比较复杂,但他们所共有的那颗不知足之心,则是造成悲剧的重要因素。

相比之下,从古至今,有许多历史人物比他们要明智得多、高明得多。这些人安于本分,安于拥有,因而使自己一身轻松,无拘无束,洒脱自在,避免是非,在人生中享受快乐与尊严。

晋朝人介子推是当时著名的贤人,他跟随晋文公长期流亡国外,吃尽了苦,也是国家的有功之臣。晋文公继位后,要奖励贤臣良士,可他却回归故里,没得到任何赏赐。

一天,介子推突然对他的母亲说:"作为国君,要做到赏罚分明,办事公平,确实不易。"他的母亲知道,凡功臣皆有奖励。有的封给土地,有的赏给官位,有的给予金银,唯有其子一无所有,眼下又说这种话,莫不是心怀不满吧!于是问道:"君主没有给你论功行赏,你是不是不高兴呀?"

介子推回答说:"母亲,你想到哪里去了。千金是重利,官爵是尊位,然而孩儿都不放在眼里。因为追求功名,向往富贵,不是我的为人之道。所以,我才躲在山村里,宁愿躬耕自给自足,也不受君主的俸禄。"

他的母亲不由笑道:"孩儿的为人,当娘的怎么会不知道。你这样见利让利,闻名让名,不与世抵触,好得很啊!"

于是他们母子就在绵山里安了家,过着日出而作,日落而归,面朝黄土背朝天的田园生活,一边劳作,一边观赏着大自然的风起云涌、荷色菊香的美好景致,终日里显出一副淡雅、娴静的样子。

后来,晋文公知道了这件事,心里既敬重,又难过,就派人去绵山请介子推,可他执意不出山做官。晋文公无奈,只好把绵山封给介子推,将绵山改为介山,并意味深长地说:"这介山的名字记载了我的过失,也记载了人间的一个贤臣良士。"

春秋战国时期,孔子的得意门生颜回,聪明过人,才高八斗,出类拔萃,然而他却宁愿为民,不愿做官,这是为什么呢?

且说有一天,秋高气爽,艳阳朗照,孔子沐浴着阳光,笑容满面地问颜回:"回,你家贫屈卑,胡不仕乎?"

颜回一笑,说了一套洋洋洒洒的话:"不愿仕。回有郭外之田五十亩,足以给食千粥;郭内之田十亩,足以为丝麻;鼓琴足以自娱,所学夫子之道足以自乐也。回不愿仕。"

孔子兴高采烈道:"善哉回之意!丘闻之:'知足者不以利自累也,审自得者失之而不惧,行修于内者无位而不怍。'丘育之久矣,今于回而后见之,是丘之得也。"

颜回与孔子的对话十分精彩,尤其是颜回回答孔子的那段言论,更是精彩绝伦。你看,当孔子问他为什么不愿做官的时候,他对答得何等好啊!他说,"自家在田野里自由自在,只要勤于躬耕,足够穿衣吃饭之用;家有琴,一阵轻快的轮指,琵琶弹出了自己熟悉的曲调,足以自娱;我学老师之道,做个不追求名利的正人君子,足以自乐。放着有吃、有穿、有娱、有乐的日子不去享用,放着大自然的清风明月、鸟语花香的美景不去观赏消受,偏偏要去朝廷做官,岂不是太没意思了吗?"

孔子见颜回说得很有道理,不禁出口赞赏颜回的思想和品德,认为他真正实践了知足者不以争名夺利来拖累自己的古训。正因为这样,所以过着洒洒脱脱、轻松愉快的生活,丝毫没有拖累。

当然，我们这样说，并不是要求现实生活中的人们，都摒弃对“名”或“利”的欲望。在一定意义上讲，人的包括名、利在内的各种欲望，尤其是正当、积极的欲望，是一个人走向成功的强大驱动力。但是，在人生的征途中，如果一个人的欲望太过分，尤其是追求金钱、享乐的欲望太过分，那就是无异于自寻穷途末路，到头来必然是欲极悲来，悔之晚矣。所以，我们在追求欲望的过程中，应该保持时常知足的心态。因为，时常知足，是一切幸福和快乐的源泉！

珍惜自己拥有的一切

有一个青年总是抱怨自己时运不济发不了财，终日愁眉不展。

这天，他无意中遇到了一个须发俱白的老人，老人见他愁容满面，于是便问他：“年轻人，你为什么这么不开心？”

“我不明白，为什么我总是那么穷。”年轻人说。

老人由衷地说：“穷？你很富有啊！”

年轻人问道：“富有？我怎么不知道？这从何说起？”

“假如今天斩掉你一根手指头，给你一千元，你愿意吗？”老人没有回答，反问道。

“不……”年轻人回答道。

“斩掉你一只手，给你一万元，你愿意吗？”老人继续问道。

“不愿意。”年轻人肯定地回答道。

“让你马上变成八十岁的老人，给你一百万，你愿意吗？”

“不愿意！”年轻人回答道。

“让你马上死掉，给你一千万，你愿意吗？”

“当然不！”年轻人肯定地回答道。

“这就对了。你已经有超过一千万的财富了，为什么还哀叹自己贫穷呢？”老人微笑着说。

年轻人恍然大悟。

人世间最大的悲哀，就是人们对已经拥有的东西很难去想它，但对得不到或已经失去的东西却念念不忘。

一个小伙子不知道该给女朋友送什么生日礼物才好，就去问祖母：“如果明天是你18岁的生日，你想要什么礼物呢？”

祖母说：“如果明天是我18岁生日，那我什么都不要了。”

青春和生命是大自然给予我们的最富有爱心的礼物。看看二十年前的照片，也许你并不像自己以为的那样胖得不可救药或者是丑得一塌糊涂。为什么我们总是看不到自己已经拥有的，而偏要去抱怨自己没有的呢？

一个小姑娘坐在公园的长椅上发愁，她被一场车祸夺去了一条腿。她一定不知道，在她旁边的草丛里，一只小老鼠正悄悄地看着她。它已经好几天没吃东西了，此刻正羡慕地看着小姑娘陷入遐想：“如果我是一个小姑娘该多好——哪怕是个只有一条腿的小姑娘也行。”

人类最大的悲哀在于，我们永远去羡慕别人，看着别人，对自己已拥有的东西很难去想它。

父母总是抱怨着孩子们不够听话，孩子们抱怨父母不理解他们；男朋友抱怨女朋友不够温柔，女朋友抱怨男朋友不够体贴。他们从未去想过，拥有健全的父母、健康的孩子和亲密的男女朋友是一件多么不易的事情。

许多人也许认为，拥有大量的财富和无限的权力才会幸福，为此他们拼命奋斗，永无止境，他们来不及享受所拥有的一切，他们也看不见已经拥有的一切。然而，事实是，我们能够珍惜所拥有的才是最大的幸福。

在陕西边远地区有一位农民，他常年住的是窑洞，每顿吃的都是玉米、土豆，家里最值钱的东西就是一个盛面的柜子。可是他整天无忧无虑，早上唱着歌儿去干活，晚上又唱着歌儿回家。别人真不明白他整天为什么会那么快乐。他说："我渴了有水喝，饿了有饭吃，夏天住在窑洞里不用电扇，冬天热乎乎的炕头胜过暖气，日子过得好极了。"

这位农民能珍惜他所拥有的一切，从不为自己欠缺的东西而苦恼，这就是他能感受到幸福的真正原因。

其实，我们绝大多数人所拥有的，远远地超过了这位农民，可惜却常常被我们所忽略。我们总是抱怨自己收人太低，却忽略了我们拥有一个和睦的家庭，家中人人健康，无病无灾；我们总是抱怨自己的伴侣有诸多缺点，却忽略了他们是能与我们相亲相爱，真情到老的人；我们总是抱怨孩子没有出息，却没有看到他们懂得敬爱父母，总是在自我奋斗……

毕加索说得好："人生应有两个目标：第一是得到所想要的东西，尽力去争取；第二是享受它，享受拥有它的每一分钟。而常人总是朝着第一个目标迈进，却从来不去争取第二个目标，因为他们根本不懂得享受。"

能够享受人生的人，不在于拥有财富的多少和地位的高低，也不在于成功或失败，而在于会数数。"不要计算已经失去的东西，多数数现在还剩下的东西。"这个十分简单的数数法，就是享受人生的一种智慧。

一位做了12年心理顾问的医生曾说，在他所遇到的各种各样的心理病例中，最为严重也最为普遍的一种就是人们一生总是不断地追求更多的东西，而并不注重自己已经拥有的。这种人往往并不是想使自己拥有的东西有所改善，他们只是要求得到更多，以填补他们永不知满足的心理。有这种心理症状的人常说："如果我的愿望能全部得到满足，我就会变得很快乐。"这句话会在每一次有新愿望的时候一再重复。

而他们如果达到了这个目的，又会冒出一些新要求、新想法，于是，心理矛盾又会出现。因此，尽管这些人得到了他们所想要的，但仍旧快乐不起来，他们总认为自己还未得到的半杯咖啡比自己已经拥有的半杯更好。

如果你陷入了这种境况，你就需要改变你想法中的侧重点，多去想一想你已经拥有的，而不要太贪心地去追求你还没有的。对你的丈夫或妻子，宁愿多想想他(她)的与众不同之处，而不是希望他(她)具有一种完美的素质。当你对薪水的多少感到很不满意的时候，不如想想你至少还拥有一份工作，比起很多失业的人来说，这已经是件幸运的事了。当你假日里没有条件去一个你向往已久的旅游胜地时，不如想想，待在家里的乐趣也不少！你可以遇到很多很多像这样的事，每次当你注意到自己又落入"我希望生活能更好"之类的情况时，请就此打住，重新开始。先深吸一口气，回想生活中仍有自己应该感激的事情。

当你能够不再妄想更多时，你就能珍惜你所拥有的一切，心里的不满与空虚就会随之消失。对于你的爱人，当你发现他(她)有优于别人之处时，他(她)就变得更可爱了。当你以一种感激的心情投人工作而不是抱怨薪水的多寡时，你就会将工作干得更好，做出更多的成绩，或许最后反而使你加薪。如果你以快乐的心情看待你周围的生活，想想只要一直与家人在一起就很快乐，你就不会觉得去不了那个旅游胜地有多么得难受了。如果你以前去过什么地方旅游，或是享受过某种优厚的待遇、接受过某种情谊，你也可以多同别人谈起，或以回忆的方式来找到乐趣。总之，只要你不再老抱怨自己还有很多东西没有得到，你的生活一定会其乐无穷的。

多注意自己所拥有的，你就会发现生活其实很美好。也许，你会在生活中第一次感受到什么叫真正的幸福与满足。

用理智驾驭欲望

欲望，是人的一种本能。当面对金钱、权力、爱情等必须经历的过程时，似乎80%的人都没有想过满足，总认为自己应该还能赚到更多的钱，得到更大的权力，以及更浪漫的爱情，而往往到了最后，很多人都却弄得倾家荡产，狼狈不堪，孤独寂寞。

有人说欲望是天使，人不能没有它，没有它，人生将是危险的；有人说它是魔鬼，有了它，人可能无恶不作。让我们来做理性的思考，如何控制欲望，才能利用欲望，化弊为利呢？

要成功，就要有欲望，如果没有欲望，就没有人生的目标。人生没有目标，就好比在茫茫大海中失去方向的船。然而也要控制它，别让欲望吞食了心灵。欲望正如一把双刃剑，控制好欲望，它将为你所用而挥洒自如，然而不能控制欲望，最终你将被这把剑所毁灭。

欲望是人前进的动力。人活着，当然要努力奋斗往前走，但也要知道什么时候该“往回跑”。不然，欲望发展至贪婪成性，就会在欲望中沉沦，迷失方向，走向绝处。由于人们的欲望常常总是无止境的，尤其在钱财方面，因此才会陷入痛苦。人的确需要欲望，但是必须有一定的限度。

从前，有位樵夫长年累月地辛勤劳作，却始终无法改变贫困潦倒的境遇。他只能每天烧香拜佛，祈求好运降临。终于有一天，樵夫的诚心打动了佛祖——他居然无意中在山坳里挖出了一尊百来斤的金罗汉，转眼之间，便过上了富裕的生活！与此同时，他的亲朋好友数量莫名其妙地便增加了十几倍，他们都不请自来地向他道喜。

可是，这位樵夫只高兴了一阵子，便又食不知味、睡不安稳地犯起愁来。他妻子劝导了好几次，都没有效果，于是埋怨道：“以我们现有的家产，就算遇上盗贼，也不可能被立马偷光的，你又何必如此多虑呢！”樵夫深深叹了口气，道：“你一个妇道人家，怎么能理解我内心的烦恼呢？怕失窃只是其中的一个原因，我最烦恼的事情是，世上总共有18尊金罗汉，我却只挖到了其中的一尊，其他的17尊至今仍不知下落！要是全部的金罗汉都归我所有，那该有多好！”说完之后，他又苦恼地用双手抱紧了头。他妻子这才醒悟过来，原来她的丈夫在为着一个不可能实现的愿望而犯愁！

上面的这个故事告诉我们一个道理：只有合理地控制自己的欲望，才会生活得幸福；反之，如果贪得无厌，那么陪伴自己的就将只有痛苦了，而且，贪欲与痛苦还是成正比的。

一群聪明的猴子喜欢偷吃农民的大米，为此，人们想尽一切办法制伏它们：用装着镇静剂的枪射击、用陷阱捕捉……都无济于事，因为它们反应太快，动作太敏捷。后来，一个动物学家找到了捕捉猴子的方法：将一只窄口的透明玻璃瓶在树干上固定好，放入大米。到了晚上，猴子来到树下，伸手去抓大米（这瓶子的妙处在于猴子的爪子刚好能伸进去），等它抓起一把大米后，由于拳头紧抓着大米，爪子怎么也抽不出来。贪婪的猴子始终不愿放下已到手的大米。第二天，人们抓住它时，它依然不愿放手……

为了一把米，猴子失去了自由，这是聪明的猴子怎么也明白不过来的道理。它将手伸进瓶子时，满脑子只想着怎么将米吃进嘴，是大米迷惑了它的思维，以致危险来了它依然“咬定青山不放松”，非要将这把致命的大米送进嘴才安心。

人固然比猴聪明，但在面对利益诱惑时，也往往缺乏理智。明明知道是圈套，却又经不住诱惑，总以为既能得到自己想要的东西，又能进退自如。岂不知在伸手的瞬间，贪婪的欲望就使他注定落入他人设好的圈套，注定了被设圈套的人牵着走。从此身不由己，说着言不由衷的话，做着违背自己意愿的事，轻则弄得狼狈不堪，重则身败名裂，身陷囹圄，悔之晚矣。如慕绥新之流，他们不是败给自己的聪明，而是败给自己的贪欲。这世上哪有免费的午餐，没有谁会无所求地奉上鲜花、美酒来博你一乐，没有谁会平白无故地赔着笑脸，唱赞美的歌……其实很多时候，多想几个为什么，就不至于利欲熏心，为糖衣炮弹所迷惑。要时刻保持清醒的头脑，笑看云卷云舒。“无欲则刚”，摒弃不该有的欲望，心就能亮堂堂，照得见自己也照得见他人。

由此可见，人活着，仅有聪明是不够的，还需要善于理性思考，用理智驾驭自己的欲望，明辨是非，认清潜在的危险，不贪非分之利。

遇事量力而行

不安于现状证明这个人有发展的欲望，可是过于不安现状只能给自己带来无尽的痛苦。

有头驴子，总是嫌它的主人给它的食物太少，却让它干过多的活，实在不公平，于是它向天帝祈求改变现状，另外换一个主人。天帝劝诫它，这样做以后要后悔的，但还是给它换了新主人——一个烧瓦匠。在砖瓦场的劳动更加辛苦，驴子感到换主人后它的负担更重了，实在太累，于是又请天帝为它换主人。天帝答应了，但告诉它这是最后一次，于是把驴子送到皮革匠那里，驴子觉得它的工作更加繁重了，懊悔地感叹：“我宁可在第一个主人那里饿死，在第二个主人那里累死，也比现在强得多。要知道，我现在的主人，我活着时要给它卖命，死了他还要剥我的皮，太悲惨了。”

驴子的不安现状，使它一步一步滑入痛苦的深渊。在它不满第三个主人时，很可能落入第四个痛苦，这一切，都出自当初盲目的妄想和不满。

改变现状是积极上进的表现，但不能为了改变而改变，要有目的、有计划，清楚认识自己所处的现实。珍惜自己拥有的，这才幸福，而等到失去它时再去惋惜，就太迟了。为了将来，更要把握现在。

一位年轻人靠卖鱼来维生，有一天，他一面吃喝，一面环视四周，注意看是否有人来买鱼。突然，一只老鹰从空中俯冲而下，在他的鱼摊叼了一条鱼后立刻转身飞向空中。卖鱼郎很生气地大喊大叫，可是，只能无奈地看着那只老鹰愈飞愈高、愈飞愈远……

他气愤地自言自语：“可惜我没有翅膀，不能飞上天空，否则一定不放过你！”

那天他回家时，经过一座地藏庙，他就跪在地藏庙前，祈求地藏菩萨保佑他变成老鹰，能展翅飞翔于天空。

从此以后，他每天经过地藏庙，都会如此殷切地祈求。

一群年轻人看到他天天向菩萨祈求，就很好奇地相互讨论，其中一人说："这位卖鱼的人，每天都希望能变成一只老鹰，可以飞上天空。"

另一人就说："哎哟！他傻傻地祈求，要求到何时？不如我们来捉弄捉弄他！"大家交头接耳，想了一个方法要欺负他。

第二天，其中一位年轻人先躲在地藏菩萨像的后面。卖鱼郎来了，照样虔诚地祈求、礼拜。

这时，躲在菩萨像后面的那位年轻人说："你求得这么虔诚，我要满足你的愿望，你可以到村内找一棵最高的树，然后爬到树上试试看。"

卖鱼郎以为真的听到地藏菩萨的指示，非常欢喜，赶快跑进村里找到一棵最高的树，然后爬到树上。

那棵树实在太高了，他愈往上爬，愈觉得担心。但是，能变成鹰的愿望让他继续爬了上去。

他爬上树顶，向下看——"哇！这么高！我真的能飞吗？"

那群年轻人也跟着来了，他们在树下故意七嘴八舌地喊道：

"你们看，树上好像有一只大老鹰，不知道它会不会飞？"

"既然是老鹰，一定会飞嘛！"

卖鱼郎心里很高兴，他想：我果然已变成一只老鹰了！

既然是老鹰，哪有不会飞的呢？

于是他展开双手，摆出展翅欲飞的架势，从树顶跳了下去。

可是，怎么不是向上飞，而是向下坠落呢？好可怕啊！但是已经来不及了。

幸好，他落在泥浆地上，陷入烂泥巴和水草之中，只受了点轻伤。

那些年轻人跑过来，幸灾乐祸地取笑他。

他说："你们笑什么？我是两只翅膀跌断了，不是飞不起来啊！"

所以说，人生最不幸的事不是"得不到"和"已失去"，而是不能体会，不能把握现在的幸福。安于现状并不是故步自封，而是一种从容的心态。

能够安于现状，就要遇事量力而行，不要做无谓的牺牲，过于沉醉其中而无法自拔时，也往往是迷失人生、丢失自我的时候。

贪得无厌是一种病

有一位禁欲苦行的修道者，准备到无人居住的山中去隐居修行，他只带了一块布当作衣服，就一个人到山中居住了。

后来他想到当他要洗衣服的时候，他需要另外一块布来替换，于是他就下山到村庄中，向村民们乞讨一块布。村民们都知道他是虔诚的修道者，于是毫不考虑地就给了他一块布，当作换洗用的衣服。

当这位修道者跑到山中之后，他发觉在他居住的茅屋里面有一只老鼠，常常会在他专心打坐的时候来咬他那件准备换洗的衣服。他早就发誓一生遵守不杀生的戒律，因此他不愿意去伤害那只老鼠,但是他又没有办法赶走它,所以他回到村庄中,向村民要一只猫来饲养。

得到了一只猫之后,他又想到了:"猫要吃什么呢?我并不想让猫去吃老鼠,但总不能跟我一样只吃一些水果与野菜吧!"于是他又向村民要了一头母牛,这样子那只猫就可以靠牛奶为生。

但是,在山中居住了一段时间以后,他发觉每天都要花很多的时间来照顾那头母牛,于是他又回到村庄中,他找到了一个可怜流浪汉,于是就带着那无家可归的流浪汉到山中居住,帮他照顾母牛。

那个流浪汉在山中居住了一段时间之后,他跟修道者抱怨说:"我跟你不一样,我需要一个太太,我要过正常的家庭生活。"

修道者想了一想也是有道理的,他不能强迫别人一定要跟他一样,过着禁欲苦行的生活……

这个故事就这样继续演变下去,你可能也猜到了,到了后来,也许是半年以后,整个村庄都搬到山上去了。

贪欲就像是一条锁链,一个牵着一个,永远都不能满足。

《百喻经》里有一个故事,从前有一只猴子,手里抓了一把豆子,高高兴兴地在路上一蹦一跳地走着。一不留神,手中的一颗豆子滚落在地上,为了这颗掉落的豆子,猴子马上将手中其余的豆子全部放置在路旁,趴在地上,转来转去,东寻西找,却始终不见那一颗豆子的踪影。

最后猴子只好用手拍拍身上的灰土,回头准备拿取原先放置在一旁的豆子,谁知那颗掉落的豆子还没找到,原先的那一把豆子,却都被路旁的鸡吃掉了。

年轻时,对于某些事物的追求,如果缺乏智能判断,而只是一味地投入,不也像故事中的猴子只是顾及掉落的一颗豆子,等到后来,终将发现所损失的,竟是所有的豆子!想想,我们现在的追求,是否也是放弃了手中的一切,仅追求掉落的一颗!

生活中,常看到一些小朋友,两手已经抓满了糖果,还不断地想抢别人手上的饼干;家中已经堆满了各式的玩具,还吵着要同学新买的电动玩具;餐盘内放着一大块的牛排吃不完了,却还吵着妈妈要吃冰淇淋。

有些人到快餐店,本想买个汉堡,外加一小杯饮料就够了。当看到价目表上,全餐的价格虽然比自己想叫的汉堡和饮料贵一些,但是因为它多了一包薯条,饮料还是中杯的,反正不赚白不赚,干脆就叫了份全餐。结果呢!吃完汉堡,勉强再把薯条吃下,喝不完的饮料只好倒掉。

像这种情形,我们也经常在一些自助餐厅看到,每个人好像都恨不得自己有两个肚子似的,死命地把食物往嘴巴里塞。

贪得无厌是一种病,它的背后是匮乏。人一旦起了贪婪之心,便会有"非分之想"。有了财富,还贪求更多的财富,有了房子,还要有土地,有了名利,还要有权势。

我们总是汲汲营营于世人眼中所谓的成功,追求外在诱人的物质享受。满脑子都是赚"大"钱、开"大"车、住"大"楼、吃"大"餐、当"大"人物、做"大"老板……为什么会这样呢?为什么我们费尽心思只为了证明自己?为什么要借由物质的堆砌来向别人炫耀?

其实,说穿了即是我们的内心空虚、匮乏,没有知足感,因此只好借由外在的成就去填补它。许多人必须一次又一次地证明某件事物,只是因为他们未曾真正相信过;有些人必须不停地购买东西,只因他们内心深处,未曾真正拥有过。

一个希望出名、希望大家认识他,且时常被人谈论到的人,其实在他的内心深处,往往认为自己什么都不是;一个希望赚大钱,虽拥有了财富还希望赚更多的人,反而是内心最缺乏安全感的人。

阿兰瓦特斯在《不安全的智慧》一书中即明确地指出:“金钱买不到安全。但是若感到它活生生地存在时,必然是由不安全所衬托出来的。”

就像购物狂一样,在痛苦难耐之际,只要能疯狂地消费购物,立即不药而愈。因为周旋于殷勤的店员之间,会让他感觉备受重视、有优越感,受损的自尊也就可以得到一点弥补。可惜这种美妙的感觉并不持久,于是购物欲又再度兴起……就这样周而复始,循环不息。

世间的万事万物,本来是用来培养孕育生命的,但是,偏偏有些人因为贪求,过多地享受万物而使之成为了损耗他们生命的祸根。例如说,因为贪求过多地享受车辇,出门坐马车,进门乘轿舆,脚不着地,务求舒适,这些车和舆便成为招致他们腿脚生病的器械;因为贪求过多地享受美酒佳肴,暴饮暴食,通宵达旦,这些酒和肉便成了腐烂他们肠胃的毒药;因为贪求过多地享受美女淫乐,沉醉于女色和淫乐之中,这些美女和淫乐便成了砍伐他们性命的利斧。

保持自我真性,不陷于贪欲和相争,这或许不合时宜,但是,应该说是明智之举。

因为,见利而忘真性,往往就是祸患的开始。《庄子·山水》中有这样的寓言:

庄周到雕陵的栗园游玩,被一只翅膀7尺宽的鹊鸟碰到额头,他就抓起弹弓去撵。

在园中,他看见正得意鸣叫的蝉被螳螂所缚,而螳螂因有所得忘了自己,又被鹊鸟乘机攫取,鹊鸟只顾贪利也不再注意身后。

庄周就警惕而叹,扔下弹弓回去了。管园子的跟在身后责骂他偷了栗子。

庄子3天闷闷不乐。弟子问他说:“先生为什么不愉快呢?”

庄子回答说:“我为了守形体忘了祸患,观照浊水反而被清渊迷惑,忘了真性,所以管园子的人辱骂我,因为这才闷闷不乐。”

庄子告诉我们,欲是祸患的根源。在求得利益自以为有福降临时,往往也会埋下祸患的根苗。一味追求利,不论开始如何得意,最终必自取其辱。

对此,庄子还讲过这样一个典故:

河边一个贫穷人家的儿子,一次潜入深渊,得到千金的珠子。他的父亲说:“拿石头砸烂它!千金的珠子,一定是在九重深渊,得到千金的珠子,一定是龙在睡觉,等到龙醒来,你就要被吞食无遗了!”

原沈阳市中级人民法院院长贾永祥,曾是红极一时的全国法院系统“标兵”,但因受贿罪等被判处无期徒刑,成为“落马”的大官。他在监狱里深刻反思后,得出的结论是:祸出不知足。堂堂的中院院长,付出沉重的代价后才得出如此的结论,晚矣!然而,对那些仍在苦苦挣扎追求名利,钩心斗角战“官场”的人来说,何尝不是一面“镜子”呢?

尹某在哈尔滨一家医院担任药剂科主任已经5年了。俗话说,“新官上任三把火”。头两年,他把青年时代爱不释手的《左传》仍放在枕边,特别对这本书里的“三不朽”说,即立德、立功、立言的人生真谛依然记得牢,背得熟,认为它强调人生的主动创造和自强不息的精神,以及对社会做出贡献和自身思想品德的完善,因而把它当成自己的人生目标。在这两年中,尹某的职务得到提升,成为医院的主要领导干部。然而,随着改革开放和社会主义市场经济的发展,他耳闻目睹中国当代回扣现象渗透到了国家经济生活中的各个领域,渗透到了所有的商务活动以及非商务活动中,几乎到了“事事讲回扣,人人谈提成”的地步。这种花样繁多的回扣和回扣方式,给他的思想观念,特别是价值观念带来了极大冲击,心里逐渐失去平衡。对金钱的欲望和追求使他忘却了立德、立功、立言的人生价值,更忘却了“人在世上,总要为社会和国家做点好事”的座右铭。从此,他开始利用手中的实权谋取个人私利,于是很快与一家大制药厂的代理商挂上了钩,因为代理商给他的药品价格比较低,并且可以得到25%的回扣。代理商找好后,由他安排把药送给临床大夫试用,然后再向采购、财务等人员表示表示,用他的话说,这叫作“彼此都是在道上混,都要赚点钱嘛”。接下来,他还得去一个个地找大夫,通过各种方式向他们介绍他准备买进的药品,以便医院尽快到与厂家合作的“药批”进货。

靠他的努力,从供到销这样一个关系链条便形成了。于是,从犹抱琵琶半遮面,到心安理得地接受代理商的回扣现金,由少到多,一发而不可收拾。

一次,尹某从代理商那里买进头孢类药5万支,每支平均价格4元,按25%的回扣计算,你算算他能拿多少?而大夫开给病人的价格一般在15元至20元之间,你再算算他能拿多少?但这么丰厚的利润不是都归他个人所有,还要包括上面提到的大夫和其他人员。不过大夫等人拿的是小头,他拿的却是大头,这是毋庸置疑的了。

还有一次,尹某又从代理商那里买进一种叫“培氟沙星”的药,共3.5万支,定价62元一支,还有一种叫“多龙”的消炎药与“培氟沙星”的价格接近。买这两种药的过程中,他与代理商展开了激烈的竞争,就像竞价拍卖似的,将回扣从25%一直涨到32%,即每支得利20元左右。这还不算,把这两种药用在患者身上,即对患者的药品零售上,价格又提高了一倍。

常言道:欲壑难填。渐渐地,尹某对金钱的追求愈演愈烈。吃回扣,如同鳌鱼张开血盆大口,不住地往里吞噬。不仅价高的特殊药品吃,就是一般药品也不例外。两三年来,至少捞到200万元以上的好处。为了多卖药,多吃回扣,他还与一部分大夫互相勾结,狼狈为奸,干些伤天害理的事。如“培氟沙星”这种药,有不可忽视的副作用,超量使用对肝功能有一定损害,正常用量一天1支至2支。可有的大夫一天给一位患者用5支,有的甚至多达7支,这样就必然会给患者的肝脏造成损害。又如一位患者因心脏病入院,按医院常规,首先该用的是有利于缓解心血管病之类的药,这是目前公认的有效疗法。可当班大夫给这个根本不存在感染的病人开了一大堆抗生素,这种药不但治不了心脏病,还会使病人产生抗药性。不少患者再也不愿保持沉默了,他们愤然道:“现在有的大夫脑袋叫虫蛀了,做人的良心都没有了。哪种药回扣多,哪个品种用得就多。如果哪一天药商不给回扣了,大夫就不会用药了!”

对这些议论,尹某自然不会听不到,但他一如既往,我行我素,由回扣而来的现金,几乎天天照收不误,甚至变本加厉,越多越刺激,越多越来劲。

有道是:恶有恶报,善有善报,不是不报,时候未到,时候一到,一切都报。终于有一天,尹某东窗事发,被当地检察院立案收审,随后便进了牢房,等待他的是无期徒刑。

《菜根谭》中,有这样一句话:“分金恨不得玉,封侯怨不授公。”

是的,对于有的人来说,对金钱、享乐的追求,有着无限的贪心,就像大海一样,简直看不到边际。今天捞到1万,明天想捞到3万、5万,后天还想捞到8万、10万……这样下去,哪有不倒霉的,还说什么快乐、幸福?

因此，在追求物欲途中的人们，务必应该停下来，仔细想一想：一个脑子里都是“钱、钱、钱”的人，一个心中都是“贪、贪、贪”的人，仍能得到安乐，天下绝无此事，人间也绝无此理。在人类历史上，存在着成千上万个贪欲恶性发展而身败名裂者的坟墓，他们之所以遗臭万年，并不是因为他们不该来到滚滚红尘里，而是因为他们让贪婪之心膨胀起来。这，难道不正是人生历程上的一条既深刻又沉痛的教训么？

用良好的心态看待财富

人生的一切欲望，归纳起来有两种：精神欲望和物质欲望，为了满足这两种欲望，相应地就产生了两大追求：精神追求和物质追求。

庸人、小人常会把物质欲望当作人生的全部，所以没有多少精神追求。君子、贤人精神的欲望特别强烈，但是也不能没有物质欲望，所以他们得承受着两种欲望，只是他们最终能以精神欲望居于主导地位，达到一种具有伟大包含力的心理和谐，这种有伟大包含力的心理和谐，就是“安贫乐道”。

“雄文祖韩子，俭德师陶公”中的陶潜就有过不为五斗米折腰的故事，这是一种“安贫乐道”的体现。

陶潜字渊明，年轻时就有高尚的志趣，他性情恬静不爱说话，不贪图荣华富贵，爱好读书，对字句有很深的研究，每当有心得体会，就会高兴得忘记吃饭。陶渊明喜好喝酒，可是家境贫寒经常没有酒钱，亲戚朋友知道他的情形，有时准备了酒给他，他去后总是尽情地喝，希望高高兴兴地喝醉，醉了就退席，一点儿也不在意礼节。尽管家中空徒四壁，不能遮风避雨，尽管身上粗布短衣，破烂不堪，尽管家中经常缺吃少喝，但他却安然自得，常写些文章自寻乐趣，以展示自己的志向，从不把得失放在心上。

陶渊明第一次入仕，当了一个州的祭酒，可是他受不了官场的束缚，没几天，就自动离职回家了。州里招募他做主簿，他也不去，只是亲自耕种供给自家生活。

第二次，他做了彭泽县令，他吩咐属下在官府的田里全都种上秫稻，可是妻子却坚持种粳稻，于是他就一半种秫稻，一半种粳稻。郡守派督邮到彭泽县来，县中小吏告诉他应当整冠束带，衣帽整齐地去拜见。陶渊明长叹一声说：“我不能为五斗米的薪俸弯腰拜迎乡里小人。”当即便解下印绶离职而去。

贪财贪名是争名夺利的根源，陶渊明淡泊名利、法度自然的心性，不为五斗米折腰的气度早已传为佳话，虽有人生的无奈和悲哀，但“采菊东篱下，悠然见南山”的生活情趣却是自然恬适。《渔夫和金鱼的故事》在小学课本里就学过，那个渔夫的老婆是个贪得无厌、得陇望蜀的家伙，她得到金鱼后，还朝思暮想。结果，金鱼在愤怒和厌恶之余，收回了一切，渔夫的老婆只能生活在往日的贫困之中。

要做到不戚戚于贫贱，不汲汲于富贵，就要具不贪之心。要懂得播种一分收获一分的道理，不要强求，不要希图意外的惊喜。

《一千零一夜》中阿里巴巴的哥哥西木进了四十大盗的藏宝洞，欣喜若狂，忘了回家，致使强盗回来，丢失了性命。

孔子曰：“不义而富且贵，于我如浮云。”天下人熙熙攘攘皆为利而来，此心不可免，但是要去贫贱、求富贵，必须以是否符合“义”为前提，“不以其道得之，不处也”，“不以其道得之，不去也。”不能嗜欲太过，乃至不顾一切，甚至以不正当的手段去谋求富贵。

陶渊明荷锄自种，嵇叔夜树下锻炼，均为贫介之士，但他们的精神却万古流芳。故古人曰：“达亦不足贵，穷亦不足悲。”“人不可以苟富贵，亦不可以徒贫贱。”这对于我们如何看待生活，的确是足资凭借的箴言。

其实，在古人眼里，“富贵”两字，是人人都可以做到的，“不取于人谓之富，不屈于人谓之贵”，白衣草鞋，自有一股飘逸清雅的仙气；粗茶淡饭，自有一份闲适自在的意趣。

“富贵”对于一个贪得无厌的人，就是给他金银还会怨恨没有得到珠宝，吃着碗里的还要看着锅里的，这种人虽然身居豪富权贵之位却自愿沦为乞丐；一个自知满足的人，即使吃粗食野菜也比吃山珍海味还要香甜，穿粗衣棉袍也比穿狐袍貂裘还要温暖，这种人虽然身为平民，实际上比王公更快乐。

英国著名作家狄更斯说：“穷人对家庭的依恋是有一个更高尚的根，深深地扎在一块纯洁的土地里面。他的财神由血和肉造成，没有掺杂上金银或者宝石；他没有什么财产，只有藏在内心的感情……”

有一个有钱人，每天早上经过一个豆腐坊时，都能听到屋里传出愉快的歌声。这天，他忍不住走入豆腐坊，看到这对小夫妻正在辛勤劳作。富人大发恻隐之心说：“你们这样辛苦，只能唱歌消闷，我愿意帮助你们，让你们过上真正快乐的生活。”说完，放下了一大笔钱走了。这天夜里，富人躺在床上想：“这对小夫妇再也不用辛辛苦苦做豆腐了，他们的歌声会更响亮的。”

第二天一早，富人又经过豆腐坊，却没有听到小夫妻俩的歌声。他想：他们可能激动得一夜没睡好，今天要睡懒觉了。但第二天、第三天，还是没有歌声。富人好奇怪。就在这时，那做豆腐的男人出来了，拿着那些钱，见了富人，便急忙说道：“先生，我正要去找你，还你的钱。”富人问：“为什么？”年轻的豆腐师傅说：“在没有这些钱时，我们每天做豆腐卖，虽然辛苦，但心里非常踏实。自从拿了这一大笔钱，我和妻子反而不知如何是好了——我们还要做豆腐吗？不做豆腐，那我们的快乐在哪里呢？如果还做豆腐，我们就能养活自己，要这么多钱做什么呢？放在屋里，又怕它丢了；做大买卖，我们又没有那个能力和兴趣。所以还是还给你吧！”富人非常不理解，但还是收回了钱。第二天，当他再次经过豆腐坊时，听到里边又传出了小夫妻俩的歌声。

也许这个故事并不适合追逐财富、权贵之人的口味，有人会说钱多还不好吗？没有人听说过钱多会咬手的——但事实是“钱多”确实是会“咬到你的手”。当然，并不是要你不去拥有财富，而是要你用一个良好的心态去面对财富。

欲望永远没有尽头，而保持一颗知足常乐的心态，珍惜现在所拥有的，你会发现其实你是世界上最富有的人。

丢弃过剩的物欲和虚荣

有一个卖红薯的非常羡慕对面那个卖房子的大老板，他常常一边烤红薯，一边想，如果有一天我也有那么多钱那该多好啊。

这天晚上,那个卖房子的大老板又到他那里买红薯吃,卖红薯的见他不太忙,便打招呼:“哎呀,我多羡慕你们这些有钱人啊,卖一栋楼,就够我们卖一辈子红薯的了,一天到晚不停地数钱。”那个卖楼的大老板便开玩笑说:“那就换换,你过我这种生活试试。”卖红薯的高兴极了,迫不及待地要求马上就换。

第二天晚上,卖红薯的发现院里有一个小口袋,打开后,发现是一捆捆的钱。惊喜之余,他赶忙和老婆将小口袋搬进屋里。

老婆说:“用它买田置地吧!”

卖红薯的说:“不行,一下子置这么大的家业,容易引起别人怀疑。我想雇几个人,先开个服装厂。”

老婆说:“现在羊毛很值钱,买地养羊才划算。”

最后,两人对这笔钱的开支争吵不已,怎么花这笔钱呢?两人心里都没有底。因为这是一笔巨款,他们看护得很紧,几乎每天晚饭后,夫妻俩就要关上门,数一遍袋子里的钱,看有没有少一张。

一个星期后,卖红薯的被这笔钱折磨得寝食难安,于是,决定出来散散心,恰巧碰见了那个卖房子的大老板。两人互相问候后,那个卖房子的大老板见他双眼布满血丝,便问道:“是不是失眠了?”

卖红薯的说:“嗐!别提了,说不清为什么总是睡不着?”

卖房子的说:“这没有什么大不了的!你回去后如果睡不着,就想想农庄有多少只绵羊,数数它们,不知不觉就睡着了!”

一星期后,他们又碰到了一起。卖房子的见他双眼又红又肿,精神更加不振了。于是,非常吃惊地问道:“你是照我的话去做的吗?”

卖红薯的说:“当然是呀!还数到三万多只呢!”

“数了这么多,难道还没有一点睡意?”

“本来是困极了,但一想到我要是养三万只绵羊一年该出多少毛呀,不剪岂不可惜,得用多少人,何时剪完?”

“那就雇人剪完不就可以睡了?”

“但头疼的问题又来了,这三万只羊的羊毛要制成毛衣,得用多少机器?找谁管理工厂啊,再说做成后到哪儿去找这么多买主呀!如果不合格人家不要,岂不可惜?一想到这儿,我哪儿能睡得着啊!”

卖房子的听完后,笑着对卖红薯的说:“你怎么总是一个欲望接一个欲望,永不满足,没完没了地折磨自己呀!这下,不会再跟我交换生活了吧。”

卖红薯的这才恍然大悟:“是太多的欲望把自己锁住了。”

从此以后,卖红薯的家里平静下来。

人生在世,最大的智慧是能了解自己需要什么或不需要什么。不论名利还是其他,正当的欲望都是合理的,如果一味追求太多的欲望那欲望就成了人生的羁绊。一旦自己把自己绊住了,也就无法再获得更多了,何谈幸福?

有一个年轻人,为了寻求幸福,不远千里来到海边,但是,他依然没有找到幸福的彼岸。于是,他非常痛苦,感叹命运不济,幸福难觅。

一天，他在迷茫与无助中遇见一个老人，于是，他就问那位老人："大爷，为了寻找幸福，我已经疲倦到了极点，为什么还无法到达我心中的幸福彼岸呢？"

那位老人听完后，问他："你从什么地方来？"年轻人说："我从两千里外的山上来。"老人看到他满满一船的东西就问到："你的船里装的什么东西？"年轻人说："这是一些对我非常重要的东西，有各种获奖证书和奖杯、与名人的合影、发表作品的期刊……"老人听完后，微微一笑，说："你从那么远的地方来，还带了这么一大堆名利过来，肯定会影响你追求幸福的速度的，小伙子，还是放下一些东西吧。"年轻人听完之后，恍然大悟：那些名利早已成为历史了，以前的辉煌也并不能说明以后啊，何必苦苦抓着不放呢？

于是，他把船上没用的东西全扔掉了。这时，他发觉行程比以前快多了，自己的心情也变得轻松而愉悦，幸福又回到了他身边。

我们终日辛劳而获得的名利虽然能让我们幸福，但如果须臾不忘，让它主宰我们的心灵，一件也舍不得丢弃，生命之舟如此沉重，怎么能幸福？人生中，我们还有很长的路要走。丢弃过剩的物欲和虚荣，轻松上路，你的脚步才越走越快，心情才越来越欢愉，幸福也会长相厮守。

把眼光放低一些

人世间，有的人家财万贯、锦衣玉食；有的人仓无余粮、柜无盈币；有的人权倾一时，呼风唤雨；有的人抬轿推车、谨言慎行；有的人豪宅、香车、娇妻美妾；有的人丑妻、薄地、破棉衣……一样的生命不一样的生活，常让我们心中生出许多感慨。

看到人家结婚，车如龙、花似海，浩浩荡荡，又体面、又气派；想想当年自己，几斤水果几斤糖，糊里糊涂就和自己的男人圆了房，心里就屈。

看到人家暮有进步、朝有提拔，今日酒吧、明日茶楼；而自己却总在原地，猫在家里，像只冬眠的熊，心里就酸。

看到人家逢年过节，送礼者踏破门槛、挤裂墙；而自家却是"西线无战事""顿河静悄悄"，心里就妒。

看到人家儿成龙、女成凤；而自家小子又倔又犟没出息，心里就怨……

一个人有思维，必定有思想。看到人家好、人家强，凡夫俗子，哪个不心动？就算是道人法师，也要三声"阿弥陀佛"，才能镇住自己的欲望和邪念。生活的差别无处不在，而攀比之心又是难以克服，这往往给人生的快乐打了不少折扣。但是，假如我们能换一种思维模式，别专拣自己的弱项、劣势去比人家的强项、优势，比得自己一无是处，反而会潇洒些。要把眼光放低一点，学会俯视，多往下比一比，生活想必会多一份快乐、多一份满足。正如一首诗中所写："他人骑大马，我独跨驴子，回顾担柴汉，心头轻些儿。"再说骑大马的感觉也并不一定就是你想象的那么好，也许跨着驴子，优哉游哉，尚能领略一路风光，更感悠闲、自在。

理性地分析生活，我们会发现，其实，生活对每一个人都是公平的、公正的，没有偏袒。人生是一个由起点到终点，短暂而漫长的过程，在这个过程中每个人所拥有和承受的喜怒哀乐、爱恨情仇都是一样的、相等的。这既是自然赋予生命的规律，也是生活赋予人生的规律，只不过我们享用、消受的方式不同，这不同的方式，便演绎出不同的人生。于是，有的人先苦后甜；有的人先甜后苦；有的人大喜大悲，有起有落；有的人安顺平和无惊无险；有的人家庭不和，但官运亨通；

有的人夫妻恩爱，却事业受挫；有的人财路兴旺，但人气不盛；有的人俊美娇艳，却才疏德亏；有的人智慧超群，可相貌不恭，正如古人说“佳人而美姿容，才子而工著作，断不能永年者”。人间没有永远的赢家，也没有永远的输家，这一如自然界中，常青之树无花、艳丽之花无果。雪输梅香，梅输雪白。

有一妇人，年轻的时候，心灵貌美，贤惠能干，可嫁人十年，就“克死”了三个丈夫，当年一双水灵灵的眼睛硬是被泪水泡得混浊痴呆。当她的第三个丈夫撒手而去的时候，她誓不再嫁！她拉扯着三个丈夫留下的儿女守寡至今，现在已经60多岁了。几十年来村子里的人压根儿就没见她笑过，大家同情她、可怜她，说她命真苦。可就是这么个命苦的人，养的一儿一女却意外的争气，双双考取名牌大学，并都在京城成家立业。两兄妹亲自开着轿车回来，把母亲接到北京。那会儿，老人僵硬的苦脸终于露出了欣慰的笑颜，乡亲们也第一次向老人投去羡慕的眼光，大家都感慨地说，真是苦到了尽头。是啊，也许这就是生活，有苦有甜，有悲有喜，有山穷水尽之时，也有峰回路转之日。

有些人羡慕那些明星、名人，日日淹没在鲜花和掌声中，名利双收，以为世间苦痛都与他们无缘。其实名导谢晋的儿子是弱智；美国前总统里根曾几度风光，晚年却备受不孝逆子的敲诈、虐待；戴安娜如果没有魂断天涯，几人知道她与查尔斯王子那场“经典爱情”竟是那般糟糕……

俗话说，人生失意无南北，确实，宫殿里有悲哭，茅屋里有笑声。只是，平时生活中无论是别人展示的，还是我们关注的，总是风光的一面、得意的一面，这就像女人的脸，出门的时候个个都描眉画眼、涂脂抹粉、光艳亮丽，这全都是给别人看的。回到家后，一个个都素面朝天，这就难怪男人们感叹：老婆还是别人的好。于是，站在城里，向往城外，而一旦走出围城，才发现生活其实都是一样的。

消除心中的魔障

有位国王，每天总是闷闷不乐的，尽管他已经拥有了最多的财富和最广阔的疆土，但是他还是不满足，依然感觉心里少了些什么。

国王自己也纳闷，为什么对自己的生活还不满意，尽管他也有意识地参加一些有意思的晚宴和聚会，但都无济于事，总觉得缺点什么。

一天，国王起了个大早，决定在王宫中四处转转。当国王走到御膳房时，他听到有人在快乐地哼着小曲。循着声音看去，原来是一个厨子在唱歌，脸上洋溢着幸福和快乐。

国王非常奇怪，他问厨子为什么如此快乐。厨子答道：“陛下，我虽然只是一个小小的厨子，但我一直尽我所能让我的妻子和儿女快乐，我们所需不多，头顶有间草屋，肚里不缺暖食，便够了。我的妻子和孩子是我的精神支柱，而我带回家的哪怕一件小东西都能让他们满足。我之所以天天如此快乐，是因为我的家人天天都快乐。”

听到这里，国王让厨子先退下，然后向宰相咨询此事，宰相答道：“陛下，我相信这个厨子还没有成为99一族。”

国王诧异地问道：“99一族？什么是99一族？”

宰相答道：“陛下，想确切地知道什么是99一族，请您先做这样一件事情，在一个包里，放进去99枚金币,然后把这个包放在那个厨子的家门口,您很快就会明白什么是99一族了。"

国王按照宰相所言,命人将装了99枚金币的布包放在了那个快乐的厨子门前。

厨子回家的时候发现了门前的布包,好奇心让他将包拿到房间里,当他打开包,先是惊诧,然后狂喜:金币!全是金币!这么多的金币!厨子将包里的金币全部倒在桌上,开始查点金币,99枚。厨子认为不应该是这个数,于是他数了一遍又一遍,的确是99枚。他开始纳闷:没理由只有99枚啊?没有人会只装99枚啊?那么那一枚金币哪里去了呢?厨子便开始寻找,他找遍了整个房间,又找遍了整个院子,直到筋疲力尽,他才彻底绝望了,心中沮丧到了极点。

他决定从明天起,加倍努力工作,早日挣回一枚金币,以使他的财富达到100枚金币。

由于晚上找金币太辛苦,第二天早上他起来得有点晚,情绪也极坏,对妻子和孩子大吼大叫,责怪他们没有及时叫醒他,影响了他早日挣到一枚金币这一宏伟目标的实现。

他匆匆来到御膳房,不再像往日那样兴高采烈,既不哼小曲也不吹口哨了,只是埋头拼命地干活,一点也没有注意到国王正悄悄地观察着他。

看到厨子心绪变化如此巨大,国王大为不解,得到那么多的金币应该欣喜若狂才对啊。他再次询问宰相。

宰相答道:"陛下,这个厨子现在已经正式加入99一族了。99一族是这样一类人:他们拥有很多,但从来不会满足,他们拼命工作,为了额外的那个'1',他们苦苦努力,渴望尽早实现'100'。原本生活中那么多值得高兴和满足的事情,因为忽然出现了凑足100的可能性,一切都被打破了,他竭力去追求那个并无实质意义的'1',不惜付出失去快乐的代价,这就是99一族。"

所以,消除心中的魔障,懂得知足,才能收获人生最美丽的快乐和幸福。

学会抵制诱惑

某品牌饮料的广告词说"心是最大的战场",人类最大的敌人正是自己!

人每天所面临的诸多事物,都在挑拨隐藏在心中的邪念,考验着人的修养。

真正能危害到自己的是自己本身,别人再怎么伤害你,也只是一时或某件事,而自己如不能善于自我管理,抵制诱惑,就会危害自己,让自己陷入深渊。

例如有人教唆你尝试毒品,如果你无法克制自己,尝试吸毒,染上毒瘾后,你若没有毅力和耐性去戒掉毒瘾,你会沉迷其中,无法自拔,一辈子就毁了。

所有的危害,都只是外因,对你而言,都不是最可怕的,要看你是否有毅力管住自己,不偏离正确的人生轨道,而健康地生活在阳光下。

所以,修身养性功夫不够的人,很容易受到外物的干扰而心生邪念。如果能战胜自己,克制心中的邪念,那么外来的一切横逆都无法对自己造成影响,并可能成为你成功的强劲助力。

换言之,人平常就要调理心性,在自我修养上下功夫,遇事才能沉着应变。如果内心不平静,情绪就会随外物之干扰而波动,不仅伤神,而且对于事情本身也没有任何帮助。

从前，有两位很虔诚、很要好的教徒，决定一起到遥远的圣山朝圣。两人背上行囊、风尘仆仆地上路，誓言不达圣山，绝不返家。

两位教徒走了两个多星期之后，遇见一位白发年长的圣者。这圣者看到两位如此虔诚的教徒千里迢迢要前往圣山朝圣，就十分感动地告诉他们："从这里距离圣山还有十天的脚程，但是很遗憾，我在这十字路口就要和你们分手了。而在分手前，我要送给你们一个礼物。什么礼物呢？就是你们当中一个人先许愿，他的愿望一定会马上实现；而第二个人，就可以得到那愿望的两倍！"

此时，其中一教徒心里一想："这太棒了，我已经知道我想要许什么愿，但我不要先讲，因为如果我先许愿，我就吃亏了，他就可以有双倍的礼物，不行！"而另外一教徒也自忖："我怎么可以先讲，让我的朋友获得加倍的礼物呢？"于是，两位教徒就开始客气起来，"你先讲嘛！""你比较年长，你先许愿吧！""不，应该你先许愿！"两位教徒彼此推来推去，"客套地"推辞一番后，两人就开始不耐烦起来，气氛也变了，"你干吗！你先讲啊！""为什么我先讲？我才不要呢！"

两人推到最后，其中一人生气了，大声说道："喂，你真是个不识相、不知好歹的人，你再不许愿的话，我就把你的狗腿打断，把你掐死！"

另外一人一听，没有想到他的朋友居然变脸，竟然来恐吓自己！于是想，你这么无情无义，我也不必对你太有情有义！我没办法得到的东西，你也休想得到！于是，这个教徒干脆把心一横，狠心地说道："好，我先许愿！我希望——我的一只眼睛——瞎掉！"

很快，这位教徒的一只眼睛马上瞎掉，而与他同行的好朋友也立刻两只眼睛都瞎掉了！

原本，这是一件十分美好的礼物，可以使两位好朋友互相共享，但是人的贪念与嫉妒，左右了心中的情绪，所以使得祝福变成诅咒，使好友变成仇敌，更是让原来可以"双赢"的事，变成两人瞎眼的"双残"！

私心和欲望是最可怕的两个魔鬼，稍一松懈，就会侵入人心。欲望越多，痛苦也就越多。什么都想要，最后可能什么也得不到，反而一辈子将自己置于忙忙碌碌、钩心斗角之中。

某日，巴拉圭一对即将结婚的未婚夫妻高兴地大喊大叫、相互拥抱，因为他们中了一张高额彩票，奖金是 75000 美元。

可是，这对马上要结婚的新人，在中奖后隔天，就为了"谁该拥有这笔意外之财"而闹翻了。两人大吵一架，并不惜撕破脸面闹上法庭。为什么呢？因为这张彩票当时是握在未婚妻的手中，但是未婚夫则气愤地告诉法官："那张彩票是我买的，后来她把彩票放入她的皮包内，但我也没说什么，因为她是我的未婚妻嘛！可是，她竟然这么无耻、不要脸，居然敢说彩票是她的，是她买的！"

这对未婚夫妻在法庭上大声吵闹，各说各话，丝毫不妥协、不让步，所以也让法官伤透脑筋。最后，法官判决，在尚未确定谁是谁非之时，发行彩票单位暂时不准发出这笔奖金。而两位原本马上要结婚的佳偶，也因争夺彩票的归属而变成怨偶，最终决定取消婚约。

有人说："结婚，经常不是为了钱；离婚，大多数却是为了钱！"

的确，人的私心、贪婪、嫉妒，常使人跌倒，重重地跌在自己过度追逐欲念的沟壑里。

人一旦被私欲蒙住了心灵，就会沦为欲望的奴隶，其实并不明白自己真正想要追求的是什么，只是盲目地随波逐流，却在不知不觉间埋葬了自己的幸福。

凡事要见好就收

一天,一个人布置了一个捉火鸡的陷阱——他在一个大箱子的里面和外面撒了很多玉米粒,在大箱子上有一道门,门上系了一根长绳子,他抓着绳子的另一端躲在一边,只要等到火鸡一进入箱子,他就拉扯绳子,把门关上,这样火鸡就被逮住了。

一边等,那人一边做着美梦:十只卖了钱去买酒,还有两只留着自己烤着吃。想着一边喝着酒一边吃着烤火鸡的情形,他的口水就流了下来。忽然,有十二只火鸡啄着玉米粒进入了箱子,就在他要拉绳子的那一刻,一只火鸡溜了出来。他想了想,决定等箱子里有十二只火鸡后,再拉绳子。

然而就在他等第十二只火鸡的时候,又有两只火鸡跑出来了,于是他又决定等箱子里再有十一只火鸡时,再拉绳子。可是在他等待的时候,又有三只火鸡溜出来了,最后,箱子里一只火鸡也没有了。他始终没有拉绳子。

从上面这个故事中,我们可以看到,凡事要见好就收,否则到头来什么也得不到。如果还没学会"满足",你将会为"不满"继续付出昂贵代价。

在一间很破的屋子里,有一个穷人,他穷得连床也没有,只好躺在一张长凳上。

穷人自言自语道:"我真想发财呀,如果我发了财,决不做吝啬鬼……"

这时候,穷人的身旁出现了一个魔鬼:"好吧,我就让你发财吧,我会给你一个有魔力的钱袋,这钱袋里永远有一块金币,是拿不完的。但是,在你觉得够了时就要把钱袋扔掉,才可以开始花钱。"

说完魔鬼就不见了,在他的身边,真的有一个钱袋,里面装着一块金币。穷人把那块金币拿出来,里面又有了一块,于是穷人不断地往外拿金币,拿了整整一个晚上,金币已有一大堆了。第二天,他很饿,想去买面包。但是,在他花钱以前,必须扔掉那个钱袋。

他又开始从钱袋里往外拿钱,并且不吃不喝地拿。终于,他生病了,不久,他倒下了,死在他的长凳上。

临死前他说了句:"我怎么没拿钱看病呢?"

不懂得见好就收,那就什么也无法得到。

在需要时得到就是幸福

一个富人和一个穷人在一起聊天,富人问穷人:"什么是幸福?"穷人说:"幸福就是现在。"富人望着穷人的茅舍、破旧的衣着,轻蔑地说:"这怎么能叫幸福呢?我的幸福可是百间豪宅、千名奴仆啊!"

一场大火把富人的百间豪宅烧得片瓦不留,奴仆们各奔东西。一夜之间,富人沦为乞丐。

炎炎夏日,汗流浃背的乞丐路过穷人的茅舍,想讨口水喝。穷人端来一大碗凉水,问他:"你现在认为什么是幸福?"

沦为乞丐的富人眼巴巴地对穷人说："幸福就是此时你手中的这碗水。"

其实，人能在最需要的时刻得到就是幸福。只有好好珍惜现在的幸福，才会有一个快乐的未来。

除夕之夜，一个衣衫褴褛、饥肠辘辘的乞丐在漫天大雪中将身子蜷缩在墙角想：我要是能有点吃的，像别人一样过个年该多幸福。

正在此时，他听见一声悲怆的长啸："我的命好苦啊！"乞丐想，还有比我更命苦的人。于是，他循着喊声望去，他看到一个财主家里在打架，财主的儿子将妻子痛打一通，又将室内的家什扔了一地。

乞丐想，这下可以得到自己想要的了。财主家要吃有吃，要穿有穿，他们光顾着吵架根本顾不上其他。于是，他便悄悄溜到财主家的厨房里，把鸡鸭鱼肉装进口袋，在马棚里又抱了些干草，回到原来的住处。这下，他感觉肚子也不饿了，又用干草把自己的身体埋起来，身上也不冷了，美美地睡起觉来。"哈！最想要的得到了，总算心满意足地过年了，真是太幸福了。"乞丐悠悠然唱起了小曲儿。

在需要时得到就是幸福，肚子饿坏的时候，有一碗热腾腾的面条放在你眼前，就是幸福；累得半死的时候，扑上软软的床上好好睡一觉，也是幸福；痛苦不堪的时候，有人送来温柔的安慰，更是幸福。幸福可以大至一份爱情、一笔财富，小至清晨的一缕阳光，一滴从草叶垂下的露水……只要你能在需要时得到，就是幸福的人。

无所求是一种境界

道家的"无为"并非是"无所作为""碌碌无为"，什么事也不做，只是不做那些愚蠢的、无效的、无益的、无意义的，乃至无趣无聊的事。无为是一种超然的智慧，它又体现为一种快乐原则。因为只有无为才能摆脱世俗名利的缠绕和羁绊，才会不为名利所累、金钱所惑，才不会自寻烦恼。当然，这里并不是说，人们不应该去追求功名。无论是为官从政，还是经商下海，人人都想功成名就，这是正当的追求，无可厚非。道家的"无为"，是"无为而治"的"无为"，在名利问题上，要拿得起，放得下，不为名利所困扰、所羁绊。

无为的要义在于使自己脱离低级趣味，不纠缠于鸡毛蒜皮之事，不醉心于蝇营狗苟之当。一个事无巨细都上心都操劳的人不会有成绩，一个斤斤计较于蝇头小利的人不会有作为，一个热衷于关系学的人不会有真正的建树，一个拼命做表面文章的人不会有深度，一个孜孜求成的人反而成功不了。一定要放弃许多诱惑，不仅是声色犬马的诱惑，而且是急功近利地做事的诱惑，才能有所作为。有意栽花花不开，无心插柳柳成荫，这正好说明强求而不得。

不知足是一种最原始的心理需求，无所求则是一种理性思维后的达观与开脱。

无所求能使人平静、安详、达观、超脱；不知足使人骚动、搏击、进取、奋斗；知足智在知不可行而不行，不知足慧在可行而必行之。若知不行而勉为其难，势必劳而无功；若知可行而不行，这就是堕落和懈怠。这两者之间实际是一个"度"的问题。度就是分寸，是智慧，更是水平，只有在合适温度的条件下，树木才会发芽。在知足与不知足之间，我们应更多地倾向于知足。因为它会让我们心地坦然，无所取、无所需，就不会有太多的思想负荷。在知足的状态下，一切都会变得合理、正常、坦然，我们还会有什么不切合实际的欲望和要求呢？

无所求是一种境界。无所求的人总是微笑着面对生活，在无所求的人眼里，世界上没有解决不了的问题，没有蹚不过去的河，他们会为自己寻找合适的台阶，而绝不会庸人自扰。无所求是一种大度。大“肚”能容天下事，在无所求的人眼里，一切过分的纷争和索取都显得多余。在他们的天平上，没有比知足更容易求得心理平衡了。

无所求是一种宽容。对他人宽容，对社会宽容，对自己宽容，这样才会得到一个相对宽松的生存环境，这难道不值得庆贺吗？

其实，幸福是一种感受。人们不要忽略了就在身边的幸福。比如，一个美满的家庭，其成员同舟共济，一片温馨气氛；一份尚可的工资，虽然日子过得紧巴点，但粗茶淡饭管饱，全家与疾病无缘；祖上不曾显赫过，更没有远涉重洋的经历，但却留下为人要靠自己诚实劳动的遗训，活得分外踏实；父母没大本事，没有能力庇荫自己下海发财，入仕高升，但却教给自己乐观向上、诚挚待人，因而人际关系融洽自在；乃至生个孩子，既不是天才，也不是白痴，但却懂得孝顺父母，自尊自爱，令父母省去了许多麻烦等等。我们身边的幸福无处不在，这些看来似乎都很平淡，却恰恰是普通人正在享受的幸福。只不过人的感受不同而已。有的人感觉到了，确实幸福只是一种感觉；有的人却完全没有感到，他们抱怨生活总是亏待了自己。

现在有一个很流行的说法，是不要活得太累。这话的意思大概是告诫人们不要自寻烦恼，而要自寻乐趣，活得自在一些。那么，无所求便是最高意义的追求，达到此境界，必能领会快乐的真意。

第十一章

放下包袱，卸掉心头的重负

在巨大的压力下，每分每秒的忙碌，让自己的身心疲惫不堪，早点释放压力，减轻身上的包袱，你就会感觉生活中充满明媚的阳光。

生命不能承受之重

压力,这个自诩为前进动力的孪生姐妹,已成了都市人的致命伤,并严重影响了都市人的生活质量。一个女中学生因不堪学习的重负而离家出走,某企业老总因再也无法承受员工整天讨工资、银行整天讨贷款、老婆整天闹离婚的生活而跳楼自杀。

现在都市人在充分体验高科技成果所带来的前所未有的愉悦的同时,也正忍受着它带给人们的巨大压力。在“时间就是效益”“时间就是金钱”等类似观念的感召下,人们与时间赛跑,丝毫不敢怠慢地填满每一分每一秒,忙工作、忙进修、忙休闲,连吃饭都分秒必争。在这样的快节奏生活下,工作压力、学习压力、生活压力等一齐向人们袭来。身强力壮、承受力大者,挺身憋气,强自为之;心理素质差、承受力弱者,恐慌、失眠。

人不能没有压力,但压力不是越多越好。我们应一分为二地看待压力,应该看到它在督促人们前进中的作用。每一个人都有一个压力的承受极限,超过这个极限,如不能及时排解,就要出问题。现代都市人压力普遍已超过压力的警戒线,这也正是心理医生日益红火的原因。

你有多久没有躺卧在草地上,凝望苍穹,望天空云卷云舒,看夜空繁星闪烁了?你有多久没有亲近大地,观草木荣衰了?你有多久没有陪家人朋友共享一顿丰盛的烛光晚餐了?很久了吧!

在强大的压力之下,都市人每天总是忙、忙、忙,越忙碌,就越觉得生活茫然。不知为何要这么忙,却又是忙、忙、忙。于是,盲目、忙碌、茫然,成天游来荡去,累了、烦了,却还是摆脱不了。忙碌仿佛成了一种惯性,而一旦脱离了这种惯性,整个人又似没有了魂的幽灵,整天晃来荡去不知所措。工作的余暇偶尔有片刻的松懈,又仿佛是偷来的快乐,不敢受用。

加班加点工作在我们这个社会已成为非常普遍的现象,大家工作都太累了,没有时间和精力去享受生活中的其他乐趣,而那些双职工家庭的父母干脆把孩子们送到日托中心寄养。疲劳过度使得大家都成为生活中的失败者。

商界一个名人在接受采访时说道:“我每天工作超过18个小时!常常是连吃饭的时间都在工作!”而此人得到的结果竟是英年早逝。虽然累积了巨额财富,但在世时他得到的似乎仅仅是忙碌和烦躁而已。

现在,忙碌已非一种状况,而成了一种习惯。没有人喜欢忙碌,但在巨大的竞争压力下,不忙碌又害怕自己会落伍,会被社会所淘汰。对于大多数人来说,淘汰的危机与发展的危机并存,因为许多人都处在不穷也不富的尴尬阶段,放弃工作便一穷二白,停下脚步便身心皆空。于是,只能马不停蹄地向前奔,只能用透支的身体作为生命中唯一的本钱,为“希望中的未来”而辛苦奔波。

当然,如果压力太小或没有压力,人们就会失去动力,不思进取。俗话说:“人要逼,马要骑”。每个人应根据自身条件,把压力维持在最佳程度,只有这样才能临压不惧,真正体验快乐生活。

生活中,常常听有人抱怨活得太辛苦,压力太大,其实,这往往是因为我们在还没有衡量清楚自己的能力、兴趣、经验之前,便给自己在人生各个路段设下了过高的目标,这个目标不是根据个人实际情况制定的,而是和他人比较制定的,所以每天为了完成目标,不得不背着责任的包袱去生活,不得不忍受辛苦和疲惫的折磨。

人首先要为自己负责任。有的人不看实际情况，要求自己必须考上名牌大学，必须学热门专业，认为这是自己的责任，只有这样才算完美的人生。许多大学毕业生不愿去小公司，就是因为他们人生的背篓中背负有太多的责任。这种以私利为出发点的个人抱负，已蜕变为一个包袱压在人身上，让人喘不过气来。可有人却乐此不疲。

了解自己，做你自己，就不必勉强自己，不必掩饰自己，也不会因背负太重的责任包袱而扭曲自己。如此，就能少一些精神束缚，多几分心灵的舒展；就能少一点自责，多几分人生的快乐。

有的人对自己和社会格格不入的个性感到相当烦恼，可是后来把它想成：这种个性是与生俱来的，是上天所赐予的，并非自己努力不够。这样一想也就不再责备自己，不再烦恼了。

在抱怨生活烦闷、感到人生不顺的时候，应该让自己明智一点，不要用"高标准"去为难自己，卸掉自己背负的沉重包袱，不再折磨自己。

歌德曾经说过："责任就是对自己要求去做的事情有一种爱。"只要认清了在这个世界上要做的事情，认真去做自己喜爱的事，我们就会有收获。

知道自己的责任之所在，并背负了恰当的、适当的、适合自己的责任包袱，我们就能体会到人生旅途的快乐。

适应环境才能缓解压力

美国麻省理工学院曾经进行了一个很有意思的实验，实验人员用很多铁圈将一个小南瓜整个箍住，以观察当南瓜逐渐长大时，对这个铁圈产生的压力有多大。最初他们估计南瓜最大能够承受500磅的压力。

在实验的第一个月，南瓜承受了500磅的压力；实验到第二个月时，这个南瓜承受了1500磅的压力；当它承受到2000磅的压力时，研究人员必须对铁圈加固，以免南瓜将铁圈撑开，最后，整个南瓜承受了超过5000磅的压力后瓜皮才产生破裂。他们打开南瓜，发现它已经无法食用，因为它的中间充满了坚韧牢固的层层纤维；为了吸收充足的养分，以便于突破限制它生长的铁圈，它所有的根往不同的方向全方位地伸展，直到控制了整个花园的土壤与资源。

由南瓜的成长想到人生，我们对于自己能够变得多么坚强常常毫无概念！假如南瓜能够承受如此巨大的压力，那么人类在相同的环境下又能承受多少呢？

在许多情况下，我们有许多人不如南瓜。尽管有比南瓜更坚强的承受力，但他们没有承受的勇气，甚至有时候压力还没有加到他们身上时，他们就已经趴下了。他们怀疑自己的能力，不敢与压力抗衡，因为现实中有许多被困难、挫折、失败压垮的人！

比如说，如果你在公司的大集体当中，要处理好各个方面的关系包括：你和领导之间的关系，同级之间的关系，你和下属之间的关系，因为关系复杂，处理这些问题非常耗费你的时间和精力。处理不好，还会遭到来自各方面的非议和指责，如果你跟领导的关系走得很近，员工会说你是在溜须拍马，你如果关心了一位女同事，马上有人会在你背后指手画脚，说你别有企图。总之，指责和非议会排山倒海般向你压来，对你形成巨大的思想压力。

如果你升为了领导，同样有更大的压力等着你，这可是一个全新的角色。诚然，你要处理好与下属的关系，要了解向一个新上司报告的艺术，要对你的部门甚至整个公司做一番评估，这一切，都会给你带来各种压力。

因此,缓解压力对你来说就显得很重要。缓解压力其实就是一个适应环境的过程。如果环境对一个人的要求高于他所能达到的,那么,压力就会增大;如果环境对人没有什么要求,也不具有什么挑战性,那么,人们对这一切就会无动于衷,自然谈不上会有什么压力了;如果环境对人要求太多了,那么,为了应付一切,人们就会出现诸如失眠、心跳加速、胃疼或头疼之类的症状,不同人在遭遇到压力时会有不同的生理反应。

太多的压力会让你感到应接不暇,于是事情就一件件地积压、无法完成,然后你就会感到不安、焦虑,或者担惊受怕。而压力过少的话,又会让你觉得手头上的时间太多了,因而会觉得枯燥乏味、疲惫或失望,认为生活一点也没有意思。

压力并非总是件坏事,比如,当你在一大群听众面前演讲的时候,你会感到压力。你心跳加快,呼吸急促,还感到胃部痉挛;但同时,你也对这种兴奋感到乐在其中,而且对你演讲这回事还很渴望,因为由此带来的压力给你动力。在考试的时候,适度的紧张又增加肾上腺的分泌,这也许会使应付者受益匪浅;但是,如果过分紧张,造成了肾上腺素分泌过多,那么产生的效果就会恰好相反,使你无法集中精神。

在美国,有人曾做过一项研究,调查了 56 个主管的工作,发现他们在 8 小时时间里平均要有 583 项活动,这就是每隔 48 秒就得采取一个行动,这个调查表明,他们总是一刻不停地在干着什么。另外的研究也证明了这一点。例如,在英国 160 位经理都发现,每隔两天,他们才会有半小时左右不受任何事或人为打扰的时间。所有这方面的研究都显示,主管们从这个问题跳到那个问题,对当时需要做出种种反应,一点也不得空,而一半以上的管理行为持续不到 9 分钟。

要怎么做才能避免这种情况呢?

在你知道一整天都得在持续的快节奏下工作之后,你就得计划着让自己休息轻松一下,比如,每隔一个半小时,就休息 5 至 10 分钟,什么也别干,坐着想些事,放松、深呼吸、伸伸腿、喝杯茶或咖啡,别让你自己老是被人推挤着往前走。因为如果你不停下来加加油的话,你的效率会降低。

大量的压力都来源于那些没有达成的期望,包括你自己的和别人的。在工作中,一般遇到的情况是,你的领导的要求没有达到,但是,有时候如果你给你自己设立了不切实际的高标准,情况也许还要糟糕。我们会因为家庭事务而感到处在压力之下。我们也会因担心生病的孩子而不安,或者对和朋友吵架而深感自责。

压力也来自于你对那些也许永远也不会出现的问题的担心,比如说,有人会在乘飞机之前紧张至极,害怕飞机会坠毁。对待因担心这些也许永不会出现的事而产生的压力,最要紧的就是分析一下这些问题,看它们会在什么样的情况下出现,你碰上这种事的概率是多少?有避免的方法吗?如果你认为的事概率几乎等于零的话,还有什么要担心的呢?

如果你总是希望自己去完成比自己所能完成的要多得多的工作,那么,一天下来,你就会因完成的工作比计划的要少而感到沮丧不安,这些都是一些不必要而又特别耗费精力的担心,这也担心,那也担心,就是盲目地跟自己过不去。

不必过度追求完美

很多时候,我们的压力是来自于对“完美”的追求。由于刻意追求完美,我们不能容忍缺陷的存在,结果,经常一点小小的缺陷,就可能遮蔽住我们审美的眼睛,使我们的目光滞留在缺陷上，而忽略了周围其他的美好之处，以致于总是跟自己过不去。

人们有的追求工作上的完美，永远只能第一，不能第二；有的追求人际关系上的完美，希望所有的人都能喜爱自己，容不得别人对自己有半点不满，也容不得别人有闪失和错误；有的则追求生活上的完美，无论吃饭、穿衣，每个细节都要做到最好……

可以说，一味追求完美境界的人往往既是自我嫌弃的高手，也是挑剔别人的专家。当自己不能达到理想中的完美高度时，他们很容易作茧自缚、自暴自弃；当别人没有自己所期望的那样完美时，他们便心怀不满和怨恨。他们在精神和感情上只能享用“纯净水”，但是却忽视了一点：水至纯则无营养。问题并不在于这些对自己、对他人的挑剔是否有根有据，而在于为这种挑剔花费了多少心血、消耗了多少能量却并没有改变什么。所以，完美主义一旦变成对现实的苛求，立刻就成为人们烦恼的根源。

有关心理学研究证明，追求完美会给人带来莫大的焦虑、沮丧和压抑。事情刚开始，他们在担心着失败，生怕干得不够漂亮而辗转不安，这就妨碍了他们全力以赴去取得成功。而一旦遭到失败，他们就会异常灰心，想尽快从失败的境遇中逃避开去。他们没有从失败中获取任何教训，而只是想方设法让自己避免尴尬的场面。

很显然，背负着如此沉重的精神包袱，不用说在事业上谋求成功，而且在自尊心、家庭问题、人际关系等方面，也不可能取得满意的效果。他们抱着一种不正确和不合逻辑的态度对待生活和工作，他们永远无法让自己感到满足，每天都在焦灼不安中度日。

有时，我们总是在尽力做好每一件事情，却往往得不到别人的认可，或者不能取得成功。为此，就会十分苦恼。其实，与其越做越糟，不如洒脱地放弃。我们的前面总是会有更好的风景在等待着我们去欣赏，何必为眼前的这点儿暗淡境遇而延误生命的美丽呢？

只要你做好应该做的事情，就是值得称赞的。在生命结束的时候，一个人如能问心无愧地说：“我已经尽了最大的努力。”那么他就此生无悔了。

“人无完人，金无足赤”，我们都应该认识到自己的不完美。全世界最出色的足球选手，10次传球，也有4次失误；最出色的篮球选手，投篮的命中率，也只有五成；最精明的股票投资专家，买股票也有马失前蹄的时候。既然连最优秀的人做自己最擅长的事都不能尽善尽美，我们的失误肯定更多。也就是说，我们绝不可能使每个人都满意。每个人都会有他个人的感觉，都会根据自己的想法来看待世界。所以，不要试图让所有的人都对你满意，否则你将永远也得不到快乐。

明白了这一道理后，当有人不同意你的意见时，不要觉得自己受到了伤害，也不要立即改变你的意见以便赢得赞誉之词；相反，你应该提醒自己，没有人能让每个人都满意。如果你知道了这一点，也就知道了走出烦恼的捷径。

如果你是一个追求完美的人，那么你这种求全责备的生活态度必将无形中给你和周围的人在生活上增加许多无法忍受的负担。一个真正的奋斗者会有一个明确的目标，并为之努力，最终达到这个目标。奋斗者严格要求自己，希望自己更趋完善，他能从工作中获得满足。一项工作结束后，他就能抛开这里所有的一切，把注意力全部转移到其他事情上去。而那些爱挑剔、追求过分完美的人，却希望事事立竿见影，在一些小细节上钻牛角尖，些许的差错也会令他耿耿于怀，满心怨气。既然他的要求从一开始就不切实际，那么他就永远不可能满足自己，从而导致错误的不断发生。于是，不得不在别人面前掩饰自己的过失。由于过分挑剔，他不断把责任推卸给别人，把自己造成的一系列问题归咎于他人的“不善”。

完美主义者总是一遇到什么不顺心的事，就容易大动肝火，往往为一些鸡毛蒜皮的小事纠缠不休，结果最后什么也没干成。如果你在一些琐碎小事上过分纠缠不清，对自己和别人过分苛求，那么你就该先想明白这世上没有尽善尽美的生活，也没有极乐天堂。当你能够原谅自己和他人错误的时候，不愉快就会随之消失，快乐就会填满你的整个生活空间。

追求完美是一种崇高的精神追求，但是过分追求容易让你在生活上走入死胡同，从而导致你生活的紊乱、情绪的失控。放弃完美，让自己的生活随意一些，别跟自己过不去，你会发现，这个世界到处充满着欢乐。

正视现实，释放压力

在国外一些公园里，早晨会看到许多人拥抱大树。其实，这是他们用来减轻心理压力的一种方法。随着现代生活节奏的加快，许多人长期处于高度紧张之中，使人承受着沉重的心理压力，从而影响身体健康。这时，就需要敞开胸怀，释放压力，亲近自然，回归自然，让自己在拥抱大树的同时，也拥抱自己的心灵。

天底下没有无所不能的超人，更不可能事事都有完美的结局。要正确面对社会现实，看到社会成员之间存在不平等的地位，存在待遇上的差距，承认差别，努力去缩小与别人的差距。寻找自己可以胜任并且感觉愉快的事情去做，全心投入，别太计较得失。每个人都有自己的长处和短处，只有积极有为，勤奋才能补拙，不要担心不如别人，要自己接受自己，确立一种自强、自信、自立的心态。爱拼才会赢固然没错，可是并不表示凡事都得争取第一，暂时把工作和荣辱等放于一旁，尽量在轻松的玩乐中找回自己。在讲工作效率的当今社会，很多人都把工作视为生活的重心之一，常常忽略个人的休闲活动。如要身心健康，适当的娱乐休闲不可缺少。

如果可以让自己的生活充满乐趣，过得无忧无虑，那又何乐而不为呢？让快乐进入你的生活，让微笑常写在你的脸上。把生活中的压力、烦恼罗列出来，然后一个一个地击破，你会有一种轻松、愉快的感觉。积极参加各种自己感兴趣的业余活动，扭转目前的心情。比如与朋友联欢、聚餐等。别将心事往心里藏，找个有爱心又信得过的好朋友，把所有的不愉快向对方倾诉，使心理取得平衡。别因芝麻大的小事而耿耿于怀，徒增烦恼。多读一些圣贤哲理与名人传记，名人之所以成功，就是他们能从挫折中走出来。圣贤的思想与足迹能给我们许多启示。读书解愁，在书的世界遨游时，一切忧愁悲伤便付诸脑后，烟消云散。或者看看电影、听听音乐，都是很好的“发泄”途径；

压抑会产生厌倦、懒惰的行为，越是懒于动手做事，越容易产生心理危机。这时候，最好积极地做些富有建设性的工作，比如列出一个学习、生活日程表，不论大小事情都列入其中，并认真、专心地去做，一旦成功地完成一项工作，心理就会踏实得多。

如果看书、听音乐、看电影都不能将你从压力中暂时解脱，那你再去尝试着玩玩拼图游戏、做做园艺、干些家务，或重新粉刷房子、改变家里的摆设等等。“健康的人格寓于健康的身体”，坚持锻炼身体是一个不错的方法。多进行一些呼吸性的锻炼，例如散步、慢跑、游泳和骑车等，呼吸新鲜空气，会让人信心倍增、精力充沛，从而消除紧张焦虑的心情。与其将不满的情绪深埋心底，不如用有效的途径使自己忘掉烦恼。

你也可以主动帮助别人，为他人效劳，帮助别人解决困难，在减轻压力的同时，也可使自己感到满足和有成就感。

过高的期望带来无形的压力

一个心理健康的人应该能够对自己的能力做出客观的评价，把奋斗的目标确定在自己通过努力可以达到的范围内，否则会给自己造成无形的压力。

有一个对幼儿期望的测试是这样的：在一所幼儿园的一棵树上挂满苹果，苹果有大有小，越高的苹果越大，大的苹果诱惑也大，但往往是孩子们可望而不可即的。游戏的规则是：在10分钟内，不借助任何外界力量，凭自己的能力与努力拿到苹果，而且拿到的苹果归幼儿所有。

游戏中树的高度是根据幼儿的身高制作的，目的是为了让他们学会如何确定合理的目标，以及通过自己的努力拿到苹果后所感受到的成就感，增强其信心。这个游戏的最终结果发现，大部分幼儿对那些挂得较低的、轻而易举就可以得到的苹果不屑一顾，他们感兴趣的往往是那些自己跳一跳、伸一伸手就可以拿到的苹果。只有极个别的幼儿随手摘了一个苹果就走开了，大部分幼儿一直盯着挂在最上面的几个又大又红的苹果。由于游戏规定不能借助任何外界力量，只能凭自己的努力去拿，所以，这些幼儿在规定的时间内大部分都没有拿到苹果。

在这个游戏中，树上的苹果就像人的一种预期目标，大的苹果固然有其强大的吸引力，却未必人人都能得到。因此，若想得到良好的结果，重在量力而行。

期望是指向未来的一种倾向。合理的期望会成为行动者的行为动力，从而对自己付出努力能够达到什么样的成绩提出一种预期。但过低或过高的期望都是不合理的。过低的期望往往不能提起一个人的兴趣，轻而易举就能得到的东西容易被忽视，而过高的期望则会增加行为者的压力，增强挫败感。若预期的目标制定得合理，并通过适当的努力达到了，就能使人的信心得以巩固和增强，并使自己的心理处于良好的状态之中，同时，也为下一次努力奋斗奠下坚实的基础，反之，就极易对自己的自尊和自信心产生消极的影响，进而带来巨大的压力。很多人在进入一个“人才济济”“人外有人”的新环境中后，之所以感到巨大的压力，乃至处处碰壁，最大的原因就在于他们没有确立好自己的预期目标，给出自己一个合适的期望值。因此，在一个新的环境下，更需要重新衡量自己的实力，给自己重新定位。

跳一跳，够得着的地方就是你要实现的最近目标，学会为自己定个合理的目标，是每个人都应认真对待的问题。学会量力而行，学会客观评价自己的能力，并在不断的前进中增强自信，达到最终目标。

有一个关于期望的看似很难回答的问题：“我们能不能吃掉一头大象？”实现这样的一个期望，表面上看来的确有很大的难度，但这里可以告诉你，吃掉一头大象的方法就是“一口一口地去吃”。同样，把一个大的目标分解成一个个小的目标，然后，从第一个目标开始做，你就会最终实现大的目标，而且不会产生太大的压力。这个世界上没有任何捷径能够一步登天，只有脚踏实地，才能走得稳，走得远。对自己有一个切合实际的期望，就如同为自己量身定做一个切合实际发展的目标一样。山田本一的例子便正好说明了这一点。

1984年，在东京国际马拉松邀请赛中，名不见经传的日本选手山田本一出人意料地夺得了冠军。当记者问他凭什么取得如此惊人的成绩时，他说了这么一句话：“凭智慧战胜对手。”当时，不少人都认为这个偶然取得冠军的矮个子选手是在“故弄玄虚”。

10 年以后，这个谜底终于被揭开了。山田本一在自传中是这么写的：“每次比赛之前，我都要乘车把比赛的路线仔细看一遍，并把沿途比较醒目的标志画下来。比如第一个标志是银行；第二个标志是一棵大树；第三个标志是一座红房子……这样一直画到赛程的终点。比赛开始后，我就以跑百米的速度，奋力地向第一个目标冲去，过第一个目标后，我又以同样的速度向第二个目标冲去。起初，我并不懂这样的道理，常常把目标定在 40 公里外的终点那面旗帜上，结果我跑到十几公里时就疲惫不堪了。我被前面那段遥远的路程给吓倒了。”

其实，要达到目标，就像上楼一样，不用楼梯，一楼到十楼是绝对蹦不上去的，相反，蹦得越高就摔得越狠，必须是一步一个台阶地走上去。就像山田本一一样，将大目标分解为多个易于达到的一个个小目标。一步步脚踏实地，每前进一步，达到一个小目标，使山田本一体验了“成功的感觉”，而这种“感觉”强化了他的自信心，并将推动他发挥出潜能，以达到下一个目标。

大成功是由小目标所累积的，每一个成功的人都是在达成无数的小目标之后，才实现了他们伟大的梦想。因此，在你向自己的远大目标迈进的过程中，不妨像山田本一那样，把它分解成一个个的小目标，然后逐个地去实现它们。在自己合理的期望下，自身的压力指数无形间便下降了。

不要为难自己

人的才干可能有长有短，但绝对的全才和专才是没有的。无论哪件事，都一定会有比自己做得好的人。玩什么都不必精通，从创造性的消遣中自得其乐，仍不失为自我改造的办法。美国的斯特莉克曾给人们留下了这么一个颇具欣赏和玩味故事：

一天下午，斯特莉克正在弹钢琴时，7 岁的儿子走了进来。他听了一会说：“妈妈，你弹得不怎么专业啊？”斯特莉克心说，不错，是不怎么专业。任何认真学琴的人听了我的演奏都会退避三舍，不过我并不在乎。多年来斯特莉克一直是这样不专业地弹着，但是她一直弹得很高兴、很开心。

斯特莉克也喜欢“不专业”地歌唱和“不专业”地绘画。从前她还自得其乐于“不专业”地缝纫，后来做久了终于做得还算不错。斯特莉克在弹琴、绘画方面的能力是不很强，但她不以为耻。在斯特莉克看来，任何人能够有一两样特长就应该够了。

在人们的眼中无论谁若是能唱两句、画两笔、拉拉提琴，仿佛就能显示其高雅的素质。可是在如今竞争激烈的世界里，我们不可能做到样样精通、行行优秀，好像自己必须成为全能的专家一样。斯特莉克的经历，告诉我们一个道理：不管从事什么活动，不要勉强自己达到超越自我的能力，去奢求难以企及的标准或目标。

有一位画家，举办过十几次个人展，参加过上百次画展，无论参观者多少与否、有没有获奖，他的脸上总是挂着开心的微笑。

在一次朋友聚会上，一位记者问他：“你为什么每天都这么开心呢？”

他微笑着反问记者：“我为什么要不开心呢？”

之后，他讲了他儿时经历过的一件事情：

我小的时候，兴趣非常广泛，也很要强，画画、拉手风琴、游泳、打篮球，样样都学，还必须都得第一才行。

这当然是不可能的。于是，我闷闷不乐，心灰意冷，学习成绩一落千丈，有一次我的期中考试成绩竟排到全班的最后几名。

父亲知道后，并没有责骂我。晚饭之后，父亲找来一个小漏斗和一捧玉米种子，放在桌子上。告诉我说："今晚，我想给你做一个试验。"父亲让我双手放在漏斗下面接着，然后拣起一粒种子投到漏斗里面，种子便顺着漏斗滑到了我的手里。父亲投了十几次，我的手中也就有了十几粒种子。然后，父亲一次抓起满满一把玉米粒放到漏斗里面，玉米粒相互挤着，竟一粒也没有掉下来。父亲意味深长地对我说："这个漏斗代表你，假如你每天都能做好一件事，每天你就会有一粒种子的收获和快乐。可是，当你想把所有的事情都挤到一起来做，反而连一粒种子也收获不到了。"

20 多年过去了，我一直铭记着父亲的教诲："每天做好一件事，坦然微笑地面对生活。"

意大利人卢西亚诺·帕瓦罗蒂，是世界著名的男高音歌唱家。

在回顾自己走过的成功之路时，他说：

"当我还是个孩子时，我的父亲就开始教我学习歌唱。他鼓励我刻苦练习，培养嗓子的功底。后来，在我的家乡意大利的蒙得纳市，一位名叫阿利戈·拉的专业歌手收我做他的学生，那时，我还在一所师范学院上学。在毕业时，我问父亲：'我应该怎么办？是当教师还是成为一个歌唱家？'

"我父亲这样回答我：'卢西亚诺，如果你想同时坐两把椅子，你只会掉到两把椅子之间的地上。在生活中，你应该选定一把椅子。'

"我选择了唱歌。经过 7 年的学习，终于第一次正式登台演出。此后我又用了 7 年的时间，才得以进入大都会歌剧院，现在我的看法是：不论是砌砖工人，还是作家，不管我们选择何种职业，都应有一种献身精神。坚持不懈是关键，选定一把椅子吧。"

我们不反对自我的进取，当目标、干劲和好胜心在合理的范围内才是值得钦佩的。可是，现在许多人已不知道何谓合理范围。我们每个人都应该依据自身的能力，去做一些力所能及的事情，但不要要求自己事事精通。我们有一两样做得很不错，其实，任何人有一两样就应该够了。就像下面的白兔子那样，就可以得到满足。

两只兔子在森林里散步，白兔子的鞋带有些松散了，它却视而不见，依然悠闲自得地往前晃晃悠悠。灰兔子好心地提醒说："你真懒，把它系上不好吗？"

"又没什么猛兽赶来，急什么？"白兔子回答道。

灰兔子又问："为什么要有猛兽追赶你才会系鞋带呢？"

"那个时候我就会跑得快啊！"白兔子说。

"但是你也跑不过猛兽啊！"灰兔子提醒道。

白兔子半开玩笑地说："我不是要跑得快过猛兽，我是要跑得快过你。"

这个寓言告诉我们：你不需要比所有人都强，只要强过自己的对手或同行就行了，这样就足以使你出类拔萃。

全才肯定会更能适应现代社会，他们可以有很多选择的余地，可以在许多不同工作环境下工作。只要他用心，肯定会脱颖而出。全才不一定是 365 行样样都行，但至少要会几种东西，并且要精。会各方面知识但只是会皮毛的人，就算不上是全才，因为他们只“全”不“才”。

专才也不一定不适应现代社会，他只要找准自己特长方面的工作，一定比一些只懂得皮毛的全才要优秀。专才有专才的好处，因为他很“专”，所以只会在某一方面下功夫，不会盼东顾西，所以会用心去做自己专长的事情，那样干起来也得心应手。

俗话说：“只要功夫深，铁杵磨成针。”所以你无论是想当全才还是专才，都必须下功夫。“才”字不是全才和专才自己评的，只要你在某方面或是几个方面干起来比一般人强，更专业些，就不会被社会淘汰。

另外，过高的要求也会不切实际，会变得好高骛远，到头来失望也就会随之而来。因为他们与现实脱钩，现实与愿望总存在差距，因而他们得不到满足，更没有快乐可言。他们实际上是在不断地给自己制造麻烦，他们很难轻松起来，甚至会感到沮丧不安。

有一个自以为是全才的年轻人，毕业以后屡次碰壁，一直找不到理想的工作，他觉得自己怀才不遇，对社会感到非常失望。

多次的碰壁，让他伤心而绝望，他感到没有伯乐来赏识他这匹“千里马”。痛苦绝望之下，有一天，他来到大海边，打算就此结束自己的生命。在他正要自杀的时候，正好有一位老人从附近走过，看见了他，并且救了他。老人问他为什么要走绝路，他说自己得不到别人和社会的承认，没有人欣赏并且重用他……

老人从脚下的沙滩上捡起一粒沙子，让年轻人看了看，然后就随便地扔在了地上，对年轻人说：“请你把我刚才扔在地上的那粒沙子捡起来。”

“这根本不可能！”年轻人说。

老人没有说话，从自己的口袋里掏出一颗晶莹剔透的珍珠，也是随便地扔在了地上，然后对年轻人说：“你能不能把这颗珍珠捡起来呢？”

“当然可以！”

“那你就应该明白是为什么了吧？你应该知道，现在你自己还不是一颗珍珠，所以你不能苛求别人立即承认你。如果要别人承认，那你就要想办法使自己成为一颗珍珠才行。”年轻人蹙眉低首，一时无语。

有的时候，你必须知道自己是普通的沙粒，而不是价值连城的珍珠。你要卓尔不群，那要有鹤立鸡群的资本才行。所以忍受不了打击和挫折，承受不住忽视和平淡，就很难达到辉煌。若要自己卓然出众，那就要努力使自己成为一颗珍珠。毋庸置疑，过高的期望总是会与现实不相符，原来你期望的那些美好的东西都将被现实一一击碎。

凡事要想得开

人生漫漫，世事坎坷。然而在平时的生活当中有很多人一旦遇到不如意的事就会生闷气，精神长期处于一种闷闷不乐、压抑的状态，这样非常容易诱发许多身心疾病。

从医学角度来讲，生闷气很容易破坏人体的心理平衡与防御机制。通过神经递质和神经内分泌激素作用，使人体免疫功能减弱，就非常容易引起癌肿的形成，特别是消化系统的癌肿。生闷气者把不如意的事记在心头，造成了思想负担，对大脑皮层是一种恶性刺激。如果这些刺激越来越多，越来越强烈而持久，轻者可引起神经衰弱，重者导致精神病，甚至自杀。实验证明，精神压抑能影响消化液分泌，使胃黏膜变得苍白，胃液分泌不足，胃肠蠕动减弱。因此，生闷气会使人感到消化功能减弱。通常所说的“气得吃不下饭”也就是这样的道理。

如果长期生闷气，情志不舒就很容易导致气机郁滞，气滞不通，不通则自然就会痛。所以，对于生闷气的人通常都会感到胸部闷胀，同时由于肝气失调，脾的运化功能失常，胃纳下降，最后导致溃疡病的发生。所谓“病从思虑而得”“肺都气炸了”即指此而言。

可是，现在很多人却往往习惯于给自己找气。有的人因为没有发财而愤愤不平，有的人因为仕途不顺而闷闷不乐，有的人因为工作烦恼而怨天尤人，有的人因为生活苦恼而灰心丧气，其实大可不必。有道是：退一步海阔天空，让三分柳暗花明。又云：世事如棋让一着不为亏我，心田似海纳百川方见容人，凡事要想开些才好。

毕竟，人不会个个都那么幸运，一生中谁没有这样的经历：考试失败、爱情平淡、家庭不幸、工作挫折、晋升无望、老来寂寞。人生总会有烦心的事，睁开两眼历历在目，闭上双眸空无一物，倘若凡事都记得，怎能不让人负重前行？

小说家达克顿曾认为除双目失明外，他可以忍受生活上任何打击。但当他双目真的失明后，却说：“原来失明也可忍受。人能忍受一切不幸，即使所有感官都丧失知觉，我也能在心灵中继续活着。”我们并不主张人应逆来顺受，但对无可挽回的事，就要想开点，不要强求不可能的结果。

用精力和不可避免的事情抗争，就不能再有精力重建新生。为什么车子的轮胎能经得起长途辗磨呢？开始人们设计出很硬的抗震车胎，但用不了多久，就被震得七零八落。后来造出有弹力的防震车轮，这才经得住磨损。如果我们也能像这种车胎一样，那我们也会生活得稳定和长久。

人生百年，不如意的事情是常有的。正所谓人比人气死人，涉及到名誉、地位、财富——人与人之间实在没有多大的可比性。这倒不是说自己一定比别人差多少，而是机会这东西总是偏心眼。有的人官运亨通、财源滚滚、美人拥簇、宝马香车，诸多好事得来全不费工夫；轮到自己就不同了，千辛万苦、百般努力，然而人世间的“好事”通常总会同你“捉迷藏”，可望而触及不到。每当遇这种情况时我们应该怎么办？怨天尤人？当然没用；抱怨命运不公，也无济于事，于事无补；撒泼骂街？也只能是丢人现眼。最好的办法，还是要想开点。

只要凡事想开点，就不会那么累了。一个人活在这个世上，会有谁不感到累啊？其最重要的是自己的心态，不要总觉得自己为家庭、为事业、为孩子……付出了多少，相信付出的同时或之后你终会有相应回报的，如孩子带给你的快乐、高薪带给你的经济富足、家庭带给你的幸福……当然所有的投资都是风险与机遇并存的。如果凡事能够想得开一些，也就自然不会闷闷不乐了。

总而言之，生闷气，心情的烦躁、不愉快都严重地破坏人体的心理平衡，更影响精神与情绪。我们都需要积极地去预防和控制。针对这些情况需要注意以下几个方面：

第一，开阔心胸。凡事想开点，要有理想目标。一个有所追求的人心胸就会自然变得开阔，心底无私天地宽，与人相处要“淡化自我”。

第二，扩大社交范围，倾诉心中的不悦。多参加集体社交活动，从个人的狭窄天地跳出来。不要把苦闷、不悦压在心中，把困难向亲人、挚友、四邻倾诉，这样就自然能够使自己的内心感到轻松。

第三，充实知识，驱除心灵之中的黑暗。读书是清除愁闷的良方妙药，知识能给人力量、给人智慧、给人无穷无尽的乐趣。

第四，善于适应环境，调整自己对现实的态度。有一句格言说：“当人们在不能改变自己所处的现实的时候，理智的办法是改变自己对现实的态度。”也许经过你自己的一番努力，就自然会出现“山重水复疑无路，柳暗花明又一村”的美好前景。

不要让自己背负太多

生活就像一个篓子,里面的东西越多,你的压力就越大。要真想减轻压力,其实也容易得很,只要将篓子里的东西扔出去几样,就会轻松了。

放弃是一种量力而行的睿智。大观园内的王熙凤,精明能干远胜过贾府中任何一男子,但她太争强好胜,万事劳心,终为所累,反误了卿卿性命。人为血肉之躯,精力有限,时间有限。在生活中应该学会取舍。取其要者而为之,不要者而舍之,不为琐事劳心伤神。身体乃革命本钱,一旦身体遭损,皮之不存,毛将焉附!

放弃是一种顾全大局的果敢。放弃同样需要勇气和胆略。面对全军覆没的危险,有胆略的军事家会说:三十六计,走为上。面对将要破产倒闭的厄运,有眼光的企业家会说:留得青山在,不怕没柴烧。大兵压境时,毛泽东毅然放弃过延安。落水的财主因舍不得腰间沉甸甸的铜钱而最终葬身鱼腹。

放弃是一种泰然处之的大度。汲汲于名利者永远不会知道满足。金山银山,换不来会心一笑;机关算尽,只留得千年骂名。请记住赫拉克利特的话,最优秀的人宁愿要一件东西,而不要其他一切。

学会放弃吧。放弃并不完全代表着失败和气馁,务实的放弃是为了更少地失去。有时,选择了放弃,也便选择了成功和获得。

如果几个人毕业后一起分到一家工厂,而这家厂管理松懈、设备老化、产品过时,种种迹象表明在这里干前途渺茫。面对现状,不同的人会采取不同的策略:有的主动下岗自谋生路,有的暂时留在厂内准备找到合适的岗位再跳槽。后者的择业思路一直为媒体推崇,即所谓“骑牛找马”,它符合国人求稳的心态,从理论上讲的确是最佳选择。

然而实践证明,孤注一掷自谋生路者大多走出了一条新路,“骑牛找马”的最终却很难找到马,虚度了人生中的黄金十年。

某人所学专业不错,家境也可以,在单位工作的十年间他几乎没有停止过“充电”,先自修英语、计算机;又拿了驾驶执照,谁也不能说他不曾努力过。然而一次次利用业余时间匆匆参加招聘会,一次次权衡利弊最终因为有一匹“劣马”可骑便迟迟下不了决心,怕一失足摔得很狼狈。等单位面临破产这才打算搏一下,但年龄已大,竞争力大打折扣。另一位同事则相反,他在上班第二年便毅然离职去了广东,其间也曾有半年找不到工作的时候,可几经努力最终站住了脚,现在已成为了“金领”一族。

其实,放弃还体现了一种人生境界,正所谓大弃大得,小弃小得,不弃不得。

在日常生活中,对于不用之物的处理往往体现出一个人的思维方式。随着人们生活水平的提高,物尽其用的概念已经成为多余。现时,家家都有不少已被更新淘汰但并未完全丧失功能的物品,有些人家舍不得丢弃,日积月累,无用之物越积越多,等到堆放不下了,只能惋惜地集中扔掉,并在疲劳的同时慨叹着“早知今日,何必当初”。

有些人随时淘汰那些不再需要的东西,省去了集中处理的精力,平时家中也显得简洁明快。其实人生又何尝不是如此,即便过着平凡的日子,也依然会不断地积累,大到人生感悟,小到一张名片,都是从无到有,积少成多。无论你的名誉、地位、财富、亲情,还是你的烦恼、忧愁都有很多该弃而未弃或该储存而未储存的。人类本身就有喜新厌旧的癖好,都喜欢焕然一新的感觉。

在生活中也应该学会遗忘不如意的时候，学会放弃生命中可有可无的东西，心胸自会坦然。

有一个聪明的年轻人，很想在一切方面都比他身边的人强，他尤其想成为一名大学问家。可是，许多年过去了，他的其他方面都不错，学业却没有长进。他很苦恼，就去向一个大师求教。

大师说："我们登山吧，到山顶你就知道该如何做了。"

那山上有许多晶莹的小石头，煞是迷人。见到他喜欢的石头，大师就让他装进袋子里背着，很快，他就吃不消了。

"大师，再背，别说到山顶了，恐怕连动也不能动了。"他疑惑地望着大师。"是啊，那该怎么办呢？"大师微微一笑："该放下，不放下背着石头咋能登山呢？"大师笑了。

年轻人一愣，忽觉心中一亮，向大师道了谢走了。之后，他一心做学问，进步飞速……其实，人要有所得必要有所失，只有学会放弃，才有可能登上人生的高峰。

我们很多时候羡慕在天空中自由自在飞翔的鸟儿，人其实也该像这鸟儿一样的，欢呼于枝头、跳跃于林间，与清风嬉戏、与明月相伴，饮山泉、觅草虫，无拘无束、无羁无绊。这才是鸟儿应有的生活，才是人类应有的生活。

与人类相比，鸟儿面对的诱惑要简单得多。而人类，却要面对来自红尘之中的种种诱惑。于是，人们往往在这些诱惑中迷失了自己，从而跌入了欲望的深渊，把自己装入了一个个打造精致的所谓"功名利禄"的金丝笼里。

这是人类的悲哀。然而更为悲哀的是，鸟儿被囚禁于笼中，被人玩弄于股掌之上，仍欢呼雀跃，放声高歌，甚至于呢喃学语，博人欢心；而人类置身于功名利禄的包围中，仍自鸣得意、唯我独尊。这应该说是一种更深层次的悲哀。

人生在世，有许多东西是需要不断放弃的。在仕途中，放弃对权力的追逐，随遇而安，得到的是宁静与淡泊；在淘金的过程中，放弃对金钱无止境的追逐，得到的是安心和快乐；在春风得意，身边美女如云时，放弃对美色的占有，得到的是家庭的温馨和美满。

人总喜欢给自己加上负荷，轻易不肯放下，自谓为"执着"。执着于名与利，执着于一份痛苦的爱，执着于幻美的梦，执着于空想的追求。数年光华逝去，才感叹人生的无为与空虚。我们总是固执得感性，由"我想做什么"到"我一定要做到什么"，理想与追求反而成为一种负担。冥冥之中有人举着鞭子驱使着我们去追赶，我们追得到什么？夸父始终也没能追上太阳的东升西落。

适当的放弃何尝不是一种美德。或许有另一扇窗户开着，蜜蜂掉头就能飞出去。外面是自由的天、自由的地、自由的空气、自由的心。

知难而退是一种智慧

"锲而不舍，金石可镂。"这是古人留下的一句著名治学格言，也是为世人推崇的成才之道。

其实，苦学不辍，持之以恒，只是一个人成才的条件之一，而其他条件，譬如机遇、天赋、爱好、悟性、体质等也是缺一不可的。如果你研究某一学问、学习某一技术或从事某一事业确实条件太差，而经过相当的努力仍不见效，与其天天在失败的重压下苦苦支撑，还不如知难而退，以求另辟蹊径。

比如学弹钢琴，据几年前的统计，北京、上海各有 10 万琴童，全国有多少，不得而知，估计不会少于 100 万吧！要是光弹着玩玩倒也罢了，可事实并不是这样，许多家庭都是认认真真把孩子当个钢琴家来培养的。很多夫妇自认为“这一辈子就这样了”,孩子无论如何也要让他成就一番事业。于是省吃俭用,给孩子置办了一架进口钢琴,立志要培养出一个中国的“肖邦”“李斯特”。再如高考,一年一度高考风起云涌,一番拼搏,分出高低,几家欢喜几家愁。受教育资源限制,不论你如何“执着追求”,使尽浑身力气,录取率就决定了必然要有近一半的考生要自愿或不自愿地“放弃”上大学的愿望。如果差距不大,偶尔失手,自然不妨厉兵秣马,来年再战;倘若成绩实在差距太大,再考几次也难有多大提高,那就应当机立断,学会“放弃”。

有道是“成才自有千条道,何必都挤独木桥”,世界首富比尔·盖茨大学就没上完,大发明家爱迪生不过才小学毕业,照样不耽误人家成名成家,你又何必一条道走到黑呢?或许,你只退这么一步,便会海阔天空。

人生苦短,韶华难留。选准目标,就要执着追求,以求“功成名就”。但若目标不适,或主客观条件不允许,与其蹉跎岁月,徒劳无功,就不如学会放弃。如此,才有可能柳暗花明,再展宏图。

人生总会碰到许多走不通的路,在这条路上,当你完全看不到希望的时候,你就应当仔细地想一想,是要继续坚持下去,还是该考虑知难而退,改换方式,重新选择另一条路呢?

我们常常形容一些顽固不化的人是“不撞南墙不回头,”你真的要撞得头破血流才愿意放弃吗?这时你应该反思一下自己;以自己的能力来说,是否走错了路?因为有些人一开始方向就可能是错误的。如果走错了路,就应该及早回头,去寻找一条适合自己、更有希望的路。

杜邦家族之所以能保持辉煌,就是懂得知难而退的道理。一战时,杜邦家族一直是军火生产的大型供应商。然而,杜邦并没有被暂时的超额利润所迷惑,因为他深知战争总有结束的一天,为此,他并不执着于军火工业,而是积极地寻求其他领域,几经斟酌,杜邦第6任总裁皮埃尔选定了化学工业作为杜邦新的发展方向。杜邦之所以选择化学工业,一是因为化学工业与军工生产关系密切,转产容易;另一方面是其他行业大多被各财团瓜分完毕,唯有化学工业比较薄弱,且潜力极大。事实证明杜邦的决定是很正确的,在20世纪50年代其他家族相继衰败时,杜邦家族以经营化工用品而发迹。

所以,当你所从事的事情一直没有成功的希望时,那就不必再浪费时间了,不要再无谓地消耗自己的力量,而应该尽早放弃,从事别的事情。

当然,在你重新选定方向之前,一定要经过慎重的考虑,千万不可以三心二意、没有经过任何努力就放弃了。知难而退并不是懦弱地退却,而是经过努力和认真思考后所做出的决定,那种没有经过任何努力就轻易放弃的行为是不值得赞赏的。

我们每个人的时间都是有限的,有许多事情都是不值得花无数的时间去完成的,在这种时候,适时地放弃也许才是最好的选择。

放下负担,学会认输

股市如人生,在炒股中,我们往往能感悟到一些人生的哲理与智慧。比如,看着人家的股票直往上走高,整个股市牛气冲天,偏偏自己的几只股却被套牢了。想当初刚买下时也是一路上涨,本打算到一个价位就出货,看看势头那么好,就又捂了几天,谁想后来就开始跌;只是犹豫了一下,就跌回了买价。想到原本是可以赚到一笔的,此时出手实在不甘,于是再等等,就这样套了下去,一路还不停地按股市专家的教导在低位补仓,直至资金全部用尽,直至被深深套牢。看着股市人气旺盛,一片翻红,也心仪其中几只,无奈资金被占用光了,若将手中的抛出去,总觉得亏损太多,心有不甘,只好“望洋兴叹”。

其实,如果放弃手中的,在别的股票上重新投资,以盈补亏,未必不是一个补救的办法,何必要一直死守着呢?股市向来讲行情,一轮一轮的,此起彼伏,一个个概念股轮着炒,大势已去时,及时回头,该抽手时就抽手,也许早就赚回来了。

不只炒股,生活也如此。人生就像投资,婚姻、工作、投资项目等等。

有一个大学时的高才生,经过一段社会历练后,以前的那股锐气和豪情壮志自然是没有了,而是被磨炼成一副不堪重负的样子。他怨自己当初进错了行业,到了一个不具有自己优势的陌生行业。

问他为什么不换换呢?他说,干了这么多年,付出了那么多,放弃这些,再从零做起,觉得亏。“放弃了,以前不是白干了?”眼里满是“何必当初”的绝望。所以坚守,一直坚守,十年前如此,五年前如此,如今更不甘了。唯有死扛下去,绝不回头,听来多么英雄气长。何况还有疑虑:放弃了,再做别的,就一定能成功吗?所以他还是选择了等待。

其实,放弃之所以难做到,是因为它看来就是承认失败、就是认输。在我们所受到的教育里,强者是不认输的。所以我们常常被一些高昂而英雄气的光彩词语所激励,以不屈不挠、坚定不移的精神和意志坚持到底,永不言悔。是的,人需要百折不回,要有坚强的意志和毅力向目标奋斗。但是,奋斗的内涵不仅是英雄不言悔、不屈不挠地对原来的目标坚定不移,人生的道路还常常需要修正目标、调校方位,在死胡同坚持走到底的并不是英雄,死不认输只会毁掉自己。这种人连自己的心结都没有胜过,怎么可能成为强者,成为英雄?不过是畏惧失败、没有自信罢了。

刘大叔在院门口摆了一个棋摊,他立下一个规矩,凡输了的,不输金输银,但必须说一句:“我输了”。不说也可以,但你必须从他那三尺来高的棋桌下钻过去,以示惩罚。既然是楚河汉界,就要分个胜负,这不奇怪。奇怪的是有些人宁愿钻桌子,也不愿认输。

院里的赵大爷,嗜棋如命,棋艺也高,只有别人向他拱手认输,他却从未开口说过输字。一日,有一位棋友,慕赵大爷高名,前来对弈。赵大爷第一次遇到了对手,一连三局,赵大爷都是输了。每次输后,他总是黑着脸,二话没说,就从棋桌下钻过去。

后来有人问赵大爷:“你这是何苦呢,说一声输了,不就得了,为什么要钻桌子?”赵大爷把脖子一拧:“这输字能轻易说的么?你就是砍了我的头,我也不会说的。”

这正应了那句老话:“宁输一垄田,不输一句言。”可见我们很多人,只知道一味追求要赢,从来不知道认输。其实认输,也是人生的必修课。

学会认输,就是承认失误,承认差距,目的是为了扬长避短。人与人之间,智力的差距,体力的差距,技艺和知识的差距,总是存在的。明知自己臂力不如人,却要与人家硬拼,不知后退,那就只有彻底输掉自己。

人非圣贤,在生活中搭错车的事,总是难免。但当我们发现自己搭的车,与自己目的地走向不对时,就应马上下车。如果你不承认错,硬要一条道儿走到底,那只能南辕北辙,距你的目的地更远,吃的苦更多。像赵大爷那样,不肯认输,那就只有钻桌子。其实钻桌子,也是一种认输的方式。

学会认输,就是让你面对现实,回到原来的起点,另起炉灶。比如我们当初择业不慎,进错了单位,既不能扬己之长,又没有发展前途,那就走人吧。调整好思路,另谋发展。因为生活中不尽如人意的事情会经常遇到。如一项工程,一次恋爱,一种发明,当你在经营和进行的过程中,已经发现走到了尽头,没有任何转机的可能,那就认输吧。该放弃的就得放弃,该下车时就及时下车,不要迷信车到山前必有路。应该相信,回头是岸。不吊死在一棵树上,这才是明智的选择。

认输是人生的必修课。人的生命有限,知识有限,输是必然,赢是偶然。学会认输,就是面对生活的真实,承认挫折,明智地绕过暗礁,避凶趋吉,让自己很理性地抵达成功的彼岸。

因此,想成为真正的强者,必须要学会认输、学会放弃。放弃了才能再做新的,才有机会获得成功。这样的放弃其实是为了得到,是在扬弃中开始新一轮的进取,绝不是低层次的三心二意。拿得起,也要放得下;反过来,放得下,才能拿得起。荒漠中的行者知道什么情况下必须扔掉过重的行囊,以减轻负担、保存体力,努力走出困境而求生。该扔的就得扔,生存都不能保证的坚持是没有意义的。

如果知道自己摸到的是一手臭牌,就不要再希望这一盘是赢家;在陷进泥潭时,要知道及时爬起来远远地离开那里;在被狗咬了一口时,不要去下决心也咬狗一口;被蚊子咬了后,不会到蚊子法庭去讨回公道;上错了公共汽车时,要及时地下车,去上另外的一辆。会认输是基本的生活常识,人不仅要知道进取,也要学会认输,知道放弃。进取和放弃同样重要。

当一项投资的失败成为不争的事实,及时放弃,将损失控制在最小范围,实际上是当时最好的"盈利"——虽然没有绝对值上的盈利,但是,却不会继续加大损失。所以,聪明的炒股人会设定一个止损点,到了这个点,就停止继续追加投资;所以,会有"割肉""断臂"甚至"斩腰"等等。所以,不仅要果断买入,也要及时地卖出,要学会斩仓。讲股市技术分析的老师在课堂上反复强调这一点。

把钱投出去是投资,停止投资也是一种投资,是更高层次的投资。承认失败,及时收手,才可能再展开新一轮的投资。人生如此,办企业也如此。

还有一种情况。像人的生命一样,产品也有生命周期,分'投入期、成长期、成熟期、衰退期'。当产品走入衰退期时,企业要做的是什么呢?一厢情愿地等待市场转机、拼命地去推销它,还是及时分析市场,调整产品战略,开发新产品?有时候,人们对当初为自己带来过巨额收益的产品总会恋恋不舍,希望奇迹能发生,期盼风光再现。然而,过去的好时光是不会重现的。

当年的福特车,那黑色宽大的T型福特车曾是多么风光!它占据了几乎全部的美国市场,但在几年的供不应求之后却不可避免地走了下坡路。由于福特公司没有及时更新换代,开发新产品,以至将市场拱手让给了通用的新车型;而通用也因同样的错误将市场让给了节能的日本小型车,这已成了管理的经典案例。

总之,学会认输,就是让你放下负担,避免更大损失,也就是纠正错误,重新开始,让你踏上正确的人生之旅。

该放手时就放手

"不是自己的,无论怎么争取,永远不会属于自己。"记住这句警世名言吧,该放手时就放手,才能消降压力,收获心灵的满足感。

人生中很多事情的失误甚至是失败,不是在于你在该追求的时候没有去追求,而往往是在于你在该放手的时候没有放手。该追求的时候,意味着要抓住时机去得到什么,在这样的情况下,人往往会及时与果断,但是在该放手的时候,往往是意味着拥有的一些东西将不得不失去,所以这时候,人往往就容易瞻前顾后,最终可能在患得患失中就错失了良机,也就使你一心想把握住的东西随之失去。

这是一个早上，妈妈正在厨房清洗早餐的碗碟。她有一个四岁的孩子，自得其乐地在沙发上玩耍。不久之后，妈妈听到孩子的哭啼声。究竟发生了什么事呢？妈妈没来得及将手擦干，就冲到客厅看看孩子去了哪里。

原来，孩子仍坐在沙发上；但是，他的手却插进了放在茶几上的花瓶里。花瓶是上窄下宽的一款，所以，他的手伸了进去，却抽不出来。母亲用了不同的办法，想把卡着了的手拿出来，但都不得要领。

妈妈开始焦急，她稍微用力一点，小孩子就疼得叫苦连天。在无计可施的情况下，妈妈想了一个下策，就是把花瓶打碎。可是她稍有犹豫，因为这个花瓶不是普通的花瓶，而是一件价值连城的古董。不过，为了儿子的手能够拔出，这是唯一的办法。结果，她忍痛将花瓶打破了。

虽然损失不菲，但儿子平平安安，妈妈也就不太计较了。她叫儿子将手伸给她看看有没有损伤。虽然孩子没有任何的皮外伤，但他的拳头仍是紧握住似的无法张开。是不是抽筋呢？妈妈再次惊惶失措。

原来，小孩子的手不是抽筋。他的拳头张不开，是因为他紧握着一个硬币。他是为了拾这个硬币，所以手才卡在花瓶的口内。小孩子的手抽不出来，其实，不是因为花瓶口太窄，而是因为他不肯放手。

该放手的时候，不是叫你放手一搏而力求挽回，该放手的时候是在两难之中合理地做出取舍。鱼和熊掌都是美餐，能两者兼得当然最好，但是事情往往没有那么美好，在两选一的情况下，你只能追求适合你自己口味的东西，不要听人家说鱼的味道鲜美就追求鱼，也不要因为别人讲熊掌是山珍就追求熊掌。到底什么是自己的所需才是最重要的。

所以，当面临选择时，我们必须学会放弃。放弃，并不意味着失败。

像下围棋一样，小的利益虽然放弃，得到的却是更大的利益。但如果想兼得“鱼和熊掌”，恐怕连鱼也得不到了。

在滑铁卢大战中，大雨造成的泥泞道路使炮兵移动不便。拿破仑不甘心放弃最拿手的炮兵，而如果推迟时间，对方增援部队有可能先于自己的援军赶到，那样后果不堪设想。然而，在踌躇之间，几个小时过去了，对方援军赶到。结果，战场形势迅速逆转，拿破仑遭到了惨痛的失败。拿破仑的失败足以证明：在人生紧要处，在决定前途和命运的关键时刻，我们不能犹豫不决，徘徊彷徨，而必须明于决断，敢于放弃。卓越的军事家总是在最重要的主战场上集中优势兵力，全力以赴去争取胜利，而甘愿在不重要的战场上做些让步和牺牲，坦然接受次要战场上的损失和耻辱。

同样，在人生的战场，我们必须善于放弃，而倾注自己的时间和精力于主战场上，而不必计较次要战场的得失与荣辱。在我们的学习生活中，学会放弃同样重要。当你路过篮球场或足球场时，看到别人正尽兴比赛，听到那欢快的笑声时，能不动心吗？但这时，我们必须放弃一项：去燥热的教室里学习，或是在凉爽的绿茵球场上活动，斟酌损益，当放弃后者而取前者，因为我们的前途比短暂的欢乐更为重要。我们应当学会放弃，并且敢于放弃，不要为一点利益斤斤计较。

就算“鱼”与“熊掌”同等重要，在必须只取一件时，必然要放弃另一件。不要怕选择错误，因为错误常常是正确的先导，它会教我们逐渐学会放弃。

拿得起还要放得下

人们常说一个人要拿得起，放得下，而在付诸行动时，拿得起容易，放得下难。所谓放得下，是指心理状态，也就是我们常说的要敢于放弃，就是遇到千斤重担压心头，也能把心理上的重压卸掉，使之轻松自如。

放弃不是颓废，不是厌世，而是一门学问。人生在世，忙忙碌碌，疲于奔波，我们常常被强烈的愿望所驱赶，不敢停步、不敢懈怠，也不敢轻言放弃。背上的包裹越来越多，越来越沉，而我们什么都不愿放弃，因而，当收获越来越多的时候，身心也越来越累。

在现实生活中，放不下的事情实在太多了。比如做了错事、说了错话、受到上级和同事指责，于是心里总有个结解不开、放不下等等。这些心理负担有损于健康和寿命。有的人之所以感觉活得很累，无精打采，未老先衰，这就是因为习惯于将一些事情吊在心里放不下来，结果把自己折腾得疲劳而又苍老。

其实，简单地说，让人放不下的通常在于财、情、名这几个方面。想透了、想开了，也会看淡了，自然也就会放得下了。

一位老师带着他的学生打开了一个神秘的仓库。这个仓库里装满了放射着奇光异彩的宝贝，也不知存放者是谁。仔细看，每个宝贝上都刻着清晰可辨的字纹，分别是：骄傲、正直、快乐、爱情……这些宝贝都是那么漂亮、那么迷人，学生见一件爱一件，抓起来就往口袋里装。

可是，在回家的路上，他才发现，装满宝贝的口袋是那么的沉。没走多远，他便感觉到气喘吁吁，两腿发软，脚步再也无法挪动。

老师说："孩子，我看还是丢掉一些宝贝吧，后面的路还长着呢！"

学生恋恋不舍地在口袋里翻来翻去，不得不咬咬牙丢掉两件宝贝。但是，宝贝还是太多，口袋还是太沉，年轻人不得不一次又一次地停下来，一次又一次咬着牙丢掉一两件宝贝。"痛苦"丢掉了、"骄傲"丢掉了、"烦恼"丢掉了……口袋的重量虽然减轻了不少，但年轻人还是感到它很沉很沉，双腿依然像灌了铅一样的重。

"孩子"，老师又一次劝道，"你再翻一翻口袋，看看还可以丢掉些什么？"于是，学生终于把沉重的"名"和"利"丢掉了，只留下"谦虚""正直""快乐"和"爱情"。一下子，他感到说不出的轻松。但是，他们走到离家只有一百米的地方时，年轻人感到了前所未有的疲惫，他真的再也走不动了。

"孩子，你看看还有什么可以丢掉的？现在离家只有一百米了。回到家，等恢复体力还可以回来取。"

学生想了想，拿出"爱情"看了又看，恋恋不舍地放在了路边。他终于走回了家。

可是他并没有想象中的那样高兴，他在想着那个让他恋恋不舍的"爱情"。老师过来对他说："爱情虽然可以给你带来幸福和快乐。但是，它有时也会成为你的负担。等你恢复了体力还可以把它取回，对吗？"

第二天，他恢复了体力，按着来时路拿回了"爱情"。他真是高兴极了，他欢呼，他雀跃。他感到了无比的幸福和快乐。这时，老师走过来触摸着他的头，舒了一口气："啊，我的孩子，你终于学会了放弃！"

生活有时会逼迫你，不得不交出权力、不得不放走机遇。放弃，并不意味着失去，因为只有放弃才会有另一种获得。要想采一束清新的山花，就得放弃城市的舒适；要想做一名登山健儿，就得放弃娇嫩白净的肤色；要想穿越沙漠，就得放弃咖啡和可乐；要想有永远的掌声，就得放弃眼前的虚荣。

今天的放弃，是为了明天的得到。干大事业者不会计较一时的得失，他们都知道如何放弃，以及放弃些什么。

一个人倘若将一生的所得都背负在身，那么纵使他有一副钢筋铁骨，也会被压倒在地。

昨天的辉煌不能代表今天，更不能代表明天，过去的成就只能让它过去，只能毫不痛惜地放弃。

什么时候学会放弃，什么时候便开始了成熟。我们都要学会放弃，放弃失恋带来的痛楚；放弃屈辱留下的仇恨；放弃心中所有难言的负荷；放弃费精力的争吵；放弃没完没了的解释；放弃对权力的角逐；放弃对金钱的贪欲；放弃对虚名的争夺……凡是次要的、枝节的、多余的、该放弃的都应放弃。

学会放弃还要对已失去的事物有一种"既然已失去，就让它失去吧"的心态。

有一个收藏家，他酷爱陶壶，收集了无数个茶壶，只要听说哪里有好壶，不管路途多远一定亲自前往鉴赏，如果看中意了，而对方愿意割爱，花再多钱他也舍得。在他所收集的茶壶中，他最中意的是一只龙头壶。

一日，一个久未见面的好友前来拜访，于是他拿出这只茶壶泡茶招待这位朋友。二人开心地畅谈着，朋友对这只茶壶所泡出的茶赞不绝口，因此好奇地将它拿起来把玩，结果一不小心将它掉落到地上，茶壶应声破裂，全场陷入一片寂静，每个人都为这巧夺天工的茶壶惋惜不已。

这时这位收藏家站了起来，默默收拾这些碎片，将他交给一旁的下人，然后拿出另一只茶壶继续泡茶说笑，好像什么事也没发生过一样。事后，有人就问他："这是你最钟爱的一只壶，被打破了，难道你不难过，不觉得惋惜吗？"收藏家说："事实已经造成，留恋又有何益？不如重新去寻找，也许能找到更好的呢！"

我们每个人都有很多"宝贝"，但你不可能什么都得到，在某些时候一定要学会拿得起，放得下。拿得起是勇气，放得下是肚量，拿得起是可贵，放得下是超脱。

生活中，有些人总想什么都得到，凡事都非常放不下，结果越是放不下，越得不到。而有些人凡事都随遇而安，不但可以绝处逢生，而且能够抓住机遇，获得意想不到的成就。

在通常情况下，"放得下"主要体现在以下几方面：

(1)财能否放得下。李白在《将进酒》诗中写道："天生我材必有用，千金散尽还复来。"如能在这方面放得下，那可称是非常潇洒的"放"。

(2)情能否放得下。人世间最说不清道不明的就是一个情字。凡是陷入感情纠葛的人，往往会理智失控，剪不断、理还乱。若能在情方面放得下，可称是理智的"放"。

(3)名能否放得下。据专家分析，高智商、思维型的人，患心理障碍的比率相对较高。其主要原因在于他们一般都喜欢争强好胜，对名看得较重，有的甚至爱"名"如命，累得死去活来。倘若能对"名"放得下，就称得上是超脱的"放"。

(4)愁能否放得下。现实生活中令人忧愁的事实在太多了，就像宋朝女词人李清照所说的："才下眉头，却上心头。"忧愁可以说是妨害健康的"常见病，多发病"。狄更斯说："苦苦地去做根本就办不到的事情，会带来混乱和苦恼。"泰戈尔说："世界上的事情最好是一笑了之，不必用眼泪去冲洗。"如果能对忧愁放得下，那就可称是幸福的"放"，因为没有忧愁确是一种幸福。

面对压力，保持冷静

古今中外，凡是伟人，都有遇事不慌、沉着冷静的特点。也只有这样，他们才能正确地判断局势，取得成就。可见，冷静的心态往往是抵抗压力的重要因素。

大量的实验证明，冷静的心态是任何一个面临压力，但却不被压力所击垮的人必备的心理素质。面对压力，要学会自我解压，世上没有无所不能的人，人外有人，天外有天，企求事事精通、样样如意只会促使自己失去心理的平静。另外，面对环境和局势的变化，要保持冷静，避免急躁，才能缓解压力，应对自如。否则，不但于事无补，反而会因急躁而乱了手脚和方寸，使事态变得更糟，造成更大的压力。

两名病人因患肺结核而住进了医院，甲病人沉着冷静正确应对病情，安心接受医院的治疗，乙病人整天顾虑重重，时不时想到如此待下去会耽误大量的工作，内心压力很大，常处于烦躁之中。

甲病人见状便主动开导他："老兄，不要着急，先治好病，工作以后自然就可以顺利完成。"过了不久，甲病人治愈出院了，临走时勉励乙病人要安心治疗，不要那么着急。乙病人听从了甲病人的劝导，当乙病人出院的那天，看着迎面微笑着走来手捧着鲜花的甲病人，他的心里顿时有说不出来的感激。

面临灾难与烦恼，必须居高临下，反复思考，查明原因，这样能使你很快地稳定惊慌失措的情绪。另外，要认识到不幸和烦恼并不是不可避免的，也许是自己钻牛角尖，无端地把自己与压力绑在一起，折磨自己。

一位有27年飞行经验的老驾驶员，在介绍他飞行生涯中最不平常的经历时说："第二次世界大战时，我是F6型飞机的飞行员。一天，我们接到战斗命令，从航空母舰上起飞后，来到东京湾。我按要求把飞机升到离海面300英尺(约90米)的高度做俯冲轰炸，300英尺(约90米)在今天也许不算什么，但在当时，这是个不低的高度。"

"正当我以极快的速度下降，并开始做水平飞行时，我的飞机的左翼突然被击中，尽管不严重，但整架飞机还是翻了过来。人在飞机中，是很容易失去平衡感的，尤其在天和海都是蓝色的时候。飞机中弹后，我需要马上判断我的位置，以便决定我应该向上，还是向下操纵我的飞机。在我的飞机中弹的最初一瞬，在那生死攸关的关键时刻，我什么也没有做，没有去碰驾驶舱里任何控制开关，我只是强迫自己冷静、思考，绝不能冲动！于是，我发现蓝色的海面在我的头顶上，我知道了自己的确切位置，知道了我的飞机是翻转的。这时，我迅速推动操纵杆，把我的位置调整过来，最终，我完成了任务并胜利返航。在那一瞬间里，如果我冲动地依靠我的本能，一定会把大海当作蓝天，一头撞进海里，葬身鱼腹了。"

这位飞行员最终感慨道："是我的冷静救了我的性命。"

科学研究表明，"入静状态"能使那些由于过度紧张、兴奋引起的脑细胞机能紊乱得以恢复正常，你若处于惊慌失措、心烦意乱的状态，就别指望能用理性思考问题，因为任何恐慌都会使歪曲的事实和虚构的想象乘隙而入，使你无法根据实际情况做出正确的判断。当你平静下来，再看不幸和烦恼时，你也许会觉得它实际上并没有什么了不起，正视自己和现实就会发现，所有的恐怖与烦恼只是你的感觉和想象，并不一定是事实的全部，实际情形往往总比你想象的好得多，人所陷入的困境往往来源于自身，对自己和现实有一个全面正确的认识，是在突变面前保持情绪稳定的前提之一。当你处于困境时，被暴怒、恐惧、嫉妒、怨恨等失常情绪所包围时，不仅要压制它们，更重要的是千万不可感情用事，随意做出决定，要多想想别人能渡过难关，自己为什么不能冷静应变，调动巨大潜能去应付突变呢？

以冷静的心态去面对纷繁复杂的社会，就非常有利于对顺境与逆境的反思，就可有利于社会又有利于自己；以冷静的心态去面对五彩缤纷的生活，不仅有利于苦乐中的磨炼，还可以享尽人生中的惬意；以冷静去面对生活中的每个人，有利于善恶中的辨识，可亲君子而远小人；以冷静面对名利，有利于道德上的筛选，可提高人品和素质；以冷静面对眼前的坎坷，有利于安危中的权衡，可除恶果保康宁。冷静，可以使我们变得大度、理智、无私和聪颖。

减轻压力，保持健康心态

一个人应该有一个健康的心态，这是对正常人的基本要求。心理学家提出以下几种方法，可以帮助人们保持健康，减轻压力。

1. 宽容法

医学研究证明，宽容是一种对健康非常有利的心态。

荷兰希望学院的研究人员在最近进行的一项研究中，要求 71 名大学生分别采用宽容和非宽容的态度来回忆一个自己受伤害的情景，每个过程持续了大约 16 秒，然后进入一个放松期。在非宽容期间，他们要在脑海中重放事件全过程，回忆他们所受到的不公平际遇、他们的感受，以及他们持续怨恨的感觉。

结果发现，在非宽容时期，学生们的平均心率从每 4 秒 1.75 次的基础值增加到每 4 秒 2.6 次，血压在 4 秒一个周期的监测中升高了 2.5mmhg。但是，当学生选择对伤害他们的人采取宽容态度时，他们的心率每 4 秒平均下降了 0.5 次。

由此可见，宽容对健康是有利的。

2. 豁达法

人为什么有很多烦恼和压力，原因之一就是心胸太狭窄。因此，一个人应该心胸宽阔，豁达大度，遇到事情不要斤斤计较，这样就可以大大地减少不必要的烦恼和压力了。

3. 松弛法

一个人遇到压力或十分烦恼的时候，应该迅速离开现场，进行深呼吸，并配合肌肉的松弛训练，甚至还可以进行放松训练，采用以意导气的方法，这样就可以使全身放松，减轻或消除压力。

4. 平心法

一个人应该尽量做到“恬淡虚无”“清心寡欲”，不要被名利、金钱、权势、色情等困扰。要看清身外之物，同时培养广泛的兴趣爱好，陶冶情操，充实和丰富自己的精神世界。

5. 社交法

为了缓解压力，一个人应该经常参加一些有益于身心健康的社交活动和文体活动，广交朋友，促膝谈心，交流情感。

6. 乐观法

一个人要拥有健康和消除压力的能力，就要拥有乐观的心态，其中包括自得其乐、助人为乐、知足常乐三个方面。

自得其乐就是善于在日常生活中,尽量培养自己的兴趣和爱好,自寻快乐。譬如:通过琴棋书画陶冶性情,丰富生活;通过读书看报增长知识,开阔视野;通过跑步、做操、打球等锻炼身体,增强体质。

助人为乐就是在自己能力所及的范围内,帮助邻里间、社会上需要帮助的人,并在此过程中体会到乐趣。经常助人为乐的人,会感到其乐无穷,因为助人为乐之后常常会产生一种"社会需要我"的感觉。这种感觉可给人以追求,给人以力量。

知足常乐就是在生活、金钱和地位上满足当前的现状,没有过多的贪欲。人在顺境中是比较容易做到知足常乐的,但是,在逆境中也要学会知足常乐,才能避免徒增烦恼和压力。

7. 忘却法

忘记烦恼,可以轻松地面对再次降临的考验;忘记忧愁,可以尽情地享受生活所赋予的种种乐趣;忘记痛苦,可以摆脱纠缠,体味人生中的五彩缤纷;忘记他人对你的伤害,忘记朋友对你的背叛,忘记你曾有过的被欺骗的愤怒、被羞辱的气恼,你就会觉得自己已变得豁达宽容,生活中就会更加主动也更加有力量。总之,一个人要拥有健康和消除压力的能力,就要善于忘记,包括:忘形、忘劳、忘怀、忘情、忘年。

(1)忘形。庄子说:"养志者忘形。"就是说修身养性首先不要被自己形体所累,这样,就什么也不惧怕了。即使身患这样或那样的病症,也能使自己泰然处之,镇定自若,不焦虑,不消极,自然有利于战胜疾病,康复身体。

(2)忘劳。能心情舒畅,任劳任怨地适当参加工作、劳动,并把它看作是生活的一大乐趣和锻炼身体的一个内容,也是有利于身体健康的。

(3)忘怀。就是不自扰,不自卑,不沉沦,对一切不幸和打击,做到视有若无,豁达宽容。

(4)忘情。一切喜怒哀乐之事,都要淡然若忘,要精神超脱,这样,才能没有烦恼和压力。

(5)忘年。一个人特别是中老年人,不要经常产生"夕阳无限好,只是近黄昏"的悲观心态,应该尽量忘掉岁月,忘掉压力,自然有利于身心健康。

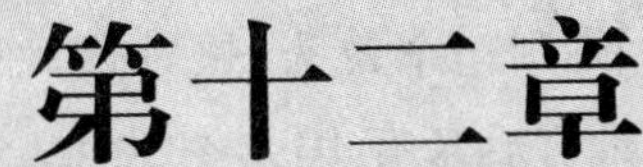

第十二章

学会放松，享受阳光的生活

人的一生是短暂的，但在短短的几十年中，无论谁都会遇到一些艰辛和坎坷，都要面对一些生活的压力。会生活的人懂得让自己放松，因为他们会调整自己的心态，懂得不断地清理身上的负重，从而让人生更轻松。

学会放松，人生才能轻松

没有人不渴望获得好心情，但好心情不会像自然界四季的交替一样，自然到来。要想有好心情，我们必须先学会放松，人一放松，好心情就会不期而至。

放松能带给你安详快乐的心境。如果你发现自己耳边充斥着各种让人烦躁的噪音，整日忍受着繁忙工作、家庭琐事的无穷折磨，每天的神经都绷得紧紧的，得不到一丝喘息的机会，那你就真该好好计划一下，找点时间，让自己彻底放松一下。

劳伦斯住在加州的一个小镇上，是一家商店的老板，他把自己如何获得好心情的过程讲了出来：

"太太抱怨我，说我的脸每天都绷得紧紧的，像一面没有生气的鼓；孩子更是说我像僵尸，上学前不愿亲吻我……但是有一天，当我又绷紧神经，心里想着如何让商店的生意好起来时，我在街道上看到一个镜头，顿时使我的烦恼烟消云散，全身立即放松，心情豁然开朗起来。这件事虽然前后只有10秒钟左右，它却使我学会了'如何愉快生活'的问题——比过去十年学的收获都多。当时我正走着，突然看到对面有一个两条腿俱残的男人朝这边走来，他坐在装有滑轮的小木台上，两手握着小木棍，抵住地面而滚动前进。"

"这一行为引起了我的兴趣，当我仔细打量他时，他已穿过街道，为了走上人行道而将自己的身体抬高两三英寸，在使木台呈斜面的那一瞬间，发现了我，他露出微笑，用愉快的语调对我招呼道：'早安！今天天气不错吧！'"

"这当儿，我才发觉自己是幸运的，我有两只脚，我能走路，我有什么理由自怨自艾自怜呢？一个双足俱残的人都不会丧失快乐、开朗和信心，我是肢体健全的人，为何不能做到这样呢？"

"一想到这里我的心情立即放松了下来。回到商店后，我以愉快的心情与每位顾客打招呼；回到家里，当太太看到我边哼小曲边把大衣挂在衣柜里时，她主动上前拥抱了我；哦，还有我的宝贝女儿珍妮，也给了我一个甜甜的吻。现在，我感觉到放松的心情的好处了。"

所以，当你烦恼的时候，不妨学会放松自己的心情，紧张的能量被放掉之后，身心才会得到完全的休憩。

在现实生活中，很多人总是把自己弄得很紧张，把心灵禁锢在工作、家务中，从不曾给它一点自由，这是一种错误的生活方式，因为当一个人总是处在紧张状态中时，他的生活就会因压力太大而失去乐趣。

第二次世界大战时，有一次，丘吉尔到北非蒙哥马利行辕去闲谈。

"我不喝酒，不抽烟，到晚上10点钟准时睡觉，所以我现在还是百分之百的健康。"蒙哥马利说。

"我刚巧跟你相反，既抽烟又喝酒，而且从不准时睡觉，但我现在却是百分之二百的健康。"丘吉尔说。

很多人都引为怪事，以丘吉尔这样一位工作繁忙、紧张的政治家，生活这么没有规律，身体怎能还如此健康呢？

其实只要稍加留意就可知道，他健康的关键全在有恒的锻炼、轻松的心情。其既抽烟，又喝酒，且不准时睡觉则不足为虑，你没见他在战事最紧张的周末还去游泳吗？没见他在选举战白热化的时候还去垂钓吗？没见他刚一下台就去画画吗？没见他那微皱起的嘴边上斜插着一支雪茄的轻松心情吗？

使心情轻松的第一个方法是："拿得起，放得下。"对任何事都不可一天24小时地念念不忘，寝于斯，食于斯，否则，不仅于身有害，而且于事无补。

使心情轻松的第二个方法是：不做不胜任的事。假如你身兼八职，顾此失彼；或用非所长、心余力绌，心情又怎能轻松呢？

使心情轻松的第三个方法是："谋定后动"。做任何事情，要先有个周密的安排，安排既定，然后按部就班地去做，就能应付自如，不会既忙且乱了。在这个瞬息万变的社会里，当然免不了也会出现偶发事件，此时更要沉住气，详细地安排。事事都要谋定而后动，就会胸有成竹，胜算在握。

使心情轻松的第四个方法是：在轻松的心情下工作。工作尽可紧张，但心情必须轻松。在你肩负重担的时候，千万记住要哼几句轻松的歌曲。在你写文章写累了的时候，不妨高歌一曲。要知道心情越紧张，工作越做不好。

使心情轻松的第五个方法是：多留出一些富余的时间。好多使我们心情紧张的事都是因为时间短促，怕耽误事。若每一样事都多留出一点时间来，就会不慌不忙，从容不迫了。最好的办法就是把自用表适当拨快一些，时时刻刻用表面上的时间警惕自己，如此则既不误事，又可轻松。

使心情轻松的第六个方法是："知止。""知止"于是而心定，定而后能静，静而后能安，静而且安，心情还有什么不轻松的呢？

在这个世界上，没有一个发条永远上得十足的表会走得长久；没有一个马力经常加到极限的车会用得长久；没见过一个绷得过紧的琴弦不易断；也没见过一个心情日夜紧张的人不易病。所以，善用表的人永不把发条上得过足；善驾车的人永不把车开得过快；善操琴的人永不把琴弦绷得过紧；善养生的人永不使心情日夜紧张。

很多医学家都告诉我们，在轻松的心情下吃东西容易消化；在紧张的心情下吃东西容易得胃病，一个心情经常轻松的人倒头就能睡着，一个心情经常紧张的人容易失眠；一个永远从容不迫的人准能长寿，一个紧锁眉头经常紧张的人定会早亡。

记住：学会放松，人生才会轻松！

清理自己肩上的背包

生命的旅程就如同参加一次旅行，你可以列出清单，决定背包里该装些什么才能帮你到达目的地。但是，记住，在每一次停留时都要清理自己的背包。什么该丢，什么该留，把更多的位置空出来，让自己的肩头更轻松、更自在。

有一位讲师在讲授压力知识的课堂上拿起一杯水，然后问学生说：各位认为这杯水有多重？

学生有的说200克，有的说300克不等。

讲师则说：这杯水的重量并不重要，重要的是你能拿多久？拿 1 分钟，各位一定觉得没问题；拿 1 个小时，可能觉得手酸；拿 1 天，可能得叫救护车了。其实这杯水的重量是一样的，但是你拿得越久，就觉得越沉重。

这就像我们承担着压力一样，如果我们一直把压力放在身上，到最后我们就觉得压力越来越沉重而无法承担。我们必须做的是，放下这杯水休息一下后再拿起来，如此我们才能够拿得更久。

这个故事就如同我们在爬山、行走途中也不要忘了驻足片刻，欣赏山外的风景，可是，现代人忙碌得如同陀螺打转，又有多少人会放慢脚步，注意身旁美好的事物呢？我们脑子里装的尽是排得密密麻麻的行程表，整日为工作烦心，还要被拥堵的交通搞得心力交瘁。在这种情况下，我们几乎忘了自己的存在。

有一位企业家，当他事业达到巅峰时，突然觉得人生无趣，特地来到寺院向大师请教。

大师告诉这个企业家："鱼无法在陆地上生存，你也无法在世界的束缚中生活；正如鱼儿必须回到大海，你也必须回归安息。"

企业家无奈地回答："难道我必须放弃一切事业，进入山里修炼？"

大师说："不！你可以继续你的事业，但同时也要回到你的心灵深处。当回到内心世界时，你会在那里找到祈求已久的平安。除了追求生活的目标外，生命的意义更值得追寻。"

这个故事告诉我们，在追求事业的过程中，不要一味地打拼，甚至迷失了自己，要知道我们工作的目的是什么，意义又在何处，要懂得关爱自己，和自己独处，给心灵找一个休憩地，让自己回归生命，回归自然，也是一种幸福。

紧张是一种习惯，放松也是一种习惯。坏习惯可以改变，好习惯也可以慢慢培养。学会放松，你的生活将得到很大改善，心灵得到彻底净化。

远离喧闹的人群，学会放松自己，才能让我们重新认识到自我的存在。放松有助于减轻快节奏生活造成的压力，带给你安详平和的心境。那么如何才能学会放松呢？我们可以试着练习一些技巧。但是，在练习这一放松方法时，首先应该为自己找一个能使自己心情平静和放松的目标——即诱导物，用于训练过程。常用的诱导物有：能让你放松的声音或语句（如听大海的浪涛，或默念"放松、放松……"）；或是优美的特殊东西（也许是一幅你喜欢的画）；或是能让你平静的情景（如乡下某个幽静的地方或海滨的沙滩）。当你练习时，做到以下几点有助于你的放松效果：

先选择一个舒适的姿势坐着，然后闭上眼睛。

我们可以试着想象一下自己的身体正逐渐变得发沉和放松。然后用鼻子吸气，并把注意力集中于你的吸气过程。呼气时，注意心理感受，且呼吸要自然、放松。不要担心自己能否掌握这一方法，按照自己的节奏让自己紧张和放松。

我们在练习的时候，可能会有一些分散注意力的念头进入我们的脑海里，对此不必担忧，也不要沉溺于这些念头，只要继续注意我们的心理感受和呼吸。练习持续的时间就是你能感到放松的时间。在这一过程中有的需要 2 分钟，有的需要 4 分钟，结束练习的判断标准是你感到放松。

当我们做完以上练习后，可以先闭上眼睛静静地坐一会儿，然后再睁开双眼。注意起身时，动作不要太快、太猛烈。

这种练习方法比较简单，我们一天可以多做几次，每隔 1 小时花上几分钟练习一次，或在喝咖啡、饮茶、用餐的时间进行练习，或在等候他人的时间进行练习，或开车时间过长感到累时进行练习。经过一段时期的反复训练，放松练习已成为日常生活的一部分。此时，你将随心所欲地达到放松。

别让自己活得太累

“生活真是太累了！”常听一些人喊出这样的话。其实，生活本身并不累，它只是按照自然规律、按照它本身的规律在运转。说生活太累的人是他本人活得太累了。

在生活中，面对各种各样不合自己心意的事，与各种各样和自己性格不相符的人相处，你会采取什么样的态度呢？是坦然、磊落、轻松地对待，还是谨小慎微，抬头怕顶破天，走路怕踩到蚂蚁呢？值得告诉大家的是，不要让自己长期生活在紧张、压抑之中，不要让自己的琴弦绷得太紧，也就是别活得那么累。必要的时候，放松一下自己，轻松地活着。

生活毕竟是公平的，对谁都是一样，没有绝对的幸运儿，更没有彻底的倒霉鬼，你有这样的不幸，他也有那样的烦心事；别人有那样的好机会，你也会有这样的好运气。所以，千万别把自己说得那么悲惨，更不要把自己缠绕在自己织的网中，挣扎不出来。

感觉生活太累的人一般都是一些胆小怕事者。每说一句话都要考虑别人会怎么看待自己，会不会因为这一句话而伤害某人；每做一件事都要瞻前顾后，生怕因为自己的举动会带来不好影响。工作中，对领导、同事小心翼翼，生活中对朋友、邻居万分小心，那真是连个臭虫都不敢打死的“谨慎”之人。其实，你的周围有那么多人，而每个人的脾气都不一样，你不可能做到使每个人都满意。即使你样样谨小慎微，还是有人对你有成见。所以只要不违背常情，不失自己的良心，那么挺起胸膛来做人做事，效果恐怕要好得多。

感觉活得太累的人往往不能很好地调整自己，每遇不幸之事发生时，不能辩证、乐观地去看待。而且容易对生活产生悲观想法，似乎世界末日就要来临了。

如果长此以往，总是生活在心情沉重、感情压抑之中，那将是非常可怕可悲的事。处处都要考虑得失，时时都要注意不必要的小节，你还有更多的时间去干大事、去成就你的大事业吗？回答当然是否定的。因为你连很小的一件事都要左思右虑，时间就在你的犹豫中溜走了。也许，当你老了的时候，你回过头来会发现自己是那么渺小，两手空空，一事无成。

时刻感觉生活太累的人，必然看不到生活中光明的一面，更感觉不到生活的乐趣。因为他的眼睛统统用来盯住自己周围狭小的一点空间，而无暇顾及其他。而且，他的生活是非常被动的，因为他不愿主动去做什么，生怕天上飞鸟的羽毛砸了自己。这样的生活不会是幸福的，更没有快乐可言。

活得累的人就像身上穿着一件厚重的铠甲：既不能活动自如，又不能脱去它，因为它太沉了，压在身上重如千斤。活得累的人就像永远戴着一副面具，这副面具在人前谨小慎微，在人后愁眉苦脸。真是太累了，让人喘不过气来。既然活得累是件很痛苦的事，既然生命对我们来说又是那么宝贵、那么短暂，我们何不换一种活法，活得轻松、幽默一点，努力去感受生活中的阳光，把阴影抛在后头。

林肯的书桌角上总有一本诙谐的书籍放在那里，每当他抑郁烦闷的时候，便翻开来读几页，不但可以解除烦闷，而且还能使疲倦消除。乐观地对待生活，将使你充满自信。美国富翁柯克在51岁那年把财产全部用完了，他只得又去经营、去赚钱。没多久，他果然又赚了许多钱。他的朋友因此很奇怪,问他道:"你的运气为什么总是这样好呢?"柯克回答说:"这不是我的幸运,乃是我的秘诀。"朋友急切地说:"你的秘诀可以说出来让大家听听吗?"柯克笑了:"当然可以,其实也是人人可以做到的事情:我是一个快乐主义者,无论对于什么事情,我从来不抱悲观态度。就是人们对我讥笑、恼怒,我也从不变更我的主意。并且,我还努力让别人快乐。我相信,一个人如果常向着光明和快乐的一面看,一定可以获得成功的。"

是的,乐观、豁达可以使人信心百倍,即使是天大的困难,也能够克服。

笑对人生,万事都能泰然处之。这样,你就能活得轻松多了。

放松紧绷的心弦

现代社会总有这样一些人,他们总会出现这样一种情绪:神经质。遇到一点问题就会变得激动难耐、焦躁不安,仿佛天要塌下来了一般。这样的人,有时也会对自己的这种情绪感到厌烦,可是无论怎样也无法控制自己的心理波动。

治病需治本,要想改变自己的这种状态,我们首先就得明白,自己为何显得有些"神经质"。其实,造成这种情况的原因就是——心态过于紧张。找到了病根,我们才能着手进行改变。

也许有的人会认为,自己的这种表现,正说明了自己对待生活的认真。然而当你看完下面这个故事,也许你就不会这么认为了。

诺尔格兰是一位心理学家,常年在波兰工作。有一年,他想做一个心理研究——死亡实验,顾名思义,就是与死亡有关的实验。不过因为生命对于每一个人来说都是弥足珍贵的,因此他一直找不到合适的实验人。

1981年,诺尔格兰的机会来了。那一年,波兰有一个名叫费多洛夫的死刑犯,诺尔格兰觉得这是一个做实验的机会,于是就给法院和政府当局写了申请,请求获准在这个犯人身上做实验,并且写信给费多洛夫,希望他能够答应自己进行这个实验。

后来,费多洛夫同意了诺尔格兰的请求,相关部门也予以批准。

诺尔格兰激动万分,正式开始实验。这个实验是想搜集心理方面的数据的,主要看心理对人的影响。为了做这方面的研究,诺尔格兰已经做了很多准备,而且做了很多假设,就等着实验来验证他的这些假设了。

实验开始前,诺尔格兰将费多洛夫绑在椅子上,并且用布蒙住了他的眼睛。诺尔格兰这么做,是为了让黑暗使费多洛夫的感觉更加强烈和敏感。诺尔格兰在费多洛夫的手臂上用刀划了一下,告诉费多洛夫他的动脉被划破了,并且用滴水的声音模仿滴血的声音,然后告诉费多洛夫他的血在慢慢滴下来。

听到自己流血的声音,费多洛夫非常紧张,感到自己快死了。3分钟后,诺尔格兰让助手把滴水的声音减缓,让犯人费多洛夫觉得自己的血已经快要流尽了。

一下子,费多洛夫感到死神就在面前,心理压力骤然增大。没过多久,他的呼吸开始慢慢减弱,心跳也慢慢地变缓了。最后,费多洛夫的心脏停止了跳动。

经过法医鉴定,犯人费多洛夫已经死亡。

然而事实上,诺尔格兰并没有割断费多洛夫的动脉。在费多洛夫的手臂上其实只有一个小口子,他的血也没有流掉多少,根本达不到那种让他死亡的程度。他其实是死于心情紧张。

看到这个实验，我们可以明白上面的那种“神经质”是多么愚蠢。紧张的心态，只会让我们的情绪更糟，反而会造成更大的麻烦。所以，无论对于什么事情，我们都应该放松心情，这样才能让内心平静，从而找出解决问题的方法。

也许我们的生活充满很多变数，总会出其不意地遭遇意外，但是我们不能因此让自己的心一直紧绷着，而是应当放松心态，平和自己的情绪。不好的心态，不仅会让人的身体变差，严重的甚至会像费多洛夫一样把自己逼死。人们在生活中应该时刻保持轻松的心态，这样才能得到一个健康、快乐的身心。

给心灵洗个澡

如果真的感到累了，就给自己的心灵洗个澡，用一点时间让心休息，在这个时候你可以不去做自己不想做的事，不去想不快乐的过去，那就会感觉到心情轻松了许多。有时候，烦恼是自己给自己增加的负担，快乐也是自己寻找的，所以我们要学会放松心情，学会寻找快乐！

身心疲惫是当代人最常有的体验，而能否及时调节和扭转这种疲惫状态直接关系到你能否精力充沛地去面对生活。生活的大潮不会驻足等待你的调整，所以你必须及时地改变自己的疲惫状态。

我们都愿意与幸福、快乐为伴，而不愿意与痛苦、烦恼为伍。但是，生活中毕竟有苦也有甜，也就是说，生活是错综复杂、千变万化的，并且经常发生祸不单行的事。频繁而持久地处于扫兴、生气、苦闷和悲哀之中的人必然会给健康带来灾难。那么，遇到心情不快时，就应采取积极的态度去对待。

例如，换一个环境，出去转转或听听音乐，是改善心情再恰当不过的好办法。

如果有一两种爱好，可以活泼你的生活，让你的生活变得更加丰富多彩，富有生机。除少数执着追求自己本职事业者外，许多人能培养自己的业余爱好。集邮、打球、钓鱼、玩牌、跳舞等都能使业余生活丰富多彩。每遇到心情不快时，完全可一头扎到自己的爱好之中。

有意饲养猫、狗、鸟、鱼等小动物及栽植花、草、果、菜等，有时能起到排遣烦恼的作用。遇到不如意的事时，主动与小动物亲近，小动物凭与主人感情的基础，会逗主人欢乐，与小动物玩耍更可使你体会到意想不到的快乐。

有了苦闷应学会向人倾诉。首先可以向朋友倾诉，这就需要先学会广交朋友。如果经常防范别人的“侵害”而不交朋友，也就无愉快可谈。有一句话是这样说的，“朋友多了路好走”，如果没有朋友的话，不仅遇到难事无人相助，也无法找到可一吐为快的对象，把心中的苦处能和盘倒给知心人并能得到安慰的人，心情自然会变得轻松，即使面对一般的朋友，学会把心中的委屈倾诉给他们，心中也常能感到轻松许多。

总之，生活的每一天，都要想到给自己的心灵洗个澡。比如，每天清晨起来，你看到一轮朝阳冉冉升起时，就应当想到，所有的都已成为过去，崭新的生活又开始了。由此，把那原来还满满当当的心灵世界放空，这样的轻松自在，岂不是最惬意的！将事情想得太远，就成了无休止的压力。给心灵洗个澡，你便会时时感到快乐，无忧无虑。给心灵洗个澡，让自己也能得到适当的放松与享受，这样生活才能变得更加快乐和幸福。

消除多余的忧虑

寺庙里有个小和尚，他的工作就是负责每天早上清扫寺庙院子里的落叶，只是这些，就需要花费许多时间。

尤其在秋冬之际，更让小和尚头痛不已。他竭力思考，每天都在想办法，而且还讨教庙里的师兄弟，怎么让自己轻松些。

后来，这件事让住持知道了，住持就找他谈话。小和尚很老实，就实话对住持说了，后来住持跟他说："你在明天打扫之前先用力摇树，把落叶统统摇下来，后天就可以不用扫落叶了。"

于是隔天他起了个大早，连脸都顾不得洗，直接奔到后院，使劲儿地猛摇树，这样他就可以把今天跟明天的落叶一次扫干净了，一直摇到他认为差不多了为止。随后，又用扫帚扫了一遍，才放心地回去吃饭，一整天小和尚都非常开心。

第二天，小和尚到院子里一看，不禁傻眼了：昨天的工夫全都白费，院子里如往日一样落叶满地。

这时，住持走了过来，对小和尚说："傻孩子，你知道我为什么给你出那个主意吗？就是要让你明白：无论你今天怎么用力，明天的落叶还是会飘下来。"

对我们来说，忧虑是一个可怖的魔鬼，是一种沉重的折磨，它像一只巨大的恶鹰，常常盘旋于处在逆境中的人们的头顶，谁能果断地赶走它，谁就能从逆境中突围，用自己的手臂举起一片强者的天空。

第二次世界大战期间，一位名叫泰勒的美国马里兰州的年轻人正在欧洲服役，在后来出版的一本书里，他这样写道：

"在1945年春天时，我整天处在忧郁之中，以致得了医生们称之为横结肠痉挛症的疾病，它给我带来了难以忍受的剧痛，那时我整个人几乎都是处在虚脱状态。如果不是战争及时结束的话，我的生命大概也要结束了。

"当时我在步兵94师的死亡登记处做事，我的工作是记录作战死亡、失踪还有受伤的士兵的姓名，有时也负责掩埋那些被丢弃在场战上的士兵的尸体。我还得收集这些士兵的遗物，还给他们的亲属。在做这些工作时，我老是担忧出差错，我更担心自己会撑不过去而再也没有机会拥抱我唯一的儿子，他那时已经16个月大了，而我还不知道他长得什么样。那时我心力交瘁，体重连续下降了34磅，精神总是恍恍惚惚的，我端详自己的手，它们已经只剩下皮包骨了。我一想到可能没有办法活着回家，我就像个孩子一样，惊恐地哭出来。最后，我只得住进了陆军的诊疗所。但在那里，一位军医对我说的一句话竟改变了我的一生。

"那天在给我做过全身检查以后，医生告诉我，我的身体没有病，病是出在心里。他说，你要把人生想成一个沙漏，上面虽然有成千上万的沙粒，可是它们只能一粒一粒缓慢地通过细细的瓶颈，你我都没有办法让一粒以上的沙子通过瓶颈。我们每个人都是沙漏，每天早上我们都有一大堆的事情要做，如果我们不是一件一件地处理，像一粒一粒的沙子通过沙漏瓶颈的话，我们就可能对自己的心理或生理造成伤害。

“自从听了那位军医的一席话以后，我一直生活在这样的理念中，这就是：‘一次一粒沙，一次一件事。’我作战的时候，这句话真的拯救了我的身心。一直到今天我身为公关广告部的主任，它对我还非常有帮助。我发现工作和作战有许多地方很相似，比如，工作繁重时，时间不够用，存货不多了，还有新的表格要填，要安排新的订货等等。为避免紧张，我常常牢记那位军医的话——‘你是一个沙漏，一次一粒沙。’每当我一遍又一遍地重复念这句话，我就能提高效率，把工作做完，而不至于像作战时那样凄惨。

其实，医院里有一半以上的病人是因为心理问题引起的疾病，他们被昨日的负担和对明日的恐惧压得透不过气来。而大部分的人本可以度过一个轻松而有意义的人生，根本不必住院。

人真是一种奇怪的动物。很多的烦恼和痛苦都是自己强加给自己的，很多的忧虑和担心实属多余。我们的生命极为有限，可我们为什么偏偏还要自己摧残自己呢？活在每一天，要学会潇洒而平静地面对一切，只有做到了这一点，我们才能获得内心的愉悦，感受到人生的真谛！

是的，人活着，为什么要瞻前顾后，忧虑重重呢？把握今天，珍惜今天，战胜自己，给自己一个轻松的心情，成功就是你的！

学会给心情松绑

如今，人们的工作和生活节奏不断加快，再没有停下来的可能。不停地奔波，拼命地工作，永无止境的忙碌，让我们如同奔跑在一条环形跑道上——无论你怎样坚持，实际上却怎么也找不到起点，也永远没有终点。于是，人就不再称其为生活的人，已经变成了工作的机器——似乎只需要持续地工作就行了。

可是，久而久之如此，我们发现：自己不会快乐了，自己的心情永远都像绷紧的弦。表面上看，我们是为了通过努力获得幸福，然而事实上，这些追求蒙蔽了我们的双眼，让我们疲于奔命，感受不到生活的乐趣。

一天，一位企业家在医院进行治疗，医生嘱咐他，以后必须多休息，尽量放松心情。但是这位企业家非常愤怒地抗议道：“我每天承担大量的工作，没有一个人可以分担一丁点儿的业务。医生，你知道吗？我每天都得提一个沉重的手提包回家，里面装的是满满的需要处理的文件，你让我怎么放松心情？”

医生惊讶地说：“你的工作时间那么多？为什么晚上还要批文件呢？”

企业家有些不耐烦地回答：“那些都是必须处理的急件。”

医生问：“难道你的公司只有你一个人？你的助手呢？”

医生的话，让企业家更加愤怒：“他们怎么可能做得了？只有我自己才能正确地批示呀！而且我还必须尽快处理完，否则公司就无法运营下去了。”

思索了片刻，医生说：“这样吧，现在我开一个处方给你，你不妨照着做。”说着，他在处方上写着什么，然后递给了企业家。

企业家拿起处方，一字一句地读了起来：“无论有多忙，每个星期必须抽半天时间到墓地一次，每次散步两小时。”

企业家非常怪异地问道：“去墓地？这是干什么？”

医生面露微笑,说:“因为,我希望你可以四处走一走,看一看那些与世长辞的人的墓碑。你不妨认真思考一下,那些躺在墓地里的人,他们生前也许与你一样,认为全世界的事都得扛在自己双肩,可现在他们全都永眠于黄土之中。你有一天也会加入他们的行列,但是整个地球的活动还是永恒不断地进行着,而其他在世的人们仍是如你一般继续工作。我建议你站在墓碑前好好地想一想这些摆在眼前的事实。”

听完医生的话,企业家不由愣住了。回到家后,他依照医生的指示,转移一部分职责,放慢生活的步调,他知道生命的意义不在于急躁和焦虑中,他的心已经得到平和,也可以说他比以前活得更好,当然事业也蒸蒸日上。现在,他每周都会和朋友一起去打高尔夫、爬山,朋友们都说他越来越年轻了。

上述企业家的这种情况,在白领一族中最为严重。白领一族仿佛从来没有休息的时间,即使下班回家,也不是躺下休息片刻,陪家人聊聊天,而是立即打开电视查看股市信息;拿起话筒与人通话谈论第二天的工作安排;翻文件开始阅读……他们真的是害怕“浪费掉”哪怕只是一分钟的时间,似乎总是在为将来而生活,为幻想中的美好前景而生活。

为了未来而奋斗,这本身值得鼓励。但是,一个人如果神经总是绷得很紧,就会觉得很累,并且很容易产生“疲劳综合征”。因此,人生既需要努力拼搏,也要善于休息和娱乐,学会享受生活。

活得累的人,不妨试着给自己松绑,这样才能使自己从“活得累”中解脱出来,从而使自己生活得更加快乐和充实。回到家后,我们可以和家人坐在一起,看一部精彩的电影;工作疲惫时,可以泡杯咖啡,浇浇花等,刻意“挤”点时间出来做点“杂”事;周末时,可以邀请几位朋友,一起外出走走,从而消除烦恼、平静心情……总之,在紧张的生活之余,我们一定要学会调节生活、调节心情,找到轻松的状态,这样才能感受到久违的快乐。

做自己想做的事

不知道大家有没有这样的情况,当我们拘束自己甚至是违背自己去干一些事情的时候,是不是很委屈很抱怨?有没有一种渴望,去放松,去尽情释放呢?我们大多数时间是在为将来活着!我们是在为“理想”活着!把握时机,在能做的时候做自己喜欢做的事!

台湾苗栗山中有一个画家,画的是比照相还要精细的画,光是一片叶子就要染色好几次,简直是呕心沥血之作。十年前,他在台北搞广告设计,是不可一世的才子,随便画个插图也要很高的价钱,工作接不完。但他不快乐。有一天他实在快要崩溃了,开车出外散心,车开得很快,突然一个急转弯,像要翻倒了,他把车停下,发现自己在悬崖边,只要稍不小心就会掉到山谷下。他猛然醒悟,觉得人生无常,不该虚耗生命在赚钱的事业上,于是回到家中,收拾画笔,搬进山里,一无所求地作画。当然,他积存了一些钱,他灵感一来,所画的画,也可以卖出去。重点是他在做自己喜欢和追求的事。

《生命咖啡馆》的作者约翰·史崔勒基,原来也是一个在企业中担任主管的高薪人士。2001年,他觉得工作乏味,痛苦难熬,就和妻子背起背包,开始自助环球旅行,以9个月时间,横跨五大洲五十几个国家。旅行中,他对生命有了新体会。回到美国,他决定用故事形式把他对生命的体认写下来;只花了21天就写完一本书。他开始只是想让更多朋友知道他的想法，于是自费出版，没想到短短一年就成了畅销书。书的主旨就是，人生应该做自己想做的事，而不是应付别人要你做的事。

“做自己喜欢和善于做的事，上帝也会助你走向成功。”这是世界首富比尔·盖茨说过的一句话，这是不是应该成为今后我们择业的指南呢？比尔·盖茨是计算机方面的天才，早在他还没有成名的时候，他对计算机就十分痴迷，并且是一个典型的工作狂，但这种“工作”完全是出于一种本能的爱好，这种爱好当他在湖滨中学时期就已表现得淋漓尽致。那时候，为了研究和电脑玩扑克的程序，他简直到了如饥似渴的程度。扑克和计算机消耗了他的大部分时间。

像其他所专注的事情一样，盖茨玩扑克很认真，但他第一次玩得糟透了，但他并不气馁，最后终于成了扑克高手，并研制成了这种计算机程序。在那段时间里，只要晚上不玩扑克，盖茨就会出现在哈佛大学的艾肯计算机中心，因为那时使用计算机的人还不多。有时疲惫不堪的他，会趴在电脑桌上酣然入睡。

盖茨的同学说，常在清晨发现盖茨在机房里熟睡。盖茨也许不是哈佛大学数学成绩最好的学生，但他在计算机方面的才能却无人可以匹敌。他的导师不仅为他的聪明才智感到惊奇，更为他那旺盛而充沛的精力而赞叹。在创业时期，除了谈生意、出差，盖茨就是在公司里通宵达旦地工作，常常至深夜。有时，秘书会发现他竟然在办公室的地板上鼾声大作，天才加爱好、再加勤奋，成就了这位世界首富辉煌而幸福的人生。

有人说，在人生的所有幸福中，有一种幸福被人们所津津乐道并被人所羡慕，这种幸福并不是大多数人能拥有，只有少部分人才能很幸运，大多数人为了生计而奔波，不得不干他们所不喜欢的职业，这其实是很不幸的，而真正的幸福就是所从事的工作和自己的爱好相一致，就像易趣网的创办人邵易波所说：“一个人要成功的话，一定要找到自己最想做的事，当然这也是他最能干的事，这样他就能够每天都很有劲地去工作，也容易成功……”

邵易波是一个少年得志的人，早在上高中时，他就在数学方面崭露头角，并在高二时跳级，直接进入美国哈佛大学，在哈佛大学的 MBA 毕业之后，他谢绝了美国各大咨询公司和金融投资银行的高薪聘请，回上海创办易趣网，任首席执行官。如今，易趣网已成为全球最大的中文网上交易平台。

谈及成功，邵易波说：“回国创业不是我的一时冲动，而是我想了很久才定下来的，最重要的是，感觉自己对这方面感兴趣，愿意在这方面发展……”

人和人之间是有差别的，每个人都有优势，都有擅长和不擅长的东西，关键是要对自己有所认识。

是的，只有做自己想做的事，才能找到乐趣，才会开心；只有做自己想做的事，才可能全力以赴，才能取得最大的成功；只有做自己想做的事，走自己想走的路，才能始终充满希望，找到真正属于自己的人生殿堂，才能得到真正的幸福。

追求简单的生活

在我们的日常生活中，能够经常见到两种生活特征迥然不同的人。其中，一种人每天都是风风火火，又忙家务，又忙孩子，又应付工作，又惦记着股市行情，又盘算寻找一份第二职业，又应酬于亲朋好友之间的交际，又算计着如何赢得领导信任以谋个一官半职，如此等等。总之，这种人难得清静，他们行踪不定，一副大忙人的形象。

还有另外一种人，这种人与前者截然相反。他们非但把家务和孩子料理得十分周到，井井有条，而且工作干得有条不紊，人际关系正常和谐。他们可能与股票、第二职业之类的东西有关系，但是，他们却以高效的工作成绩、平和的人际关系和高超的生活艺术等，赢得了领导和同志们的称赞。他们给人一种特别有条理、特别自信、特别轻松愉悦的感觉。其自身的内心感受，想必也大概如此吧。

对于以上两种人的生活，肯定会有人感到不解。其实，道理很简单，那是两种不同类型的人所走出的不同的生活轨迹——由于他们处世哲学不同、个人素质不同、生活方式不同等等。因此，走出了一条截然不同的路。正因如此，他们在工作、生活、为人处世等方面的收效也各不相同。

有一些人，他们或者不甚清楚自己为谁活着、怎么活着，于是无聊、迷茫、今天不想明天，明天不回首昨天，生活失去了目标；他们或者生活总不得要领，找不到属于自己的位置，有时乱串角色，四处流浪，或者有时自行设计角色，结果迷失了自我。这些，都不是真正科学的生活。

在很多人的眼中，小希是一个成功的职业女性。她独立，能干，有私人小汽车，在郊区还有一套不错的大房子，经常有机会参加一些重要的聚会。很多人都羡慕小希，可是她却有许多别人不知道的烦恼。小希说："我的一些成就让人刮目相看，我却想不透大家夸赞我什么。我这一辈子都在努力成就这样或那样的事，可是现在我却怀疑'成就'究竟是指什么了？我永远在压力下工作，没有时间结交真正的朋友。就算我有时间，我也不知道该如何结识朋友了。我一直在用工作来逃避必须解决的个人问题，所以我一个任务接一个任务地去完成，不给自己时间去想一想我为什么要工作。这真是疯狂。假如时间可以退回去十年，我会早一些放慢脚步考虑一下，那就不会像现在这样感觉匮乏了。"

过一种极其简单的生活，可谓是一种全新的生活艺术和哲学。它首先是要外部生活环境的简单化，因为当你不需要为外在的生活花费更多的时间和精力的时候，也就能为你的内在生活提供更大的空间与平静。之后是内在生活的调整和简单化，这时候的你就可以更加深入地认识自我的本质。

现在很多医学研究证明，我们每个人的身体与精神是紧密联系在一起的，当人的身体被调整到最佳状态时，人的精神才有可能进入轻松时刻；而当人的身体和精神进入佳境时，人的灵魂，也就是人的生命力才能达到最佳状态。你是否体验了刚刚从身边溜走的生活？你是否真正明白现在自己的感受？你的时间为什么总是很紧张，有没有更简单一些的生活方式？也许你早已经习惯了都市快节奏的生活，你不必离开它，更不必让生活后退，你只需要换一个视角，换一种态度，改变那些需要改变的、繁杂、无真实意义的生活，然后全身心投入你自己的生活。

我们若是要给"简单"一个恰如其分的注解的话，恐怕不能少了"独处"一词，因为大多数人会在成群的人堆中寻找成功的路子，却希望渺茫，一旦有独处的机会，就会突然发现独处是最简单、快乐的生活之道。

如今的我们总是处于茫茫人海之中，在喧闹的人群里我们很难听见自己的脚步声。远离生活，能让我们重新认识到自我的存在，回归原点。独处有助于减轻快节奏生活造成的压力，带给你安详平和的心境。如果你发现自己每天的神经都绷得紧紧的，得不到一丝喘息的机会，那你真该好好计划一下，找一个时间让自己静一静。把平常为之牵肠挂肚的工作抛得远远的，一个人去海滨游泳散步，看看电影，在公园的草坪上晒太阳、闻花香，或者好好睡上一觉，彻底放松一下。

对于那些既有工作又有家庭的人来说，想要寻找一个独处的机会可能不是那么容易，但是你可以和家人、朋友进行交流，向他们说明情况，征求他们的意见。那些关心爱护你的人，一定会给予你谅解和支持。从沉重的生活压力中解脱出来，你能心境平和地处理工作，对待家人和朋友，这将增进你们之间的感情。

若想学会独处，从现在开始，我们可以从每天抽出一个小时来。一个人静静地待着，什么也不做，当然前提是，你要找一个清静的地方，否则如果是有熟人经过，你们依然会像往常那样漫无边际地聊起来。也许刚开始的时候，你会觉得心慌意乱，因为还有那么多事情等着你去做，你会想如果是工作的话，早就把明天的计划拟订好了，这样干坐着，分明就是在浪费时间。

但是，你如果能够做到把这些念头都从你的大脑中赶走，长期坚持下去，你就会发现自己整个人都轻松多了，这一个小时的清闲会让你感觉很舒服，干起活来也不再像以前那样手忙脚乱，你可以很从容地去处理各种事务，不再有紧迫感。你可以逐渐延长空闲的时间，4 小时、半天甚至一天。

王丽是一个十分推崇“简单生活”的现代女性，她说：“几年前，我还没有开始简化生活，那时候，我每天都忙个不停，不是工作、开会就是被人约出去，参加一些莫名其妙的活动，每天的日程都排得满满的。就算能稍微空闲一点，放松一下，我的脑子还是充满了各种各样的念头，下一个预约的时间，将要涉及的内容，怎么准备晚上的约会等。生活一片混乱。我现在每星期都留下一个下午什么也不做，所以能精神抖擞地面对生活，发现它不是负担而是享受。”

我们每个人都要善于抛开一切烦心的事情，一旦养成了习惯，我们的生活将会得到很大的改善，能把自己从杂乱无章的感觉中解救出来，让头脑得到彻底净化。

不要患得患失

在现实生活当中，有很多人进入了所谓的“成熟”期之后。就变得极其“呆滞”，对喜悦、美及周围的一切都不再敏感了。究其原因，其中的一个解释就是：太计较自己的得失了。一生中努力想变成某种人物，奋力想得到与维护某种地位，如此久而久之，一些外在事物很快就让其喘不过气来，从而失去了生活的快乐。

“名与身孰亲？身与货孰多？得与失孰病？是故其受必大费，多藏必厚亡。故知是不辱，知止不殆，可以长久。”这句话是老子说的。讲的是人的一生之中，名誉、名声和生命究竟是哪个更重要一些呢？自身与财物相比而言，哪个属于第一位呢？得到名利地位与丧失生命衡量，哪一个是真正的得到，哪一个又是真正的丧失呢？因此说过分追求名利地位就会付出很大的代价，耗费掉你庞大的储藏，一旦有变则必然就会损失巨大。对于追求名利、地位这些东西，要做到适可而止，否则会使你受到屈辱，从而丧失了你一生中最为宝贵的东西。

老子的话很具有辩证法的思想,它告诉我们应该站在一个什么样的立场去对待得失这样的问题。可能一个人能够做到虚怀若谷,大智若愚,但是事事吃亏,总觉得自己遭受损失,再也不肯忍气吞声地继续吃亏,凡事一定要分辩个明明白白,而朋友之间、同事之间是非却又往往难以定断,自己惹了一身闲气,而对于自己所想得到的照样没有得到,这又是失的多还是得的多呢?

那些患得患失的人常常把个人的得失看得非常重,而实际上人生百年,贪欲就是再多,官位权势就是再大,钱财再多,也一样是生不带来死不带走。处心积虑、挖空心思地巧取豪夺,难道是人生的目的?

漫漫人生路,世间的万事万物全都徘徊在得与失之间。在万紫千红的春天悄然离开的时候,接踵而至的便是繁花似锦而且绿叶相衬的盛夏;引人无限遐想的满天繁星隐退时,迎来的是曙光里的黎明。为国捐躯,失去宝贵的生命,却留取丹心照汗青;苟且偷生,出卖气节的人,确是身后骂名滚滚来。失去了如财富般宝贵的时间,如果得到的是丰富的人生经验与知识,那么是失有所得。反之亦然。

其实,如何看待得与失,其关键在于个人的心态,在于如何对待得失,如何看待得失。在有些时候,失就是得,得亦为失……

人生最重要的是要能够做到轻松身心。上路的时候带太多东西就可能会累倒,累倒了,除了想休息之外还可能会对什么感兴趣呢?

人生的遗憾之一,就是不能很快感觉到生活的美好,而只有在回首往事的时候才能真正咀嚼出生活的滋味。一些平常的人之所以不能有伟大的成就,就是不能正确地看待人生的得与失,凡事总是患得患失,而不能有效地抓住生活的一分一秒,创造出它应该具有的价值。一个人必须要学会正视人生当中的得与失,该得的你就大大方方地得,该舍弃的你就痛痛快快地舍。

俗话说得好:有得必有失,有失必有得,不得不失,不失不得。有时,你可能为一时的不如意而恨天怨地,可是,塞翁失马,焉知非福?在你失去的同时,转过头来,看看你同时得到了些什么?上天的分派必然是公平公正的,在你失掉财富、权力、爱情……同时,你也得到了人生的感悟,明白了生命真正的意义,这难道不是一种收获吗?

在人生的路上就是这样的,需要我们看中的应该是人的德行修养和德才培养,而不是一时一事的得与失。要做到:"不以物喜,不以己悲。"千万不要把得失建立在情感取向上。那么,怎样才能够及时地调整好情绪,正确地看待得失,重新鼓起向前奋进的勇气呢?这里面隐藏着一个不断修正人生追求坐标的问题。

首先,就是要能够辩证地去看待得失。保持几分心理平衡,最重要的一点就是要用辩证的思维方式,正确地看待人生的得与失。其次,要提高自身认识以求平衡。不断地来调整失衡心态,通过对"付出"与"回报"的价值比较,来寻求一种恬淡的心理平衡。再次,是要对追求坐标做一个正确而又必然的修正。一个人带着梦想走到这个世界上,所追求的必然是多元化的,如果因某些原定目标过高,而一时难以达到时,就应当再权衡自己的个人能力、人生机遇等条件,适时地去修正一下自己人生的追求坐标。

人世间的一切并不是我们所能够掌控的,所以,得与失本身不重要。生活在这个世界上,几乎没有人能从生下来到走完一生,都在衣食无忧和万事如意中度过。每人都必然要面对生命历程中不断出现的困难。这些困难就是我们所说的"得"与"失"。既然是谁也免不了有得有失,那么我们就需要有一个面对得失时的心态。

把苦恼化为欢乐

苦恼是对未来出路的担心，是对现实处境的不堪忍受。苦恼在很大程度上是自己思想不够开阔造成的；也就是说，自我思想意识水平低是造成苦恼的最重要因素。

苦恼作为一种不良心态，它会严重地影响人的身心健康，还会影响人的智力和能力的发展。长期陷入精神苦恼的人，思维是不容易敏捷的。如果长期苦恼，还会产生变态心理，会觉得世界上的一切都是冷酷的，因而对别人也必然报以冷漠态度，这必然会影响与他人的正常交往。

既然苦恼是一种不良的心态，我们就应该努力摆脱它，让自己轻轻松松地生活、快快乐乐地享受。在这方面，王海的做法就值得我们学习。那么，王海是怎么应对生活中的烦恼的呢？很简单，就是3个字“不要紧”。

王海在遭受失业、父母在意外事故中身亡的一连串打击后，他对生活已失去了热情，终日借酒浇愁。

一天，在一家小酒馆里，王海遇到了一位心理学家。了解了王海的情况后，心理学家对他说：“我有个三字箴言要送给你，它会对你的生活有一定的帮助。而且是使人心态轻松的良方，这3个字就是‘不要紧’。”

清醒后的王海用了3天时间来领悟这三字箴言所蕴含的智慧。于是，他把这3个字写下来，贴在家里的墙壁上，他决定今后再也不会让挫折和失望来破坏自己轻松的心情。

后来，王海果真遭到了考验，他不可救药地爱上了房东的女儿，她对他很要紧。王海确信她是自己今生唯一的伴侣，没有她，自己肯定活不下去。

但是，房东的女儿却拒绝了王海的玫瑰花，并婉转地告诉他说，自己已有了未婚夫。王海以她为中心构想的世界，当时就土崩瓦解了。那几天，王海觉得墙上贴着的“不要紧”3个字根本没有用，甚至觉得好笑。

一个星期后，王海再看到这3个字时，他开始冷静地分析自己的情况：到底有多要紧？那女孩很重要，自己也很要紧，快乐也很要紧，但自己希望和一个不爱自己的人结婚吗？

一个月后，王海发现自己没有房东的女儿，自己也可以生活，甚至感觉到一个人生活心情也能放松，将来肯定有另一个人进入自己的生活，即使没有，王海仍然觉得每一天都是好日子。

3年后，另一个女孩走进了王海的生活。在兴奋地筹备婚礼的时候，王海把那3个字从墙上撕下，扔进了垃圾桶中，他以后将永远快乐，他的人生旅途中不会再有失败和挫折。

的确，结婚的头几年，他们过得很快乐。王海有了一份理想的工作，妻子为他生了一对双胞胎女儿，他们还有一定数额的存款，王海觉得日子过得惬意极了。

有一次，在征得妻子的同意后，王海把所有的存款都投进了股市。但是，就在他买了股票后不久，股市连连下跌。王海由于没有任何投资经验，他被股市牢牢套住了，家里所有的开支仅靠他的薪水度日了。换言之，他们的生活水平又降到了仅能维持温饱的状态。

王海的心里非常难受，他又想起三字箴言：“不要紧！”王海心想：“上帝啊！这一次可真的是要紧，而且是要命，我的生活怎样才能维持下去呢？”

一天，就在王海又沉浸在悲伤之中时，那对双胞胎女儿“咿呀咿呀”学语的声音吸引了他的注意力。两个女儿坐在地毯上,都朝他张开双臂,两个女儿脸上的笑容是那么令人动容。这一刻,王海觉得自己的心情受到了强烈的冲击,他想:"我有如此可爱的女儿,有善良的妻子,这已是上苍赐给我的无价之宝,我在股市上损失的只是金钱,一切都会好起来的。"

王海的心情又恢复了轻松,他再也没有为金钱的损失而苦恼,而日子也真如他所期待的那样,又一天天地好了起来。

我们要想在这个世界上生存、发展,有许多事情是要紧的。但是,也有许多使我们的心情和快乐受到威胁的事情,实际上是不要紧的,至少不是我们所想象得那样要紧。因此,我们有必要永远记住"不要紧"这3个字。

在今后的日子里,当你的生活中出现苦恼、挫折、失败等"恶魔"时,你可以重复对自己说:"不要紧,风雨总是暂时的,它们终究会过去。明天又是一个艳阳天!"

当你学会把苦恼化作欢乐时,生活中不如意的事情就会越来越少。你的心情会变得越来越轻松。

不要为琐事所累

在平时的生活中,人们习惯于把许多小事情看得过于重要。一个优秀学子会为自己一次偶然的考试失利而失声痛哭;大人会因为孩子不经意间冒出一句从外面学来的脏话而声色俱厉;一个羞怯的女孩也许会因为自己穿了一件不合时宜的裙子而忐忑不安;家庭主妇会因为提前售出股票少赚几百几千块钱而叹息数周;甚至一个过于小心的健康人也会为一阵突如其来的牙疼而恐惧不已!其实这些小事我们本来不必为此烦恼。

所有的这些是否过于消耗我们的心力?是否会分散注意力,降低工作效率?肯定会!其实,优秀学子一个偶然的疏忽不会使你成为永远的落后者;和颜悦色地教育小孩子也许效果会更好一些;穿了不合时宜的裙子的女孩也许并没有引起别人的注意,实在不必大惊小怪;这次股票少赚没准儿下次可以翻倍;"牙疼不是病",你绝对不致"引癌上身"……总之,所有的事情并不像你想象的那么糟糕!生活五彩斑斓,当我们在为琐事而斤斤计较、心态消极的时候,我们的双眼已经为黑暗所蒙蔽,对生活中真善美的光芒却视而不见了,如此的人生是多么的可悲与不幸啊!

生活中琐事实在是非常的多,许多事并无绝对的正确与错误之分,你若一时想不通,不妨换个角度去思考,或许就能够豁然开朗。正所谓:忍一时风平浪静,退一步海阔天空,若能真的认识到这一点,我们就能随时保持良好的个人状态,时时处处拥有一份好心情,生活也就会因此变得更加绚丽多姿了。

有一对年轻的夫妇,在吃饭闲谈的时候,妻子也是因为兴致所至,一不小心冒出一句不太顺耳的话来,不料,却被丈夫细细地分析了一番,于是心中不快,便与妻子争吵起来,直到最后掀翻了饭桌,拂袖而去。

这个例子来自于平常的小事,其实在我们平时的生活中这样的例子并不少见,很多事情通常是人为地给自己心灵加压造成的。比如太在意一句话,太在意领导的一句批评,太在意孩子的一句无心之语,太在意爱人的一次赌气,细细想来,当然是因小失大,得不偿失的。我们不得不说,他们实在有点小心眼,太在意身边那些琐事了。其实,许多人的烦恼,并非是由多么大的事情引起的，而恰恰是来自对身边一些琐事的过分在意、计较和“较真”。

比如，有那么一些人对人世间周围所发生的一切相当敏感，而且还经常曲解和夸大外来的各种信息，对别人所说的每句话都要做细细地琢磨，对自己的得失耿耿于怀，而对于别人的过错更是加倍抱怨。这种人其实是在用一种狭隘、幼稚的认知方式，为自己营造着心灵监狱，可谓是十足的自寻烦恼。他们不仅使自己活得非常累，同时也使周围的人活得很无奈。

一位哲人曾经说过：“同样是一件事，想通了是天堂，如果想不通就是地狱。既然活着，就要活好。”有些事是否会引来麻烦与烦恼，完全取决于每个人如何看待与处理它们。所以美国的心理学家藏维·伯恩斯提出了消除烦恼的“认可疗法”：就是通过改变人们对于事物的认识方式和反应方式从而避免烦恼与疾病。所有的这一切都需要我们首先要学会不在意，换一种思维方式来面对眼前所发生的一切。

早在两千多年以前，雅典的政治家伯里克利斯就向人们发出振聋发聩的警告：“需要注意啊，先生们，我们太多地纠缠小事了！”法国作家莫鲁瓦更是明确而深刻地指出：“我们常常为一些应当迅速忘掉的微不足道的小事所干扰而失去理智，我们活在这个世界上只有几十个年头，然而我们却经常为一些纠缠无聊的琐事而白白浪费了许多宝贵的时光。”这话实在发人深省。由此可以看出，过于在意琐事的毛病已经严重地影响到了我们平日里的生活质量，使我们的生活失去光彩。很显然，这是一种极为愚蠢的选择。

对于一个遇事不在意的人，是超越自我的人，也是活得潇洒的人。因为没有了琐事的羁绊，也就会使身心获得解放。

所谓的不在意，就是别总拿什么都当回事，对于很小的事情千万不要去钻牛角尖，别太要面子，别事事“较真”、小心眼；别把那些微不足道的鸡毛蒜皮的小事全都放在心上；别过于看重名与利的得失；别为一丁点儿的小事情而着急上火，惊天动地似地大喊大叫，以致因小失大，后悔莫及；别那么多疑敏感，总是曲解别人的意思；别夸大事实，制造假想敌；别把与你爱人说话的异性都打入“第三者”之列而暗暗仇视之；同时我们也不要像林黛玉那样见花落泪、听曲伤心、多愁善感，总是一副顾影自怜的样子。要知道，人活着有些时候真的需要一点点傻。

不在意，也是为自己设置了一道心理保护防线。不仅不去主动地制造一些烦恼的信息来进行自我刺激，而且即使在面对一些真正的负面信息、不愉快的事情的时候，也要努力地做到处之泰然、置若罔闻、不屑一顾，真正地做到“身稳如山岳，心静似止水。任凭风浪起，稳坐钓鱼台。”的境界。

这不仅是自我保护的一种巧妙的方法，同时也是一种坚守目标、排除干扰的良策。当然“不在意”最终所体现出的是一种人格上的修养，是一种极其高贵的人格修养，同时也是一种人生的大智慧。

不在意的人，是一种勇于超越自我的人，也是活得潇洒的人。因为没有了琐事的羁绊和缠扰，也就自然会使身心获得轻松与解放，自有一片自由的天地任由驰骋。

然而，不在意并不等于逃避人类社会现实，不是麻木不仁，也不是看破红尘后的精神颓废与消极遁世，不是对什么都冷若冰霜、无动于衷的加缪笔下的“局外人”，而是一种在奔往人生大目标路途中所采取的一种洒脱、豁达的生活策略。

生活当中的每个人都希望自己每一天都能够过得开开心心、轻轻松松，可是既然是生活，就总会有那么一些小波澜、小浪花。

学会休息,善于休息

凡是那些事业上取得成功的人,往往不是那些整日整年埋头苦干的人。你一看到他就发现他总是在忙忙碌碌,好像他是世界上最辛苦的人,那人未必是事业上的成功人士。

不会休息的人往往以某些名人作为自己的榜样,认为只有废寝忘食、夜以继日地工作工作再工作,就一定能够取得优异的成绩,并以牺牲休息为自豪。其实这是非常片面的。

俗话说,“会买是徒弟,会卖才是师傅”,从徒弟到师傅的这个过程就是一个从不知疲倦、不会休息的超人到学会休息、善于休息的普通人的过程。

有很多人可能会感觉到奇怪,休息还有谁不会,难道还要学习?可是实际上确实有许多人只知道工作再工作,不懂得休息;只知道紧张,不知道轻松;只知道劳,不知道逸。他们常常加班加点,几天几夜“连轴转”,严重消耗了自身的体力与精力,结果弄得健康状况全线崩溃,甚至最后造成了病魔缠身。你能说这种人会休息吗?

许多名人之所以在工作中做出惊人成绩并非因为他们以牺牲休息为代价,恰恰相反,他们当中许多人因为很重视休息,才赢得了健康的体魄和旺盛的精力,从而使之能够更好地,全身心地投入到平日的工作当中,其实,这正是他们成就事业的基础和本钱。

丘吉尔作为英国一名很有名气的首相,在任期间,他身上所担负的责任极其的重大、工作繁忙可想而知,然而他对于休息却十分的重视。在第二次世界大战的时候,已经70岁高龄的他仍然得日理万机,忙得不亦乐乎,干起工作来却总是那么精力充沛,情绪高涨。这主要得益于他能注意休息,在工作之余能放松自己,充分抓住点滴的时间进行休息。在一般情况下,他每天中午都要睡1个小时,晚上8时吃饭之前也要睡两个小时,即便是在乘车的时候他也会抓紧时间闭目养神般地打个盹儿。有人曾问过他身体健康、精力充沛的秘诀,丘吉尔说:“我的秘诀是:当我脱下制服时,也就把责任一起卸下了。在家里,我就像一只破袜子那样放松。”唐代诗人白居易有诗曰:“一觉闲眠百病除。”说的就是睡眠对人的健康是多么的重要!

有些人对工作素以努力著称,决不允许别人影响他的睡眠,哪怕是再重要的事情也不行。

1908年塔虎脱竞选美国总统,当选举结果公布出来的那一天晚上,辛辛那提许多绅士名流在凌晨一时左右拜见塔虎脱,但当他们到了他的寓所,看门人对他们说:“主人现已入睡,在临睡时他曾再三叮嘱,无论当选美国总统与否,今晚不再见客。”他虽然身任总统,亦不愿耽误自己的睡眠。美国百货巨子斯伟特对于工作与休闲,也是俱不偏废的。他在每一天的22时准时就寝,绝对不允许别人影响他的睡眠。即使发生严重事故也不例外。有一天晚上,电话铃不断作响,仆人唤醒他说:“电话报告一百货公司失火,事态严重,请指示应付方针。”他不愿起身接听,嘱咐仆人回复说:“有事到明晨7点钟再谈!”这种做法未必可取,然而他对休息的重视程度却至少能给我们一些启示。

有人认为休息与不休息无所谓,即使少休息一会也根本没什么,殊不知人的精力体力总是有限的,无休止地工作,不但不能提高工作效率,反而会严重损害健康,那是得不偿失的事。没有健康的体魄,哪还能谈到什么工作效率呢?正确的态度是劳逸结合、动静结合,工作时就要聚精会神地工作,休息时就尽量放松,哪怕工作再忙,也要保证必要的休息。这样不但能提高工作效率,而且精神愉快,有益健康。陶行知说:“适当的休息,是健身的主要秘诀之一,千万不可忽略。对于那些忽略健康的人,其实也就等于在与自己的生命开玩笑。”毛泽东说:“睡眠和休息丧失了时间，却取得了明天工作的精力。如果有什么蠢人不知道此理，拒绝睡觉，他明天就没有精神了，这是蚀本生意。"我们千万不要做这样的蚀本生意。

对于如今生活节奏的不断加快，竞争压力的日益加剧，迫使现代人必须学会休息。做到科学的休息。科学研究证实，休息是迅速恢复自身精力与体力，提高工作效率的最行之有效的方法。

在通常情况下，人们常常习惯在累了之后才进行休息，工作累了就应该休息，对于如此简单的道理每个人都懂。其实当你感到疲劳时，你体内产生的代谢废物——乳酸、二氧化碳、水分等已积蓄较多，这时休息一会儿就根本不能完全消除疲劳。与此相反，在没有感到累的时候便主动地休息，体内积蓄的代谢废物较少，稍作休息便可将其清除，这也正是主动休息能提高工作效率的奥秘所在。

在现实生活中，不主动休息的现象可谓是比比皆是，比如知道自身有病仍然坚持工作，为升学而拼命地复习功课，通宵达旦搓麻将、玩牌等等。不论主观的动机怎样，其不主动休息的做法都是不符合人体生理规律的，这样将会加速人体器官的衰老进程，导致体质下降甚至疾病缠身。从中医学角度来讲，人需要养生，才能保证机体正常的平衡与身心的健康。要想很好地工作，就必须要做到很好地休息；不懂得科学地休息，就不能很好地工作。

休息可谓是各式各样。自然，睡眠所占的休息时间最长。人如果不睡觉，生活简直就会变得不可想象。在人的一生中，差不多有三分之一的时间在睡眠中度过。在睡眠时，除了心脏、肺等少数器官在工作外，人体的绝大部分器官、特别是大脑皮层，都处在一种安静的休息之中，经过一段安心的睡眠之后，就可以大大消除身心的疲劳。

睡眠虽然是一种休息，可是，并不等于说睡得越多，休息得就越好。严格地说，睡眠只能算作是一种消极的休息。睡眠如果过多的话，相反还会使人萎靡不振，懒洋洋的。对于一个人来说，每天除了要保证必要的充足的睡眠时间之外，更重要的是要懂得积极休息。

当然，我们通常情况下所提倡的主动休息，并不是抛开各种各样的生活乐趣而进行"冬眠"。主动休息要因人而异，没有一个固定的标准，关键是要能够根据自己的实际情况，做到"劳"与"养"两者适度平衡。休息的方式是多种多样，比如看电视、听音乐、散步、交谈、看报、下棋、睡觉等等。缺少睡眠者一定要补充足够的睡眠；对于体力劳动者可读书、看报、听音乐；脑力劳动者可散步、做操等等。不论任何一种休息方式，都离不开"放松"两个字，只有彻底让身心松弛下来，才能取得良好的休息效果，在工作的时候，精力才会更加旺盛。重要的是要能够学会巧休息。在平时的生活中，有很多人经常会陷入休息的误区，其主要表现为以下几种：

误区一：只要不运动就是休息。很多人都认为坐在沙发上或躺在床上静止不动就是一种休息，其实并非如此。因为休息的含义是指暂时停止工作：如果一个脑力劳动者，虽然是坐着或躺着，但是仍然还在动脑筋继续思考问题，那么这根本就不是休息。相反，那些与人聊天说笑、浏览报刊或聆听音乐等一些活动，才算得上是休息。

误区二：休息的越多越好。休息是身心（大脑）的整体，也就好比是为自己进行充电，休息的主要形式是睡眠。适度的睡眠就可以消除自身的疲劳，从而恢复精力。至于睡眠时间的长与短，则应依据疲劳的程度而定。对于一般工作的成年人来说，夜晚睡 8 个小时足矣。如果睡眠时间过长，那么平时活动时间就必然会减少，要知道静多动少并非好事。因为睡得过多就会使人体气血循环不畅，新陈代谢缓慢，器官功能减弱，免疫功能下降，从而引起众多种疾病。

误区三：到了疲劳之后才知道休息。谁都尝过疲劳的滋味是那样的不好受，谁也都知道休息能够消除疲劳,可是不少人干起工作来,非要等到疲惫不堪之后才肯休息。对于这种干劲我们可以赞扬,但坚决不提倡。一些知识分子英年早逝,这也是重要因素之一。正确的做法应该是主动休息,不疲劳也要做到小憩一会儿,这是对自己的身心十分有好处的,更是预防疲劳、保持精力旺盛的诀窍。如果你手头有两种工作要做,那么掌握好时间交替进行,可使大脑两个半球在交换工作中获得休息。做与你疲劳原因相对立的事,如果因运动而产生疲惫,就静止下来休息;长时间静坐而疲倦,则可以运动来休息。当忙于一件事情使你头昏脑涨时,不妨换一换做自己最有兴趣做的事,如看看邮册、下棋,从而达到休息的效果。在消遣性艺术享受之中也可以达到休息的目的,比如看看小品、娱乐片,听听相声、歌曲等。

在工作之余的这段时间,看电影、电视、唱歌、跳舞、打扑克,也是一种非常积极的休息。在文娱活动当中,心情愉快而轻松,可以很好地消除劳动时的紧张情绪。

经常参加体育活动,也是一种非常好的休息,特别是对于脑力劳动者来说,参加体育锻炼,可以增强体质,显著提高工作效率。在体育锻炼中,也必须注意从每个人的身体条件出发,做到适时、适量。如果锻炼过量,不仅没有得到休息,反而增加了自己的疲劳。

第十三章

控制情绪，做自己的心理医生

如果你能驾驭好自己的情绪，就会拥有阳光的心态、愉快的心情，从而远离抱怨、烦恼与愤怒，享受积极、快乐的生活。

关注情绪的力量

情绪是人类历史上最被忽视、研究最少的题目之一。在1990年以前,你几乎无法在书店里找到一本关于情绪的书。20世纪90年代,科学家才开始对这个题目感兴趣。1995年,随着美国人丹尼尔·格尔曼写出《EQ》一书,人们才开始广泛关注情绪。情绪之所以重要,可从以下几个方面得知:

1. 我们一生所追求的其实都是一种情绪感觉

好好想想,到底什么是你真正想要的?或许,你希望环游世界?你希望有个幸福美满的家庭?你希望赚很多钱、买漂亮的汽车、豪华的别墅?你希望成为爱因斯坦式的大科学家?你希望成为受万人追捧的明星?不管你心里的愿望是什么,你是否想过这个问题——为什么我会有这些愿望?事实上,不管你有什么愿望,你最终追求的其实都是一种美好的感受。例如,你想买一辆漂亮的汽车,难道不是因为它能给你带来成就感和满足感吗?你想要一个美满的家庭,难道不是因为它能给你带来幸福与温暖的感觉吗?可见我们一生所追求的其实都是一种情绪感觉。知道这一点有何重要之处呢?让我们举例来说明,你每天拼命工作,想赚很多钱,想买好车、大房子,其实你真正想要的是赚到很多钱后的那种成就感、满足感,对吗?也就是说,钱、车、房只是为达到成就感、满足感的工具而非最终目的。

但是,你想过没有,为了达到某一目的的工具或手段,难道就只有一种吗?难道只有不断地赚钱才能让你有成就感吗?你将脏乱的房间打扫得干干净净,不会有一些成就感吗?你尽最大努力做了一顿好菜,不会有成就感吗?你战胜了自己去迎接一个挑战,不会有成就感吗?你发自内心去帮助别人走出困境,不会有成就感吗?许多人由于没有弄清楚"最终目的"和"工具"这两者间的差异,常常将心力放在那些并非自己真正想要的工具上。今天社会中的很多问题都是因为大家每天忙忙碌碌,根本不知道生命中真正对他们重要的东西是什么,于是你会看到,很多人在成功之后依然空虚地感叹:"人活着究竟是为了什么呢?"

2. 情绪是行为的推动力

情绪之所以重要,是因为我们日常的行为是受着情绪的推动的。这个道理很简单。在不同的情绪状态时会有不同的行为,当你在自信时会与自卑时的行为不同,在平静时会和冲动时的行为不同,在沮丧时会和兴奋时的行为不同,在大多数情况下,不同的行为会导致不同的结果。全世界每天都有人自杀,这些人有自杀的行为是因为受到绝望的情绪在推动。如果能够改变绝望的情绪,就不会有那么多人丧命。

我们都曾有过万事顺意的时光,有时一大早起来就觉得神清气爽、精神饱满,对一切都胸有成竹,平日里棘手的工作也觉得得心应手,你微笑地面对周围的人。热情地投入生活,总之,你觉得一切都是那么美好。但是我们也有过完全相反的经历,有时感到莫名其妙的情绪低落,被巨大的忧虑所包围,你无精打采,面对一大堆待办的事,却怎么也提不起精神,什么也不想做。平时做起来易如反掌的事,当时却感到举步维艰,有时竟然叫不出一位熟悉朋友的名字?或者突然忘了一个字怎么写?你觉得整个生活都是灰色的。

这到底是怎么了?差别就在于我们处于不同的情绪状态。很少有人真正意识到,我们的成就有时并不取决于我们的能力,而是取决于我们当时所处的状态。正如你所知道的,所有成功者的共性并非是他们的技能,而是他们能够持久地处于自信、积极、兴奋、热情、精力充沛的状态。你可以有爱因斯坦的聪明才智、有爱迪生的卓越智慧、有迈克尔·乔丹的绝佳球技，但如果你一直处于“消沉”的状态的话，就别想有发挥自身无穷潜能的机会。如果把你所具备的能力比喻成水流的话，那么状态就是水龙头，如果水龙头处于关闭状态，那么就绝不会有水流出；同理，如果没有状态，那么再好的能力都无从发挥；水流量的大小在很大程度上取决于水龙头的开启程度。同理，能力的大小在很大程度上也取决于状态的好坏。

3. 情绪会影响你的健康

人有七情六欲，项项事关健康。发表在《国际心理生理学》杂志的研究文章称，生气之后的一周，只要想到争论这件事，血压还会升高。所以不管是曾怒火万丈也好，或是小小的挫折也好，最好尽快忘掉它！

美国俄亥俄州立大学研究人员给已婚夫妇的手臂上安装上能产生水泡的抽气装置进行测试，当他们被问及曾有不同意见并激烈争吵过的问题时，伤口比正常情况下的康复速度慢了40%，这一反应是由会引起感染的免疫细胞因子突然增多所致。如果该细胞因子水平长期偏高就会导致关节炎、糖尿病、心脏病和癌症。事实上，以下9种情绪行为直接对健康产生影响。

(1)坠入爱河时

意大利帕维亚大学的研究人员发现，坠入爱河会使人一年内神经生长因子水平处于增高状态。这一类似激素的物质会刺激新的脑细胞生长，有助于神经系统的恢复并增进记忆力。同时，由于恋爱中“被爱”的满足感会使身体和思想处于镇定状态。不幸的是，研究人员发现恋爱一年后神经生长因子水平会出现回落——那时恋爱中罗曼蒂克的感觉会不复存在，人又重回现实之中。

(2)面对压力时

连续处于压力之下时，会出现慢性压抑现象。斯坦福大学生物科学教授罗伯特·萨波尔斯基形容，“处于打了就跑的压力之下时，人体会关闭所有的长期机制和恢复机能。人体内皮质醇水平长期偏高会使你的防御体系不再灵敏，记忆力和准确度都有所下降，对入侵物的警报也不再敏感，更易觉得累，人会变得抑郁沮丧，生殖能力下降。”如果常年处于慢性压抑之下，血液中葡萄糖和脂肪酸都会升高，患糖尿病和心脏病的风险自然也就大了。伦敦大学的最新研究成果还表明，压力还会使人体胆固醇水平上升，也会更易诱发心血管病。

(3)大笑失控时

加利福尼亚州立大学的科学家发现，发笑会放松人体的紧张肌肉，减轻压力引起的激素分泌、低血压现象，增加血液中的含氧量。马里兰大学医学中心的心血管专家们还证实笑声能使人卸去多余的压力，保护血管内壁，从而减轻心脏病发作的概率。当人哈哈大笑时，需要调动身体内超过400块肌肉，因而还能有效消耗热量。有些研究人员估计，大笑100次相当于10分钟划船和15分钟踩单车的有氧运动量。

(4)产生愤怒时

是尽情宣泄怒气呢，还是尽量压制怒火？两种方式都有不良影响，研究发现，女性如果在对抗中压抑自己的怒气，其死于心脏病、中风或癌症的风险会高两倍。怒火爆发时只会持续几分钟，但由于肾上腺素水平突然大幅增高，血压升高、心率加快，对超过50岁的人来说突发心脏病或中风的概率会高出5倍。另外一些不明显的发怒症状，如急躁、易怒、牢骚等等，也同样会损害健康，因免疫系统处于抑制状态而更易被传染疾病。

(5)潸然泪下时

哭泣的时候，确实释放了体内的不良情绪。美国生物化学家威廉·弗利博士将因动情而哭和因闻到洋葱味而落泪的负性做了比较，发现前者会伴随着压抑情绪分泌更多激素和神经传递素。弗利博士说，如果上述物质长期积存于体内，即总是忍住不哭的话，会使人处于不必要的紧张状态，身体会更易受焦虑等负面情绪的影响，包括免疫力变弱、记忆力变差和消化能力变弱等。

(6)感到嫉妒时

在人类的情感当中，嫉妒是最强烈也是最痛苦的一种，也最难控制。男人最典型的嫉妒就是当他们发现有情敌时，女人的嫉妒则往往在怀疑爱人背叛之时爆发。伦敦医学专家简・弗莱明博士表示，嫉妒是害怕、担心和愤怒等情感的混合体，这3种情感会使人一触即发，妒火燃烧的人通常会血压升高、心跳加快、肾上腺素分泌增多、免疫力变弱、焦虑、甚至失眠。

(7)触摸接触时

美国加利福尼亚大学洛杉矶分校精神病学教授海拉・卡斯博士表示，人体脑下垂体后叶会分泌一种被称为“黏合荷尔蒙”的物质，会使爱人之间有抚摸和拥抱的欲望，上述动作也会刺激体内修复细胞分泌一种抗衰老、抗压抑的激素。其他形式的触摸，如按摩等，也被证实有助于身体恢复。纽约哥伦比亚长老会医院的默海特・奥克斯博士对那些进行开胸手术和心脏移植的患者定期进行按摩治疗试验，结果证明康复时间大大缩短，术后并发症也大大减少。

(8)心存感激时

对生活中得到的东西要心存感激。美国哈特麦斯学院的罗琳・麦克拉提发现，类似爱、感激和满足这样的情感，会刺激脑下垂体后叶激素的分泌。她说：“该激素在人感到开放和忠实之时就会分泌，它会使神经系统放松，减轻压抑感，体内各组织的含氧量也会显著增加，就像经过了康复治疗一样。”人在心怀感激时，脑部和心脏也有同步电流活动产生，从而使相关器官的运转更加有效。

(9)心情沮丧时

当人处于沮丧、悲观和冷漠状态时，体内的复合胺和多巴胺都会偏低，而后两者正是大脑中让人感觉良好的神经传递素。简・弗莱明博士表示，复合胺能调节人对疼痛的感知能力，这也是为何45%有沮丧倾向的病人会有种种疼痛不适感的原因。情绪低落同样也与睡眠不好、疲劳和性功能紊乱有关，由于复合胺还与人的欲望有关联，因此也与大脑化学物质分泌量较低有关。

控制好你的情绪

每个人都有自己的情绪，而情绪是一种很滑溜的东西，有时滑溜得让人捉摸不到。但是，不管怎么滑溜，你都要想办法将它捏得紧紧的，因为这关系到你能否拥有快乐的生活。

温迪是纽约饭店的总监，记得有一年她在别家饭店开会时，最心爱的LV皮包和公事包竟被偷走了，所有的现金、证件与重要客户的资料都不见了，心情自是十分懊恼，欲哭无泪。

晚上回饭店工作前，她独自在办公室静坐了五分钟后，试着将自己沮丧的心情锁起来，换上一张笑脸赶去参加迈克・道格拉斯当天的影片庆功宴。当迈克・道格拉斯热情地亲着她的脸颊时说：“嗨！温迪，你今天过得如何？”

温迪热情地回他一个灿烂如阳光般的笑容说：“嗯！非常好。好得不能再好了！”这天的宴会非常成功，温迪也顺利地接触到更多的客户，认识了更多的朋友。

试想，如果那天她不能及时地调整情绪，继续沮丧下去，不赴这场宴会或者在宴会上不断地抱怨自己遇到的倒霉事，那将会造成多么恶劣的影响：错过了与客户接触的机会，也间接地影响了众人对饭店的印象。

工作在第一线的人员，如服务人员、客服人员、公司总机、销售人员、公交车售票员等，他们能不能将近日被男朋友抛弃的哀怨或今早与老婆吵架的怒气隐藏起来，给客户宜人亲切的笑容，将可能决定今天公司营业额的好坏。

在职场上不能控制情绪还有一个更直接的影响是：它将使你没有合作伙伴！而在这个讲究合作的社会里，没有合作伙伴就意味着你将一无所有。

有一位意大利籍的名厨十分情绪化，高兴起来可以又亲又抱，左一句甜心，右一句蜜糖，让人听了心里暖洋洋的。但是千万别惹他发火。一旦发怒，30秒内，他可以将英文的脏话全部骂过，意犹未尽，再加上很多意大利文的脏话，翻脸比翻书还快，搞得大家都对他畏惧三分。

他的脾气犹如一匹野马，完全无法控制。厨房的员工因受不了他的脾气，流动率很高，外场经理也因为难以和此主厨配合，换了又换。但是饭店的主管觉得他确实才气逼人，他做的菜客人吃过之后都赞不绝口，还会利用很普通的材料做出很多有新意的菜肴来，而且聪敏、肯拼、肯做。基于这些原因，主管还是睁一只眼闭一只眼，由他去了。

有一天，一位新来的服务生惹怒了主厨，主厨训斥他的时候，服务生居然也和他对骂起来了，厨房里顿时变得一团糟。更让人瞠目结舌的是，主厨居然拿出切肉的刀子要跟服务生拼命。这下，事态严重了，主管只好开除了他。

一个优秀的大厨因为无法控制自己的情绪而丢了饭碗，这应该是他绝对没有想到的。上班族应该时刻提醒自己的是：没有人有责任或者义务来忍耐你、迁就你！随着企业规模的日益庞大，企业内部分工越来越细，任何人，不管他有多么优秀，想仅仅靠个体的力量来左右整个企业都是不可能的，没有人可以超然地出世而不与别人合作。大厨不克制自己的情绪随便乱发脾气，只会让周围的人对他敬而远之，无法真正地与他沟通，也就无法做到和谐地配合他。当公司里所有的人都与他配合不好，这当然就是大厨个人的原因，被公司开除自然也是情理之中的事情了。

约翰·米尔顿说：“一个人如果能够控制自己的激情、欲望和恐惧，他就是国王。”

如果你是个成熟理智的人，如果你是个力求上进的人，如果你是个希望攀登事业高峰的人，那么，时刻记住：不要让你的情绪失控，管好你的情绪，不要让它随便撒野！

那么，你怎样才能控制自己的情绪，让每天充满幸福和欢乐呢？你就要学会这个千古永恒的秘诀：弱者任思绪控制行为，强者让行为控制思绪。每天清晨你醒来，当你被悲伤、自怜、失败的情绪包围时，你就这样与之对抗：沮丧时，你引吭高歌；悲伤时，你开怀大笑；病痛时，你加倍工作；恐惧时，你勇往直前；自卑时，你换上新装；不安时，你提高嗓音；穷困潦倒时，你想象未来的财富；力不从心时，你回想过去的成功；自轻自贱时，你注视自己的目标。

可以说，掌握情绪的人是智慧型的人，是成熟的人，他们都有一些对不良情绪进行自我调控的非常有效的方法：

1. 自我安慰法

这是掌握情绪的人的显著标志。他们在情绪不好的时候，往往采用此法，不用人们的劝说和解释，更不用去看心理医生。大多数人都有这样的体会：遇到什么烦心事，别人不劝的时候，并不会再引起情绪波动,当别人劝说的时候,反倒情绪更加波动,倒叫他生出许多新的情绪来,东拉西扯的,又联接出很多的枯枝烂节。其实,自己安慰自己倒是一种情绪调控的明智之举。

现实生活中,我们常看到这样的情形:两个人在大街上因为一点小事吵了起来,本来可以彼此道歉,心平气和,一笑了之。可是围观的人中就有不怕事儿大的,好像是在劝说:"算了吧,看你的小样,你也打不过他,吃点儿亏算了,吃亏是福。""我看这事不是你的错,看你长得膀大腰圆,怎么好像有些怕他?"于是围观的人就会看到火上浇油的效果,两个人的情绪都被调动起来……如果两个人有一个人能后退一步,安慰自己:谁还不会犯个错,有什么大不了的……那就会息事宁人,皆大欢喜。

2. 语言暗示法

无论自己的情绪如何激动,把握情绪的适当程度就显得非常重要。这时,明智的人会在心里暗暗给自己打气:情绪过激会影响自己的工作、影响自己的为人;暴怒会产生不良的后果;得意忘形会有损身份等等。应该"战略上要藐视,战术上要重视。"这其中的实质性问题便是,找到暴怒的放气阀,而不是随便扎破暴怒的气囊,让怒气慢慢地泄掉,而不是像爆破了的气球,"粉身碎骨"。

3. 环境变换法

环境对人的情绪、情感有着重要的影响力和制约作用。因此,变换一下环境能起到调控情绪的作用。当你情绪激动的时候,扭身走人,换个环境,就会产生意想不到的效果。俗话说,眼不见心不烦,道理就在这里。

4. 运动驱赶法

情绪会在人的运动中自然消失或衰退。当你情绪不好的时候,去户外慢跑或散步等等,会使你的心情慢慢舒展,继而变得心情舒畅起来,不好的情绪被驱赶掉或大部分被驱赶掉。

化解负面情绪

有一位刚刚踏入歌坛的歌手,当他将自己精心制作的录音带寄给一位有名的制作人之后,便开始每天守候在电话机旁边等待回音。第一天,这位歌手满怀希望,在等待的过程中,始终保持着极佳的情绪,并且与人大谈他未来的音乐抱负;到了第17天时,因为情况不明,他的情绪开始起伏波动;接着,在第37天,他因为对前程感到了忧心,情绪便显得十分低落;直到第57天,他的情绪已经糟糕透顶,他认为自己的希望落空了。没有料到,此时电话铃声突然响起,他立刻拿起电话,想也没想就对电话那头的人破口大骂,最后对方告诉他:"我是收到你录音带的制作人,不过你似乎并不乐意接到我的回电,那么我很遗憾地告诉你,我们双方应该不会再有合作的机会了。"

"你现在是欢喜悲伤,还是一点儿也不知愁?"这是歌手李宗盛曾经演唱过的一首歌曲,其中的歌词说明了人们的情绪会不断地变化,甚至往往会在某一段的时间内,也能经历喜怒哀乐的多种情绪。即使如此,我们还是能够对无法控制的自然情绪反应,进行适当的调整,这也就是说,只要你能随时提醒自己,鼓励自己,就一定能够经常保持好情绪,从而使坏情绪不会经常来打扰你。

身处一个群居的社会,如果我们的情绪不能维持一定的稳定,或者经常反应过于激烈,那么就会成为自己人际关系上的障碍，所以我们需要提高个人修养，学会如何稳定、疏导并且调整自己的情绪。有许多心理医生相信，一切形态的不快乐，均是起源于情绪得不到疏通，而当人们能够抒发情绪，不再暗自承受心理上的压力时，整个人就会变得心平气和、轻松愉快。那么，我们该用什么方式来疏导、调适自己的情绪呢？

有人询问一对结婚50年的老夫妻，是否有维持婚姻幸福的秘诀。老先生回答说："我跟我妻子结婚的时候有一个约定，那就是当她有烦恼时，她可以告诉我；而如果我对她有所不满，我就要出去散步，因此我想我们婚姻美满的主要原因，就是因为我大部分的时间都是在户外度过的！"

虽然这是一则流传很久的笑话，但是在日常生活中，大家难免都会遇到些挫折、不愉快的事情，并且为此生气、焦虑、烦恼、不安。但是这些负面情绪要是经常发作，又无法得到适当控制的话，除了会对身体健康产生影响，还会造成人际关系上的紧张。

心理医生梅耶曾经说："烦恼会影响到人体的血液循环以及人们的神经系统，很少有人是因为工作过度而累死的，多数的人都是被自己给烦死的！"所以，你可以在感觉情绪不佳时，学习故事中的老先生外出散步；也可以拿着一个软软的枕头，走进一个能让你独处几分钟的房间，做个深呼吸，再用枕头盖住你的脸，尽情地大声尖叫或者怒吼，如此一次一次地重复，直到你感觉所有的情绪都已经释放出来后才停止；接着，你就静坐片刻，并且开始集中你所有的知觉，好好感受解脱压抑情绪的滋味。

由于人是具有情感的群居动物，所以我们对外界会产生许多的好的坏的情绪，这也是十分自然的事情，更何况，即使是涵养很高的人，也不可能从来不会有不良的情绪产生。只是，有一些人习惯于压抑自我真实的情绪，也许是个人的性情使然，也许是为了顾及某些原因，然而，无论压抑什么样的情绪，长久下去，都只会对身心健康造成伤害！

如果你要带着不良的情绪和表情开始你一天的工作，那么这将会影响到你当天的举止态度，也会决定你在那一天里的遭遇。所以，你可以带着高昂的情绪开启一天的序幕，想着："又一个好日子要开始了。"你还可以替自己立下一个目标，比如，在上班的途中微笑5次，或是早晨起床，沐浴一下；用一种积极而轻松的表情开始每一天。

事实上，有一些情绪宣泄后，并不会产生后遗症，比如欢喜、兴奋、开心等；有一些则会导致后患无穷的局面或者结果，比如愤怒、冲动、暴躁等。当我们知道如何调节负面情绪时，并不会因为一时的情绪失控而产生不良的结果，我们便能够经常保持愉悦的心情，从而成为一个情绪管理的高手！

别让怒火冲昏头脑

愤怒是一种常见的消极情绪，它是人对客观现实的某些方面不满，或者个人意愿一再受到阻碍时产生的一种身心紧张的状态。在人的需要得不到满足、遭到失败、遇到不公、个人自由受限制、言论遭到反对、无端受人侮辱、隐私被人揭穿、上当受骗等多种情形下人都会产生愤怒情绪，愤怒的程度会因诱发原因和个人气质的不同而有不满、生气、恼怒、大怒、暴怒等不同层次。发怒是一种短暂的情绪紧张状态，往往像暴风骤雨一样来得猛、去得快，但在短时间内会有较强的紧张情绪和行为反应。也就是说，愤怒是一种富于冲动性的情绪，它是由于与愿望相违背或不能达到，并一再受挫而激起的不良情绪。无法克制的怒气，往往成为伤害身心至深的本源。

1. 令人愤怒的行为

以下是几种令人愤怒的行为,但这些行为一般很少被人察觉:

(1)有人重复告诉你,你做的事情不对。比方说,老是喜欢挑你的语病:“你上个礼拜不是说很喜欢吗?”“如果你不喜欢的话,为什么要去那里度假呢?”“我实在搞不懂你为什么要这样做?”

(2)有人时常提醒你,他帮过你什么忙。

(3)为别人的受害而愤怒。他老是跟你说别人怎么亏待他,怎么利用他,甚至连亲戚也欺骗了他。他每一次都告诉你这些事情的时候,你听了以后也很生那些人的气,虽然你对那些人束手无策。

(4)有人传播别人反对你的谣言。他先跟你说有个朋友或邻居批评你,然后又要你别说出去,他会这样对你说:“你不要把我说的告诉他。”在这种情况下,你会很生气,但却毫无办法。

(5)别人永不兑现诺言。如:“过了这个周末以后,我一定还你借给我的钱。”“一年以后,我一定不再打扰你”等。

2. 学会克制愤怒

愤怒情绪是一种消极的情绪,如果这种情绪占了主导,不能自制,往往会过分刺激人体的器官、肌肉或内分泌腺,容易诱发多种疾病。而且极易破坏正常的人际关系,轻则伤了和气,重则控制不住自己的理智,闹出不该发生的事来。所以,作为一个理智的人,应该学会克制愤怒。

当然,这需要大量尝试,并且它只需一次花极少的时间就能实现。当面临使你愤怒的人或事时,你可以采取以下策略:

1. 用意识控制自己

为了控制或减少愤怒发火的次数和强度,必须对自己进行意识控制。当愤愤不已的情绪即将爆发时,要用意识控制自己,提醒自己应当保持理性,还可进行自我暗示:“别发火,发火会伤身体,有涵养的人一般能做到控制自己。”同时,及时了解自己的情绪,还可向他人求得帮助,使自己遇事能够有效地克制愤怒,只要有决心和信心,再加上他人对你的支持配合与监督,你的目标一定会达到。

2. 降低愤怒指数

当一个人极度愤怒的时候,随着内分泌的变化,其嗓音会提高八度,呼吸加快而且粗重起来;心脏跳得更快更吃力,手足的肌肉绷得紧紧的。最后,竟会有一种让人觉得“箭在弦上,不得不发”的感觉。

假如你连续出现这种情绪,那么你的“愤怒商”就未免太高了,它有可能演变为严重的健康麻烦。可怕的是,不友好的心态很容易使你发怒。

能否有效地抑制不友好的情绪,从而使自己更信赖他人呢?其实,只要我们意识到了愤怒对于人们的害处,下决心改正,你终究会改掉这个不是毛病的“毛病”。

要培植信任人的健康情绪,你一定要逐渐消除对别人玩世不恭的怀疑,减少发火的次数和强度,进而学会善待他人,体贴他人。

下面的几条措施将帮助你完成这一心理、生理转变的过程,逐步降低你的“愤怒商”,以达到性格的完善。

(1)承认难题

请告诉你的配偶和好朋友，你承认自己以往爱发火，决心今后加以改进。要求他们支持、配合和督促，这样有利于逐步达到目的。

(2)保持清醒

当愤愤不已的思绪在脑海中翻腾时，请提醒自己，保持理性，你才能避免愤怒。

(3)推己及人

把自己摆到别人的位置上，你也许就容易理解对方的观点与举动。在大多数场合，一旦将心比心，你的满腔怒气就会烟消云散，至少觉得没有理由迁怒于人。

(4)嘲笑自己

在那种很可能一触即发的危险关头，你还可以用自嘲从自己的多疑的性情中寻找乐趣。

(5)反应得体

受到不公平的待遇时，任何正常的人都会怒火中烧。但是无论发生了什么事，都不可放肆地出口大骂。而该心平气和、不抱成见地让他明白，他的言行错在哪儿，为何错了。这种办法给对方提供了一个机会，在不受伤害的情况下改弦更张。

(6)贵在宽容

学会宽容，放弃怨恨和惩罚，你随后就会发现，愤怒的包袱从双肩卸下来，显然会帮助你放弃错误的冲动。

3. 熄火的妙方

爱发火是一种不良和有害的情绪。一个人经常发火，不仅会影响人际关系，影响工作，还容易把矛盾激化，无助于问题的解决。下面介绍一些熄火的妙方。

(1)容忍克制法

俗话说："壶小易热，量小易怒。"动辄发脾气、动肝火是胸襟狭窄、气量太小的表现。有一位心理学家忠告："气量大一点吧，如果我们每件事情都要计较，就无法在这个大千世界生活下去。"要保持克制，就必须有很高的修养，有修养的人才是有克制力的人。一个襟怀坦荡的人，是决不会为些区区小事而随意发火的。即使遇有不顺心的事或受到不公正的待遇时，也能做到心平气和地讲道理，和风细雨地解决矛盾和问题。

(2)保持沉默法

著名散文家朱自清说过："沉默是最安全的防御战略。"当意识到自己要发火时，最好的办法是约束自己的舌头，强迫自己不要讲话，采取沉默的方式，这样会有助于缓和激情、冷静头脑，让沉默成为一种保持身心平衡、抑制精神亢奋的灵丹妙药，不借外力而能化解怒气。

(3)及时回避法

生活中遇到能使自己动气的刺激时，只要情况许可，不妨采取"三十六计，走为上策"。这样，眼不见，心不烦，火气就消了一半。

(4)自我提醒法

当要发火时，只要自己还能自我控制，就要试着用意识驾驭自己的情感，警告自己："我这时一定不能发火，否则会把事情搞砸"，心中默念："不要发火、息怒、息怒。"这样坚持下去，就会收到一定的效果。

(5)注意转移法

转移话题、寻些开心快乐的事情干，选个令自己愉快的音乐，阅读引人入胜的小说、诗歌，或出去走走等等。

遇事不要太冲动

早晨8:00是上班的高峰期，章名开车去上班，由于车流量很大，眼看就要迟到了。好不容易向前移动了一点，可前面的司机偏偏像睡着了一样，丝毫不动弹。章名开始冒火了，拼命地按喇叭，可前面的司机依然不为所动。章名气极了，他握住方向盘的手开始发抖，仿佛紧紧地卡住前面司机的脖子，额头开始冒汗，心跳加快，满脸怒容。真想冲上去把那个司机从车里扔出来。

又过了一会儿，车还是停滞不前。他实在无法控制自己了，终于冲上前去，猛敲车门。前面的司机也不甘示弱，打开车门，冲了出来。就这样，一场恶斗在大街上开始了。结果章名打碎了那个人的鼻梁骨，犯了故意伤人罪，等待他的将是法律的严惩。这下不仅没赶上上班的时间，而且连工作也彻底丢了。

章名遭遇的一切都是由他的冲动造成的。

冲动是一种过度的情绪反应，是强烈愿望的一种表达形式。

最新的研究表明，冲动与抽烟、酗酒和吸毒有关。有自杀倾向的人和饮食有问题的人比较冲动。好斗、好赌、严重病态人格和注意力不集中的人最容易冲动。

研究还发现，高风险基因变异的人其大脑前额叶区功能差，不会调节情绪。此研究的主持人安德里亚博士说："我们认为，一方面，情绪调节差的人使早年生活情绪反应强烈；另一方面，自控力差又导致晚年生活一团糟。"冲动的情绪其实是最无力的情绪，也是最具破坏性的情绪。

禅师正在打坐，这时来了一个人。他猛地推开门，又砰地关上门。他的心情不好，所以就踢掉鞋子走了进来。

禅师说："等一下！你先不要进来。先去请求门和鞋子的宽恕。"

那人说："你说些什么呀？我听说这些禅宗的人都是疯子，看来这话不假，我原以为那些话是谣言。你的话太荒唐了！我干吗要请求门和鞋子的宽恕啊？这真叫人难堪……"

禅师又说："你出去吧，永远不要回来！你既然能对鞋子发火，为什么不能请它们宽恕你呢？你发火的时候一点也没有想到对鞋子发火是多么愚蠢的行为。如果你能同冲动相联系，为什么不能同爱相联系呢？关系就是关系，冲动是一种关系。当你满怀怒火地关上门时，你便与门发生了关系，你的行为是错误的，是不道德的，那扇门并没有对你做什么事。你先出去，否则就不要进来。"禅师的启发像一道闪电，那人顿时领悟了。

于是，他先出去了。也许这是他一生中的第一次顿悟，他抚摸着那扇门，泪水夺眶而出，他抑制不住涌出的眼泪。当他向自己的鞋子鞠躬时，他的身心发生了巨大的变化。

禅师的话对他起到了醍醐灌顶的作用。的确，没有冷静的情绪，一味地冲动是无法走向成功的。只有冷静、理智的人才能与成功结缘。

许多人都会在情绪冲动时做出使自己后悔不已的事情来，因此，应该采取一些积极有效的措施来控制自己冲动的情绪。

1. 用沉默来对抗心中的冲动

当你被别人无聊地讽刺、嘲笑时，如果你顿时暴怒，反唇相讥，则很可能引起双方争执不下，怒火越烧越旺，自然于事无补。但如果此时你能提醒自己冷静一下，采取理智的对策，如用沉默作为武器以示抗议，或只用寥寥数语正面表达自己受到的伤害，指责对方的无聊，对方反而会感到尴尬。

2. 进行自我暗示和激励

自制力在很大程度上就表现在自我暗示和激励等意念控制上。意念控制的方法有：在你从事紧张的活动之前，反复默念一些树立信心、给人以力量的话，或用座右铭时时激励自己；在面临困境或身临危险时，利用口头命令，如"要沉着、冷静"，以组织自身的心理活动，获得精神力量。

3. 进行放松训练

研究表明，失去自我控制或自制力减弱的情况，往往发生在紧张的心理状态中。当你感到紧张、难以自控时，可以进行些放松活动或按摩等来提高自控力。

4. 培养兴趣，怡养性情

你平时可进行一些有针对性的训练，培养自己的耐性。可以结合自己的业余兴趣爱好，选择几项需要静心、细心和耐心的事情做做，如练字、绘画、制作精细的手工艺品等，不仅陶冶性情，还可丰富你的业余生活。

用平静化解矛盾

生活中经常充满了矛盾，这不奇怪。交际活动中如果有了矛盾，情绪控制十分重要。善于控制情绪，可化解矛盾；失去控制，矛盾会更尖锐。心理素质差的人，与人交际，一有矛盾便怒从心头起，恶向胆边生，剑拔弩张，把事情弄得更糟，把本来不大的矛盾激化而无法解决；心理素质好的人，碰到矛盾，即使非常生气，也能强压怒火，控制调整自己的情绪，这样，便有利于矛盾的化解，大事化小，小事化无。

有一个老教师在拟考试题时出现了失误，集体阅卷时，一个年轻教师便对试题评头品足，言辞极不客气。老教师本来就很内疚，但见年轻人如此给他下不了台，也气不打一处来，结果大吵起来，弄得阅卷工作难以进行。在争吵得不可开交时，组长便让他俩都离开阅卷室。冷静下来后，组长分别找他们二人，心平气和地给他们做工作，特别向年轻教师指出：不该不顾老教师的面子，感情用事；开导年轻教师向老教师道歉。最后，矛盾得以化解。

这可以看出，年轻教师心理素质显然较差，出现了问题，不知控制自己的情绪，剑拔弩张，加剧了矛盾；而组长的做法，显然对自己的情绪控制较好，终于化解了矛盾。试想一下，如果组长在二人冲突时，也大发其火，想必事情会弄得不可收拾，难下得了台阶。

我们在与人相处时，不可能事事都一帆风顺，不可能要每个人都对我们笑脸相迎。有时候，我们也会受到他人的误解，甚至嘲笑或轻蔑。这时，如果我们不能善于控制自己的情绪，就会造成人际关系的不和谐，对自己的生活和工作都将带来很大的影响。所以，当我们遇到意外的沟通情景时，就要学会控制自己的情绪，轻易发怒只会造成反效果。

凡是允许其情绪控制其行动的人，都是弱者，真正的强者会迫使他的行动控制其情绪。一个人受了嘲笑或轻蔑，不应该窘态毕露，无地自容。如果对方的嘲笑中确有其事，就应该勇敢地承认，这样对你不仅没有损害，反而大有裨益；如果对方只是横加侮辱，盛气凌人，且毫无事实根据，那么这些对你也是毫无损失的，你尽可置之不理，这样会愈发显现出你的人格。

有的人在与人合作中听不得半点“逆耳之言”，只要别人的言辞稍有不恭，不是大发雷霆就是极力辩解，其实这样做是不明智的。这不仅不能赢得他人的尊重，反而会让人觉得你不易相处。采取虚心、随和的态度将使你与他人的合作更加愉快。

美国总统罗斯福年轻时体力比不上别人。有一次，他与人到白特兰去伐树，到晚上休息时，他们的领队询问白天各人伐树的成绩，同伴中有人答道：“塔尔砍倒 53 株，我砍倒 49 株，罗斯福使劲咬断了 17 株。”

这话对罗斯福来说可不怎么顺耳，但他想到自己砍树时，确实和老鼠营巢时咬断树基一样，不禁自己也好笑起来。

因此，在正常的人际交往中，当某一件事惹你恼火时，生气是正常的。但是，如果你不能控制自己的情绪，任其随意发作，害处可能更多。首先使自己的思维混乱，口不择言，以致陷入某种尴尬的境地。由于过于激动，再次会使人在“心不平，气不和”的状况下，说出一些过激的话，做出一些过激的事，事后追悔莫及。在人际交往中有哪些有效的“制怒”方法呢？下面介绍三种办法，请大家试用。

1. 以静制动

当听到别人发表言论态度不友好时，千万不要马上动怒。先让自己的情绪平静下来，以静制动。如果不能控制自己的情绪，听到别人不友好的言论情绪失控，非但不能解决问题，反而会使矛盾激化，甚至引发一连串的不良后果。所以，以静制动的关键是及时调整自己的心态，冷静理智地看待出现的问题。尤其是对待不利于自己的议论，有道是谁人背后无人论？当你听到一些不指名道姓的闲言碎语时，你用置若罔闻，不动声色的招法去对付，是非常明智的。

2. 以柔克刚

在日常生活中，有可能遇到蛮不讲理的交际对手，在不该大声喊叫的时候，偏偏叫嚣不停，甚至还拍桌子，百般刁难威胁，提出无理要求。不过，这类人通常只是虚有其表的纸老虎，或者是自视过高，目中无人的偏激人物，只要你冷静沉稳，以柔克刚，是不难对付的。首先，你不能被他的气势汹汹所压倒。其次，也不用与他正面交锋，更不能怒不可遏，针锋相对。要不为所动，用温和的、镇定的话语表达自己的观点，当他发现威胁恐吓都无法达到目的时，就会偃旗息鼓，改变态度了。

3. 以德报怨

生活中有时会遇到居心不良者的蓄意报复。这时，你千万不要动怒，在这种情况下发怒只能使矛盾扩大，对解决问题，改善人际关系绝无好处。你可以选择以德报怨的办法，诚恳待人，诚能动人，至少也不至于使关系恶化。在人际交往中，以恶对恶，以牙还牙，是下策；以德报怨，以诚感人，才是上策。

得意不要忘形

在取得某些成绩或者被人羡慕的情况下，控制自己的情绪便十分重要。如果沾沾自喜、得意之色溢于言表，便会引起别人情绪上的反感。如有个人最近三喜临门：论文发表、得到晋升、又刚生了个儿子。他自然是踌躇满志，专门去老同学家报喜，言谈中洋洋自得，表情上眉飞色舞，且用教导的口吻对老同学说应该如何如何，不该怎样怎样。弄得老同学脸上无光，心里不快，老同学的妻子脸上有些挂不住，十分生气地出去了，连饭都没做。后来，老同学也不愿跟他再多来往了。其实，此人之失在于不知控制自己的情绪，也不知道照顾别人的情绪。你取得了成绩，老同学知道，本不该大肆张扬；即使老同学不知道而询问，也应该多些谦虚，说得轻描淡写。这样，老同学不但会肃然起敬，而且还会跟你共同高兴呢。

法国思想家孟德斯鸠说："我从不歌颂自己，我有财产、有家世、我花钱慷慨，朋友们说我风趣，可是我绝口不提这些。固然我有某些优点，而我自己最重视的优点，即是我谦虚……"美国科学家富兰克林说："缺少谦虚就是缺少见识。"所以，人都要懂得谦虚，得意之时一定要注意控制自己的情绪，不可忘形。

一个人要清楚外面是一个非常精彩的世界，但外面又是一个让人特别无奈的世界。因此每个人都应该这样："得意时不要太张扬，失意时不要太悲伤。"爱因斯坦由于创立了相对论而声名大振。有一次，他九岁的小儿子问他："爸爸，你怎么变得那么出名？你到底做了什么呀！"爱因斯坦说："当一只瞎眼甲虫在一根弯曲的树枝上爬行的时候，它看不见树枝是弯的。我碰巧看出了那甲虫所没有看到的事情。"

谦虚不仅是成功的要素，谦逊与内心的平静也是紧密相连的。内心的平静是做人的一种高度的"心眼"。我们越不在众人面前显示自己，就越容易获得内心的宁静，这样，就容易引起别人的认同，得到别人的支持。

真正聪明的人是决不会滥用优点和荣誉的，他不会等待着去享受荣誉，他会继续努力去做那些需要去做的事。正如俄国科学家巴甫洛夫所谆谆告诫的："决不要陷于骄傲。因为一骄傲，你就会在应该同意的场合固执起来；因为一骄傲，你就会拒绝别人的忠告和友谊的帮助；因为一骄傲，你就会丧失客观的准绳。"

然而，让事情更糟的是，你在得意时越夸耀自己，别人越回避你，越在背后谈论你的自夸，甚至可能因此而怨恨你。同时，骄傲的人必然妒忌，他喜欢那些依附他的人或谄媚他的人，他对于那些以德行受人称赞的人会心怀嫉恨的，结果，他就会失去内心的宁静，以致于由一个愚人变成一个狂人。

"木秀于林，风必摧之"，失意时敬人，得意时更要敬人。敬人者，人恒敬之。一般来说，失意的人较少攻击性，郁郁寡欢是他们表现得最为普通的一种情绪形态，但别以为他们只是如此。听你谈论了你的得意后，他们普遍会产生一种情绪——怀恨。这是一种转进到心底深处的对你不满的反击。你说得口沫横飞，不知不觉已在失意者心中埋下了一颗炸弹。想想看，这多不值啊。

失意者对你的怀恨情绪多半不会立即显现出来，因为他们此时无力显现，但他们会透过各种方式来泄恨，例如说你坏话、扯你后腿、故意与你为敌，其主要目的就是要看一看你会得意到什么时候。而最明显的则是疏远你，避免和你碰面，以免再听到你的得意之事，于是，你不知不觉就失去了一个朋友。

因此，当你有了得意之事，不管是升了官、发了财，或是一切顺利，切忌在正失意的人面前谈论，如果不知道某人正在失意也就算了，如果知道，绝对不要开口。

不过有一点必须注意，就算在座没有正失意的人，但总也有景况不如你的人，你的得意还是有可能引起他们的反感；人总是有嫉妒心的，这一点必须承认。

自制是一种能力

心理学家指出，自制力是一种控制和约束自己情绪的能力。神经生理学家告诉我们，理性思维与情绪行为在脑中是有部位分工的。人们的行为既受理性指导，又受当时情绪状态的影响。这种影响有好的，也有坏的，程度上也有强有弱。如果没有自制力，听任情绪自由行事，自我行为管理则是不可能的。只有增强自制力，才能迫使自己去执行已经采取的决定，战胜对抗的干扰，如恐惧、懒惰，抑制感情的激动，使人忍耐、克己。

自制是一切美德之本，如果一个人屈服于冲动和激情，他就立刻放弃了道德上的自由。自制才能制伏别人，能制伏自己的人才是真正的胜利者。

年轻时的洛克菲勒因脾气火暴，经常不能自制，因而得罪了许多人，以致于有很多人不愿和他有生意上的往来。后来因为身体等多方面的原因使他幡然悔悟，从此他成了一个非常懂得容忍、谦让、善于自制的人。

洛克菲勒在某案件中受审时，因为在面对对方的询问时持平和的态度和不动声色的答复，使他赢得了这场官司。那个提问的律师因为无法控制自己的情绪，因而很不冷静，也因此输了官司。

“洛克菲勒先生，我要你把某日我写给你的那封信拿出来！”那位律师用一种很粗暴的态度说。这封信是质问关于美孚石油公司的许多事情，然而这些事那个律师在法庭上并无权质问。

“洛克菲勒先生，这封信你收到了吗？”法官问。

“我想是的，法官。”

“你回那封信了吗？”

“我想我没有。”

然后律师又拿了许多别的信出来。

“洛克菲勒先生，你说这些信你都收到了吗？”

“我想是的，法官。”

“你说你没有回复那些信吗？”

“我想我没有，法官。”

“你为何不回复那些信呢？你认识我，不是吗？”那律师问。

“啊，当然！我从前是认识你的！”

洛克菲勒所答复的这句话如此明显，以致那位律师气得差不多要发疯了。法庭静得毫无声息。而洛克菲勒坐在那里丝毫不动一下。

不要因为别人发怒便怒不可遏，要知道那正是你应当平和的时候。因此，一个不能自制的人，常常不是被别人打败，而是被自己打败；保持平和之人，则能因冷静与和气而立于不败之地。

如果一个人失掉自制，就几乎失去了一切东西。没有自制就没有耐心，就没有管理自己的能力，他就无以自恃，也就没有力量和刚正不阿的胆识。

许多人对感情没有控制，他们放纵欲望，任性而无节制，悲哀与欢乐皆无度。有节制的人不为情绪左右；他不会失之过多，他坚定的意志战胜消沉，不为一时的高兴而使精神失去平衡，因为狂喜与绝望同样会使人陷入不幸。许多人都以性情急躁为借口，原谅自己做的错事或傻事。但能够主宰自己的人却能够控制脾气，变激情为作善而不是作恶的动力。被控制的脾气是一种重要的力量，对其加以明智的协调，它会成为推动工作的能量，就像蒸汽机的热力转化成推动车轮的力量一样。

喜乐也要适度

快乐,本是一件很令人心情舒畅的事情。但物极必反,任何事情都有一个“度”,过了这个“度”,事情就会向相反的方向发展。快乐也一样,在一定程度上,高兴能让一个人有积极的表现,但高兴过度则会伤“心”,中医上有个说法叫“喜乐无极则伤魄,魄伤则狂,狂者意不存”,过度的“喜”,就会使人心神不安,甚至语无伦次,举止失常。另外,过度喜悦还能引起身体上的不适,表现为心跳加快,头晕目眩,不能自控。某些心脏疾病患者,还可能因过度兴奋而诱发心绞痛或心肌梗死。正所谓“乐极生悲”。因此,喜乐应当适度。

“乐极生悲”出自《淮南子·道应训》“夫物盛极而衰,乐极则悲”,意思是高兴到极点时,会发生令人悲伤的事。

古往今来,中外历史上有许多乐极生悲甚至狂喜身亡的事例。

相传古希腊有位名叫蒂亚高拉·德罗特的老人,他有三个擅长体育的儿子,在一次奥林匹克运动会上,三个儿子分别参加了不同的项目,没想到都获得了冠军,在运动场上,蒂亚高拉高兴地奔上前去,与三个头戴桂冠的儿子热烈拥抱,正大笑之时,突然气绝而死。

菲利庇德是古罗马的一名喜剧诗人,他曾多次参加诗歌大赛,但屡屡受挫,他的信心也因此大大受阻,于是决定告别诗人生涯,但是他参加最后一次诗歌大赛时,没想到竟出乎意料地获得成功,然而,他却当场笑死了。

此外,当一个人快乐到极点,得意忘形的时候,最容易放松警惕,往往看不见即将来临的灾难。

希腊神话里有这样一则故事:

戴德洛斯是希腊最具才干的发明家,有一次,麦诺斯王交给他一个任务:让他建造一座迷宫,这个迷宫必须是任何人都走不出去的。戴德洛斯自视才智过人,毫不犹豫地答应了麦诺斯王。

修建一个复杂的迷宫可能不是难事,但是建一个任何人都走不出去的迷宫可没那么容易,戴德洛斯果然聪明过人,经过一番冥思苦想,终于设计好了迷宫。建成后,戴德洛斯马上赶去向麦诺斯王报告,信心十足地说,自己建的迷宫天下无人可破。正当他得意扬扬之时,心怀不轨的麦诺斯王却说,只有连建造者自己也走不出去的迷宫,才算成功。于是,麦诺斯王便将戴德洛斯和他的儿子伊卡罗斯都关进了迷宫。

这个迷宫确实异常复杂,戴德洛斯自己走了好久也没能走出去。不过,聪明的戴德洛斯转念一想,既然在地上走不出去,那能不能从上面逃出去呢?他灵机一动,找来了羽毛和蜂蜡,做成两对翅膀,准备和儿子从迷宫上面飞走。

起飞前,戴德洛斯交代儿子,不要飞得太高,千万别靠太阳太近。伊卡罗斯飞到空中以后,发现自己就像小鸟一样,在天空自由自在地飞翔,特别兴奋,不一会儿,就把父亲的忠告全部抛到了脑后!他越飞越高,不久,在太阳光的照射下,蜂蜡一点点地融化,羽毛一片片地散落,翅膀也慢慢崩解了,伊卡罗斯坠落身亡。

可见,喜乐也要适度,切忌被喜乐冲昏了头脑。而要做到这点,平时就应该养成良好的心理素质。

首先要始终保持心理上的平衡，当你进入充满激情、浪漫或刺激的境界中，你应该知道自己不可能永远生活在这种状态中，有了这样的心理准备，你的感情就不会处在大起大落状态下，只有这样，才能对自己的身心健康有所帮助。

其次，要学会理智地控制自己的情感。如果你现在所处的环境能让你感到无比快乐和兴奋时，你应该及时调整自己的情绪，保持适度的冷静和清醒，让自己的思绪和行为有利、有节，以避免因内心的激情过于汹涌，为日后的乐极生悲留下了“伏笔”。

给情绪找个出口

有幅漫画，一位总经理模样的人正在训斥一名职员，职员无奈，便转而训斥他的下属，下属挺生气，回家后居然莫名其妙地把气撒在妻子身上，妻子气极，便把受到的委屈一股脑儿发泄在儿子身上，打了儿子一个耳光，儿子恼怒之际，居然飞起一脚踢向小狗，小狗疼得乱窜，发疯似地冲出门乱咬，结果正好咬着从这儿路过的总经理！

需要我们注意的是，这里的职员训斥下属、下属训斥妻子、妻子打儿子、儿子踢小狗，便是情绪的“宣泄”。

怒气是千万不能长期地积压的，从心理学角度来讲，把怒气发泄出来比让它积郁在心里要好得多，这样做能够使你变得更加的轻松愉快。但愿你能够把握好宣泄的分寸，学会保持心理平衡的技巧。

1. 情绪减压，哭中发泄

人类之所以会哭，也许正如刘鹗在《老残游记序》中所写到的那样：“灵性生感情，感情生哭泣。”

但是在现实生活中，人们往往欣赏欢乐性的泪水，而鄙视悲伤性的泪水。比如，看到国旗升起都会流泪就是爱国的表现，而当遇到困难、挫折时流泪，则是脆弱的表现。所谓“男儿有泪不轻弹”，就是不要在悲伤时轻易流泪。

尤其在这个尊崇强者的时代，眼泪成为懦弱的象征，不仅“男儿有泪不轻弹”，女人也开始学会不轻易流泪了。其实，并非所有的眼泪都代表懦弱；哭也并非懦弱的表现，不哭的人也不一定就坚强。

在你内心倍感悲伤、委屈或精神遭受重大创伤时，往往有想哭的感觉，这个时候如果强忍不哭，把眼泪往肚子里咽，那么这种悲伤情绪或压抑感会使你出现精神不振、情绪低落，严重的会影响食欲和睡眠，甚至会造成抑郁症等精神疾病。有些精神分析专家认为，如神经性气喘这样的疾病，就与“强忍不哭”密切相关，喘病发作时常有喘息的啜泣，很像欲哭无泪；还有偏头痛以及人们常有的胸口发胀、咽喉肿塞、脑袋胀痛等不适感觉，都与过度抑制有关。

所以，不要强忍泪水，当哭则哭，像有的心理学家指出的：强忍眼泪等于自杀。这绝不是危言耸听。

医学研究发现，人在情感激动时流出的眼泪会产生高浓度的蛋白质，它可以减轻乃至消除人的压抑情绪。美国尼苏达大学助理教授威廉·非烈博士宣称：哭可以将情绪上的压力减轻40%。他曾对几百名男女进行研究，发现他们在痛快地哭过之后，自我感觉都比哭之前好了许多，健康状况也有所改进。而那些不爱哭泣，没有利用眼泪消除情绪压力的结果是，影响身体健康、促使某些疾病恶化，比如结肠炎、胃溃疡等疾病就与情绪压抑有关。

俄罗斯家庭心理医生纳杰日达·舒尔曼说：眼泪经证实是缓解精神负担的“良方”。最明显的例子是神经性胃炎的消化道疾病。当情绪紧张时，胃开始一阵阵痉挛性疼痛。这实质上是胃在“消化”你的紧张情绪，是一种心病。假如这时你能大喊大哭一场，把委屈挥洒掉，这个病就会不药而愈。

此外，人在哭的时候，会不断地吸一口口短气和长气，这大大有助于呼吸系统和血液循环系统的工作。泪液的分泌还会促进细胞正常的新陈代谢，防止肿瘤的形成。

真正的强者从不掩饰懦弱的自我，“发乎于情，止乎于心”的哭是人的本性。不要以为不哭就是真的坚强，能及时把痛苦和委屈哭出来，对你的身心健康大有益处。

所以，当你感觉压抑、悲伤、愤懑的时候，不要过于克制自己，找个没人的地方，大声地哭出来吧，把心中的不良情绪都宣泄出来，这样才能以一种全新的心态投入到接下来的工作中去。

但是，哭归哭，要适可而止，当压抑、悲伤、苦恼的情绪得到缓解后就不要再哭了，否则对身体反而有害。心理学家主张，哭不宜超过15分钟，要学会控制自己。做情感的主人。

2. 定期释放情绪

我们之所以会忧心忡忡、疲惫不堪，多数情况下是因为我们人为地把自己装进了自己给自己编制的套子里面。中国有一个很传统很庄重的字——忍，所以中国人凡事皆信奉“忍”，但是久而久之，忍不但没有解决问题，反而让我们积怨成山，给身体和精神带来过重的压力。所以，我们必须定期学会释放自己的情绪。

有一部叫作《穿越时空的爱情》的美国影片。女主角凯特是一家公司的销售经理，她不但有着惊人的美艳，还是一个“女强人”味道十足的白领女性。在影片开始的时候，她每天都是紧绷着脸，脑子里想的也尽是产品销量、计划等问题，似乎在她的生命里，工作是她的唯一。后来，男主角李奥，通过时空隧道，出现在凯特面前。也许是由于他的出现，也许是由于淤积于凯特心中的压抑已达到了极限，那天下班后，凯特决心要放纵自己的心灵了！她尽力地把皮包抛向空中，然后，解开上衣的纽扣，在大街上边疯狂地扭动玲珑的蛮腰边放声高歌……

我们每天匆匆忙忙地穿梭在城市森林里，在冰冷的钢筋混凝土的笼罩中，在追求效率与金钱的心理制约下，使自己渐渐地像工作机械般退化。但是，千万不要忘记，我们的身体是血肉构成的，我们的心灵也是由血肉构成的，我们永远也不会达到钢铁那样的冰冷。

大文豪托尔斯泰在他的名著《复活》的开篇部分，曾有一段讨论人性问题的文字。其中他说：“人性都是双重的，有两个方面，一面是兽性，一面是人性，它们始终在对抗……”这也就是我们后来常说的“人的一半是天使，一半是魔鬼”。克服人性“本恶”的一面，造福人民是我们永远提倡的，但是，在不给社会和他人造成影响的前提下，定期发泄一下隐藏在内心深处的“坏”，我想，也是一种大好事。因为无论是人生的哪种情绪，当它在心中渐渐累积的时候，就会像给一只气球吹气一样，如果只是储存而不释放，早晚有一天它会爆的。

道明大师手下有一名终日郁郁寡欢的弟子，认为禅门生活和俗世同样苦闷不堪，好像有无数小虫在心间咬啃，因此他和同门相处，稍有冲突，便耿耿不安。道明大师于是问他：“为何要学禅？”弟子回答：“世事总不如意，一切不遂己愿。”道明认为他把禅门当作避难所，内心却像个不断加柴加炭的燃烧发烫的火炉。谈话间，一只草蜢跳到弟子的衣袖上。弟子愤然把它捉住。道明问：“你想把它放到哪里？”弟子说：“放进匣子里去。”道明装作若无其事的感叹：“其实你大可以把自己释放的！”此时弟子才恍然大悟，禅师不过是用那只如同瓮中之鳖的草蜢来比喻自己。

“大可以把自己释放”这句话，能够开解许多人，把他们从自我封闭的境地中解放出来。现实生活中，很多人经常不开心，不是忧心忡忡，就是惶惶不可终日，仿佛自己是一只笼中鸟，或者是一只待宰的羔羊。其实这一切都是自己强加于自己，自己同自己过不去所致。

我们要学会释放自己的情绪，适当地宣泄，可能避免久积而失控。但释放自己的情绪时，也要看何种场合，如果宣泄不当，而铸成大错时，就应该赶快谋求补救。

3. 掌握宣泄情绪的方法

如何“宣泄”，可谓是一门学问。这里介绍一些适度“宣泄”的方法，你不妨一试：在生某人某事气之后，可利用你手中的笔，把这件事的发展经过全部记下来，尽情地一“书”而就，或者写一封言词尖锐的书信，将对方痛骂一通。然而你必须要记住，这种“信”尽管可以随意书写，但是不可以寄发出去。美国第16任总统林肯就经常用此种方法来宣泄其心中的怒气，他在外边受了别人的气，回到家里之后就写出一封痛骂对方的书信。家人在第二天要为他寄发这封“信”时，他却不让寄出去，其原因是：“写信时，我已经出了气，又何必把它寄出去，从而惹是生非呢！”

要懂得发挥“道具”的作用。这里所说的“道具”，所指的是能够被用来排泄心中怒气之物。日本有一家大公司的总裁，很会让职员尽情地“发泄”，他定做了一个与他身材同样大小的橡胶塑像，让对自己有意见的职员可以对这个形态逼真的塑像尽情拳打脚踢，等“宣泄”够了，职员也消了气，恢复了心理平衡。生活中我们也可以借鉴此种方法，然而要切记的是不可随意而发，要掌握好时间、场合和对象，否则将成为不正当的方法。

因此，每个人最好去认识了解自己的情绪，从而寻找出一个适当的宣泄方式，关键在于找准渠道。另外，体育锻炼能增加人对外界的适应力与抵抗力，在运动的过程中，心理会逐步地得到调节，在不知不觉中慢慢就疏导了自己内心中的不愉快。

过平静、舒适的生活是人们的愿望，人人都向往生活中充满欢笑。然而事实上，人世间事物不可能尽善尽美，皆遂人愿，失败、挫折、矛盾、不幸，从不放过任何人，并对人们的精神状态造成各种影响，如果你在日常生活中遇到令人烦恼、怨恨、悲伤或愤怒的事情，如果把苦闷强压在心里，不加以宣泄和释放的话，就非常容易加重自身的精神和心理负担，破坏人体的正常循环与平衡，引起机体一系列功能方面的障碍，从而致使各种疾病的发生，危害身心健康。

的确，人生总不大可能永远是鸟语花香。在琐碎的生活中，人们的确可能遇到委屈、苦恼与憋闷的事，每当此时，当事人也的确需要“释放释放”他的怒气。因此，“宣泄”并不奇怪，乃是宣泄者企图谋取心理平衡的一种客观需要。

究竟选择何种宣泄方式，常常是因人而异。

比如，理智者会因其冷静而从容地去调整自己的心态，鲁莽者会因其冲动而“莫名其妙”地误伤他人。正如上文提到的漫画。而愚蠢者则会“莫名其妙”地走向极端，甚至采用最不可取的自残形式，这就是一句老话说的：生气时踢石头，疼的是脚趾头。

不是吗？既然把污水泼在别人身上意味着伤害无辜，既然自残式的“踢石头”只会白白地伤害自己，那么，当我们有苦恼有烦闷需要宣泄时，就理应“选择”一个理智而道德的方式。

让清凉的风把苦恼赶跑，让活跃的河水把苦闷冲走，让优美的琴声给你诗意，让书中的乐趣送你安宁，遇事做到适当而又理智地宣泄难道不也是一种人生的境界与智慧吗？

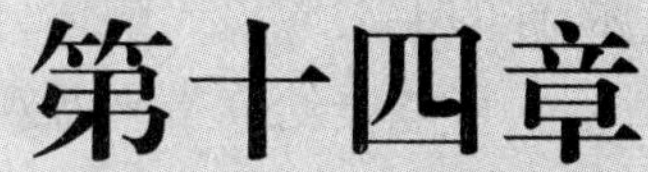

第十四章

愉快工作，做最阳光的职业人

能够愉快地工作是我们的幸福之源、快乐之本。若是我们每个人都能以快乐、积极的心态去工作，就能给奋力拼搏的职场带来一缕阳光。

别让心情影响工作

人随时都会遇到烦心事，如失恋、家人生病、朋友欠钱不还等，这些都会影响到你的心态，从而影响你工作时的质量。当你遭到危机的困扰时，很难不把沮丧、烦躁、郁闷带到工作中去。因此工作完不成、质量达不到要求，让你在上司和同事面前丢了面子。你很希望别人谅解你，能够倾听你，可是，你发现大多数人对于你的遭遇无动于衷，并没有很多的人愿意花时间聆听你的不幸。

即使是朝夕相处、关系不错的同事，也不会知道究竟怎样关心你才恰到好处，他只知道尊重别人的隐私，他会觉得过度关心可能有时会让你反感。因为，一个人在承受痛苦时，通常需要疗伤的时间和空间，而在这个时候，别人在一边唠唠叨叨可能会让你更加心烦。

一般情况下，人在遇到变故时，很容易对别人产生不恰当的期待。比如，你觉得同事应该比以往任何时候都配合你，你的上司应该照顾你，你的部属应该无条件地服从你。最后，当周围的人无法满足你这些期待时，可能会给你带来悲观心态，而这种悲观的心态使你更难对工作投入。

如何使自己在工作中转化这种悲观心态，是极为重要的。在办公室里，应该仍然维持公事公办的原则，公司没有义务为你个人的问题付出代价和精力，你必须学会为自己的事情负责。企图把办公室每个人都当成你的朋友，对你遭遇的困难可能有所帮助，这样的思想是不合适的。因为主管和同事可以容忍你短时间内工作效率不高，但是长此以往，他们可能会对你有意见。甚至厌烦你。现实就是现实，该做的工作还是得做，你必须认清这个事实。

日常生活中的烦恼是必不可少的，不可能消除得掉的。工作是生活的一部分，不要把日常生活中的不良心态带到工作中来，这是很多智者的行为。因为，无论如何，在办公室的时候，确保工作的顺利进行是最重要的，这是一个人对工作的基本态度。

找回工作的激情

激情是一种精神状态，是干好各项工作的不竭动力。激情能够创造不凡的业绩，而缺乏激情，很可能一事无成。要想成为一名最好的职业人，干工作就应当有争创一流的志气、百折不挠的勇气、奋力开拓的锐气。只有始终保持奋发向上的精神状态，把高昂的激情投入到工作中去，才能永远保持不断向前、向上的动力，从而创造辉煌的事业。

相信许多人在刚刚跨入职场之时，不但干劲十足、激情高涨，而且对自己的职业前途的自我期望值也寄予“厚望”；但半年时间不到，也许就会感觉到自己简直与机器人一样，每天是上了班就希望能早点下班，一点也没有原先的激情了。每次工作中出现的不顺心，就会“鼓励”自己换个工作环境，然而每一次的跳槽结果，都会使自己的情绪出现一阵低落。热情高涨的工作激情到底“跑”哪里去了呢？想找回当初工作时的那个激情飞扬的自己吗？你需要做的，就是想办法帮自己找回工作激情！

1. 设法挖掘前进动力

长时间地在某一环境下工作之后，人们很容易成为技术娴熟的工作骨干，但日复一日地重复相同而琐碎的事务，就有一种被掏空了的感觉，自己无法左右自己的工作。再加上很少得到上级的表扬，或者经常得到不好的评价，这样就很容易会有一种无助感，从而导致工作情绪低落。其实出现这种情绪，主要是因为这些人只知道单一工作，而没有明白自己工作的价值。其实只要在工作中树立起使命感，明确自己要实现一定的价值的话，就能在个人工作中产生前进的动力。

“说实话，工作这么长时间了，我也不知道自己到底学会了什么，每天领导要求我做什么事情，就会按照他的要求去交差，从来没有想过这个工作是否适合我，我到底在这个单位能有多大前途；只知道为了生存，我必须在这个单位继续干下去；时间长了，我就对这种机械式的工作方式感到厌倦了，每天都提不起精神，工作对我而言，已经成为平淡无味的东西。”一位职场人士如是说。

很显然这个白领在工作中，根本就没有什么动力，只是在被动地工作，这样自然就会产生一种抵触情绪。其实，只要想象目前就业形势这么严峻，要是在目前岗位上不努力提高自己各方面水平的话，很有可能被那些怀中揣着硕士、博士学历的“后辈”们“抢”了手中的饭碗。看着学弟学妹们“虎视眈眈”的样子，“整天混日子”肯定是死路一条。要想自己救自己，只有迫使自己树立起使命感，以制止自己走下坡路。如果你是一位领导，但是当众作报告又是你最心慌的事情，那就每天迫使自己对着镜子练习演讲；如果你是一位销售人员，偏偏自己性格又很内向的话，那就迫使每天主动与业务单位进行联系、沟通；如果你是一位网管，就不得不硬着头皮迫使自己认真学习最新的 IT 知识……

一旦在工作中树立起使命感，你就会主动地为自己出点儿难题，每天都有难题处理，你自然就会活得充实，坚持不懈下去，你就能发现自己每天都在进步，每天都会感到快乐。

2. 试着努力去“享受”压力

有些人进入职场后，尽管工作了几年，对工作与社会的适应也基本完成，自己不仅适应了工作的要求，也适应了工作的环境。但随着生活和工作节奏的加快，以及就业形式的日益严峻，总感觉到自己是否应该做到更好一点，或者是总觉得自己的能力是不是还能满足工作的要求？在太大的工作压力之下，人就很容易产生烦躁和倦怠。

要消除心中的压力，关键就是要看自己的心态，如何对待这种压力。许多职场不如意的人总是习惯于把办公室称为地狱，却从未想过，地狱和天堂只是一念之差，而这正取决于自己的心态。不少人采用消极办法来对待压力，比方说忍受、躲避、掩饰、找借口等等，时间一长，你就会发现心情变得莫名的疲惫。消极的办法没有增加你的动力，反而在内心深处耗费了你的能量。也许工作本身并不是玩耍，可如果在紧张的工作间隙，适当地通过玩游戏、搞幽默来放松一下自己的心情，是否感到了减压的轻松呢？有些人喜欢在压力中生活，在压力中迎接挑战，觉得那是一种惬意、满足。但不是每次都有好运气，压力多了会压得自己喘不过气来，久而久之就会损害自己的身心健康。做幸福白领，必须学会心态调整。

3. 尽力发挥个性，张扬本色

工作步调不断加快，得失之间也变得鲜明无比，心态的变化常让自己搞得无所适从，稍有调整不当，就有可能落入情绪忧郁的恶性循环中。在自己工作情绪不好时，你可以通过各种方法来排除它，跑到室外用自己不满的拳头在受气包上、在墙壁上、在小树上肆意打上几拳的时候，你的心情肯定会变得好起来。可以把自己的得失与朋友倾诉，特别是在坏情绪降临心头时，可以先做做深呼吸、伸伸懒腰，再去找一位知心朋友随便聊聊天，聊天之后你的低落情绪就会不知不觉地被迅速消除掉。多想想自己成功或者美好的时光，回忆过去的辉煌以及别人对自己的赞美，可以改善心中的郁闷。听听自己喜欢的音乐，也是放松自己有效的方法，轻松、明快的乐曲总能带自己到快乐老家,不管情绪有多不好,只要听一下自己喜欢的曲子,顿时就能感受到神清气爽。想办法暂时告别工作中的压力,轻松轻松,不仅便于自己发现生活的乐趣,也能为再次做好工作鼓足干劲。

4. 努力让环境“新鲜”

陌生的工作环境可以让自己感到好奇、兴奋、新鲜,什么事情都要跃跃欲试,不过逐渐熟悉了工作环境之后,这些心态将渐渐离自己远去,更多体验的是谨慎、见怪不怪、程序化地完成工作任务。长期以后,工作积极性自然下降。为此,你可以想办法为自己创造各种“陌生”环境,让自己好奇、兴奋、新鲜的心态永远存在,让自己感到永远“实在”;除了工作环境,你可以去外部开辟学习充电的各种不同环境,为自己的进一步发展“充电加油”,比方说积极参加单位或者社会的相关培训,努力地争取在各种场合结识专业人士等。

5. 合理安排精力

善于安排个人精力的人总是感觉到生活是轻松的,工作是愉快的。为了达到这种境界,你应该对所有的工作都做好计划,并在规定的时间内完成。工作结束后,要充分利用自己的闲暇时间,切忌将工作带回家做。对于个人的进展应该定期进行“标记”,以便让自己明白,目前已经完成了什么,还有什么工作没有完成;对没有完成的任务,应该规划好完成的时间,并在某段时间,合理分配自己的精力,从而使工作、学习、生活、娱乐尽量做到更加有效,而且能够很好地自我循环,自我提升。

学会享受工作

工作是人生的主要内容,年幼时求学,为的是更好地工作,青年时要努力地工作,老年时虽然退了休,可许多人还是壮心不已,仍然在发挥自己的余热。因为他们知道,没有了工作,生活就失去了乐趣,显得空落落的,在他们眼里,工作是一种享受,而不是一种痛苦。正如松下幸之助在《路是无限的宽广》中写道:“工作就是快乐的中心。”

有这样一个故事:

一个乞丐来到一个庭院,向女主人乞讨。这个乞丐很可怜,只有一条胳膊。女主人看后,毫不客气地指着门前一堆砖说:“你帮我把这砖搬到屋后去吧。”

乞丐生气地说:“我只有一只手,你还忍心叫我搬砖,不愿给就不给,何必捉弄人呢?”女主人并不生气,故意用一只手搬了一趟做示范,说:“你看,并不是非要两只手才能干活。我能干,你为什么不能干呢?”乞丐怔住了,两只眼睛死死地盯着女主人。终于,他弯下腰,用他那唯一的一只手搬起砖来。一次只能搬两块,他整整搬了四个小时,才把砖搬完,累得气喘如牛。妇人递给乞丐二十元钱,乞丐感激地说了声:“谢谢你。”妇人说:“你不用谢我,这是你自己凭力气挣的工钱啊!”乞丐听后,眼睛里闪现出亮晶晶的东西,对着女主人深深地鞠了一躬,然后离开了。

过了很多天,又有一个乞丐来这里乞讨,那妇人让他把以前搬到屋后的砖搬到屋前去,可乞丐不屑地走开了。

若干年后,一个穿着很体面的人来到这个庭院,这个人是一只手。他俯下身,对坐在院中已有些老态的女主人说:“如果没有你,我还是个乞丐,可现在我成了公司的董事长。”老妇人只是淡淡地对他说："这是你自己干出来的。"

乞丐如果以残疾为由，乞讨度日，不肯劳动，那他便会永远活在地狱里，不能体会到人生的快乐。妇人是伟大的，她教会了乞丐做人，让他明白，工作是幸福的，劳动比什么都快乐。正如哥里基所说："如果将工作视为是义务，人生就成了地狱；如果将工作视为乐趣，人生就成为乐园。"

工作是快乐的源泉，它能使人忘却悲伤，忘掉一切不愉快的事情，大凡失恋的人或者受过重大打击的人，往往会把全部心思放到工作上，让自己变成一个"工作狂"。他们这样做的目的就是想以工作来忘掉悲伤，忘掉不快，直到把烦恼忧伤全抛到九霄云外。

工作是生活中每个人不可缺少的一部分，如果工作让我们感觉紧张、厌倦和烦恼的话，那么我们对生活也会感到烦恼和失望。令自己厌倦的工作，根本不会在心灵上给人以快乐，更别说从中获取知识和利益。只有把工作当成是一种乐趣时，才能从工作中得到乐趣，这样才会更有意义。

我们不能把工作当成是一种简单的谋生手段，而应该把工作当成一种乐趣。有很多人认为只要准时上班，不迟到，不早退就是完成工作了，就可以心安理得地去领自己的工资了。可是，我们没有想到，我们虽然是踩着时间的尾巴上下班的，但是，我们的工作很可能是被动的、死气沉沉的。其实，工作就是工作，它永远不可能像休闲度假一样充满了新奇和喜悦，重要的是在工作中寻找并创造乐趣。

那么如何才能寻找到工作的乐趣呢？首先，工作是生活的必需，但绝不能让自己变成工作的奴隶。工作不仅仅是为了挣钱，满足我们物质上的生活，更多的是为了让我们的生活变得积极，给我们的生命增加亮丽的色彩。

亨利·恺撒是一个真正成功的人，不仅因为用他名字命名的公司拥有10亿美元以上的资产，更由于他的慷慨和仁慈，使许多哑巴会说话，使许多跛者过上了正常人的生活，使许多穷人以低廉的费用得到了医疗保障……所有的这一切，都是因为恺撒的母亲在他的心里所播下的种子生长出来的。

玛丽·恺撒给了她的儿子无价的礼物——如何应用人生最伟大的价值。玛丽在劳累了一天的工作之后，总要花一段时间做义工工作，帮助不幸的人们。她常常对儿子说："亨利，不工作就不会完成任何一件事情。我不能给你留下什么，但有一份无价的礼物——工作的欢乐留给你。"

恺撒说："我的母亲先教给我的就是对人的热爱和为他人服务的重要性。她经常告诉我，人生中最有价值的事就是热爱人和为人服务。"

在工作中，如果你能把个人的兴趣和自己的工作结合在一起，那么，你的工作将不会显得辛苦和单调。兴趣会使你的整个身体充满活力，使你在睡眠时间不到平时的一半、工作量增加两三倍的情况下，仍觉得轻松愉悦。

别把工作当苦役

在工作的时候，如果你总认为自己所从事的工作是乏味的，是一种苦役，就会产生抵触的心理，这终究会导致你的失败。要看一个人做事的好坏，只要看他工作时的精神和态度就可以了。如果你对工作是被动而非主动的，像奴隶在主人的皮鞭督促之下一样；如果你对工作感觉到厌恶;如果你对工作毫无热诚和爱好之心,无法使工作成为一种享受,只觉得是一种苦役,那么自然就不会感受到工作中的快乐,也绝不会取得大的成就。

有这样一个故事:

> 一天,主人把货物装在两辆马车上,让两匹马各拉一辆车。在路上,一匹马渐渐落在了后面,并且走走停停。主人便把后面一辆车上的货物全放到前面的车上去。当后面那匹马看到自己车上的东西都搬完了,便开始轻快地前进,并且对前面那匹马说:“你辛苦吧,流汗吧,你越是努力干,主人越要折磨你。”到达目的地后,有人对主人说:“你既然只用一匹马拉车,那么你养两匹马干吗?不如好好地喂一匹,把另一匹宰掉,总还能拿到一张皮吧。”于是主人便真的这样做了。

如果你对工作依然存在着抱怨、消极和斤斤计较,把工作看成是苦役,那么,你对工作的热情、忠诚和创造力就无法被最大限度地激发出来,也很难说你的工作是卓有成效的。你只不过是在“过日子”或者“混日子”罢了!

那些每天早出晚归的人不一定是认真工作的人,对他们来说,每天的工作可能是一种负担、一种逃避、一种苦役。他们是在工作中远离了“工作”,不愿意为此多付出一点,更没有将工作看成是获得成功的机会。

因此,在任何时候,你都不能对工作产生厌恶感,或者把工作看成是苦役。

即使你在选择工作时出现了偏差,所做的不是自己感兴趣的工作,也应当努力设法从这乏味的工作中找出兴趣。要知道凡是应当做而又必须做的工作,总不可能是完全无意义的。问题全在你对待工作的认知,对工作表现出积极的态度,可以使任何工作都变得有意义。

其实,只要你在心中将自己的工作看成是一种享受、看成是一个获得成功的机会,那么,工作上的厌恶和痛苦的感觉就会消失。不懂得这个秘诀,就无法获取成功与幸福。

一个人尽管如何冥顽不灵,尽管忘记他的崇高使命,但只要是踏踏实实,埋头苦干,这个人便不致无可救药,只有把工作当成苦役才会永无希望。努力工作,而绝不贪婪卑吝,这便是成功的唯一真理。

有许多老板,他们多年来一直在费尽心机地去寻找能够胜任工作的人,他们所从事的业务并不需要出众的技巧,而是需要谨慎、朝气蓬勃与尽职尽责。他们雇请的一个又一个员工,却因为粗心、懒惰、能力不足、没有做好分内之事而频繁遭到解雇。与此同时,社会上众多失业者却在抱怨现行的法律、社会福利和命运对自己的不公。

许多人无法培养一丝不苟的工作作风,原因在于贪图享受,好逸恶劳,把工作看成是苦役,背弃了将本职工作做得完美无缺的原则。

有一位努力上进终获高薪要职的女性,她才上任短短几天,便开始高谈想去“愉快地旅行”。月底,她便因玩忽职守而遭解雇。

所以,在从事工作的时候,你应该在心中立下这样的信念和决心:必须不顾一切,尽你最大的努力。如果你对工作不忠实,不尽力,甚至把它当成是一个苦役,那将贬损自己,糟蹋自己,更不会从工作中得到应有的乐趣。

用积极化解不满

工作中,你常常会听到一些抱怨,或者也让别人听到你的抱怨。多数情况下它只会让你觉得心情更加沮丧和糟糕。尽量学会有效地抱怨能很大程度的化解心理压力，但你也可以采取一种更直接、有效的方法，那就是学会用积极的工作去化解抱怨——如果感到不满，情绪低落时，就马上去工作，而不是去抱怨。

实际上，许多抱怨并非来自工作本身，而是源于自己的思想。比如说，能力不被重视是许多上班族遇到的烦心事，他们总觉得自己有足够的能力，可以担当大任，却只能处在办公室最底层，干些无所谓的工作。越是这么想，对工作就越提不起精神。

再比如，当公司为你指派了一项工作，并设定了你自认为是不合理的期限要求时，通常你会感到紧张，进而去向他人不断地抱怨或是诉苦。因为，你认为要在这个期限内完成，自己将要花去更多的时间和心血，而且还不一定有成果。结果，当公司要求你在 2 个小时内起草一份报告，你牢骚满腹的抱怨就足足花了 1 小时，在怒气平息后才意识到接下来期限更短的工作就更难完成了。

你发泄着不满，却很难确定能解决什么，但有一点是肯定的：你的抱怨不仅会使你越来越累，还会把别人说得疲惫不堪。

这时，你不妨花些时间与同事或工作岗位上的熟人相处，看看他们是如何从工作中得到乐趣的，是如何对付内心的厌倦感，以及哪些工作更适合你，这将会给你带来莫大的帮助。

要知道，消极的抱怨是没有价值的，它只会加重你的焦虑，让你感到压力，甚至不断地怀疑自己到底能不能完成这项工作。

此外，运用自嘲可以放松你的心情，让你更快乐的工作。自嘲是运用嘲讽语言和口气，自己戏弄、贬低或嘲笑自己。然而，从自嘲者的本意来看，又并非止于自我嘲弄，多有“醉翁之意不在酒”的意味，具有“表里相悖”“言此意彼”的特点。

比如，在工作中，当遇到不公正的待遇，或受到不合理的评价时，自己气不顺，但又不便直接说出时，就可运用自嘲，以委婉暗示的方式，把内心的郁闷、不满吐露出来，以正视听。

再比如，在工作中同事或客户有意无意地触犯了你，把你置于尴尬的境地时，运用自嘲，能使你的自尊心通过自我排解的方式受到保护，不至失去平衡。并且，还能体现你的胸怀博大，有助于工作中的“得分”。

实际上，要想在工作中拥有一份好心情，你就要杜绝你那满腹牢骚的行为，在平时通过积极的工作去化解抱怨。当接到棘手的工作，或你的工作被设定了紧急的最后期限时，应深吸一口气就马上去工作！这样情况就不同了，你避免了花在抱怨上的时间的浪费，又避免了消极抱怨影响你的工作心态，那么相信你一定能把工作做好。或者，你把这艰难的工作看作是对自己的一个挑战，测验一下自己的能力。即使是没能按时完成工作，只要你尽力了，也是成功的。

态度决定事业高度

工作的态度体现在日常工作中的每一个地方。想做一个对工作充满激情的人，就得有着积极的工作态度。有人在雨天对公共汽车停车的方式做过观察，在一个路边有宽 100 厘米积水的车站，有 8 个司机把车停在距候车乘客 180 厘米左右的地方，这个位置，一般乘客无法一步上车，大部分人要涉水上车，还有 4 名司机快速驾车驶进站台，用溅起的泥水与乘客“打招呼”，只有两名司机将车停在乘客抬脚即可登车的地方。停在标准的位置，让乘客安全方便地登车，这一点在技术上对哪个专业司机都不难，但因为工作态度上的差别，工作的结果就完全不同。可见，人的能力其实是相差不远的，差距最远的是工作的态度。

作为一个职业人,面对竞争激烈的职场,如果连工作的态度都无法端正,那他根本就没有任何竞争力,被淘汰也就不足为奇。所以,要想成为一个最有激情的工作者,最重要的不是工作的好坏,而是你有没有良好的工作态度。

艾伦十多岁的时候,利用假期在南达科他州祖父的农场里,开始他的第一份工作——赤手去捡牧场上的牛粪饼!一般人都不愿意做,可艾伦做得好极了,即使这看上去实在不算好工作,但他很认真地在做,并取得了很大的成绩,仅仅一个假期,祖父的储草间里,全是他的工作成果。

一年后,又到了假期打工的时候,艾伦的祖母开着福特车来接他,并告诉他说:“艾伦啊,祖父就要把你想要的新工作给你了。你将拥有自己的马匹去放牧,因为去年夏天你捡牛粪饼时表现得极其出色。”这样,他在工作岗位上得到第一次提升,他很开心。一个小小的信念也在他脑袋中生根发芽。

后来,艾伦成为南达科他州一名每星期挣1个美元的肉铺帮工,这份工作在别人看来很脏很累,但是艾伦却没有嫌弃,仍然努力做好肉铺师傅下达的每项任务。也正因为他的态度,不久,一次机遇,让他成为了美联社的一个实习生,后来,他成为了每星期50美元的美联社记者。而态度端正地去工作,也成为艾伦工作的信条。很多年过去,最后,他成了年薪150多万美元的首席执行官。

艾伦·纽哈斯现在是全美国受人模仿最多、阅读面最广的报纸《今日美国》的总裁。回想起童年的生涯,他只感叹了一句:工作的态度决定了人的一生的命运。

事实上,很多的公司现在越来越重视人员的态度,态度在一定程度上比技能更重要。日本的经营之神松下幸之助不爱用那些“顶尖”人才。因为这种人往往自视甚高,容易抱怨环境,抱怨职务、待遇与自己的才能不相称。持这种态度的人,往往对工作缺乏责任心和工作热忱,干起工作来不会出色,他有的那点才能也发挥不出来。而能力仅仅及这类人70%的人,能力虽然不够高,但往往没有一流人才的傲气,工作踏实、肯干,反而能够为公司尽心尽力。因此,松下对公司雇用到能力只能打70分的中等人才,不仅不生气,反而说这是“公司的福气”。松下本人就认为自己也不是“一流”人才,给自己打的分数也只是70分,但是他的态度分,肯定比那些“一流”人才要高得多。

我们往往会发现那些成天抱怨,到处求职的人却都是一些受过专业教育,能力比较突出的人。也正是这点成了他们出走的“罪魁祸首”,因为这让他们蒙蔽了双眼,认为自己就应该是高高在上,自然也就无法正确对待工作,也就无法做一个最好的激情工作者。

美国西北大学理事会主席兼心理学博士史各特说:“决定成功与失败的原因,态度比能力更重要。”哈佛大学的一项研究表明:成功、成就、升迁等原因的85%是因为我们的态度,而仅有15%是由于我们的专门技术。然而,现实中,我们往往花费着90%的时间、精力、金钱,来学习那15%的成功因素,而对于占85%的成功因素却从未意识到。

环境是无法改变的,但自己是可以改变;过去是无法改变的,但现在是可以改变的;事实是无法改变的,但态度是可以改变的。端正工作态度,是对工作充满激情的第一步。

不只为薪水而工作

许多管理学家在总结中得出这样的结论:普通的职业人和最好的职业人的差别也许就在

于，是为了大的人生目标而工作，还是为了眼下小小的利益而工作。工作固然是为了生计，但是比生计更可贵的，就是在工作中充分挖掘自己的潜能，发挥自己的才干，做能超越自己、证明自己价值的事情。

一位心理学家在一项研究中，为了实地了解人们对于同一个工作在心理上所反映出来的个体差异，来到一所正在建筑中的大教堂，对现场忙碌的敲石工人进行访问。

心理学家问他遇到的第一位工人："请问您在做什么？"

工人没好气地回答："在做什么？你没看到吗？我正在用这个重得要命的铁锤，来敲碎这些该死的石头。而这些石头又特别硬，害得我的手酸麻不已，这真不是人干的工作。"

心理学家又找到第二位工人："请问您在做什么？"

第二位工人无奈地答道："为了每天50美元的工资，我才会做这件工作，若不是为了一家人的温饱，谁愿意干这份敲石头的粗活？"

心理学家问第三位工人："请问您在做什么？"

第三位工人眼光中闪烁着喜悦的神采："我正参与兴建这座雄伟华丽的大教堂。落成之后，这里可以容纳许多人来做礼拜。虽然敲石头的工作并不轻松，但当我想到，将来会有无数的人来到这儿，在这里接受上帝的爱，心中就会激动不已，也就不感到劳累了。"

同样的工作，同样的环境，却有如此截然不同的感受。

第一种工人，是完全无可救药的人。可以设想，在不久的将来，他可能不会得到任何工作的眷顾，甚至可能是生活的弃儿，完全丧失了生命的尊严。

第二种工人，是没有责任感和荣誉感的人。对他们抱有任何指望肯定是徒劳的，他们抱着为薪水而工作的态度，为了工作而工作。他们不是企业可信赖、可委以重任的员工，必定得不到升迁和加薪的机会，也很难赢得社会的尊重。

在第三种工人身上，看不到丝毫抱怨和不耐烦的痕迹；相反，他们是具有高度责任感和创造力的人，他们充分享受着工作的乐趣和荣誉，同时，因为他们的努力工作，工作也带给了他们足够的尊严和实现自我的满足感。他们不仅真正体味到了工作的乐趣、生命的乐趣，而且他们才是最优秀的职业人，才是社会最需要的人。

在现实生活当中，我们身边总会有许多这样的人，他们在工资上、福利待遇上，喜欢相互攀比，似乎薪水成了他们衡量一切的标准。如果他们在这方面没有占有上风，于是就有了许多怨言。没有了信心，没有了热情，工作时总是采取一种应付的态度，能少做就少做，能躲避就躲避，敷衍了事。之所以出现这种状况，原因在于人们对薪水缺乏更深入的认识和理解。大多数人因为自己目前所得的薪水太微薄，而将比薪水更重要的东西也放弃了，实在太可惜！这让人不由得想起这样一个员工，他在一家外贸公司已经工作了10年，薪水却从不见涨。有一天，他终于忍不住内心的郁闷，当面向经理诉苦，问这一切到底是为什么。经理显然对他早就胸有成竹。马上回答他说："你虽然在公司待了10年，但你的工作经验却不到1年，能力也只是新手的水平。"

这名可怜的员工在他最宝贵的10年青春中，除了得到10年的新员工工资外，其他一无所获。先暂且不说这个经理对这个员工的评价是否有失偏颇，但从这个员工身上，我们可以看出，只注重薪水，而不提高自己的人，是不会有什么发展的，能力比金钱重要万倍，因为它不会遗失也不会被偷。许多成功人士的一生跌宕起伏，有攀上顶峰的风光，也有坠落谷底的失意，但最终重返事业的巅峰，俯瞰人生，原因何在？是因为有一种东西永远伴随着他们，那就是能力。他们所拥有的能力,无论是创造能力、决策能力还是敏锐的洞察力,既非一开始就拥有,也不是一蹴而就,而是在长期工作中积累和学习到的。一个人如果总是为自己到底能拿多少工资而大伤脑筋的话,他又怎么能看到工资背后可能获得的成长机会呢?他又怎么能意识到从工作中获得的技能和经验,对自己的未来将会产生多么大的影响呢?这样的人只会无形中将自己困在装着工资的信封里,永远也不懂自己真正需要什么。在此,还是让我们看看成功人士是怎么看待薪水和工作的。

比尔·盖茨的财产净值大约是466亿美元。如果他和太太每年用掉一亿美元,他们要466年才能用完这些钱——这还没有计算这笔巨款带来的巨大利息,那他为什么还要每天工作?

斯蒂芬·斯皮尔伯格的财产净值估计为10亿美元,不像比尔·盖茨那么多,不过也足以让他的余生享受优裕的生活了,那为什么他还要不停地拍片呢?

美国Viacom公司董事长萨默·莱德斯通在63岁时开始着手建立一个很庞大的娱乐商业帝国。63岁,在多数人看来是退休、安享天年的时候,他却在此时做了很重大的决定,让自己重新回到工作中去。而且,他总是一切围绕Viacom转,工作日和休息日、个人生活与公司之间没有任何的界限,有时甚至一天工作24小时。你认为他哪来的这么大的工作热情?

类似的例子还有很多。那些拥有了巨额"薪水"的人们,不但每天工作,而且还是热情高涨地去工作。那么,他们为何还要这么做?任何人都不会认为他们是因为薪水和钱去工作的,还是让我们看看萨默·莱德斯通自己对此的看法:"实际上,钱从来不是我的动力。我的动力是对于我所做的事的热爱,我喜欢娱乐业,喜欢我的公司。我有一种愿望,要实现生活中最高的价值,尽可能地实现。"是的,就是这种自我实现的热情,使他们热衷于他们所做的事业,而非单纯地为了名和利。

不要只为薪水而工作,因为薪水是工作的一种报偿方式,虽然是最直接的一种,但也是最短视的。一个人如果只为薪水而工作,没有更高尚的目标,并不是一种好的人生选择,受害最深的不是别人,而是他自己。

即使你还没有达到自我实现的境界,你也不要麻痹自己——告诉自己工作就是为了赚钱。不要对自己说:"既然管理者给的少,我就少干,没必要费心地去完成每一个任务。"或者安慰自己:"算了,我技不如人,能拿到这些薪水也知足了。"而应该牢记,金钱只不过是许多种报酬中的一种,你所追求的是自我提高,所以要保持积极的工作态度。消极的思想会让你失去前进的动力和信心,会让你失去很多宝贵的机会,使你与成功失之交臂,也永远无法成为一个优秀的职业人。

以主人的心态面对工作

常常听到有人说:"凭什么让我们加班加点,管理者苦干是应该的,这又不是我的企业!"甚至以得过且过的心态去面对工作,管理者在时装装样子,管理者不在时就自由散漫。这样的员工在每个企业里都会找到他们的影子,但是人所共知,这种没有工作激情的员工最终的结果只能是被"扫地出门"。

在企业中,企业的领导者,可以说是在为自己而工作,但他更要为企业创造业绩,同时也要对自己负责任,对员工负责。如果你以主人的态度对待自己的工作,那么你就具备了一个优秀职业人的素质。

有这样一个小故事很值得人们思索。

有个老木匠准备退休，他告诉老板，说要离开建筑行业，回家与妻子儿女享受天伦之乐。老板舍不得他的好工人走，问他是否能帮忙再建一座房子，老木匠说可以。但是大家后来都看得出来，他的心已不在工作上，他用的是软料，出的是粗活。房子建好的时候，老板把大门的钥匙递给他。

"这是你的房子，"老板说，"我送给你的礼物。"这个工人震惊得目瞪口呆，羞愧得无地自容。如果他早知道是在给自己建房子，他怎么会这样呢？现在他得住在一幢粗制滥造的房子里！

有些员工又何尝不是这样，他们漫不经心、凑凑合合地去工作，认为那是老板的事业，老板的"房子"，不是积极行动，而是消极应付，凡事不肯精益求精，在关键时刻不能尽最大努力。直到有一天，他们惊觉自己的处境，早已深困在自己建造的"房子"里了。老木匠正是缺乏主人翁意识，最终陷入了自己构筑的困境中。所以，作为企业的员工，只有具备了不管老板在不在、主管在不在，不管公司遇到什么样的挫折，都愿意去全力以赴，愿意帮助公司去创造更多财富走出困境的主人翁心态，才能成为一名合格的职业人。

在一家知名企业中，刚刚招聘了一个新的销售业务员。当她被公司派到外省去做销售员的时候，所碰到的第一件事情就是，前任销售人员所留下来的一笔欠款。本来她也可以不去理会这笔欠款，重新开拓属于自己的业绩，但她还是决定要把欠款收回来。

她用了很长的时间，通过各种努力，历经许多挫折，终于在四十多天后追回了这笔债务。她写道："经过四十多天的斗智斗勇，终于追回了属于我们的货物。"从"我们的货物"可以看出，她已经把企业和自己连成了一体。也正因这种我也是主人的心态与意识，让她做出了更明智的抉择。企业在外省的营销部门，被集体挖走了。她这样的出色人才当然在被挖之列。对方以高薪来诱惑她加盟，但她却拒绝这种诱惑，接受公司的派遣，到广州做营销主管，因为是领薪水，不拿提成，反而收入比以前还低了一些。可是她很乐意接受这样的一个挑战。这也可以给现在那些以短期利益为导向的年轻人一些启发。人们会发现，当初跳槽的人可能现在都不知道在哪里了，可是她却已经成为这家知名企业的总经理，成为了一名真正的、优秀的职业人。

员工是企业的主人，企业兴，员工荣；企业衰，员工耻。这是一个浅而易见的道理，无论在何种体制下，都是如此。"我靠企业生存，企业靠我发展"。这就如天平的两端，一方是企业，一方是员工，要保持天平的平衡，必须达到两方的和谐与统一。企业创造了价值，服务了社会，造福了员工。社会得以安定团结，员工得以幸福安康。做企业的主人不能只表现在口头上，更应该体现在行动上，任何不利于企业荣誉和利益的言论都是极端错误的，任何不利于企业稳定和发展的行为都必将导致众叛亲离的下场。可以肯定地说，作为一名有工作激情的员工，你的存在会使企业更强，企业的发展会让你更美！

对工作保持兴趣

福布斯曾经说过："工作对我们而言究竟是乐趣，还是枯燥乏味的事情，其实全要看自己怎么想，而不是看工作本身。”

仔细想想，工作给我们的回报是什么？多数人回答可能是工资、奖金、福利，其实，在你的工作报酬单上，还有以下更为重要的东西：

(1)认识朋友，改善人际关系。

(2)充实自我，开拓生活领域。

(3)加强工作技能，提升自身附加价值。

(4)肯定自我，享受自我实现的满足感。

(5)其他你想得到的东西。

获得诺贝尔物理学奖的费曼教授有句名言——“享受物理”，所谓“享受”就是乐在其中，把工作的焦点放在获得乐趣上。他的研究总是随兴之所至。

一天，费曼坐在餐厅里，旁边有些人在玩耍，把一个餐碟丢到空中。碟子冉冉升起时，他注意到餐碟边飞边摆动，边缘上的校徽也转来转去，而且校徽转动的速度比碟子转动得快。于是费曼开始着手计算碟子的运动。结果发现当角度很小时，校徽转动的速度是摆动速度的两倍，刚巧是2∶1。

他跑去告诉他的同事贝特：“嘿！我发现了一个很有趣的现象。当餐碟这样转时……是2∶1，原因是……”

贝特说：“费曼，那很有趣，但那有什么重要？你为什么要研究它？”

费曼答道：“那没什么重要的，我只是觉得好玩而已。”他继续推算出盘子转动的方程式。随后他又思考电子轨道在相对论发生作用的情况下如何运动，接着是电动力学里的狄拉克方程式，再接下来是量子电动力学。而后来他获诺贝尔奖的原因全部来自这天他兴味十足地把时光“浪费”在一个转动的餐碟上！

当我们把焦点放在乐趣以外的收获上时，我们就会给快乐设下条件：“等我换了工作就会快乐”，“等我赚够了钱就会开心”或“等我换了上司就会高兴”，这样就无法找到快乐。能够体会工作的乐趣，才会愈做愈有趣，愈做愈有劲，才能够获得意想不到的收获。

心理学家发现，没有所谓“通往快乐的道路”，因为快乐本身就是道路。一个无法感受快乐的人，即使中了六合彩也依旧找不到乐趣。而一个拥有体会快乐能力的人，不论外在环境状况如何，都能时时感受到轻松与喜悦。所以，快乐工作的动力来自心底，而非建立于外在的收获。

想想我们的童年，无论是奔跑、嬉戏、跳皮筋、踢毽子，还是到野外的山林中探险，我们都会沉浸在无忧无虑的欢乐中。我们不企求得到什么，只是全身心地投入其中。在这种忘我的投入中所体验到的生命的欢乐，恐怕是成年人难以体会到的！如果我们能够用童年时做游戏的心态面对工作，就可以把工作和快乐联接起来。

许多人从早忙到晚，总是感觉自己一直是被工作追着跑，感觉到身心十分疲惫。实际上，这些疲惫感并不是因为工作太多太忙，而是因为这些人对工作感觉不到兴趣，没有找到工作中的乐趣。所以才会让工作变得越来越复杂，时间越来越不够用，身体越来越疲惫。其实，只要你学会了在工作中的用乐趣替代那些不快和烦恼，你就可以成为一名优秀的职业人。而最简单的方法就是：带着兴趣去工作。

英国19世纪伟大的道德学家塞缪尔斯·迈尔斯在他的著作中曾讲过这样一个故事：

查尔斯·兰博曾在东印度公司从事文书工作，干久了，他自然十分厌烦这个工作。终于有一天，他从这份工作中解脱出来了，他感到说不出的轻松和喜悦。他在给朋友的信中写道:“十余年的无聊工作就换来这一万英镑,太不值了。”“我自由了,我终于自由了!我将自由自在地度过剩下的50年。一个人最痛快、最幸福的日子就是什么也不干。”漫长的两年过去了,查尔斯享受着清闲的时光,但是他的心情却发生了根本的变化。他现在才发现那些单调乏味的工作原来一直挺适合他,可他却一直未曾认识到。时间以前是他的朋友,而今却成了他的敌人。他在给朋友的信中写道:“我真的相信,没有工作比过度劳累更糟糕,一个人一旦没有工作,他的心就会折磨自己。我几乎对什么东西都失去了兴趣。天堂的雨水也从来不会倾泻在那些无所事事者的头上。我唯一能做的,也是我做得最多的,就是周而复始的散步。我真是一个谋害时间的罪恶杀手,神的启示与我无缘了。”

这是一个失去工作的人的真实想法,我们或许会产生共鸣,也就是说当我们停止工作时,我们并不会感到轻松快乐,反倒会不安和迷茫。这是为什么呢?因为,工作不仅仅是谋生的手段,更是人内在的需要,是源自人性深处的一种渴望。

你必须时刻提醒自己,对工作保持兴趣。有时候你必须强迫自己采取热忱的行动,这样你才能渐渐变得快乐起来。深入发掘你的工作对象,尽量搜集它的有关资料,研究它、学习它,和它生活在一起,这样做会在不知不觉之中找到快乐。

不管你现在从事什么职业,你都应该抱着一种积极乐观的态度对待自己的工作,其实只要你愿意去寻找,总会找到工作中的乐趣。学会带着兴趣去工作,你就可以做得更好,从而成为一个快乐的工作者。

让自己多一些希望

事实证明,对自身努力有很大信心的人,比缺乏这种信心的人更能够摆脱工作中的压力和诸多不快乐,并且能用一种轻松的心态面对一切,从而获得成功。尽管后者可能比前者更具有工作能力,也更加勤奋。

如果你刚进入一家公司,每天都从事着最不起眼的单调工作,也应以一副成功者的姿态出现。如果你认为自己有朝一日获得成功后,就整天穿着笔挺的西装、锃亮的皮鞋,拎着精制皮包,那么从今天起就设法穿上或携带这些象征成功的东西。它们会使你此时此刻就能感觉取得“成功”愉悦,享受到登上山顶后坐下来休息的轻松。

给自己一个愿望,让自己多一些希望,会让你的工作轻松起来。

比如在工作之余,你可以抽出一点时间来想象一下,如果你在工作中取得了成就,在办公室出人头地时,将是一种什么样的景象。

你不妨试着做些假设,梦想着你坐在上司的位置上的情景,体验一下那种获得巨额报酬的满足感和发号施令的权力感。

你还可以想象每完成一个工作目标或是升上某个职位时取得成功喜悦。毫无疑问,这些会帮助你忘记诸多现实中的烦恼和忧愁,让你保持舒畅的心情,无论在什么时候,都不会失去获得成就的动机和信心。

还有一种类似的放松心情的好方法,即“形象化预想”。这种方法做起来很简单,也许你每天只需花10分钟就可以让自己疲惫的身心得到放松。

在上班的休息时间你可以闭上眼睛,全身放松,尽可能在脑中畅想自己没有任何压力、取得成功的情景。一定要努力想象,使这种情景中的场面变得越来越具体,越来越清晰,不断感受其刺激。这样持续10分钟,记住眼睛始终要闭上。这时,你最好不要去想下班后去哪里、准备做些什么。

经过几天这种"形象化预想"的练习,你会发现自己对待工作或承受压力的心态已经发生了变化。你可能会变得活泼开朗起来,但无论如何,大多数情况下你会感觉心里轻松多了。

不管是哪种变化,这都表明你的直觉正在引导你绕开那些工作中的不愉快和令人感到压抑的事情以及对未来遥不可及的恐惧,从而使你慢慢接近你想象中的那种轻松生活或者渴望的成功。

总之,要想轻松,快乐地去工作,你就要不断激励自己。你可以准备一张小卡片,每天至少写下3件让你感到骄傲的事情。你还可以给自己准备一个"奖状"公布栏,在家里找一个你每天最常经过的一面墙,挂上一个小小公布栏,把所有能够展现自我价值的"奖状"都贴在上面:比如说辛苦设计的提案报告封面;被老板称赞的一封email;或是生日时同事送你的花。每天经过看一眼,你就能吸收它带给你的正面能量。当然也要记得每个月更新。

不过,激励虽然有许多方法,但最重要的是要相信自己,相信自己会成功。那么,从现在起,给自己一个愿望吧!并相信这个愿望在你的努力下一定会成功。一定要有这种信心,它会使你在前进的道路上步伐更加坚定有力。

坦然面对批评

在工作中难免会犯错误,会遭到上司或同事批评。对于这些批评,你应该正确面对并虚心接受它,因为,这会使你避免再犯同样的错误。但是,大部分人对批评最直接、最自然、最具孩子气的反应就是拒绝承认它,否定它的存在。其实,即使对方的批评完全不近情理,或是你所产生的愤慨是多么的正当、合理,都不应该使自己的脾气失控,如果你想要证明自己的确是受到了莫须有的指控,那就必须使自己冷静下来,若因此而不依不饶、大吵大闹的话,绝对是错误的行为。如果你对批评你的人大吼大叫,并且不满他们对你所指控的内容,就很容易以情绪化的言辞宣泄自己的不满,如"为什么你不……"或"你敢说我?……凭你也配!你真是个……"这种态度看在其他人眼里,还会认为你的话可信或错的一方不在你吗?

一个人不可能完美到不犯任何错误。当别人把自己的错误罗列出来时,没有一个人会感到高兴的。但如果对方的批评是正确而合理的,就应该心悦诚服地接受。如果对方的批评不公平,或是没有在适当的时间内提出,甚至在不该提出的人面前道出,那你就可以理直气壮地指出。一旦同事或上司指出你的错误,那下一步该怎么走则完全要看自己了。如果你在没有他人的协助下根本无法矫正这种状况,那就必须寻求别人的帮助;如果解决方案完全掌握在自己手中,你就应该了解这种情况并采取一些必要的步骤;如果对于该问题自己毫无办法解决,你就必须把这种情况向对方解释清楚,并寻求对方的谅解与容忍。

有时,对你的批评可能是不公正、不合理的,你就必须要立刻指出。当然,应在适当的时间内,以适当的方法向适当的对象提出。不然的话,会使人误解你不虚心、受不得正确的批评。

但是,想要做到正确面对批评并不是一件容易的事。因为,即使是意志极其坚强的人也有可能被批评性的言论击垮。那么,到底怎样才能战胜"批评"的攻击呢?秘诀是:只把它看作是针对你的工作成果的评论,而绝非是针对你这个人。要知道,批评是你在学会工作的过程中无法避免的事。这种区分看上去很细微,但却非常重要。如果你能有勇气说:"是我做错了"或是

“我的结论不正确”，然后找到正确的方法继续前进，那么你以后会更加快乐。有些人是如此惧怕批评和失败，以至于终其一生都不敢有所作为，最终一无所获。接受这个现实吧，在你成长的过程中，批评是不可避免的，它将对你事业的发展大有裨益。这样一想，以后再面对批评时，你是不是坦然轻松了许多？

所以，只要别人的批评是有根据的，你就该进一步向他征询意见和建议，以便今后改进。这可能是个痛苦的过程，更没有乐趣可言，但这样做能证明你是个思想成熟、争取上进的人。如果你能正确地对待批评和反馈，那么在大家眼里你就是个自信的、有能力的人，你对实现自我价值有着强烈的愿望，而这正是一种令人钦佩的品质。

除了以一个平和的心态面对批评之外，你还要正确地对待自己在工作中的挫败。因为即使是很有能力的人，也有可能会在职位、薪水等方面落在比自己差的人后面，这是现实生活中常有的事情。但有些人却因此自暴自弃，认为自己即使再努力工作也没有用。结果，自己就在这样的自暴自弃之下一事无成。

当然，如果你受到打击，找一些借口来安慰自己并没有什么不好。但是，这种自我安慰的想法，必须及早停止才行。如果你因此而自暴自弃，认为自己能力不如人而放弃了努力向上的冲劲，这样你就注定非失败不可。因为自暴自弃只会让你产生更严重的挫折感。这样消极的思想长久地驻留在你的心中，便会不断地在你的想法和行为上表现出来。如果你的脑海中充满失败的感觉，那么你的外在行为将会表现得和你的思想一致，并且愈陷愈深。这种情况会持续且越变越糟，除非你心中的挫败感能消除。

每个人都有自己独特的长处，你必须要对自己有信心。同时，你也必须坦白承认别人的长处。如果不承认这个事实而只是对别人超越自己而生气，只会对工作产生不良影响。这个时候最好的办法就是尽量地扩大对方的长处来尊敬对方，否则，你只有陷入痛苦的深渊而无法自拔。

如果你对任何事都凭主观意识而感情用事，对不合己意的事就随着自己的想法解释，这对你只会产生不良影响。因为你不但永远无法看清事实的真相，也将永远陷在不满和抱怨的痛苦之中。

因此，作为一个上班族，你必须经常保持平和的想法，客观地判定事实。即使是在遭遇指责和挫折时，也应努力放松心态，勇敢面对现实，努力去克服困难，让自己在挫折中继续成长、进步。这样，你才能有机会取得最终的成功。

培养自己的责任心

随便找一份招聘启事，就可以看见一个最基本的要求：“认真负责”；随便找一份自荐书，也会看到一个最常用的自我评价：“认真负责”。

看起来好像人人都知道做一个负责任的人，但是事实上在实际工作中却有很多人没有做到。我们常看到这样的情景：当问题出现时，一些员工首先做的不是寻找出现问题的原因，而是很理直气壮地说，这是某某的责任，和我没关系。但往往这么说、这么做的员工自己本身就有问题。退一步讲，即使你和这件事情没有关系，但如果你把它当作自己的事情来解决，那你不是展现了更多的才华和品质，更容易给上司留下好印象吗？也就为自己创造了更多的条件。

当然，首先应该做的是对自己的工作负责。

小王是一个编辑，在别人的眼中他是个勤奋好学的人，因为他会抓住一切机会向上司请教什么事情该做,什么事情不该做,比如,他会问:“写一篇这样的文章行不行?”“做一个这样的选题行不行?”“这样改行不行?”……如果上司不表现出任何反感,他就会把工作中所有的问题都交给上司来代替他解决;如果上司提出具体操作细节上的一些错误时,他会立即说:你以前说……而你现在又说……于是上司明白了,他并不是不知道该怎么做,之所以要事事问上司,无非是想告诉上司:都是按你的指示做的。出了问题都是你的错,我没有错。

这就是典型的推卸责任,这样的情况在我们的身边并不少见。小王自以为做得很聪明,可惜他不明白,这种招数根本不是什么明哲保身之道,而是等于告诉别人:我很愚蠢!我很无能!千万别把工作任务交给我,我可担不起这个责任!这样做的下场只有一个,那就是被解雇。

任何一个老板都希望自己的员工是个负责任的人,这样他才会放心地把工作交给员工去做。对于员工来说,有什么比得到老板的重用更让自己有成就感的呢?

在一所大医院的手术室里,一位年轻护士第一次担任责任护士。

“大夫,你取出了十一块纱布,”她对外科大夫说,“我们用的是十二块。”

“我已经都取出来了,”医生断言道,“我们现在就开始缝合伤口。”

“不行。”护士抗议说,“我们用了十二块。”

“由我负责好了!”外科大夫严厉地说,“缝合。”

“你不能这样做!”护士激烈地喊道,“你要对病人负责!”

大夫微微一笑,举起他的手,让护士看了看这第十二块纱布:“你是一位合格的护士。”他说道。他在考验她是否有责任感——而她具备了这一点。

一个员工与其为自己的失职找理由,倒不如勇敢地承认自己的错误。上司会因为你能勇于承担责任而可能不责难你;相反,敷衍塞责,推诿责任,找借口为自己开脱,不但不会得到别人的理解,反而会把事情弄得更糟糕,让别人觉得你不但缺乏责任感,而且还缺乏诚意。

其实,人难免有疏忽的时候,没有谁能做到尽善尽美,这是可以理解的。但是,如何看待已经出现的问题,就能看出一个人是否能够勇于承担责任。

杰克和哈森是速递公司的两名职员,他们俩是工作搭档,工作一直很认真,也很卖力。上司对这两名员工很满意,然而一件事却改变了两个人的命运。

一次,杰克和哈森负责把一件很贵重的古董送到码头,上司反复叮嘱他们路上要小心。没想到送货车开到半路却坏了。如果不按规定时间送到,他们要被扣掉一部分奖金。

于是,杰克凭着自己的力气大,背起邮件,一路小跑,终于在规定的时间赶到了码头。这时,哈森说:“我来背吧,你去叫货主。”他心里暗想,如果客户看到我背着邮件,把这件事告诉老板,说不定会给我加薪呢。他只顾想,当杰克把邮件递给他的时候,一下没接住,邮包掉在了地上,“哗啦”一声,古董碎了。

“你怎么搞的,我没接你就放手。”哈森大喊。

“你明明伸出手了,我递给你,是你没接住。”杰克辩解道。

他们都知道古董打碎意味着什么,没了工作不说,可能还要背负沉重的债务。果然,老板对他俩进行了十分严厉的批评。

“老板,不是我的错,是杰克不小心弄坏了。”哈森趁着杰克不注意,偷偷来到老板的办公室对老板说。老板平静地说:“谢谢你,哈森,我知道了。”

老板把杰克叫到了办公室。杰克把事情的原委告诉了老板。最后说:“这件事是我们失职，我愿意承担责任。另外，哈森的经济条件不好，他的责任我愿意承担。我一定会弥补我们所造成的损失。”

杰克和哈森一直等待着处理的结果。一天，老板把他们叫到了办公室，对他们说：“公司一直对你俩很看重，想从你们两个当中选择一个人担任客户经理，没想到出了这样一件事，不过也好，这会让我们更清楚哪一个人是合适的人选。我们决定请杰克担任公司客户部经理。因为，一个能勇于承担责任的人是值得信任的。哈森，从明天开始就不用来上班了。”

“老板，为什么？”哈森问。

“其实，古董的主人已经看见了你们俩在递接古董时的动作，他跟我说了他看见的事实。还有，我看见了问题出现后你们两个人的反应。”老板最后说。

杰克由于比哈森多了几分责任心，于是在工作中得到了重用，相信他肯定会获得更大的成功。有责任心的人对工作的态度是积极负责的，能够将工作的目标与结果统一起来考虑，并主动地为达成工作目标付出更多的努力。缺乏责任心的人往往对待工作消极被动，机械地服从命令，对结果不负责任，缺乏创造性，所以很难得到提升与重用的机会。

因此，工作中承担责任，把它当成一种习惯去培养并固定下来，一旦出现问题，就敢于担当，并设法改善。如果慌忙推卸责任并置之度外，只会伤害公司和客户的利益，同时，也会伤害到你自己。绝大多数老板都不愿意让那些习惯于推卸责任的员工来做他的得力助手。在老板眼里，习惯推卸责任的员工，便是一个不可靠的人。

做到负责任并不难，最起码你要坚守自己的岗位，把自己的工作做好，进而做到尽善尽美。这就是负责的表现。很多时候，只要多付出一点责任，你的处境将有大的改观。比如上面的事例中提到的小王，其实只要把每次和上次询问的问题，改成和上司探讨、请教，那他在上司的眼中就是一个积极上进的人，而不是推卸责任的人。他也就不会被解雇，而是争取到更多的表现机会。

工作就意味着责任，岗位就意味着任务。在这个世界上，没有不需承担责任的工作，也没有不需要完成任务的岗位。工作的底线就是尽职尽责。

一群男孩在公园里做游戏。在这个部署中，有人扮演将军，有人扮演上校，也有人扮演普通的士兵。有个“倒霉”的小男孩抽到了士兵的角色。他要接受所有长官的命令，而且要按照命令丝毫不差地完成任务。“现在，我命令你去那个堡垒旁边站岗，没有我的命令不准离开。”扮演上校的亚历山大指着公园里的垃圾房神气地对小男孩说道。“是的，长官。”小男孩快速、清脆地答道。接着，“长官”们离开现场；男孩来到垃圾房旁边，立正，站岗。时间一分一秒地过去了，小男孩的双腿开始发酸，双手开始无力，天色也渐渐暗下来，却还不见“长官”来解除任务。一个路人经过，说公园里已经没有人了，劝小男孩回家。可是倔强的小男孩不肯答应。

“不行，这是我的任务，我不能离开。”小男孩坚定地回答。“好吧。”路人实在是拿这位倔强的小家伙没有办法，他摇了摇头，准备离开，“希望明天早上到公园散步的时候，还能见到你，到时我一定跟你说声‘早上好’。”他开玩笑地说道。听完这句话，小男孩开始觉得事情有一些不对劲：也许小伙伴们真的回家了。于是，他向路人求助道：“其实，我很想知道我的长官现在在哪里。你能不能帮我找到他们，让他们来给我解除任务。”路人答应了。过了一会儿，他带来了一个不太好的消息：公园里没有一个小孩子。更糟糕的是，再过十分钟这里就要关门了。小男孩开始着急了。他很想离开，但是没有得到离开的准许。难道他要在公园里一直待到天亮吗？正在这时，一位军官走了过来，他了解完情况后，脱去身上的大衣，亮出自己的军装和军衔。接着，他以上校的身份郑重地向小男孩下命令，让他结束任务，离开岗位。军官对小男孩的执行态度十分赞赏。回到家后，他告诉自己的夫人："这个孩子长大以后一定会是名出色的军人。他对工作岗位的责任意识让我震惊。"军官的话一点没错。后来，小男孩果然成为一名赫赫有名的军队领袖——布莱德雷将军。

坚守岗位，完成任务，这就是我们所说的岗位责任。假如你是公司老板，在分派任务的时候，你会信任这样的人吗？在提升职位的时候，你会首先考虑他们吗？当然会！这样的人无疑是能够准确无误完成任务的人。

你可能听说过这样的一个故事：身为美国总统的杜鲁门在桌子上摆着一个牌子，上面写着：Book of stop here（问题到此为止），这就是责任。总统有总统的责任，员工有员工的责任。对于任何一名员工来说，工作就意味着责任，没有责任感的员工不可能成为一名优秀的员工。

对工作和自己的行为百分之百负责的员工，他们更愿意花时间去研究各种机会和可能性，显得更值得信赖，也因此能获得别人更多的尊敬。与此同时，他也获得了掌控自己命运的能力，这些将加倍补偿他为了承担百分之百责任而付出的额外努力、耐心和辛劳。

有人说，假如你非常热爱工作，那你的生活就是天堂；假如你非常讨厌工作，那你的生活就是地狱。因为在你的生活当中，大部分的时间是和工作联系在一起的。不是工作需要人，而是任何一个人都需要工作。你对工作的态度决定了你对人生的态度，你在工作中的表现决定了你在人生中的表现，你工作中的成就决定了你人生中的成就。所以，如果你不愿意拿自己的人生开玩笑，那就在工作中勇敢地负起责任来吧。

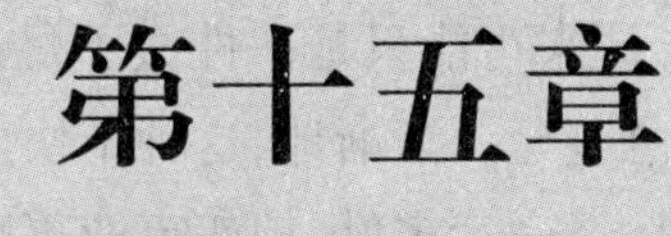

第十五章

快乐生活，天天都有好心情

虽然每个人的一生注定要跋涉，但千万不能停止对快乐的追求。快乐并不是只在成功的日子才能享有，只要你心态积极，你就会发现生活中随时随地都荡漾着快乐的光芒。

你为什么不快乐

当你的眉头在不经意间锁起，你有没有想过，是什么让你不快乐？其实每个人的生活都差不多，从出生、成长、成熟，到老去，这个过程很漫长，没有谁的人生会一帆风顺，只是有些人选择微笑着前进，有些人选择在郁闷中蹉跎。

其实，情绪的潮起潮落，时高时低，都是再正常不过的事情。虽然你无法回避痛苦，但是你却完全可以让自己以一种积极的心态去承认不快乐，接受不快乐。当你不快乐时，就没必要逼自己表现出很快乐的样子，那并不能真正缓解、放松你的心情。只有你接受自己不快乐的事实，并及时的释放不快乐的情绪，才能真正让自己快乐起来。

但是，你可以允许自己不快乐，但不能让自己一直不快乐，不能让不快乐的种子在心里生根发芽，直到长成一棵枝叶茂盛的悲愁之树，填满你的心。

有很多这样的人，原来可能只是一件微不足道的小事，让自己情绪低落、郁郁寡欢，但他却任由不快乐的情绪肆意蔓延。渐渐地，这种不快乐成为自己情绪的主导，开始怨天尤人、愤世嫉俗，怪上天不偏爱自己，怪命运多舛，抱怨事业不顺、家庭不和……随着时间的推移，他的生活中再也找不到快乐的影子了。

所以，当你发现自己不快乐的时候，不妨休息一下，容许自己发个呆、少做一点事，等情绪调整过来，重新出发。一定要记得：你有不快乐的权利；也有让自己重拾快乐的义务。

首先，你要找到让自己不快乐的原因。人生的道路上充满荆棘，挫折、失败常会发生，但因此而忧愁、沮丧、悲哀、愤怒，只能使你的心情更加糟糕。有的人置身于逆境时，不是抱怨上天不公，就是幻想时来运转天遂人愿，而不是静心深思自己不快乐的原因是什么，该如何应对。

不快乐也许和你的体力有关、也许和你的工作有关。或是你在感情生活中有挫折，或来自人际关系的危机。总之，不快乐一定有不快乐的原因，但你必须先发现不快乐、承认不快乐，才能进一步找出可以对症下药的解决方式。能够感觉自己不快乐，是很聪明的自我察觉。比起那些终日麻木不仁、搞不清楚自己心情状态的人，要好得太多。

然后，你就要想办法让自己快乐起来。人生在世，要懂得快乐、善于快乐并享受快乐，这是一种智慧、一种气度、一种境界。在人生道路上，要抵制各种诱惑，并认同生活的琐碎无奈，才能让心灵保持纯洁和宁静，不被世俗尘埃所蒙。在现实社会中，导致不快乐的因素很多，但我们不能让快乐的心田被阴郁侵占，不能让盛开快乐花朵的心田长出忧愁的莠草。我们应该寻求健康的快乐，让生活充满阳光。

快乐是一种选择

人的一生真的很短暂，有如烟花般的短暂炫目，一闪而逝。快乐是一辈子，痛苦也是一辈子，那么，我们为什么不让自己活得更快乐一点呢？

快乐与否并不在于你是谁，你拥有什么，或者你处于何种地位、在做些什么事情，而是取决于你的心态选择。也就是说，快乐是一种选择，只要你选择了快乐，你就能得到快乐。世上没有绝对幸福的人，只有不肯快乐的心。

有个人家中挂了一幅与众不同的画，这幅画是在一张白纸上有一滴墨点，一位客人进来看到了，奇怪地问："你们家怎么把墨点挂在墙上。这真是美中不足啊！"

这人笑着回答："这幅画的名字叫快乐，整张白纸都写满快乐。墨点只表示一点点痛苦。"

客人又问："去掉墨点，不就都变成快乐了吗？"这人说："去掉痛苦就显不出快乐了。问题是，不要让墨点遮住你的眼睛。"

正因为有了痛苦，才衬托出快乐的可贵，正因为有了快乐，才显出痛苦的累赘。痛苦和快乐原本只是一墙之隔，关键看你的眼里看到的是痛苦还是快乐。

有个学生问苏格拉底："请告诉我，为什么我从未见您皱过眉头，您的心情为什么总是那么好呢？"

苏格拉底答道："因为我没有那种失去了它就使我感到遗憾的东西。"

林肯说过，一个人只要想快乐，就可以得到快乐；大多数人所能达到的快乐的程度，完全取决于他们决心如何去快乐。

一位102岁高龄的老人，每天都开开心心地过日子。有人问起他保持长寿和快乐的秘诀是什么，老人回答道："其实没有什么秘诀！我们每一个人在每天早上都有两种选择，那就是我们今天要快乐还是不快乐，你猜猜我会选择什么？我每天都希望自己能够快乐地生活，而我也就真的会快乐起来了。"

快乐是自己的事情，只要愿意，你可以随时调换手中的遥控器，将心灵的视窗调整到快乐频道。

对于什么是快乐？有一位朋友曾讲过他的一次经历：

一天下班之后，我坐公共汽车回家。那天车上的人特别多，就连过道上都站满了人。站在我面前的是一对恋人，他们亲热地相挽着，女孩的背影看上去很标致，高挑、匀称、活力四射，她的头发是染过的，是最时髦的金黄色，她穿着一条今夏最流行的吊带裙，露出香肩，是一个典型的都市女孩，时尚、前卫、性感。他们靠得很近，低声絮语着什么，男士很配合，不时发出欢快的笑声。笑声不加节制，好像是在向车上的人挑衅：你看，我比你们快乐得多！笑声引得许多人把目光投向他们，大家的目光里似乎有艳羡，不，我发觉到他们的眼神里还有一种惊讶，难道是女孩美得让人感到吃惊？

那时，我也有一种冲动，十分想仔细看看那个女孩的脸，想看那张脸上洋溢着幸福会是一种什么样子。但是女孩没回头，她的眼里只有她的情人。后来，他们大概聊到了电影《泰坦尼克号》，这时那女孩便轻轻地哼起了那首主题歌，女孩的嗓音很美，把那首缠绵悱恻的歌处理得很到位，虽然只是随便哼哼，却有一番特别动人的力量。

敢于在人群里肆无忌惮地欢歌，我想此人一定有足够幸福和自信。这样想来，便觉得心里酸酸的，像我这样从内到外都极为黯淡，孤鸿无侣的人，何时才会有这样旁若无人的欢乐歌声？十分凑巧的是，我和那对恋人在同一站下了车，这让我有机会看看女孩的脸，我的心里有些紧张，不知道自己将看到一个多么令人赏心悦目的绝色美人。可就在我大步流星地赶上他们并回头观望时，我惊呆了，我也理解了片刻之前车上的人那种惊诧的眼睛。

大家一定无法想象我看到的是一张什么样的脸！那是一张被烧坏了的脸，就算用"触目惊心"这个词来形容也毫不夸张！真搞不清，这样的女孩居然会有那么快乐的心境。

讲完故事之后，这位朋友深深地叹了口气感慨道："上帝真是够公平的，他不但把霉运给了那个女孩，也把好心情给了她！"

其实不然，掌控我们每个人心灵的，不是上帝，而是我们自己。世上没有绝对幸福的人，只有不肯快乐的心。你必须掌握好自己的心舵,下达命令,来支配自己的命运。你是否能够对准自己的心下达命令呢?倘若生气时就生气,悲伤时就悲伤,懒惰时就偷懒,这些只不过是顺其自然,并不是好的现象。

释迦牟尼说过这么一句话:"妥善调整过的自己,比世上任何君王更加尊贵。"由此可知,"妥善调整过的自己",比什么都重要。任何时候都必须明朗、愉快、欢乐、勇敢地掌握好自己的心舵。

很多人都在刻意追求所谓的快乐,有的人虽然得到了,但同时也付出了相当大的代价。一位哲人说过:"究竟快乐是什么?其实,是种感觉,是种只可意会、不可言传的感觉。"

快乐取决于心态

一个人是否快乐与物质和社会环境无关。生活在和平、繁荣的国家里的人不一定就人人快乐。很多时候,我们只顾忙碌地奔波,忘了自己为什么而活着,忘记了快乐。可你是否想过,其实我们是如此富有,如此幸福,我们身体健康,我们平安地活着。可见,快乐根植于我们的心态之中。

沙林吉夫人是一个很平静、很沉着的妇女,她从来没有忧虑过。但是以前的她也会忧虑,而且还很严重。她说那时的她差点被忧虑毁掉。在她学会征服忧虑之前,她在自作自受的苦海中,生活了整整11年。那时她脾气不好,很急躁,生活在非常紧张的情绪之下。买东西时都会发愁房子被人烧了怎么办?佣人跑了怎么办?孩子们被汽车撞死了怎么办?常因发愁弄得冷汗直冒,冲出商店,跑回家去,看看一切是否都好,结果导致第一次婚姻没有好结果。

她的第二个丈夫是一个律师,人很文静,有分析能力,从不为任何事情忧虑。每当沙林吉夫人紧张或焦虑的时候,他就对她说:"不要慌,让我好好地想一想,你真正担心的到底是什么呢?我们分析一下概率,看着这种事情是不是有发生的可能。"

那次,他们在去新墨西哥州的一条公路上遇到了一场暴风雨。

道路很滑,车子很难控制,沙林吉夫人担心会滑到路边的沟里去。可是丈夫一直对她说,车子开得很慢,不会出事的。丈夫镇定的态度使沙林吉夫人慢慢平静了下来。

还有一年夏天,他们到落基山区露营。一天晚上,他们把帐篷扎在海拔7000英尺(1英尺=0.3米)的地带,突然遇到了暴风雨。帐篷在大风中抖动着、摇晃着。沙林吉夫人每分钟都在想:帐篷要被吹垮了,要飞到天上去了。可是,她的丈夫不停地说,亲爱的,我们有几名印第安向导,他们对这儿了如指掌,他们说这里从没有发生过帐篷被吹跑的事情。根据概率,今晚大风也不会吹跑帐篷。即使真吹跑了,咱们也可以躲到别的帐篷里去,所以不用紧张。沙林吉夫人放松了精神,结果那一夜睡得很安稳。而且什么事也没发生。

经过这两件事情之后,沙林吉夫人渐渐摆脱了这些愚蠢的担忧。

也许健康的你突然遇到一场飞来横祸,会变成残疾;也许原本家财万贯的你突然破产,一夜之间变成了一个一贫如洗的穷光蛋;聪明好学的你也有可能在高考中失利……总之世事无常,任何人都可能在任何时间和任何地点,遭受到不同的打击和挫折。但是只要你有一颗快乐的心,任何不幸都是暂时的。

生活中所谓的快乐好坏，大都取决于一个人的心态。是否在用心感受世界，能不能正确审视一切，客观评价自己所处的境况，决定了自我感受的快乐与否。

有三个信佛的人，想不通为什么信佛多年，却并不觉得快乐，便结伴来找附近的一位禅师。当时，禅师正在院子里锄草。他们三人便迎面走过来向他施礼，说道："大师，我们都是你的忠实信徒，日日拜佛，天天念经。人们都说信佛能够解除人生的痛苦，但我们怎么感觉不到快乐呢？"

禅师放下锄头，安详地看着他们说："想快乐并不难，我先问你们认为什么才是快乐呢？"

三位信徒你看看我，我看看你，都没料到禅师会向他们提出问题。

过了片刻，甲说："我认为当然是有了名誉，就能快乐。人活着就要追求名誉，处处受人尊敬和赞美，生前风光，那才快乐，反正死后什么也不知道了。所以，趁现在好好活着，得到自己想得到的名誉就是快乐。但我有了名誉，自己却不能决定自己了。天天都有电话骚扰，不接又怕别人说名气不大脾气大，整天神经紧张。"

乙说："我认为有了金钱，就有快乐。我不挣钱，一家老小没法生活。所以我总想挣更多的钱，于是整日忙碌。现在我是全乡最富有的，却落了个骨质增生，不但干不了重活，甚至吃饭时手都端不住碗。"

丙说："我只是想每天都必须好好活着。我现在拼命地劳动，就是为了老了的时候和老伴一起坐在热乎乎的炕上，喝着小酒，享受到粮食满仓、子孙满堂的生活，这就足矣。否则老了靠谁养活我们呢？"

禅师笑着说："怪不得你们得不到快乐，你们一个想到的是活着的风光死后不能再被人看到，一个想到的是被迫劳动，一个想到的是年老，这样的生活当然是很疲劳、很累的了。"

信徒们说："那你说怎样才能快乐？"禅师什么也没说，只是领他们去欣赏了一场音乐会。在剧院交响乐时而凝重低缓，时而明快热烈、时而浓云蔽日、时而云开雾散……有个人惊喜地拉着身边的人说，我看见了，看见了山川、看见了花草、看见了光明的世界和七彩的人生……走出剧院后，他们发现演员和观众都是盲人。

从心理学的角度上说，快乐，是一种对事物的获得或者观察后产生满意与愉悦、幸福的心理反应和行为表现。在现实生活中，快乐，不仅在于你要用心去感受它，更在于你从哪个角度去欣赏它，从哪个角度去善待它。

"苦乐无二境，迷悟非两心。"人生悲喜多少事，快乐和痛苦，常常是一体的两面。但一念之间的转换，体悟角度的不同，就呈现出近乎迥异的世界。

然而，对待快乐人们习惯使用减法，对待痛苦却用加法。其实我们完全可以用乘法来使快乐翻倍，用除法来消除痛苦。生活中常有痛苦的荆棘和不幸的泥潭，快乐只在于一种角度。遇到不幸时，换一个角度看，痛苦的酒糟就可能酿制出快乐的甘甜。用欣喜的心情看，世界风和日丽，用悲凉的眼睛看，世界可能只剩下愁云惨雾。从山上看树，树很小，从地上看树，树就很高。

一个拥有万贯家财的富人因为车祸，一夜之间失去了至亲至爱的人。突然降临的灾难，让他没有了叱咤风云的干练和运筹帷幄的智慧，他夜夜不能入眠，在窗户边呼唤着他的母亲、妻子和他最最疼爱的女儿。他甚至失去了求生的欲望，一次又一次想要到天国寻找他的亲人。

一次偶然，他走到了一所孤儿院，看着那些来到世上不久就失去亲人的孩子，看着那些虽然失去亲人却依旧在阳光下露出的笑脸。他突然觉得，和那些孩子相比，他也许还是幸运的，因为至少他曾经享受过母亲的关怀、妻子的关心、孩子的爱戴，至少他心中留着许许多多这些孩子永远不可期冀的回忆。就在一刹那，他仿佛看到女儿在冲他甜甜地笑，似乎感觉到深陷地狱的灵魂正缓缓飞向天堂。

从此，他脸上重新有了笑容，并且资助了许许多多的孤儿，成了许许多多孩子的“父亲”。他和那些孩子们一起唱歌，一块儿做游戏，幸福地听着那些孩子喊他“爸爸”。一年后面对媒体采访，他只说了一句话：其实我只是换了个角度看待我的这场灾难，同那些孤儿相比，我依然是幸运的。他的话让很多人感慨不已。想一想，如果当年他一味沉浸在悲痛中，他仍然找不回他失去的亲人，甚至会失去更多……他重新振作了，不但得到了充实的生活，还有孩子们的尊敬和爱戴。

换个角度看人生是一种明智的选择。当你面对缺憾心中愁苦时，就迈动智慧的双脚走一走，换个角度，也许会顿感柳暗花明。

快乐无处不在

我们每一个人都是自己人生中的主角，所以，你必须要把自己的快乐当成最基本的责任，如同卡耐基所说：“快乐并不在乎你是谁或者你拥有一些什么，它只在乎你想的是什么。”

如果有人问你：“如何才能够得到快乐呢？”

“你是希望有钱、有地位，或者希望得到一栋豪华的住宅？还是希望有人爱你、关心你、喜欢你，而你究竟要如何才能使你自己快乐呢？”

事实上，你不需要具备特定的条件就能够得到快乐，因为真正快乐的人，不需要任何原因就能感到欢喜，他们本来就是快乐的。

“如果这些好事情能够发生，我就幸福了。”

“如果我能通过考试，我就好过了。”

“如果他能对我好一点，我就会十分开心了。”

类似上述这些话，我们可能都曾经说过，甚至我们还会一厢情愿地认为：只有当某些事情发生以后，才能拥有快乐与幸福，但是，天下事很难如人所愿，所以不管我们是否有钱、是否有人关爱，我们仍然时常会觉得自己无法享受到快乐。

亲爱的朋友，让我们一起来想一想，在一群观看日出的游客当中，你认为谁是不快乐的人呢？是那个感觉有太阳存在就是一种美好的人，还是那个一心只期望看到灿烂日出的人呢？答案十分明显，当人们心中认定一定要怎么样才能够开心时，快乐对于我们就会变成遥不可及的事情。

“你快乐吗？我很快乐。快乐其实也没有什么道理……”，这一首名为《快乐颂》的流行歌曲，之所以会流传不绝，就在于歌词中很明白地说出了一个人的快乐不假外求，更不需要有任何理由。虽然每一个人都希望拥有愉悦的人生，但是，我们总是会看到有一些人整天愁眉苦脸，不是哀叹自己的不幸处境，就是羡慕其他人的快乐生活，其实他们的处境真的有这么不堪和不幸吗？

事实上，某些时候你觉得不幸的事情，完全是因为你的眼睛只注意到不好的一面，而忽略了事情美好的地方。如果你能够尝试着转换角度或者方向看待事物，那么很有可能，事情就会有另一种崭新的风貌出现。

你是否经常对生活中的人、事、物感到无趣?但是你怎么解决这些问题呢?人们经常抱怨生活没有意思,但是除了抱怨,他们却什么也没有做。

所以,在每天的生活中,就要看你如何把无聊的感觉转变成有趣的感觉。如果你厌倦了每天坐在电视机前的时光,那么就关掉电视机,拿起书本阅读或者外出散步。如果你厌倦了你的工作,那么就休息一会儿,浏览一下报纸上的分类广告,或者寻找更加有趣的工作,或者求助于职业生涯规划顾问,为你自己做出更好更准确的定位。如果你厌倦了与另一半的亲密关系,那么你就做一些异于平常的事情——或者预约周末度假旅游,或者筹划一个惊喜的聚会。如果你只是厌倦了一成不变,那么你可以重新培养自己在艺术方面的兴趣,例如租一部古典影片、参观一个博物馆、报名参加一个绘画班,或者重读自己从前最喜欢的书。与其无聊得要死,不如让生活变得更加有趣。

仔细观察一下,在你所有的朋友中,谁看起来最快乐?你会发现:最快乐的人,就是那个随时随地都能够挖掘出生活乐趣,并且懂得享受生活微妙之处的人。也许他只是因为早晨的一杯热咖啡、一件干净的衬衫、一床暖和的棉被,就能够体会到快乐的感觉,然而,在实际的生活中,有许多人却对此视而不见!

在生活中,有太多的人都极力想捕捉住快乐,但是却又不相信它唾手可得。这就好比我们忽视了自己脚边的鲜花,而拼命想去打造一个人造花园一样,其实我们只要停下追逐的脚步好好想一想,我们体验到的快乐,不就是由身边许多小小的满足累积而成的吗?

当你聆听音乐或是观赏舞蹈表演时,你不妨将自己想象成舞台上的演奏者、歌手和舞者,而经过你设身处地去感受时,你就可以从旁观者的心理状态,转化成参与者的心理状态。如此一来,你便能经常沉浸并体会外界的美好,也就更能够发现生活中的快乐其实是无所不在的。

此外,当你阅读报纸、观看电视、聆听他人说话时,你也可以集中注意力,随之展开想象的旅程。比方说,当你听人介绍美国纽约的风光时,你就可以设想自己正跟对方走在纽约的街道上;当电视节目介绍非洲大陆时,你也可以想象你要如何穿越沙漠。其实此种方法就是在培养我们对于外界之美的观察力与感受力,进而体会到,原来快乐在生活中真的是俯拾皆是啊!

每个人随着一天天的茁壮成长,难免会因为生活中的日常琐事感到烦扰不断,所以有人说:"人越是成熟,就越会感到忧郁。"童年时期的开心时光,常常让人回味无穷,虽然我们不可能回到小的时候,但是我们可以经常回想起生活的趣事,或者定期与儿时的玩伴们聚会,要是有机会的话,我们还能造访童年时期的嬉戏场所,重温当年童真的快乐,让自己好好地"返老还童"一番。

你发现了吗?人生的美妙、快乐、欢喜之处,就在我们视线所触及的每一件小事情当中。当我们面对一件事情时,只要能够持一种欣赏的眼光,努力挖掘它内在隐含的乐趣,就算是再繁乱的活动,我们也将会感受到生活的愉悦和快乐。

我们唯有懂得享受事物之中的美感与动人之处,了解完整的快乐就是从对平常生活的点点滴滴满足累积而成的,我们才能时时保持愉快的心情,甚至将快乐分享给身边的每一个人。

将快乐掌握在自己手中

有一个小男孩对他的妈妈说:"妈妈,我不快乐!"

小男孩只有十岁,却说自己不快乐,于是,妈妈紧张地问他:"你为什么不快乐?"

男孩哀伤地说:“学校同学都叫我小胖猪,他们经常这样笑我。”

妈妈听了,赶紧搂住孩子,对他说:“小胖猪好可爱啊,你何必为了他们这么叫你而让自己不快乐呢?其实你换个角度想,因为你长得胖胖的,所以才让人觉得你特别可爱。一个人长什么模样并不重要,重要的是自己如何寻找快乐、掌握快乐。”

是的,快乐是掌握在自己手中的。其实在每一个人的心中,都有那么一把“快乐的钥匙”,这把钥匙,就掌握在你自己的手中,而我们却经常在不知不觉中,将它交给别人掌握了。

有一位太太说:“我每天都好生气,因为先生每天晚上都应酬到三更半夜才回家。”这位太太也是将她快乐的钥匙放在了先生的手里。

很多人都有相同的毛病——把自己的快乐钥匙放在别人的手心里,因此,也让别人控制了自己的情绪,所以在面对问题时,总是会对现实状况感到无能为力,甚至还会有抱怨与愤怒,而开始责怪他人,并且产生了怨恨。

为什么要让其他的人左右了自己的心情呢?每一个人都是有思想的个体,我们可以寻找自己的快乐,不需要依附,在生活上、在工作中,都可以发现让自己心情变好的各种乐趣。

生活得快乐与否,完全决定于我们每一个人对人、事、物的看法如何。因为,生活是由思想塑造的。如果我们脑子里都是快乐的念头,那么我们就能快乐;如果我们想的都是悲伤的事情,那么我们就会悲伤;我们想到一些可怕的情况,我们也会感到害怕;我们想到的是一些不好的念头,我们也很难会安心;如果我们想的全是失败的事情,我们就一定会失败;如果我们沉浸在埋怨里,大家都会有意躲开我们。

我们的精神状态,对身体和力量,有着令人难以置信的影响。思想能够把地狱改造成天堂,也能够把天堂改造成地狱。拿破仑和海伦·凯勒,就是最好的例证。

拿破仑拥有荣耀、权力、财富,可是他却说:“我这一生从来没有一天快乐。”

海伦·凯勒又瞎、又聋、又哑,可是她却说:“我发现生命是这样美好!”

只要稍加留意,你就会发现,如今在大街上行走的人,大都是脚步匆匆,那种吹着口哨,东逛西看、逍遥自在的人,现在已经很难得见到了。究竟我们要怎么样,才能够把这种轻松惬意的吹口哨的心情找回来呢?要怎么样,才能够掌握快乐呢?这里有几种具体的方法,能够帮助你保持快乐:

1. 要对你周围的世界产生真正的兴趣

在早晨起床时,听见虫鸣鸟叫,可以让人心神舒畅愉快;走在洒满阳光的小径上,也可以令人放松心灵。快乐是唾手可得的,只要你愿意打开心扉,就能够接受所有让人感觉愉快的信息。

2. 了解你生存的世界

你必须知道,你生存的这个世界,每天发生了什么事情。多看报纸、杂志,或许你会对今天的世界感到害怕,但是,它将会激励你,让你为了拥有更好的明天而努力奋斗。

3. 从容地面对每天的生活

为每一天的行程制订计划,有了计划,每天就可以从容安心地履行你的职责。有规律地处理事务,可以避免许多判断错误。如果你能养成习惯,以从容安静的态度去处理每一件事,你就能得到更多的成就,更好的成绩,并让你在工作上有惊人的进步。

4. 在忙碌的时候泰然处之

你计划做某一件工作,却忽然来了一位客人、一个电话,或者其他需要你处理的事情。这些事情，通常都能测试你有多少礼貌、有多少耐心，以及你的心理状况。你要好好去应付那些意外的阻挠，并借此作为培养你耐心的机会，如果你能把琐碎的杂事处理得井井有条，面对重大决策时，也就能更加从容地应付。

5. **静坐沉思，让心灵喘口气**

你需要安静和深思，以此来让自己沉淀。一个有秩序的人，应该有安静的间隙时间，以使自己的精神和心灵得到提升与发展。在喧闹、匆忙、混乱中，找个时间坐下来静坐沉思，可以让紧张的精神放松，这不但能够减少压力，更可以让身体恢复平衡状态。

6. **凡事适度，保持中庸**

工作、观察、读书、谈话、运动、玩耍、研究和旅游，都是很好的事情，但是都不要过度。你要取一条中庸之道，这种折中的办法，最容易获得优良的结果。过分的工作，长期的读书研究，容易使人精神疲倦。过分注重一件事情，也会降低你的工作效率。如果你持续注意一件事情，那么你的精神和身体的力量，就会呆滞和软弱。人人都需要适度、均衡的发展，以免小事及不必要的事情耗费你的精力；对于你所做的每一件事情，不论是工作还是娱乐，都要发生兴趣，但要避免做得过分。

7. **适当宣泄感情**

假如你为某件事情生气，把它倾吐出来，把“气”放出来；假如你悲伤，难过得想哭，那就哭出来吧。当你的感情深深地为某件事情触动，你就把它尽情表现出来，而不要一味抑制自己。

8. **用兴趣来调剂生活**

专心的力量有重大的价值。但是，你必须注意，切不可单独专心于一种事业。在日常工作之外，若无其他兴趣，你的精神和人生将变得狭隘，就好像陷入了一个不易退出的车辙之中。说起来虽然有些奇怪，但凡有很多时间去研究各种事情的，不是懒人，而是忙人。偶然变更正式的工作，可能会使你的精神更加振作。忧虑、发愁、疲劳和失望的最好补救方法，简单地说，就是暂时变更或者调剂一下你从事的工作。

9. **爱自己，也爱别人**

人类与动物最大的不同，是我们能够表达感情，懂得追求有爱的人生。所以，一个人应该经常去追求、扩大爱的领域，提高自己爱人的能力。爱是一种能够“自我增值”的东西，一个人付出越多，就会有越多的爱进入他的生命。你没有必要把爱分成几份，然后才分配给许多不同的对象。相反地，你的每一份爱，都会刺激其他的爱。因此，在你的内心深处，更能创造出许多的温馨和感情。

10. **用积极的心态对待人生**

快乐与苦恼，都发自内心。一旦能够把快乐深植在心中，外事外物就影响不了它，这种快乐是永存不灭的。身外的一切，都不过是短暂的，只有你心中建造的快乐才是永恒的。快乐是一种选择，我们一再选择快乐，快乐就逐渐成为我们心灵的一部分，而最后我们就是快乐的人了。快乐的人所到之处，撒播快乐的种子，消解冲突，缓和紧张。快乐的人与人相处，会让对方自然而然地放宽心胸，展现真实的自我，因为对方感受不到威胁的阴影。只要你具有积极的思想，训练自己用愉快的态度生活，你期望什么，你就会找到什么；你寻找什么，你就会发现什么；这是人生的基本法则。

学会开心过日子

人生有喜有悲、有聚有散、有乐有苦、有得有失、有沉有浮、有爱有恨、有生有死。为人夫者有丈夫的甜蜜和苦衷，为人妻者有妻子的幸福和辛酸，做父母者有父母的欣喜和操劳，做儿女的有儿女的骄傲和反抗，从政者有官场上的得意和危机，经商者有商海的亨运和风险，农耕者有田园的安逸和艰难，治学者有纸墨的雅趣和清贫。

人生得意时，不可欣喜若狂，目空一切；人生失意时，切忌长吁短叹，自暴自弃。人生得意时，不管别人阿谀奉承还是献媚恭维，都要珍惜生活，清醒头脑；人生失意时，不管别人指手画脚还是冷嘲热讽，都要热爱生活，振作精神。

笑对人生——相信生活不会亏待每一位热爱它的人。

生命的小舟难免遇到险滩恶浪，如何驾驭这一叶小舟，让它迎风破浪，驶向成功的彼岸呢？这需要你的勇气。不管风吹浪打，都胜似闲庭信步，以百折不挠的意志去面对困难，相信你会从山重水复疑无路峰回路转至柳暗花明又一村的境地。人生难免有起伏，没有经历过失败的人生是不完整的人生。正因为有了挫折，才有勇士与懦夫之分。很多美国人都相信磨难中也有快乐，不少靠领救济金生活甚至以乞讨度日的人，也能够自娱自乐，他们认为即使处于不幸的情况下，也能找到快乐。

在遇到挫折时，要不断地告诉自己，挫折只是一件事，它不能占据你的心，否则你是把快乐拒于门外；相反，满心的快乐，挫折就挤不进不来。

人生像一张网，把你裹在其中。你对它笑，它就会张开网，让你自由地飞翔；你对它哭，它就会紧紧地把你裹在其中，越裹越紧，让你透不过气来。所以，赶快敞开你的心扉，让我们微笑面对生活吧！

万事万物皆有其必然的发展规律，生活也不例外，只有顺其自然，才能活得自在、活得开心。而超越自身的条件，去追求那些本不属于自己的东西，那就难免要活得很累了。

成天绷紧神经板着脸孔带着小心眼做人，把自己搞得心浮气躁的，值吗？过日子，不求轰轰烈烈潇潇洒洒，但求平平淡淡开开心心。没有开心日子的生活，即使权高位重，财雄势大，身显名耀，也没有多大意思。“人生不满百，常怀千岁忧”，倘若你忧国忧民，以天下为己任，那是应当令人敬慕和学习的。倘若仅仅是为了一己一家的私利而忧心忡忡、茶饭不思、失魂落魄，实在是自寻烦恼。

心怀天下忧思未来的毕竟是少数，绝大多数人是为了生存而奔波忙碌的凡夫俗子。凡俗中人虽不见得有多高的思想境界，但也并非就是唯利是图之辈。他们其实不太看重什么生前身后的名和利，他们活的是现世，也就是为了活个开心。只要我们拿得起放得下，安心做俗人，开心过日子，乐而笑，悲便哭；平淡的日子也可以过得很开心。

过开心的日子，首先要有一份好心境。心境的好坏，在人不在天，在己而不在人。好的心境来自于人性的平和与淡泊。平和就是对人对事都要想开点、看开点，不必斤斤计较生活中的一得一失；淡泊就是要超脱世俗的困扰、红尘的诱惑，有登高望远、宠辱皆忘的情怀。其实，保持一份好的心境并不是与世无争，也不是冷眼旁观、随波逐流，更不是封建士大夫式的悠闲潇洒。拥有一份好心境，实在是一种大气魄。它能超越自我，平凡之中蕴含着人生的真味，它直追自然，让你享受生活的自然乐趣。

开心过日子，不仅要保持一份好心境，同时还得拥有一个温馨的家。家，是温馨的港湾。家之完善不在于名贵的摆设，而是在于“以和为贵”，一个人什么都可以没有，但是不能没有一个温馨的家。有了家的人你就应该庆幸有一个温暖的家，一家三口人，妻子忠诚贤淑，儿子聪慧活泼，这是多么幸福的景象。在住房、家庭设施、穿戴吃用等方面，你不必太在乎，钱多多用，钱少少用，只要家庭和睦、快乐，精神上富有就行。“家和万事兴”，人安自开心，也就不难享受到生活的幸福。生活中常可见到一些夫妻为了一点小事而相互抱怨，争吵不休，闹得家庭不得安宁，毫无温馨可言。倘若夫妻陷于此，哪还有开心的日子呢？

总而言之，过日子就是要过个开心。只要你拥有一份好心境、一个好家庭，同时，也拥有一份精神财富，你就会拥有一个真正的幸福人生。

让快乐成为习惯

当我们渴望自己每天都有一个好心情的时候，我们是否尝试过每天早上起来的时候给自己一个对美好心情的期盼，并且用这种期盼来鼓舞和激励自己呢？这确实是一个非常不错的主意，当我们每一天都坚持做下去，使之成为一种习惯的时候，我们会发现我们的心情真的越来越好，我们的幸福感觉也越来越强烈。

美国有这样一个故事：

一个清晨，汤姆乘坐在老式火车的卧铺中，大约有6个男士正挤在洗手间里刮胡子。经过了一夜的疲困，隔日清晨通常会有不少人在这个狭窄的地方进行一番漱洗。此时的人们多半神情漠然，而彼此也不交谈。

就在此刻，突然有一个面带微笑的男人走了进来，他愉快地向大家道早安，但是却没有人理会他的招呼，或只是在嘴上应付一番罢了。随后，当他准备开始刮胡子时，竟然哼起歌来，看上去显得非常的快乐。他的这番举止令汤姆感到极度不悦。于是汤姆冷冷地、带着讽刺的口吻对这个男人问道：“喂！你好像很得意的样子，怎么回事呢？”

“是的，你说的没错。”这个男人如此回答说，“正像你所说的，我是很得意，我真的觉得很快乐。”然后，他又说道，“我是把使自己觉得心情愉快这件事当成一种习惯罢了。”

这就是那个男人说话的全部内容。不过我们相信，在洗手间内所有的人包括汤姆都已经把“我是把使自己觉得心情愉快这件事当成一种习惯罢了”这句话牢牢地记在心中。

事实上，这句话确实具有深刻的哲理。不论是幸运或不幸的事，人们心中习惯性的想法往往占有决定性的影响地位。有一位名人说：“穷苦人的日子都是愁苦；心中欢畅者，则常享丰筵。”这段话的意义是告诫世人设法培养愉快之心，并把它当成一种习惯，那么，生活就会变成一连串的欢宴。

一般而言，习惯是生活的累积，是能够刻意造成的，因此人人都掌握有创造愉快的心情的力量。

养成心情愉快的习惯，主要是凭借思考的力量。首先，你必须拟定一份有关心情愉快的想法的清单，然后，每天不停地思考这些想法，其间若有不高兴的想法进入你的心中，你得立即停止，并将之设法摒除掉，尤其必须以快乐的想法取而代之。此外，在每天早晨下床之前，不妨先在床上舒畅地想着，然后静静地把有关快乐的一切想法在脑海中重复思考一遍，同时在脑中描绘出一幅今天可能遇到的快乐地图。久而久之，不论你面临什么事，这种想法都将对你产生积极作用，帮助你面对任何事，甚至能够将困难与不幸转为快乐。相反地，倘若你一再对自己说：“事情不会进行得顺利的。”那么，你便是在制造自己的不愉快，而所有关于“不愉快”的形成因素，不论大小都将围绕着你。

因此，在一天的开始即心存美好的期盼是件相当重要的事。只有这样，许多事物才可能有美好的发展，你才会每天都拥有一份好心情。

快乐是可以创造的

在生活中有这样一种现象，大多数人都不喜欢和忧郁、消极的人交往，而是喜欢和充满阳光、活力、快乐的人交往。在这一社交心理前提下，我们可以将心比心，既然大家都喜欢和快乐的人相处，那么，我们何不自己先快乐起来，这样周围的人不就都慢慢地变得快乐了吗？

圣诞节前夕，威廉·里德洛和妻子及3个孩子一起到法国旅游。在从巴黎到尼斯的路途上，一连5天事事不顺，下榻的旅店勒索敲诈，租来的汽车又出了毛病，令人懊丧。圣诞之夜，威廉一家住进了一个又脏又暗的小旅店，心中早无欢度圣诞节的兴致。

天气寒冷，淫雨绵绵，威廉一家出外就餐，走进一家装潢草率、毫无生气的小饭铺。铺内油腻味特别重，只有5张饭桌，一对德国夫妇，两家法国人，还有一个没带伙伴的美国水兵。角落里坐着一位钢琴手，无精打采地弹奏着一首圣诞乐曲。

威廉心灰意懒、情绪低落，实在不愿再上他处了。环顾四周，发现其他顾客也都沉默地吃着饭，只有那位美国水兵似乎心境特佳，他一边用餐、一边写信，脸上露出笑意。

威廉的妻子用法语订了饭菜，可端上来的却是另外的东西。他责备妻子。妻子抽抽搭搭地呜咽起来，孩子们站在妈妈一边护着她。威廉真是心乱极了！

坐在威廉左边的那一家法国人，做父亲的因为一点鸡毛蒜皮的小事动手打了孩子，孩子开始号啕大哭；右面，德国女人训斥起她的丈夫来。

这时，一股毫无清新之意、令人生厌的冷空气涌进屋内，大家不约而同地抬起了头——正门走进一个上了年纪的法国卖花女，她身穿一件旧外衣，水淋淋的，一双破烂的鞋子也湿透了。她挎着一篮花，从一张饭桌挪向另一张饭桌。

“买花吗，先生？只要一法郎。”

众人无动于衷。

卖花女疲惫地坐在美国水兵和威廉一家之间的桌子旁，朝店员喊道：“来一碗汤！整个下午连一束花也没卖出去。”紧接着，她又声音嘶哑地向钢琴手抱怨，“约瑟夫，圣诞前夕喝汤，你说是啥滋味？”

钢琴手指指挂在腰间空荡荡的钱袋子。

年轻的水兵用完了餐，起身准备离开。他穿好衣服，走到卖花女的桌旁。

“圣诞快乐！”他微笑着挑出两束胸花，“多少钱？”

“两法郎。先生。”

水兵将其中一束小巧的胸花压平，夹在写完的信中，然后交给卖花女一张20法郎的钞票。

“我没零钱，找不开，先生！”她说，“我跟店里的伙计先借一点儿。”

“不必了，夫人。”水兵俯身亲吻了一下她那苍老的面容，“这是我赠送给您的圣诞礼物。”

接着，他直起身，将另一束胸花拿在胸前，来到威廉一家的桌旁，“先生！”他对威廉说，“我可以将这些花献给您漂亮的妻子吗？”

他迅速将花递给威廉的妻子，祝愿他们一家圣诞快乐后便离开了店铺。

在座的每一个人都中止了用餐，望着水兵，寂静无声。转眼间，圣诞节的气氛像爆竹一样在店内骤然作响。

年老的卖花女跳起来，挥动20法郎，蹒跚地走到屋子中央，欢快起舞，并冲着钢琴手嚷嚷：“约瑟夫，我的圣诞礼物！想吃什么，我请客，你也可以痛痛快快吃一顿了！”

约瑟夫急速弹奏《开明国王温西斯丽思》，他的十指魔术般地按着琴键，脑袋伴随节奏晃动不止。

威廉的妻子不失时机，随着音乐挥舞胸花。她热泪盈眶，容光焕发，仿佛年轻了20岁。她开始歌唱，3个孩子也与妈妈一道，纵情高歌。

“太妙了，太妙了！”德国人大声叫喊，他们跳到椅子上，唱起了德国歌曲；店员搂抱着卖花女，摆动臂膀，用法语一展歌喉；动手揍孩子的那个法国人用餐具敲击酒瓶打拍子，他的孩子则骑在爸爸的膝上，咿咿呀呀；德国人为每一位顾客订了酒并亲自送上前来，与大家紧紧拥抱；另一家法国人要来香槟，逐桌敬酒，亲吻大家的双颊。店主开始高唱《第一个圣诞节》。大家都放开歌喉，有的人还哭了。

行人从街上拥入店内，许多人都无法入座。大家和着圣诞颂歌的节拍手舞足蹈，墙壁也随着振动。

在这个装饰简陋的饭铺内，一个原本让人沮丧的夜晚变成了最好的圣诞之夜。大家能拥有这样的经历，完全是因为遇见一位心灵中圣诞情意不灭的年轻水兵，他把大家因恼怒和失望而压抑着的爱情与欢乐释放了出来。他赠予了大家这个圣诞节！

很久以来，人们都认为快乐是理所当然的事，如果想拥有它，只能顺其自然，不可强求。但是，水兵却用自己的行动告诉了我们一个获得快乐的简单法则：自己先快乐起来，然后与人和谐相处，这样就可以创造出快乐。

不要期望任何事情都符合我们自己的方式，不要奢望拥有太多，不要总是希望别人为你付出……你会惊奇地发现，这样会给你带来多么大的快乐。

一位年轻人决定外出游学，临行前，他去向一位智者请教，希望他能为自己指点一二，这样在人生之旅就不会或少跌跟头。

见到智者施礼后，年轻人问：“我如何才能变成一个自己愉快、也能够给别人愉快的人呢？”

智者笑着望着他说：“孩子，在你这个年龄有这样的愿望，已经是很难得了。很多比你年长很多的人，从他们问的问题本身就可以看出，不管给他们多少解释，都不可能让他们明白真正重要的道理，就只好让他们那样好了。”

少年满怀虔诚地听着，脸上没有流露出丝毫得意之色。

智者接着说：“我送给你四句话。第一句话是，把自己当成别人。你能说说这句话的含义吗？”

少年回答说：“是不是说，在我感到痛苦忧伤的时候，就把自己当成是别人，这样痛苦就自然减轻了；当我欣喜若狂之时，把自己当成别人。那些狂喜也会变得平和一些？”

智者微微点头，接着说：“第二句话，把别人当成自己。”

少年沉思一会儿,说:“这样就可以真正同情别人的不幸,理解别人的需求,而且在别人需要的时候给予恰当的帮助?”

智者两眼发光,继续说道:“第三句话,把别人当成别人。”

少年说:“这句话的意思是不是说,要充分地尊重每个人的独立性,在任何情形下都不可侵犯他人的核心领地?”

智者哈哈大笑:“很好,很好,孺子可教也!第四句话是,把自己当成自己。这句话理解起来太难了,留着你以后慢慢品味吧。”

少年说:“这句话的含义,我是一时体会不出。但这四句话之间有许多自相矛盾之处,我用什么才能把它们统一起来呢?”

智者说:“很简单,用一生的时间和精力。”

少年沉默了很久,然后叩首告别。

后来,少年变成了壮年人,又变成了老人。再后来,在他离开这个世界很久以后,人们都还时时提到他的名字。人们都说他是一位智者,因为他是一个愉快的人,而且也给每一个见到过他的人带来了愉快。

一个快乐的人一定也能给别人带来快乐,一个忧伤的人也会给别人带来烦恼。为什么呢?因为“情绪”也会像感冒病毒一样传染,正面和负面的情绪都会影响周围的人。因此,当你努力让自己快乐时,周围的气氛也会变得活跃、愉悦。

生命中快乐的事情不是很多,但是快乐是可以创造的,这样要看你以怎样的眼光来看待自己。正如智者给年轻人的四句忠告,当你记住并能悟出其中的真谛时,你一定能成为一个快乐并且能为别人带来快乐的人。